石油和石油产品试验方法行业标准汇编2020

第九分册

中国石油化工集团有限公司科技部　编

中国石化出版社

图书在版编目(CIP)数据

石油和石油产品试验方法行业标准汇编.2020. 第九分册／中国石油化工集团有限公司科技部编.—北京：中国石化出版社，2020.9
ISBN 978-7-5114-5976-3

Ⅰ.①石… Ⅱ.①中… Ⅲ.①石油-试验方法-行业标准-汇编-中国-2020②石油产品-试验方法-行业标准-汇编-中国-2020 Ⅳ.①TE622.5-65②TE626-65

中国版本图书馆 CIP 数据核字（2020）第 173930 号

中国石化出版社出版发行
地址：北京市东城区安定门外大街 58 号
邮编：100011 电话：(010)57512500
发行部电话：(010)57512575
http://www.sinopec-press.com
E-mail：press@sinopec.com
北京富泰印刷有限责任公司印刷
全国各地新华书店经销
*
880×1230 毫米 16 开本 36.75 印张 1105 千字
2020 年 10 月第 1 版 2020 年 10 月第 1 次印刷
定价：180.00 元

出版说明

《石油和石油产品试验方法行业标准汇编 2016》出版至今已有四年多的时间。根据国标委综合〔2016〕28 号《国家标准委关于印发《推荐性标准集中复审工作方案》的通知》的要求，全国石油产品和润滑剂标准化技术委员会(SAC/TC280)对 2015 年 12 月底前已归口的标准进行了集中复审，并提交复审结论。根据集中复审结论，有些标准进行了修订，有些标准已经废止，同时有新的试验方法标准发布实施。为满足石油产品生产和销售企业、科研和教学单位以及广大用户的使用需求，中国石油化工集团有限公司科技部组织相关单位重新编辑出版了《石油和石油产品试验方法行业标准汇编 2020》。

本汇编全面系统地反映了石油和石油产品试验方法行业标准的最新情况，可为使用者提供最新的试验方法标准信息。

本汇编分第一～第十共 10 个分册，共收录了截至 2020 年 6 月底之前发布的石油和石油产品试验方法行业标准 626 项。因受篇幅限制，SH/T 0506—1998、SH/T 0510—1995、SH/T 0512—1992、SH/T 0513—1992、SH/T 0514—1992、SH/T 0519—1992 和 SH/T 0672—1998 共 7 项润滑油评定方法标准未收入本汇编中。根据相关要求，复审后继续有效的标准均不再标注确认年代号，故与前一版汇编相比，本汇编删除了标准号中的确认年代号。

本汇编包括的标准，由于出版年代不同，其格式、计量单位及术语不尽相同。本汇编对原标准中的印刷错误一并作了校正。如有疏漏之处，恳请指正。

中国石油化工集团有限公司科技部

2020 年 6 月

目　录

目录

ICS 75.100
E 34

SH

中华人民共和国石油化工行业标准

NB/SH/T 0897—2015

汽车发动机油性能的评定 程序ⅣA法

Standard test method for evaluation of automotive engine oils in the sequence ⅣA spark-ignition engine

2015-10-27 发布　　　　2016-03-01 实施

国家能源局　发布

目　　次

前　言

本标准按照 GB/T 1.1—2009 给出的规则起草。

本标准使用重新起草法修改采用美国试验与材料协会标准 ASTM D6891-13《用程序ⅣA 火花塞点火发动机评价汽车发动机油的标准试验方法》。

本标准在采用 ASTM D6891-13 时进行了修改，本标准与 ASTM D6891-13 的主要技术差异如下：

——本标准的部分引用标准采用我国现行的国家标准和行业标准。

——删除了 4.1 条试验编号形式。

——增加了推荐的国内试验燃油典型数据。因完全采用原方法燃油规格，需进口大量燃油，不符合国情。因此，调制了与其相接近的国产试验燃油。

——ASTM D 6891-13 方法规定，对于ⅣA 台架，每进行 15 次试验或 6 个月，要进行参比油试验。这与现实国情有很大差异，本方法建议采用每进行 15 次试验后，用参比油对试验台架进行标定。

——修改了 10.2 条关于参比油试验的论述。

——修改了 13 章关于试验报告的论述。

——删除了附录 A6 关于 ASTM 试验监控中心 TMC 的介绍，因为我国的标准不受 TMC 的监督。

——增加了试验报告格式的附录。

本标准由中国石油化工集团公司提出。

本标准由全国石油产品和润滑剂标准化技术委员会石油燃料和润滑剂分技术委员会（SAC/TC280/SC1）归口。

本标准起草单位：中国石油化工股份有限公司石油化工科学研究院。

本标准主要起草人：卢文彤、魏荣田、王姗姗。

本标准为首次发布。

汽车发动机油性能的评定　程序ⅣA 法

警告：本标准的应用可能涉及到某些有危险性的材料、操作和设备。但并未对此有关的所有安全问题都提出建议。用户在使用本标准之前有责任制定相应的安全和防护措施，并确定相关规章限制的适用性。

1　范围

本标准规定了一种评价汽车发动机油抑制凸轮轴凸轮磨损的方法。

本标准适用于汽油机油性能的评定。试验发动机为日产（Nissan）KA24E 火花塞点火发动机，配气机构使用顶置凸轮轴和滑动式摇臂。本标准模拟汽车发动机长时间怠速运转工况。主要试验结果为凸轮轴磨损量（凸轮轴有十二个凸轮，对各个凸轮选七个位置进行测量而得），其次是凸轮顶点磨损量和试验后机油油样中磨损金属铁含量。其他测量如燃油稀释、非铁类磨损金属含量和总机油消耗量等，有助于评估试验结果的有效性。

2　规范性引用文件

下列文件对于本文件的应用是必不可少的。凡是注日期的引用文件，仅所注日期的版本适用于本文件。凡是不注日期的引用文件，其最新版本（包括所有的修改单）适用于本文件。

GB/T 265　石油产品运动黏度测定法和动力黏度计算法

GB/T 503　汽油辛烷值测定法（马达法）

GB 1922—2006　油漆及清洗用溶剂油

GB/T 5096　石油产品铜片腐蚀试验法

GB/T 5487　汽油辛烷值测定法（研究法）

GB/T 6536　石油产品常压蒸馏特性测定法

GB/T 8017　石油产品蒸气压的测定　雷德法

GB/T 8018　汽油氧化安定性测定法（诱导期法）

GB/T 8019　燃料胶质含量的测定 喷射蒸发法

GB/T 8020　汽油铅含量测定法（原子吸收光谱法）

GB/T 11132　液体石油产品烃类的测定 荧光指示剂吸附法

GB/T 11137　深色石油产品运动黏度测定法（逆流法）和动力黏度计算法

GB/T 17040　石油和石油产品硫含量的测定 能量色散 X 射线荧光光谱法

GB/T 17476　使用过的润滑油中添加剂元素、磨损金属和污染物以及基础油中某些元素测定法（电感耦合等离子体发射光谱法）

SH/T 0656　石油产品及润滑剂中碳、氢、氮测定法（元素分析仪法）

SH/T 0663　汽油中某些醇类和醚类测定法（气相色谱法）

ASTM D 240　Standard Test Method for Heat of Combustion of Liquid Hydrocarbon Fuels by Bomb Calorimeter（液态烃类燃料燃烧热测定法　弹式量热计法）

ASTM D 3343　Test Method for Estimation of Hydrogen Content of Aviation Fuels（航空燃料氢含量评价方法）

ASTM D3525　Test Method for Gasoline Diluent in Used Gasoline Engine Oils by Gas Chromatography

（用气相色谱法测定废汽油发动机油中汽油稀释的方法）

ASTM D 4052 Test Method for Density, Relative Density, and API Gravity of Liquids by Digital Density Meter（用密度表测定液体密度和相对密度试验方法）

ASTM E 191 Specification for Apparatus For Microdetermination of Carbon and Hydrogen in Organic and Organo-Metallic Compounds（碳和氢在有机和金属有机化合物在混合的微量测量仪的说明）

ASTM E230Specification and Temperature-Electromotive Force（EMF）Tables for Standardized Thermo-couples（标准化热电偶用标准规范和温度-电动势（EMF）图表）

3 术语和定义

下列术语和定义适用于本文件。

3.1

窜气 blowby

发动机运转时，从燃烧室窜入曲轴箱中的燃烧产物、未燃烧的燃料油和空气的混合气。

3.2

标定的试验台架 calibration test stand

使用标准材料、依据标准条件进行试验，提供认可结果的一个试验台架。

3.3

参比油 reference oil

已知其性能特性的润滑油，标定试验台架时作为比较基准。

3.4

评价长度 assessment length

需要测量的表面长度。

3.5

磨合 break-in

将新零件安装到发动机上之后，为使发动机达到性能稳定进行的初次运转。

3.6

凸轮磨损 cam lobe wear

在下列位置确定磨损数量（凸轮顶点是0°位置）：（1）凸轮顶点前14°；（2）凸轮顶点前10°；（3）凸轮顶点前4°；（4）凸轮顶点0°；（5）凸轮顶点后4°；（6）凸轮顶点后10°；（7）凸轮顶点后14°。

3.7

凸轮顶点磨损 cam nose wear

在凸轮顶点处，从未磨损轮廓到磨损轮廓的最大线性差值；在特定的凸轮上凸轮顶点为最高升程点。

3.8

冲洗 flushing

加入新润滑油、安装新机油滤清器运转发动机，减少和去除上次加入润滑油的残留。

注：反复冲洗可以携带出残存润滑油，确保减少上次润滑油残留。

3.9

参考线 reference line

在形貌仪曲线图上从凸轮前端未磨损边缘到凸轮后端未磨损边缘确定的一条水平直线。

3.10

阀系　valve-train

发动机的一个组成部分，包括凸轮轴、摇臂、液压间隙调节器、气门和气门弹簧等。

3.11

波纹度　$waveness_{total}$

用绘图法测量磨损表面相对于参考线的最大距离。

4　方法概要

4.1　试验发动机：程序ⅣA 发动机为 1994 年日产（Nissan）KA24E 2.389L 火花塞点火、直列四缸、四冲程、水冷、电喷汽油发动机。配气机构包括顶置凸轮轴和滑动式摇臂（带液压间隙调节器），每缸有两个进气门和一个排气门。凸轮轴不能进行磷化处理或其他润滑处理。

4.2　试验台架：试验发动机（无发电机、冷却风扇、水泵、离合器和变速箱）与一台电涡流测功机连接，测功机能够精确控制发动机的转速和扭矩，规定传动轴和测功机的组合惯量，保证发动机转速和扭矩瞬时变化的再现性。控制进入到发动机空气滤清器壳体内的空气温度、压力和湿度。发动机安装与实车上安装定位相一致（发动机前部向上倾斜 5.5°；进气歧管一侧向上倾斜 10°；油底壳底部保持水平）。对发动机控制模块（ECM）线路、传感器和执行机构进行改造。试验台架相应的管线流程图见附录 A。安装到试验台架上的发动机由计算机进行控制，控制发动机转速、扭矩、各种温度、压力、流量以及试验程序列出的其他参数（见第 11 章）。

4.3　试验程序：发动机完成磨合试验之后，安装新的试验凸轮轴、摇臂轴和摇臂，将新试验油加入到发动机中，进行两次冲洗。第二次冲洗完成后，放净旧油，称量新试验油和新滤清器。安装新机油滤清器，向发动机加入新试验油，完成总时间为 100h 的试验，每 1h 为一个循环，中间不停机。每循环包括 2 个阶段，阶段Ⅰ为 50min，阶段Ⅱ为 10min。

4.4　分析测量：试验结束后，用形貌仪测量凸轮轴凸轮磨损。通过对七个位置的磨损测量值求和得出每个凸轮的磨损量。试验结果为十二个凸轮磨损量的平均值。试验完成之后，计算机油消耗量。分析试验后油样的燃油稀释、运动黏度和磨损金属含量。量取 1L 试验后的油样并保存 3 个月。凸轮轴和摇臂保存 6 个月。

5　方法应用

本试验方法适用于评定发动机润滑油抑制安装滑动凸轮随动件、顶置凸轮轴发动机的凸轮轴磨损的能力。

6　设备

6.1　试验发动机：

6.1.1　发动机为 1994 年日产（Nissan）KA24E 2.389L 火花塞点火、直列四缸、四冲程、水冷、电喷汽油发动机。每次试验加入 3.5L 新试验油。发动机为铁质气缸体，铝质缸头。顶置凸轮轴，滑动式摇臂（带有液压间隙调节器）。每缸有两个进气门和一个排气门。凸轮轴不进行磷化处理或其他润滑处理。摇臂与凸轮接触的衬垫材质为粉末金属。发动机压缩比是 8.6∶1，在 4400r/min 时，发动机扭矩为 198Nm。点火定时和多点燃油喷射系统为 ECM 控制。试验燃油为专门调配的不含清净剂的无铅标准汽油。不使用废气再循环系统。

6.1.2　发动机安装和测量区域：发动机安装和测量区域要求恒温、恒湿、无尘，以防止发动机零件锈蚀，确保测量数据的重复性。使用形貌仪测量凸轮轴的磨损，确保放置形貌仪的底座无振动。

6.1.3 发动机操作区域：实验室内，特别是安装发动机凸轮轴、摇臂时，保证操作区域无风、无尘。对操作区域的温度和湿度没有特别要求。

6.1.4 零件清洗区域：本方法对零件清洗区域的环境空气不作特别要求

警告：在清洗区域使用溶剂和清洗剂时要保持足够的通风。

6.2 发动机外部改造：改造试验发动机。不使用废气再循环系统。不使用涡流控制阀。不使用快怠速系统和辅助空气控制阀。用固定电阻器代替发动机冷却液温度传感器。改装发动机水泵，不使用水泵风扇和冷却液散热器。试验时使用一台电机驱动的外部水泵。拆去发电机。在机油滤清器壳体上安装一个机油冷却器（水/油热交换器），见附录 A。改装发动机点火线。安装试验方法要求的各种温度和压力测量接头。使用专用带夹套的铝质摇臂罩代替原发动机摇臂罩，摇臂罩冷却液通过夹套循环。在发动机前盖板处安装接头，使一部分新鲜空气不经摇臂罩进入曲轴箱。

6.2.1 废气再循环系统：不使用发动机废气再循环。用 3mm 厚的盲板将发动机废气再循环进口封闭（见附录 A），拆去从排气歧管到发动机废气再循环进口之间的管线。用丝堵将排气歧管废气再循环出口堵死。

6.2.2 涡流控制执行器：不使用涡流控制执行器。拆掉线束接头和真空管，将真空管接口堵死。

6.2.3 快怠速系统：不使用快怠速系统，拆去节气门体上的快怠速凸轮。

6.2.4 发动机冷却液温度传感器：用 300Ω 固定电阻代替 ECM 的冷却液温度传感器的可变输入。

6.2.5 发动机水泵：将原发动机水泵改造成空壳体安装到发动机上，改造后的发动机水泵见图 1。在试验中使用电机驱动的外接水泵。

图 1　改造后的发动机水泵

6.2.5.1 将直径 77mm 的不锈钢轴套下部两个相隔 180°的非机加工表面作为支撑面，准备拆卸泵轴、泵体和叶轮。

6.2.5.2 使用直径约 14mm 的冲压杆，压出水泵的轴。

6.2.5.3 找到铝合金泵体的侧面的槽中固定铜线卡子，将 U 型线卡从垂直方向拉到水泵轴向方向，拆去 U 型线卡。

6.2.5.4 将铝合金泵体的机械加工平面（两侧相隔 180°）作为支撑面，准备拆卸叶轮、轴承、密封及泵轴。

6.2.5.5 再使用直径约 14mm 的冲压杆将泵轴、叶轮、两个轴承及密封从铝合金泵体压出，冲压方向为朝内腔的方向。

6.2.5.6 洗净铝合金泵体，确保没有污染物。

6.2.5.7 在铝合金泵体颈部安装一个水泵塞堵（见附录 A），在某些情况下，由于加工公差的原因，泵体需要加热到约200℃、塞堵需要冷却到约0℃时才容易安装。

6.2.5.8 将已安装塞堵的铝合金泵体预热到约200℃。

6.2.5.9 用交流钨极氩弧焊从水泵壳体内部焊接塞堵，焊接时电流设定为220A，使用3mm的铝制填料。

6.2.5.10 焊接完成后使水泵壳体冷却，在安装到发动机上之前进行彻底清洗。

6.2.6 冷却液旁通管：在进气歧管处拆除冷却液旁通管。使用塞堵堵住旁通出口，拆去节温器。

6.2.7 机油冷却器：在发动机机油滤清器连接体和机油滤清器之间，安装水油热交换器（见附录A），使冷却水出口管线方向与机油滤清器轴线方向一致。安装冷却器时使冷却水进出口接头朝向发动机后部。使用约500mm长的软管（直径16mm）作为冷却水管线。通过控制冷却水出口流量来控制控制机油温度。推荐使用流量系数为0.32的控制阀。机油冷却器可一直使用直到无法维修。

6.2.8 点火电源供给：使用15A直流电源向发动机控制模块提供13.4V~14.2V的直流电，由ECM向发动机点火系统供电。点火系统（推荐使用LAMBDA电子公司型号为LFS-43-15的产品）为启动马达电路提供一个独立的电源。使用带有低电流充电器的汽车蓄电池。

6.2.9 ECM线束改装：保留表1列出的项目，其余拆除。

表1 ECM线束改装

接头名称	接头号
凸轮轴位置传感器	30M
功率晶体三极管电源晶体管	44M
分配器	46M
点火线圈	47M，97M
氧传感器	59M
质量空气质量流量传感器	63M
发动机冷却液温度传感器	65M（安装300Ω电阻）
节气门位置传感器	66M
喷油器1-4	72M，73M，74M，75M
进气温度传感器	18M
机体接地	275M
发动机接地	60M，61M
燃油泵继电器	5M
发动机集中控制系统（ECCS）继电器	6M
电阻和电容器	40M
制动检查接头	208M
联轴节公共接头A	259M
ECM（ECCS控制组件）	262M
燃油泵	2C
公共接头C	212M（硬跳线）
接头	260M（硬跳线）
EGR温度传感器	17M（保留，不连接）

表 1（续）

接头名称	接头号
EGRC 电磁阀	88M（保留，不连接）
怠速空气控制阀-辅助空气控制（IACV-AAC）阀和怠速空气控制阀-快怠速控制装置（IACV-FICD）电磁阀	64M（保留，不连接）
接地接头	（保留，不连接）
制动发动机检查灯	添加
30 安保险盒	添加
接地	添加
保持线	添加
点火线	添加
地线	添加

6.3　试验台架和实验室设备：试验台架采用计算机仪表控制和计算机数据采集。进气系统能精确控制发动机进气湿度、温度、清洁度。

6.3.1　计算机数据采集系统：试验台架利用计算机数据采集系统通过传感器设定来记录试验数据，相关要求见 6.3.1.1~6.3.1.3，数据采集系统符合数据采集与自动控制Ⅱ标准。

6.3.1.1　稳态数据记录的频率：对于阶段Ⅰ后 45min 稳定状态，每 2min 或更短时间记录一次试验数据。对于阶段Ⅱ后 5min，每 30s 或更短时间记录一次试验数据。

6.3.1.2　瞬态数据记录的频率：对于阶段Ⅰ和阶段Ⅱ，每个阶段的前 5min 定义为瞬态时间。通过计算机对第 5 个循环的瞬态数据进行记录和绘图。记录关键参数（发动机转速、扭矩、主油道机油温度、冷却液出口温度）的频率为每秒一次或更高。如果第 5 循环瞬态数据超过 11.2.6 规定的限值，记录并参考下一个的瞬态数据图确定修正方法。

6.3.1.3　记录数据的系统时间响应：表 2 规定了试验控制参数测量的时间响应限值。系统时间响应涵盖传感器、变送器、模拟信号衰减、计算机数字过滤等全部系统。利用单极过滤器控制衰减。

表 2　系统时间响应

参数	响应时间（最大值）/s
温度	2.5
压力	1.6
冷却液流量	2.5
扭矩	2.0
转速	1.8

6.3.1.4　质量指数（*QI*）：是对稳态操作下控制参数相对目标值偏离的总体统计测量。程序ⅣA 控制组选取的参数控制上限（*U*）和下限（*L*）（见表 3）用于 *QI* 计算，计算公式见式（1）。

表 3　参数的控制上限和下限

参数	下限 *L*	上限 *U*
冷却液流量/（L/min）	29.8	30.2
阶段Ⅰ冷却液出口温度/℃	49.81	50.19

表 3（续）

参数	下限 L	上限 U
阶段Ⅱ冷却液出口温度/℃	54.81	55.19
排气背压/kPa	103.34	103.66
进气湿度/（g/kg）	10.8	12.2
进气压力/kPa	0.047	0.053
进气温度/℃	31.71	32.29
阶段Ⅰ缸头机油温度/℃	48.7	49.3
阶段Ⅱ缸头机油温度/℃	58.7	59.3
阶段Ⅰ转速/（r/min）	793.5	806.5
阶段Ⅱ转速/（r/min）	1493.5	1506.5
扭矩/（N·m）	24.5	25.5
摇臂罩空气流量 SLPM /（L/min）	9.5	10.5

$$QI = 1 - \frac{1}{n}\sum_{i=1}^{n}\left(\frac{U + L - 2X_i}{U - L}\right)^2 \qquad (1)$$

式中：

X_i——参数测量值；

U——允许的 X 上限；

L——允许的 X 下限；

N——用于计算 QI 的数据点的数量。

6.3.1.4.1 当遇到丢失或故障数据时，用式（2）计算修正后的质量指数 $QI_{修正}$：

$$QI_{修正} = QI(\frac{n}{N}) + QI(\frac{n}{N}) \times (\frac{N - n}{N}) \qquad (2)$$

式中：

$QI_{修正}$——不包括丢失或故障数据时计算的质量指数；

n——用于计算 QI 的数据点的数量；

N——完整的试验数据量。

6.3.1.4.2 如果一个控制参数的 QI 计算值小于 0，需要调查原因，评估它对试验操作有效性的影响，并在最终的试验报告中进行记录。

6.3.2 试验台架布置：发动机在试验台架上的定位与在车辆上的定位相似（发动机前端向上倾斜 5.5°，进气歧管一侧向上倾斜 10°，油底壳底部保持水平）。该定位使缸头内机油充分回流，确保机油液面的稳定。使用一根传动轴直接将发动机飞轮和电涡流测功机相连接。传动轴的设计应在试验操作条件下减小振动。测功机转动惯量应为 0.75kgm^2±0.15kgm^2，确保发动机在转速为 800r/min 时得到稳定的控制，使空燃比控制稳定，保证发动机在阶段转换期间瞬时转速和扭矩控制的重复性。不使用水力测功机，因其在低速运转时存在剩余载荷。去掉原发动机驱动的外部附件。发动机安装在试验台架上，摇臂罩上方及排气歧管一侧区域应留有充足的空间便于安装更换阀系磨损件。安全防护参见附录 B。

6.3.3 测功机转速和负荷控制系统：为提高实验室对发动机转速和扭矩瞬态控制的重复性，传动轴系统的转动惯量应为 0.75 kgm^2±0.15kgm^2（不包括发动机）。通过下列可重复的控制方式控制发动机功率来评定润滑油：

6.3.3.1 测量和控制发动机转速和测功机扭矩。

6.3.3.2　通过排气管调节阀控制排气绝对压力。

6.3.3.3　控制发动机进气的温度、湿度和压力。

注1：测功机转速和负荷控制系统能够保持稳态操作试验设定点（满足质量指数要求）。

注2：两种全闭环控制的转速和负荷控制系统被成功应用。一种闭环控制利用测功机激磁控制发动机转速，利用油门控制发动机扭矩，该方式可提供满意的稳态控制。另一种闭环控制利用测功机激磁控制发动机扭矩，利用油门控制发动机转速，该方式在阶段转换时可提供满意的瞬态控制。

6.3.4　进气系统：100h 试验期间，进气系统能够向发动机提供至少 600L/min（推荐 2000L/min）符合要求的过滤后的空气。有关进气参数说明参见附录 C。利用进气湿度箱提供一定湿度和压力的空气。进气系统示意图参见附录 A。

6.3.4.1　进气湿度：在主风道或在试验台架上测量进气湿度。如果利用主风道空气露点温度读数计算进气湿度，则对试验台架要定期校验露点。确保湿度测量点下游风管表面的温度高于露点温度，以防止空气冷凝和湿度损失。

6.3.4.2　进气过滤：使用发动机进气滤清器总成（见附录 D）。用一个通气管接头连接空气控制管与空气滤清器，示意图见附录 A。在空气滤清器总成顶部安装进气温度和进气压力传感器管线。参考 6.3.4.5。

6.3.4.3　进气流量：不测量进气流量。

6.3.4.4　进气温度：在空气供应管线内部安装带状电加热器控制发动机进气温度。供气管线的材料与加热器元件不能产生锈蚀残渣，否则可能吸入发动机中。为控制进气温度，需提供充足的进气流量，将多余的进气在进入空气滤清器之前放空。空气放空口约 $60mm^2$ 以确保放气通畅。如果稳定进气温度需要另外的放空，允许在空气滤清器壳体上安装一个标称直径为 10mm 的放气孔。在空气滤清器进口中心位置（见附录 A）安装进气温度热电偶。如果温度热电偶出现振动问题，则在空气滤清器总成固定螺杆和蝶形螺母上安装支架。

6.3.4.5　进气压力：在供气控制系统供气管内安装一个圆盘形阀以控制发动机进气压力。在空气滤清器总成顶部（在总成右后端的左 50mm±10mm、前 80mm±10mm 处）安装进气压力传感器，测压点位于进气滤芯之前。

6.3.5　燃油供给系统：每次试验（100 个循环）需约 200L 无铅试验燃油。试验开始到试验结束（中间不停机）要保证充足的燃油供应。发动机使用燃油电喷系统，包括燃油泵（见附录 A）、油轨和燃油压力调节器。使用再循环燃油系统，使用非标准热交换器控制燃油温度在 15℃～30℃之间。使用一个质量流量计（推荐 MicroMotion D-6 型号）测量燃油消耗量。在燃油泵上游安装燃油滤清器总成（见附录 A）。燃油经过合适的过滤可在试验期间精确地控制空燃比。

6.3.5.1　燃油温度：在燃油泵和燃油轨道之间的管线上安装一个十字接头，在其中一个孔测量燃油温度。保证燃油温度在 15℃～30℃之间。

6.3.5.2　燃油压力：在燃油泵和燃油轨道进口之间的管线上安装一个十字接头，在其中一个孔测量燃油压力。

6.3.5.3　燃油流量：在燃油供油系统内安装一个质量流量计以测量燃油消耗量，安装位置在燃油再循环回路之前。推荐使用 MicroMotion D-6 型燃油流量计。

6.3.6　排气系统：本试验使用铁质排气歧管，无保温。用丝堵堵住排气歧管后端的废气再循环供气口。本试验不用废气再循环。在排气歧管上安装氧传感器。安装一个工业用冷却风机，其空气流量额定值在 10000L/min～14000L/min 之间，在排气歧管及氧传感器下方垂直吹出空气，主要用来控制氧传感器温度。确保冷却空气不直接吹到发动机油底壳和摇臂罩。使用导流板防止冷却空气在油底壳附近形成气流。有关安全保护见附录 B。排气歧管出口连接车用排气管前端部分，长度最小 0.5m，包括带有护罩的集气管。排气系统根据实验室自身情况设计。在车用排气管后任意位置安装控制阀控制排气背压。可以使用催化转换器、排气消音器或冷却装置，但要保证这些装置安装在车用排气管下游并且不影响排气背压的控制。拆去不用的车用排气管接头，在开口上焊接一圆盘。因为本试验在低转速和低扭矩下持续运行，排气中的水蒸气可能在排气管中冷凝。根据排气管的安装位置，在排气管低点设计排水口，在试验之前除去积聚的冷凝水。根据排气管线设计的实际情况，在100h试验期间需要定期排水，保持排气背压稳定。

6.3.6.1　空燃比传感器：在排气管上安装一个宽域排气氧传感器监测空燃比。在集气管下游开一个约3cm的开口，使UEGO朝向排气管前面，用适当的焊接固定。宽域排气氧传感器不需要空气冷却。

6.3.6.2　排气温度：利用直径6mm的热电偶测量排气温度。在集气管末端下游5cm处焊一接头安装热电偶。热电偶头部插至排气管中心（见附录A）。

6.3.6.3　排气绝对压力：在集气管末端下游5cm处焊一接头，在排气管径向平面内与排气温度传感器相隔60°~90°，安装排气压力传感器。

6.3.6.4　排气取样管：安装排气取样管进行排气分析（O_2，CO_2，CO，HC）为可选项，如果安装，需要在集气管末端下游10cm安装排气取样管。取样管的头部切成45°斜角（最长部分朝向排气来的方向），置于排气管的中心位置。

6.3.7　空燃比控制：利用安装在排气歧管上的车用氧传感器的反馈，通过发动机控制模块控制空燃比在14.4±0.3。

6.3.7.1　空燃比的测量：为确保空燃比控制的可靠性，使用一台空燃比分析仪通过一个宽域氧传感器去计算空燃比。使用Horiba model MEXA 110λ分析仪，或ETAS LA3测量仪。这些分析仪能直接读出空燃比。使用表4中有关Haltermann KA24E Green试验燃油的相关信息或国产燃油的相关信息给程序MEXA 110λ分析仪编写程序。将传感器标定文件输入MEXA 110分析仪。推荐定期对传感器进行标定，标定时使用含4% O_2的N_2标准气。标定时按厂家标准的标定程序进行。

表4　空燃比分析仪参数

燃油参数	数值
氢碳比（摩尔比）	1.800
氧含量	0.000
注：燃油理论空燃比为14.4：1。	

6.3.8　点火系统：本试验方法不改变点火系统。

6.3.8.1　检测点火正时：使用点火正时灯检验点火正时。

6.3.9　发动机冷却系统：外部冷却系统简图见附录A。发动机冷却液使用去离子水与商用含添加剂乙二醇冷却液的浓缩液按1：1比例调制。Texaco Havoline Dexcool能够满足要求。整个冷却系统容积（包括发动机和冷却液罐容积）为25L~30L。冷却系统压力通过安装在冷却液罐上的100kPa散热器式压力帽调节。冷却液从节温器壳体处进入发动机（节温器已拆除）。发动机冷却液出口位于进气歧管前。发动机冷却液的一部分通过特殊制造的摇臂盖夹套循环（见附录A）。

6.3.9.1　外部冷却液泵：用一电机驱动离心式青铜体泵，其最小额定流量在100kPa压头时为150L/min。在试验期间（包括磨合试验）为20L/min~70L/min。

6.3.9.2　冷却液加热器：在冷却系统中使用额定8kW电加热器或等效的外加热源。在发动机不运转期间可使发动机冷却液一直处于保温状态。因为ECM冷却液温度传感系统已被改装，发动机启动后的平稳运行需要合适的冷却液温度来保证。

6.3.9.3　冷却液热交换器：使用普通的壳/管式热交换器。发动机冷却液在管内流动，软化水在壳体内流动。直径150mm、长1200mm规格的换热器是适合的。垂直放置热交换器，冷却液入口在换热器顶端。在冷却液开始循环期间通过高点放气孔排出系统中的气体。在外冷却液泵上游冷却液管线处安装观察玻璃窗。通过低点排放口完全放出冷却液。

6.3.9.4　冷却液控制：在热交换器水出口安装自动控制阀控制发动机冷却液出口温度。根据推荐的热交换器尺寸安装流量系数为 1.25 的标称控制阀。

6.3.9.5　冷却液流量控制：在发动机冷却液进口和热交换器之间的冷却液管线上安装一体积流量计测量冷却液流量。推荐使用一个 Barco 文氏流量计。在外部冷却液泵出口处安装自动流量控制阀控制冷却液流量。推荐使用流量系数为 16 标称控制阀。

6.3.9.6　摇臂罩夹套冷却系统：冷却系统中冷却液的一部分通过摇臂罩夹套循环。在冷却液热交换器出口安装一 T 型接头将冷却液分成两个环路［一路流经发动机缸体，另一路流经摇臂罩夹套（见图 2）］。摇臂罩冷却液从摇臂罩前端进入，从摇臂罩后端流出。在摇臂罩的前端安装一个自动空气放空阀。在摇臂罩冷却液出口安装内径 1/2in. 流量系数 1.25 控制阀控制摇臂罩冷却液流量。将控制阀设定为安全模式，即自然状态为全开状态。两个环路在外部冷却液泵入口汇合。冷却系统位置简图见附录 A。

图 2　带夹套的摇臂罩

6.3.10　曲轴箱通风系统（见图 3）：改造后的曲轴箱通风系统确保恒定质量流量的新鲜空气供给摇臂罩下面的阀系。从空气滤清室的左后部底部出来的加湿空气，一路通到摇臂罩右后部，另一路通到发动机前盖板。

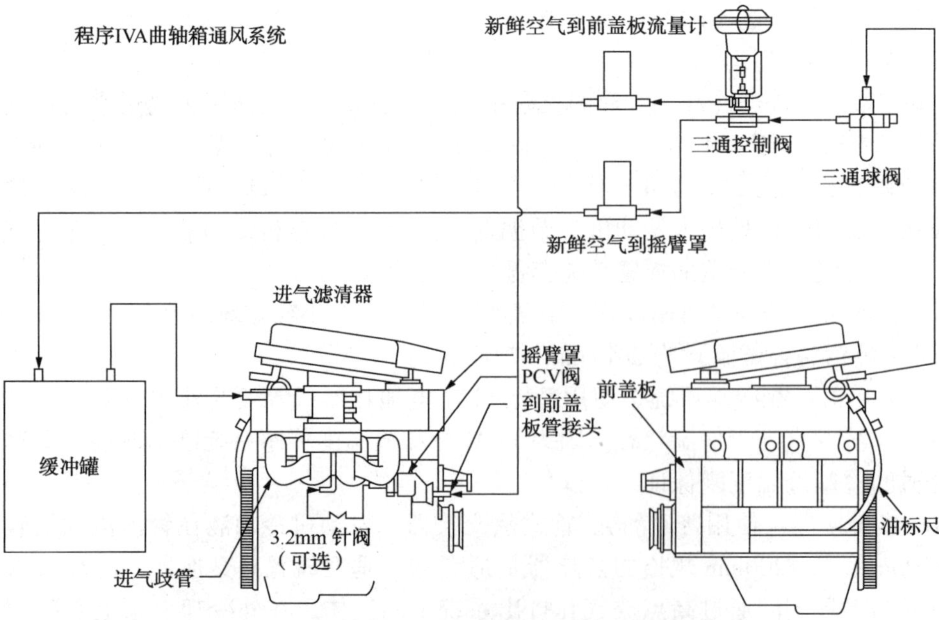

图 3　典型的曲轴箱通风系统

6.3.10.1 通过发动机的呼吸器和油气分离器排出曲轴箱气体。曲轴箱气体通过呼吸器和曲轴箱正压扫气（PCV）阀流到进气歧管的底部（见附录A）进入燃烧室。

6.3.10.2 到摇臂罩的10标准L/min新鲜空气流量使用质量流量计测量。该流量计在标准状态下精确度为±0.25L/min，量程为20L/min，测量的时间响应小于等于1.0s。流量计（Sierra Mass Flow Meter）型号为730-N2-1E0PV1V4（空气，20L/min）满足这些技术要求。

6.3.10.3 在流量计前安装一个三通控制阀，标称尺寸13mm，流量系数2.5。推荐使用1/2in Badger Meter Trim A控制阀。在流量计出口安装一个标准容积20L的缓冲箱。

6.3.10.4 通过三通阀进入发动机前盖的管线标称直径为10mm，见图4。从三通阀通过流量计和缓冲箱再到摇臂罩后端的管线标称直径为16mm。在进气和PCV管线间可安装一3.2mm的针阀。

6.3.10.5 窜气测量的转换：为满足定期测量需要，在发动机PCV阀与进气歧管之间管线上安装一个三通阀。用一根长软管连接摇臂罩和空气滤清器室。测量窜气时，调节三通阀，使窜气从摇臂罩（不通过空气滤清器室）出来后经过窜气测量仪、三通阀，然后进入进气歧管。在油标尺套管处测量曲轴箱压力。测量窜气时，调节窜气测量仪使曲轴箱压力为零。

图4 发动机前盖板处曲轴箱通风口的位置

6.3.11 温度测量：温度测量装置和需要测量温度的位置列在6.3.11.1~6.3.11.9。在技术要求E230的导则中列出温度测量传感器的拆解和校准以及完整的温度测量系统。

6.3.11.1 热电偶：除进气热电偶之外，所有热电偶均为带有补偿导线的铠装热电偶。进气和环境空气热电偶可以是非铠装类型。当限制插入深度时，接地的热电偶测量数据更精确。利用接地热电偶需要专门的数据信号模块，才能将数据输入给计算机系统。在规定位置使用直径为3.2mm或6.4mm热电偶。在指定位置安装3.2mm热电偶，要求插入深度浅，防止测量数值偏移。对于排气温度，推荐使用6.4mm热电偶。使用的热电偶、补偿导线要匹配。在技术要求ASTM E230中规定了误差界限。J型（铁-康铜）或T型（铜-康铜）或K型（镍-铝）热电偶都可使用，J型更好些。

6.3.11.2 热电阻：不使用热电阻（RTDs）代替热电偶，因为热电阻具有的信号衰减特性，与铠装热电偶、接地热电偶不同。

6.3.11.3 发动机冷却液进口：在节温器壳体约200mm处的管线处安装发动机冷却液进口温度热电偶。温度热电偶顶端位于管线内径的中心。

6.3.11.4　发动机冷却液出口：在进气歧管前端的冷却液出口通道处安装发动机冷却液出口温度热电偶，位于进气歧管上部，距进气歧管垫 5cm。热电偶头部位于流体中心。推荐热电偶直径 3.2mm。冷却液出口温度是冷却液的控制点。

6.3.11.5　发动机机油主油道温度：在机油滤清器体精确焊接热电偶安装接头（见图 5），安装一个直径 3.2mm 热电偶或等效的替代品。热电偶头部在机油旁通的中心。发动机机油主油道温度不作为机油温度控制点。

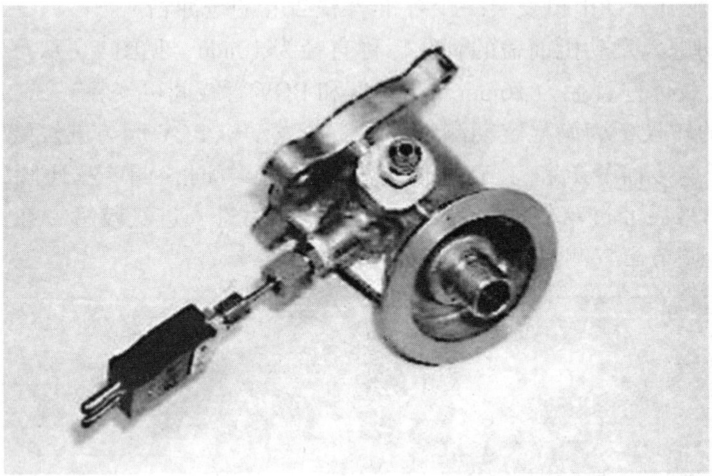

图 5　机油滤清器过渡连接

6.3.11.6　发动机油底壳温度：在油底壳的放油堵安装热电偶测量发动机油底壳机油温度，位置见图 6。将热电偶头部插入油底壳内约 50mm。油底壳机油温度只测量不控制。

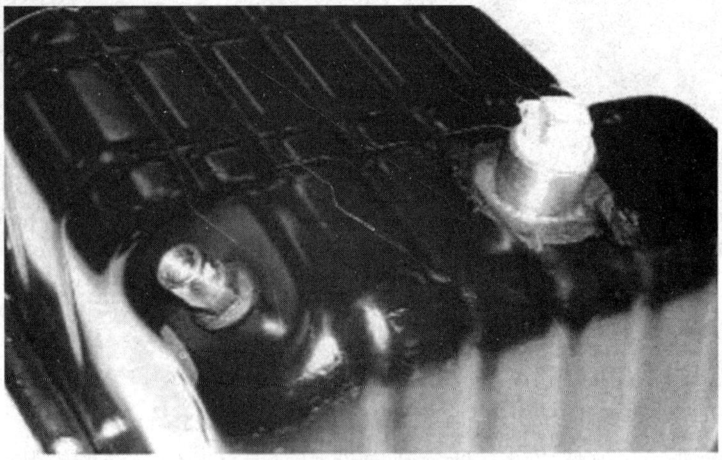

图 6　油底壳

6.3.11.7　缸头机油温度：缸头机油油道在进气一侧中间位置的垂直通道处（见图 7）。在距缸体表面上约 10mm 的凸出位置钻一个孔，加工成 3.175mm 的管螺纹孔。在螺纹孔安装 3.175mm 的“T”型接头。“T”型接头水平方向安装热电偶，热电偶头部位于油道中心。“T”型接头朝下一端连接缸头机油压力测量管。缸头机油温度是主要的控制点。

6.3.11.8　测功机负载池温度：使用连接在测功机力臂上的负载池测量测功机扭矩；建议负载池周围环境保持在恒定温度。负载池对温度变化很敏感。在负载池上安装热电偶监测周围环境变化。

6.3.11.9　摇臂罩冷却液进口和出口温度：分别在冷却液进口和出口连接处 150mm 内测量，温度热电偶顶端位于流体中心。

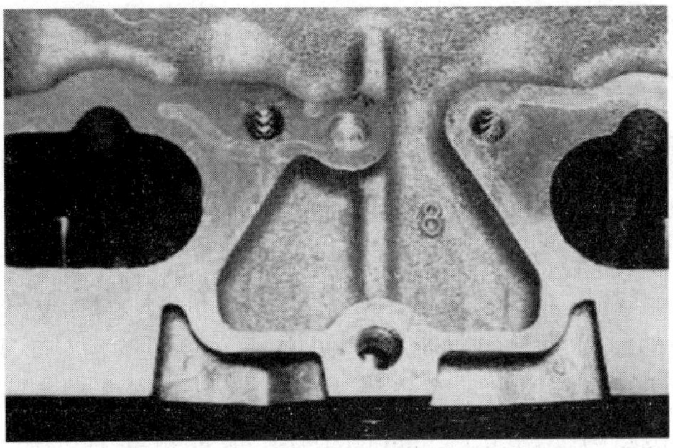

图7 缸头

6.3.12 压力传感器：要求的六个压力测量点见 6.3.12.2~6.3.12.7。本试验方法没有详细介绍压力传感器。允许对现有试验台架匹配适当的测量仪表。压力传感器的精确度和分辨率以及完整的压力测量系统列见 ASTM 研究报告 RR：ASTM D02-1218 中的导则部分。

6.3.12.1 压头偏差的允许范围：利用管线将压力接头和压力传感器以及冷凝分离器连接，使得在连接试验台架与仪表控制柜间的管线在较低位置时也能传送较低的气压。压力转换器安装位置和测量位置高度相同。设计的机油压力传感器及管线存油的体积最小。

6.3.12.2 进气歧管真空度：在节气门壳体上节流盘下游位置测量进气歧管真空度。

6.3.12.3 发动机机油压力：在机油滤清器体上车用发动机机油压力测量的原位置测量发动机机油压力（见图5），通过测量管线和 T 型接头连接到压力转换器和压力表。

6.3.12.4 缸头油道压力：缸头机油油道在进气一侧中间位置的垂直通道处（见图7）。在距缸体表面上约 10mm 的凸出位置钻一个孔，加工成 3.2mm 的管螺纹孔。在螺纹孔安装 3.2mm 的直角管接头，使接头出口向下用于测量缸头机油压力。

6.3.12.5 燃油压力：在燃油轨进口和燃油泵之间的十字型接头上测量燃油压力。

6.3.12.6 曲轴箱压力：曲轴箱压力管线连接到机油标尺管的焊接接头上，距离油标尺管顶部约 80mm±10mm 的位置（见图8）。使用的传感器可以测量正压和负压。如果使用流体式压力计，安装一个液体分离器，防止压力表液体进入曲轴箱。

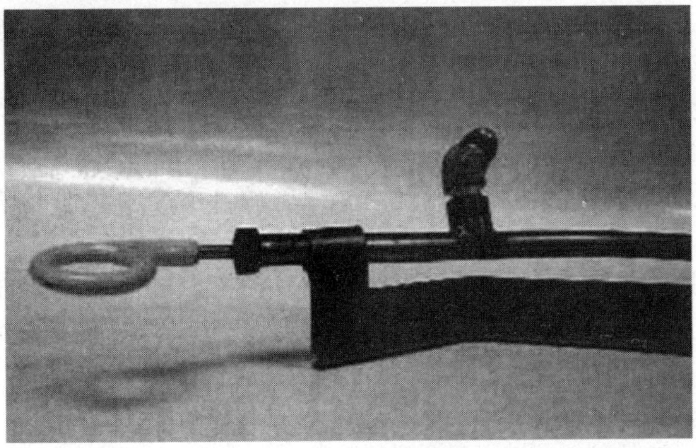

图8 油标尺套管

6.3.12.7 冷却液压力：在冷却液罐上焊一接头连接冷却液压力测量管线。

6.3.13 流量测量装置：测量发动机冷却液、燃油及窜气的流量。流量测量仪的精确度和分辨率及整套的流量测量系统见 ASTM 研究报告 RR：ASTM D02-1218。

6.3.13.1 发动机冷却液流量：通过测量文氏流量计的压降测定发动机冷却液流量。推荐 Barco70523#流量计。使用压差变送器提供一个输出量（L/min）。使用透明管线或/和具有放气功能的管线防止管线中产生气阻。

6.3.13.2 燃油消耗：利用安装在燃油供油管线上的质量流量计测量燃油消耗。使用一个 Micro Motion D-6 型流量计测量实时燃油流量（kg/h）和总燃油消耗量（kg）。

6.3.13.3 窜气流量测量系统：窜气流量仪见附录 A。测量时，窜气通过一个外部的孔板，通过辅助的 PCV 阀通路进入发动机进气歧管。在测量期间保持曲轴箱测量压力在 0~0.025kPa，使曲轴箱泄漏最小。通过测量流过孔板气体的压差测量窜气流量，使用一个倾斜的流体式压力计或压差计测量压差。曲轴箱压力表量程 0~1kPa 且能稳定地指示零点压力。孔板为窜气流量测量专用，技术要求符合 TMC 要求。孔板包括 5 个小孔，测量时使用 3.175mm 的小孔。流量测量小孔制作安装及窜气流量测量的相关信息可从 TMC 获得。

6.3.14 循环水：供给发动机机体冷却液热交换器、机油冷却器、电涡流测功机的循环水保持适当的操作温度。

6.3.14.1 测功机冷却系统：使用循环水冷却电涡流测功机。当测功机冷却水关闭时，需要保证试验自动停机。

6.3.15 体积刻度：利用体积测量试验油数量。不使用重量，转变成相应的体积。推荐使用 1000mL 刻度和 500mL 刻度体积测定。所有体积刻度要精确到满刻度的 2%。规定最大刻度是 100mL，最小刻度是 25mL。

6.4 试验发动机零件（见附录 D）：本条对试验发动机硬件进行规范说明。当使用长缸体做第一次试验及使用更换后的缸头做第一次试验前，先进行磨合试验。新发动机为即为长缸体。新发动机的凸轮轴和摇臂只可进行磨合试验。新缸头需要加工缸头机油油道温度和压力测量孔，测量气门弹簧压力。清洗磨合专用凸轮轴和摇臂并重新组装新缸头。磨合程序见 11.1.3。磨合后，用新的凸轮轴和摇臂零件替换磨合用的凸轮轴和摇臂。

6.4.1 日产（Nissan）提供的成套部件：从北美日产（Nissan）获得试验方法要求的发动机和试验件（见附录 D）。

6.4.1.1 试验发动机长缸体：订购试验长缸体（也称裸发动机）见附录 D，包括缸体、活塞、连杆、凸轮轴、油底壳、前盖板、缸头、摇臂罩等组件。其中凸轮轴和摇臂仅用于发动机磨合试验，不能用作试验件。短缸体试验的使用次数见附录 D。原装缸头的使用次数参见附录 D。

6.4.1.2 台架安装组件：由四部分组成（见附录 D），包括主轴皮带轮、飞轮、进气和排气歧管、空气滤清器、燃油喷射系统、废气再循环（EGR）挡板、点火分电器、点火线、起动马达、燃油泵、排气管、机油冷却器。试验安装时使用每个部分中的一项。

6.4.1.3 试验组件：每次正式试验使用一套试验组件，包括一根凸轮轴、两根摇臂轴、十二个摇臂、三个机油滤清器、四个火花塞。凸轮轴和摇臂是主要试验件，不能用其他经销商或配件市场的零件代替主要试验件。

6.4.1.4 缸头组件：按照附录 D 中的说明使用每一个发动机短缸体。原装缸头的使用次数参见附录 D。规定使用次数完成后，使用试验件缸头进行试验。组装新缸头时使用一套垫片和密封圈组件、新的标定过的气门弹簧以及进气门和排气门（见附录 D）。当试验件缸头安装到发动机上后，使用原装的凸轮轴和摇臂进行磨合试验。

6.4.2 主要零件的获得：凸轮轴和摇臂为主要的试验零件。通过向北美日产（Nissan）订购的方式获得这些零件。不能使用经销商、维修站、配件市场获得的凸轮轴和摇臂。

6.4.3 新发动机零件：本试验为冲洗-运行类的试验。每次试验需要更换凸轮轴和摇臂。使用试验组件号 13000-40F85 中包括的所有零件，见附录 D。

6.4.3.1 每次试验在机油冲洗前更换火花塞（见 9.7.2），火花塞间隙 0.99mm。

6.4.4 可多次使用的零件：按照附录 D 中说明更换发动机短缸体和缸头。如果发动机在正常试验周期内工作状况变差（如出现窜气量、机油消耗、燃油稀释过大，压缩变差，低油压，间隙超出维修极限，固定件脱落等现象），则需更换试验发动机，随后进行磨合试验。对短缸体或缸头，不允许超出附录 D 中规定的试验次数。

6.4.4.1 当更换短缸体或缸头时，相应更换 PCV 阀、燃油滤清器、摇臂罩垫片和进气滤芯。点火分电器可一直使用直到无法维修。分电器盖（日产（Nissan）零件号 22162-40F00）和转子（日产（Nissan）零件号 22157-21E01）根据需要更换。

6.4.4.2 摇臂罩、油底壳、机油冷却器、飞轮、进气和排气歧管、节气门体、改进的模拟水泵、点火线、燃油喷射系统元件、发动机传感器等可重复使用。

6.5 专用测量装置和组装设备：本节描述专用的装置、工具和发动机测量和组装需要的设备。实验室和厂房维护条款不包括在内。专用工具见表 5。

表 5 专用工具

序号	中文名称
1	⅜in 冲击扳手
2	⅜in 摇把
3	⅜in 棘轮套筒扳手
4	⅜in4in 加长杆
5	中号平头螺丝刀
6	大号平头螺丝刀
7	⅝in 组合扳手
8	⅝in 火花塞套筒
9	⅜in27mm 长套筒
10	⅜in24mm 冲击长套筒
11	⅜in12mm 长套筒
12	⅜in10mm 长套筒
13	带公制数字式内径表
14	带磁座千分表
15	千分表固定盘
16	½in 数字千分尺
17	测量火花塞间隙测量工具
18	吸附吸油装置（注射器和管子）
19	木楔工具
20	通用的测量用摇臂轴
21	销卡钳销针和 1.17mm 钻头

6.5.1 凸轮轴凸轮测量设备：用形貌仪测量凸轮轴凸轮。

6.5.1.1 使用的形貌仪具有实时数字显示和绘图输出功能。曲线纵坐标最小精度为 1μm 。形貌仪测量头能够移动至少 100mm，移动的直线精确度不大于 0.01mm 。

6.5.1.2 形貌仪使用防滑的测量针头。用锥形或球形金刚石针头，额定半径为 5μm 。

6.5.1.3 额定移动速度为 0.50mm/s ~ 0.75mm/s。推荐使用计算机界面。可使用 Precision Devices,

Inc. 公司的 MicroAnalyzer 2000 系统，见图 9。使用专用的 V 型块支撑工作件（支撑部位在凸轮轴轴颈处），使用角标仪确定凸轮轴转角（见附录 D）。

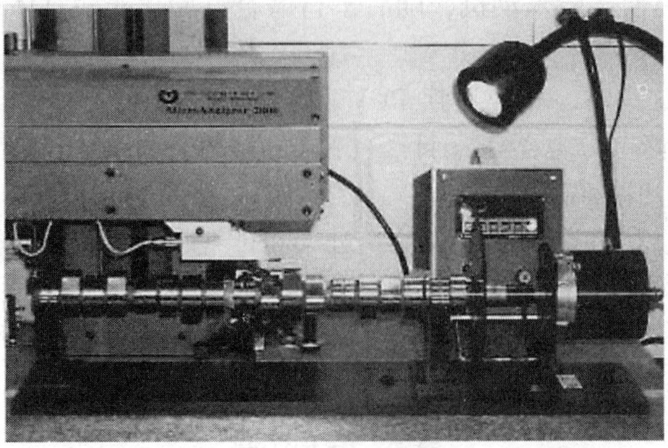

图 9　凸轮测量设备

6.5.1.4　观察从形貌仪得到的数据，对形貌仪测出的曲线结构和波形进行分析。在凸轮轴凸轮没有磨损的位置上，仪器软件形成水平位置的两点连线。用这条线作基准进行磨损测量。显示波形轮廓，利用高斯平滑滤波器，设定截止长度 0.25mm，在轮廓线的末端不取消过滤宽度设置。

6.5.1.5　凸轮轴凸轮磨损测量为波形轮廓最低点到基准线的垂直距离。

6.5.2　未组装的气门弹簧标定装置：在缸头组装之前用测量装置去筛选进排气门弹簧。根据日产（Nissan）服务手册按照不同压缩高度测量弹簧弹力。测量设备要准确到 2%，精度达到 5N。

7　试剂和材料

注：使用 13L 试验油样进行 100h 阀系磨损试验。

7.1　发动机和摇臂罩冷却液：使用去离子（少于 0.29g/kg）冷却液或用蒸馏水和商用含添加剂乙二醇冷却液的浓缩液以 50%体积比混合的冷却液。

7.2　燃油：程序ⅣA 试验使用 KA24E 试验燃油，或国产试验燃油，每次试验约需 200L，燃油规格见附录 E。

7.3　润滑油：

7.3.1　磨合润滑油：当更换新的主要的发动机部件（发动机短缸体，或缸头，或二者）后，应先进行磨合试验（见 11.1.3）。使用磨合油 REO 926-2，每次磨合试验大约需要 3.5L。

7.3.2　液压间隙调节器的润滑：摇臂液压间隙调节器在运输和装卸过程中可能吸进空气。在安装摇臂之前，用 HVI350 或 MVI350 基础油灌入液压间隙调节器。将摇臂放置在一个加满 SA 20 级润滑油的容器中至少 1h，将摇臂内的空气排出。如果使用抽真空装置，将浸泡时间从 1h 缩短至 5min。将摇臂从充满油的容器中取出后立即安装摇臂。不允许将摇臂倒置。

7.3.3　短缸体的润滑：对发动机短缸体进行检查和组装时，使用 HVI350 或 MVI350 基础油对短缸体润滑。

7.4　其他材料：

7.4.1　溶剂和清洁剂：对于 7.4.1.1~7.4.1.3 不允许使用替代品。对于所有溶剂和清洁剂使用适当的安全防护措施。

7.4.1.1　溶剂：使用符合 GB 1922—2006 中 4 号的溶剂油，Ⅱ类、C 级、芳烃体积分数 0~2%，闪点最小 61℃、赛波特色号不小于+25 或者铂-钴色号不大于 25。从供应商获得每批溶剂的分析证书。

警告：易燃，危害健康。

7.4.1.2 戊烷：（警告：易燃，危害健康）从石油溶剂供应商获得。

7.4.1.3 气缸体和摇臂罩清洗剂：磷酸三钠和任何商业用冷却液清洗剂。

警告：有腐蚀性，危害健康。

7.4.2 密封剂：在组装发动机时，使用硅基垫片密封剂（例如，油底壳）。只能使用硅基垫片，见附录D。

8 取样

8.1 取样选取和检查：试验时所取油样应不被污染，且能够代表所评价的试验油的配方体系。

8.2 试验油数量：完成程序ⅣA试验最少需要13L润滑油，包括机油冲洗。建议试验委托方提供15L油样。

8.3 参比油数量：每次台架标定试验约需15L参比油。

9 设备准备

注：在第6章中描述的相关试验台架设施及硬件准备就位的前提下，本章对试验操作相关的一些细节进行详细说明。

9.1 试验台架的准备：

9.1.1 仪表标定：试验前或试验过程中标定全部使用的各种仪表的传感器和指示器。见第10章有关标定要求。

9.1.2 机油冷却器清洗：如果需要，用压缩空气携带清洗剂清洗机油冷却器（见6.1.3）。

9.1.3 空气滤清器：每8次试验更换空气滤清器滤芯，如果进气压力不足，应缩短更换时间。

9.1.4 排气管排水：每次试验开始前，排掉排气管低点积聚的冷凝水。试验期间，如果排气压力控制不稳定，应及时排水。

9.1.5 更换外部软管：检查试验台架使用的软管，需要时更换。检查软管是否存在内网分离（可阻碍流体流动）。更换机油冷却器（每16次试验）时检查更换机油冷却器冷却液管。

9.1.6 台架辅助设备：如果需要，维修测功机和传动轴。测功机力矩测量必须精确（不存在来自循环水软管的力、负载池温度梯度及测功机定子两端支撑轴承的磁滞）。

9.2 发动机组装的准备：发动机组装相关力矩见表6。不同的实验室和发动机安装人员可以存在安装程序上的微小差异，本方法未涉及的发动机安装细节请参照日产（Nissan）服务手册中安装说明部分。

表6 螺栓力矩

螺栓类型	力矩
汽缸头缸头螺栓	加29Nm，再转82°
凸轮轴链轮螺栓	137Nm
进气歧管螺栓	19Nm
凸轮轴压盖螺栓	39Nm
排气歧管螺栓	22Nm
摇臂罩螺栓	9Nm

9.3 缸头的准备：

在每次试验使用缸头之前，要对缸头进行改造、清洗、组装和标定缸头。一个缸头可重复使用16次试验。测量见9.3.3，在适当的表格上记录。

9.3.1 缸头的改造：确定缸头机油道。缸头机油道为一垂直油道，位于缸头进气一侧正中间的位置。在该垂直油道距缸头下表面约10mm的突出位置钻一个孔，然后攻丝安装一个1/8in螺纹接口。

9.3.2 缸头清洗：改造程序见9.3.1，然后用溶剂油彻底喷洗缸头。利用尼龙毛刷和溶剂油配合清洗气门导管孔（见 6.1.3）。然后用清洁的水喷洗，再用压缩风吹干。

9.3.3　凸轮轴轴颈间隙：使用垂直测量法测量全部凸轮轴径和轴瓦之间的间隙（前和后）。该间隙不能超出 0.120mm。如果超出 0.120mm，需要更换缸头和/或凸轮轴。

9.3.3.1　凸轮轴轴承孔的测量：不装凸轮轴，安装凸轮轴压盖，安装摇臂轴，拧紧带帽螺栓（螺扣经过润滑）到 39Nm。

（1）对于新缸头，需要测量五个凸轮轴承孔，保证尺寸符合要求，轴承孔为圆形，无锥度。在每个轴承孔的前、后位置三个方向进行测量：垂直面和两个 45°位置。记录每个凸轮轴孔的六个测量点的结果。标准内径为 33.000mm~33.025mm。不圆度和锥度不超出 0.025mm。

（2）在新缸头首次试验后的其他试验，试验前仅测量每个凸轮轴承孔的前、后位置的垂直尺寸来计算凸轮轴径和轴承孔的间隙。

9.3.3.2　凸轮轴颈测量：分别对五个凸轮轴颈前、后位置的外径尺寸进行测量，计算凸轮轴径和轴承孔之间的间隙，标准外径尺寸为 32.935mm~32.955mm。

9.3.3.3　凸轮轴轴向窜动量：将凸轮轴安装在缸头上，用千分表测量凸轮轴轴向窜动量。如果轴向窜动量超出 0.07mm~0.20mm 的范围，则不使用该缸头凸轮轴组合。

9.3.4　缸头总装：按照日产（Nissan）服务手册组装缸头。研磨气门和气门座以保证适当的密封。除非使用新的缸头，否则需要更换或加工气门、气门导管和气门座。装配时用 HVI350 或 MVI350 基础油润滑气门杆和气门导管。

9.3.5　初始气门弹簧的筛选：安装前，测量弹簧弹力。表 7 列出了弹簧的规格。当弹簧弹力稍微超出规格之外时，安装到缸头上可加薄垫片调整。然后将弹簧安装到缸头上再测量弹簧弹力（见 9.3.6）。

表 7　气门弹簧技术要求

参数	进气	排气
弹力		
外部	在 37.6mm 位置 604.1N	在 34.1mm 位置 640.4N
内部	在 32.6mm 位置 284.4N	在 29.1mm 位置 328.5N

9.3.6　已安装的气门弹簧的标定：用 HVI350 或 MVI350 基础油去润滑每个气门密封和气门杆。安装气门密封，使用合适的塑料安装头套在气门杆顶端，小心地将密封安装到导管上。安装筛选过的气门弹簧和旋转座。当安装气门弹簧和旋转座时，不要过分地压弹簧。过分压弹簧可能损坏气门密封。

9.3.6.1　组装力的标定：测量和记录组装弹簧的弹力，使用固定式弹簧测量装置见图 10，零件号见附录 D。

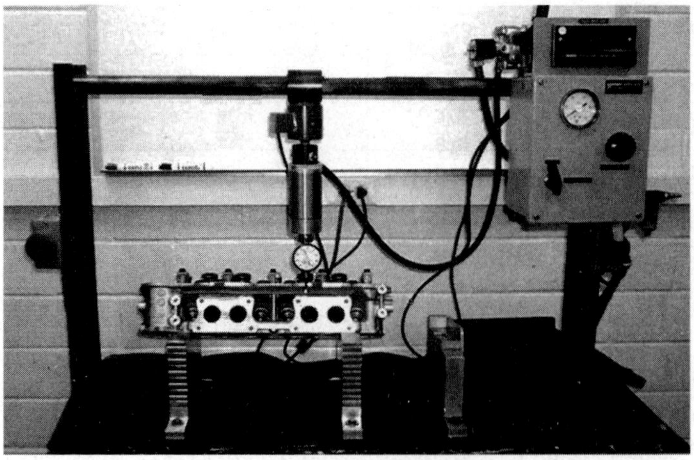

图 10　缸头标定设备

9.3.6.2 测量程序包括测量每次安装气门弹簧在两个压缩点（见表 8）。

表 8 弹簧技术要求

进气门弹簧		排气门弹簧	
弹力	压缩量	弹力	压缩量
889N±35N	9.86mm	969N±35N	9.86mm
438N±35N	1.27mm	447N±35N	1.27mm

（1）检查标定测压装置的精确度。

（2）安装气缸头固定夹具（见附录 A）。

（3）安装缸头，先测量进气门弹簧。

（4）在缸头上安装千分表定位支架。

（5）从进气门弹簧 1#（最右边）开始测量。

（6）将千分表在支架上定位。

（7）不给气缸加压，千分表读数应在 2.5mm~5mm 之间。这是气门的正、负位移的允许值。

（8）调节千分表指针在零点，此时气缸没有压力。

（9）使用调压阀控制气缸对弹簧的压缩。

（10）控制气缸运行几次，压缩气门弹簧，确保阀组件正常移动。

（11）开动气缸并调节空气调节器减小空气压力使气门完全落位。

（12）调节调压阀逐渐加力使气门下移到 1.27mm，记录在 1.27mm 时的弹力。

（13）调节调压阀逐渐加力使气门下移到 9.86mm，记录在 9.86mm 时的弹力。

（14）卸掉气缸压力，不调节调压阀，让进气阀完全落位。重复步骤 5~步骤 13，检查其他进气弹簧。

（15）改变缸头固定位置，测量排气弹簧弹力。

（16）安装千分表定位支架。重复步骤 5~步骤 13，检查每个排气弹簧弹力。

（17）更换太硬的弹簧。使用垫片调节弹簧提高弹力。再检查弹簧刻度，记录每个更换的或加垫片的弹簧弹力。

9.3.7 真空检查：将缸头安装到发动机之前，对缸头进行气门的真空试漏等检查，方法由实验室定。

9.4 短缸体的准备：通常不需要。

9.5 短缸体组装：使用 SAE20 API SA 润滑油作为润滑剂组装发动机短缸体。

9.6 发动机总装：使用从日产（Nissan）公司获得的发动机短缸体组装。根据日产（Nissan）公司服务手册解体、检查、安装发动机短缸体。活塞环开口间隙满足工厂规格，不增加开口间隙去增加发动机窜气量。在阶段 I 操作条件下测得的修正窜气量在 6.0L/min~10.0L/min 范围内。

9.6.1 缸头的安装：零件组（见附录 D）包括新组装好的缸头。气门座和气门密封面按照日产（Nissan）产品技术要求加工。根据需要研磨气门座和气门密封面。在组装缸头前进行下列操作：

9.6.1.1 用实验室专用代码标识。

9.6.1.2 改造缸头油道（见 6.3.11.7）。

9.6.1.3 测量凸轮轴承孔径，技术要求为 33.000mm~33.025mm。

9.6.1.4 用溶剂油清洗，用压缩风吹干（见 6.1.30）。

9.6.1.5 根据日产（Nissan）服务手册重新组装缸头。用 HVI350 或 MVI350 基础油润滑气门导管和气门杆。安装新气门密封。

9.6.1.6 测量、调整安装后的气门弹簧弹力满足试验要求（见 9.3.5）。在短缸体上安装已改造和测量的缸头，使用新气缸垫（见附录 D）。按照日产（Nissan）服务手册，依照适当的次序分五步拧紧缸头螺栓，使用带角度指示的扭矩扳手给缸头螺栓施加扭矩。

9.6.2 试验前凸轮轴的检查和测量：

9.6.2.1 检查凸轮轴凸轮和轴颈是否有生锈、擦伤、划痕、损伤面或其他表面损伤。不合格的凸轮轴不能用于试验。

9.6.2.2 检查凸轮轴是否平直。用V型支架在凸轮轴1#和5#轴颈处支起凸轮轴，在中间轴颈处测量凸轮轴的跳动量，如果超过20μm，则不使用该凸轮轴。

9.6.2.3 使用千分表或形貌仪测量凸轮轴的凸轮桃尖，如果锥度、凸度、凹度变化大于10μm，则该凸轮轴不能使用。

9.6.3 凸轮轴安装：缸头改造、清洗、组装、标定之后，安装已测量的试验凸轮轴。用溶剂油清洗凸轮轴，用压缩风吹干（见6.1.3）。用HVI350或MVI350基础油或新的试验油润滑轴颈。润滑凸轮表面只能使用新的试验油。

9.6.3.1 安装试验凸轮轴，凸轮轴压盖和测量用摇臂轴，加力矩39Nm。安装凸轮轴链轮并用适当的力拧紧链轮螺栓（无力矩要求）。

9.6.3.2 测量和记录凸轮轴轴向间隙和链轮的跳动量。

9.6.3.3 测量后，先拆去试验凸轮轴、凸轮轴链轮、凸轮轴压盖和测量用摇臂轴。

9.6.3.4 用新试验油加满凸轮轴下面的气缸头空腔。

9.6.3.5 安装试验凸轮轴，使用HVI350或MVI350基础油或新试验油润滑凸轮轴轴颈和轴颈孔。

9.6.3.6 安装凸轮轴轴颈压盖。

9.6.3.7 安装试验摇臂轴组件，轻轻拧上螺钉，但不要拧紧。

9.6.3.8 安装凸轮轴链轮和正时链条，对准标记。使用专用的凸轮轴链轮固定工具，给链轮固定螺丝加扭矩135Nm。

9.6.3.9 将每个摇臂置于所对应凸轮的中心，按照日产（Nissan）服务手册的加力程序缓和加力到39Nm。

9.6.3.10 安装凸轮轴后，将新试验油倒在摇臂、摇臂轴和凸轮轴上，通过油底壳放油阀放出多余的油。

9.7 阀系磨损零件的更换：阀系磨损试验是一个冲洗/运转类型的程序，每次试验要更换阀系试验件。更换零件时按下列步骤进行：

9.7.1 阀系磨损件的拆卸：

9.7.1.1 拆去干扰摇臂罩拆装的相关线束或软管。

9.7.1.2 拆去皮带轮护罩。

9.7.1.3 从摇臂罩拆去新鲜空气补充管线和点火线。

注：在美国西南研究院，试验油在第一次冲洗试验前从阀系上方倒入，而不是在零件安装期间加入。

9.7.1.4 拆去摇臂罩。

9.7.1.5 拆去4个火花塞。

9.7.1.6 人工转动发动机，使一缸活塞置于压缩冲程上止点（曲轴前端皮带轮黄线与0°正时标机对应），在凸轮轴前面定位销钉为12：00位置，凸轮轴正时链轮的标记与正时链条标记对齐。必要时需多旋转几次发动机。

9.7.1.7 从气缸头拆去前端吊装支架，其与地线连在一起。

9.7.1.8 拆去气缸头前端半月型橡胶密封。

9.7.1.9 在正时链条与张紧轮之间安装正时链木楔。

9.7.1.10 使用24mm长套筒拆去凸轮轴螺钉和正时链轮。

9.7.1.11 按照日产（Nissan）服务手册拆去10个摇臂轴螺钉。

9.7.1.12 小心拆去摇臂轴和摇臂。不要碰到摇臂抗磨块，保持摇臂和摇臂轴在一起。

9.7.1.13 拆去5个凸轮轴轴承压盖，按顺序放好。

9.7.1.14　小心拆去试验凸轮轴，不要损伤凸轮。避免接触凸轮轴凸轮。

9.7.1.15　利用吸附装置吸走积聚在凸轮轴下面气缸头空腔中的试验油。不要将这些油加入试验后的油样中，倒掉这些油。

9.7.1.16　在拆卸摇臂轴组件前，先对这些摇臂进行适当标注。

9.7.1.17　解体摇臂轴组件。

9.7.1.18　拆下可重复使用的定位片。

9.7.1.19　如果需要，用溶剂油或戊烷清洗试验后的凸轮轴和摇臂，用压缩风吹干（见6.1.3）。将清洗干净的凸轮轴送到测量室，将清洗后的摇臂送到评价区域或放到干燥器中。

9.7.2　新试验件安装：

9.7.2.1　新试验件（包括测量后试验凸轮轴）零件号见附录D。

9.7.2.2　新摇臂编号为E1~E4和I1~I8。

9.7.2.3　使用溶剂油清洗新的凸轮轴、摇臂和摇臂轴，以及用过的定位片、凸轮轴压盖、凸轮轴链轮、摇臂罩和所有螺钉，并用压缩风吹干（见6.1.3）。

9.7.2.4　对凸轮轴承、轴颈的直径进行测量并记录。

9.7.2.5　排出摇臂内液压间隙调节器内的空气，将摇臂放置在容器或抽真空装置，充分浸泡在HVI350或MVI350基础油中。利用真空室可将浸泡时间从1h减少至5min。当摇臂被吸出空气后，不要将摇臂倒放，按照安装时的位置和姿势放置。

9.7.2.6　根据日产（Nissan）服务手册在新摇臂轴上安装新的摇臂和定位片。

9.7.2.7　安装5个凸轮轴压盖和测量用摇臂轴，加力矩39Nm。

9.7.2.8　对凸轮轴承孔直径进行测量并记录。

9.7.2.9　拆去凸轮轴压盖和测量用摇臂轴。

9.7.2.10　安装试验凸轮轴、凸轮轴压盖和测量用摇臂轴，加力矩39Nm。安装凸轮轴链轮和链轮螺钉并拧紧，不加力矩。

9.7.2.11　根据日产（Nissan）服务手册测量并记录凸轮轴轴向窜动量和凸轮轴链轮跳动量。

9.7.2.12　拆去试验凸轮轴、凸轮轴链轮、凸轮轴压盖和测量用摇臂轴。

9.7.2.13　用新的试验油加满凸轮轴下面气缸头上的空腔。

9.7.2.14　使用新的试验油润滑凸轮轴和轴颈孔，安装试验凸轮轴。

9.7.2.15　在相应的位置上安装凸轮轴压盖。

9.7.2.16　安装摇臂轴组件后轻轻拧上螺钉，不要拧紧。

9.7.2.17　安装凸轮轴链轮和正时链条，对准标记。使用链轮固定工具给凸轮轴螺钉加力矩135Nm。

9.7.2.18　将每个摇臂置于所对应凸轮的中心，按照日产（Nissan）服务手册的加力程序缓和加力到39Nm。

9.7.2.19　安装后将摇臂、摇臂轴和凸轮轴加上新的试验油，多余的油从油底壳放油阀放出。

9.7.2.20　检查气缸头前后端的半月形橡胶塞，必要时更换。

9.7.2.21　在气缸头前端安装半月形橡胶塞，在橡胶塞底部涂胶。同样对气缸头后端的半月形橡胶塞进行安装。

9.7.2.22　检查摇臂罩垫片，必要时更换。

9.7.2.23　安装摇臂罩，加力矩8Nm，安装方法见日产（Nissan）服务手册。

9.7.2.24　将新鲜空气补充管线重新连接到摇臂罩，拧紧卡箍。

9.7.2.25　安装点火线及其他管线或软管。

9.7.2.26　安装吊装支架并加力矩20Nm。

9.7.2.27　安装新火花塞（见附录D）。火花塞开口0.99mm，加力矩14Nm。

9.7.2.28　安装前端皮带轮护罩。

10　数据采集、参比油应用及设备的标定和维护

10.1　数据采集

10.1.1　计算机数据采集：利用计算机数据采集系统通过传感器设置来记录试验台架的操作数据，见10.1.2~10.1.4。

10.1.2　稳定阶段数据记录频率：阶段Ⅰ操作条件每2min或更短时间记录一次数据（阶段的最后45min）；阶段Ⅱ操作条件每30s或更短时间记录一次数据（阶段的最后5min）。

10.1.3　瞬态阶段数据的记录频率：瞬态时间定义为下一个操作阶段的前5min。计算机记录和绘制第5个循环瞬态数据。记录临界参数（发动机转速、缸头机油主油道温度、冷却液出口温度）每秒一次或更频繁。如果第5个循环5瞬态数据超出范围，在11.2.6中说明，利用下一个有效记录对结果进行修正。

10.1.4　信号调节：控制参数的系统响应时间参数范围见表2。系统时间相应包括整个系统如传感器、变频器、模拟信号衰减、计算机数字滤波等。衰减使用单极滤波。对于温度传感器，首选接地热电偶，虽然无选接地热电偶也可使用。

10.1.4.1　单独输入：如果采用接地铠装热电偶，利用单独信号调节模块提供单独输入给数字计算机。

10.2　参比油标定试验

为保证试验的一致性和苛刻度水平，在如下情况下应对试验台架和发动机进行标定：

新建立的试验台架应进行标定；非参比油试验时间次数达15次后要对试验台架和发动机进行标定。

10.3　设备标定

10.3.1　仪表标定：按如下要求对所有使用的仪器和传感器包括计算机通道进行彻底的标定，如果操作数据显示异常，随时进行附加的标定检查。仪器校准使用的标准应追溯到国家专门的全国性标准化组织。标准的精确度应比试验台架仪表的精确度至少好4倍。

10.3.2　测功机扭矩（发动机负荷测量）：发动机负荷用扭矩（Nm）显示。使用重载标块标定负荷测量装置和读数系统。测功机内冷却液的流动、测功机冷却水管线的反作用力及测功机支撑轴承等都会通过测功机电子负荷传感器的温度偏移而影响标定。扭矩测量精确度为±0.2 Nm。每次试验前都要进行标定。

10.3.3　冷却液流量测量系统：使用温度50℃的50%水和50%乙二醇混合液检查文氏流量计的标定。标定时流量计安装在试验台架系统。倘若标定时流量计上游和下游管线还未投入使用，流量计也可从试验台架上分开进行标定。用叶轮流量计标定或利用单位时间流过总体积的方法标定流量计。冷却液流量测量的精确度为±0.3L/min。每6个月标定一次冷却液流量测量系统。

10.3.4　燃油消耗测量的标定：检查质量流量计或称重系统，每6个月标定一次。燃油流量测量精确度±0.05kg/h。

10.3.5　空燃比传感器的标定：当更换通用（或宽域）排气氧传感器时要按照生产厂商推荐的程序再标定空燃比传感器。

10.3.6　温度测量标定：每6个月对温度测量进行标定。温度测量系统的精度为实验室标定标准的±0.5℃之内。标定标准将溯源到国家标准。

推荐更换气缸头之后要重新标定气缸头机油温度热电偶。

10.3.7　压力测量的标定：检查压力测量系统，每6个月标定一次。排气压力测量精度为±1.0kPa。

10.3.8　进气湿度的标定：

10.3.8.1 每6个月对实验室测量系统使用的湿度计进行标定，在露点为16℃时标定精度为±0.55℃，测量位置在空气滤清器进口上游1m和主进气管之间。湿度标定通过一系列两个一组的湿度测量将实验室系统与标定湿度计进行比较。比较时间为20min~2h，测量间隔为1min~6min，整个测量20组。测量间隔应与湿度测量装置时间常数相符合。

10.3.8.2 检验流量计流率在设备制造商说明范围内，而且样品管线是不吸湿的。使用适当的方程将露点湿度计测量修正到标准条件（101.12kPa）。计算每对读数的差值，计算20对读数的平均值和标准偏差。平均差值的绝对值不超过1.43g/kg，标准偏差不大于0.714g/kg。如果这些条件不满足要求，应调查原因进行修改和校正。保存标定报告2年。

10.3.9 凸轮轴凸轮测量形貌仪的标定：按照制造商的使用说明对形貌仪进行标定和检查确认。每年对形貌仪标定一次。

10.3.10 缸头固定装置：每3个月标定一次缸头固定装置，标定技术由实验室确定。

10.4 设备维护

10.4.1 窜气量测量系统的维护：每周至少清洗一次窜气测量装置。当清洗流量计孔板组件时要特别仔细。将三通阀浸在溶剂中清洗（见6.1.3）。检查各端口和通路，通过刮、擦除去炭类沉积物。当拆解阀清洗后，安装时阀芯的位置要合适。

注：如果三通阀出现内漏，窜气从PCV阀流入进气歧管，导致窜气量测量错误。

10.4.2 定期清洗冷却液系统管线：利用化学清洗的方法每16次试验清洗发动机冷却系统内部。可以使用对车辆使用安全的商业的冷却器清洗剂或化学冲洗剂。清洗剂清洗之后，使用清水冲洗试验台架冷却管线直到干净为止。如果使用清洗车，可使用更强的化学清洗剂，清洗时将发动机冷却液泵旁通，传感器不能清洗（见6.1.3）。

10.4.3 机油冷却器更换：当更换短缸体时，要更换机油冷却器（见附录D）。通常情况下，一个机油冷却器可以使用20次。当安装新的机油冷却器时要更换所有软管。

11 试验步骤

注：当安装一台新发动机和/或气缸头时，在进行100h正式试验之前，先进行磨合程序，见11.1.3。完成磨合程序之后，安装正式试验用的试验件，见9.7条，进行双机油冲洗程序见11.2.2。冲洗程序完成后，进行100h试验，见11.2.3。操作条件见附录C。

11.1 磨合程序

11.1.1 发动机冷却系统的冲洗：当更换发动机短缸体（正常情况下，每32次试验更换一次）时，在进行磨合试验之前清洗冷却系统（包括热交换器）。通过利用外接的电机驱动的冷却液循环泵清洗，在清洗过程中不需运转发动机。化学清洗剂中不含使冷却液流量计敏感的组分。清洗冷却系统之后要检查标定冷却液流量计。

11.1.1.1 利用电加热器将冷却液加热到50℃，循环30min。

11.1.1.2 清洗30min之后，关闭电加热器。打开冷却系统放水阀，用清水冲洗冷却系统直到干净为止。进入和放出的清净水的pH值不变化时，把冷却系统完全放净。

11.1.1.3 用调配好的冷却液加满冷却系统，冷却液由体积比50%的乙二醇防冻液和去离子、去矿物质水或蒸馏水的混合物。操作冷却液泵将气泡从冷却液系统中排出。每8次试验更换冷却液，更换发动机或气缸头时也需更换冷却液。

11.1.2 发动机预润滑：因机油泵直接连接在发动机曲轴上，启动发动机之前不能建立起压力来润滑发动机。预先给机油滤清器加325mL润滑油，有助于尽快建立起机油压力。在发动机上安装试验零件之前，将摇臂上的气门间隙调节器中的空气排出。将摇臂浸泡在盛有 HVI350 或 MVI350 基础油的容器中。浸泡之后，安装前保持摇臂竖直向上，防止空气进入气门间隙调节器。

11.1.3　发动机磨合程序：当在试验台架上安装新的发动机缸体或新的气缸头后，先进行磨合程序。进行磨合试验时可以设定点火正时，从冷却系统排出气泡，检查各种系统中有无泄漏情况，监测发动机的性能和试验台架的测试设备是否正常工作。表 A.2.1 中列出了规定的磨合条件。发动机缸体可进行 32 次试验，气缸头可进行 16 次试验。每 16 次试验进行一次磨合试验。磨合试验步骤如下：

11.1.3.1　在试验台架上安装带有磨合用试验件（凸轮轴、摇臂、摇臂轴事先组装在气缸头上）的新试验发动机。

11.1.3.2　打开在油底壳机油放油阀，将磨合用 REO 926-2 润滑油加满在凸轮轴下的气缸头空腔，完成后关闭机油放油阀。

11.1.3.3　安装摇臂罩。

11.1.3.4　给发动机冷却系统加满由去离子水和防冻液以 50∶50 混合的冷却液，冷却系统的容量为 25L。

11.1.3.5　将燃油罐与试验台架间的燃油管线联通。

11.1.3.6　量取 3.5L 磨合用的 REO 926-2 润滑油。

11.1.3.7　在发动机上安装新的机油滤清器。以下步骤操作，以便在启动初期很快地建立起机油压力。不要在发动机上安装空的机油滤清器。

（1）取一个新的滤清器，拆去外包装。

（2）从准备好的 3.5L REO 926-2 润滑油中量取 325mL。

（3）垂直握住滤清器，将 325mL 磨合油加入滤清器。

（4）倾斜滤清器并缓慢旋转几圈，让润滑油完全吸入到滤清器纤维滤芯。

（5）将滤清器安装在发动机上。润滑油完全渗入滤清器滤芯后，当倾斜安装滤清器时润滑油不会流出。

11.1.3.8　将 3.5L REO 926-2 润滑油的剩余部分加入发动机中。

11.1.3.9　在最初启动发动机之前，循环和预加热发动机冷却液到 50℃，然后保温 10min。

11.1.3.10　启动发动机，节气门打开 5%~10%升转速，转速不能超过 1500r/min，使机油压力很快建立。当机油压力建立后，控制发动机转速在 800r/min，控制扭矩在 10Nm，使机油温度升至 50℃。

11.1.3.11　当发动机转速达到 800r/min，用点火正时灯设定点火正时在压缩上止点前 10°。

11.1.3.12　开始磨合试验，运转 8 步，整个运转时间为 95min。

11.1.3.13　磨合试验结束，完成压缩检查之后，放油 30min，拆去机油滤清器。

11.1.3.14　拆去摇臂罩。

11.1.3.15　利用吸油装置，除去积聚在凸轮轴下的气缸头空腔中的用过的磨合用油。

11.1.3.16　检查用过的磨合油中有无异常的金属颗粒。

11.1.3.17　拆去磨合用试验件（凸轮轴，摇臂，摇臂轴）。

11.1.3.18　完成磨合试验之后，检查任何不正常的发动机系统。

11.1.3.19　如果一切正常，准备进行正式试验。

11.2　发动机操作程序

凸轮磨损试验包括双冲洗和正式试验。进行润滑油冲洗和正式试验操作，见 11.2.2~11.2.3 及附录 C 中。

11.2.1　试验准备：

11.2.1.1　取 237mL 试验油装入 237mL 塑料容器中，作为 0h 试验油样进行化学分析。

11.2.1.2　按照程序要求安装试验件（凸轮轴、摇臂、摇臂轴）。

11.2.1.3 打开油底壳放油阀，在凸轮轴下的气缸头空腔内加满试验油，完成后关闭机油放油阀。

11.2.1.4 安装摇臂罩。检查摇臂罩垫片，需要时更换。

11.2.1.5 将燃油罐与试验台架间的燃油管线联通。

11.2.2 双冲洗：

11.2.2.1 量取3.5L新试验油。

11.2.2.2 在发动机上安装新的机油滤清器（见附录D）。执行以下步骤，以便在启动初期很快地建立起机油压力。不要在发动机上安装空的机油滤清器。

（1）取一个新的滤清器，拆去外包装。

（2）从准备好的3.5L冲洗油中量取325mL。

（3）垂直握住滤清器，将325mL冲洗油加入滤清器。

（4）倾斜滤清器并缓慢旋转几圈，让润滑油完全吸入到滤清器纤维滤芯。

（5）将滤清器安装在发动机上。润滑油完全渗入滤清器滤芯后，当倾斜安装滤清器时润滑油不会流出。

11.2.2.3 将3.5L冲洗油的剩余部分加入发动机中。

11.2.2.4 在最初启动发动机之前，循环和预加热发动机冷却液到50℃，然后保温10min。

11.2.2.5 启动发动机，节气门打开5%~10%升转速，转速不能超过1500r/min，使机油压力很快建立。在启动发动机时，转速目标值为1200r/min。当机油压力在发动机启动的30s内建立起来后，控制发动机转速在800r/min，控制负荷在10Nm，使机油温度升至50℃。

11.2.2.6 当机油温度达到50℃，根据表C.2列出的冲洗条件，运转冲洗1程序。冲洗1程序是发动机在转速800r/min，扭矩10Nm条件下运转20min。

11.2.2.7 在冲洗1期间使用点火正时灯设定点火正时在压缩上止点前10°，如果不在压缩上止点前10°应及时调整。

11.2.2.8 20min冲洗结束后停发动机。放出发动机油，拆去机油滤清器。放油时间为30min。在放油期间保持冷却液流量30L/min，保持冷却液温度50℃。

11.2.2.9 放掉冲洗1润滑油之后，量取3.5L新的试验油。

11.2.2.10 在发动机上安装新的机油滤清器（见附录D）。执行以下步骤，以便在启动初期很快地建立起机油压力。不要在发动机上安装空的机油滤清器。

（1）取一个新的滤清器，拆去外包装。

（2）从准备好的3.5L冲洗油中量取325mL。

（3）垂直握住滤清器，将325mL冲洗油加入滤清器。

（4）倾斜滤清器并缓慢旋转几圈，让润滑油完全吸入到滤清器纤维滤芯。

（5）将滤清器安装在发动机上。润滑油完全渗入滤清器滤芯后，当倾斜安装滤清器时润滑油不会流出。

11.2.2.11 将3.5L冲洗油的剩余部分加入发动机中。如果在放油期间冷却液泵被关掉（因维修或检查），在最初启动发动机之前，循环和预加热发动机冷却液到50℃，保温发动机10min。

11.2.2.12 启动发动机，节气门打开5%~10%升转速，转速不能超过1500r/min，使机油压力很快建立。当机油压力在发动机启动的30s内建立起来后，控制发动机转速在1500r/min，控制扭矩在10Nm，使机油温度升至60℃。

11.2.2.13 当机油温度达到60℃，根据表C.2列出的冲洗条件，运转冲洗2程序。发动机转速在1500r/min，扭矩在10Nm条件下运转20min。

11.2.2.14 20min冲洗结束后停发动机。如果怀疑试验发动机有问题，在放油前对四个气缸进行压缩检查，其他阶段不要求压缩检查，记录检查数据。如果任何一个气缸压缩小于900kPa或比发动机的正常值低于20%，在继续进行试验之前查找原因。

11.2.2.15 放油 30min，拆去机油滤清器。

11.2.3 试验：

11.2.3.1 两次 20min 冲洗和 30min 放油结束后，称量测试验油容器的皮重。

11.2.3.2 量取体积 3.00L 的新试验油。

11.2.3.3 在加入到发动机之前称量并记录 3.00L 机油油样。

11.2.3.4 称量新的机油滤清器（见附录 D）并记录，用于 11.5.1 中机油消耗的计算。

11.2.3.5 安装称重的机油滤清器。执行以下步骤，以便在启动初期很快地建立起机油压力。不要在发动机上安装空的机油滤清器。

（1）从新的试验油中量取 325mL 油。

（2）垂直握住滤清器，将 325mL 新试验用加入滤清器。

（3）倾斜滤清器并缓慢旋转几圈，让润滑油完全吸入到滤清器纤维滤芯。

（4）将滤清器安装在发动机上。润滑油完全渗入滤清器滤芯后，当倾斜安装滤清器时润滑油不会流出。

11.2.3.6 将 3.00L 试验油的剩余部分加入发动机中。

11.2.3.7 如果在执行两个冲洗程序后的放油期间冷却液泵被关掉（为了维护或台架维修），在最初启动发动机之前，循环和预加热发动机冷却液到 50℃，保温 10min。如果在放油期间冷却液流量继续保持，则冷却液预热和保温操作可以省略。

11.2.3.8 启动发动机，节气门打开 5%～10%升转速，转速不能超过 1500r/min，使机油压力很快建立起。当机油压力在发动机启动的 30s 内建立起来后，控制发动机转速在 800r/min，控制扭矩在 25Nm，使机油温度升至 50℃。

11.2.3.9 当机油温度达到 50℃，开始 100h 试验，执行规定的试验程序（附录 C）。

11.2.3.10 在发动机运转过程中，检查冷却液和机油有无渗漏。发动机将不停机连续运转全部 100 个循环（100h），但出现任何维修时可非计划停机。

11.2.3.11 每 8h 放一次冷凝水。

11.2.4 非正常停机程序：非正常停机时执行 11.2.4.1 和 11.2.4.2 程序。说明停机的时间、停机原因和停机影响。在适当的报告格式上说明这些信息。试验时间不包括任何停机时间。

11.2.4.1 紧急停机：紧急停机通常不包括有计划停机。防止试验润滑油过热及燃油稀释过大。避免发动机过多的启动，过多的启动可能会影响凸轮轴的凸轮磨损。

11.2.4.2 非计划停机后的重新启动：将冷却液预加热到 50℃。启动发动机，节气门打开 5%～10%升转速，不让转速超过 1500r/min，使机油压力很快建立。在发动机启动期间，转速目标值为 1200r/min。当机油压力在发动机启动的 30s 内建立起来后，控制发动机转速在 1500r/min，控制扭矩在 25Nm，稳定 5min。然后用 5min 时间爬坡到试验目标值。在试验重新恢复前约需 10min。

11.2.5 循环概述：见附录 C 稳态的试验操作条件（规定指标）。实际的试验操作条件使用适当的报告表格总结。

11.2.6 瞬态爬坡：转速爬坡、温度和扭矩波动会影响试验苛刻度。所以，爬坡速率很重要。在适当的报告表格上记录循环 5 的转换曲线。

11.2.6.1 机油温度转换：

（1）阶段Ⅰ之后，气缸头机油主油道温度从 49℃升至阶段Ⅱ的 59℃。转换时间为阶段Ⅱ最初的 5min。在第 1min，气缸头机油主油道温度升至 51℃～53℃。在第 2min，气缸头机油主油道温度升至 54℃～56℃。在第 3min，气缸头机油主油道温度升至 57℃或更高。通过 5min 升温后，气缸头机油主油道温度稳定在 59℃±0.5℃。

（2）阶段Ⅱ之后，气缸头机油主油道温度从 59℃降低到阶段Ⅰ的 49℃。转换时间为阶段Ⅰ最初的 5min。在第 1min，气缸头机油主油道温度降至 55℃～57℃。在第 2min，气缸头机油主油道温度降至

52℃~54℃。在第3min，气缸头机油主油道温度降至51℃或更低。通过5min降温后，气缸头机油主油道温度稳定在49℃±0.5℃。

11.2.6.2 冷却液温度转换：

（1）阶段Ⅰ之后，冷却液出口温度从50℃升至阶段Ⅱ的55℃。转换时间为阶段Ⅱ最初的5min。在第1min，冷却液出口温度从51℃升至52℃。在3min，以最小的超调量将冷却液出口温度升至54℃或更高。通过5min升温后，冷却液出口温度稳定在55℃±0.5℃。

（2）阶段Ⅱ之后，冷却液出口温度从55℃降至阶段Ⅰ的50℃。转换时间为阶段Ⅰ最初的5min。在第1min，冷却液出口温度降至53℃~54℃。在第3min，以最小的超调量将冷却液出口温度降至51℃或更低。通过5min降温后，冷却液出口温度稳定在50℃±0.5℃。

11.2.6.3 发动机转速的转换：

（1）阶段Ⅰ之后，发动机转速在最小超调量内从800r/min升至阶段Ⅱ的1500r/min。在转换期间转速不能高于1600r/min。转换时间为阶段Ⅱ最初的5min。在30s内，发动机转速升至1150r/min~1250r/min。再过60s，发动机转速升至1400r/min~1500r/min。通过5 min升速后，发动机转速稳定在1500r/min±20r/min。

（2）阶段Ⅱ之后，发动机转速以最小的超调量从1500r/min降至阶段Ⅰ的800r/min。在转换期间转速不能低于750r/min。转换时间为阶段Ⅰ最初的5min。在30s内，发动机转速降至1100r/min~1200r/min。再过60s，发动机转速降至800r/min~900r/min。通过5min降速后，发动机转速稳定在800r/min±20r/min。

11.2.6.4 发动机扭矩在转换期间保持不变：发动机从阶段Ⅰ到阶段Ⅱ和从阶段Ⅱ到阶段Ⅰ转换期间，扭矩为25Nm保持不变。在5min转换期间，转速和温度改变，控制扭矩在23Nm~27Nm范围内。通过5min转换结束后，扭矩稳定在25Nm±1.5Nm。

11.3 定期测量和操作

11.3.1 窜气量流量的测量：在第5个和第100个循环的阶段Ⅰ测量并记录窜气量流量。在阶段Ⅰ操作条件下稳定控制发动机，使用孔径为3.175mm的孔板，正常窜气量流量范围为5L/min~12L/min。设备示意图见附录A中。测量装置的设计由实验室决定。当采用与附录A所示类似的测量装置时，按照11.3.1.1~11.3.1.8中所述步骤进行操作。当采用与附录A所示类似的测量装置时，按照11.3.1.9~11.3.1.15中所述步骤进行操作。

11.3.1.1 完全打开流量阀（放液阀）。

11.3.1.2 将窜气量测量仪管流量管线连接在发动机PCV阀和进气真空口之间的三通阀上。

11.3.1.3 在空气滤清器处断开连接摇臂罩的供气软管，将该软管与窜气量孔板流量计的进气管连接。

11.3.1.4 调节三通阀，断开进气歧管与PCV阀连接，将进气歧管与窜气量流量计的排气管连接。

11.3.1.5 将窜气量测量仪的压力传感器与油标尺套管上曲轴箱压力接头连接。

11.3.1.6 调整窜气量测量仪的流量调节阀，保持曲轴箱压力在0kPa~0.025kPa。

11.3.1.7 记录窜气量测量仪的压力差，记录窜气的温度，记录大气压力。

11.3.1.8 窜气量测量完成后，恢复到发动机正常的设置位置。先恢复油标尺套管，将摇臂罩与空气滤清器连通，然后恢复三通阀位置保证发动机PCV阀与进气歧管连通，最后从三通阀上断开测量管线。

11.3.1.9 将压力表从窜气量测量仪到油标尺套管相连接。当压力表为测量仪的一部分时，将油标尺套管堵上。将进入摇臂罩的窜气流量隔离可能是必需的。

11.3.1.10 将测量仪与摇臂罩连接。

11.3.1.11 将测量仪与压缩空气连接。

11.3.1.12 缓慢并同时关闭三通阀和3.2mm针阀。

11.3.1.13 调节曲轴箱压力在0kPa~0.025kPa之间，曲轴箱压力由与油标尺套管连接的压力表测量或测量仪上的压力表测量。

11.3.1.14 记录窜气量测量仪的压力差，记录窜气的温度，记录大气压力。如果通过孔板的压降低于流体压力计的水平，使用4.763mm的孔板，重新进行测量。

11.3.1.15 窜气量测量完成后，恢复到发动机正常的设置位置。先恢复油标尺管，断开测量仪与摇臂罩的连接，然后恢复三通阀位置，最后就将3.2mm针阀全开。

11.3.1.16 利用测得的压差数据计算窜气量流量和标准状态（38℃，100.3 kPa）的修正值。

11.3.2 点火正时的测量：在每5个循环的阶段Ⅰ测量和记录发动机点火正时。在阶段Ⅰ的要求值为10°±1°，需要时进行调整。在阶段Ⅱ检查点火正时，一般为24°±2°。

11.3.3 空燃比测量：利用宽域氧传感器连续监测空燃比。

11.3.4 机油加油和取样：100h试验期间不加试验油。如果出现漏油也不允许补加。取新油、25h油样、50h油样和75h油样各10mL，在阶段Ⅱ（接近25循环、50循环、75循环）末端，从位于油底壳的机油放油阀取样。取样前先从发动机放出死区油120mL，取样后再将死区油从加油口倒回发动机，由于曲轴箱压力为正压，加回死区油时防止机油喷溅。100h试验结束后计算机油消耗量。取100h试验后的油样100mL进行化学分析，可在100h试验结束后放油期间取100mL油样，试验结束后取样时不需要放死区油。

11.3.5 一般维护：

11.3.5.1 更换火花塞：在进行机油冲洗程序9.7.2之前更换火花塞（见附录D）。

11.3.5.2 更换PCV阀：8次试验后或当更换发动机或气缸头时更换PCV阀，可从认证的日产（Nissan）经销商购买PCV阀。

11.4 诊断数据复查

11.4.1 此部分描述发动机规定操作参数的重要特性，这些参数可能直接影响试验或其他参数。

11.4.2 进气歧管压力：几个因素影响进气歧管压力，包括大气压力、发动机负荷、空燃比，点火正时和发动机磨损。利用进气歧管压力去监测发动机运行状况，虽然它不属于控制参数。

11.4.3 燃油消耗速率：在整个试验的任何阶段，燃油消耗速率应是一个相对稳定的常数。像进气歧管压力一样，燃油消耗速率可作为诊断工具。燃油消耗速率和进气歧管压力与相似的操作参数相关。

注：过高的燃油消耗速率能够促进气缸套、凸轮轴和摇臂的磨损。

11.4.4 爆震：在试验期间出现爆震是不正常的。爆震表明燃烧不正常，可能引起大范围的发动机损坏。如果出现爆震，应立即采取纠正行动。当发动机负荷、点火正时、操作温度和空燃比的测量或控制出现错误时，可能会导致爆震。

11.4.5 曲轴箱压力：曲轴箱压力受窜气量和PCV阀流量的影响。窜气量升高和PCV阀流量明显下降都会导致曲轴箱压力升高。三通阀管线连接错误或端口堵塞也会使曲轴箱压力升高。曲轴箱压力高会导致机油渗漏（垫片或密封损坏）。窜气量低或PCV阀通风受限会导致曲轴箱压力低或为负值。

11.4.6 机油压力：机油压力受机油黏度、操作温度、发动机轴承间隙等因素影响。通常机油压力在阶段Ⅱ比阶段Ⅰ高。在整个试验中机油压力保持稳定，除非机油出现明显的黏度增长。

11.4.7 机油压力异常：过大的机油压力波动表明轴瓦间隙过大。发动机油道和气缸头油道间的压差过大表明在气缸头垫片处存在油道堵塞现象或流经凸轮轴轴承座的机油流量增加。

11.4.8 冷却液温差：冷却液温差在整个试验过程中保持稳定。冷却液温差会受冷却液流量速率的影响，冷却液流量速率和温度测量错误可能导致温差出现大的变化。在流量计内或附近有外来物体可能导致冷却液流量测量错误。

11.5 试验程序结束（在100个循环结束后发动机停机）

11.5.1 机油消耗量的确定：利用公式（3）计算机油消耗量：

$$J=\{(B-A)-[(F-E)+(H-D)]\}=C-(G+I) \quad (3)$$

式中：

C——$B-A$；

G——$F-E$；

I——$H-D$；

A——容器皮重，试验前是干的，g；

B——初始加油量和容器质量，g；

C——初始加油量，g；

D——新的滤清器质量，试验开始是干的，g；

E——容器皮重，试验结束时是干的，g；

F——放出的机油和容器质量，g；

G——试验后放出的机油质量，g；

H——使用后的机油滤清器质量，在试验结束后吸附了机油，g；

I——存在机油滤清器中的机油，g；

J——每次试验机油消耗量，g。

11.5.1.1　放油：发动机试验后放油并拆下机油滤清器。拆滤清器时收集洒出的机油，将这些试验油和放出的试验油相加。放油 30min，在 30min 放油期间，继续保持冷却液循环并保持冷却液温度为 50℃。拆去摇臂罩，利用吸油装置，吸净凸轮轴下气缸头空腔积聚的试验油，这些油不与放出的试验油加到一起，用合适的方法处理掉这些油。

11.5.1.2　放油量的测量：放油 30min 之后，将放出的油与滤清器中的油相加，将这些放出的试验油和机油滤清器称重，利用在 11.5.1 中给出的公式计算机油消耗量。

11.5.1.3　机油取样：计算完机油消耗量之后，取 237mL 100h 试验后油样进行理化分析，最后将剩余的试验油装入 4L 容器中并储存。

11.5.2　试验零件拆卸：拆下试验件（包括凸轮轴、摇臂、摇臂轴），根据 9.7.1 给出的程序对凸轮轴进行磨损测量。

11.5.3　凸轮磨损测量按下述规定进行：

11.5.3.1　试验后，利用形貌仪测量凸轮轴的凸轮磨损。测量每个凸轮七个位置的最大磨损量，然后将七个位置的测量值相加，最后将 12 个凸轮磨损量求平均，得出试验结果。

11.5.3.2　使用的形貌仪应带有实时数字显示和图形输出功能。使用的纵坐标每 1μm 为分区单位。形貌仪测量行程至少为 100mm，且 100mm 的行程中误差小于等于 1μm。垂直升降没有滑动。利用锥形或球形金刚石针触针，半径约为 2μm～5μm。形貌仪放置环境满足厂商推荐的环境要求。测量区域应干净，室内温度可调节，工作台应稳定并与外部振源隔绝。

11.5.3.3　推荐 The Precision Devices Inc. 公司的 MicroAnalyzer 2000 系统作为计算机驱动的形貌仪。使用定制的 V 型垫块（见附录 D）支撑被测件（凸轮轴轴颈作为支撑点）。使用不易滑动的金刚石触针，针尖半径 0.005mm，高度 6.5mm。从前至后测量凸轮表面，通过速度为 0.50 mm/s～0.75mm/s。使探针稍稍超出凸轮前后的两端并轻微地下探，确保测量轨迹完整。以轮廓模式观看轨迹测量数据，对轨迹进行结构和波纹度分析。以凸轮未磨损的两端的平均值为基准进行两点直线结构水平调整的软件设置。利用高斯平滑滤波器显示轮廓的波纹度，截止长度设为 0.25mm，将滤波器设置（非标准设定）延伸到表面结构的末端。典型的，水平调整线与未磨损两端的波纹度轮廓的最高点相符合或相接近。总波纹度参数 W_t 为波纹度轮廓最高点与最低点的垂直距离，使用 W_t 值作为磨损测量值。

11.5.3.4　试验后，测量凸轮凸缘，分析形貌仪测量轨迹图形确定 W_t 值。由于凸轮比摇臂抗磨块宽，在凸轮凸缘的两端各有一个未磨损的窄角。如可能，找出这些未磨损角，在图形上画出参考线。凸轮磨损表面的最低谷为凸缘磨损，在图形上的测量显示为正交垂直于参考线。当缺少一个明显的未磨损角时，使用试验前轮廓去外推参考线。

11.5.3.5 如果没有出现两个未磨损角，利用两点连线方法对轨迹进行水平调整（电子水平调整）。

11.5.3.6 如果只出现一个未磨损角，不使用形状方法对轨迹进行水平调整（机械法）。

11.5.3.7 一个凸轮边角宽度至少0.10mm时才认为是未磨损角。如果窄角宽度小于0.10mm，将认为是磨损角，不使用形状方法进行水平调整。

11.5.3.8 如果少一个未磨损角，没有不规则形状存在，且至少30%轨迹没有磨损，利用另一个未磨损角，使用两点连线法进行水平调整。

11.5.3.9 如果在一个未磨损角出现不规则形状，在斜面上有很明显的上升或下降，该轨迹区域应从磨损计算中排除。波纹度评价长度线应尽可能靠近轨迹的末端定位，并将不规则形状区域排除。

11.5.3.10 如果凸轮表面存在擦痕或异常（金属移位）等缺陷，计算磨损时波纹度评价长度线的定位应先排除这些缺陷。

11.5.3.11 不使用形状方法进行水平调整，测量上止点时，以凸轮基圆为参考进行水平调整。测量上止点后各点时，以上止点后一侧为参考进行水平调整。测量上止点前各点时，以上止点前一侧为参考进行水平调整。上止点前后两侧参考点应选择在靠近上止点的未磨损区域，且应在距上止点20度之外。

11.5.3.12 通过上述技术方法测出的磨损出现不能解释的情况（例如，已知存在未磨损区域但在轮廓线上不能显示最高点）一般是很少见的。当出现这种情况时，向试验工程师咨询关于轮廓线的水平调整方法及磨损解释。在报告中说明磨损测量评价的过程。

12 试验结果的计算和解释

注：以适合的报告格式记录总结试验结果和计算。

12.1 凸轮轴凸轮磨损

12.1.1 使用表面形貌仪测量磨损的凸轮轴凸轮表面轮廓的变化。每个凸轮的前端和后端通常各有一个未磨损的边缘。利用这两个未磨损的边缘设定两点参考线，测量磨损的最大深度。

12.1.2 每个凸轮测量7个位置，分别是：凸轮顶部，即0°；±4°；±10°；±14°。通过测量未磨损区域轮廓线的最高位置（在0.5μm之内）定位凸轮顶部。

12.1.3 在凸轮轴前端安装直径大于25cm的360°角度轮或光学角度计。角度轮最小分度为1°或更小。将凸轮顶点定位后，确定角度轮0°基准线。当从发动机前端看时，正方向在凸轮顶点前，负方向在凸轮顶点后。形貌仪测量时应与之对应。

12.1.4 磨损凸缘轮廓（相位修正滤波的波纹度轮廓）相对于一条推导出的未磨损轮廓（基准线）的最大差值（W_t）为凸轮该位置的磨损值。各个点磨损测量的精度要求为在0~30μm的范围内为0.5μm或更好；在大于30μm范围时为1μm或更好。

12.1.5 对于单个凸轮，凸轮磨损是七个位置的磨损值的和。以合适的报告格式记录这些测量值。

12.1.6 凸轮轴磨损结果为12个凸轮磨损值的平均值（平均凸轮磨损，ACW，精确到0.01μm）。平均凸轮磨损的苛刻度修正见TMC 94-200。修正后的平均凸轮磨损（ACWFNL）结果以适当的格式记录在报告上，该值为本方法的主要试验结果。

12.2 机油分析

12.2.1 机油油样分析结果以合适的格式记录在报告上。

12.2.2 机油油样：取10mL新油、25h、50h、75h油样。在阶段Ⅱ（25h、50h、75h循环快结束时）的过渡期间取油样。从试验结束（100h）后放出的机油中取100mL作为100h油样。

12.2.3 磨损金属：测量油样（25h、50h、75h、100h）中的金属含量（mg/kg），报告铁和铜的含量。

12.2.4 运动黏度：测量和报告新油和100h后油样的40℃运动黏度。

12.2.5 燃油稀释：测量100h油样中燃油稀释质量百分数。燃油稀释的规定范围为3.5%~7.0%。(如果燃油稀释大于7.0%，则试验无效。)使用下列程序测定燃油稀释。

12.2.6 燃油稀释：利用修改的试验方法ASTM D3525气相色谱法测量质量百分数：

（1）使用C_{16}（十六烷）代替C_{14}（十四烷）（1mL注射器体积）。

（2）将比C_{16}轻的所有组分确定为燃油。

（3）积分器在输出曲线下建立一条水平基准线。

（4）色谱柱：不锈钢182.88cm×3.175mm（6ft×1/8in），固体支架：Dexsil300 10%，网格数为80到100。

（5）温度：烘箱温度从60℃到320℃，升温速度8℃/min。控制温度320℃维持16min。

13 试验报告

报告格式参见附录F。

14 精密度和偏差

14.1 精密度

14.1.1 试验精密度在TMC监控的参比油试验结果（对于操作有效的试验）的基础上确定。程序ⅣA监督小组每半年讨论一次数据。联系TMC获得当前的工业数据。按下述规定判断试验结果的可靠性(95%置信水平)。

14.1.2 中间精密度*i.p.*：

14.1.2.1 中间精密度条件：在相同的实验室、使用相同的试验方法，可以改变操作者、测量设备、试验台架、试验发动机和时间，对同一试验进行测定。

注：“中间精密度”，相对于“重复性”（重复性比中间精密度在实验室条件内定义得更为严格），更适合本试验方法。

14.1.2.2 中间精密度限值：在中间精密度条件下，对同一试样进行测定得到的两个试验结果之差不能超过表9中规定的值。

14.1.3 再现性*R*：

14.1.3.1 再现性条件：不同操作者，在不同实验室，使用不同的仪器，按照相同的方法，对同一试验分别进行测定。

14.1.3.2 再现性限值：在再现性条件下，对同一试样进行测定得到的两个单一、独立的试验结果之差不能超过表9中规定的值。

表9 试验精密度[a]

试验结果	中间精密度[b]		再现性[c]	
	$S_{i.p.}^{d}$	*i.p.*[e]	S_{R}^{d}	*R*[e]
平均磨损/μm	12.52	35.06	12.56	35.17

[a] 基于2002年2月20日至2005年5月18日间ASTM参比油1006-2试验数据获得。

[b] 见14.1.2.2。

[c] 见14.1.3.2。

[d] *S*——标准偏差。

[e] 基于试验单独的误差，差值为绝对值，两次试验结果之差期望落在的大约5%附近。

14.2 偏差

利用可接受的统计技术通过对参比油试验结果分析得到偏差。当出现明显的偏差时，允许对非参比油试验结果进行苛刻度修正，修正方法参见 TMC 94-200。

附 录 A
(规范性附录)
简图和流程图

A.1 冷却液系统示意图

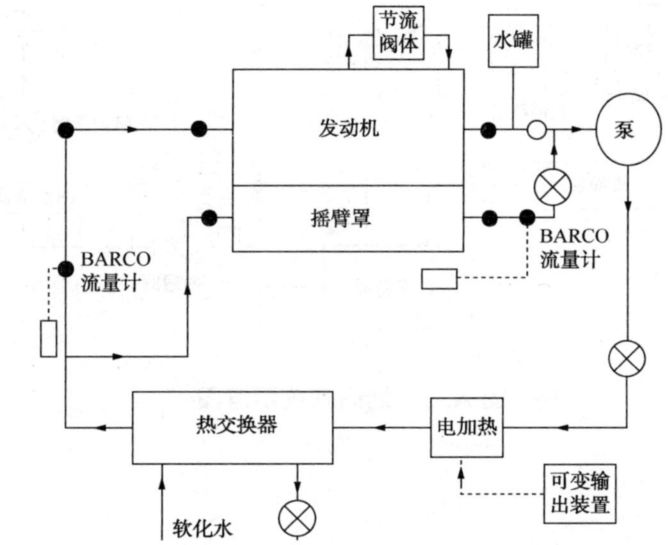

图 A.1 冷却液系统示意图

A.2 机油冷却系统示意图

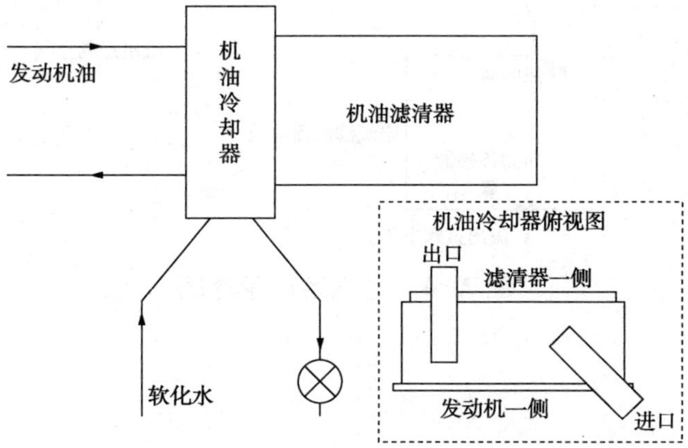

图 A.2 机油冷却系统示意图

A.3 燃油系统示意图

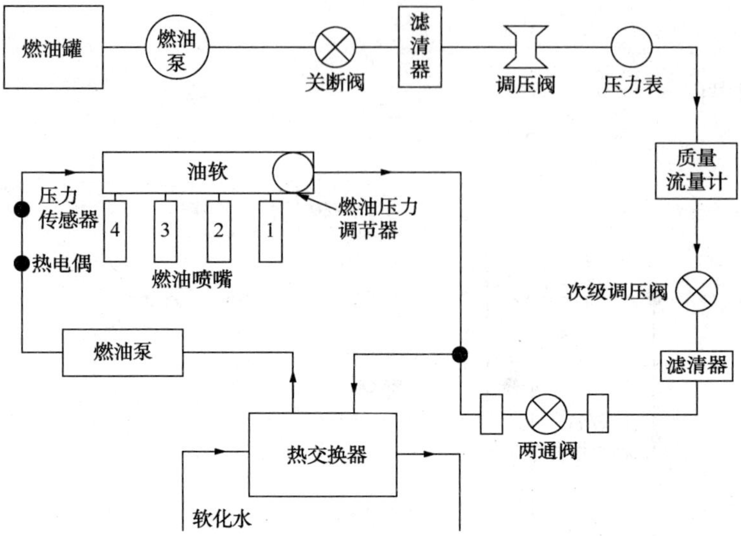

图 A.3 燃油系统示意图

A.4 进气系统示意图

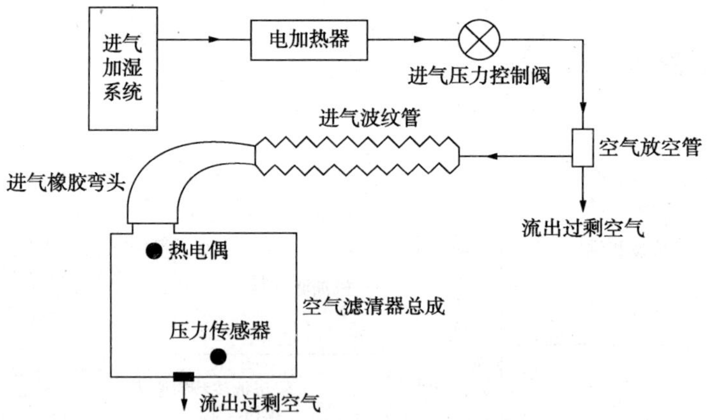

图 A.4 进气系统示意图

A.5　机油滤清器连接器改造

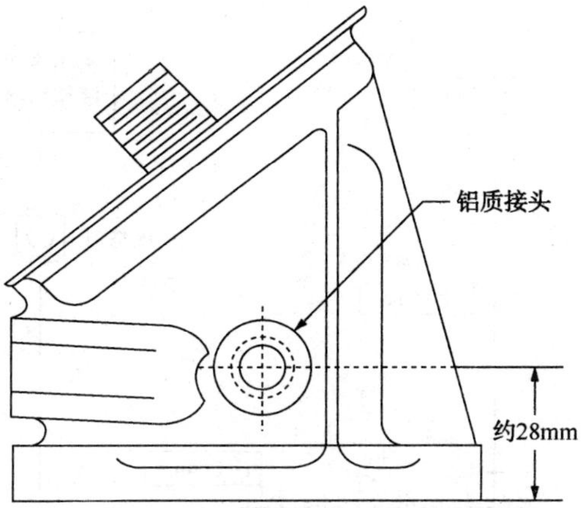

图 A.5　改造的机油滤清器连接器

A.6　油底壳改造

单位为毫米

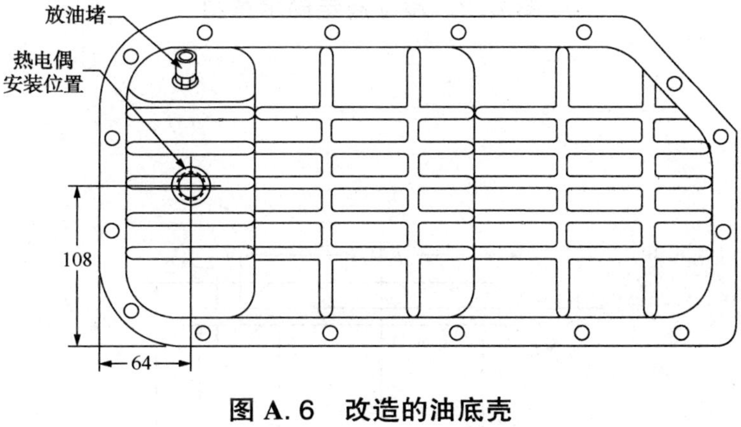

图 A.6　改造的油底壳

A.7 冷却液走向示意图

单位为毫米

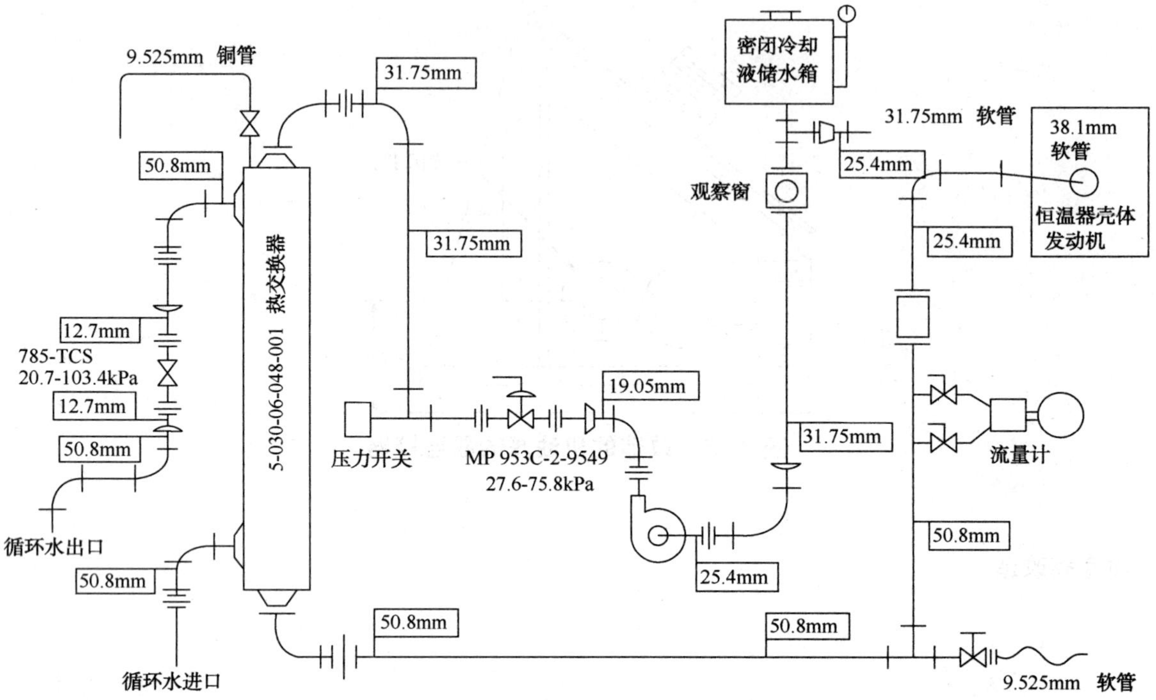

图 A.7 冷却液走向示意图

A.8 水泵孔堵

单位为毫米

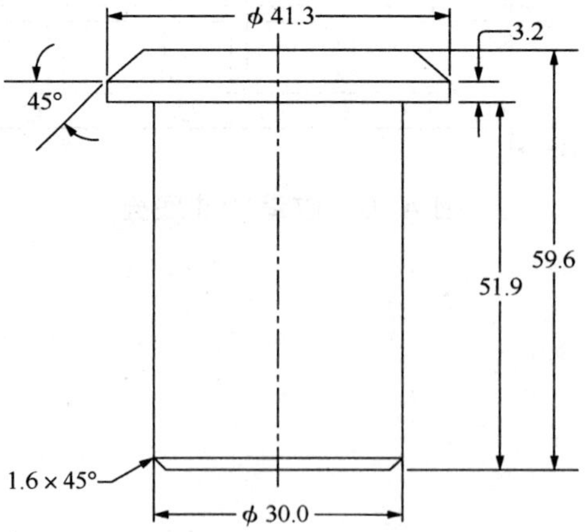

图 A.8 水泵孔堵

A.9 排气改进示意图

单位为毫米

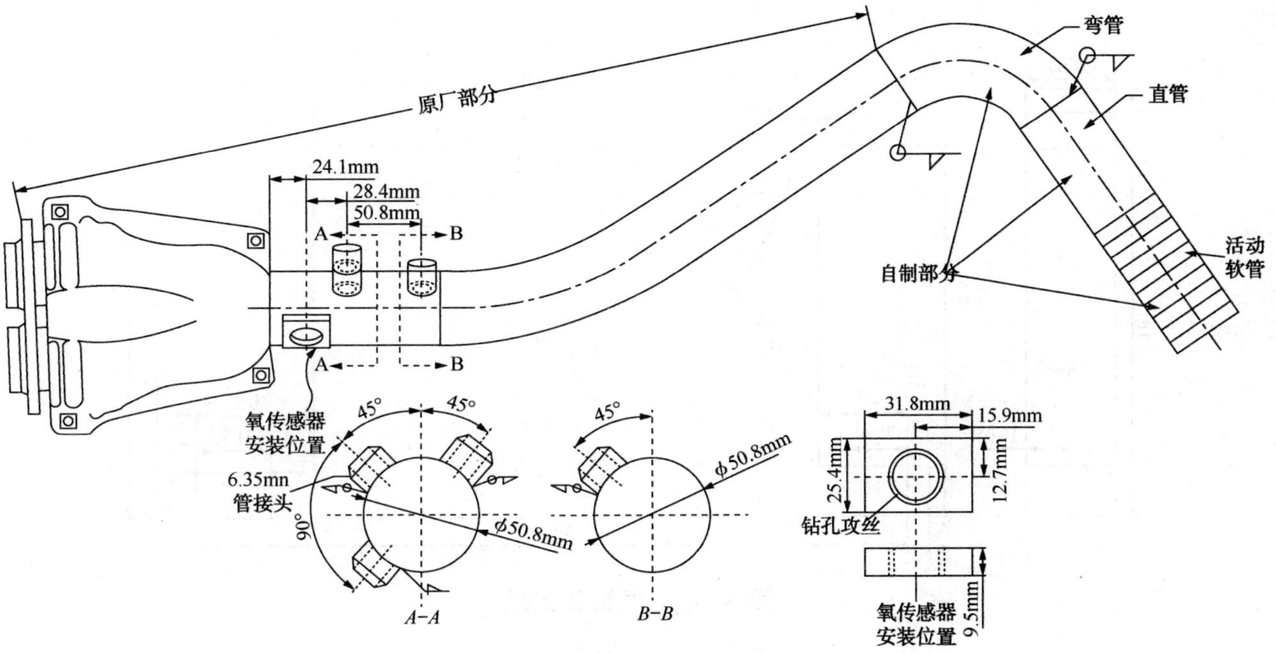

图 A.9 排气改造示意图

A.10 缸头改造图

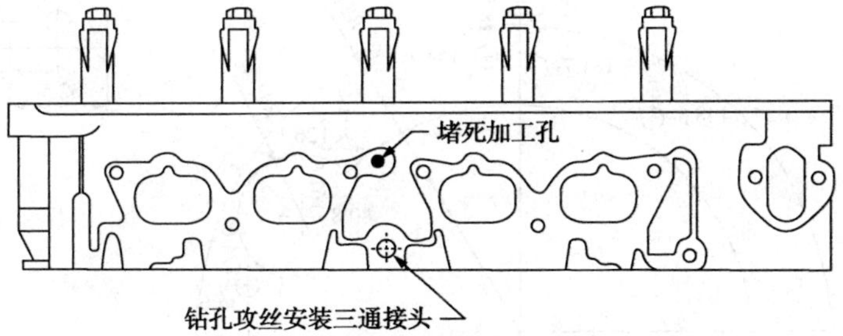

图 A.10 缸头改造图

A. 11 气缸头支架

单位为毫米

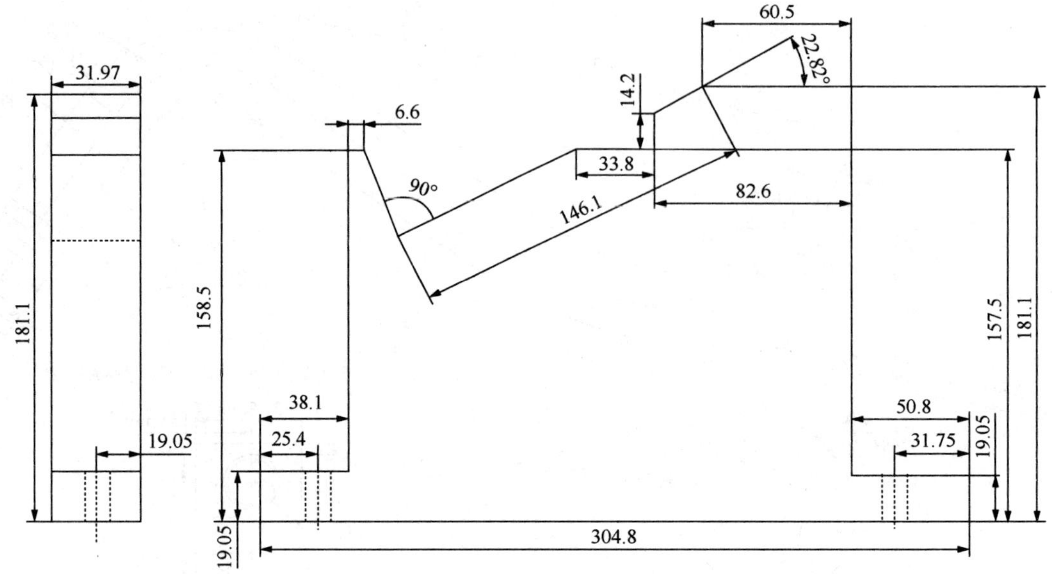

图 A. 11 气缸头支架

A. 12 发动机支撑盘

单位为毫米

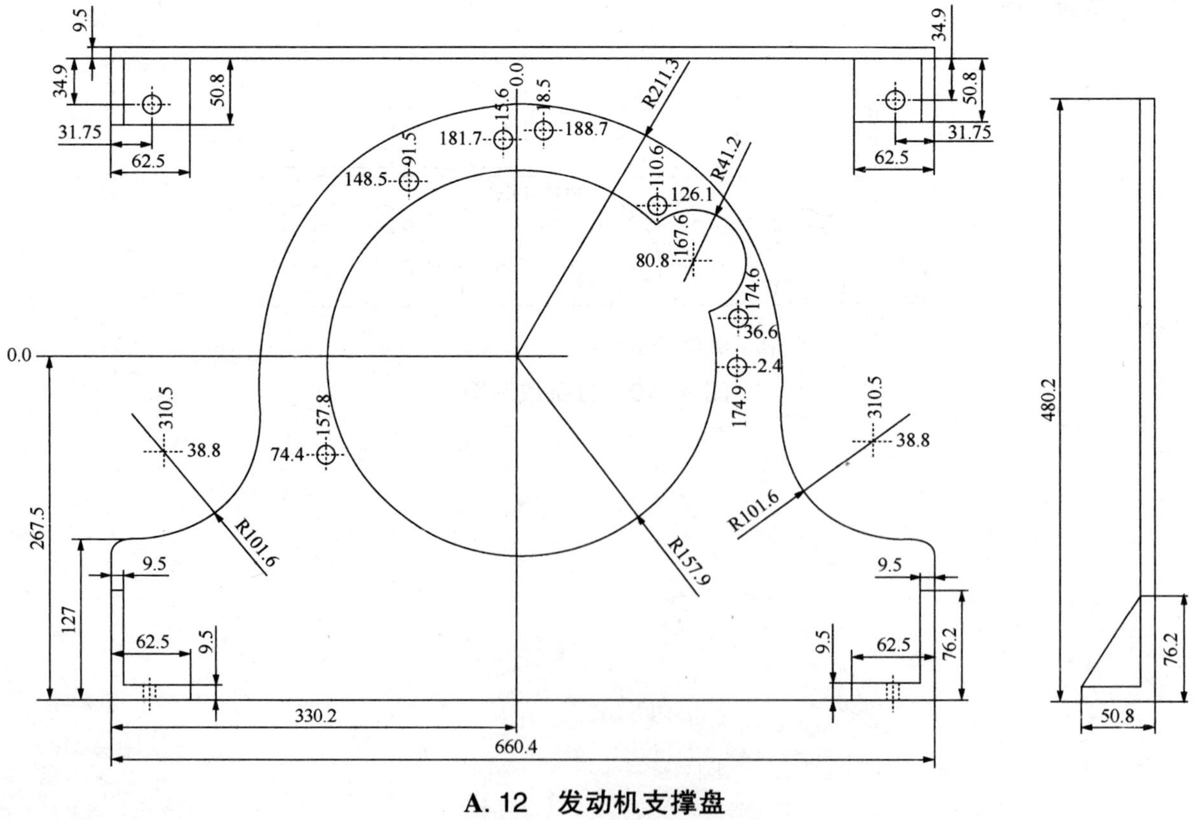

A. 12 发动机支撑盘

A.13 改进的飞轮

单位为毫米

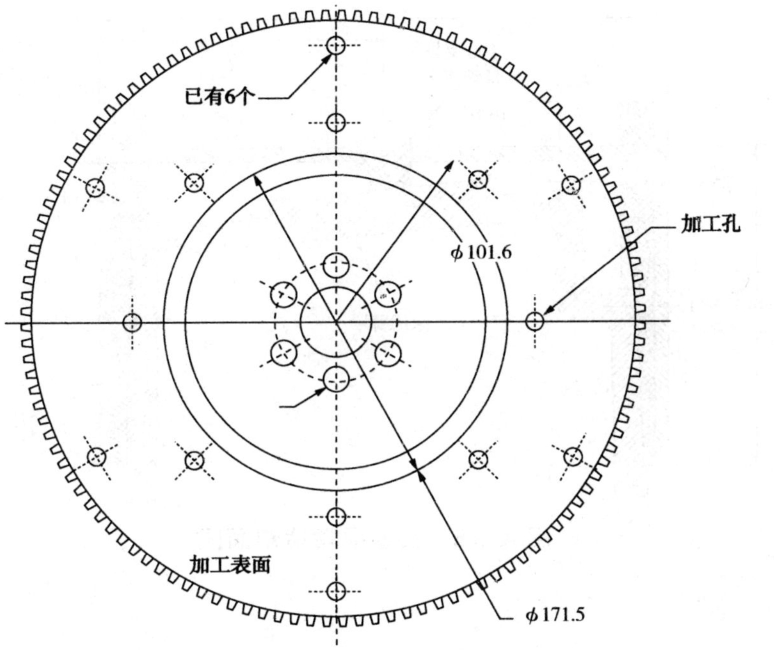

图 A.13 改进的飞轮

A.14 夹套摇臂罩

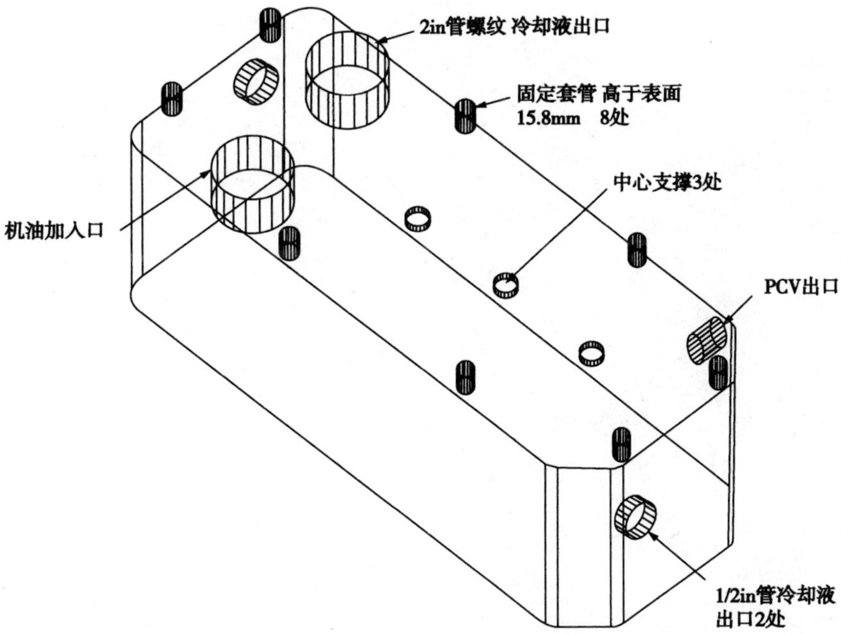

图 A.14 夹套摇臂罩

A.15 夹套摇臂罩剖面图

单位为毫米

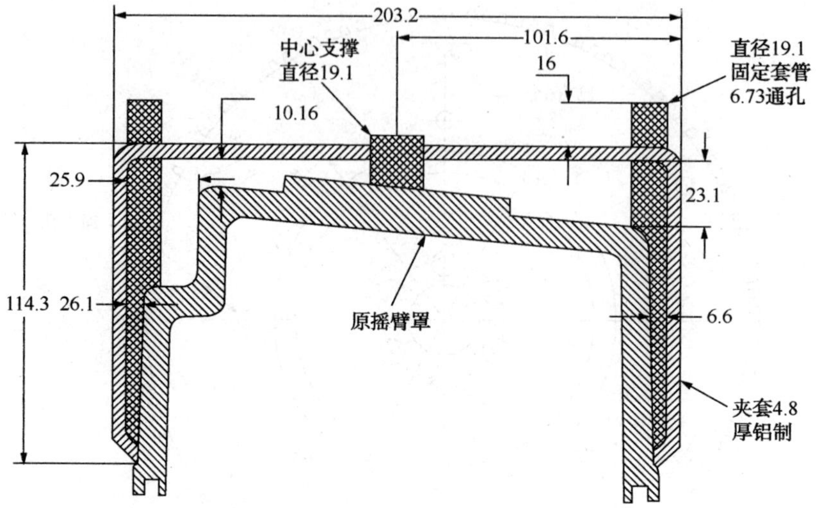

图 A.15 夹套摇臂罩剖面图

A.16 阀系磨损试验线路图

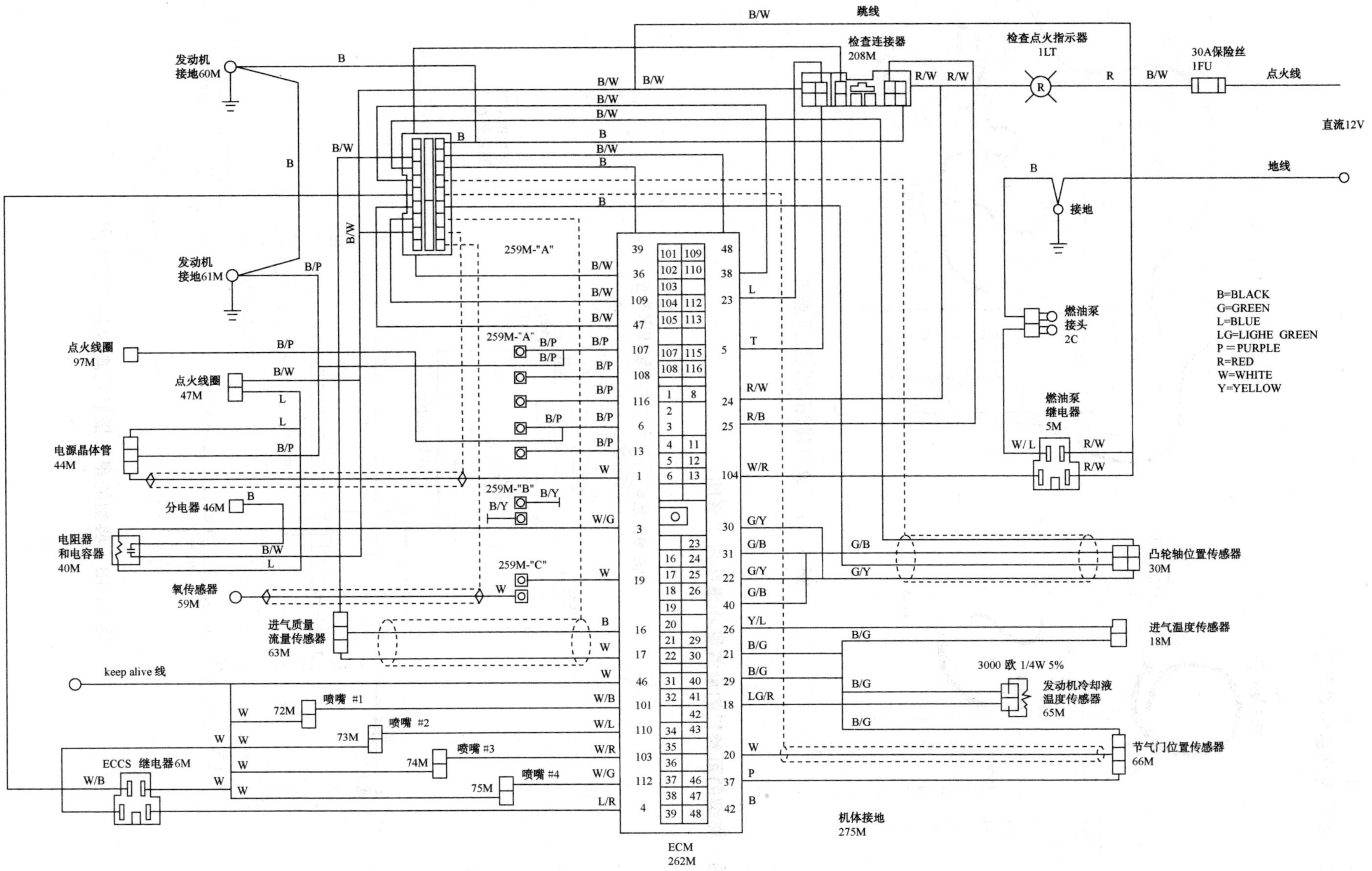

图 A.16 阀系磨损试验线路图

A.17 窜气量测量装置示意图

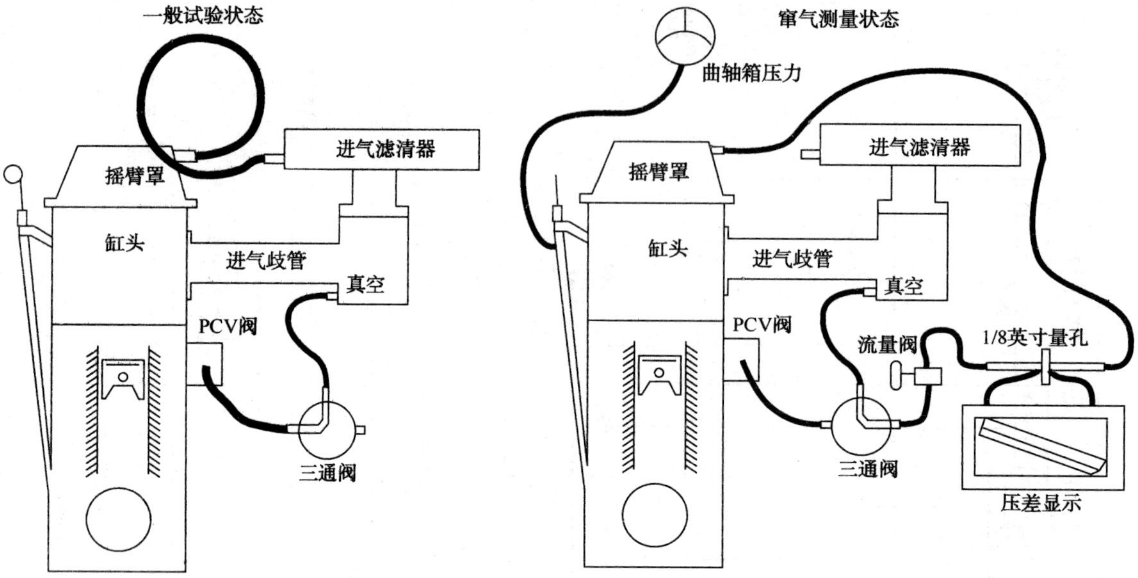

图 A.17 窜气量测量装置示意图

A.18 典型的可替代的窜气量测量装置示意图

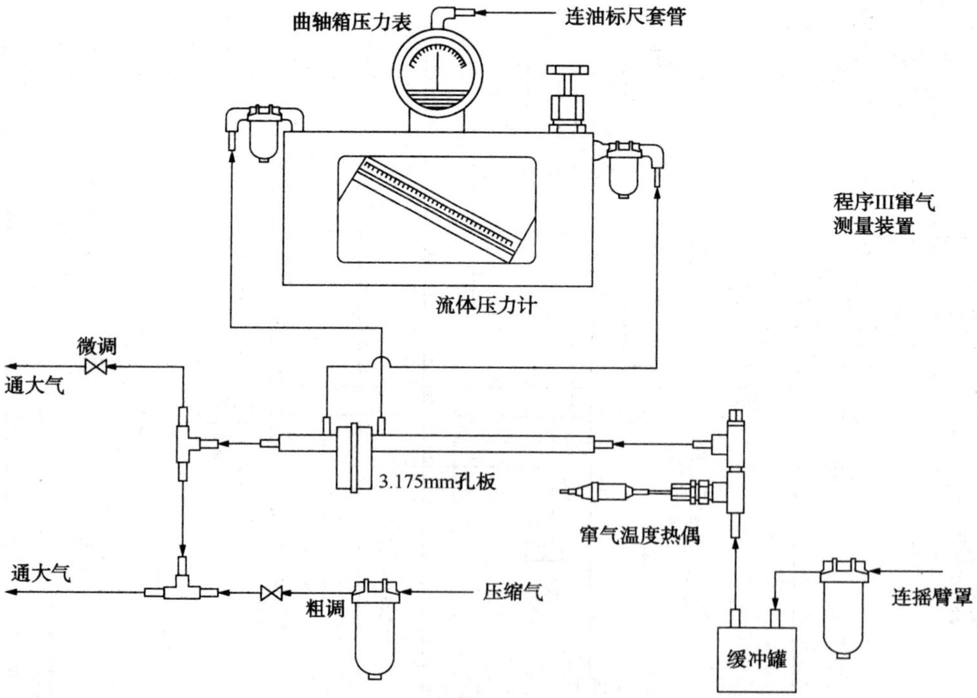

图 A.18 典型的窜气量替代测量装置示意图

附 录 B
(规范性附录)
安全防护

B.1 发动机试验操作可能给操作人员带来一定的安全危害。推荐只有受过专业培训和有丰富经验的人员才可承担发动机试验台架的设计、安装和操作。

B.2 每个发动机实验室的试验装置应有其安全管理部门的检查和认可。在发动机附近工作的人员应配备适当的工具、具备安全操作常识、避免接触热的、运动的发动机部件。在热的、运动的部件外部安装防护装置。当发动机在高速、大负荷运转期间，应安装护照，且操作人员在发动机和连接轴一侧工作时要注意安全，可为操作人员提供保护隔离栏。所有的燃油管线、机油管线、供电线路应走向合理，保护得当并保持整齐。如果安全防范措施不当，可能会发生擦伤关节、小型烧伤或割伤等事故。在发动机旁工作的人员要佩戴防护面具和防护眼镜，不穿宽松或飘逸的衣服，包括长头发或穿戴其他的饰物，可能缠绕在运转的发动机上。

B.3 发动机外部及发动机周围地面应保持清洁，没有机油和燃油喷溅。另外，所有工作区域应无致人绊倒的隐患。操作人员应注意有无燃油和排气泄漏。泄漏的燃油可能引发火灾，泄露的排气是有害的。不能在试验区域内堆放机油和燃油容器。

B.4 试验装置要安装燃油截止阀。当发动机不运转时，能自动关闭燃油供油。建议在试验台架较远的位置关闭燃油。提供适当的联动装置使发动机在出现以下情况时立刻停机：发动机低油压、测功机失去励磁电流、发动机超速、排气系统故障、房间通风故障或消防系统被启动。

B.5 如果设备运转无人看护，建议安装振动保护自锁装置，配备消防设备。

B.6 使用易燃溶剂进行清洗时，要随时观察有无危险。确保能够就近拿到适当的灭火装备。

附 录 C
（规范性附录）
操作条件

C.1 发动机磨合条件见表C.1。

表C.1 磨合条件

步骤	运行时间/min	转速/(r/min)	扭矩/(N·m)	冷却液流量/(L/min)	冷却液出口温度/℃	缸头机油温度/℃	进气温度/℃	进气压力/kPa	排气背压(绝对压力)/kPa
1	10	800	10	20	50.0	49.0	32	0.050	103.5
2	10	1600	10	30	50.6	51.4	32	0.050	103.5
3	10	2000	40	40	55.2	62.6	32	0.050	103.5
4	10	2400	40	50	56.4	65.3	32	0.050	103.5
5	10	2400	75	50	62.5	80.0	32	0.050	103.5
6	15	2800	75	60	64.7	85.2	32	0.050	103.5
7	15	3200	75	70	66.9	90.5	32	0.050	105.5
8	15	3200	110	70	75.0	110.0	32	0.050	105.5

C.2 机油冲洗操作条件见表C.2。

表C.2 机油冲洗操作条件

参数	单位	冲洗Ⅰ	冲洗Ⅱ
运行时间	min	20	20
发动机转速	r/min	800	1500
发动机扭矩	N·m	10	10
冷却液流量	L/min	30	30
冷却液出口温度	℃	50	55
缸头机油温度	℃	49	59
摇臂罩补气流量	SLPM[a]	10.0	10.0
进气温度	℃	32	32
进气压力	kPa	0.050	0.050
进气湿度	g/kg	11.5	11.5
排气背压（绝对压力）	kPa	103.5	103.5

[a] 标准L/min。

C.3 稳定阶段试验条件见表C.3。

表C.3 稳定阶段试验条件

参　数	单位	阶段Ⅰ	阶段Ⅱ
运行时间	min	50	10
发动机转速	r/min	800	1500
发动机扭矩	N·m	25	25
冷却液流量	L/min	30	30
冷却液出口温度	℃	50	55
缸头机油温度	℃	49	59
摇臂罩补气流量	SLPM	10.0	10.0
进气温度	℃	32	32
进气压力	kPa	0.050	0.050
进气湿度	g/kg	11.5	11.5
排气背压（绝对压力）	kPa	103.5	103.5
点火提前角（BTDC）	(°)	10	N/A

C.4 典型的试验操作参数范围见表C.4。

表C.4 典型的试验操作参数范围

参　数	单位	阶段Ⅰ	阶段Ⅱ
油底壳机油温度	℃	53.5±3	63.5±3
机油主油道温度	℃	50±3	60±3
缸头机油温度	℃	49±3	59±3
冷却液进口温度	℃	45.5±3	49±3
冷却液出口温度	℃	50±3	55±3
进气温度	℃	32±3	32±3
排气温度	℃	340±50	450±50
油轨燃油温度	℃	22.5±10	22.5±10
机油主油道压力	kPa	130±40	260±80
缸头机油压力	kPa	40±20	65±30
燃油压力	kPa	238±10	234±10
进气歧管真空度	kPa	60±5	60±5
排气背压（绝对压力）	kPa	103.5±1.0	103.5±1.0
进气压力	kPa	0.050±0.025	0.050±0.025
曲轴箱压力	kPa	−0.3±0.1	−0.3±0.1
冷却液流量	L/min	30±0.5	30±0.5
空燃比	无	14.4±0.3	14.4±0.3
燃油流量	kg/h	1.3±0.3	2.15±0.3
发动机转速	r/min	800±20	1500±20
发动机扭矩	N·m	25.0±2.5	25.0±2.5
进气湿度	g/kg	11.5±0.7	11.5±0.7
点火提前角（BTDC）	(°)	10±1	24±2

附 录 D
（规范性附录）
零件表

D.1 程序ⅣA 试验所需零件见表 D.1。

表 D.1 零件单

章条	种类	零件号	内 容	供应商
6.1 条	裸发动机系统	A0102-76P01	发动机缸体/缸头/阀系组件[a]	北美日产（Nissan）公司
6.4.1.3	试验件	13000-40F85	凸轮轴组件（1） 摇臂轴（2） 摇臂（12） 机油滤清器（3） 火花塞（4）	北美日产（Nissan）公司
6.4.1.4	缸头组件[b]	A1040-40F80	带有气门和弹簧，没有凸轮轴和摇臂。	北美日产（Nissan）公司
6.2.7	机油冷却器组件	21305-03E00	发动机机油冷却器	北美日产（Nissan）公司
6.4.1.4	气门研磨安装组件	A1042-10C2E	缸头垫片和密封	北美日产（Nissan）公司
	分电器组件	22100-40F00RE	分电器	北美日产（Nissan）公司
6.4.1.2	试验台架零件组 1	A0001-76P25		北美日产（Nissan）公司
6.4.1.2	试验台架零件组 2	A1001-40P25		北美日产（Nissan）公司
6.4.1.2	试验台架零件组 3	A4010-40P26		北美日产（Nissan）公司
6.4.1.2	试验台架零件组 4	14004-F4003		北美日产（Nissan）公司
6.3.9	带夹套摇臂罩	TEI-NⅣAWCR-020	铝制带夹套摇臂罩	试验工程公司
6.2.9	改装的线束	OHTKA24-002-1	改造的 ECM 线束	OH 技术公司
6.3.4.2	进气滤清器组件	16500-86G50KT	空气滤清器室和滤芯	北美日产（Nissan）公司
6.5.1	凸轮角度仪	NⅣACWM010		试验工程公司
	缸头标定装置			OH 技术公司
7.4.2	硅胶	999MP-A7007	RTV 密封胶	日产（Nissan）供应商
7.2 条	试验燃料	KA24E	KA24E（绿色）	道化学公司
7.3.1	磨合油	TMC926-2	TMC926-2	ASTM TMC 提供

[a] 可进行 32 次试验；包含的缸头可进行 16 次试验。

[b] 可进行 16 次试验。

附　录　E
（规范性附录）
燃油规格

E.1　燃油规格见表 E.1。

表 E.1　KA24E 燃油规格

试验	单位	Haltermann HF003 燃油			方　　法
		最小	目标值	最大	
馏程-初馏点	℃	25		35	GB/T 6536
5%					
10%		50		60	
20%					
30%					
40%					
50%		90		110	
60%					
70%					
80%					
90%		150		160	
95%					
终馏点		200		215	
回收（体积分数）	%	报告			
残余（体积分数）	%	报告			
损失（体积分数）	%	报告			
API 重度	°API	58.7		61.2	ASTM D4052
密度	kg/L	0.734		0.744	GB/T 1884
雷德蒸气压	kPa	61		64	GB/T 8017
碳含量（质量分数）	%	0.8580		0.8667	ASTM E191
碳含量（质量分数）	%	报告			ASTM D3343
硫含量（质量分数）	%	0.01		0.04	GB/T 17040
铅含量	mg/L			2.6	GB/T 8020
氧含量（质量分数）	%			0.05	SH/T 0663
芳烃含量（体积分数）	%			35.0	GB/T 11132
烯烃含量（体积分数）	%	5.0		10.0	GB/T 11132
饱和烃含量（体积分数）	%	报告			GB/T 11132
诱导期	min	1440			GB/T 8018

表 E.1 （续）

试验	单位	Haltermann HF003 燃油			方 法
		最小	目标值	最大	
铜片腐蚀				1	GB/T 5096
溶剂洗胶质含量	mg/100mL			5	GB/T 8019
研究法辛烷值		96.0		97.5	GB/T 5487
马达法辛烷值		报告			GB/T 503
（R+M）/2		报告			GB/T5487 GB/T 503
辛烷值灵敏度		7.5			
净热值	MJ/kg	报告			GB/T 384
颜色		绿色			目测

E.2 国产试验燃油规格见表 E.2。

表 E.2 国产试验燃油典型数据

项 目	国产燃油典型值	测试方法
初馏点/℃	35.2	GB/T 6536
10%回收温度/℃	62.6	
50%回收温度/℃	113.0	
90%回收温度/℃	170.6	
终馏点/℃	198.1	
残留量（体积分数）/%	1.2	
损失量（体积分数）/%	2.3	
硫含量/（mg/kg）	9	GB/T 17040
氧含量（质量分数）/%	0.11	SH/T 0663
铅含量/（mg/L）	2.9	GB/T 8020
碳含量（质量分数）/%	86.34	SH/T 0656
氢含量（质量分数）/%	13.52	SH/T 0656
芳烃含量（体积分数）/%	29.7	GB/T 11132
烯烃含量（体积分数）/%	5.5	
诱导期/min	>1000	GB/T 8018
铜片腐蚀（50℃、3h）/级	1a	GB/T 5096
溶剂洗胶质含量/（mg/100mL）	4.0	GB/T 8019
研究法辛烷值	97	GB/T 5487

附　录　F
（规范性附录）
试验报告

汽车发动机油性能的评定 程序ⅣA 法
试验报告

送样单位 ______________________
油样名称 ______________________
试验编号 ______________________
试验日期 ______________________
试验方法 ______________________
试验时间 ______________________
燃 料 油 ______________________
试验单位 ______________________

F.1 试验简介

F.1.1 程序ⅣA 试验用于评价 SL/GF-3、SM/GF-4 和 SN/GF-5 级汽油机油降低凸轮轴磨损的性能。

F.1.2 试验发动机为 1994 Nissan KA24E 4 缸 2.4L 发动机，单顶置凸轮轴，每缸 3 气门（2 进 1 排）。每次试验使用新的凸轮轴、摇臂和摇臂轴。

F.1.3 程序ⅣA 试验时间为 100h，每 1h 为一个循环，每个循环包括 2 个阶段。试验主要参数见下表。

试验参数	1 阶段	2 阶段
时间/ min	50	10
发动机转速/（r/min）	800±20	1500±20
发动机扭矩/Nm	25.0±2.5	
冷却液出口温度/℃	50±3	55±3
缸头机油温度/℃	49±3	59±3
进气温度/℃	32±3	
进气压力/kPa	0.05±0.025	
进气湿度/（g/kg）	11.5±0.7	
排气背压（绝对压力）/kPa	103.5±1.0	
发动机冷却液流量/（L/min）	30±0.5	
点火提前角（BTDC）/（°）	10±1	24±2

F.1.4 试验结束后，将发动机凸轮轴拆下，测量凸轮磨损，对试验后油样进行黏度、金属含量及燃油稀释分析。

F.2 试验结果汇总

平均凸轮磨损量/μm		
进气凸轮磨损量/μm	最大值	
	平均值	
排气凸轮磨损量/μm	最大值	
	平均值	
凸轮顶点（0°）磨损量/μm	最大值	
	平均值	

机油消耗量/g	
燃油稀释（体积分数）/%	
燃油消耗量/kg	
Fe 含量（100h）/（mg/kg）	
窜气量（5h）/（L/min）	
窜气量（100h）/（L/min）	

日　　期：______________

试验工程师：______________

试验负责人：______________

报告签发人：______________

F.3 凸轮磨损量汇总

位置	缸号	凸轮编号	顶点前 14° 磨损量/μm	顶点前 10° 磨损量/μm	顶点前 4° 磨损量/μm	顶点（0°） 磨损量/μm	顶点后 4° 磨损量/μm	顶点后 10° 磨损量/μm	顶点后 14° 磨损量/μm	凸轮磨损量 （7 点之和）/μm
进气	1	1								
		3								
	2	4								
		6								
	3	7								
		9								
	4	10								
		12								
	最大值									
	平均值									
排气	1	2								
	2	5								
	3	8								
	4	11								
	最大值									
	平均值									
总的最大值										
总的平均值										

F.4 试验参数汇总

	试验参数	QI[a]阈值	QI[b]（试验后）	设定值		平均值		采样量[b]	BQD[c]	超限[d]
				1 阶段	2 阶段	1 阶段	2 阶段			
控制参数	发动机转速/（r/min）	0.000		800	1500			10000		
	发动机扭矩/Nm	0.000		25.0				10000		
	冷却液出口温度/℃	0.000		50.0	55.0			10000		
	进气湿度/（g/kg）	0.000		11.4				10000		
	进气温度/℃	0.000		32				10000		
	进气压力/kPa	0.000		0.05				10000		
	排气背压（绝对压力）/kPa	0.000		103.5				10000		
	发动机冷却液流量/（L/min）	0.000		30				10000		
	缸头机油温度/℃	0.000		49.0	59.0			10000		
	摇臂盖补气流量/（L/min）	0.000		10.0				10000		

	试验参数	典型值		平均值	
		1 阶段	2 阶段	1 阶段	2 阶段
非控制参数	油底壳机油温度/℃	49~54	57~65		
	主油道机油温度/℃	46.5~50.5	58.5~61.5		
	冷却液进口温度/℃	44~46	49~50		
	排气温度/℃	306~332	414~434		
	燃油温度/℃	15~30	15~30		
	主油道压力/kPa	99.5~145.5	210.5~280.5		
	缸头机油压力/kPa	30~60	50~90		
	燃油压力/kPa	230~380	230~380		
	进气歧管真空度/kPa	57.7~59.9	63.8~65.8		
	空燃比	14.1~14.7	14.1~14.7		
	曲轴箱压力/kPa	-0.1~ -0.4	-0.1~ -0.4		
	燃油流量/（kg/h）	1.2~1.4	2.0~2.2		
	点火提前角（BTDC）/（°）	9~11	22~26		
	实验室温度/℃	20~45	20~45		
	摇臂罩窜气温度/℃	47~49	52~55		
	摇臂罩冷却液流量/（L/min）	3.0~4.5	3.0~4.5		

[a] QI（Quality Index）：试验参数控制的性能指数。
[b] 由试验长度和采样频率确定的数据采集数量。
[c] BQD（Bad Quality Data）：采集到的异常（故障）数据的数量。
[d] 由于超出统计测量界限的被省略的数据点数量

F.5 油样分析

试验时间	40℃运动黏度/（mm^2/s）	燃油稀释（体积分数）/%	金属含量分析/（mg/kg）	
			Fe	Cu
新油				
100h				

F.6 非计划停机和维修记录

停机次数：　　　次		
试验时间	停机时间	原　因
总停机时间		

备　注

参 考 文 献

[1] ASTM 研究报告 RR：ASTM D02-1218
[2] 日产（Nissan）服务手册
[3] 数据采集与自动控制Ⅱ标准：见 ASTM 研究报告 Data Acquisition and Control Automation Ⅱ TaskForce Report，June 17th，1997
[4] TMC 94-200：见 ASTM TMC 网站的 ftp：//ftp. astmtmc. cmu. edu/docs/ltms/ltms. pdf

---

编者注：本标准中引用标准的标准号和标准名称变动如下。

原标准号	现标准号	现标准名称
GB/T 503	GB/T 503	汽油辛烷值的测定　马达法
GB/T 5487	GB/T 5487	汽油辛烷值的测定　研究法
GB/T 8018	GB/T 8018	汽油氧化安定性的测定　诱导期法
GB/T 8020	GB/T 8020	汽油中铅含量的测定　原子吸收光谱法
SH/T 0656	NB/SH/T 0656	石油产品及润滑剂中碳、氢、氮的测定　元素分析仪法
SH/T 0663	NB/SH/T 0663	汽油中醇类和醚类含量的测定　气相色谱法

ICS 75.100
E 34

SH

中华人民共和国石油化工行业标准

NB/SH/T 0898—2015

汽车发动机油低温油泥性能的评定程序ⅤG法

Standard test method for evaluation of automotive engine oils for inhibition of deposit formation in a spark-ignition internal combustion engine fueled with gasoline and operated under low-temperature, light-duty conditions

2015-10-27 发布 2016-03-01 实施

国家能源局 发布

目　次

前 言

本标准按照 GB/T 1.1—2009 给出的规则起草。

本标准使用重新起草法修改采用美国试验与材料协会标准 ASTM D6593-13a《用点火式汽油发动机在低温轻负荷条件下评价汽油机油沉积物性能》。

本标准在采用 ASTM D6593-13a 时进行修改。本标准与 ASTM D6593-13a 的主要技术差异如下：

——将部分引用标准修改为我国相应的国家标准和行业标准。

——增加了国产试验燃油，因为试验中需要大量燃油，长期依赖进口不符合国情。

——删除第 11 章关于 TMC 对于标定的内容介绍。

——删除了第 13 章 中关于 TMC 对评分员的相关要求，因为我国的标准不受 TMC 的监督。

——增加了试验报告格式的附录。

本标准由中国石油化工集团公司提出。

本标准由全国石油产品和润滑剂标准化技术委员会石油燃料和润滑剂分技术委员会（SAC/SC1/TC280）归口。

本标准起草单位：中国石油化工股份有限公司石油化工科学研究院。

本标准主要起草人：林磊、王姗姗、李少玉、卢文彤、邢建强、张振华、杨本丰。

本标准为首次发布。

汽车发动机油低温油泥性能评定　程序ⅤG法

警告：本标准的应用可能涉及某些有危险性的材料、操作和设备，但并未对此有关的所有安全问题都提出建议。用户在使用本标准之前有责任制定相应的安全和防护措施，并确定相关规章限制的适用性。有关安全措施参见附录A。

1　范围

本标准规定了一种评定汽油机油油泥、漆膜等沉积物生成趋势的试验方法。

本标准适用于汽油机油（例如：SL/GF-3、SM/GF-4、SN/GF-5）和有相关要求的汽车发动机油。

2　规范性引用文件

下列文件对于本文件的应用是必不可少的。凡是注日期的引用文件，仅所注日期的版本适用于本文件。凡是不注日期的引用文件，其最新版本（包括所有的修改单）适用于本文件。

GB 1922—2006　油漆及清洗用溶剂油

GB/T 5096　石油产品铜片腐蚀试验法

GB/T 5487　汽油辛烷值测定法（研究法）

GB/T 6536　石油产品常压蒸馏特性测定法

GB/T 8017　石油产品蒸气压的测定　雷德法

GB/T 8018　汽油氧化安定性测定法（诱导期法）

GB/T 8019　燃料胶质含量的测定　喷射蒸发法

GB/T 8020　汽油铅含量测定法（原子吸收光谱法）

GB/T 11132　液体石油产品烃类的测定　荧光指示剂吸附法

GB/T 11133　液体石油产品水含量测定法（卡尔·费休法）

GB/T 11137　深色石油产品运动黏度测定法（逆流法）和动力黏度计算法

GB/T 13377　原油和液体或固体石油产品　密度或相对密度的测定　毛细管塞比重瓶和带刻度双毛细管比重瓶法

GB/T 17040　石油和石油产品硫含量的测定 能量色散X射线荧光光谱法

GB/T 17476—1998　使用过的润滑油中添加剂元素、磨损金属和污染物以及基础油中某些元素测定法（电感耦合等离子体发射光谱法）

GB/T 17754—2012　摩擦学术语

NB/SH/T 0474　在用汽油机油中稀释汽油含量的测定　气相色谱法

SH/T 0510　汽油机油发动机试验评分法

SH/T 0656　石油产品及润滑剂中碳、氢、氮测定法（元素分析仪法）

SH/T 0663　汽油中某些醇类和醚类测定法（气相色谱法）

NB/SH/T 0829　沸程范围174℃～700℃石油馏分沸程分布的测定　气相色谱法

ASTM D 235　Specification for Mineral Spirits (Petroleum Spirits) (Hydrocarbon Dry Cleaning Solvent)（溶剂汽油规格）

ASTM D 287　Test Method for API Gravity of Crude Petroleum and Petroleum Products (Hydrometer

Method）（原油和石油产品 API 比重的试验方法（液体比重计法））

ASTM D 1298 Test Method for Density, Relative Density, or API Gravity of Crude Petroleum and Liquid Petroleum Products by Hydrometer Method（用比重计法对原油和液态石油产品密度、相对密度（比重）或 API 重力的试验方法）

3 术语和定义

下列术语和定义适用于本文件。

3.1

空燃比 air-fuel ratio（AFR）

进入发动机燃烧室混合气的空气与燃油的质量比。

3.2

窜气 blowby

发动机运转时，从燃烧室窜入曲轴箱中的燃烧产物、未燃烧的燃油和空气的混合气。

3.3

冷粘环 cold-stuck piston ring

活塞环在发动机运转时是自由的，而当活塞和活塞环冷却到室温时才粘结。它的特征是活塞环和气缸壁接触表面的全圆周上有连续的磨光表面。

3.4

杂质 debris

在发动机中，并非人为导入发动机中的固体污染物或磨损产物。

3.5

滤波 filtering

数据采集时，一种在给定频率范围内衰减信号的方法。可以使用机械型（容积、弹力、质量）、电子型（电容、电感）、数字型（数学方程）或混合型。通常，使用低通滤波器衰减不需要的高频噪声。

3.6

热粘环 hot-stuck piston ring

活塞环在发动机运转时就已粘结。它的特征是活塞环和气缸壁接触表面的某些部分有漆膜或积炭。

3.7

爆震 knock

由于空气和燃油混合自燃引起的非正常燃烧。

3.8

不合格数据 out of specification data

数据采集过程中，超出试验监控参数限值的采样值。

3.9

读数 reading

数据采集中，在试验程序定义的时间周期内得到的能够描述运转工况的数据点。

3.10

粘焊 scoring

相对运动的摩擦［表］面之间由于闪温过高使许多小接触点出现焊接并在相对滑动中被撕裂的磨损。

［GB/T 17754—2012 5.35 条］

3.11

胶合　scuffing

是粘焊这类磨损中更为严重的一种形式。

[GB/T　17754—2012　5.36条]

3.12

油泥　sludge

主要由燃油燃烧产物、润滑油氧化产物和水所形成的沉积物。这种沉积物不能从发动机零件上流下来，但可以用软布擦掉。

3.13

时间常数　time constant

数据采集中，表示系统响应时间测量值的数值。

3.14

漆膜　varnish

一种又干又硬且不溶于油的沉积物。这种沉积物一般有光泽，用软布擦不掉，但可以用某些有机溶剂洗掉。

3.15

磨损　wear

相对运动零件表面上的材料位移或损失。通常是机械作用、化学作用或两者共同作用的结果。

3.16

堵塞　clogging

沉积物在流体通道边缘聚积而使流体流动受到阻碍。

3.17

富油　enrichment

燃油消耗率大于化学计量的燃油消耗率。

3.18

过量空气系数　lambda

发动机运转时，对一特定燃油，实际进入的空气质量与按化学计量所需理论空气质量的比值。

3.19

低温低负荷工况　low-temperature, light-duty conditions

指发动机机油和冷却液的温度低于正常暖机状态，发动机转速和输出功率小于典型的高速行驶工况。

3.20

爬坡　ramping

从一种操作状态改变为另一种操作状态时，给某参数设定的变化速率。

3.21

质量指数　quality index (QI)

用给定公式对试验控制参数数据进行计算而得出的一个值，用来衡量试验参数的控制性能。

4　方法概要

4.1　每一台试验发动机是由许多新零件组装而成的，组装过程的各方面均有详细规定。

4.2　试验台架可控制发动机转速、负载、空燃比及其他操作参数。

4.3　试验时间共计216h。其中包含54个循环，每个循环4h，每个循环由3个阶段组成。

4.4　每循环中改变操作条件，特征为低温、中温和低负荷、中负荷操作条件的转换。

4.5 为加速沉积物的生成，显著提高了进入曲轴箱的窜气量及窜气中的氮氧化物含量。同时，减少曲轴箱内的新鲜空气、降低机油和冷却液温度，使油中的水、燃油凝结。

4.6 试验结束后，通过解体发动机、测量沉积物生成的水平来评价试验油的性能。

5 方法应用

5.1 本试验方法通过精心选定试验条件，加速沉积物生成，以评价汽油机油抗沉积物生成的性能。本试验方法与实际使用数据相关联。

5.2 本试验方法与其他试验方法一起，定义了 SL/GF-3、SM/GF-4、SN/GF-5 级别汽油机油性能。

5.3 本方法中使用的发动机在近代汽车中具有广泛的代表性，但并不完全代表所有发动机。外推试验结果时，应将此因素和强化的操作条件一并考虑。

6 试验设备

6.1 试验用福特公司生产的四冲程八缸 4.6LV 型点燃式发动机，其特征为顶置凸轮轴、涡流快速燃烧缸头设计、每缸两阀及进气道电子燃油喷射。

6.2 配置适用于试验发动机的试验台架。

6.3 使用满足试验控制条件要求的进气供给设备对发动机进气进行温度、压力及湿度的控制。

6.4 使用适当的燃油供给系统（见图1）。

单位为毫米

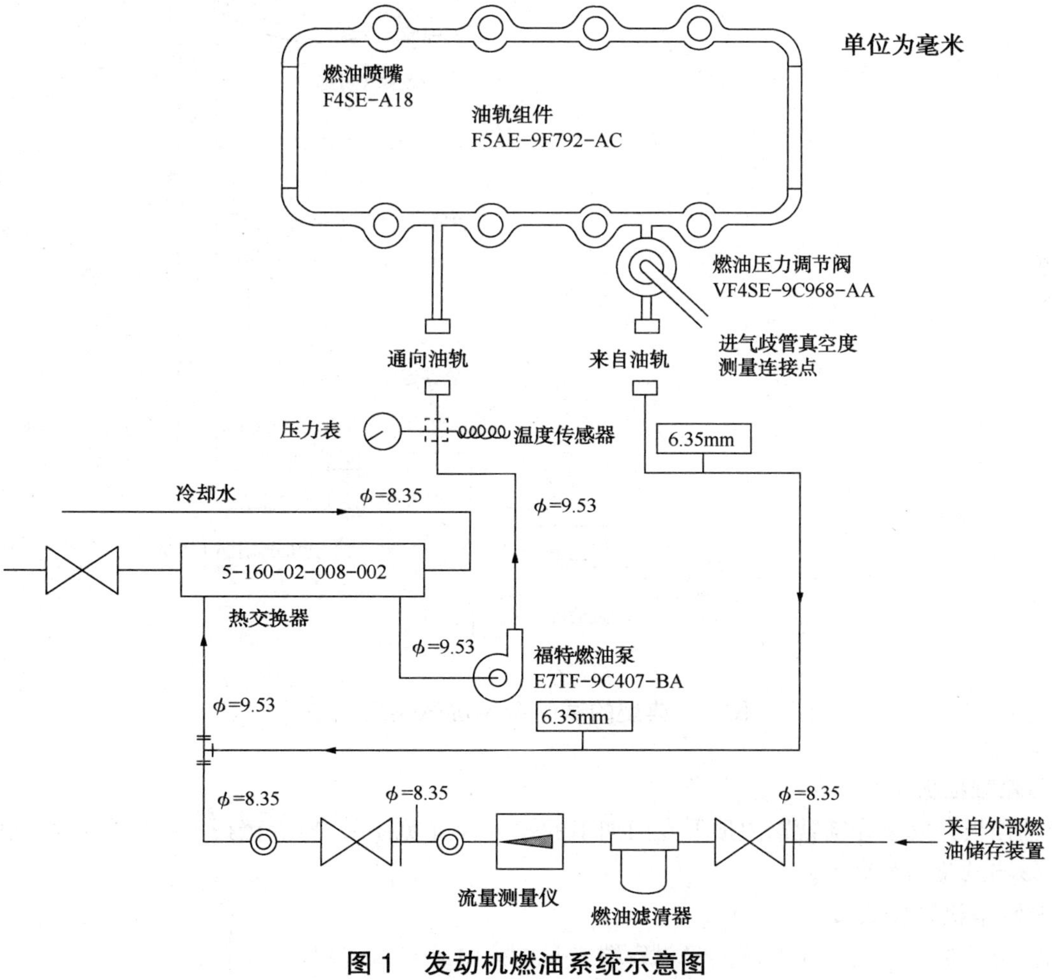

图1 发动机燃油系统示意图

6.5 试验台架使用的控制和数据采集系统应满足附录 B 中的要求。

7 仪器和设备

7.1 程序 VG 试验发动机

福特汽车公司生产。发动机上的零件最多可使用 4 次试验。其他零部件见附录 C。在试验过程中，非评分零件在不涉及机油相关问题的情况下可以更换。

7.2 每次试验所需新零件

使用表 D.1 列出的发动机零件。每次发动机组装时所需的各种垫片皆使用新的。

7.3 重复使用的零件

曲轴、连杆、正时链条盖板和缸头可多次使用。凸轮轴最多可重复使用 4 次。附录 D 列出了所有重复使用的发动机零件。

7.4 特别加工的发动机零部件

7.4.1 进气系统零部件见图 2、图 C.1、图 C.2。

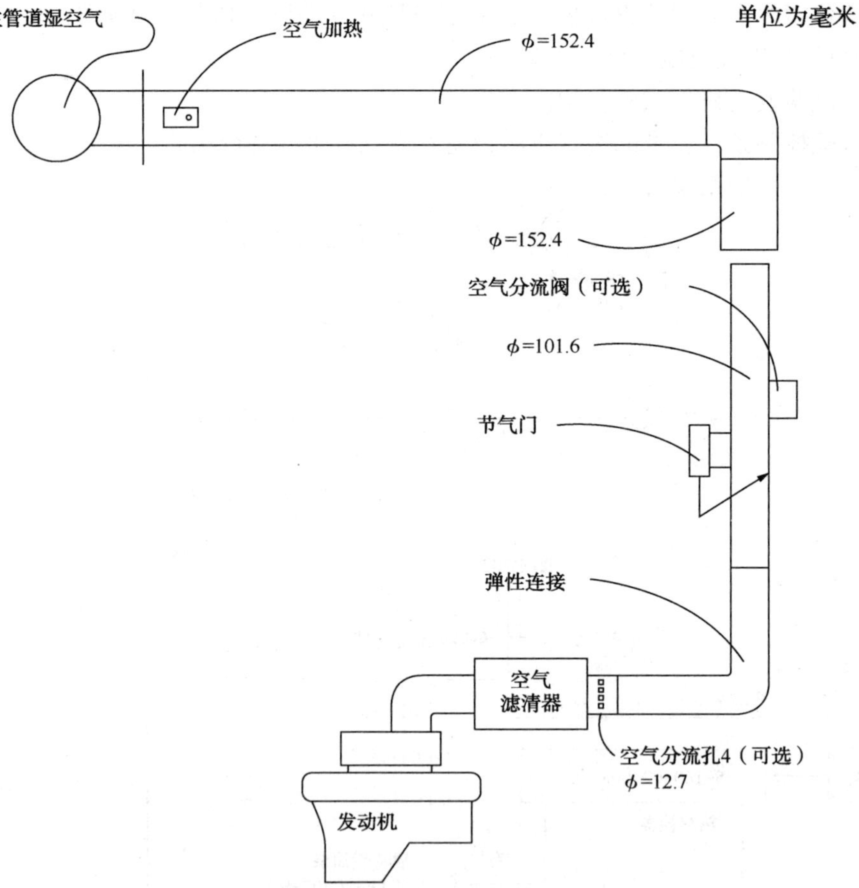

图 2 典型的试验台架进气供应系统

7.4.2 凸轮轴挡板

凸轮轴挡板是安装在摇臂罩内顶下专门加工的评分件（见图 C.3）。挡板与摇臂罩边缘之间的间隙大小直接影响试验的苛刻度。

7.4.3 曲轴箱机油加油口

曲轴箱机油加油口设计在左侧摇臂罩后端（见图 C.4 中的 8、9 标记位置）。

7.4.4 油标尺及油标尺套管

油标尺与油标尺套管配套是专门设计的（见图 C.6），用于精确测量机油液面。更换时要一并更换。

7.4.5 油底壳

使用带有挡板的改造油底壳（见图 C.7）。

7.4.6 排气歧管

排气系统见图 C.15 和图 C.16。每个排气歧管之后皆装有排气氧传感器。

7.4.7 飞轮

使用附录 D 列出的专用飞轮。

7.4.8 摇臂罩

摇臂罩为不锈钢材质，设计有冷却水套和固定凸轮轴挡板的螺纹（见图 C.3~图 C.5）。

7.4.9 机油滤清器

使用图 C.8 所示的机油滤清器（滤网规格为 60μm）。

7.4.10 油底壳隔热罩

油底壳外设计有玻璃纤维的隔热罩，以减小大气温度变化的影响。

7.5 专用的发动机测量及安装工具

需附录 E 所列的专用工具和设备。

7.5.1 活塞环定位器

活塞环定位器（见图 C.9）是将活塞环置于缸套内距缸套上沿 28.5mm 的位置处，以保证在测量压缩环开口间隙时保持位置统一。

7.5.2 切环器

用于调整活塞环开口间隙。

7.5.3 PCV 阀流量测量装置

7.5.3.1 装置原理见图 C.10。用此装置测量 PCV 阀试验前和试验后的流量以便计算 PCV 阀的堵塞率。装置的精度应能达到 5%，分辨率为 0.05L/s。

7.5.3.2 每 6 个月标定一次流量测量装置。

7.5.4 发动机维修工具

试验发动机需要的全部维修工具详单见附录 E，可向福特 Ford 经销商购买。专用维修工具用于进行一些需要专用工具进行的特殊安装和维护。

7.5.5 标准量规

标准量规用于确定第 1 至第 8 缸活塞环开口间隙增量和活塞与缸套之间的间隙。标准量规共有 4 个，其尺寸如下：

90.345mm（对应 0.125mm 活塞）

90.470mm（对应 0.25mm 活塞）

90.595mm（对应 0.375mm 活塞）

90.700mm（对应 0.50mm 活塞）

7.5.5.1 标准量规应保存在可控制室温的房间内。

7.5.6 机油滤网吹泄装置

此装置利用可控压缩空气吹掉机油滤网上残留机油。

7.5.7 发动机零件清洗设备

使用带有喷淋、加热、烘干功能的清洗设备清洗发动机缸体和缸头。

7.5.8 气缸珩磨机

使用 Sunnen CV-616 型珩磨机对缸套尺寸进行调整和修正。

7.5.9 连杆加热器

活塞销与连杆连接是过赢配合。用 SunnerCRH-50 加热器加热安装活塞销，以防止活塞安装到连杆上后扭曲变形。

7.6 各种发动机零件的准备

7.6.1 发动机组装和测量区域环境

发动机组装和测量区域的环境要干净整洁。为保证零件尺寸测量的重复性，测量区域温度应保持恒定（±3°C 以内）。为防止在发动机零件上产生水滴，发动机组装和测量区域相对湿度应低于 50%。

7.6.2 进气歧管及节气门体

7.6.2.1 封闭进气歧管 EGR 端口（封闭挡板如图 C.11 所示）。封闭进气歧管冷却水通道口。将怠速电机更换为怠速负荷控制系统。图 C.12 和图 C.13 分别为该系统和怠速空气挡板图解。

7.6.2.2 用溶剂汽油清洗蝶阀和节气门体内腔，试验前用压缩空气吹干。切勿解体节气门体以防零件磨损。清洗时去掉怠速螺钉，试验时拧紧怠速螺钉。

7.6.2.3 节气门体没有特定的寿命。蝶阀与腔体之间的间隙随使用时间逐渐增大，当间隙过大无法在第 3 阶段控制转速、负荷及空燃比时，需更换节气门体。

7.6.3 摇臂罩

7.6.3.1 每次试验前检查摇臂罩冷却液夹套，如有沉积物或乳化物残留，用冷却系统清洗剂（见 7.7.3）进行清洗。

7.6.3.2 用有机溶剂（见 7.7.2）浸泡摇臂罩直到干净（约 1h）。然后用温度大于 60℃ 的热水冲洗零件。使用溶剂（见 7.7.1）冲洗后再用压缩空气吹干。检查摇臂罩内腔表面，如在试验前评分区域的漆膜得分低于 10 分，使用 0#砂纸轻轻打磨，然后用溶剂冲洗并吹干。

7.6.4 凸轮轴挡板

用有机溶剂浸泡凸轮轴挡板直到干净（约 1h）。然后用温度大于 60℃ 的热水冲洗整个零件。使用溶剂冲洗后再用压缩空气吹干。检查凸轮轴挡板表面，如在试验前评分区域的漆膜得分低于 10 分，使用 0#砂纸轻轻打磨，然后用溶剂冲洗并吹干。

7.6.5 油底壳

用有机溶剂浸泡油底壳直到干净（约 1h）。然后用温度大于 60℃ 的热水冲洗整个零件。使用溶剂冲洗后再用压缩空气吹干。

7.6.6 油底壳挡板

用有机溶剂浸泡油底壳挡板直到干净（约 1h）。用温度大于 60℃ 的热水冲洗整个零件。使用溶剂冲洗后再用压缩空气吹干。

7.6.7 PCV 阀

分别测量 25kPa 和 60kPa 真空度下 PCV 阀的流量并记录。（见 7.5.3 和图 C.10）。PCV 阀弹簧的滞后性使真空度只能实现单向调节，每个数据测量两次取平均值。如果测量平均值超出以下范围，则更换 PCV 阀：90L/min～140L/min（在 25kPa 真空度下）；34 L/min～50L/min（在 60kPa 真空度下）。

7.6.8 水泵驱动系统

使用附录 D 中的皮带轮、曲轴、水泵、皮带张紧轮、张紧器和 956mm 长带有 5 槽或 6 槽的皮带，以确保水泵的正常运转。

7.6.9 发动机冷却液温度传感器（ECT）

在 ECT 传感器和发动机电子控制（EEC）之间安装继电器和 13kΩ 的电阻，对发动机冷却液温度传感器进行改造。见图 C.14。

7.6.10 前盖板

为便于配合张紧器、张紧轮、水泵及驱动皮带的安装和部件的正常运转，对前盖板进行了改造。

7.6.11 机油分离器

用溶剂清洗机油分离器并用压缩空气吹干。

7.6.12 正时链条盖板

用有机溶剂浸泡正时链条盖板直到完全干净（约 1h）。然后用温度大于 60℃的热水冲洗整个零件。使用溶剂冲洗后再用压缩空气吹干。

7.7 溶剂和清洗剂

7.7.1 溶剂：符合 GB 1922—2006 标准中的 4 号溶剂油。

7.7.2 有机溶剂：Penmul L460。

警告：易燃，健康危害。

7.7.3 发动机冷却夹套冲洗剂：Dearsol 134 酸性清洗剂。

警告：易燃，健康危害。

7.7.4 冷却系统清洗剂：杜邦产品或同类产品。

警告：腐蚀性，健康危害。

7.7.5 试验件清洗材料：NAT-50、PDN-50 类皂剂。

警告：健康危害。

7.8 试验发动机安装准备

使用福特汽车公司生产的发动机。若第一次使用新发动机，需按照《1994 and 2000 Crown Victoria Shop Manuals》将发动机解体。

7.8.1 零件选择

试验需要的新零件及可重复使用的零件见 7.1.1、7.2 条及 7.3 条。

7.8.2 密封胶

7.8.2.1 在后密封轴套-缸体、缸体-缸头-前盖板接合面、缸头-前盖板-摇臂罩接合面、缸体-前盖板-油底壳接合面的密封部分使用硅胶基的密封胶。

7.8.2.2 硅基密封胶溶解后会提高机油中的硅含量，因此它的用量尽可能少。

7.8.3 垫片和密封

每次安装发动机时都要使用新的垫片及密封。

7.8.4 缸体的准备

7.8.4.1 对缸体进行检查，清除缸体特别是机油道的杂质和锈迹。拆掉所有的油塞和冷却液夹套防冻塞。用溶剂（见 7.7.1）喷洗，然后用溶剂和 EF-411 型基础油的混合液（50V/50V）喷洗缸体。洗净后，安装缸头压板上，缸头螺栓拧紧力矩为 37N·m~43N·m，再加 180°（分两次，每次 90°）。缸头螺栓最多可使用 5 次。安装主轴瓦盖，瓦盖螺栓拧紧力矩为 40N·m，再加 90°。最后，拧紧瓦盖两侧紧固螺钉，拧紧力矩为 8 N·m~11 N·m。

7.8.4.2 缸体的珩磨按下述规定进行：

a）使用 Sunnen CV-616 型珩磨机，将缸体装到珩磨机上，缸体的右侧朝外，缸体的前端朝珩磨机右侧。确认珩磨机中有足够的珩磨油，必要时更换。

b）将珩磨机珩磨液流量设定为 7L/min，磨头冲程频率设定为 57 次/min，进给速率为 4，磨头转速为 170r/min，冲程为 133.350mm，磨头下行低位至缸体下边缘外 10mm。

c）用 EHU512 磨石在珩磨 25 个~40 个压力下珩磨。为防止缸体局部过热，应按照 1、3、4、2 和 7、5、8、6 缸的顺序，分别珩磨右侧缸体和左侧缸体。

d）用 JHU725 磨石按照 7.8.4.2 的第 c）步要求的珩磨顺序，对每个缸进行大约 5 个冲程的珩磨，压力范围 20 个~25 个压力。

e）用磨刷在 25 个~30 个压力下珩磨，使缸套表面粗糙度达到 8μm~13μm。满足上述要求通常需要 45 个冲程。

f）使用定位尺（图 C. 28），按位置测量缸径横向及纵向尺寸。按缸中间和下端的测量值相加除 2 来计算缸的直径。测量活塞裙部距顶部 42mm 处的直径。用测得的缸径减去活塞裙部直径得到活塞与缸套间隙，此间隙值应在 0. 020mm ~ 0. 046mm 范围内。若未达到要求，可以选择重新珩磨缸套或更换活塞。

g）测量顶部－底部、顶部－中间、中间－底部横向缸径确定缸套的锥度。最大锥度应小于 0. 006mm。分别用顶部、中间、底部的横向与纵向缸径之差确定不圆度，最大不圆度要小于 0. 020mm。

7. 8. 4. 3　珩磨后按下述要求进行清洗：

a）将缸体从珩磨机上取下，拆下压板、缸头螺栓、主轴瓦盖及螺栓和两侧紧固螺栓。

b）用溶剂清洗。

c）使用清洗设备及试验件清洗剂（温度为 60℃）清洗缸体约 30min。

d）然后用溶剂和 EF-411 型基础油的混合液（50V/50V）喷洗缸体并用压缩风吹干。

7. 8. 4. 4　曲轴的安装按照下述规定进行：

a）如使用已用过的曲轴，需要在有机溶剂中浸泡至少 24h。

b）用溶剂喷洗曲轴。

c）测量主轴颈。主轴颈直径应在 67. 483mm ~ 67. 503mm 范围内。

d）测量连杆轴轴颈。连杆轴轴颈直径应在 52. 988mm ~ 53. 003mm 范围内。

e）安装主轴瓦。

f）安装主轴瓦盖，拧紧力矩为 40N · m，再拧 90°。

g）安装加紧螺钉，拧紧力矩为 9N · m ~ 11N · m。

h）安装加紧螺栓，拧紧力矩为 19N · m ~ 23N · m。

7. 8. 4. 5　活塞的安装按照下述规定进行：

a）检查活塞裙部是否有变色情况。若有变色，使用 0#砂纸打磨变色区域。如果变色区域无法去除，需更换新活塞。

b）使用 SunnerCRH-50 型加热器加热连杆，将活塞安装到连杆上（保证活塞顶上的标记与连杆上的标记一致）。

7. 8. 5　活塞环

7. 8. 5. 1　按照下述规定调整活塞环开口间隙：

a）使用定位器在缸套内测量活塞环开口间隙。使用 Sanford 切环器调整第一环和第二环的开口间隙，以保证窜气量在规定范围内。记录活塞环的开口间隙及侧向间隙，记录调整后的尺寸（见附录 F），活塞环开口间隙变化和侧向间隙应满足表 1 中的要求。

b）发动机组装前，对 1 缸 ~ 8 缸的顶环开口间隙再进行一次测量。

表 1　活塞与活塞环尺寸

活塞环侧向间隙（平均）/mm	0. 0508 ~ 0. 1016
活塞环开口间隙变化/mm	0. 045 ~ 0. 055

7. 8. 5. 2　切环步骤如下：

a）使用切环器调整活塞环开口间隙。设定速率为 3450r/min，要求同时调整环开口两侧，以下行程结束切环。达到目标值之前每次切削不超过 0. 125mm。

b）切环完毕后，用 JHU725 磨石轻磨去除毛刺，再用软布擦净。

7. 8. 5. 3　安装

a）使用专用工具安装活塞油环及压缩环，保持活塞环表面与活塞环槽内面平行，顶环开口朝向与活塞顶上的标记相反，二环开口朝向与活塞顶上的标记一致。

b）如需要更换活塞环，记录新活塞环的开口间隙及侧向间隙。

7.8.6 测量气缸套

用软布擦净缸套后，使用内径千分尺分别测量1缸~8缸缸套顶端、中间及底部（相对二环在缸套中运行位置）的横向直径。测量时应保持缸套内干燥清洁。

7.9 试验发动机组装

按本标准规定组装发动机。本标准未规定的，依据安装手册要求组装发动机。

7.9.1 进气歧管

堵住进气歧管冷却水通道口（见7.6.2.1）。

7.9.2 活塞

用试验油或EF-411型基础油涂抹气缸壁，按照顺序安装活塞，在安装过程中注意保护活塞环不要损坏。安装活塞连杆时要保证活塞顶上的标记朝发动机前端。安装连杆下瓦盖，拧紧力矩为40Nm~45Nm，再拧90°。

7.9.3 机油系统元件

安装油底壳内部的元件。

7.9.4 缸头的安装

缸头可以多次使用，按下述步骤进行安装。

a）拆解缸头，去除毛刺、飞边及加工杂质；

b）若试验使用新缸头，需用溶剂对其喷洗。若试验是用已用过的缸头，需要在有机溶剂中浸泡至少24h，使用清洗设备及试验件清洗剂（温度为60℃）清洗缸头约30min，再用溶剂和EF-411型基础油的混合液（50V/50V）喷洗；

c）测量气门导管顶部和中间横向的气门与导管之间的间隙。如不满足以下要求需更换缸头：

进气 0.020mm~0.069mm，排气 0.0460mm~0.095mm；

d）按照安装手册组装缸头，确保气门和气门座吻合完好；

e）安装凸轮轴轴瓦。

7.9.5 凸轮轴及相关部件

7.9.5.1 本试验中使用的凸轮轴为福特Ford 4.6L载重卡车上发动机所用的，不同于安装手册中的凸轮轴，凸轮轴上的扣链齿轮为凸轮轴配套零件。除扣链齿轮外，按照安装手册的步骤组装凸轮轴。

7.9.5.2 安装正时链条之前，依照安装手册将曲轴键槽锁定在曲轴转角315°位置（1缸在上止点位置）。只允许顺时针（从面向发动机前端看）转动曲轴。

7.9.5.3 调整凸轮轴D形槽，使其与凸轮轴盖板轨迹形成90°（从发动机后端看）。

7.9.5.4 安装正时链条，对齐点火正时标记。安装左侧的扣链齿轮及链条，将链条在曲轴齿轮上扣好，链条应悬挂在张紧器销钉的下方。

7.9.5.5 重复7.9.5.3的步骤安装右侧的正时齿轮，链条应悬挂在链条导轨和张紧器销钉之间。

7.9.6 摇臂罩及挡板

将摇臂罩挡板安装至摇臂罩内侧并拧紧。去掉摇臂罩密封圈的多余部分，将密封圈安装至摇臂罩的密封凹槽内。将摇臂罩安装至缸头，确认摇臂罩挡板不会接触到配气机构的任何零件。在螺栓上使用新的橡胶垫圈（不可重复使用），拧紧力矩为8N·m~12N·m。注意两侧摇臂罩结构有区别，确定安装正确（见图C.4和图C.5）。

7.9.7 油底壳、挡板及隔热板

如图C.7所示，依次安装油底壳内前后两个挡板。按照安装手册要求，安装油底壳。最后加装油底壳隔热板。

7.9.8 水泵及水泵驱动部件

依照安装手册安装水泵及水泵皮带轮、曲轴皮带轮、皮带张紧轮。水泵是通过上述部件来驱动。

拉回皮带张紧轮安装水泵驱动皮带，确定在驱动皮带和水泵皮带轮之间有至少20°的夹角。如图3所示。

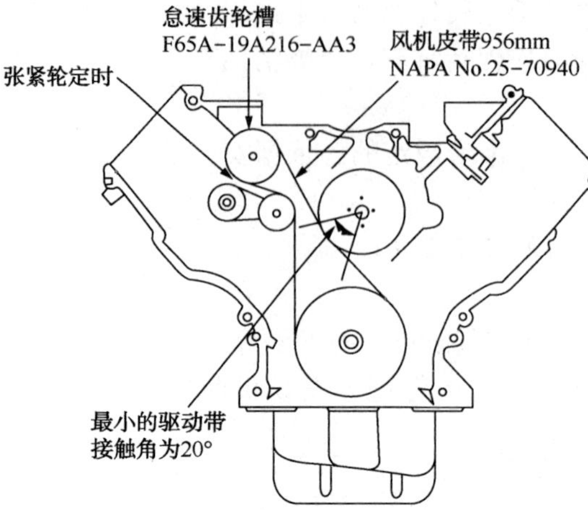

图3　4.6L发动机水泵驱动排列

7.10　发动机上台架

7.10.1　发动机在台架上的安放

将发动机安装至试验台架上，发动机前端高于后端，飞轮摩擦面与垂直方向保持4.0°±0.5°夹角。台架应保证发动机在750r/min~2500r/min转速下震动最小。发动机与测功机通过传动轴直接连接，除测功机、水泵外不得连接其他外部设施。

7.10.2　排气系统及气体取样装置

7.10.2.1　试验要求的排气歧管、专用排气系统及排气取样装置如图C.15和图C.16所示。排气系统管件只允许使用无缝钢管或波纹管。

7.10.2.2　排气取样探测管只要能用可一直使用，如现有探测管未开裂、损坏、变形，可清理外层表面和所有的孔道。检查探测管内部是否有堵塞，确认后重新安装至排气管内。不锈钢材质的取样管可以进行若干次试验。

注：与取样探测管连接处如有泄漏会导致错误读数显示和空燃比调节错误。

7.10.3　油标尺及套管

安装7.4.4所述的油标尺及套管。

7.10.4　燃油控制系统

7.10.4.1　燃油喷嘴控制系统要求如下：

a）燃油喷嘴只要能满足附录G中的要求，即可重复使用。如果前一次试验中出现喷嘴引起的失火现象，下一次试验前需要清洗喷嘴。清洗喷嘴使用的试剂及设备可根据需要选择。在试验过程中不能使用喷嘴清洗溶剂；

b）检查燃油油轨上的O型密封圈，确保其工作正常且无渗漏。将燃油喷嘴安装至油轨并连接至进气歧管上。

7.10.4.2　发动机电子控制（EEC）系统要求如下：

7.10.4.2.1　本试验专用的发动机电子控制系统用于控制燃油喷射、气缸点火、脉冲宽度、点火正时等信号。

7.10.4.2.2　使用不干扰EEC系统运转的电瓶（13.5V±1.5V）或电源给EEC供电。使用长度合适的线路连接发动机和EEC电源相连，保证启动马达电压在12V~15V范围内，降低EEC的电噪声至最小。为防止EEC系统运转受影响，将EEC地线连至发动机并从该点再引两条线至电瓶负极。

7.10.5 火花塞

安装新的（间隙为1.37mm）的Motorcraft AWSF-32PP火花塞，拧紧力矩为9N·m～12N·m，再安装点火线。切记不要在火花塞螺纹上涂抹任何抗粘结材料。

7.10.6 曲轴箱通风系统

该系统是将曲轴箱窜气引入进气歧管的封闭系统，连接方式见图4。按照图C.17安装PCV系统的管线及部件。

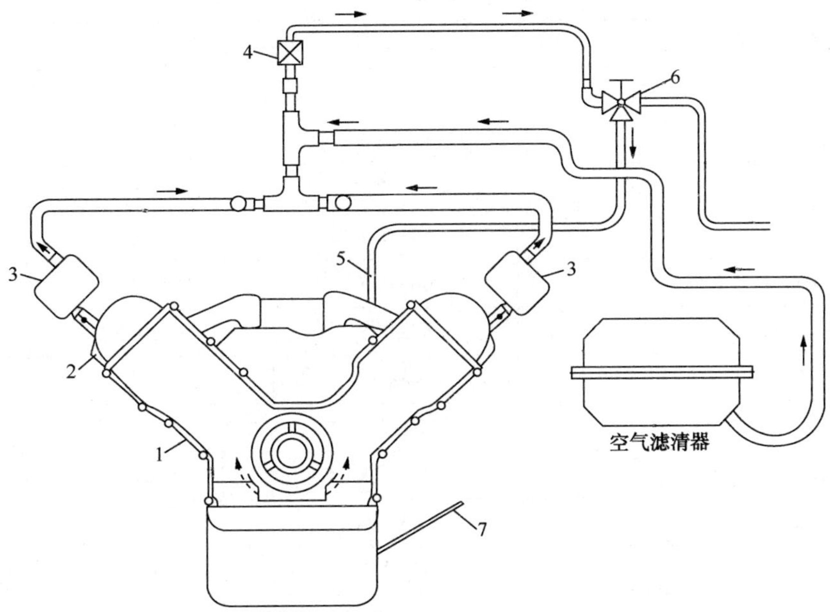

1——窜气流经和缸头的6机油回泄管道和前盖板；

2——凸轮轴挡板阻止机油流出；

3——机油分离器防止损失的机油流进PCV阀；

4——PCV阀的流速大约是120L/min，窜气的流速为60L/min～70L/min；

5——PCV阀完成空气通风平衡，如果空气过量了则会进入发动机进气系统；

6——三通球阀能够将窜气和进气歧管连接而且提供了一个测量窜气量的连接点；

7——沉管用来测量曲轴箱压力。

图4 曲轴箱窜气连接方式

7.10.6.1 机油分离器及PCV阀：按照附录D中零件列表说明，使用两个干净的机油分离器及一个新的PCV阀。机油分离器若未损坏可重复使用。

7.10.6.2 三通阀：安装干净的三通阀并连接PCV阀软管。安装三通阀和进气歧管之间软管（参见图C.17）。软管安装后，在弯曲处软管不能有被压平现象出现。

7.10.7 进气部件

安装节气门体、空气过滤器和新的空气滤芯。空气过滤器装有温度热电偶、压力传感器等元件（见图C.1），以满足方法对温度、湿度、压力的要求。

7.10.8 外部软管的更换

检查试验台架上所有软管连接是否正确，更换有损坏或内壁有异物的软管。

7.10.9 线束

试验台架上有两组线束，一组为测功机线束，另一组为发动机线束。

8 发动机流体——供/排系统

8.1 进气

进气要求如下：温度为 30℃±0.5℃、湿度为 11.4 g/kg±0.8 g/kg、相对压力为 0.05kPa±0.02kPa。

表 2 程序 VG 正式试验运转条件

条件	第 1 阶段	第 2 阶段	第 3 阶段
时间/min	120	75	45
发动机转速/（r/min）	1200±5	2900±5	700±15
发动机功率/kW	记录	记录	1.30±0.2
进气歧管绝对压力/kPa	69±0.2	66±0.2	记录
发动机机油进口温度/℃	68±0.5	100±0.5	45±1
发动机冷却液出口温度/℃	57±0.5	85±0.5	45±1
发动机冷却液流量/（L/min）	48±2	记录	记录
发动机冷却液压力（表压）/kPa	70±10	70±10	70±10
摇臂罩冷却液进口温度/℃	29±0.5	85±0.5	29±1
摇臂罩冷却液流量/（L/min）	15±1	15±1	15±1
进气温度/℃	30±0.5	30±0.5	30±0.5
进气压力（表压）/kPa	0.05±0.02	0.05±0.02	0.05±0.02
过量空气系数（Lambda）	1.00±0.05	1.0±0.05	0.75±0.03
窜气量/（L/min）	记录	60～70	—
进气湿度/（g/kg）	11.4±0.8	11.4±0.8	11.4±0.8
排气背压（表压）/kPa	104±2	107±2	记录
燃油流量/（L/min）	记录	记录	记录

8.1.1 供气量

进气供给系统能够提供 110L/s 的压缩空气，并满足表 2 中各阶段对进气的要求值。试验台架的进气供给系统见图 2。

8.1.2 露点

在试验台架处或主输送系统处测量进气露点。如果露点是在主输送系统处测量的，则需要在试验台架处进行周期性的确认。湿度测量点以后的空气温度要高于露点温度（输气管要有保温措施），以防进气中的水分冷凝到管壁上而降低进气的实际湿度。

8.2 燃油及燃油系统

8.2.1 系统描述

典型的燃油供给系统见图 1。该系统应能够提供满足试验方法对压力、流量要求的燃油。在燃油预混室或小型热交换器后加装 Ford P/N E7TF-9C407 或 E7TC-9C407 型号的高压泵燃油泵，用于混合进油和回油并使发动机供油压力稳定。

8.2.2 控制

保持油轨内的燃油温度在 50℃以下。为使燃油雾化良好，确保发动机的转速、功率及空燃比控制良好，油轨压力应高于 185kPa 且保持稳定。

8.2.3 燃油用量

程序ⅤG 每次试验需要约 3300L 无铅汽油。

8.2.4 燃油认可

程序ⅤG 所用试验燃油：批号为 XC2721NX10 和 TF2221LS20 及 QS01-2009 或满足表 3 要求的试验燃油。更换燃油或批次变更，需对试验台架进行标定。

注：XC2721NX10、TF2221LS20 为 ASTM 编号；QS01-2009 为 RIPP 编号。

8.2.5 燃油分析

表 3 为程序ⅤG 所用试验燃油的各项指标范围，表 4 为 RIPP 编号为 QS01-2009 试验燃油的典型数据。

表 3　程序ⅤG 试验燃油指标范围

项　　目	参数范围	测试方法
API 重度/API°	58.7~61.2	ASTM D1298 或 ASTM D287
雷德蒸气压/kPa	60.7~63.4	GB/T 8017
硫含量（质量分数）/%	0.01~0.04	GB/T 17040
溶剂洗胶质含量/（mg/100mL）	≤5	GB/T 8019
馏程 初馏点/℃ 10%回收温度/℃ 50%回收温度/℃ 90%回收温度/℃ 终馏点/℃	 22.2~35.0 48.9~57.2 98.9~115.2 162.8~176.7 196.1~212.8	GB/T 6536
外观	干净明亮	
水含量（体积分数）/%	≤0.01	GB/T 11133
铅含量/（mg/L）	≤10	GB/T 8020
诱导期/min	≥1440	GB/T 8018

表 4　程序ⅤG 试验燃油 QS01-2009 典型数据

项　　目	参数范围	测试方法
馏程 初馏点/℃ 10%回收温度/℃ 50%回收温度/℃ 90%回收温度/℃ 终馏点/℃ 残留量（体积分数）/% 损失量（体积分数）/%	 35.2 62.6 113.0 170.6 198.1 1.2 2.3	GB/T 6536
硫含量/（mg/kg）	9	GB/T17040
氧含量（质量分数）/%	0.11	SH/T 0663
铅含量/（mg/L）	2.9	GB/T 8020
碳含量（质量分数）/%	86.34	SH/T 0656
氢含量（质量分数）/%	13.52	SH/T 0656

表 4（续）

项　　目	参数范围	测试方法
芳烃含量（体积分数）/%	29.7	GB/T 11132
烯烃含量（体积分数）/%	5.5	
诱导期/min	>1000	GB/T 8018
铜片腐蚀（50℃、3h）/级	1a	GB/T 5096
溶剂洗胶质含量/（mg/100mL）	4.0	GB/T 8019
研究法辛烷值	95	GB/T 5487

8.3　发动机机油及机油系统

8.3.1　试验机油描述

8.3.1.1　试验机油样品应保证无污染。

8.3.1.2　进行一次试验至少需 7.5L 新油。为防止意外损耗，一般应提供 20L 新油。

8.3.2　系统描述

8.3.2.1　机油系统见图 C.8。此系统能减小台架间变化对试验苛刻度的影响。系统对管线的直径有具体规定，但对管线的长度未具体规定。因系统容积对试验结果有影响，故要求整个外部系统的内腔容积应在 540mL±30 mL 范围内。图 5 所示的位置测量发动机机油压力。系统容积、管线构造及热交换器的方向会影响机油的流量和压降。热交换器的机油进出口平行水平设计。

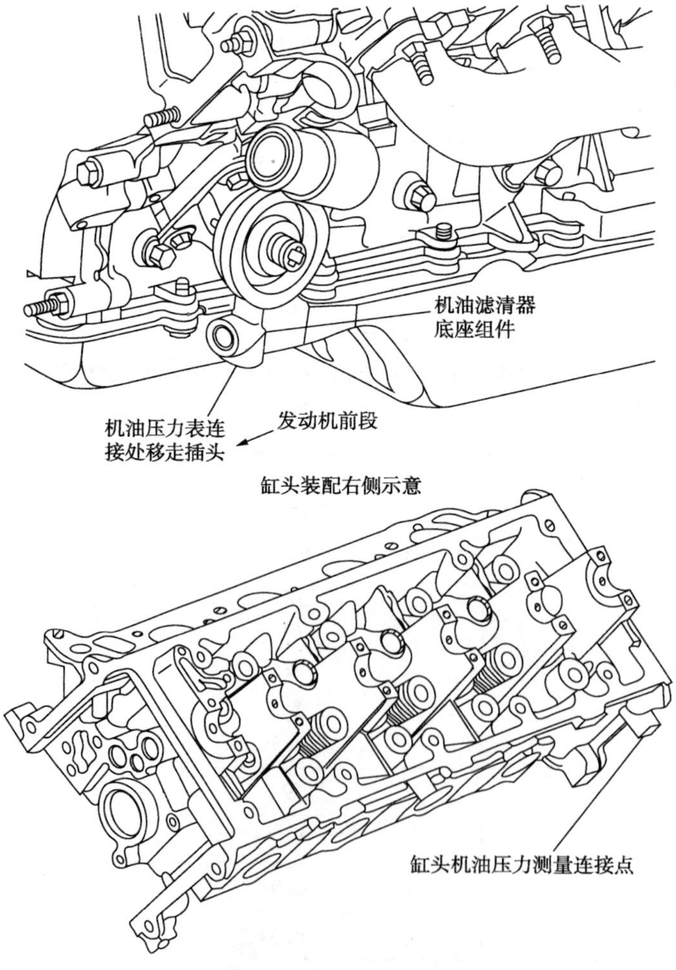

图 5　机油压力测量连接

8.3.2.2 使用型号为 OHT6A-0007-1 的机油滤清器过渡盘，机油滤清器 OHT6A-012-2 或 OHT6A-012-2LS。确定所有机油热交换器上的孔和设备连接牢固。外部的机油系统配件不允许使用黄铜、铜或电镀材料，以免影响机油分析结果。

8.3.3 **热交换器**

选择能满足试验控制条件要求，内腔体积尽可能小的热交换器（减小外部系统容积）。本标准推荐使用 P/N 5-160-02-008-002 热交换器。

8.3.4 **系统清洗**

8.3.4.1 试验前彻底清洗外部机油冷却系统。附录 H 中介绍了清洗机油热交换器的方法。每次试验前利用外部管线进行清洗。

8.3.4.2 使用有机溶剂进行冲洗。用大于 60℃ 的热水冲洗，再用溶剂冲洗，最后用压缩空气吹干。

警告：外部机油系统清洗不彻底会在接下来的试验中将杂质引入发动机，同时也会引起机油温度控制问题或试验机油污染问题。

8.3.5 **控制描述**

正式试验操作条件的控制要求见表 2。试验中阶段转换的控制条件见表 5。

表 5 试验阶段转换条件

第 3 阶段到第 1 阶段	
发动机转速	5s~20s 内达到 1195 r/min
进气歧管绝对压力	20s~80s 内达到 68.8 kPa
机油进口温度	8 min±2min 内达到 67.5℃
冷却液出口温度	6 min±2min 内达到 56.5℃
摇臂罩进口温度	17min 内达到 29℃
第 1 阶段到第 2 阶段	
发动机转速	30s~90s 内达到 2895 r/min
进气歧管绝对压力	60s~150s 内达到 66kPa±2kPa
机油进口温度	7 min±2min 内达到 99.5℃
冷却液出口温度	7 min±2min 内达到 84.5℃
摇臂罩进口温度	17 min±2min 内达到 84.5℃
第 2 阶段到第 3 阶段	
发动机转速	5s~20s，达到 715 r/min
发动机功率	5s~20s 内达到小于 3kW
机油进口温度	15 min±2min 内达到 46℃
冷却液出口温度	9 min±2min 内达到 46℃
摇臂罩进口温度	10 min±2min 内达到 30℃
过量空气系数（Lambda）	15s 内控制在 0.705~0.765 范围内

8.4 **冷却系统**

8.4.1 **描述**

发动机冷却液由去离子水（小于 0.34g/kg）或蒸馏水和商用含添加剂乙二醇冷却液的浓缩液等量配比组成。摇臂罩冷却液是由去离子水（小于 0.34g/kg）或蒸馏水和防锈剂配比而成，其中每 15L 去离子水或蒸馏水中加 475mL 防锈剂。

8.4.2 **系统总体描述**

8.4.2.1~8.4.2.3 内容适用于发动机冷却液系统及摇臂罩冷却液系统：

8.4.2.1 系统中有透明可视部分，用于检查冷却液情况。有放空阀以便排除系统中的空气。在系统低位处设置放空阀以便在需要时放净冷却液。

8.4.2.2 需要有效且维护良好的循环水控制系统来控制冷却液温度。

8.4.2.3 系统安装至发动机台架后，对系统流量计进行精确标定。

8.4.3 发动机冷却系统描述

8.4.3.1 发动机冷却系统见图 C.18 所示。发动机冷却系统容积为 24L±2L，该容积包括所有冷却设备、管路、不包括发动机冷却液罐、连接冷却液罐和主系统管线的容积。冷却液罐的容积为 9.0 L±2L。节温器盖处改装成能够安装冷却液出口温度热电偶。将进气歧管冷却液通道堵死（见 7.6.2.1），试验前检查并确保水泵驱动皮带完好。

8.4.3.2 使用压盖限制系统压力至 105kPa，给冷却液系统加 70kPa±10kPa 压力（见图 C.18）。

8.4.3.3 发动机冷却液流量和冷却液出口温度按照表 2 中要求控制。流量测定装置见 9.3.2。试验阶段转换条件见表 5。冷却液流量通过文氏流量计测量。

8.4.3.4 至少在每次参比油标机试验前检查并清洗发动机外部冷却系统的零部件，本方法未规定具体的清洗方法，可使用除锈剂。

8.4.4 摇臂罩冷却系统描述

8.4.4.1 每次参比油标机试验前都要检查并清洗整个摇臂罩控制系统，本方法未规定具体清洗方法，可使用除锈清洗剂。

8.4.4.2 图 6 为摇臂罩冷却液控制系统示意图。

8.4.4.3 摇臂罩冷却液流量和进口温度均按照表 2 中条件控制。冷却液压力未规定，系统设计应尽可能降低摇臂罩压力并防止夹套锈蚀。

8.5 试验阶段转换条件见表 5。

8.6 第 3 阶段空燃比的闭环控制

8.6.1 改造空气质量流量计，并将其连接至发动机控制模块上，见图 C.14。从而提供空气质量流量计模拟信号来实现第 3 阶段空燃比闭环控制。

8.6.1.1 改变控制质量流量计信号得到恒定的喷油量。按阶段调整燃油流量的目标值来满足表 2 中的 λ 值。

8.6.1.2 使用左右两侧气缸空燃比传感器测得的 λ 平均值反馈给空气质量流量计，从而直接控制第 3 阶段的 λ 值。

9 测量装置

9.1 温度

9.1.1 设备

9.1.1.1 本方法规定 6 个温度点测量位置，使用热电偶精度为 0.5℃。

9.1.1.2 除进气热电偶，所有的热电偶应配有保护套。热电偶尺寸为直径 3mm 长 100mm。热电偶、导线及延长线应满足试验方法对测量参数控制精度的要求。

9.1.2 发动机冷却液进口

将热电偶垂直安装在三通阀出口位置上，距水泵进口 300mm~400mm 处。热电偶头部插至流体中央位置（见图 C.18）。

9.1.3 发动机冷却液出口

将热电偶安装至改装后的恒温盖上，热电偶头部插至流体中央位置，距恒温器颈部出口 80mm 内。

9.1.4 发动机机油进口

在外部机油滤清器过渡盘处安装热电偶，热电偶头部插至流体中央位置（见图 C.8）。

9.1.5 发动机机油出口

将热电偶安装至热交换器（见图 C.8）底部四通接头的中央位置，与液体流向相反。热电偶头部插至距液体流出口 2mm 内。

9.1.6 进气

将热电偶安装至空气滤清器（见图 C.1）气流中心位置，插入深度为 55 mm±2mm。

9.1.7 摇臂罩冷却液进口

将热电偶安装至摇臂罩冷却液进口（见图 6）三通接头的中间位置，与液体流向相反。热电偶头部插至距液体流出口 2mm 内。

单位为毫米

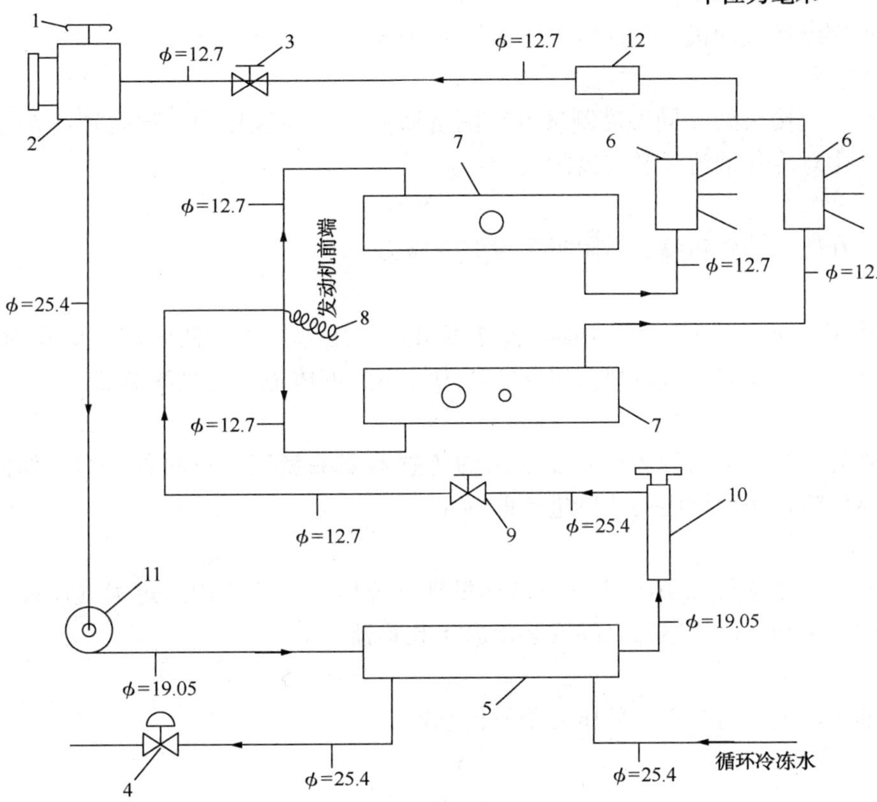

1——通风存储箱盖；
2——冷却液存储罐（成品）；
3——压力控制阀（可选）；
4——冷冻水控制阀；
5——Ⅰ阶段和Ⅲ阶段的热交换；
6——流量管　FF-1-35-G-10/448D053U06；
7——摇臂罩；
8——进气温度传感器；
9——流动控制阀；
10——外部加热源；
11——电子冷却泵 DAYTON 6K581A；
12——BB 流量元件 1330LZ08000-8375A。

图 6　典型的摇臂罩加热冷却系统

9.1.8 标定

每次参比油标定试验前标定全部热电偶，温度测量系统测量精确为±0.5℃。

9.2 压力

9.2.1 设备

本试验方法中规定了8个压力测量参数。

9.2.2 进气歧管绝对压力

在节气门体顶部端口测量进气歧管的绝对压力（见图C.2和图C.27）。

9.2.3 发动机机油

在缸体与机油滤清器过渡盘腔体底部的端口处测量机油泵压力（见图5、图C.24和图C.25）。在左侧缸头的后端侧面和右侧缸头前端侧面（见图5、图C.24和图C.26）测量缸头机油压力。

9.2.4 发动机冷却液压力

在冷却液罐顶端测量发动机冷却液压力（见图C.18）。

9.2.5 摇臂罩冷却液

在冷却液进口三通接头处（同温度测量点）测量摇臂罩冷却液压力。摇臂罩冷却液应保持一定的压力，为满足表2中对冷却液流量和温度的要求。

9.2.6 燃油

如图1所示，在燃油油轨喷嘴入口附近测量燃油压力。

9.2.7 进气

按照图C.1所示位置，在进气滤清器内腔处测量进气压力，探针插入深度应在50mm±2mm范围内。如使用压力计，则应安装油气分离器以防止压力计内的液体进入进气滤清器。

9.2.8 曲轴箱

在油标尺套管处测量曲轴箱压力。测压使用的传感器能测量正、负两种压力。如使用压力计，则应安装油气分离器以防止压力计内的液体进入曲轴箱。

9.2.9 排气背压

在“Y”形排气管（见图C.16）上的下端测量排气背压。推荐使用经过大气压修正读数的绝对压力传感器。在取样探头和测压传感器之间安装冷凝水收集器。

9.2.10 标定

在每次参比油标定试验前标定全部压力测量传感器。

9.3 流量

9.3.1 设备

本标准除发动机冷却液和窜气量测量装置有具体规定外，其余流量参数的测定装置均未作具体规定。

9.3.2 发动机冷却液

使用文氏流量计（见图C.18）通过测量压降确定发动机冷却液流量。

9.3.3 摇臂罩冷却液

如图6所示测量整个摇臂罩系统冷却液的体积流量和单个摇臂罩冷却液的体积流量。

9.3.3.1 标定

每次参比油试验之前标定测量摇臂罩冷却液和发动机冷却液流量的流量计。要求在发动机上使用冷却液在线标定。

9.3.4 窜气

9.3.4.1 使用图7所示孔板流量计测量窜气量。测量时保持曲轴箱压力在0Pa±25Pa范围内。

9.3.4.2 使用斜管压力计或压差传感器，测量通过孔板的压降来确定窜气量。压差传感器测量范围为0kPa~1kPa。

9.3.4.3 孔板组件是为测量窜气量专门设计的，有5个不同孔径，本试验用9.525mm孔板。

9.3.4.4 维护

每次试验前清洗窜气测量装置，更换“O”型圈。

9.3.4.5 标定

每6个月标定一次孔板流量计（见图7）。

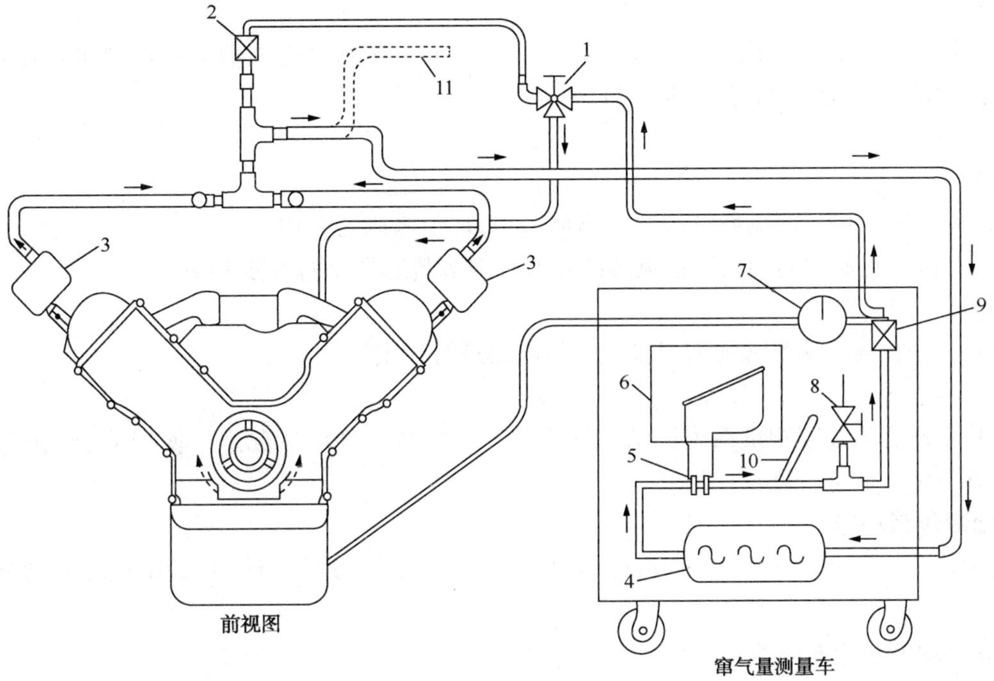

1——12.7mm 全流不锈钢球阀；

2——PCV 阀；

3——机油分离部分 NO. F1ZE-6A785-AA；

4——脉冲室冷；

5——孔板流量计；

6——气压计；

7——曲轴箱压力表；

8——空气补给阀；

9——仿真 PCV 阀；

10——温度计或者温度传感器；

11——过量窜气量通风管。

图7　窜气量测量装置

警告：三通阀的内部泄漏有可能使部分窜气通过 PCV 阀直接进入进气歧管，从而导致窜气量测量不准确。

9.4 燃油消耗

通过质量流量计测量从外部油罐流至发动机的燃油总量确定燃油消耗率。测量点在油轨回油上游（见图1）。

9.4.1 标定

每次参比油试验之前标定质量流量计。试验台架使用的流量计误差应在1%以内。

9.5 转速与负荷

9.5.1 功能要求

测功机转速及负荷控制系统应满足表2的控制条件及表5的阶段转换条件的要求。第1阶段和第2阶段要求参数控制在要求值的±0.9%范围内。

9.5.2 合适的系统

本试验使用干式测功机并采用全闭环控制系统来控制发动机的转速和负荷。全闭环系统通过改变测功机负荷来实现对发动机转速的控制；通过改变油门位置来实现对发动机负荷的控制。测功机总的驱动惯量要求为 0.8kg·m^2±0.1kg·m^2。

9.5.3 标定

至少每次试验前进行负荷测量和负荷读数系统的标定。在测量机油液面阶段要求标定负荷的零点位置。每次参比油试验前标定转速测量系统。

9.6 排气

9.6.1 设备

9.6.1.1 使用精度为±2%的宽域氧传感器测量 Lambda 值来确定空燃比。

9.6.1.2 在每次参比油试验前或更换氧传感器时，对氧传感器进行标定和测量。

9.6.2 标定

试验期间，进行数据测量之前需对排气分析仪器进行标定。

9.7 湿度

使用试验室现有的湿度测量系统记录进气湿度。非标准大气压情况下，使用理想气体定律中的附加修正因数对每个读数进行修正。

9.7.1 初始测量系统标定

每半年对试验台架进行初始实验室测量系统标定。使用的湿度计要求 16℃ 时最低露点精度为±0.55℃。

9.7.2 计算平均值和标准偏差

平均差的绝对值不应超过 1.4 g/kg，标准偏差不超过 0.71g/kg。任一要求未达到实验室都需要查找原因、进行维修并重新标定。标定数据 2 年有效。

9.7.3 取样位置

标定取样头安装在发动机进气主管线与空气过滤腔之间。

10 实验室其他设备

10.1 STAR 检测仪

需要使用自测试自动资料分析（STAR）检测仪诊断 EEC 系统故障和操作异常现象。

10.2 烧杯

需要一个 5000mL 的烧杯用于试验前加机油，一个 500mL 烧杯用于补加机油。

11 试验台架标定

试验台架经过 15 次正式试验后，用参比油对试验台架进行标定。对结果未满足标定要求的，需查找原因并解决后在进行参比油标定。

12 试验步骤

12.1 试验前准备

12.1.1 发动机磨合步骤

正式试验之前，按照表 6 条件运行磨合试验。

表 6　程序 VG 磨合试验条件

条　　件	机油液面测量	阶　　段		
		1	2	3
时间/min	大于 2	5	40	45
试验时间/（h：min）		0：05	0：45	1：30
发动机转速/（r/min）	1500±25	700±15	2900±5	700±15
发动机功率/kW		1. 30±0. 2	记录	1. 30±0. 2
进气歧管绝对压力/kPa	37. 6		66±0. 2	记录
发动机机油进口温度/℃	80±2		100±0. 2	45±1
发动机冷却液出口温度/℃	90±2		85±0. 2	45±1
摇臂罩冷却液进口温度/℃			85±0. 2	29±1
过量空气系数（Lambda）			1. 0	0. 75
排气背压/kPa				
转速、功率和进气歧管绝对压力爬坡： 第 3 阶段到机油液面测量（见 12. 1. 1. 8）的时间为 20s； 第 1 阶段到第 2 阶段的时间为 60s； 第 2 阶段到第 3 阶段的时间为 15s。				

12. 1. 1. 1　磨合试验前，向发动机中加入 3000g 试验油。以转速 1500r/min±25r/min，37. 6kPa 进气歧管真空度的工况运转发动机，直到机油温度达到 80℃±2℃或运转时间超过 2min。停机 20min±2min 后，按照附录 I 所示确定机油液面高度并记录。该液面高度为此次试验的满刻度值。

12. 1. 1. 2　实验室里空气应为无尘埃，温度和湿度未作规定。实验室要配备通风系统。

12. 1. 1. 3　磨合试验期间检查 EEC 系统的运行、窜气量水平、第 2 阶段和第 3 阶段的空气质量比（Lambda）、系统渗漏并让冷却系统中的空气排出。

12. 1. 1. 4　磨合试验第 1 阶段，将发动机和摇臂罩冷却系统中的空气排净，并检查系统是否有渗漏现象。

12. 1. 1. 5　磨合试验第 2 阶段，测量曲轴箱窜气量。此时测量的窜气量高低可直接反映正式试验中的窜气量水平。若曲轴箱窜气量不满足方法要求，可在此阶段或磨合试验完成后或正式试验 48h 之内进行活塞环开口间隙调整。正常条件下，磨合试验时窜气量范围在 65L/min～75L/min 范围内，正式试验的窜气量可满足要求。正式试验期间 48h 后不允许进行活塞环开口间隙调整。

12. 1. 1. 6　磨合试验第 3 阶段，检查怠速控制系统和 EEC 系统运行情况。当机油温度和冷却液温度达到 45℃±0. 5℃时，过量空气系数（Lambda）值应接近表 6 中的规定值，如未达到要求，应使用 STAR 检测仪检查怠速负荷回路和 EEC 系统运行状况。

12. 1. 1. 7　在第 2 阶段和第 3 阶段运转 35min 分别记录所有参数值。

警告：长时间在富油工况下运转会引起燃油稀释从而改变试验的苛刻度。

12. 1. 1. 8　磨合试验结束后，检查并记录机油液面高度。如在磨合试验期间或结束后进行了活塞环开口间隙调整或活塞环更换，应确保（通过加或放机油）机油液面为满刻度值。

12. 2　发动机操作步骤

12. 2. 1　启动发动机

每次试验按下面详述的步骤启动发动机。

12. 2. 1. 1　开启点火回路、保护回路、燃油系统、燃油泵和摇臂罩冷却液泵。

12. 2. 1. 2　连接发动机进气管线。

12.2.1.3 发动机应在4s之内启动。如果发动机启动困难，应查找原因（点火问题、燃油过浓或过稀等），不要频繁启动发动机。

警告：频繁启动发动机会增加机油的燃油稀释并增大发动机磨损。发动机启动时不能在进气口处加燃油。

12.2.2 发动机停机

12.2.2.1 每次正常停机遵循以下步骤（正常停机包括磨合阶段和机油液面测量阶段的停机）：

a）调整发动机转速至700 r/min±50 r/min，保持10min。

b）关掉点火。

c）关掉燃油泵。

d）脱开进气管，降低进气压力至大气压。

12.2.2.2 每次发动机非正常停机时遵循如下步骤：

a）降速时停止试验计时；

b）降速至第3阶段：

停机发生在第1阶段——转速和负荷15s达到第3阶段目标值，其他控制参数在6min内达到。

停机发生在第2阶段——按表5条件。

c）关掉点火和摇臂罩冷却液泵；

d）关掉燃油泵；

e）脱开进气管，降低进气压力至大气压。

12.2.2.3 非正常停机后的启动

每次非正常停机后的启动遵循如下步骤：启动发动机后，在第3阶段工况运转5min，然后回到停机前阶段。若非正常停机发生在第1阶段，则按表5条件回到第1阶段；若非正常停机发生在第2阶段，则转速和负荷在60s达到目标值，其余控制参数在10min达到目标值后回到第2阶段；若发生在第3阶段，则继续。

12.2.2.4 机油液面测量阶段后的启动

每次油液面测量后，启动发动机运转5min，待条件达到第3阶段要求后，按表5中的第3阶段到第1阶段转换条件进入正式试验程序。

12.2.3 循环操作的一般描述

12.2.3.1 如表2所示，试验由三个阶段构成。三个阶段组成一个循环。每个循环4h，共计54个循环216h。连续6个循环（24h）进行油样采集和机油液面调整（见12.3.1）。

12.2.3.2 阶段转换时控制参数的变化速率要求见表5。转速、温度和载荷的变化速率以及阶段转化间的富油状态都影响油泥形成和发动机零件磨损。因此，阶段转换时控制参数的变化速率十分重要。

12.2.4 非正常停机

30min的机油液面检查时间是方法允许的正常停机时间，已计入试验时间。对台架系统进行必要维护而停机所用的时间，应作为非正常停机，停机的原因和时间应在试验报告中体现。

12.2.5 非正常停机后试验时间恢复

非正常停机后，当发动机运转操作参数达到要求后，试验开始继续计时。

12.3 定期测量及意义

12.3.1 窜气量测量

在每6个循环的最后一个阶段2的30 min±5min时，用图7安装窜气测量仪测量并记录窜气量。测量时，发动机应运行平稳，窜气温度大于32℃，窜气温度与室温温差不应大于±5℃。测量窜气量的步骤详见12.3.1.1。

12.3.1.1 测量步骤

a）将压力测量传感器连接至油标尺套管上；

b）完全打开放气阀；

c）将放空气管线连接至三通阀；

d）将三通阀从发动机 PCV 阀转到测量窜气装置上的模拟 PCV 阀；

e）将窜气测量仪调压室处软管连接至空气滤芯处的通风软管处，软管内径为 15.9mm；

f）调整放气阀保持曲轴箱压力为 0 Pa±25Pa；

g）记录压差、窜气温度和压力表压力；

h）断开压力传感器并重新装上油标尺套管压帽；

i）从通风口断开调压软管；

j）将三通阀从进气歧管真空度转到发动机 PCV 阀，断开三通阀上的放空管线；

k）将通风软管连接至进气滤清器；

l）计算窜气量，利用式（1）将窜气量修正至 38℃、100 kPa 下的窜气量。

$$Q = V \times [3.100P/(273.15 + T)]^{0.5} \tag{1}$$

式中：

Q ——校正的窜气量，L/min；

V ——窜气量，L/min；

P ——大气压力，kPa；

T ——窜气温度，℃。

12.3.2 点火正时测量

点火正时是由 EEC 设定的，只能用 STAR 检测仪检查。此检查仅在推测 EEC 或点火控制出现问题时才实施。

12.3.3 排气分析

在每个循环每个阶段都显示排气 Lambda 值。在发动机机油和冷却液温度达到稳定状态时，测量排气 Lambda 值（进入每个阶段大约 20 min±5 min）。该值用来确认 EEC 系统是否准确控制发动机空燃比。

12.3.4 补加机油、取油样

12.3.4.1 机油液面测量及取样步骤

每 24h 进行一次补加机油、机油液面测量、取样。当机油液面低于满刻度 400g 时，向发动机补加新油至满刻度下 400g 处；当机油液面高度高于满刻度 200g 时，放油至高于满刻度 200 处。机油取样、补加及液面测量步骤见附录 J。旧油的补加只发生在活塞环调整时。此外，除进行活塞环搭扣间隙调整后，不允许向发动机补加新油。

a）在试验第 3 阶段前 10min 内，放出 150mL 死区油；

b）取 60mL 分析油样；

c）加回死区油；

d）第 3 阶段运转 10min 后，关掉发动机。不要关闭摇臂罩冷却液泵；

e）发动机停机 20min±2min 后，测量并记录机油液面高度；

f）将液面高度值换算至 g，机油液面实际高度与满刻度之差即为机油消耗量。使用附录 I 图表确定液面高度。试验第 216h 时不再补加机油，将最后放出的机油作为 216h 的油样；

g）如果机油液面低于满刻度下 400g，补加机油至满刻度下 400g 并记录。切忌补加量不能超过满刻度下 400g；

h）如果机油液面高于满刻度上 200g，放机油至满刻度下 200g 并记录；

i）停机 30min±1min 后重新启动发动机。发动机在第 3 阶段工况运转 5min±1min 后进入正式试验。

12.3.5 日常维修

在测量机油液面正常停机的 30min 之内，可以对发动机和台架进行简单的维护。此外，也可以选择在合适的时间进行非正常停机来维修发动机和台架系统，但应尽量减少停机次数和缩短停机时间。

12.4 特殊维修步骤

因为维修内容和维修步骤可能影响到试验的有效性，所以本节对如下特殊维修作了详细规定。

12.4.1 窜气量调整

12.4.1.1 只允许在磨合试验期间和正式试验的前48h内进行窜气量调整。窜气量在试验过程中会从磨合试验阶段开始逐渐下降，但在试验前120h内，窜气量应保持在60L/min~70L/min之间。调节窜气量主要通过改变活塞环开口间隙或更换活塞环来实现。调整过程后，每一缸的活塞和活塞环之间的间隙需满足表1规定。切环时按照7.8.5.2的步骤进行。

12.4.1.2 窜气量大的调整

更换开口间隙小的压缩环从而减小窜气量。

12.4.1.3 窜气量小的调整

增大压缩环的搭口间隙从而增大窜气量。

12.4.2 窜气量调整时发动机的拆装

12.4.2.1 发动机拆机装机应分别按照7.8条和12.6.2的步骤进行。

12.4.2.2 拆解发动机时，应将油底壳中的机油尽量放净并保存待重新装机时加回。保证放出的机油不被污染，保证不被破坏零件上的沉积物。本试验使用的福特Ford 4.6L发动机在油底壳放油后，有很多区域会积存机油，在拆解时应把每个零件上积存的机油都收集起来。

12.4.2.3 重新组装发动机时，可用放出的试验油润滑发动机零件，但不允许使用EF-411型基础油或新油。发动机组装后，将从油底壳放出的机油和从发动机零件收集的积存机油加回发动机油底壳中。

12.5 关键参数检查

本节概述了发动机关键参数的重要性。这些参数能够直接影响试验或示意其他参数是否正常。

12.5.1 进气歧管真空度

进气歧管真空度用于控制第1阶段和第2阶段发动机油门位置。

12.5.2 发动机负荷

第1阶段和第2阶段不控制发动机负荷，但该数值在每次试验中应相对一致。如出现较大波动，说明发动机或控制存在问题。

12.5.3 燃油消耗

整个试验中，发动机燃油消耗应相对一致。燃油消耗并非控制参数，可以用来诊断故障。

12.5.4 爆震

在试验中，爆震现象很少出现。正常的汽油辛烷值、发动机点火正时、发动机转速和负荷及操作温度都不会引起爆震现象出现。爆震说明发动机出现非正常燃烧并且会导致严重的发动机损伤。负荷测量和控制、点火正时、运转温度和空燃比出现问题都会导致爆震。如果出现严重的爆震现象，应立即采取正确的措施。

12.5.5 排气组成

12.5.5.1 通过排气中Lambda值确定试验的燃烧状况，确定燃烧是否正常和变化。试验3个阶段的Lambda值都是由程序控制的，任何方法都无法改变排气的Lambda值。如果Lambda值与表2所示不同，应检查EEC系统。只有纠正EEC系统的错误，才能改正错误的Lambda值。

12.5.6 曲轴箱压力

曲轴箱压力大小与窜气量和PCV阀流量相关联。窜气量大或PCV阀流量损失大会导致曲轴箱压力增大。三通阀管件位置不正确或管线堵塞，也会导致曲轴箱压力大。较低或负的曲轴箱压力可能是由窜气量低或进入PCV阀空气受限引起的。

12.5.7 机油压力

机油压力与机油黏度和机油温度相有关。机油压力在整个试验过程中应保持一致，除非机油黏度出现明显变化。

12.5.8 机油进出口温差

机油进出口温差与初始的机油流量和黏度有关。在整个试验过程中，温差通常保持稳定。如果试验中机油黏度出现明显变化，则机油进出口温差会发生变化。

12.5.9 冷却液进出口温差

冷却液进出口温差与初始冷却液流量有关。在试验过程中通常保持稳定。如果试验中冷却液流量或温度测量不准确，则冷却液进出口温差会有较大变化。冷却液流量测量不准确可能是由文氏流量计内或附近出现异物所致。

12.6 试验结束

12.6.1 放冷却液和试验油

完成试验最后一个循环后，立即放净发动机冷却液和摇臂罩冷却液。为使发动机中的试验油完全流回到油底壳，发动机需在台架上静置 6h～12h 后再放净油底壳内的试验油。

12.6.2 发动机拆解

拆解发动机时应特别注意不要破坏沉积物，标记好每个气缸所对应的零件。

12.6.3 评分件的放置

12.6.3.1 评分零件按 12.6.3.2～12.6.3.8 规定摆放。评分件需静置 4h～8h 使其上的机油完全流走方可评分。

12.6.3.2 摇臂罩

摇臂罩垂直放置，前端朝下（上夹套表面与地面垂直）。

12.6.3.3 凸轮轴挡板

凸轮轴挡板垂直放置，后端朝下（上表面与地面垂直）。

12.6.3.4 缸头

缸头放置方向是缸头上与摇臂罩垫接触的面朝下。

12.6.3.5 前盖板

前盖板放置方向与在发动机安装时的位置相同。

12.6.3.6 油底壳

油底壳与缸体接触面朝下、与地面成 45°角、机油盘向下放置。

12.6.3.7 油底壳挡板

前端朝下垂直放置。

12.6.3.8 机油滤网

机油滤网放置方向与在发动机安装时的位置相同。为使机油流出，机油滤网一端应使用固定装置将其抬高。

13 试验结果评价

13.1 评分室环境

13.1.1 确保评分室内空气清洁无尘且室温保持在 24℃±3℃范围内。

13.1.2 除了活塞、摇臂罩和缸体，所有的发动机零件应在照明度为 3800lx～5400lx（离桌面 355mm 处测量）、色温为 4100K 的冷白荧光灯下评分。评分区域的背景和邻近的表面均为白色平面。

13.1.3 活塞、摇臂罩和缸体是在照明度为 3800lx～6500lx（离桌面 355mm 处测量）的荧光灯下，背对 100%的白色板进行评分。

13.1.4 如果某个或某些零件评分较复杂，可以按照以下程序进行合意评分：评分员应来自本实验室或其他实验室（如果本实验室没有 1 级评分员）。只报告一个评分员的分值，并需征得初始评分员的同意。在试验报告的意见栏内写明情况。

13.2 油泥评分

13.2.1 对以下零件进行油泥评分：摇臂罩（2个）、缸头上表面（2个）、凸轮轴挡板（2个）、正时链条盖板、油底壳和油底壳挡板。油泥评分是所有评分和测量工作的第一步。按照SH/T 0510的规定，对上述试验件按附录K要求进行评分。

13.2.1.1 如果试验使用的燃油批号为TF2221LS20，求得两摇臂罩油泥评分的平均值，再加上0.23的行业修正系数及实验室苛刻度调整系数得到最终的分值。如果试验使用的燃油批号为XC2721NX10，求得两摇臂罩油泥评分的平均值，再加上实验室苛刻度调整系数得到最终分值。如果试验使用的燃油批号为QS01-2009，求得两摇臂罩油泥评分的平均值即为最终的分值。

13.2.2 平均油泥（9个零件平均值）

13.2.2.1 按照以下步骤分别对零件进行油泥评分：

a）按照评分表所示位置确定每个评分区域的油泥深度。每个区域面积为直径20mm的圆；

b）如果在一个评分区域出现不同深度的油泥，应当用每部分的面积百分数乘以不同深度等级的体积系数，相加后查找表7中的给定值得出该区域油泥的深度等级。例如，某区域油泥为50%的A和50%的E，计算过程应为：50%区域平均油泥深度为A（或1.0），加上50%区域平均油泥深度为E（或16.0），即[(0.5×1.0=0.5)+(0.5×16.0=8)=8.5]，则该区域最终油泥厚度为D。当评分区域有沉积物生成迹象却已经脱落时，使用离该评分点最近的直径20mm的圆形区域进行评分；

c）将评分表每行最后的评分点数量相加，根据评分零件的不同，应分别是10点或20点：

表7 推算平均油泥基准

体积系数	深度等级	体积系数	深度等级
<0.125	干净	≥3.500<6.000	C
≥0.125<0.375	1/4 A	≥6.000<12.00	D
≥0.375<0.625	1/2 A	≥12.00<24.00	E
≥0.625<0.875	3/4 A	≥24.00<48.00	F
≥0.875<1.250	A	≥48.00<96.00	G
≥1.250<1.750	AB	≥96.00<192.00	H
≥1.750<2.500	B	≥192.00<384.00	I
≥2.500<3.500	BC	≥384.00	J

d）将每行评分点数乘以10或5，确定评分区域总的面积百分比，相加后应为100%；

e）将每个区域的面积百分数乘以相应的油泥深度等级转化为体积系数；

f）将每行的体积系数相加得到最终的体积系数，再按SH/T 0510转化为最终的油泥评分。

13.2.2.2 如果试验使用的燃油批号为TF2221LS20，在初始发动机油泥评分上加0.42的修正系数和实验室苛刻度调整系数得到最终的分值。如果试验使用的燃油批号为XC2721NX10，直接在初始评分值上加实验室苛刻度调整系数得到最终分值。如果试验使用的燃油批号为QS01-2009，求得两摇臂罩油泥评分的平均值即为最终的分值。

13.2.2.3 干油泥和泡沫油泥沉积物

如果试验后出现干油泥和泡沫油泥现象，通常认为是长时间发动机润滑不良所致。此现象应在最终试验报告中注明，并记录出现该现象的零件及面积百分数。通常在摇臂罩（左或右）会出现大约6%面积的干油泥或气泡油泥。

13.3 漆膜评分

13.3.1 零件的准备

对以下零件进行漆膜评分：活塞裙部（8个，只评承压面）和左右凸轮轴挡板。在油泥评分完成后，按照 SH/T 0510 的规定，对上述试验件按附录 K 要求进行评分。进行漆膜评分时不要破坏附近的油泥，如漆膜评分时区域有较重的油泥，用 25mm 宽的橡胶刮片刮擦，再用规定的擦拭材料沿同一方向稍微用力进行擦拭，直到没有油泥为止。

13.3.2 平均漆膜（3 个零件的平均值）

按照以下步骤分别对零件进行漆膜评分：

13.3.2.1 如果在发动机拆解或油泥去除中破坏了漆膜原貌，则应按照该区域周围的漆膜颜色进行评分，不能将其评为“干净”。

13.3.2.2 按照比色卡进行漆膜评分。

13.4 堵塞评定

13.4.1 机油滤网堵塞

13.4.1.1 使用以下步骤确定机油滤网的油泥堵塞率：

a）使用吹气装置将滤网上的残留机油吹掉；

b）将空气压力调节至 130 kPa±10 kPa；

c）将装置对准滤网；

d）用空气吹 5s～10s；

e）移走装置，对滤网进行评分。

13.4.1.2 可以使用透明卡片作为辅助工具对零件表面进行评分，能够更精确的确定区域面积。

13.4.1.3 确定机油滤网杂质堵塞面积及油泥堵塞面积。将机油油泥堵塞结果加 1 的和取自然对数，即：ln(机油滤网堵塞率 + 1)，计算结果保留 4 位小数，将原始数值和计算后的数值同时报告在相应表格中。如果实验室偏差较大，需对结果进行苛刻度调整，计算结果保留 4 位小数，再求反对数后减 1，转换到最初的数值形式并作为最终结果记录在相应的表格内。机油滤网上不能马上识别为杂质的及不能确定是油泥的沉积物，都应被计算为油泥堵塞。

13.5 粘结的评定

13.5.1 记录粘环的数量。粘环的定义和级别见第 3 章。在试验报告中列出压缩环的冷粘环和热粘环数量及粘结的位置和对应活塞。

13.6 油样分析

13.6.1 对每 24h 油样和 216h 的油样进行以下分析：采用 GB/T 11137 、GB/T 17476、NB/SH/T 0829 方法分别对油样进行 40℃运动黏度、金属含量及燃油稀释的分析。

13.6.2 确定油样的燃油稀释量。

13.7 附加测量

13.7.1 第 8 缸进排气摇臂销磨损的测量

13.7.1.1 按照在发动机上的顺序，给每一个摇臂标记，如：8I，8E。

13.7.1.2 在摇臂两端标记箭头，箭头方向为摇臂上端。

13.7.1.3 将摇臂夹紧，用 5mm 直径的冲头将摇臂销冲出。

13.7.1.4 用表面光洁度分析仪测量摇臂销的磨损台阶。

13.7.1.5 按照厂家说明设置仪器，测量磨损深度。

13.7.1.6 将摇臂销放在 V 型块上，箭头朝上（13.7.1.2）。

13.7.1.7 将仪器的尖针顶在摇臂销上，对准摇臂销中心。

13.7.1.8 在仪器上设定测量行程，从摇臂销一端未磨损处开始测量，至另一端未磨损处结束。测量范围应将所有的磨损部分包括在内，被测量部分在工作时应全部安装在摇臂体内。

13.7.1.9 开始测量。

13.7.1.10 测量长度必须将可见的磨损台阶包括在内，仪器将测量出该长度范围内的最大磨损台阶深度。

13.7.2　活塞环开口间隙增量

将第1至第8号活塞的顶环清理干净，将活塞环放入测量的标准缸套中（7.5.5）测量开口间隙。计算开口间隙增量，减去试验过程中进行的调整，求8个活塞环开口间隙增量平均值并记录，确定最大开口间隙增量值并记录。

14　试验有效性评估

14.1　油样分析

14.1.1　铁、铝元素含量

油样中铁和铝元素的含量能够反映出试验中的发动机部件的磨损程度。凸轮轴轴瓦磨损大会导致铝元素含量增加，凸轮轴、摇臂和缸套磨损大会导致铁元素含量增加。铁元素的变化速率体现了发动机部件磨损变化情况，整个试验过程中，铁元素的变化和发动机部件磨损变化情况一般呈线性。

14.1.2　硅含量

硅含量能够反映机油受外部和硅基密封件的污染程度。油底壳和摇臂罩的密封件使用的是硅基垫片。如果油样中含硅含量很高，应检查硅基密封件是否完好、发动机组装时零件是否干净、进气是否清洁、机油加注和取样容器是否清洁。

14.1.3　燃油稀释

燃油稀释反映曲轴箱中的机油被燃油稀释的程度。为达到合适的试验苛刻度要求，定量的机油燃油稀释必要的，但超量的燃油稀释会加剧油泥生成量和零件的磨损。比正常的燃油稀释高时应查明原因。

14.2　窜气流量

试验前120h内阶段2的窜气流量平均值应降至60L/min~70L/min范围内（试验的前23h下降会比较明显）。整个试验中窜气量应保持相对稳定。如果窜气量平均值在60L/min~70L/min范围内，低于60L/min的窜气量是可以接受的。如果在试验的前120h内，连续两次窜气量低于56L/min或平均值不在要求的范围内，则本次试验无效。

14.3　进气歧管绝对压力

进气歧管压力是根据实验室海拔、大气压力和发动机机械效率来计算的，油门位置是根据阶段1和阶段2的进气歧管压力而设定。

14.4　燃油消耗率

在试验中，第1阶段、第2阶段、第3阶段的燃油消耗率应分别小于9.0kg/h、19.0kg/h和5.0kg/h。

14.5　机油消耗

14.5.1　试验的早期不会出现机油消耗的现象。在此期间燃油稀释会使机油液面高度高于满刻度线。如果机油液面高度高于满刻度上200g，应检查发动机、燃油控制系统、燃油喷嘴是否出现故障。

14.5.2　试验期间机油总补加量不应超过2000g，每24h机油液面调整时一次补加量不应超过400g。

14.6　发动机零件更换

试验期间不允许更换评分件。以下零件可以更换（记录更换时的情况）：点火系统部件、燃油控制系统、PCV阀、密封和垫片、气门或气门弹簧、燃油喷嘴、PCV系统的机油分离器和火花塞。

14.7　质量指数

附录B列出了质量指数的要求。如果参比油试验结束后质量指数低于0.000，应检查试验的运转情况。如果试验中有控制参数2h没有记录，则该试验视为无效。

15 试验报告

试验报告格式见附录L。

16 精密度与偏差

按照下述规定判断试验结果的可靠性（95%置信水平）。

16.1 精密度——参比油

16.1.1 中间精密度条件

在相同的实验室、使用相同的试验方法，可以改变操作者、测量设备、试验台架、试验发动机和时间，对同一试验进行测定。

注："中间精密度"相对于"重复性"（重复性比中间精密度在实验室条件内定义更为严格），更适合本试验方法。

16.1.2 中间精密度限值 *i.p.*

在中间精密度条件下，对同一试样进行测定得到的两个试验结果之差不能超过表8中规定的值。

16.1.2.1 再现性条件

不同操作者，在不同实验室，使用不同的设备，按照相同试验方法，对同一试样分别进行测定。

16.1.2.2 再现性限值 R

在再现性条件下，对同一试样进行测定得到的两个单一、独立的实验结果之差不能超过表8中规定的值。

表8 参比油统计值

评分参数（优点评分）	中间精密度 *i.p.*		再现性 R	
	$S_{i.p.}$	*i.p.*	S_R	R
平均发动机油泥	0.45	1.26	0.46	1.29
摇臂罩油泥	0.25	0.70	0.27	0.76
平均发动机漆膜	0.10	0.28	0.10	0.28
机油滤网堵塞/油泥	0.793	2.220	0.819	2.293
平均活塞漆膜	0.20	0.56	0.20	0.56

16.2 偏差

使用可接受的统计方法处理参比油试验结果可以得到偏差，当出现明显偏差时，允许对非参比油试验结果进行苛刻度调整。

附 录 A
(规范性附录)
安全防护

A.1 概述

A.1.1 操作本试验会接触到仪器和危险材料，参与设计、安装和操作的人员应具有一定的经验并经过培训。设计、安装和操作的人员进入实验室应佩戴护目镜、听力保护装置和适当的防护工具。切记不能穿着宽松的衣物进入正在进行试验的实验室。

A.1.2 实验室的设施应由实验室安全部门监管和认可。实验室内所有区域都应保持清洁并没有油腻或燃油泄漏。为防容器倾倒，装燃油和机油的容器不应过量储存。实验室应安装专门的防火系统，配备足量的灭火器。整个实验室还应安装紧急淋浴系统。

A.1.3 试验台架应配置一个燃油关闭阀，可以在发动机不运转时自动停止燃油供给。以下情况也应自动关闭燃油：测功机激磁电流中断、发动机超速、排气系统故障、房间通风故障、防火系统启动。在所有外部旋转部件和高温表面加装护照。所有的燃油管、机油管、蒸汽管、冷却水管及电线应当进行适当的布线和保护并保持整齐有序。

A.1.4 本试验方法会使操作人员接触对身体有害物质，准备发动机零件时还会接触到多种有害化学品。发动机零件准备区域应安装紧急淋浴系统。涉及到的有害物质的种类和注意事项如下。

A.2 物理物质

A.2.1 触电

A.2.2 高速旋转设备

A.2.3 高温表面

A.2.4 噪声

A.3 有害化学品

A.3.1 溶剂

A.3.1.1 打开容器前应先释放压力，容器不使用时应拧紧。

A.3.1.2 在常温下保存，避免高温、火花、明火、氧化剂、酸。

A.3.1.3 使用干粉、泡沫或二氧化碳灭火器。

A.3.1.4 操作时使用护目镜及防护手套。

A.3.1.5 在封闭区域使用盒式或防毒面具。

A.3.1.6 使用通风系统。

A.3.1.7 避免接触眼睛、皮肤和衣物。

A.3.2 冷却系统清洗剂

A.3.2.1 常温下储存，容器使用之前保持关闭。

A.3.2.2 操作时使用护目镜及防护手套。

A.3.2.3 防毒面具。

A.3.2.4 使用通风系统。

A.3.2.5 避免接触眼睛、皮肤和衣物。

A.3.3 酸性清洁剂

A.3.3.1 常温下储存，容器使用之前保持密闭。

A.3.3.2 操作时使用护目镜及防护手套。

A.3.3.3 使用呼吸保护设施和通风系统。

A.3.3.4 避免接触眼睛、皮肤和衣物。

A.3.4 汽油

A.3.4.1 打开容器前应先释放压力，容器不使用时应拧紧。

A.3.4.2 在常温下保存，避免高温、火花、明火、氧化剂。

A.3.4.3 使用干粉、泡沫或二氧化碳灭火器。

A.3.4.4 操作时使用护目镜及防护手套。

A.3.4.5 使用通风系统。

A.3.4.6 避免接触眼睛、皮肤和衣物。

A.3.5 油样和新油

A.3.5.1 在常温下保存，避免高温、火花、明火、氧化剂。

A.3.5.2 使用干粉、泡沫或二氧化碳灭火器。

A.3.5.3 操作时使用护目镜及防护手套。

A.3.5.4 避免接触眼睛、皮肤和衣物。

A.3.5.5 因用过的机油油样中含有新油中没有的化合物，分析和处理时要谨慎。

警告：用过的机油油样危害健康。

A.3.6 有机溶剂（Penmul）

A.3.6.1 打开容器前应先释放压力，容器不使用时应拧紧。

A.3.6.2 在常温下保存，避免高温、火花、明火、氧化剂。

A.3.6.3 使用干粉、泡沫或二氧化碳灭火器。

A.3.6.4 操作时使用护目镜及防护手套。

A.3.6.5 使用通风系统。

A.3.6.6 避免接触眼睛、皮肤和衣物。

附　录　B
(规范性附录)
数据控制和处理要求

B.1　综述

B.1.1　数据处理系统应具备以数字形式记录运转数据的能力，能够实时记录控制参数有利于实验室评估试验的有效性。系统应能够实时计算质量指数，质量指数是在整个试验中都需要监测的，具体规定见B.5。
B.1.2　本控制系统应能够保持控制参数在表B.2规定的极限范围内，并按照B.5维持质量指数。
B.1.3　报告不满足本节规定的项目。

B.2　数字记录频率

数字计算允许的最大时间间隔为1s。数据可以按照B.6的要求进行过滤。

B.3　稳态工况

B.3.1　稳态工况通常出现在进入某一阶段后20min直到进入下一阶段。进入稳态工况后，所有的参数应如表2所示进入稳定状态。在下一工况开始时，数据开始发生变化。使用表B.1中报告的精度水平计算质量指数。

表B.1　计算*QI*的数据点精确度

参数	域长
转速/（r/min）	5.0
湿度/（g/kg）	5.1
温度/℃	5.1
进气歧管绝对压力/kPa	5.1
进气压力/kPa	6.3
排气背压/kPa	6.1
冷却液出口压力/kPa	6.1
冷却液流量/（L/min）	6.1

B.3.2　读数记录的时间间隔不应超过1min，在整个稳态过程中都应进行数据记录。

B.4　过渡工况

B.4.1　过渡工况指每阶段开始的20min。爬坡要求如表5所示。
B.4.2　过渡工况期间，数据记录时间间隔不应超过1min。

B.5　质量指数

B.5.1　在整个试验中每个阶段的稳态工况记录并计算所有控制参数的质量指数。

B.5.2 试验过程中定期更新质量指数来确定运转的有效性，有助于在试验完成前记事判断试验运转的有效性。

B.5.3 利用表 B.2 中的数值和式（B.1）计算质量指数 QI：

$$QI = 1 - \frac{1}{n}\sum_{i=1}^{n}\left(\frac{U + L - 2X_i}{U - L}\right)^2 \tag{B.1}$$

式中：

X_i ——参数测量值；

U ——X 允许的上限；

L ——X 允许的下限；

n ——测量参数的数量。

B.5.4 如果出现数据超过表 B.2 中的超范围值，用表 B.2 中的超范围值重置该数据。

B.5.5 如果出现数据低于表 B.2 中的超低值，用表 B.2 中的超低值重置该数据。

B.5.6 QI 值保留小数点后三位。

B.5.7 在试验报告中表 4 报告 QI 值。

B.5.8 如果参比油试验最终的 QI 值小于 0.000，应与 TMC 共同检查试验运转过程。

表 B.2 L 和 U 及超限值

参数	阶段	L	U	上限值	下限值
冷却液流量/（L/min）	1	47.47	48.53	87.0	0
冷却液出口温度/℃	1	56.71	57.29	113.0	0
	2	84.71	85.29	113.0	0
	3	44.71	45.29	113.0	0
排气背压/kPa	1	103.83	104.17	115.0	0
	2	106.83	107.17	115.0	0
湿度/（g/kg）	1，2，3	10.85	11.95	64.0	0
进气压力/kPa	1，2，3	0.04	0.06	1.05	0
进气温度/℃	1，2，3	29.80	30.20	49.0	0
机油进口温度/℃	1	67.79	68.21	120.0	0
	2	99.79	100.21	120.0	0
	3	44.79	45.21	120.0	0
转速/（r/min）	1	1198.1	1201.9	3156.0	0
	2	2898.1	2907.9	3156.0	0
	3	689.1	701.9	3156.0	0
进气歧管绝对压力/kPa	1	68.60	69.40	76.0	0
	2	65.60	66.40	76.0	0
冷却液出口压力/kPa	1，2，3	69.35	70.65	159.0	0
摇臂罩冷却液进口压力/kPa	1，3	28.63	29.37	120.0	0
	2	84.63	85.37	120.0	0
摇臂罩冷却液流量/（L/min）	1，2，3	14.85	15.15	29.0	0

B.6 时间常数

B.6.1 对于所有控制参数均可以进行过滤，但时间常数不能超过表B.3中规定的数值。这些时间常数适用于整个试验系统、从传感器到显示器和数据处理的时间。

B.6.2 表B.3规定了各控制参数在系统内允许的最大时间常数

表B.3 最大允许时间常数

控制参数	时间常数/s
发动机转速/（r/min）	1.9
进气歧管绝对压力/kPa	1.8
发动机机油进口温度/℃	2.4
发动机冷却液出口温度/℃	2.4
发动机冷却液流量/（L/min）	17.0
摇臂罩冷却液进口温度/℃	2.4
摇臂罩冷却液流量/（L/min）	2.0
进气温度/℃	2.4
进气压力/kPa	2.6
排气背压/kPa	1.7
发动机冷却液压力/kPa	2.0

附　录　C
（规范性附录）
部件和设备描述和照片

C.1　图 C.1~C.28 为部件和设备描述和照片。

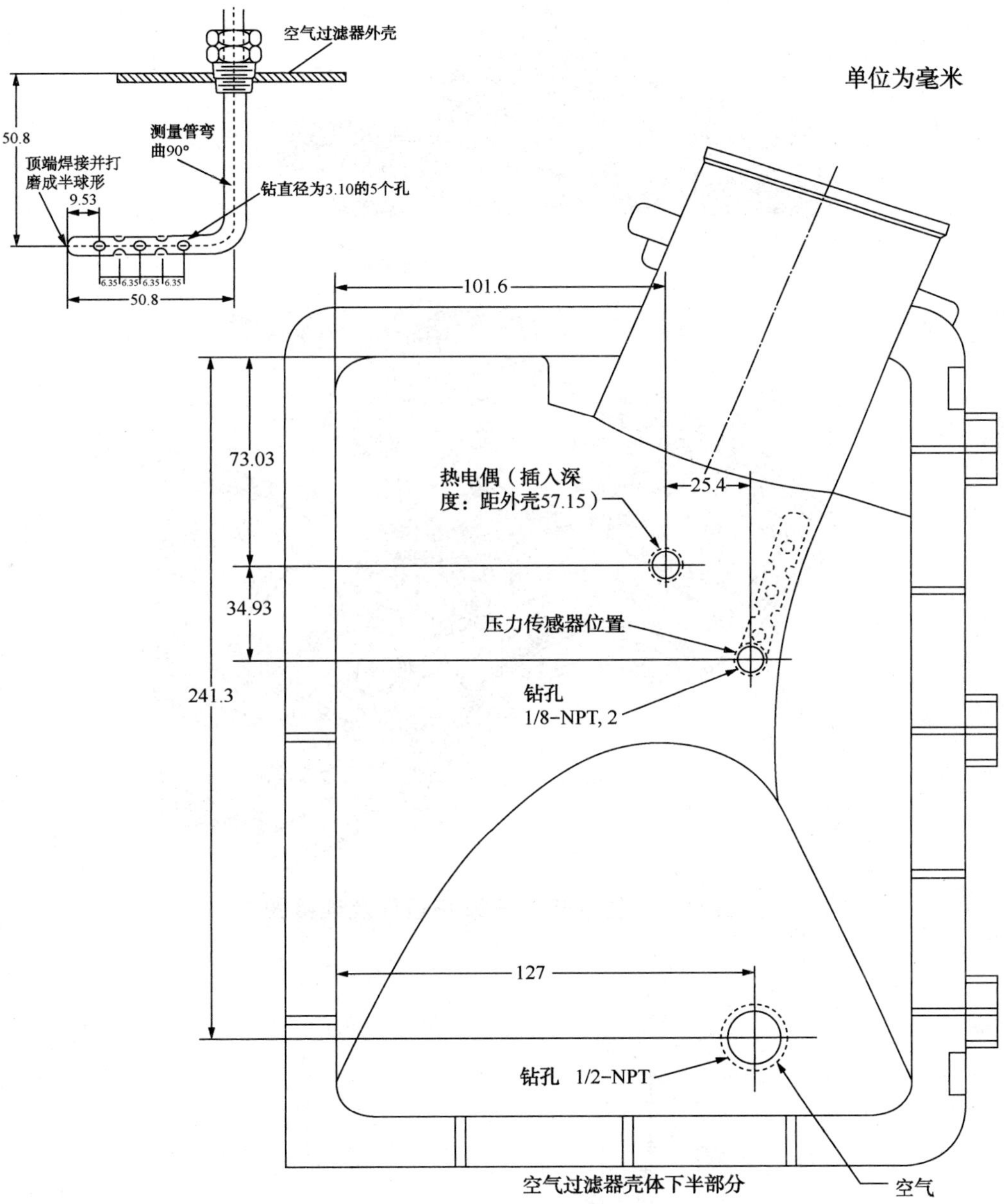

图 C.1　发动机进气系统改造

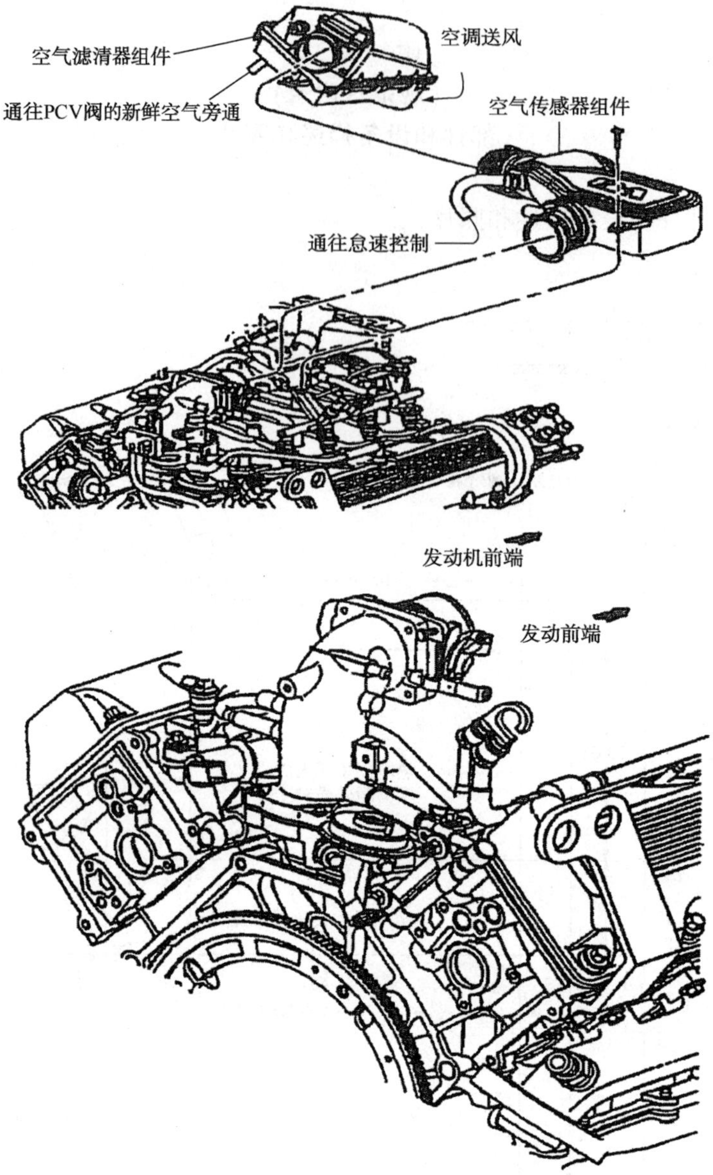

图 C.2　发动机进气系统组件及连接图

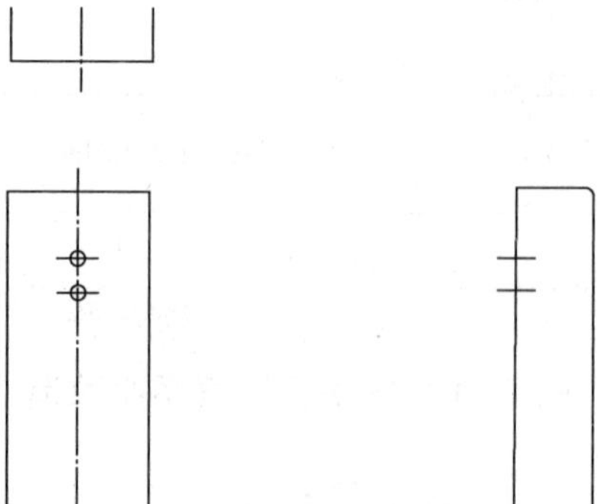

图 C.3　凸轮轴挡

材料表

序号	数量	名称	零件号	参考手册
1	1	垫圈	F6AZ-6584-BA	FORD
2	2	闭锁凸轮座	3591-4CB-0375	HELICOIL
3	2	全螺纹接头	.25 NPT 316 SS	
4	2	方形堵头	.25 NPT 316 SS	
5	2	接头	.50 NPT 316 SS	
6	1	接头	1.50 NPT 316 SS	
7	1	方形管堵	1.50 NPT 316 SS	
8	1	接头	2.00 NPT 316 SS	
9	1	方形管堵	2.00 NPT 316 SS	
10	11	内六方螺钉	6M-1.0×120 MM	UNBRAKO
11	2	内六方螺钉	25-28×50 304 SS	
12	11	密封垫圈	9470BA114	McMASTER
15	1	底座	E4100-3	
16	1	内护层	E4101-3	
18	1	内壁	D4103-1	
21	11	衬套	C4106-2*	
22	1	挡板	D4107-2*	
23	1	外护层	E4108-3	
24	2	外壁	C4109-2*	
25	1	软管短接	C4110-2	
26	1	堵塞	C4111-3	
27	2	接头	C4112-3*	

*=常规零件

所有管线配件均为冲压锻造件

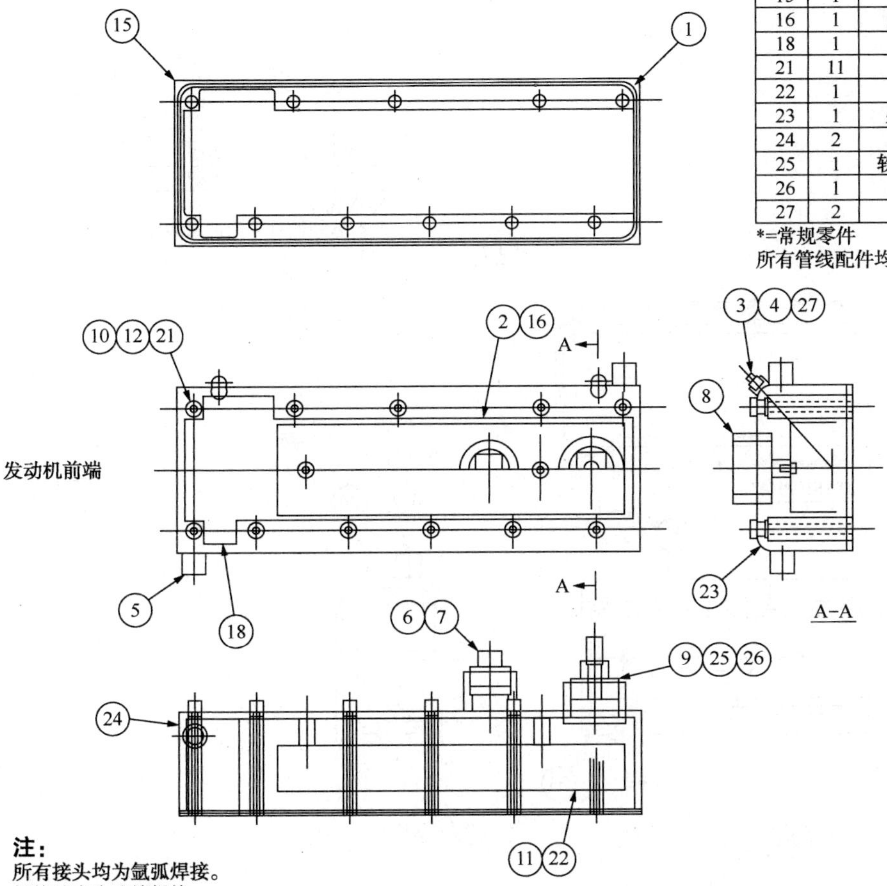

注：

所有接头均为氩弧焊接。

焊接处应为连续焊接。

焊接处均应防水。

图 C.4　带有水套的摇臂罩，左侧

材料表

序号	数量	名称
1	1	垫圈
2	11	密封垫圈
3	2	锁闭凸轮座
4	2	全螺纹接头
5	2	方形堵头
6	2	接头
7	1	接头
8	1	方形管堵
9	11	内六方螺钉
10	2	内六方螺钉
16	11	衬套
17	1	挡板
18	2	外壁
19	2	接头
20	1	外护层
21	1	内护层
22	1	底座
23	1	软管短接
24	1	内壁
25	1	内壁

*=常规零件
所有管线配件均为冲压锻造件

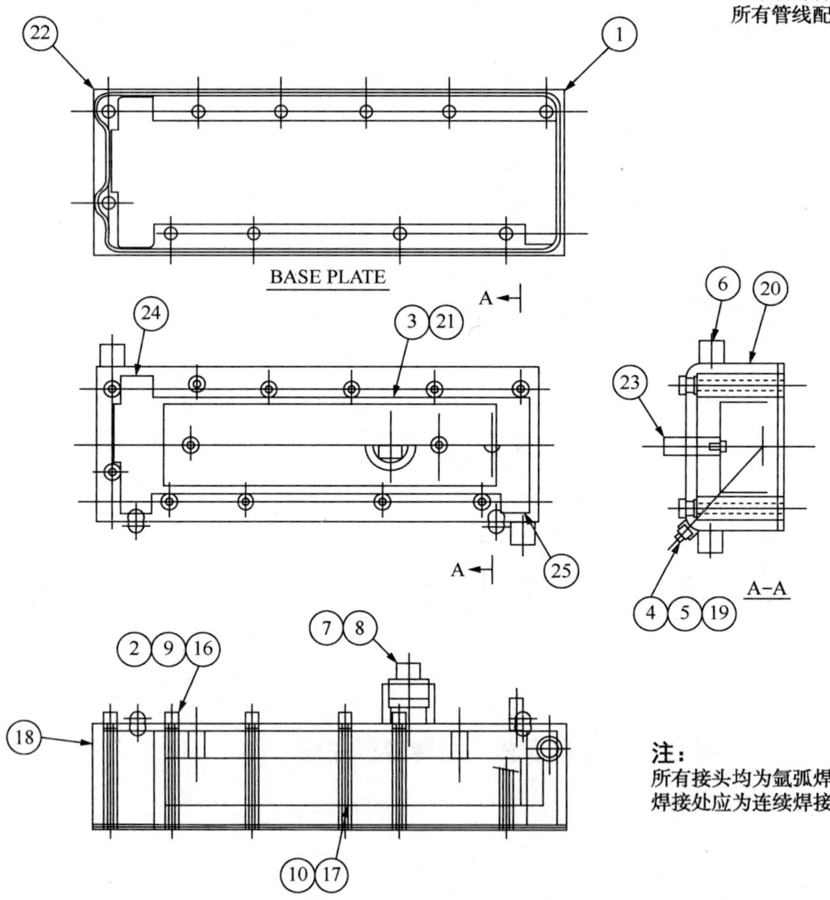

注：
所有接头均为氩弧焊接。
焊接处应为连续焊接，焊接处均应防水。

图 C.5　带有水套的摇臂罩，右侧

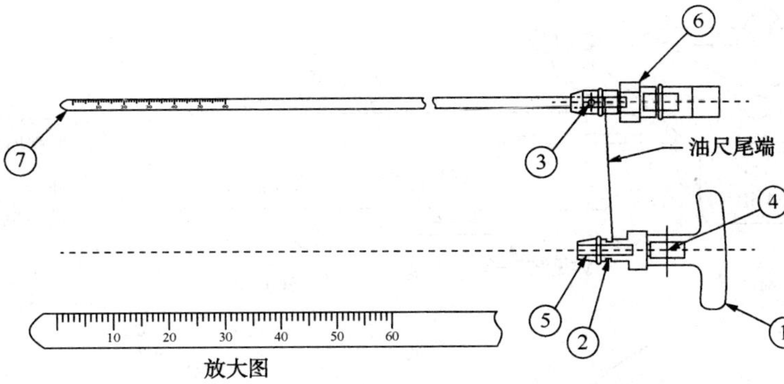

项目	数量	零件名	零件号	生产厂商
1	1	T形把手	33712	JERGENS
2	1	O形垫圈	2-011VITON	PARKER
3	1	弹性垫	91610A205	McMASTER
4	1	弹性垫	92383A204	McMASTER
5	1	进口	510001	
6	1	油尺座	510002	
7	1	油尺	510003	

图 C.6 机油尺示意图

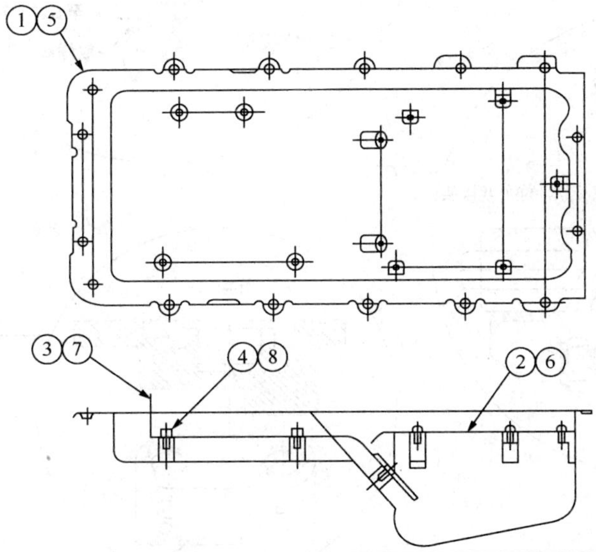

项目	数量	零件名	生产厂商
1	1	油底壳	Ford
2	1	后盖板	Ford
3	1	前盖板	Ford
4	11	坚固螺丝	
5	1	油底壳沿	
6	1	后盖板沿	
7	1	前盖板沿	
8	11	坚固螺丝	

图 C.7 油底壳移走螺杆示意图

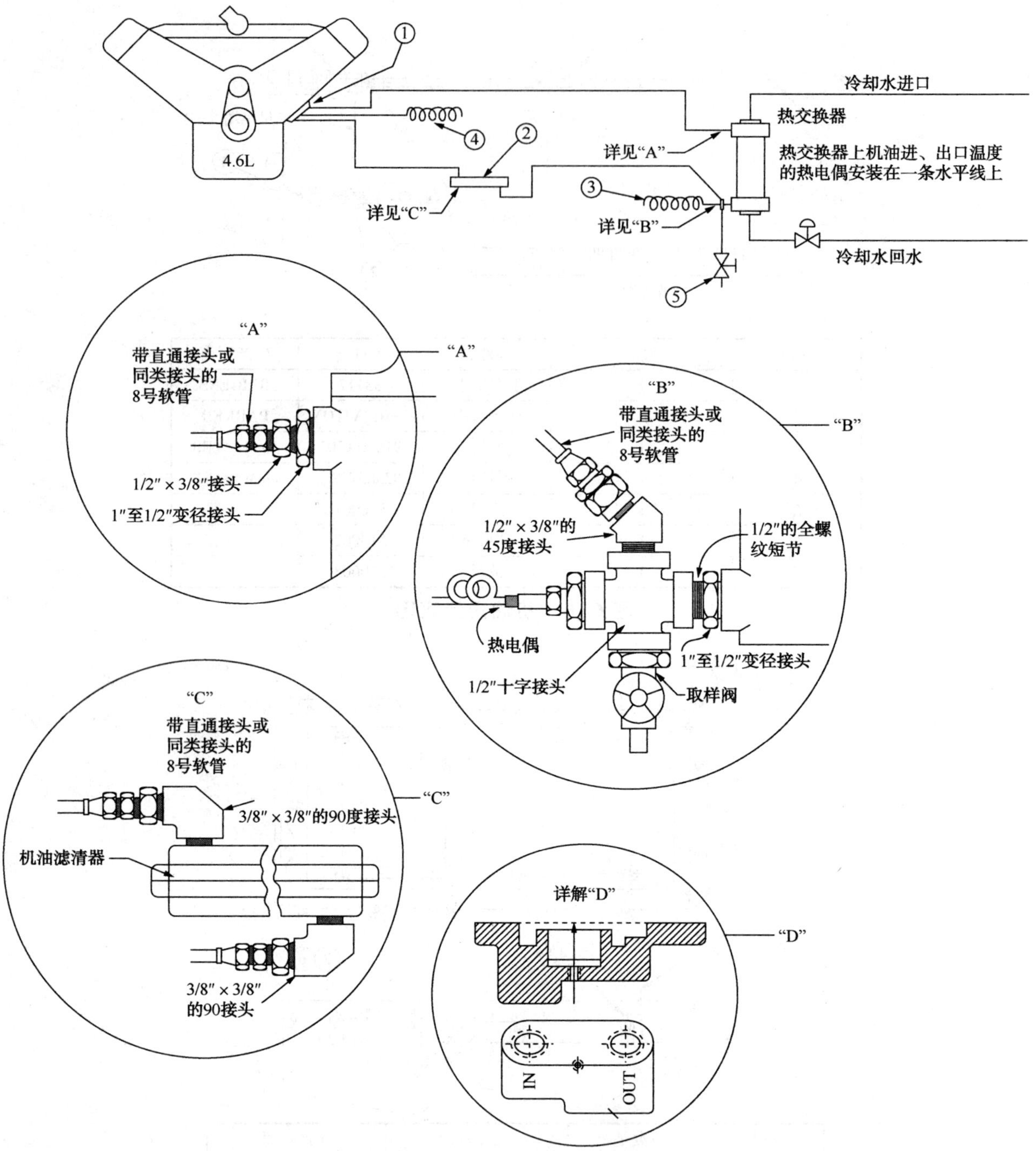

图 C.8　机油冷却系统示意图

单位为毫米

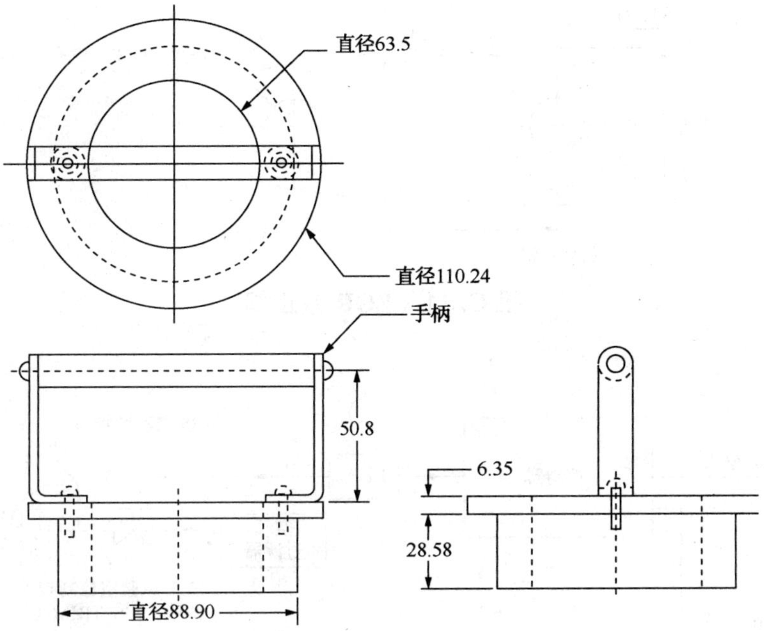

图 C.9　活塞环位置

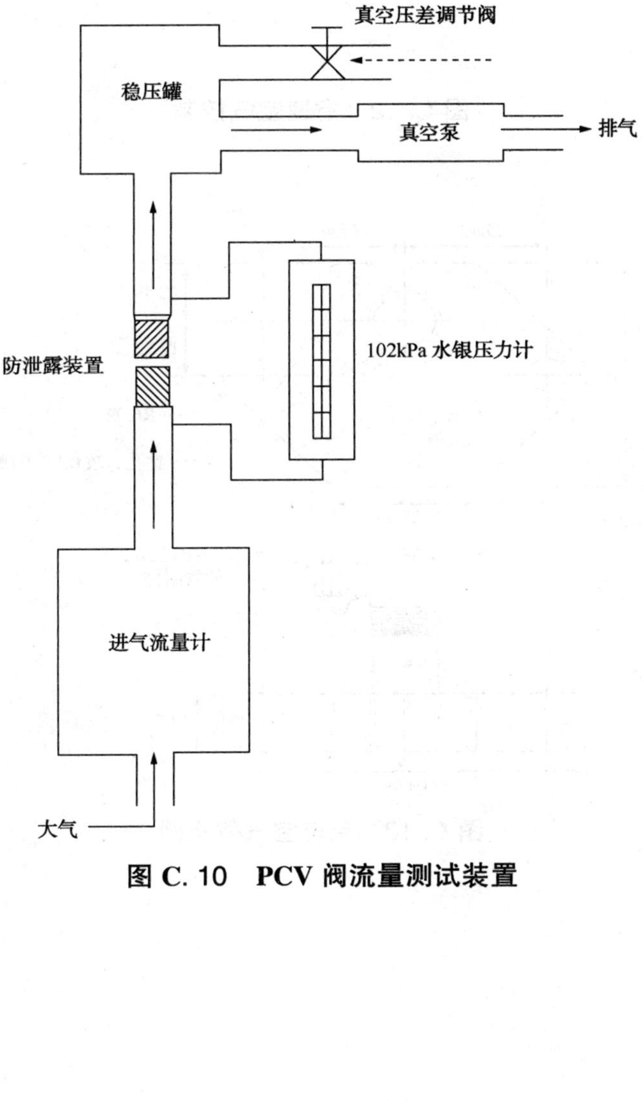

图 C.10　PCV 阀流量测试装置

单位为毫米

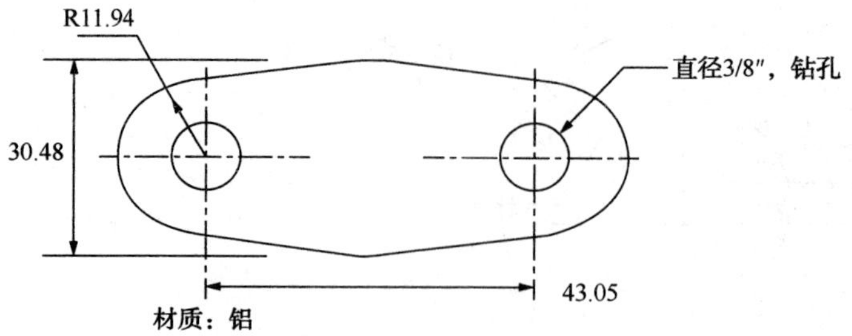

图 C.11　EGR 截止阀

单位为毫米

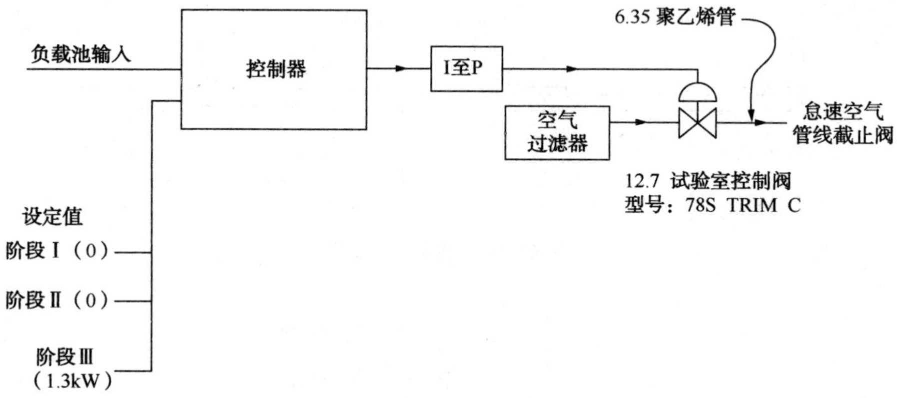

图 C.12　怠速空气控制

单位为毫米

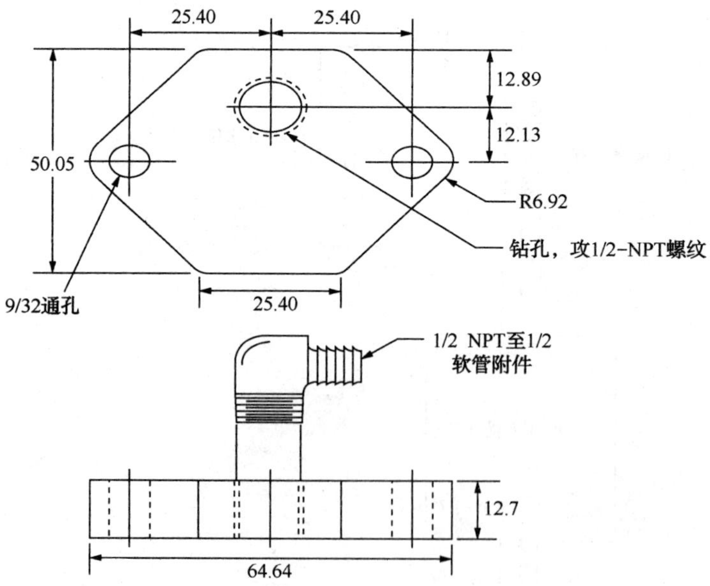

图 C.13　怠速空气截止阀

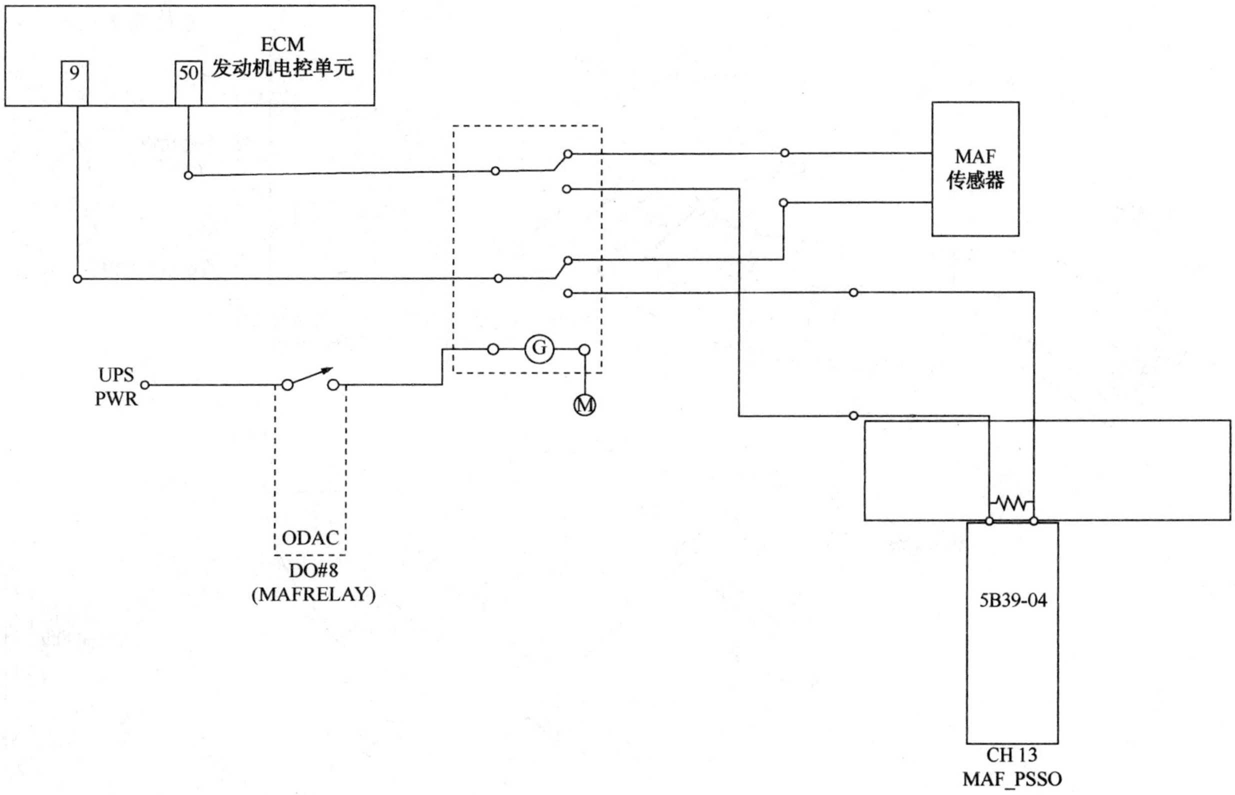

图 C.14　空气流量传感器调整

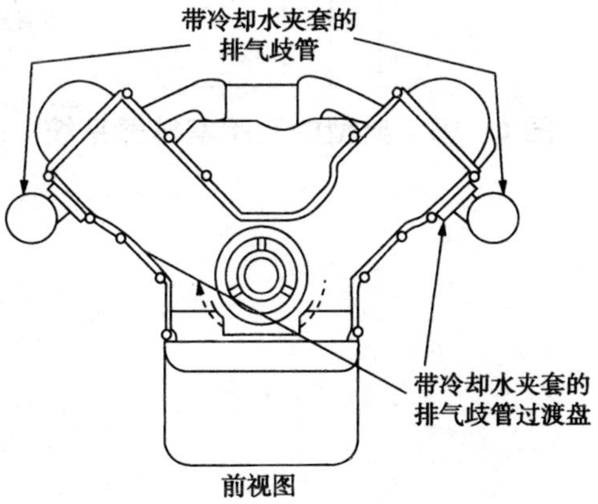

图 C.15　典型发动机至实验室排气系统

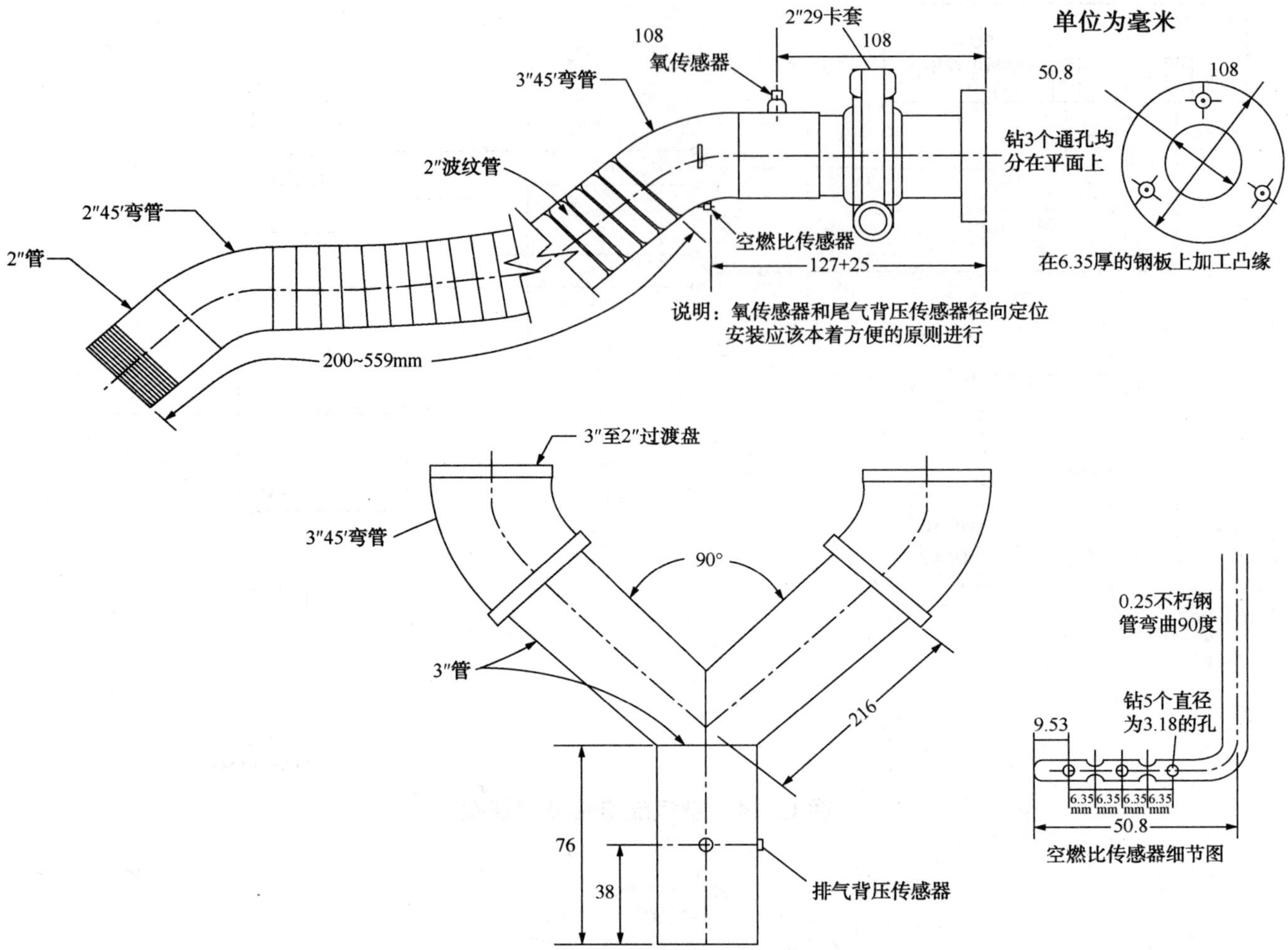

图 C. 16　典型的实验室排气系统

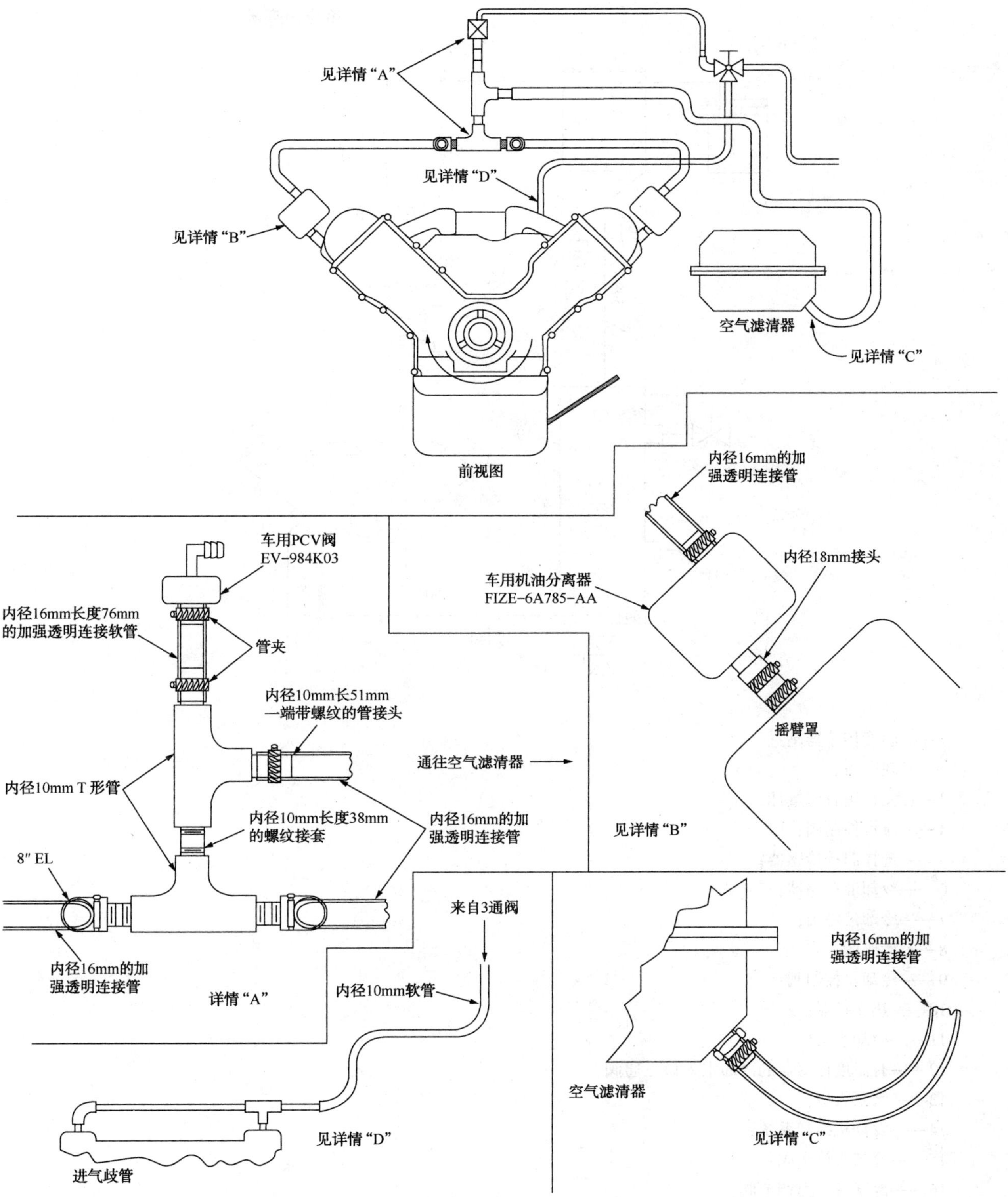

图 C.17　曲轴箱通风系统，典型配件的连接安装

单位为毫米

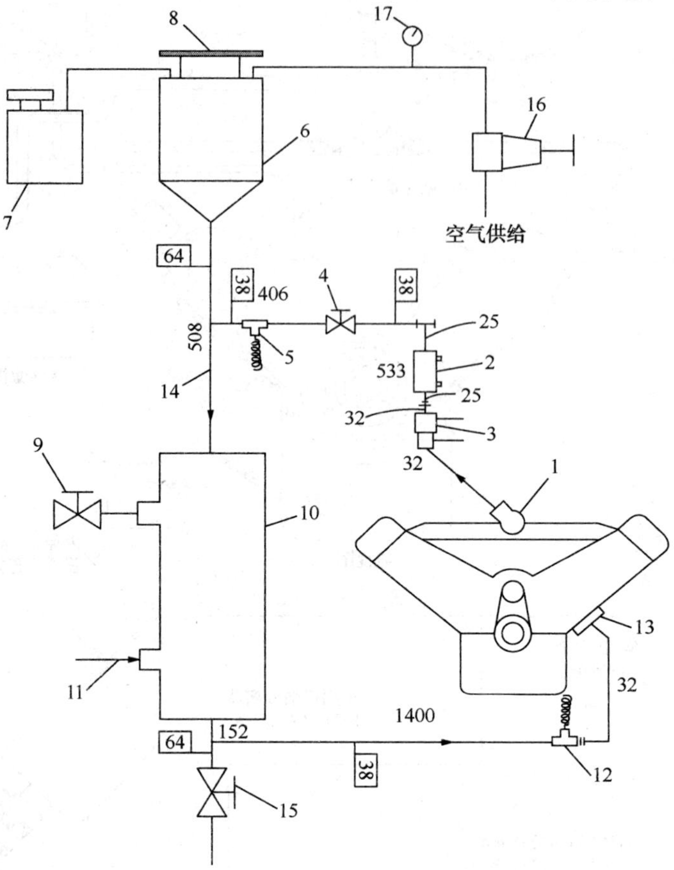

1——温度传感器座；
2——观察窗；
3——文丘里管流量计；
4——流量控制阀；
5——选择温控传感器；
6——冷却液存储器；
7——冷却液溢出；
8——泄压阀；
9——冷却水控制阀；
10——热交换器；
11——冷却水入口；
12——有温度传感器的冷却水入口三通阀；
13——水泵入口；
14——发动机冷却系统；
15——冷却水放水阀；
16——冷却液压力调节阀；
17——冷却液压力表。

图 C.18　典型的发动机冷却系统示意图

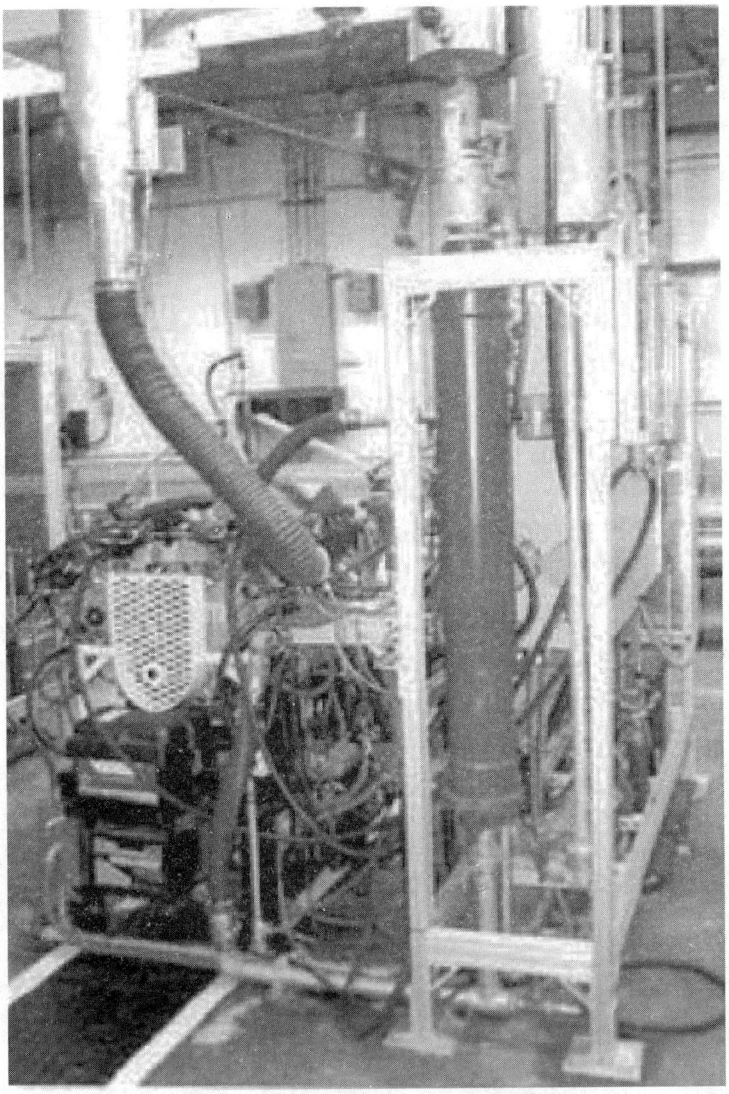

图 C. 19　典型试验台架，左前视图

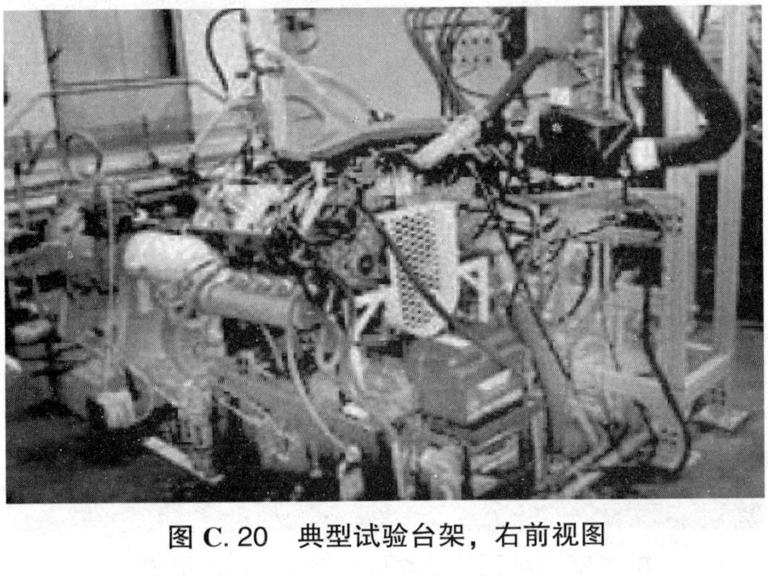

图 C. 20　典型试验台架，右前视图

图 C.21　进气供应系统，空气滤清器，共鸣箱和怠速负荷控制

图 C.22　典型的发动机冷却系统以及流量计

图 C.23　典型的冷却系统，流量控制开关，流量计以及水箱和观察孔

图 C.24　润滑油冷却系统所需要的热交换器固定架和软管附件

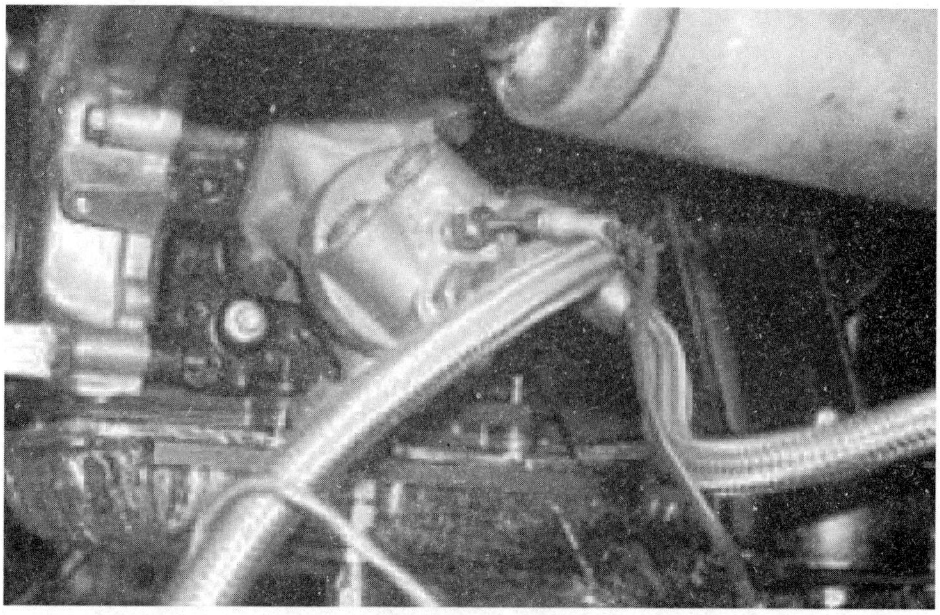

图 C.25　润滑油冷却系统，发动机上用于连接温度传感器、压力以及燃油滤清器的接头附件

图 C.26　发动机通风系统

图 C.27　发动机通风系统 3 路管线

单位为毫米

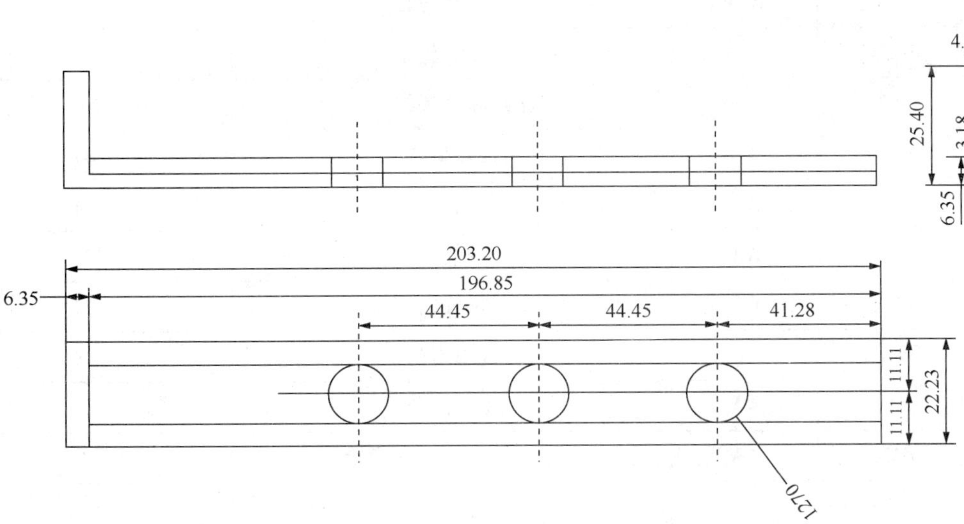

图 C.28　内径测量尺

附　录　D
（规范性附录）
试验发动机零件列表

D.1　表 D.1～表 D.7 列出了试验发动机所需的零件编号。

表 D.1　发动机零件包

序号	零件号			零件名称	数量
1	OG	804	AA	发动机组配	2
2	D8ZE	6A666	A2B	PCV 阀（EV-98）	4
3	E5TE	9601	AB	空气过滤元件	4
4	AGSF	32P	PF4	火花塞组配	32
5	F1AE	6065	BB	M11×1.5 螺栓，21035Hex	80
6	F1AE	6345	AD	缸头螺栓	36
7	F1AE	6K258	AD	Main Bolt w/Stud Pickup	4
8	Q3U1L	6K109	AA	大尺寸活塞，0.125mm	8
9	Q3U1L	6K109	AA	大尺寸活塞环组，0.125mm	8
10	Q3U1L	6K109	AA	大尺寸活塞，0. 25mm	8
11	Q3U1L	6K109	AA	大尺寸活塞环组，0. 25mm	8
12	Q3U1L	6K109	AA	大尺寸活塞，0.375mm	8
13	Q3U1L	6K109	AA	大尺寸活塞环组，0.375mm	8
14	Q3U1L	6K109	AA	大尺寸活塞，0. 5mm	8
15	Q3U1L	6K109	AA	大尺寸活塞环组，0. 5mm	8
16	1W7E	6C315	AA	曲轴传感器组配	4
17	1W7E	6B288	AA	凸轮轴位置传感器	4
18	F65E	6251	B8A	左侧凸轮轴	4
19	F65E	6C255	A8A	右侧凸轮轴	4
20	YU1L	6622	AA	滤网和盖板组配	4
21	F6TE	6529	AB	摇臂机构	64
22	F65E	6C501	AA	气门挺杆	64
23	F5AE	6507	AA	进气门	24
24	F1AE	6505	CC	排气门	24
25	F1AZ	6571	A	气门密封	48
26	F5AE	6268	AA	正时链条	8
27	F81E	6M269	AA	左侧正时链条张紧轮	4
28	F81E	6L266	AA	右侧正时链条张紧轮	4
29	F3AE	6K297	AA	左侧正时链条导轨	4

表 D.1（续）

序号	零件号			零件名称	数量
30	F3AE	6K297	BA	右侧正时链条导轨	4
31	1L2E	6L253	AA	左侧链条张紧轮臂	4
32	1L2E	6L253	BA	右侧链条张紧轮臂	4
33	XL3E	6306	BA	曲轴链轮	4
34	F9ZE	6333	AA	主轴轴瓦	20
35	F9ZE	6A338	AA	主轴轴瓦	16
36	F9ZE	6A339	AA	止推轴承	4
37	F9ZE	6A341	AA	止推垫圈	20
38	F9ZE	6211	AA	连杆轴承组件	64
39	F8ZE	6621	AA	机油泵组配	4
40		N806435	S	油道堵塞	8
41	VG	LT	01	缸头组配 *	2
42	VG	FA3		凸轮轴组配	8

表 D.2　发动机外围零件包

序号	零件号			零件名称	数量
1	F6AE	6D080	BC	前盖板	1
2	FOTE	9F593	D5A	燃油喷嘴	16
3	F47E	6A785	AA	机油分离器	4
4	XL3F	9F472	AA	传感器、排气氧传感	20
42	F5AE	6C324	AB	真空管线	2

表 D.3　试验组装零件包

序号	零件号			零件名称	数量
1	F5AE	9R54	BD	空气消声器组配	1
2	F3AE	12A.166	BD	点火线圈总承	1
3	F6AE	12257	EB	点火 Mtg 总承组配	1
4	F2AE	9600	BA	空气清洁组配	1
5	F6ZR	6375	AC	飞轮	1
6	F4AE	9424	CA	进气歧管	1
7	F8KE	19A216	AD	有槽空转滑轮	1
8	F2AE	9A589	AA	节气门垫圈	1
9	F7AE	6B209	AB	皮带张紧轮	1
10	F8AE	8501	AB	水泵组配	1
11	F6PE	6C275	AA	过渡盘张紧器	2

表 D.4 试验垫片包

序号	零件号			零件名称	数量
1	XL3E	6051	BB	右侧缸头垫片	1
2	XL3E	6083	BB	左侧缸头垫片	1
3	F1AE	6625	AA	机油泵进口管道垫片	1
4	F3AE	6700	AA	曲轴前密封	1
5	F3AE	6701	AA	曲轴后密封	1
6	F4AE	6710	AB	油底壳垫片	1
7	F4AE	9461	AA	进气歧管垫片	2
8	F6AE	6584	EA	右侧摇臂罩垫片	1
9	F6AE	6A559	EA	左侧摇臂罩垫片	1
10	F23Z	6734	AA	机油放空阀垫片	1
11	F65E	6A636	BA	机油滤清器过渡盘垫片	1
12	F1AE	6D081	AD	右侧前盖板垫片	1
13	F1AE	6D081	BB	中央前盖板垫片	1
14	F1AE	6D081	CD	左侧前盖板垫片	1
15	F65E	9E936	BC	节气门垫片	1
16	E83E	9F670	AA	怠速空气旁通垫片	1
17	F4AE	9H486	AA	进气歧管垫片	1
18		N806807	S	节温器 O 型圈	1
19		87006	S96	油标尺套管 O 型圈	1
20		391108	S	水泵 O 型圈	1
21	F37E	9448	AB	排气歧管垫片	2
22	XW7E	9448	AA	排气歧管垫片	23

表 D.5 紧固件零件包

序号	零件号		零件型号	数量
1	N606502	S36	螺栓 M5×0.8×37Hex Flng Pilot	8
2	N804394	S8M	螺钉 M6×1.0×24 Hex Hd	7
3	N806156	S309	螺栓 M8×1.25×43 Hex Flng Pilot	13
4	N808139	S100	螺栓 M10×1×26.5 Hex Hd Lk Pilot	6
5	N806300	S309	螺栓 M8×1.25×1.25×103.1 Hex Shld	5
6	N804178	S309	螺母 M8×1.25 Hex Flng	5
7	N806154	S309	螺钉和垫片 M6×1.0×32.5 Hex Hd	10
8	N806178	S309	螺栓 M8×1.25×93 Hex Flng Hd	2
9	N808102	S309	螺栓 M8×1.25×28 Hex Hd	9
10	N806139	S2	螺栓 M12×1.5×52.5 Hex Flng Pilot	1
11	N806165	S2	垫片 13.5×39.5×7.35 Flat Hardened	1

表 D.5（续）

序号	零件号		零件型号	数量
12	N605907	S2	螺栓 M8×1.25×33 Hex Flng Hd Pilot	12
13	N806282	S309	螺钉和垫片 M8×1.25×19.0 Hex Hd	4
14	N806179	S	螺钉和垫片	2
15	N806180	S2	柱螺栓垫片 M8×1.25×37.9 Hex	1
16	N806183	S309	机油泵螺栓	4
17	N806177	S309	螺栓 M8×1.25×53.0 Hex Flng Hd Pilot	12
18	N606543	S100	螺栓 M8×1.25×53.0 Hex Flng	4
19	N605904	S426	螺栓	1
20	N804958	S8	螺钉和垫片	4
21	N806155	S2	螺钉和垫片	2

表 D.6　总成零件包

序号	零件号			零件名称	数量
1	F5LU	12029	AA	点火线圈	
2	F5AE	9F792	AC	燃油油轨	
3	F2AF	12A648	AA	冷却水温度传感器	
4	F3PE	9E926	NB	油门组件	
5	F8PE	12259	LA	线路和支架组件	
6	F8ZU	9E926	AD	油门组件	
7	F2AB	12A522	AC	发动机总线	
8	E7EF	9F479	A2A	进气歧管绝对压力传感器	
9	F2VF	12B579	A2A	进气歧管流量传感器	
10	F5SF	12K072	AA	点火模块	
11	F2RE	12297	BA	分线器	

表 D.7　发动机零件包

序号	零件号			零件名称	数量
1	F3AE	12A466	BD	点火线支架	1
2	F6AE	12257	EB	点火安装支架	1
3	F4AE	9424	CA	进气歧管	1
4	F8KE	19A216	AD	带槽的空转轮	1
5	F2AE	9A589	AA	节气门垫片	1
6	F7AE	6B209	AB	皮带张紧器	1

附　录　E
（规范性附录）
试验发动机使用的专用工具

E.1　表 E.1 列出了试验发动机所需工具。

表 E.1　专用工具

工具编号	名称
D81L-6135-A	活塞销拆除工具和更换工具
T80T-4000-W	螺丝刀
T91P-6571-A	气门杆密封更换工具
T91P-6565-A	气门弹簧压缩器
T91P-6565-AH	气门弹簧定位器

附 录 F
(资料性附录)
活塞及活塞环测量记录表

F.1 活塞及活塞环测量见表 F.1 和表 F.2。

表 F.1 活塞环侧向间隙

序号	1	2	3	4	5	6	7	8
顶环宽度/mm								
二环宽度/mm								
顶环槽宽度/mm								
二环槽宽度/mm								
顶环侧向间隙/mm								
二环侧向间隙/mm								

表 F.2 活塞环开口间隙

<table>
<tr><td colspan="2">序号</td><td>1</td><td>2</td><td>3</td><td>4</td><td>5</td><td>6</td><td>7</td><td>8</td></tr>
<tr><td>试验前</td><td rowspan="4">顶环开口
间隙/mm</td><td></td><td rowspan="4"></td><td rowspan="4"></td><td rowspan="4"></td><td rowspan="4"></td><td rowspan="4"></td><td rowspan="4"></td><td rowspan="4"></td></tr>
<tr><td>调整前</td><td></td></tr>
<tr><td>调整后</td><td></td></tr>
<tr><td>试验后</td><td></td></tr>
<tr><td colspan="2">顶环开口间隙增量/mm</td><td></td><td></td><td></td><td></td><td></td><td></td><td></td><td></td></tr>
<tr><td colspan="10">注 1：用标准块测量开口间隙。
注 2：开口间隙增量=（试验前-调整前）+（调整后-试验后）。</td></tr>
<tr><td>试验前</td><td rowspan="4">二环开口
间隙/mm</td><td></td><td rowspan="4"></td><td rowspan="4"></td><td rowspan="4"></td><td rowspan="4"></td><td rowspan="4"></td><td rowspan="4"></td><td rowspan="4"></td></tr>
<tr><td>调整前</td><td></td></tr>
<tr><td>调整后</td><td></td></tr>
<tr><td>试验后</td><td></td></tr>
<tr><td colspan="2">二环开口间隙增量/mm</td><td></td><td></td><td></td><td></td><td></td><td></td><td></td><td></td></tr>
<tr><td colspan="10">注：二环开口间隙增量=（试验前-调整前）+（调整后-试验后）。</td></tr>
</table>

附　录　G
（规范性附录）
燃油喷嘴流量测量

G.1　要求使用精确且重复性好的燃油喷嘴流量测量装置。

G.2　安装之前，在上述的试验装置上，使用溶剂测试喷嘴（新的或用过的）雾化情况及流量。经过清洗的喷嘴可以重复使用。

G.3　在每个喷嘴上做好明显标记。确保所有油性沉积物均已去除，检查O型圈是否损坏，如有裂痕或损坏需要及时更换。

G.4　在进行流量测试之前将装配的残渣清除干净，然后进行30s冲洗。

G.5　将喷嘴安装在上述的测试装置上，打开压力开关。压力开关打开后，测试的流体将开始通过喷嘴。整个测试过程中，将测试流体的供给压力保持在290kPa±3.4kPa范围内。保持压力的工作非常重要，因为轻微的压力变化会显著影响流量和雾化效果。压力设定好后，将装置的体积测量值设为零。

G.6　每个喷嘴进行60s的流量测试。当喷嘴有溶剂流出时，应出现明显的雾化效果。雾化形式应与喷嘴的雾化模型相当。60s测试完成后，在喷嘴关闭的情况下保持压力30s，喷嘴不应出现滴漏现象。

G.7　每个喷嘴在290kPa±3.4kPa的试验流动压力下进行60s试验可接受的流量范围是188mL~203mL。弃用任何一个不满足流量要求的喷嘴。

附 录 H
（规范性附录）
外部机油热交换器清洗方法

H.1 拆下并完全解体热交换器。

H.2 用有机溶剂冲洗热交换器外壁 12h 以上，确保沉积物被完全清除。可以用容积泵以 0.63L/s±0.126L/s 的流量循环有机溶剂来实现清洗工作。部分热交换器可以相互连接后同时清洗。如沉积物严重或溶剂使用时间较长，清洗时间允许超过 12h。对溶剂进行过滤有助于溶剂寿命延长。

H.3 用热水清洗热交换器。

H.4 用溶剂（见 7.7.1）清洗热交换器。

H.5 吹干热交换器

注：热交换器管侧需要定期清洗以保证足够的热传递。用电钻带炮腔清洗剂清洗循环水沉积物是非常有效的。另外，超声波清洗也非常适用。

附 录 I
(规范性附录)
油标尺刻度

I.1 图 I.1 及表 I.1 介绍了专用油标尺的刻度

单位为毫米

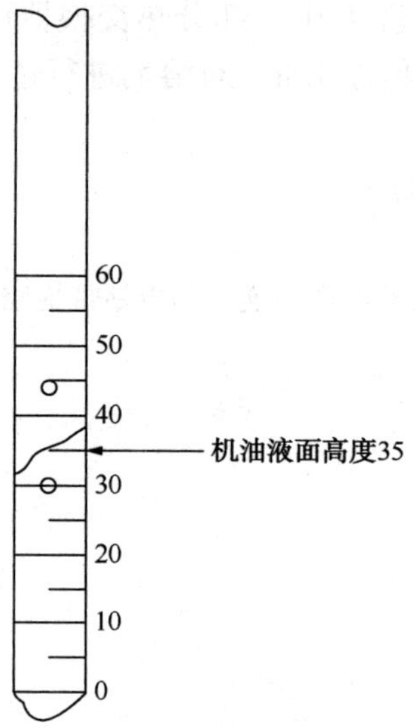

程序ⅤG 油标尺相关性：斜率=21g/mm

补偿=1953mm

图 I.1 专用油标尺标定

表 I.1　专用油标尺刻度

油标尺读数/mm	机油量/g	油标尺读数/mm	机油量/g
0	1953	31	2604
1	1974	32	2625
2	1995	33	2646
3	2016	34	2667
4	2037	35	2888
5	2058	36	2709
6	2079	37	2730
7	2100	38	2751
8	2121	39	2772
9	2142	40	2793
10	2163	41	2814
11	2184	42	2835
12	2205	43	2856
13	2226	44	2877
14	2247	45	2898
15	2268	46	2919
16	2289	47	2940
17	2310	48	2951
18	2331	49	2982
19	2352	50	3003
20	2373	51	3024
21	2394	52	3045
22	2415	53	3066
23	2436	54	3087
24	2457	55	3108
25	2478	56	3129
26	2499	57	3150
27	2520	58	3171
28	2541	59	3192
29	2562	60	3213
30	2583		

注： 油标尺从底端开始测量，底端为零点，顶端为60mm，每格为1mm。油标尺插入时“发动机油”字样应始终朝上。读取油标尺机油的中间液面作为机油高。

附 录 J
(规范性附录)
操作数据记录——发动机油

J.1 关于机油取样、加油、液面调整程序见表J.1。

表J.1 程序VG试验机油取样、液面调整和油耗测定操作规程

试验编号：__________ 送样单位：__________ 油品名称：__________ 试验日期：__________

磨合试验后机油满刻度：__________ 机油量：__________

循环	6	12	18	24	30	36	42	48	54
试验时间/h	24	48	72	96	120	144	168	192	216
操作时间/h：min	23：15	47：15	71：15	95：15	119：15	143：15	167：15	191：15	215：15
1. 取死区油150mL									
2. 取60mL分析油样									
3. 加回死区油									
4. 关闭发动机									
5. 20min后检查液面									
6. 计量油刻度，g：满刻度用“0”表示，高于满刻度用“+”，低于满刻度用“-”									
7. 若机油少于满刻度400g，补加新油至-400g位置，记录补加量									
8. 若机油多余满刻度200g，放油至+200g，记录放油量									
9. 在阶段1开始前5分钟启动发动机									
10. 操作人签名									

注： 试验新油加入量不应超过2000g；每6个循环最后一个第三阶段发动机运转只有10min，取样需在该10min内完成。

附 录 K
(规范性附录)
程序 VG 评分记录表

K.1 左摇臂罩评分见图 K.1 和表 K.1。

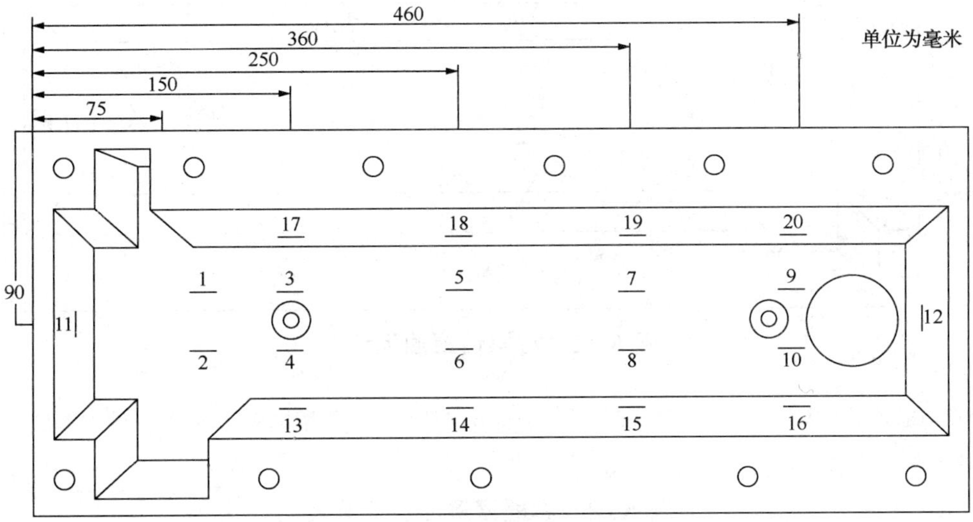

图 K.1 左摇臂罩油泥评分

注：评分点与摇臂罩上表面侧壁距离均为 30mm，只有 2 号评分点距离摇臂罩上表面侧壁 65mm；垂直方向评分点距摇臂罩底部 50mm；油泥深度尺应按照图中所示方向划出痕迹。

表 K.1 左摇臂罩油泥评分表

厚度																					得分
评分点	1	2	3	4	5	6	7	8	9	10	11	12	13	14	15	16	17	18	19	20	
干净																					
1/4A																					
1/2A																					
3/4A																					
A																					
AB																					
B																					
BC																					
C																					
D																					
E																					
F																					
G																					
H																					
I																					
																				总分	

K. 2　右摇臂罩油泥评分见图 K. 2 和表 K. 2。

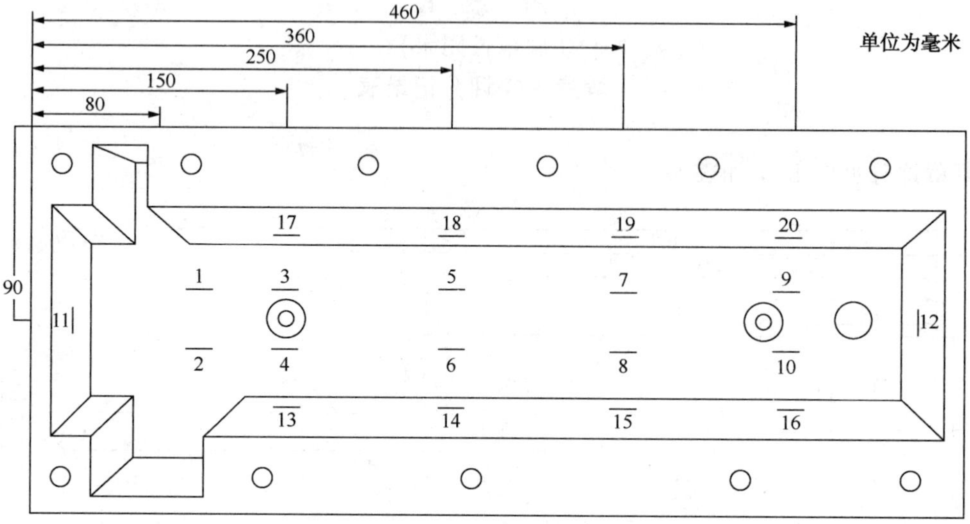

图 K. 2　右摇臂罩油泥评分

注：评分点与摇臂罩上表面侧壁距离均为 30mm；垂直方向评分点距摇臂罩底部 50mm；油泥深度尺应按照图中所示方向划出痕迹。

表 K. 2　右摇臂罩油泥评分表

厚度																					得分
评分点	1	2	3	4	5	6	7	8	9	10	11	12	13	14	15	16	17	18	19	20	
干净																					
1/4A																					
1/2A																					
3/4A																					
A																					
AB																					
B																					
BC																					
C																					
D																					
E																					
F																					
G																					
H																					
I																					
																				总分	

K.3 左凸轮轴挡板油泥评分见图 K.3 和表 K.3。

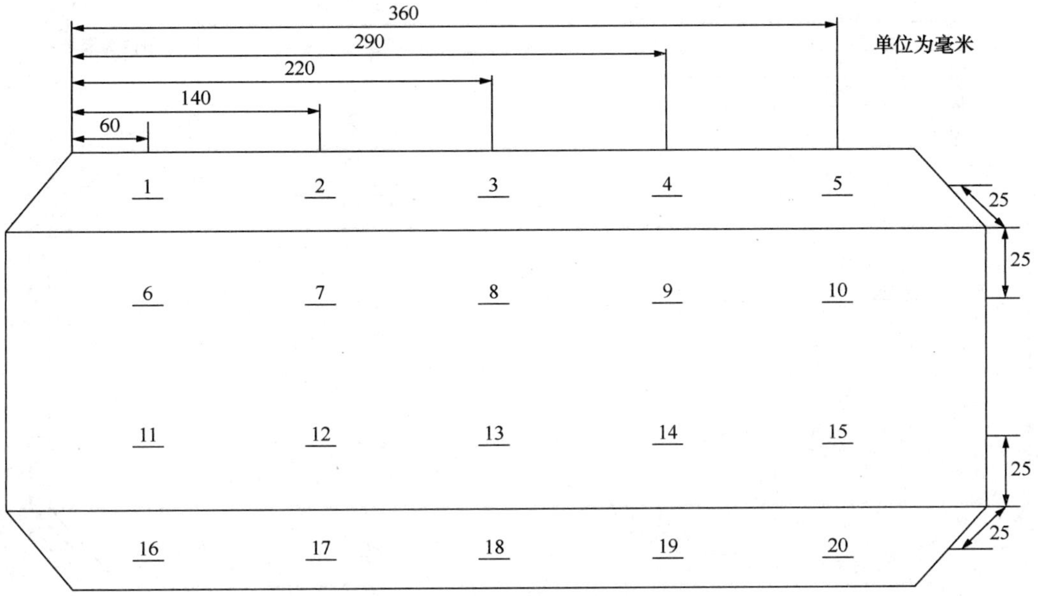

图 K.3 左凸轮轴挡板油泥评分

表 K.3 左凸轮轴挡板油泥评分表

厚度																					得分
评分点	1	2	3	4	5	6	7	8	9	10	11	12	13	14	15	16	17	18	19	20	
干净																					
1/4A																					
1/2A																					
3/4A																					
A																					
AB																					
B																					
BC																					
C																					
D																					
E																					
F																					
G																					
H																					
I																					
																				总分	

K. 4 右凸轮轴挡板油泥评分见图 K. 4 和表 K. 4。

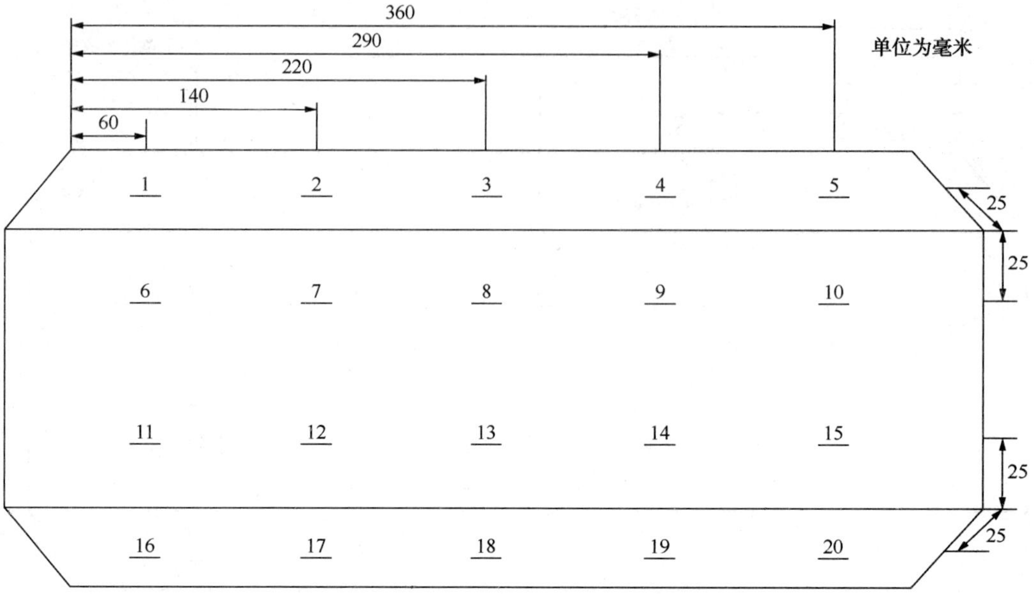

图 K. 4 右凸轮轴挡板油泥评分

表 K. 4 右凸轮轴挡板油泥评分表

厚度																					得分
评分点	1	2	3	4	5	6	7	8	9	10	11	12	13	14	15	16	17	18	19	20	
干净																					
1/4A																					
1/2A																					
3/4A																					
A																					
AB																					
B																					
BC																					
C																					
D																					
E																					
F																					
G																					
H																					
I																					
																				总分	

K.5 正时链条挡板油泥评分见图 K.5 和表 K.5。

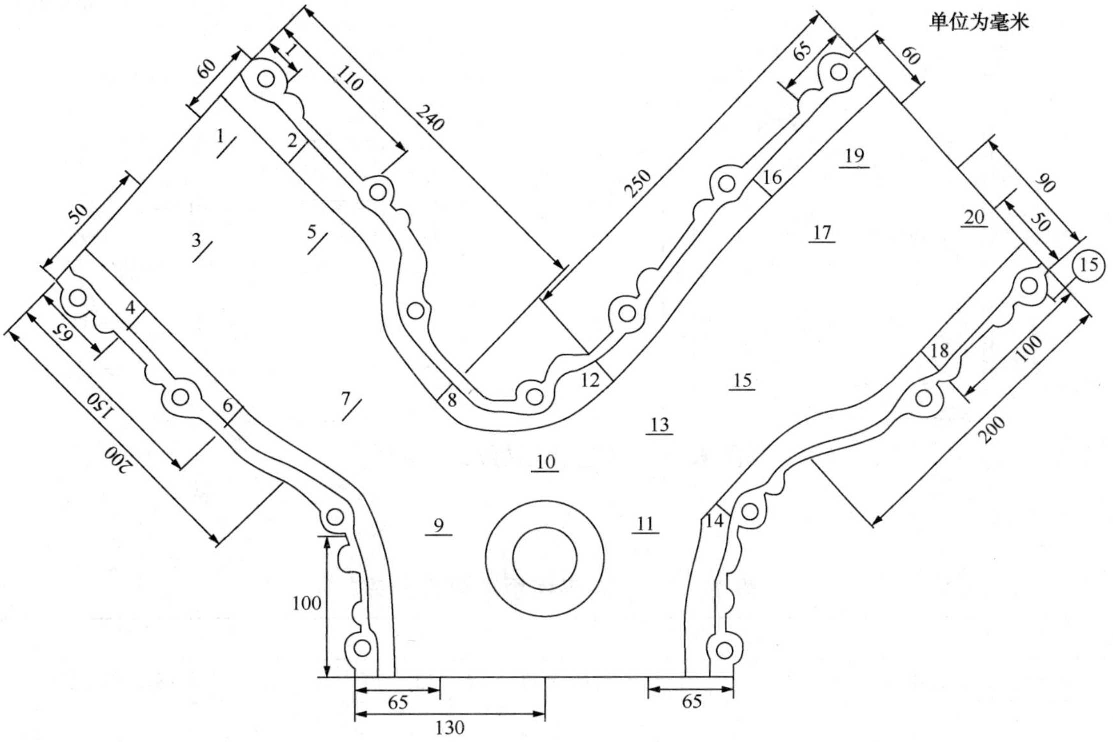

图 K.5 正时链条挡板油泥评分

表 K.5 正时链条挡板油泥评分表

厚度																					得分
评分点	1	2	3	4	5	6	7	8	9	10	11	12	13	14	15	16	17	18	19	20	
干净																					
1/4A																					
1/2A																					
3/4A																					
A																					
AB																					
B																					
BC																					
C																					
D																					
E																					
F																					
G																					
H																					
I																					
																				总分	

K.6 油底壳挡板油泥评分见图 K.6 和表 K.6。

单位为毫米

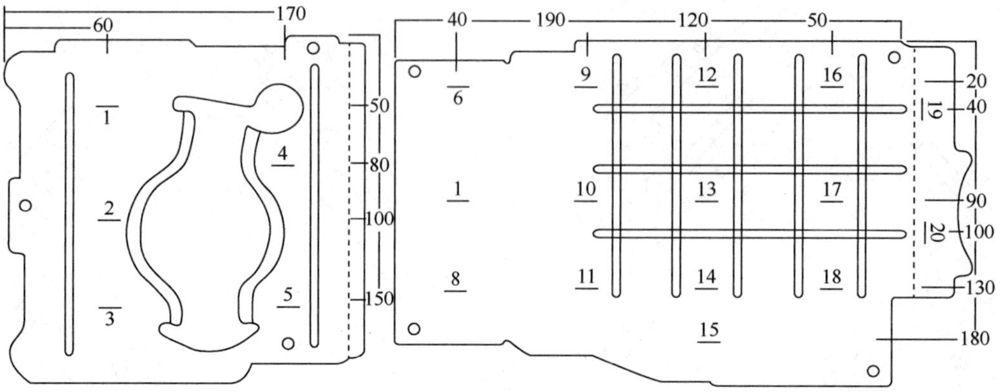

图 K.6 油底壳挡板油泥评分

表 K.6 油底壳挡板油泥评分表

厚度 评分点	1	2	3	4	5	6	7	8	9	10	11	12	13	14	15	16	17	18	19	20	得分
干净																					
1/4A																					
1/2A																					
3/4A																					
A																					
AB																					
B																					
BC																					
C																					
D																					
E																					
F																					
G																					
H																					
I																					
																				总分	

K.7 油底壳油泥评分见图 K.7 和表 K.7。

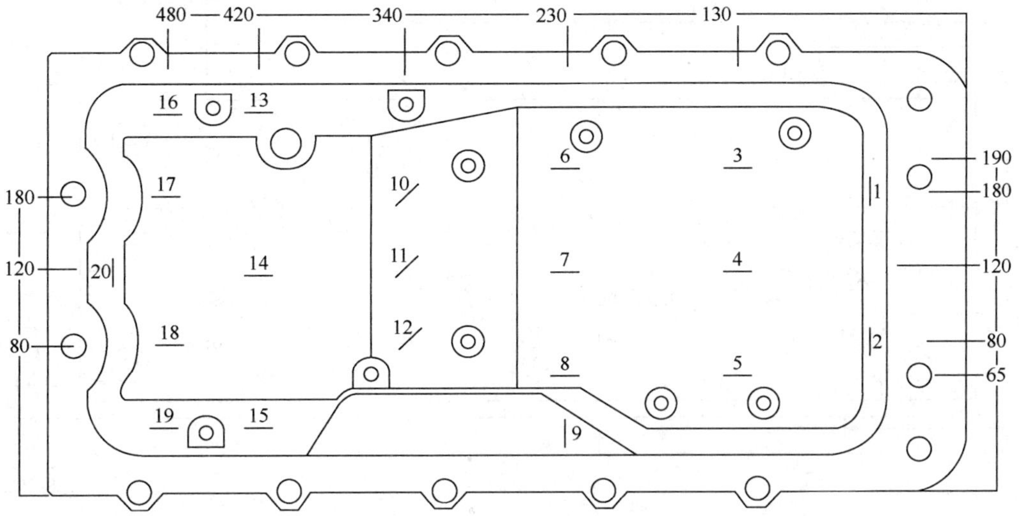

图 K.7　油底壳油泥评分

表 K.7　油底壳油泥评分表

厚度 评分点	1	2	3	4	5	6	7	8	9	10	11	12	13	14	15	16	17	18	19	20	得分
干净																					
1/4A																					
1/2A																					
3/4A																					
A																					
AB																					
B																					
BC																					
C																					
D																					
E																					
F																					
G																					
H																					
I																					
																				总分	

K.8 左气缸盖上表面油泥评分见图 K.8 和表 K.8。

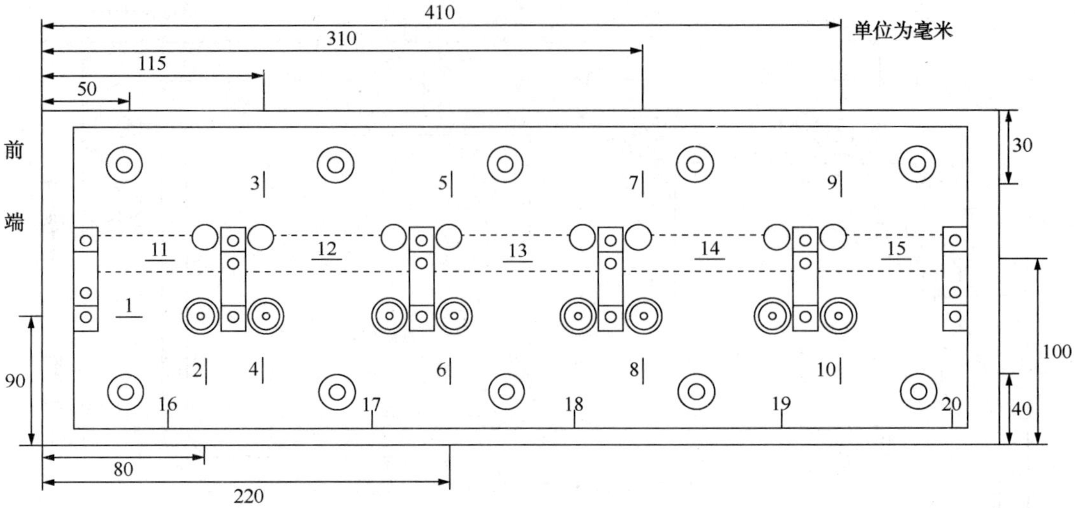

注：第 16、17、18、19、20 评分点位于垫片安装表面以下 25mm；评分点 16、17、18、19、20 距左侧直边距离分别为 60mm、170mm、270mm、370mm、460mm。

图 K.8 左气缸盖上表面油泥评分

表 K.8 左气缸盖上表面油泥评分

厚度																					得分
评分点	1	2	3	4	5	6	7	8	9	10	11	12	13	14	15	16	17	18	19	20	
干净																					
1/4A																					
1/2A																					
3/4A																					
A																					
AB																					
B																					
BC																					
C																					
D																					
E																					
F																					
G																					
H																					
I																					
																				总分	

K. 9 右气缸盖上表面油泥评分见图 K. 9 和表 K. 9。

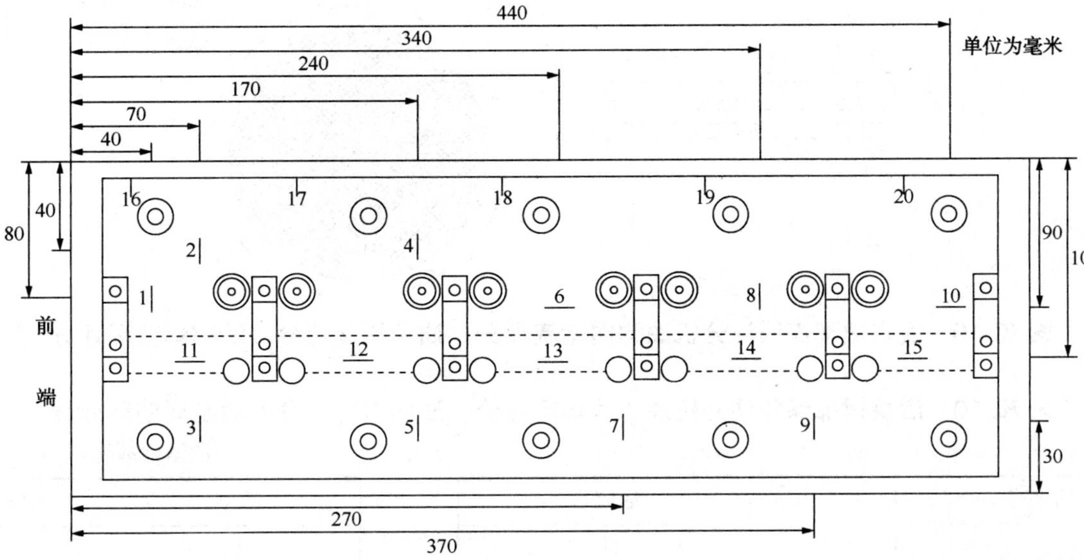

注：第 16、17、18、19、20 评分点位于垫片安装表面以下 25mm；评分点 16、17、18、19、20 距左侧直边距离分别为 60mm、130mm、230mm、330mm、430mm。

图 K. 9 右气缸盖上表面油泥评分

表 K. 9 右气缸盖上表面油泥评分

厚度																					得分
评分点	1	2	3	4	5	6	7	8	9	10	11	12	13	14	15	16	17	18	19	20	
干净																					
1/4A																					
1/2A																					
3/4A																					
A																					
AB																					
B																					
BC																					
C																					
D																					
E																					
F																					
G																					
H																					
I																					
																				总分	

K.10 活塞裙部漆膜评分、油环堵塞、活塞环粘环评分以及机油滤网堵塞评分见图 K.10 和表 K.10。

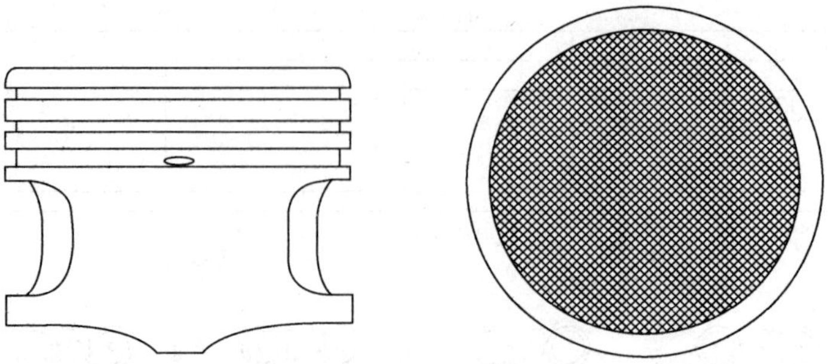

图 K.10 活塞裙部漆膜评分机油滤网堵塞评分、油环堵塞评分、活塞环粘环评分

表 K.10 活塞裙部漆膜评分机油滤网堵塞评分、油环堵塞评分、活塞环粘环评分

油环堵塞

活塞号			活塞号	
1	%		5	%
2	%		6	%
3	%		7	%
44	%		8	%
平均值	%			

活塞裙部漆膜

活塞	承压面
1	
2	
3	
4	
5	
6	
7	
8	
总计	
平均值	

活塞环粘环

活塞序号	顶环	二环	油环
1			
2			
3			
4			
5			
6			
7			
8			
总热粘环			
总冷粘环			
O=自由环，H=热粘环，T=松弛环，C=冷粘环。 油环不是冷粘环就是自由环。			

机油滤网堵塞率

	%面积
油泥	
杂质	

K. 11 左摇臂罩挡板漆膜评分见图 K. 11 和表 K. 11。

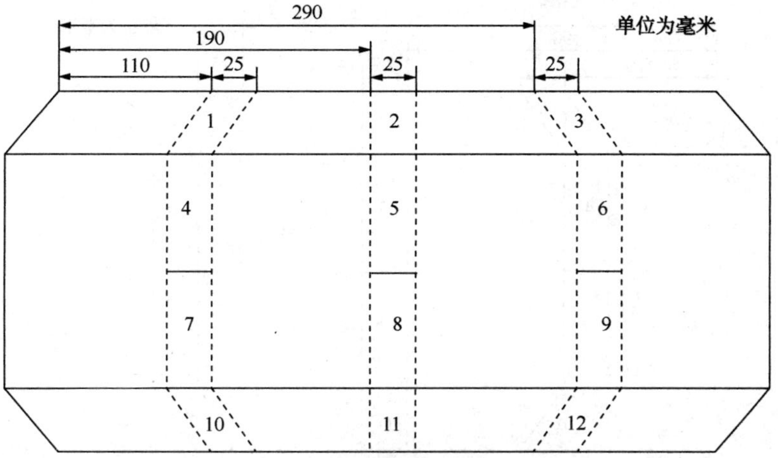

图 K. 11 左摇臂罩挡板漆膜评分

表 K. 11 左摇臂罩挡板漆膜评分

区域	1	2	3	4	5	6	7	8	9	10	11	12
得分												

漆膜得分 = 总分/12 = ____________

K.12　右摇臂罩挡板漆膜评分见图 K.12 和表 K.12。

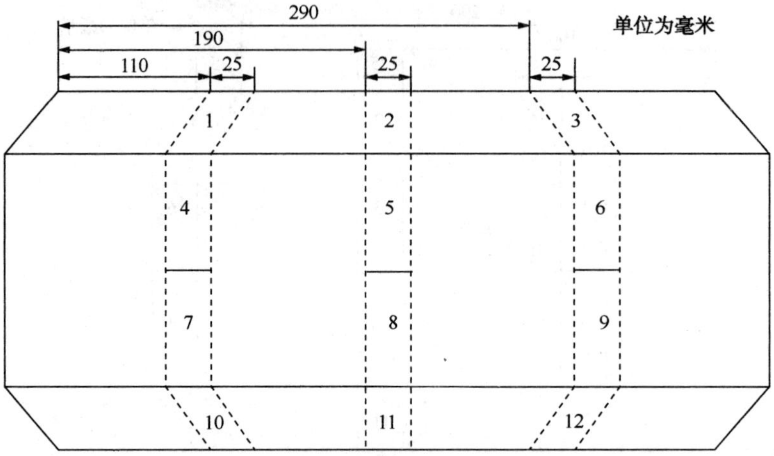

图 K.12　右摇臂罩挡板漆膜评分

表 K.12　右摇臂罩挡板漆膜评分

区域	1	2	3	4	5	6	7	8	9	10	11	12
得分												

漆膜得分=总分/12=________________

附　录　L
（规范性附录）
程序ⅤG 报告格式

汽车发动机油抗低温沉积物性能评定
程序ⅤG 台架
试验报告

油样编号＿＿＿＿＿＿＿＿＿＿

试验编号＿＿＿＿＿＿＿＿＿＿

试验日期＿＿＿＿＿＿＿＿＿＿

试验方法＿＿＿＿＿＿＿＿＿＿

燃　　油＿＿＿＿＿＿＿＿＿＿

1 试验简介

程序 VG 试验用于评定汽车发动机油的抗油泥和漆膜沉积物生成性能。试验发动机为 Ford 4.6L 四冲程 V-8 双顶置凸轮发动机，每缸 2 气门。每次试验重新组装发动机。

试验时间为 216h，包括 54 个 4h 的试验循环。每循环包括 3 个阶段，每个阶段试验条件见下表。

试验参数	阶段Ⅰ	阶段Ⅱ	阶段Ⅲ
试验时间/min	120	75	45
发动机转速/（r/min）	1200	2900	700
发动机功率/kW	记录	记录	1.10~1.50
进气歧管绝对压力/kPa	69	66	记录
发动机机油进口温度/℃	68	100	45
发动机冷却液出口温度/℃	57	85	45
发动机冷却液流量/（L/min）	48	记录	记录
发动机冷却液压力/kPa	70	70	70
摇臂罩冷却液进口温度/℃	29	85	29
摇臂罩冷却液流量/（L/min）	15	15	15
进气温度/℃	30	30	30
进气压力/kPa	0.05	0.05	0.05
窜气量平均值/（L/min）	记录	60~70	—
空燃比	理论空燃比	理论空燃比	11.5：1
进气湿度/（g/kg）	11.4	11.4	11.4
排气背压/kPa	104	107	记录
燃油流量/（kg/h）	记录	记录	记录

试验结束后拆机，对发动机油泥和漆膜沉积物等项目评分并计算。

2 试验结果汇总

	平均发动机油泥（优点评分）	摇臂罩油泥（优点评分）	平均发动机漆膜（优点评分）	平均活塞裙部漆膜（优点评分）	机油滤网油泥堵塞/%	热粘环数量
实际评分						
校正系数						
最终结果						

堵塞率/%		其他	
机油滤网杂质		冷粘环数量	
油环		阶段Ⅱ平均窜气量/（L/min）	
PCV 阀（25kPa 时）		机油消耗量/g	
PCV 阀（60KPa 时）			

日　　期：______________

试验工程师：______________

试验负责人：______________

试验终审人：______________

3 沉积物评分

油泥沉积物	
区域	优点评分
左摇臂罩	
右摇臂罩	
左凸轮轴挡板	
右凸轮轴挡板	
定时链条罩	
油底壳挡板	
油底壳	
左缸盖表面	
右缸盖表面	
平均发动机油泥	

漆膜沉积物	
区域	优点评分
活塞裙部（承压面）	
左凸轮轴挡板	
右凸轮轴挡板	
平均发动机漆膜	

活塞沉积物（承压面侧）	
活塞编号	优点评分
1	
2	
3	
4	
5	
6	
7	
8	
平均值	

4 试验参数汇总

	试验参数	QI[a]阈值	QI[a]（试验后）	设定值			平均值			采样量[b]	BQD[c]	超限[d]
				阶段Ⅰ	阶段Ⅱ	阶段Ⅲ	阶段Ⅰ	阶段Ⅱ	阶段Ⅲ			
控制参数	发动机转速/（r/min）	0.000	0.997	1200	2900	700	1200	2900	700	18990	0	0
	进气歧管绝对压力/kPa	0.000	0.917	69	66	记录	69.0	66.0	31.6	18990	0	0
	发动机机油进口温度/℃	0.000	0.867	68	100	45	68.0	100.0	45.0	18990	0	0
	发动机冷却液出口温度/℃	0.000	0.492	57	85	45	57.0	85.0	45.0	18990	0	0
	发动机冷却液流量/（L/min）	0.000	0.887	48	记录	记录	48.0	118.8	27.6	18990	0	0
	发动机冷却液压力/kPa	0.000	0.979	70	70	70	70.0	70.0	70.0	18990	0	0
	摇臂罩冷却液进口温度/℃	0.000	0.919	29	85	29	29.0	85.0	29.0	18990	0	0
	摇臂罩冷却液流量/（L/min）	0.000	0.677	15	15	15	15.0	15.0	15.0	18990	0	0
	进气温度/℃	0.000	0.709	30	30	30	30.0	30.0	30.0	18990	0	0
	进气压力/kPa	0.000	0.816	0.05	0.05	0.05	0.050	0.047	0.050	18990	0	0
	进气湿度/（g/kg）	0.000	0.521	11.4	11.4	11.4	11.4	11.4	11.3	18990	0	0
	排气背压/kPa	0.000	0.811	104	107	记录	104.0	107.0	102.2	18990	0	0
非控制参数	试验参数			典型值								
	燃油流量/（kg/h）			记录	记录	记录	6.6	16.3	2.0			
	窜气量/（L/min）			记录	60~70			64.25				
	发动机功率/kW			记录	记录	1.3 ± 0.2	23.80	60.60	1.30			
	空燃比（左）			理论空燃比	理论空燃比	0.75	14.83	14.71	10.99			
	空燃比（右）			理论空燃比	理论空燃比	0.75	14.80	14.77	10.97			

[a] QI（Quality Index）：试验参数控制的性能质数。

[b] 由试验长度和采样频率确定的数据采集数量。

[c] BQD（Bad Quality Data）：采集到的异常（故障）数据的数量。

[d] 由于超出统计测量界限的被省略的数据点数量。

5 机油消耗量

试验循环	试验时间	加油量/g	机油消耗量/g
6	23h 25min		
12	47h 25 min		
18	71h 25 min		
24	95h 25 min		
30	119h 25 min		
36	143h 25 min		
42	167h 25 min		
48	191h 25 min		
54	215h 25 min		
合计/g			

6 窜气量

阶段Ⅱ	
试验时间	窜气量/（L/min）
试运转	
23 h	
47 h	
71 h	
95 h	
119 h	
143 h	
167 h	
191 h	
215 h	
最大值	
最小值	
窜气量平均值（23h~119h）	
总平均值	

7 油样分析

试验时间/h	金属含量					燃油稀释（体积分数）/%	40℃黏度/(mm^2/s)
	Al/（μg/g）	Cr/（μg/g）	Cu/（μg/g）	Fe/（μg/g）	Pb/（μg/g）		
0							
24							
48							
72							
96							
120							
144							
168							1
192							
216							

8 非计划停机和维修记录

停机次数：　　次		
试验时间	停机时间	原　因
总停机时间		

备　注

编者注：本标准中引用标准的标准号和标准名称变动如下。

原标准号	现标准号	现 标 准 名 称
GB/T 5487	GB/T 5487	汽油辛烷值的测定　研究法
GB/T 8018	GB/T 8018	汽油氧化安定性的测定　诱导期法
GB/T 8020	GB/T 8020	汽油中铅含量的测定　原子吸收光谱法
GB/T 11133	GB/T 11133	石油产品、润滑油和添加剂中水含量的测定　卡尔·费休库仑滴定法
SH/T 0510	SH/T 0510	汽油机油清净性评分方法
SH/T 0656	NB/SH/T 0656	石油产品及润滑剂中碳、氢、氮的测定　元素分析仪法
SH/T 0663	NB/SH/T 0663	汽油中醇类和醚类含量的测定　气相色谱法

ICS 75.100
E 34

SH

中华人民共和国石油化工行业标准

NB/SH/T 0899—2015

汽车发动机油节能性能的评定程序ⅥB法

Standard test method for measurement of effects of automotive engine oils on fuel economy of passenger cars and light-duty trucks in sequence ⅥB spark ignition engine

2015-10-27 发布　　　　2016-03-01 实施

国家能源局　发布

目　　次

前　　言

本标准按照 GB/T 1.1—2009 给出的规则起草。

本标准使用重新起草法修改采用美国试验与材料协会标准 ASTM D6837-13《用程序ⅥB 火花塞点火发动机评价乘用车和轻负荷卡车发动机油燃油经济性的标准试验方法》。

本标准在采用 ASTM D6837-13 时进行了修改，本标准与 ASTM D6837-13 的主要技术差异如下：

—— 本标准的部分引用标准采用我国相应的国家标准和行业标准。

—— 删除了 ASTM D 6837-13 中 4.1 条试验编号形式。

—— 增加了推荐的国内燃油规格，因完全采用原方法燃油规格，需进口大量燃油，不符合国情。因此，调制了与其相接近的国产试验燃油。经过发动机台架参考油标定试验验证，能够满足试验要求。

——ASTM D6837-13 方法规定，对于ⅥB 台架，每进行 7 次试验或 90 天，无论哪个先到，要进行参比油试验。我国高档汽车发动机油研发单位较少，每年需做的油样不多，90 天的期限不适合现实国情。本方法建议采用每进行 7 次试验后，用参比油对试验台架进行标定。

——修改了 10.2 条关于参比油试验的论述。

——修改了第 13 章关于试验报告的论述。

——修改了 14.1 条中关于从 TMC 获取数据的部分。

——删除了 ASTM D6837-13 中附录 A1 关于 TMC 的介绍。

——增加了附录试验报告格式，统一报告标准。

本标准由中国石油化工集团公司提出。

本标准由全国石油产品和润滑剂标准化技术委员会石油燃料和润滑剂分技术委员会（SAC/TC280/SC1）归口。

本标准起草单位：中国石油化工股份有限公司石油化工科学研究院。

本标准主要起草人：邢建强、李少玉、卢文彤、魏荣田、刘顺涛、杨本丰、张振华、林磊。

本标准为首次发布。

汽车发动机油节能性能的评定　程序ⅥB法

警告：本标准的应用可能涉及到某些有危险性的材料、操作和设备。但并未对与此有关的所有安全问题都提出建议。用户在使用本标准之前有责任制定相应的安全和防护措施，并确定相关规章限制的适用性。安全预防措施详见附录A。

1　范围

本标准规定了评定汽车发动机油对乘用汽车和轻负荷卡车燃油经济性影响的方法。试验将指定的4.6L汽油发动机安装在测功机上，用来评价多级油的燃油经济性。

本标准适用于API/ILSAC SJ/GF-2、SL/GF-3、SM/GF-4级汽油机油燃油经济性能评定。

注：SJ级汽油机油采用缩短试验时间方法，在附录B中列出。

2　规范性引用文件

下列文件对于本文件的应用是必不可少的。凡是注日期的引用文件，仅所注日期的版本适用于本文件。凡是不注日期的引用文件，其最新版本（包括所有的修改单）适用于本文件。

GB/T 265　石油产品运动黏度测定法和动力黏度计算法

GB/T384　石油产品热值测定法

GB/T 503　汽油辛烷值测定法（马达法）

GB/T1884　原油和液体石油产品密度实验室测定法（密度计法）

GB 1922—2006　油漆及清洗用溶剂油

GB/T 5096　石油产品铜片腐蚀试验法

GB/T 5487　汽油辛烷值测定法（研究法）

GB/T 6536　石油产品蒸馏测定法

GB/T 8017　石油产品蒸气压测定法（雷德法）

GB/T 8018　汽油氧化安定性测定法（诱导期法）

GB/T 8019　车用汽油和航空燃料实际胶质测定法（喷射蒸发法）

GB/T 8020　汽油铅含量测定法（原子吸收光谱法）

GB/T 11132　液体石油产品烃类测定法（荧光指示剂吸附法）

GB/T 11137　深色石油产品运动黏度测定法（逆流法）和动力黏度计算法

GB/T 17040　石油和石油产品硫含量的测定　能量色散X射线荧光光谱法

GB/T 17476　使用过的润滑油中添加剂元素、磨损金属和污染物以及基础油中某些元素测定法（电感耦合等离子体发射光谱法）

SH/T 0020　测定汽油中磷的试验方法

SH/T 0656　石油产品及润滑剂中碳、氢、氮测定法（元素分析仪法）

SH/T 0663　汽油中某些醇类和醚类测定法（气相色谱法）

SH/T 0679　航空燃料净热值估算法

SH/T 0689　轻质烃及发动机燃料和其他油品的总硫含量测定法（紫外荧光法）

SH/T 0794　石油产品蒸气压的测定　微量法

ASTM D 240 Standard Test Method for Heat of Combustion of Liquid Hydrocarbon Fuels by Bomb Calorimeter（液态物质燃烧热值试验法）

ASTM D 4052 Practice for Reporting Results of Examination and Analysis of Deposits Formed from Water for Subsurface Injection（液体密度、相对密度和 API 度测定法（数字密度计法））

ASTM D 5452 Test Method for Particulate Contamination in Aviation Fuels by Laboratory Filtration（航空燃料中颗粒污染物测定法（实验室过滤法））

ASTM E 191 Standard Specification for Apparatus For Microdetermination of Carbon and Hydrogen in Organic and Organo-Metallic Compounds（有机化合物和有机金属化合物中碳和氢的微量测定用仪器规格）

3 术语和定义

下列术语和定义适用于本文件。

3.1

空燃比 air-fuel ratio（AFR）

进入内燃机燃烧室的混合的空气与燃料的质量比。

3.2

汽车 automotive

可以依靠自身动力靠自身燃料发动机驱动的机器。通常汽车依靠内燃机驱动。

3.3

窜气 blowby

发动机运转时，从燃烧室窜入曲轴箱中的燃烧产物、未燃烧的燃料油和空气的混合气。

3.4

BTDC before top dead center

活塞在缸套中行程到上止点前的英文缩写。

3.5

校准 calibrate

使用标准仪器检测、校正试验台架各测量设备的精度。

3.6

校准油 calibrate oil

用给定的标准来确认发动机台架是否处于正常状态的标准油。

3.7

发动机油 engine oil

在发动机内部能够减少相互接触的传动部件表面摩擦和磨损、同时兼有冷却及密封作用的液体，具有防锈、抗沉积物生成、抗磨损、抗氧化及抗泡等功能。

3.8

润滑剂 lubricant

任何可以在两表面间起到减小摩擦磨损的物质。

3.9

参比油 reference oil

已知其性能特性的润滑油，标定试验台架时作为比较基准。

3.10

购买方 purchaser

提供资金来进行标准试验的人或机构。

3.11

非参比油　non-reference oil

除参比油外的润滑油，如研究用的配方油、在售油或候选的油。

3.12

试验油　test oil

使用标准评价的润滑油。

3.13

试验开始　test start

将试验油加入发动机视为试验开始。

3.14

老化试验油　aged test oil

被检验的发动机油测试试验前在发动机中按照规定状态使用规定的时间。

3.15

老化　aging

在规定的发动机上按照规定的时间和工作状态进行规定时间的试验。

3.16

磨合　break-in

发动机在规定的状态下运行来减少发动机新部件的摩擦。

3.17

关键部件供应商　central part distributor（CPD）

为程序ⅥB 台架试验提供关键发动机部件和设备的供应商和生产商。

注：ⅥB 试验方法要求对许多部件进行严格的检查，对专用部件和设备进行精心生产，因此选择一些有能力的公司作为正式供应商。

3.18

冲洗　flush

加入新润滑油、安装新机油滤清器运转发动机，减少和去除上次加入润滑油的残留。

注：反复冲洗可以携带出残存润滑油，确保减少上次润滑油残留。

3.19

不停机冲洗　flying flush

在不停机的情况下，用冲洗发动机油，在规定的工作状态下，用来减小前次试验油的影响和清除残渣。

3.20

非标准试验　non-standard test

试验工况不在标准状态，使用了非标准的燃料油或没有使用标准硬件配置的试验。

3.21

特殊部件供应商　special part distributor（SPD）

在本试验方法中，指定的特殊部件的生产商或供货商。

3.22

专用试验件　special test parts（STP）

非关键零件、非生产件或服务维修零件，只能从指定零件供应商获得的试验件。

4　方法概要

4.1　将 4.6L 汽油发动机安装到可控转速、扭矩和其他操作参数的试验台架上。

4.2 试验方法的测试阶段需要测量五个规定的转速、扭矩和温度稳定工况的燃油消耗率，试验包括基准参比油、试验油和重复基准参比油的测量过程，试验总时间约 133h。

4.3 老化试验油可以直接和 ASTM BC SAE 5W-30 基准参比油（以下简称 BC 油）比较，BC 油在试验油前后测量，当试验油和 BC 油转换时，需要用不停机冲洗的方式，当老化试验油换 BC 油时需要用清洗油（以下简称 BCFHD 油）清洗，使前次机油的影响最小化。

4.4 试验结果用试验油相对于基准参比油的燃油比油耗的变化百分率表示。

5 方法应用

本试验方法在可重复的实验室环境下，可评定汽油机油的节能性能。试验油节能性能通过与 BC 油比较得出。BC 油为 SAE 5W-30 全配方润滑油。与现在生产的汽车在美国环保署（EPA）的循环工况下有一定的相关性。试验将试验油与 BC 油相比较而不是将两个试验油进行比较，评定汽油机油的节能性能。

6 试验设备

6.1 概要：对试验台架相关硬件作出规定，如要求使用规定的泵、阀、热交换器、加热器和管径。

6.1.1 试验方法提供了特殊零件的图纸，当制作特殊零件时，使用规定尺寸。试验要求使用方法中规定的设备。

6.2 试验发动机配置：试验发动机为 1993 年福特 4.6L V-8 带自动超速挡的变速器（AODE）传动发动机。在试验台架上安装发动机（参见附录 C.1），使发动机前部高于后部，飞轮面垂直度为 3.6°±0.5°。连接轴的万向节角度相对于垂直面不大于 2°，相对水平面保持 0°。

6.3 实验室环境：实验室保持清洁无尘。送风系统应避免直接吹试验机。

6.4 发动机转速和扭矩控制：测功机转速和扭矩的控制系统应满足转速和扭矩的要求（见表 1）。使用闭环控制系统通过控制发动机油门控制转速，通过控制测功机来控制扭矩。对相关设备进行精确的标定，保证转速和扭矩的精度。

6.4.1 测功机：使用 Midwest 或 Eaton 生产的 37 kW 758 型号的干式测功机（参见附录 C.2）。在参比油试验或非参比油试验中不能更换测功机，若在试验中需要更换测功机，则中止试验。更换测功机后，在开始新的试验前校准新的测功机和相关的仪器。

6.4.2 测功机扭矩：

6.4.2.1 测功机压电式测力传感器：使用 0~45kg 的砝码测量测功机压电式测力传感器，应满足以下参数：

a）好的温度稳定性：

Zero≤0.001%满量程输出（FSO）/℃；

Span≤0.001% FSO/℃。

b）非线性≤ 0.05 % FSO。

c）温度补偿温度范围为（10℃~49℃）。Lebow 生产的型号为 3397 测功机压电式测力传感器经验证满足要求（参见附录 C.3）。

6.4.2.2 测功机压电式测力传感器制动：不要使用测功机压电式测力传感器制动。

6.4.2.3 测功机压电式测力传感器负载池温度控制：控制负载池温度使负载池内空气温度不随环境温度变化而变化，负载池内空气温度控制范围为±6℃。

6.4.2.4 测功机与发动机连接：使用万向节型连接轴（见 6.2）。

表 1　程序ⅥB 试验操作工况

试验参数	阶段 1	阶段 2	阶段 3	阶段 4	阶段 5
转速/（r/min）[b]	1500±2	800±2	800±2	1500±2	1500±2
扭矩/（N·m）[b]	98.00±0.07	26.00±0.07	26.00±0.07	98.00±0.07	98.00±0.07
标称功率/kW	15.39	2.18	2.18	15.39	15.39
主油道温度/℃[b]	125±1	105±1	70±1	70±1	45±1
冷却液入口温度/℃[b]	105±1	95±1	60±1	60±1	45±1
试验时间/min[c]	60	60	60	60	60
所有工况下都要求的控制参数					
温度/℃					
机油循环温度	记录				
冷却液出口温度	记录				
进气温度[b]	27±2				
燃油流量计温度[d]	20~30（最大变化差不大于 4）				
燃油油轨温度[b]	20±2				
测功机压电式测力传感器负载池温度[d]	每阶段温度差不大于 12				
机油加热器温度	小于 205				
压力/kPa					
进气压力	0.05±0.02				
燃油流量计压力	大于 100				
燃油油轨压力	205~310				
进气真空度	记录				
排气背压（绝对压力）[b]	104.00±0.17				
主油道油压	记录				
曲轴箱真空度	0.00±0.25				
流量					
冷却液流量/（L/min）	130±4				
燃油流量/（kg/h）[b]	记录				
进气湿度/（gr/kg）	11.4±0.8				
空燃比[b]	14.00~15.00				
空燃比[d]	每个阶段				
点火正时/°BTDC	20±2				

[a] 控制参数的目标为要求的中间值。

[b] 需要严格测量和控制的参数。

[c] 当温度达到设定点时开始计时。

[d] 整个试验的读数最大阶段平均值和试验的各个给段的平均值。

6.5　发动机冷却系统：外部的冷却系统如图 D.1、图 D.2、图 D.3、图 D.4 和图 D.5 所示，试验过程中要求控制夹套的冷却温度和流量。另外可替代的冷却系统如图 D.3 所示。系统需要满足以下要求：

6.5.1 在冷却液存储罐顶安装加压装置和压力帽（PC-1 见图 D.1、图 D.2 和图 D.3）（参见附录 C.4），保持冷却液外循环系统压力为 69.00 kPa±1.38kPa。

6.5.2 冷却液泵应能提供 130L/min±4L/min 的流量。使用 Goulds G&L NPE 型机械密封离心水泵（PC-1 见图 D.1、图 D.2 和图 D.3），尺寸为 1ST，功率为 1.47kW，转速 3450r/min，电机电压和相位为可选（参见附录 C.5）。

6.5.3 对冷却系统体积不做具体规定，但是冷却系统组件应满足图 D.1、图 D.2、图 D.3、图 D.4 和图 D.5 的要求，管径尺寸在图 D.2、图 D.3、图 D.4 和图 D.5 中列出。

6.5.4 采用 ITT 公司标准的板式换热器（HX-1，见图 D.1、图 D.2 和图 D.3），型号为 320-20，零件号为 5-686-06-020-001；或者是 ITT 型号为 BP-420-20，零件号为 5-686-06-020-001（参见附录 C.6）。热交换器可以允许逆流通过。

6.5.4.1 经过验证，可替换的热交换器：ITT 型号为 BP-420-20，零件号 5-686-06-020-005，或者 ITT 型号为 BP-420-20，零件号 5-686-06-020-007。

6.5.4.2 指定的可替换的冷却液循环系统为 ITT BGF 5-030-06-048-001。

6.5.5 在热交换器 HX-1 的旁通上安装一个金属压降控制盘（OP-1，如图 D.1、图 D.2、图 D.3、图 D.4 和图 D.5），要求其提供压降与热交换器 HX-1 提供压降相等。

6.5.5.1 当使用图 D.3 所示的冷却液循环系统时，不需要加装金属压降控制盘（OP-1）。

6.5.6 如图 D.1、图 D.2、图 D.3、图 D.4 和图 D.5 所示，在冷却液循环系统中加装另一个节流板（FE-103）（参见附录 C.7）。该节流板为 Daniel 系列 30RT，1½NPT（锥管螺丝）。要求流量 130L/min 时压降为 11.21 kPa±0.50kPa。入口直径为出口直径的一倍，光滑部分没有增压泄压。按照要求的尺寸，边缘尺寸和管一致。

6.5.7 如图 D.1、图 D.2、图 D.3 和图 D.4 所示，安装冷却液流量控制阀（TCV-104）控制通过冷却液热交换器和旁通的冷却液流量。

6.5.7.1 使用 Badger Meter 型号为 9003TCW36SV3AxxL36 气动阀（气动关），或者型号为 9003TCW36SV1AxxL36 的三向气动球形转向阀（气动开）。

使用 Badger Meter 型号为 9003TCW36SV3A29L36 气动阀（气动关），或者 CV 值为 16 的型号为 9003TCW36SV1A29L36 的气动阀（气动开）。

6.5.7.2 安装压力控制阀的目的是控制冷却液流过热交换器而不是热交换器的旁通。阀气动开或气动关是可以选择的。

6.5.7.3 当使用可替代系统（如图 D.3）时，不要求安装压力气动调节阀（TCV104）。

6.5.8 使用冷却液流量调节阀 FCV-103（参见附录 C.8）保证冷却液流量为 130L/min±4L/min。

6.5.9 使用 Viatran 型号为 274/374，Validyne 型号为 DP15，或 Rosemount 型号为 1151 的压力传感器（DPT-1，如图 D.5）测量冷却液在图 D.1、图 D.2 和图 D.3 位置的管中的流量（参见附录 C.9）。

6.5.10 使用封闭盘封闭发动机水泵口如图 A.6 所示或对水泵进行改造，水泵零件号为 OHT6A-014-A（参见附录 C.10）。

6.5.11 安装冷却储水罐，溢出容器和观察窗。如图 D.1、图 D.2、图 D.3 和图 D.5 所示。

6.5.12 如图 D.1 和图 D.4 所示，安装冷却液流量控制阀 TCV-101，控制通过热交换器 HX-1 的冷却水流量，使用 Badger Meter Inc. 公司的型号为 9001GCW36SV3Axxx36（气动关）或者 9001GCW36SV1Axxx36（气动开）的双向控制阀（参见附录 C.10）。

6.5.13 如图 D.1、图 D.2、图 D.3 和图 D.2 所示在冷却液循环系统的主管线上安装 1 个 1½in NPT 可视的观察窗，也可自行设计。

6.5.14 在冷却液循环系统中推荐使用黄铜、铜或不锈钢材料。

6.5.15 循环水、热水、冷冻水、压缩空气，冷却液外循环系统等管线的相关材料由实验室自行决定。

6.5.16 冷却液循环系统应有最低放空点，每次系统加新冷却液前，先将冲洗管线的水放净。

6.6 外部机油系统：要求系统配有如图 D.7 和图 D.8 所示的外部机油系统。布置方式可有不同，但外部机油系统应包含两个独立的系统：(1) 不停机的换油系统，可以在发动机运行时进行换油；(2) 外循环温度控制系统，对发动机机油温度进行控制。发动机油底壳为外部机油系统的一部分。尽量减小外部机油系统的体积，以及连接两种油以上的管线的长度和表面积，确保冲洗效果。

6.6.1 不停机换油系统配有大功率抽油泵和一个 6.0L 的废油储存罐，当新油进入发动机时将废油抽入储存罐。油底壳装有浮子控制开关，确保新油进入量达到试验要求。

6.6.2 外循环温度控制系统通过比例控制阀控制流经加热器和冷却器的机油的量，将机油温度控制在要求的范围内，系统对程序要求的四种主油道温度有快速的响应。当进行不停机换油时，将控制阀置于中间位置，避免外循环温度控制系统在换油时存油。在试验油老化阶段，仍保持适量的试验油流经机油冷却器。

6.6.3 除废油放油系统外，若非强制要求，在机油循环系统中不应采用含铜材料。

6.6.4 不停机换油系统（见图 D.7）包含以下部件：

注：在图 D.7 中标出的并非应要求，但是系统中应包括。

6.6.4.1 抽油泵（见图 D.7 和图 D.8，图中标为 P-3）为 Viking 公司生产的 475 系列型号为 475M 的耦合连接式齿轮泵，转速为 1140 r/min~1150r/min，功率至少 0.56kW，电机电压和相位为可选（参见附录 C.11）。

6.6.4.2 推荐使用三个储油罐，每个至少容积为 19L，分别存放 BC 油、BCFHD 油和试验油。

6.6.4.3 每个储油罐装配一个搅拌器。

6.6.4.4 每个储油罐装配一个可控的加热器，可以将储油罐中机油加热到 107℃±2.8℃。

6.6.4.5 废油罐容积至少为 6L（见图 D.7、图 D.8 和图 D.9）。

6.6.4.6 废油罐中安装浮子控制开关（见图 D.7、图 D.8 和图 D.9，图中零件号为 FLS：136），浮子控制开关生产厂家和型号可由实验室自行选择，Gems 系列型号 ALS79999 和 Catalog 生产的零件号为 A79999，20VA，高温浮子控制开关经验证符合试验要求。

6.6.4.7 如图 D.8 所示，使用规定管径的油管线。

6.6.5 外循环温度控制系统包含以下部件：

6.6.5.1 当油底壳达到最大存油量时，系统机油总体积为 6.0L，见 6.6.5.16。

6.6.5.2 发动机油底壳安装浮子控制开关（见图 D.7、图 D.10 和图 D.11，图中表示为 FLS-152），要求使用 Gems 系列型号 ALS79999 或 Catalog 生产的零件号为 A79999、20VA 的高温浮子控制开关（参见附录 C.12）。

6.6.5.3 安装机油外循环容积泵（见图 D.7，图中表示为 P-4）（参见附录 C.13），要求使用 Viking 生产的 4125 系列型号为 G4125 无泄压阀底部固定型泵。机油外循环泵使用 V 形带传动或者直接连接。泵的转速为 1140 r/min~1150r/min，功率至少 0.56kW，电压和相位无特殊要求。

注：机油外循环泵防爆要求由实验室确定。机油外循环泵使用 V 形带传动或者直接连接，若使用 V 形带传动传动比为 1：1，使泵额定转速为 1150r/min。

6.6.5.4 电磁阀（见图 D.7 和图 D.8，图中表示为 FCV-150A，FCV-150C，FCV-150D 和 FCV-150E）。（参见附录 C.14）

a）FCV-150F 和与其相连的管线为可选。

b）FCV-150A 为 Burkert 生产的型号为 251 柱塞式阀，配合使用型号为 312 的电磁阀（或使用 Burkert 生产的型号为 2000 的柱塞式阀，配合使用型号为 311 或 330 的电磁阀），使电磁阀直接控制气动柱塞阀，通常状态下为关闭。管线使用 3/4in 管径的双向防水不锈钢管。

c）FCV-150C 为 Burkert 生产的型号为 251 柱塞式阀，配合使用型号为 312 的电磁阀（或使用 Burkert 生产的型号为 2000 柱塞式阀，配合使用型号为 311 或 330 的电磁阀），使电磁阀直接控制气动柱塞阀，通常状态下为开启。管线使用1/2in管径的双向防水不锈钢管。

d）FCV－150D、FCV－150E和FCV－150F为Burkert生产型号为251的柱塞式阀，配合使用型号为312的电磁阀（或使用Burkert生产型号为2000的柱塞式阀，配合使用型号为311或330的电磁阀），使电磁阀直接控制气动柱塞阀，通常状态下为关闭。管线使用1/2in管径的双向防水不锈钢管。

e）一个试验台上只能使用一种类型的Burkert生产的柱塞式阀和电磁阀。

6.6.5.5 要求使用控制阀为Badger Meter生产的型号为1002TBN36SVOSALN36的三向球形阀，管径为1/2inch（12.70mm），气动开启，如图D.7和图D.8，图中表示为TCV－144。（参见附录C.15）

6.6.5.6 图D.7和图D.8中TCV－145控制阀为可选（参见附录C.15）。

6.6.5.7 图D.7和图D.8中HX－6热交换器为ITT生产的型号为310－20或ITT Bell & Gossett生产的型号为BP－25－20（零件号为5－686－04－020－001）的热交换器（参见附录C.16）。

注：ITT和ITT Bell & Gossett生产的热交换器新零件号为410－20和5－686－04－020－002。

6.6.5.8 图D.7和图D.8，图中EH－5机油加热器用于机油加热。机油加热器元件浸入液态低熔点铅合金中并置于Labeco生产的加热器壳中（参见附录C.17）。使用3000W功率的加热元件。推荐使用两种加热元件：Chromolox生产的零件号为GIC－MTT－330XX、230V的加热元件；或Emerson生产的型号为MTS－230A、零件号为156－019136－014、240V的加热元件。

a）机油加热器中要求安装热电偶。热电偶要求插入低熔点铅合金中（如图D.12所示），插入深度为244.48mm±3.18mm。加热器最高温度为205℃。

b）更换加热元件程序见附录E。

6.6.5.9 在机油外循环系统中安装两个机油滤清器（如图D.7和图D.8，图中表示为FIL－2），要求使用Oberg或Racor生产的型号为LFS－60的机油滤清器壳，使用Oberg或Racor生产的28μm不锈钢机油滤芯（零件号为LFS 6028）（参见附录C.18）。

a）也可使用型号为LFS－62的机油滤清器壳，配合使用Oberg或Racor生产的28μm不锈钢机油滤芯（零件号为LFS 6028）。

b）两个机油滤清器选用同一型号。

c）将一个机油滤清器置于机油外循环循环泵出口后，另一个置于机油主油道入口前。

d）若要更换型号为LFS－62的机油滤清器，应在参比油标机试验前更换。

6.6.5.10 机油外循环系统使用的油管管径如图D.8所示。

6.6.5.11 使用改装后的机油滤清器座总成，零件号为OHT6A－007－1（参见附录C.19），如图D.13所示。

6.6.5.12 机油管线应使用不锈钢管或耐高温软管。软管用在机油外循环系统中（废油罐的连接管线除外），使用Aeroquip生产的8号（零件号No.2807－8）或10号（零件号No.2807－10）软管（参见附录C.20）。

6.6.5.13 机油外循环系统应使用隔热材料，隔热材料的选择无强制性规定，但隔热材料在平均温度为32.2℃时最大的热传导率为0.0398 W/（m·K）。

6.6.5.14 油底壳：要求使用规定的油底壳（福特生产，零件号为F1AZ－6675－A或F2AZ－6675－A），油底壳的改造可以由实验室完成或购买改造好的油底壳，零件号为OHT6A－006－1。将图D.14所示的机油挡板安装到油底壳上，参见图D.10和图D.15。图D.10和图D.11也标出了油底壳与外部机油系统的接头位置。油底壳视窗安装为可选。在油底壳安装一个浮子控制开关（如图D.7和图D.11，图中表示为FLS－152，Gems系列型号ALS79999）。如图D.10所示，浮子控制开关安装在油底壳底部，或者安装在油标尺套管的位置。

油底壳机油挡板：如图D.10和图D.12所示，油底壳机油挡板位于油底壳左侧，将油底壳机油挡板向油底壳侧面弯曲成45°，上边缘向发动机前端弯曲23°左右。将油底壳机油挡板焊接到油底壳上，减缓回油对油底壳机油的冲击。

6.6.5.15 机油泵滤网和抽油管：

a）在机油泵滤网上部切断机油泵抽油管，并焊接一段15cm~18cm长的一段管径相同的不锈钢管，使其伸出油底壳。抽油管可以由实验室加工或者直接购买，零件号为OHT6A-008-1（参见附录C.21）。如图D.10和图D.12所示，在油底壳安装接头锁紧螺母固定抽油管，锁紧螺母型号为SS-1210-1-8，3/4in。接头为1/2in，切断接头伸出油底壳的部分。

b）使用双尼龙密封圈（零件号为T-1213-1和T-1214-1）密封抽油管和油底壳，若使用金属密封圈，则在再次使用时难于密封。

c）油底壳安装后连接管线，尽量缩短管线长度。

6.6.5.16 发动机油液面控制：如图D.16所示安装可视玻璃管，用于监控机油液面高度和计算机油消耗量。机油消耗量的测量和校准步骤见附录F。

6.7 燃油系统：燃油系统如图D.17所示，包括燃油测量设备，并保证燃油以规定的温度和压力进入发动机油轨。

6.7.1 在燃油流量计的出口和入口连接处至少保留100mm的软管，将流量计与软管紧密连接。燃油供油管线从流量计出口至燃油油轨应为不锈钢管或汽油供油软管。燃油回油管的内径至少为6.35mm。

6.7.2 燃油流量计：整个试验过程都要求对燃油流量进行测量，燃油流量是试验的关键参数。指定使用Micro Motion生产的D-6型质量流量计（安装RFT9712或RFT9739传感器），或CMF010型质量流量计（安装RFT9739传感器）（参见附录C.22）。Micro Motion燃油流量计传感器应水平或垂直方向安装。

燃油流量的测量结果用于燃油消耗率的计算，燃油消耗率以kg/（kW·h）表示，采用100s~120s的平均值计算计算发动机转速、扭矩、燃油流量和空燃比。燃油流量计的频率输出应避免电信号干扰。

注：单位kW·h不是SI单位，SI单位为J，1kW·h=3.6MJ。

6.7.3 燃油在燃油流量计处的温度和压力控制：燃油在燃油流量计处的温度和压力如表1所示。试验要求燃油压力控制稳定，燃油压力调节器PRG 116应能安全泄压，或将泄压阀PRV 113与PRG 116并联使用。

6.7.4 燃油油轨入口处温度和压力控制：燃油在燃油油轨入口处的温度和压力如表1所示。试验要求严格控制燃油油轨入口处燃油压力和温度。

6.7.5 燃油泵：实验室可以自行选择将燃油提供到流量计的供油方式，但是应保证到流量计的燃油满足压力和温度的要求。使用车用燃油泵将燃油从燃油流量计出口提供至燃油油轨，使用福特零件号为E7TF-9C407或E7TC-9C407的燃油泵。燃油出口最小油压为205 kPa，最大为310 kPa。由CPD购买（参见附录C.23）。

6.7.6 燃油过滤：供给试验台架的燃油应过滤，以减少燃油喷射系统的故障。

6.8 发动机进气系统：要求发动机进气系统向进气空气滤清器提供4.0m^3/min流量的空气。进气要求控制温度、湿度和压力，要求见表2和表3，进气湿度为11.4 g/kg±0.8g/kg，进气温度27℃±2℃，进气压力为0.05 kPa±0.02 kPa。

6.8.1 根据式（1），用实验室的湿度测量系统测量进气湿度H/(g/kg)：

$$H = 621.98 \times (P_{sat}/(P_{bar} - P_{sat})) \qquad (1)$$

式中：

P_{sat}——饱和蒸气压/mmHg；

P_{bar}——大气压力/mmHg。

6.8.2 进气过滤：进气系统应具有过滤功能，但一定要保证进气量。

6.8.3 进气压力泄压：在进气滤芯前段安装进气压力泄压装置。

表 2　程序ⅥB 试验冲洗阶段和老化阶段工况[a]

项　　目	冲洗阶段	第一阶段老化	第二阶段老化
转速/（r/min）	1500±5	1500±5	1500±5
扭矩/（N·m）	98.00±0.10	98.00±0.10	98.00±0.10
温度/℃[b]			
主油道温度	125±2	125±2	135±2
冷却液入口温度	105±2	105±2	105±2
机油循环温度	记录	记录	记录
冷却液出口温度	记录	记录	记录
进气温度	27±2	27±2	27±2
燃油流量计温度[c]	20~30	20~30	20~30
燃油油轨温度	20±2	20±2	20±2
压力/kPa			
进气压力	0.05±0.02	0.05±0.02	0.05±0.02
燃油流量计压力	≥100	≥100	≥100
燃油油轨压力	205~310	205~310	205~310
进气真空度	记录	记录	记录
排气背压	104.00±0.20	104.00±0.20	104.00±0.20
机油压力	记录	记录	记录
流量和其他			
冷却液流量/（L/min）	130±4	130±4	130±4
燃油流量/（kg/h）	记录	记录	记录
进气湿度/（g/kg）	记录	记录	记录
空燃比	14.00~15.00	14.00~15.00	14.00~15.00
点火提前角 BTDC /（°）	20±2	20±2	20±2
曲轴箱真空度/kPa	N/A	0.00±0.25	0.00±0.25

[a] 控制参数的目标为要求的中间值。
[b] 当温度达到设定点时开始计时。
[c] 温度波动范围为±3℃。

表 3　程序ⅥB 新发动机的磨合程序

项　　目	A 循环	B 循环
每个循环持续时间/min	4	1
从 B 循环到 A 循环时间/s		最长 15
从 A 循环到 B 循环时间/s	最长 15	
转速/（r/min）	1500	3500
功率/kW	7.5	20.9

表3　程序Ⅵ新发动机的磨合程序（续）

项　目	A 循环	B 循环
扭矩/（N·m）	48.00	57.00
主油道油温/℃	105	105
冷却液入口温度/℃	95	95
冷却液流量/L/min	130	130
进气温度和进气湿度	不要求控制	
点火正时 BTDC /（°）	记录	不要求
排气背压/kPa	104.0	不要求
空燃比	记录	不要求
燃油油轨油压/kPa	205~310	205~310
燃油油轨油温/℃	20	20
燃油流量/（kg/h）	不要求	不要求
燃油消耗率（BSFC）/（kg/（kW·h））	不要求	不要求

6.9　温度测量：试验要求精确测量机油、冷却液和燃油温度。

6.9.1　在测量范围内检查温度测量装置。尤其要保证机油主油道、进气管、燃油油轨的温度热电偶测量精确。推荐使用 Constantine 生产的 J 型热电偶，也可使用 K 型热电偶。

6.9.2　所有热电偶（不包括机油加热器中的热电偶）都应配有补偿线。热电偶直径为 3.2mm，当插入到流体的中部时，露出在外的部分不应超过 50mm。

6.9.3　试验可使用 Leeds 、Northrup、Conax、Omega 和 Revere 生产的热电偶，满足 ANSI 的 MC96.1-1975 标准。

6.9.4　系统应具有将热电偶标定到±0.56℃的能力。

6.9.5　热电偶位置：除特殊要求，所有热电偶尖端应置于测量流体的中部。

6.9.5.1　主油道入口温度：将热电偶插入改造过的机油滤清器座，使其尖端与滤清器座表面平齐并在流体中部，如图 D.13 所示。

6.9.5.2　机油循环温度：将测量机油循环温度的热电偶安装在油底壳后部的外循环系统回油接头上。

6.9.5.3　发动机冷却液入口温度：将热电偶尖端置于冷却液流体的中部，距离入口不超过 150mm。

6.9.5.4　发动机冷却液出口温度：将热电偶尖端置于回流管弯头处的冷却液流体中部，距离出口不超过 80mm。

6.9.5.5　进气温度：将热电偶置于进气滤清器组件靠近出口处，如图 D.18 所示。

6.9.5.6　燃油流量计温度：将热电偶置于流量计入口前 10mm~ 500mm 处。

6.9.5.7　燃油油轨温度：将热电偶置于三通或十字接头的中部，位于燃油泵后至少 150mm 以上，距离燃油油轨进口 150mm 以内。

6.9.5.8　测功机压电式测力传感器负载池温度：将热电偶置于测功机压电式测力传感器负载池内。

6.10　空燃比测定：使用空燃比分析仪测定发动机空燃比。要求分析仪可以持续工作 30min。

6.10.1　空燃比分析仪应满足以下要求：

测量范围　　　AFR：10.00~30.00，（H/C=1.85；O/C=0.00）

测量精度　　　当 AFR=14.7 时，精度为±0.1（H/C=1.85；O/C=0.00）

空燃比分析仪传感器适用排气温度为-7℃~900℃，Horiba 生产的型号为 MEXA 110 的空燃比分析仪满足试验要求（参见附录 C.24）。

6.10.2　按照图 D.19 要求的位置在排气系统安装空燃比分析仪传感元件。

6.11　排气和排气背压系统：

6.11.1　排气歧管：使用铸铁排气歧管。右排气管零件号为福特 F1AZ-9430 或 F1AE-9430（或 Casting 零件号为 RF F1AE-9430-BB）；左排气管零件号为福特 F1AZ-9431 或 F1AE-9431（或 Casting 零件号为 RF F1AE-9431-BB）。

6.11.2　实验室排气系统：排气系统如图 D.19 所示。按照要求进行装配，图 D.19 所示的排气系统下游部分由实验室进行设计安装。

6.11.3　排气背压：排气系统应按照表 1 要求控制排气背压。排气背压测量管及其位置如图 D.19 和图 D.20 所示。

6.12　压力测量和传感器位置：试验方法规定了压力测量系统的精度和分辨率及详细的传感器安装位置。

6.12.1　在压力测量点和传感器间的管线上安装冷凝器，当连接试验台架与仪表柜的测量管线经过较低位置且测量压力低时，这种预防措施尤其重要。压力传感器高度应尽量与测压点高度一致。

6.12.2　机油主油道压力：测量主油道压力的测量点在机油滤清器座上，分辨率为 6.9kPa，精度为 1%。

6.12.3　燃油流量计处燃油压力：燃油流量计处燃油压力测量点距燃油流量计入口处 5m 以内，要求精度为 3.5 kPa。

6.12.4　燃油油轨处燃油压力：燃油油轨处燃油压力测量点距离燃油泵出口 150mm 以上，距离燃油油轨入口 150mm 以内，要求精度为 3.5 kPa。

6.12.5　排气背压：排气背压测量点如图 D.19 所示，要求精度在满量程的 2%以内，分辨率为 25Pa。

6.12.6　进气压力：进气压力测量点如图 D.17 所示，要求精度在满量程的 2%以内，分辨率为 5.0Pa。

6.12.7　进气歧管真空度：进气歧管真空度测量点在节气门体底座上，要求精度在满量程的 1%以内，分辨率为 0.68kPa。

6.12.8　冷却液流量差压：见 6.5.9。

6.12.9　曲轴箱压力：曲轴箱压力测量点见图 D.21。

6.13　发动机硬件及其相关组件：本章主要介绍发动机及其相关组件，购买、组装、制造和改造，无特殊说明的零件号为福特售后零件号。

6.13.1　试验发动机：试验发动机为 1993 年 4.6L 福特 V-8 发动机。整体购买试验专用发动机（参见附录 C.3），不应拆解，发动机外部组件由实验室安装。

6.13.2　引擎控制模块（ECM/EEC）：使用改造过的 ECM/EEC IV 发动机控制模块，零件号为 OHT6A-002-1。福特零件名为 SMO-100（参见附录 C.25），该模块用于控制发动机的点火和燃油供给。

6.13.3　恒温器/孔板：如图 D.22 所示，使用孔板代替恒温器，孔板可由实验室自行加工，也可由供货商处购买，零件号为 OHT6A-004-1（参见附录 C.26）。

6.13.4　进气歧管：进气歧管零件号为 F1AZ-9424-C、F1AE-9424 或 F1AE-9425，改造进气歧管，堵住进气歧管冷却旁路（位于孔板下方）。

6.13.5　飞轮：飞轮零件号为 F6ZZ-6375-AB，改造飞轮使其与连接轴相连，从 CPD 购买（参见附录 C.23）。

6.13.6　线束：试验使用两组线束。一组为燃油喷油器线束，另一组为 ECM/EEC 线束。燃油喷油器线束零件号为 F3VB-12522、F3VB-12A522、F3AB-12A522、F2AZ-9D930-A、3AZ-12A522、F3BL-12A522 或 F3BL-12A52，线束可由 CPD 购买（参见附录 C.23），参照福特 1993 使用手册，图 K16182-A，将第 11 项、14 项、21 项和 23 项断开。ECM/EEC 线束零件号为 OHT6A-001-1（参见附录 C.27），用于连接车用线束和 ECM/EEC。

6.13.7　废气再循环控制（EGR）挡板：拆下 EGR 阀，安装 EGR 挡板。EGR 挡板可由实验室加工，切断排气歧管处 EGR 管线，堵住 EGR 出口。

6.13.8 油底壳：使用零件号为 F1AZ-6675-A 或 F2AZ-6675-A 的油底壳，按 6.6.5.14 和图 D.10、图 D.14 和图 D.15 改造油底壳。

6.13.9 机油泵滤网和抽油管：零件号为 F2AZ-6622，按 6.6.5.15，改造机油泵滤网和抽油管。

6.13.10 怠速控制电磁线圈（ISC）挡板：拆除怠速控制电磁线圈，安装挡板，挡板由实验室加工。

6.13.11 发动机水泵：改造或替换发动机水泵，详见 6.5.10。

6.13.12 恒温器壳体：改造零件号为 F1VY-8592-A 或 F1AE-8594 的恒温器壳体，使其适合冷却液出口热电偶安装（见 6.9.5.4）；或购买零件号为 OHT6A-010-1 的壳体配件（参见附录 C.28）。

6.13.13 机油滤清器座：改造零件号为 F1AZ-6881、F1AE-6881 或 F1AE-6884 的机油滤清器座，适合冷却液入口热电偶安装；或购买零件号为 OHT6A-009-1 的机油滤清器座（参见附录 C.29）。

6.13.14 燃油油轨：使用零件号为 F2AZ-9F792-A 或 F2AE-9F792 的燃油油轨，由 CPD 购买（参见附录 C.23）。改造油轨入口和出口使其与实验室燃油系统连接。

6.14 其他相关仪器：

6.14.1 点火正时灯：试验中使用感应型点火正时灯。

警告：一些型号的点火正时灯在测量此试验发动机时，读数可能为实际值的一倍。

7 试剂和材料

7.1 发动机油

7.1.1 BC 油用于新发动机磨合，同时作为基准参比油评价试验油，黏度级别 SAE 5W-30。每次试验用量约为 38L。

7.1.2 BCFHD 油是一种特殊冲洗油（增强溶解性能的 BC 油），用于试验油试验后冲洗。每次试验用量约为 12L。

7.2 燃油

7.2.1 试验燃油规格见附录 E。

7.2.2 确保存储燃油的油罐在装燃料油前清洁。

7.2.3 实验室对燃料油取样和分析：实验室需按对燃料油进行取样和分析。

7.2.4 燃油批次及档案：每次试验使用同一批次的燃油，如果使用新的批次的燃油，需要进行有限次的验证性试验。燃油档案资料应要注在试验报告中标出，若实验室存储罐存储过有几种不同批次的燃油，应要在试验报告中注明最近存储过的燃油批次。

7.3 发动机冷却液

发动机冷却液使用体积比为 1∶1 的商用含添加剂乙二醇冷却液的浓缩液与蒸馏水或去离子水。

7.4 清洗材料

7.4.1 有机溶剂 Penmul L460 参见附录 C.31。

警告：其蒸气有害，在适宜温度下存储。

7.4.2 溶剂：使用满足 ASTM D 235 Ⅱ 型 C 系列规格的溶剂或 GB1922-2006 中 4 号溶剂油，芳烃含量在体积比为（0~2%），闪点最低 61℃，赛波特号不小于+25 或铂—钴号不大于 25。每批溶剂应要生产商的分析认证。

警告：溶剂易燃，有害健康

7.4.3 发动机循环冷却系统清洗剂（参见附录 C.32）包括以下部分：

警告：有毒物质，避免接触眼睛、皮肤和衣服。

7.4.3.1 草酸的二水合物。

警告：有毒物质，避免接触眼睛、皮肤和衣服。

7.4.3.2 烷基化萘：钠盐，Petro Dispersant 425。

7.4.3.3 轻质苏打灰：用于中和。

8 试验装置的准备

8.1 试验发动机和相关硬件按照第6章安装好后，需要做如下准备。

8.2 试验台架的准备：

8.2.1 仪器准备：标定温度测量系统，测功机扭矩测量系统，燃油流量测量系统和压力测量系统。(详见10.2)

8.2.2 外部机油系统清洗：更换新的发动机时，使用7.4.1中介绍的清洗剂清洗外部机油系统。

8.2.3 排气背压测量管更换：排气背压测量管不出现损坏则可多次使用。清理测量管外表面及取样孔，检查内部是否堵塞。不锈钢管可使用多次，中碳钢易碎使用次数相对较少。

8.2.4 空燃比传感器更换：检查空燃比传感器（空燃比控制系统的标定要求见10.2条）。

8.2.5 软管更换：检查所有软管，更换老化的软管。检查软管是否存在由于内壁分离而限流的现象。

9 试验发动机的准备

9.1 整体购买试验专用发动机（参见附录C.1），不应拆解，但发动机外部组件可由实验室安装，必要时可更换气门杆密封。使用1993年福特发动机售后零件或程序ⅥB试验零件。

9.2 发动机零件清洗

9.2.1 使用脱脂溶剂浸泡需要清洗的零件（参见附录C.32）。

9.2.2 使用热水彻底冲洗干净。

9.3 发动机装配：

9.3.1 装配概述：按照1993年福特安装手册装配外围部件，与手册不同部分的安装细则在试验方法中说明，附加信息参照1999年版的福特543装配手册。

9.3.2 螺栓扭矩规范：安装发动机组件应使用扭矩扳手，规定力矩参见1993年福特安装手册，按照规定的扭矩安装。扭矩规范仅适用于干净和少量润滑的螺纹。脏的和受损的螺纹不能保证力矩准确，过大的力矩会损坏螺纹。

9.3.3 密封材料：试验对密封材料不作特殊要求。可以根据工程经验选择密封材料，但不允许使用带状密封材料（带状密封材料的碎片可能在发动机内部循环流动，堵塞关键油道孔）。

注：硅基的密封材料可能会造成试验油中硅含量的增加。

9.3.4 新发动机（参见附录C.1）需要的新配件见附录G。

9.3.5 谐振平衡器：谐振平衡器零件号为F1AZ-6316-A，安装在发动机上，由供货商直接提供。

9.3.6 油底壳：油底壳零件号为F1AZ-6675-A或F2AZ-6675-A，改造见6.6.5.14和图D.10、图D.11、图D.14和图D.15。选用垫圈零件号为F1AZ-6710-A。相应扭矩参见1993年福特安装手册，表A12940-B，第03-01-39页。

9.3.7 进气歧管：进气歧管零件号为F1AZ-9424-C、F1AE-9424或F1AE-9425，由CPD购买（参见附录C.23），按6.13.4改造进气歧管。选用垫圈零件号为F1AZ-9461-A。相应扭矩参见1993年福特安装手册，图A14812-A，第03-01-32页。

9.3.8 摇臂罩：右侧摇臂罩零件号为F1AZ-6582-A，左侧摇臂罩零件号为F1AZ-6582-B，右侧垫零件号为F1AZ-6584-A，左侧垫零件号为F1AZ-6584-B，由发动机供货商提供。

9.3.9 恒温器：拆除恒温器，使用孔板代替恒温器，见图D.22（参见附录C.26）和6.13.3。

9.3.10 恒温器壳：安装改造好的恒温器壳（见6.13.12），零件号为F1VY-8592-A、F1AE-8594或OHT 6A-01010-1，使用垫圈零件号为F1VY-8255-A。

9.3.11　冷却液入口：改造冷却液入口连接，见 9.3.12 和 6.13.13。

9.3.12　机油滤清器座：机油滤清器座零件号为 F1AZ-6881、F1AE-6881 或 F1AE-6884，由发动机供货商提供，改造机油滤清器座（见 6.13.13），使用垫圈零件号为 F1AZ-6840-A。

9.3.13　油标尺套管：油标尺套管零件号为 F1AZ-6754-A，由发动机供货商提供。

9.3.14　水泵：安装改造后的水泵或封闭盘（见 6.5.10 和图 D.6）。

9.3.15　传感器、转换器、阀和位置传感器：

9.3.15.1　机油压力转换器和传感器：安装零件号为 E9SZ-9278-A 的机油压力转换器。拆除原发动机机油压力传感器，并将该位置堵死。

9.3.15.2　凸轮轴位置传感器（CMP）：安装零件号为 F1AZ-6B288-A 的凸轮轴位置传感器，由发动机供货商提供。

9.3.15.3　曲轴位置传感器（CKP）：安装零件号为 F1AZ-6C315-A 的曲轴位置传感器，由发动机供货商提供。

9.3.15.4　水温指示器发送单元：安装零件号为 F1SZ-10884-A 或 F1SF-10884 的温度指示器发送单元。

9.3.15.5　怠速控制电磁线圈（ISC）：将怠速控制电磁线圈拆除，用一个挡板替换（见 6.13.10）。

9.3.15.6　EGR 阀：将 EGR 阀拆除，用一个挡板替换（见 6.13.7）。

9.3.15.7　EGR 阀位置传感器（EVP）：不使用 EGR 阀位置传感器。

9.3.15.8　EGR 真空调节器传感器（EVR）：不使用 EGR 真空调节器传感器，将真空管线堵住。

9.3.15.9　节气门位置传感器（TP）：安装零件号为 F2AZ-9B989-A 或 FZAF-9B989 的节气门位置传感器，由 CPD 购买（参见附录 C.23）。

9.3.15.10　发动机冷却液温度传感器（ECI）：安装零件号为 F2AZ-12A648-A 或 F2AF-12A648 的发动机冷却液温度传感器，由 CPD 购买（参见附录 C.23）。

9.3.15.11　加热型排气氧传感器（HEGO）：安装零件号为 F0TZ-9F472、F0SZ-9F472-A、F1SZ-9F472-A 或 XL3Z-9F472 的加热型排气氧传感器并保证其正确连接。左侧（5 缸~8 缸）传感器连接线为红色带黑条，右侧（1 缸~4 缸）传感器连接线为灰色带蓝条，由 CPD 购买（参见附录 C.23）。

9.3.15.12　PCV 阀：拆除 PCV 阀，将 PCV 各连接点连入曲轴箱压力控制系统，见图 D.12 和图 D.21（见 6.12.9），堵住所有的相关的真空管线。

9.3.15.13　进气温度传感器（ACT）：使用零件号为 F2DZ-12A697 的进气温度传感器，由 CPD 购买（参见附录 C.23）。

9.3.15.14　进气质量流量传感器：使用零件号为 F0TZ-12B579 或 F2VF-12B579（直径 70mm）的进气质量流量传感器，由 CPD 购买（参见附录 C.23）。

9.3.16　点火系统：

9.3.16.1　点火线圈：安装发动机左右点火线圈，零件号为 F1VY-12029、F1VU-12029、F3VU-12029 或 F5LU-12029，使用点火线圈支架，右侧支架零件号为 F3AZ-12257，左侧支架零件号为F3AZ-12257。

9.3.16.2　点火线：使用零件号为 F3PZ-12259-C 的点火线。安装参见 1993 年福特安装手册，图 B4477-D，第 03-07-6 页。

9.3.16.3　点火模块（ICM）：安装零件号为 F1AZ-12K072-A 或 F1AF-12K072 的点火模块，由 CPD 购买（参见附录 C.23）。

9.3.16.4　火花塞：使用零件号为 AWSF32C、AWSF32P、AGSF32PB 或 AGSF32FM 的火花塞，开口间隙为 1.31mm~1.41.mm。

9.3.17　燃油喷射系统：

9.3.17.1　燃油喷嘴：使用零件号为 F0TZ-9F593 的燃油喷嘴，参考附录 H 喷射量，使用前检查喷嘴，由 CPD 购买（参见附录 C. 23）。

9. 3. 17. 2 燃油油轨：安装零件号为 F2AZ－9F792－A 或 F2AE－9F7929 的改造后的燃油油轨（见 6. 13. 14），由 CPD 购买（参见附录 C. 23）。

9. 3. 17. 3 燃油压力调节器：使用零件号为 E6AZ-9C968 或 E7DE-9C968 的燃油压力调节器，由 CPD 购买（参见附录 C. 23）。

9. 3. 18 进气系统：发动机进气系统需要满足试验要求，使用以下规定的组件。

9. 3. 18. 1 进气滤清器出口连接管组件：使用零件号为 F2AZ-9B659 的进气滤清器出口连接管组件。安装时使用零件号为 F2AZ-9A624-A 的卡箍和螺丝，由 CPD 购买（参见附录 C. 23）。

9. 3. 18. 2 曲轴箱通风管：拆除零件号为 F1AZ-6C324-A 的曲轴箱通风管，将滤清器一端的连接口堵住。

9. 3. 18. 3 进气滤清器安装：使用零件号为 F2AZ-9600 的空气滤清器，改造见图 D. 18，由 CPD 购买（参见附录 C. 23）。

9. 3. 18. 4 进气滤芯：安装零件号为 E5TZ-9601 的进气滤芯。

9. 3. 18. 5 谐振箱：使用零件号为 F2AE-9R504 的谐振箱。

9. 3. 18. 6 节气门体：使用零件号为 F3PZ-9E926NA、F2AZ-9E926 或 F2AE-9E926 的节气门体，由 CPD 购买（参见附录 C. 23）。

9. 3. 18. 7 节气门体底座：使用零件号为 F2AE-9A589 或 F1-VY-9A589 的节气门体底座，由 CPD 购买（参见附录 C. 23）。

9. 3. 19 发动机管理系统（点火和燃油控制）：

9. 3. 19. 1 发动机线束：使用零件号为 OHT6A-001-01 的专用线束，由 SPD 购买（参见附录 C. 26）。

9. 3. 19. 2 发动机控制模块：使用零件号为 OHT6A－002－1 的 EEC Ⅳ，或零件号为 OHT6A－002－3 的 ECM/EEC（参见附录 C. 24），该模块用于控制点火和燃油喷射。

a）为 EEC 提供稳定的 12V 电源，EEC 正极（红线）接 12V 电源，地线接发动机。当使用电池时，用双线连接电池负极，防止影响 EEC 正常工作。

b）更换 ECM 时应测量点火正时，BTDC 点火提前角应为 20°±2°（见表 1）。

9. 3. 19. 3 保持记忆体（KAM）：试验运转时将保持记忆体与 12V 电源断开。

9. 3. 20 附录驱动单元：不使用附录驱动单元，包括交流发电机、燃油泵、助力转向器、气动泵、空气压缩机等。

9. 3. 21 排气歧管：右侧使用零件号为 F1AZ-9430-B，左侧使用零件号为 F1AZ-9431-B 的排气歧管，所需力矩参见 1993 年福特安装手册，图 A13673-A，第 03-01-34 页。

9. 3. 22 发动机飞轮和护罩：使用福特生产零件号为 F6ZZ-6375-AB 的飞轮，由 CPD 购买（参见附录 C. 23）。安装护罩，改造飞轮使其与连接轴相连。

9. 3. 23 发动机吊装：不应由进气歧管处吊装发动机，防止引起冷却液泄漏。吊装方法和位置参见 1993 年福特安装手册。

9. 3. 24 发动机底脚：规定发动机右侧使用零件号为 DTSC-080-128-001 的底脚，左侧使用零件号为 DTSC-80-126-1 的底脚，减震器零件号为 DTSC－40－132－1。后端底脚结构由实验室自行设计（参见附录 C. 33）。

9. 3. 25 气门杆密封：实验室可判定是否更换气门杆密封，参见 1993 年福特安装手册，使用专用工具更换，气门杆密封零件号为 F6AZ-6571-AA，尽量在标机试验前更换。

9. 3. 26 气门弹簧：使用零件号为 F1AE－6513－AC 的气门弹簧，满足 WDSM1A314－A1 的相关要求。更换气门弹簧尽量在新发动机磨合或标机试验前更换。更换新弹簧后应进行 80h 第二阶段老化试验，然后进行参比油试验。更换时要求一次性更换所有气门弹簧。

9. 3. 27 定时链条张紧组件：需要时更换定时链条张紧组件或零件组，零件组包括左右定时链条张紧摇臂、定时链条、链条导轨、主轴齿轮、凸轮轴齿轮。更换其中一个或整体更换后要求进行重新标机，并在报告中指明更换的部分。对于装配连接型凸轮轴链条的发动机，应更换为滚轮型凸轮轴链条。零件为1993年福特生产的4.6L发动机零件，由福特经销商处购买。

9.3.28 主轴后密封：主轴后密封或后密封壳体在需要的情况下可以进行更换。

9.3.28.1 若更换发动机主轴后轴封或后密封壳体，需要对发动机进行标机。

10 试验台架的标定

10.1 试验台架标定：为确保各种参数正常，在更换发动机或发动机达到试验次数时，需要进行标机试验。

10.1.1 标机过程：使用标机油进行试验。

10.1.1.1 标机试验不应因一个燃油经济性指标（FEI）的结果终止试验。

10.1.1.2 试验台架进行7次非标机试验，即需要重新标机。

10.1.2 仪表标定：记录所有仪器的标定结果，每6个月进行一次标定。在每次标机试验前应标定测量燃油流量、发动机转度、空燃比和排气背压的设备。

10.2.1 发动机扭矩测量系统：每次试验或参比油试验前使用砝码标定测功机。在标定前起动发动机，在1500r/min、37 N·m的条件下运转30min，停机，保持测功机循环水运转正常，3min内完成标定。

10.2.1.1 标定的扭矩约为26 N·m、37 N·m和98N·m，要求偏差在±0.3 N·m之内。

10.2.2 燃油流量测量系统：使用高精度质量称量装置标定燃油流量计，选定三种流量（约为1.4 kg/h、3.2 kg/h和5.4kg/h），每种至少做三次以校验重复性。

10.2.2.1 试验用流量计显示在5.4 kg/h时偏差为0.25%内，在3.2 kg/h时偏差为0.32%内，在1.4 kg/h时偏差为0.54%内。对每一种流量，要求至少三次连续的流量读数在规定的公差范围内。标定标准的精度要求至少是流量计精度的四倍。

10.2.3 冷却液流量测量系统：每六个月至少标定一次冷却液流量测量系统。

10.2.4 热电偶和温度测量系统：每六个月至少标定一次热电偶和温度测量系统，需要严格控制的温度点（见表2）要求偏差为±0.56℃之内，应使用的标定设备精度在±0.56℃范围内。热电偶标定的附加要求见6.9条。

10.2.5 湿度测量系统：使用在露点温度为16℃时精度最小为±0.55℃的湿度计，每6个月对湿度测量系统至少进行一次标定，湿度测量取样点置于进气滤清器进气管处。

10.2.5.1 此标定包括一系列的实验室湿度测量系统与标定用仪器的湿度测量的对比。对比时间持续从20min~2h，每1min~6min采集一次数据，总共采集20组数据。测量间隔应与测量设备的时间常数相匹配。

10.2.5.2 验证流速应满足设备规范，取样管线为不吸湿管线。用6.8.1中的式（1）修正露点湿度计测量数据至标准状态。使用附录I中的式（I.1）计算20组数据中每组数据差值的平均值和标准偏差。差值的平均值不应超过1.43g/kg，标准偏差不应超过0.714g/kg。如果没有达到要求，应检查原因，进行修理，然后重新标定。保存标定记录两年。

10.2.6 其他设备：除10.2.1条~10.2.5条规定的测量设备外，其他测量设备至少每6个月标定一次。在将机油加热器元件安装进低熔点合金前，对机油加热器元件进行标定。

11 试验程序

11.1 启动新发动机前的准备：按照表2的条件，检查并校准发动机点火正时。

11.1.1 外部机油系统：新发动机安装在试验台后，需要清洗外部机油系统（见8.2.2）。若试验台为新试验台架，需验证冲洗效果。

11.1.2 冲洗效果验证：对新建ⅥB台架或对换油系统进行改造过的台架，实验室应验证不停机换油系统的冲洗效果。使用ICP（原子发射光谱法）方法分析经冲洗油冲洗（见11.5.9.1）后BC油中钼的含量，检验其是否达到99%的冲洗效果。验证使用ASTM FEEO-103润滑油（以后用FM油表示）或其他含有钼元素的合适的润滑油。试验程序如下：

11.1.2.1 用BC油作为发动机润滑油，起动发动机并运行至冲洗阶段（见表2）。

11.1.2.2 从油罐中取118mL冲洗验证油（FM）油作为新油油样。

11.1.2.3 用FM油作为冲洗油冲洗，发动机在冲洗工况运转30min。

11.1.2.4 用FM油作为冲洗油冲洗，发动机在冲洗工况运转30min。

11.1.2.5 用FM油作为冲洗油冲洗（FM油冲洗结束）。

11.1.2.6 发动机在冲洗工况运转30min，放118mL死区油，取118mL油样作为油样1，并将死区油加回发动机。

11.1.2.7 用BCFHD油作为冲洗油冲洗，发动机在冲洗工况运转30min。

11.1.2.8 用BCFHD油作为冲洗油冲洗，发动机在冲洗工况运转2h。放118mL死区油，取118mL油样作为油样2，并将死区油加回发动机。

11.1.2.9 用BC油作为冲洗油冲洗，发动机在冲洗工况运转30min。放118mL死区油，取118mL油样作为油样3，并将死区油加回发动机。

11.1.2.10 用BC油作为冲洗油冲洗，发动机在冲洗工况运转30min。放118mL死区油，取118mL油样作为油样4，并将死区油加回发动机。

11.1.2.11 用BC油作为冲洗油冲洗，发动机在冲洗工况运转30min。放118mL死区油，取118mL油样作为油样5，并将死区油加回发动机。

11.1.2.12 油样分析：使用GB/T 17476方法分析新油油样及油样1、油样2、油样3、油样4和油样5中钼元素的含量（对比油样为油样5和油样1）。

11.1.3 加油前准备：检查设备和润滑油管线，确保管线正确安装并加紧，包括不停机换油系统。

11.1.4 为冷却液冲洗给发动机加油：检查两个机油滤清器（见6.6.5.9）保证其清洁，垫圈完好。给发动机加6.0L的BC油。

11.1.5 为冷却液冲洗加冷却液：冷却液流量计的文丘里管在加冷却液时应与管线隔断（关阀或断开管线），以防其在加冷却液时受污物堵塞。

11.1.6 冷却液系统清洗剂添加剂与水的比例为：1L水中含23g草酸和1g分散剂425（见7.4.3和参见附录C.32）。

11.2 初次起动发动机：连接燃油管线至燃油油轨并打开燃油控制阀。起动控制柜（打开发动机点火、打开机油外循环泵、起动安全电路）。起动发动机，当发动机进入怠速状态（约800r/min，零负荷状态），检查燃油、机油、冷却液、水和排气管是否有泄漏。连接进气管，检查BTDC是否为20°。

11.3 冷却液冲洗：

11.3.1 在怠速状态（800r/min，零负荷状态）运行40min，冷却液温度保持65℃±5℃。打开发动机机体侧面的冷却液放空阀和冷却液热交换器放空阀，同时向冷却液系统中加清水，直至放出来的水变清，然后继续向冷却液系统中加入清水持续5min。关闭放空阀，向冷却液系统中加中和剂（碳酸钠）（见7.4.3）溶液，加入量比例为每升热水3.8g。

11.3.1.1 可替代的冲洗方法：使用带有外加热功能的循环冲洗设备，设备保持冷却液温度为65℃±5℃，使用清洗剂循环运转40min。打开发动机机体侧面的冷却液放空阀和冷却液热交换器放空阀，向循环系统中加入清水，直至放出来的水变清，然后继续向冷却液系统中加入清水持续5min，关闭放空阀。向冷却液系统中加中和剂（碳酸钠）（见7.4.3）溶液，加入量比例为每升热水3.8g。

11.3.2 加入中和剂后，系统循环45min，保持温度为65℃±5℃，打开放空阀并向系统中加清水，直到放出的水变清（进水的 pH 值与出水的 pH 值相等）。停止向冷却系统中加水，关闭放空阀，循环运转 20min。

11.3.3　按照 11.5.8 的规定停机。停机后，断开与进气系统的连接。如使用带有外加热功能的循环冲洗设备，关闭设备并断开与冷却系统的连接。

11.3.4　放掉冷却液。

11.3.5　向冷却系统中加入体积比为 1∶1 的商用含添加剂乙二醇的冷却液的浓缩液与蒸馏水或去离子水的混合液（见 7.3）。

11.3.6　冷却液可重复使用，但新发动机应加入新冷却液。

11.3.7　冷却液冲洗在发动机磨合后进行。

11.4　新发动机的磨合：依照以下程序对新发动机进行磨合：

11.4.1　使用 BC 油作为润滑油对新发动机进行磨合，磨合时间至少为 200h。记录每个小时的 BSFC。磨合阶段对控制精度无特殊要求。

11.4.2　磨合阶段加油：检查两个机油滤清器，确保滤清器干净。将原发动机油放净，向发动机加入 6.0L 的 BC 油并在整个磨合阶段使用。

11.4.3　磨合工况：按照表 3 所示工况进行新发动机的磨合。建议循环阶段采用阶梯函数形式，而不采用斜坡函数形式。如采用斜坡函数形式，注意工况变化不要太缓和，否则不利于磨合的完成。

11.4.4　磨合的台架要求：发动机磨合要求台架使用 Midwest 或 Eaton 生产的 37kW，型号为 758 的干式测功机（参见附录 C.2），满足表 1 制定的要求。

11.5　试验操作：依照以下程序进行非参比油试验。

11.5.1　参照附录 J，完成试验前维护。

11.5.2　起动发动机。

11.5.3　发动机使用 BC 油，运转至冲洗状态（见表 2）。

11.5.4　用 BC 油冲洗两次，抽进 BC 油。

11.5.4.1　在第 1 状态（见表 1）稳定运转，采集试验数据。

11.5.4.2　在第 2 状态（见表 1）稳定运转，采集试验数据。

11.5.4.3　在第 3 状态（见表 1）稳定运转，采集试验数据。

11.5.4.4　在第 4 状态（见表 1）稳定运转，采集试验数据。

11.5.4.5　在第 5 状态（见表 1）稳定运转，采集试验数据。

11.5.4.6　发动机使用 BC 油，运转至冲洗状态。

11.5.5　用试验油冲洗两次，抽进试验油。

11.5.5.1　开始第一阶段 16h 的老化（见表 2）。

11.5.5.2　在第 1 状态（见表 1）稳定运转，采集试验数据。

11.5.5.3　在第 2 状态（见表 1）稳定运转，采集试验数据。

11.5.5.4　在第 3 状态（见表 1）稳定运转，采集试验数据。

11.5.5.5　在第 4 状态（见表 1）稳定运转，采集试验数据。

11.5.5.6　在第 5 状态（见表 1）稳定运转，采集试验数据。

11.5.6　开始第二阶段 80h 的老化（见表 2）。

11.5.6.1　在第 1 状态（见表 1）稳定运转，采集试验数据。

11.5.6.2　在第 2 状态（见表 1）稳定运转，采集试验数据。

11.5.6.3　在第 3 状态（见表 1）稳定运转，采集试验数据。

11.5.6.4　在第 4 状态（见表 1）稳定运转，采集试验数据。

11.5.6.5　在第 5 状态（见表 1）稳定运转，采集试验数据。

11.5.6.6　发动机使用试验油，运转至冲洗状态。

11.5.7 用BCFHD油和BC油分别冲洗两次，抽进BC油。

11.5.7.1 在第1状态（见表1）稳定运转，采集试验数据。

11.5.7.2 在第2状态（见表1）稳定运转，采集试验数据。

11.5.7.3 在第3状态（见表1）稳定运转，采集试验数据。

11.5.7.4 在第4状态（见表1）稳定运转，采集试验数据。

11.5.7.5 在第5状态（见表1）稳定运转，采集试验数据。

11.5.7.6 试验后停机。对台架进行必要的维护，下次试验前标定仪器设备。

11.5.8 开机和停机程序：正常停机后，断开燃油管线或关闭燃油阀，脱开进气管。

11.5.8.1 非正常停机和重新起动：在整个试验过程中，应避免非正常停机的发生。当出现非正常停机时，最长的停机时间为10h，最多允许出现4次非正常停机，且一次停机的最大时间为8h。报告中记录停机的次数和每次停机的时间。如出现非正常停机，按以下进行操作：

（1）如在稳定阶段出现非正常停机，则试验重启后回到该阶段的起点，重新进行试验，不扣除已经运转的时间。

（2）如在测量BSFC阶段出现非正常停机，则试验重启后重新进入稳定阶段，稳定阶段过后，重新测量BSFC数据。

（3）如在冲洗阶段或老化阶段出现非正常停机，则试验重启后回到原来的阶段，继续原有的步骤，保持原来的试验时间。

11.5.9 不停机换油程序：指在不停机的情况下更换发动机油。换油前，先将试验发动机运行至换油工况（见表3），换油检查表见附录K。

11.5.9.1 冲洗油冲洗（将试验油换为BC油）：本步骤目的在于减小试验油对BC油的影响，换油检查表见附录K.1，按以下步骤进行冲洗油冲洗：

a）加热油罐中的BCFHD油和BC油至93℃~107℃。

b）发动机运行至换油工况（见表2）。

c）将换油系统（见图D.7和6.6条）转换到冲洗状态，当外置抽油泵从发动机抽出6L用过的试验油时，发动机自带机油泵从储油罐抽出6L的BCFHD油进入发动机。抽出的用过的试验油达到6L时，抽油罐的浮子控制开关关掉抽油泵和放油阀。当发动机自带机油泵抽BCFHD油达到6L时，油底壳的浮子控制开关关闭进油开关，发动机即换为BCFHD油。

d）发动机在冲洗工况运转30min。

e）使用BCFHD油，重复第3步的操作。

f）发动机在冲洗工况运转2h。

g）当BC油温度达到冲洗要求的温度时，按照第3步的换油方法，将BCFHD油换为BC油。

h）发动机在冲洗工况运转30min。

i）使用BC油，重复第3步的操作。

j）发动机在冲洗工况运转30min。

k）使用BC油，重复第3步的操作。

l）发动机进入第1状态（见表1）的稳定阶段，为BC油的BSFC数据测量做准备。

11.5.9.2 试验油冲洗（将BC油换为试验油）：本步骤目的在于减小BC油对试验油的影响，换油步骤见表K.2，按以下步骤进行冲洗：

a）加热油罐中的试验油至93℃~107℃。

b）发动机运行至换油工况（见表2）。

c）将换油系统（见图D.7和6.6条）转换到冲洗状态，当外置抽油泵从发动机抽出6L用过的BC油时，发动机自带机油泵从储油罐抽出6L的试验油进入发动机。抽出的用过的BC油达到6L时，抽油罐的浮子控制开关关掉抽油泵和放油阀。当发动机自带的机油泵抽试验油达到6L时，油底壳的浮子控制开关关闭进油开关，发动机即换为试验油。

d）发动机在冲洗工况运转 30min。

e）使用试验油，重复第 3 步的操作。

f）发动机在冲洗工况运转 30min。

g）使用试验油，重复第 3 步的操作。

h）发动机进入老化第 1 阶段。

i）达到老化第 1 阶段工况要求后，通过加油或放油调整机油液面至满刻度（参见附录 L）。

11.5.9.3　BC 冲洗（将上次试验后 BC 油换为新 BC 油）：本步骤目的在于减小上次试验后 BC 油对新 BC 油的影响，换油步骤见表 K.3，按以下步骤进行冲洗：

a）加热油罐中的 BC 油至 93℃～107℃。

b）发动机运行至换油工况（见表 3）。

c）将换油系统（见图 D.7 和 6.6 条）转换到冲洗状态，当外置抽油泵从发动机抽出 6L 上次试验后 BC 油时，发动机自带机油泵从储油罐抽出 6L 新的 BC 油进入发动机。抽出的上次试验后 BC 油达到 6L 时，抽油罐的浮子控制开关关掉抽油泵和放油阀，当发动机自带的机油泵抽新 BC 油达到 6L 时，油底壳的浮子控制开关关闭进油开关，发动机即换为新 BC 油。

d）发动机在冲洗工况运转 30min。

e）使用 BC 油，重复第 3 步的操作。

f）发动机在冲洗工况运转 30min。

g）使用 BC 油，重复第 3 步的操作。

h）发动机进入第 1 状态（见表 1）的稳定阶段，为 BC 油的 BSFC 数据测量做准备。

11.5.10　试验操作阶段：图 1 显示 BSFC 数据的采集，表 1 显示试验的各个阶段工况，表 4 显示程序ⅥB 试验程序。

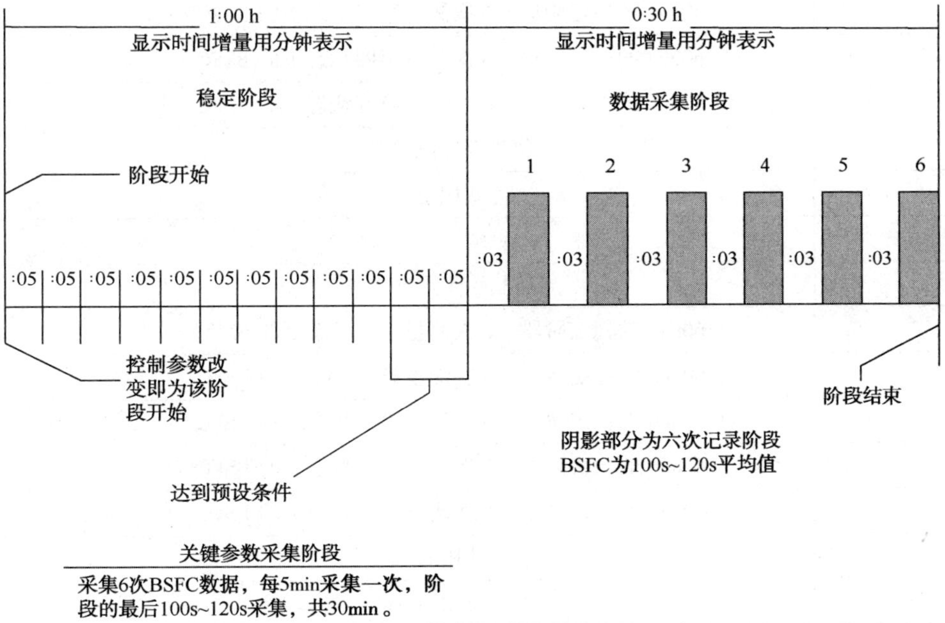

图 1　程序ⅥB 试验数据采集

表 4　程序ⅥB 试验程序

试验项目	试验程序	估算共用时间[a]
BC 油测试		
1	双冲洗至 BC 油	1：30
2	60min 的稳定阶段，6 次测量第一状态下的 BSFC[b]	1：30
3	60min 的稳定阶段，6 次测量第二状态下的 BSFC	1：30
4	60min 的稳定阶段，6 次测量第三状态下的 BSFC	1：30
5	60min 的稳定阶段，6 次测量第四状态下的 BSFC	1：30
6	60min 的稳定阶段，6 次测量第五状态下的 BSFC	1：30
7	预热至冲洗阶段	0：30
	共用时	9：30
试验油测试		
1	双冲洗至试验油	1：00
2	16h 老化	16：00
3	60min 的稳定阶段，6 次测量第一状态下的 BSFC	1：30
4	60min 的稳定阶段，6 次测量第二状态下的 BSFC	1：30
5	60min 的稳定阶段，6 次测量第三状态下的 BSFC	1：30
6	60min 的稳定阶段，6 次测量第四状态下的 BSFC	1：30
7	60min 的稳定阶段，6 次测量第五状态下的 BSFC	1：30
8	80h 老化	80：00
9	60min 的稳定阶段，6 次测量第一状态下的 BSFC	1：30
10	60min 的稳定阶段，6 次测量第二状态下的 BSFC	1：30
11	60min 的稳定阶段，6 次测量第三状态下的 BSFC	1：30
12	60min 的稳定阶段，6 次测量第四状态下的 BSFC	1：30
13	60min 的稳定阶段，6 次测量第五状态下的 BSFC	1：30
14	预热至冲洗阶段	0：30
	共用时	112：30
BC 油测试		
1	清洗换油至 BC 油	3：30
2	60min 的稳定阶段，6 次测量第一状态下的 BSFC	1：30
3	60min 的稳定阶段，6 次测量第二状态下的 BSFC	1：30
4	60min 的稳定阶段，6 次测量第三状态下的 BSFC	1：30
5	60min 的稳定阶段，6 次测量第四状态下的 BSFC	1：30
6	60min 的稳定阶段，6 次测量第五状态下的 BSFC	1：30
	共用时	11：00
试验完成	总用时	133：00

[a] 估算时间，包括测量、预热、冷却和冲洗。

[b] 例如：60min 的稳定阶段，然后开始每 5min（前 3min 稳定，后 2min 测量在这 2min 内的平均值）一次测量 BSFC，重复六次。

11.5.10.1 试验发动机磨合后，试验台架进行标机试验，结果满足要求，即可进行非参比油试验。用两个阶段老化后（16h 和 80h 老化）的五个状态下的燃油消耗数据与两次 BC 油数据相对比，得出试验结论。

11.5.11 稳定阶段：不停机换油后（BC 油或试验油），每个状态测量 BSFC 前，都需要一个小时的稳定阶段。稳定时间从转速、扭矩和各个温度达到设定点起到进入 BSFC 测量阶段前。系统控制使转速、扭矩、冷却液和机油温度达到设定要求。

11.5.12 BSFC 测量：1h 稳定阶段后，进行六次 BSFC 测量，见图 1。在 30min 的测量中，需要严格控制的参数应满足表 2 的要求。在 BSFC 测量阶段，在第六个测量读数未完成前可对该状态 BSFC 重复测量一次，且每个状态只能重复一次。如果第六个读数已经完成，任何一个需要严格控制的参数的平均值没有在规定的范围内，这个状态也不能重复测量，则本次试验视为无效。在每个约 2min（100s～120s）的测量中，用于计算的发动机转速、扭矩、燃油流量和 AFR 至少需要 100 个数据点，表 2 显示的其他操作参数，每项至少采集一次。按式（2）计算 BSFC：

$$\mathrm{BSFC} = (9549.3 \times Q)/(T \times N) \qquad (2)$$

式中：

BSFC——燃油消耗率，kg/（kW·h），保留小数点后四位；

N——平均转速，r/min，保留小数点后一位；

T——平均扭矩，N·m，保留小数点后两位；

Q——平均燃油流量，kg/h，保留小数点后三位。

11.5.12.1 用式（2）计算 BSFC，取六个数据的平均值，保留小数点后四位，计算测量的六个数据的变化系数（C.V.）。一般情况下第 2 和 3 状态的 C.V. 值会高于第 1、4 和 5 状态。不能仅因为高 C.V. 值就认为试验无效。

11.5.13 试验数据记录：人工记录试验数据为可选。

11.5.14 BC 油冲洗程序（将上次试验后 BC 油换为新 BC 油）：试验开始，发动机运行至换油工况（见表 3），进行不停机换油，用新 BC 油对上次试验后的 BC 油冲洗两次，抽进新 BC 油，见 11.5.9.2 和附录 K 表 K.3：

11.5.14.1 发动机运行至换油工况。

11.5.14.2 用新 BC 油对上次试验后的 BC 油冲洗两次，抽进新 BC 油。

11.5.14.3 继续试验，进行 BC 油的 BSFC 数据采集。

11.5.15 试验油测试前对 BC 油的 BSFC 进行测量：按表 1 依次运行五个工作状态，每个工作状态取六个 BSFC 值并记录需要严格控制的参数的值，见图 1 和 11.5.12。

11.5.15.1 计算每个状态采集的六个 BSFC 值的 C.V.。

11.5.16 试验油冲洗程序（将 BC 油换为试验油）：BC 油测试后，进行不停机换油，见以下步骤（见 11.5.9.2 和附录 K 表 K.2）：

11.5.16.1 用试验油对 BC 油冲洗两次，抽进试验油。

11.5.16.2 进入试验油老化阶段。

11.5.17 试验油老化：按表 3 阶段 Ⅰ 的工况对试验油进行 16h 的老化试验。阶段 Ⅰ 最长停机时间为 2h，超过 2h 则试验无效。老化结束后，开始试验油第一次燃油经济性的测量。

11.5.17.1 老化阶段 Ⅰ 的机油消耗：通过观察发动机机油液面的方法监测试验油消耗。在 16h 老化前，调整发动机油液面至满刻度，老化开始 1h 后不得再向发动机内加油。

11.5.18 老化阶段 Ⅰ 完成后进行试验油的 BSFC 数据采集：老化阶段 Ⅰ 完成后，按表 1 依次运行五个工作状态，见图 1 和 11.5.12，每个工作状态取六个 BSFC 值并记录需要严格控制的参数的值。

11.5.19 老化阶段 Ⅱ：试验油的 BSFC 数据采集（11.5.18）结束后，按表 2 阶段 Ⅱ 的工况对试验油进行 80h 的老化试验。阶段 Ⅱ 最长停机时间为 2h，超过 2h 则试验无效。

11.5.20　老化阶段Ⅱ的机油消耗和取样：在 80h 老化过程中，观察发动机油液面高度，机油消耗最大量为 1900mL。若老化过程中机油消耗大于 1900ml，则试验无效。记录机油消耗后，从机油加热器放油口取 120ml 油样进行黏度分析（见 13.2.10）。

11.5.21　老化阶段Ⅱ完成后进行试验油的 BSFC 数据采集：老化阶段Ⅱ完成后，按表 2 依次运行五个工作状态，见图 1 和 11.5.12，每个工作状态取六个 BSFC 值并记录需要严格控制的参数的值。

11.5.22　冲洗油冲洗（将试验油换为 BC 油）：试验油测试后进行冲洗油冲洗。

11.5.22.1　用 BCFHD 油对试验油冲洗两次。

11.5.22.2　用 BC 油对 BCFHD 油冲洗两次，抽进 BC 油。

11.5.23　进行 BC 油的 BSFC 数据采集：按表 1 依次运行五个工作状态，见图 1 和 11.5.12。每个工作状态取六个 BSFC 值并记录需要严格控制的参数的值。BC 油测试结束后，按式（3）计算 BC 油试验数据变化率。

$$R=(Q_1-Q_2)\times 100\% \tag{3}$$

式中：

R——BC 油试验数据变化率；

Q_1——第一次 BC 油燃油消耗量，kg/（kW·h）；

Q_2——第二次 BC 油燃油消耗量，kg/（kW·h）。

11.5.24　试验数据记录表：试验数据记录表的格式见附录 G。

11.5.25　诊断程序：为确保试验的有效性，应经常对试验数据进行检查。尽早发现设备的故障十分重要，下列参数的响应特性十分重要：

11.5.25.1　稳定性趋向。

11.5.25.2　空燃比稳定性。

11.5.25.3　燃油流量稳定性。

11.5.25.4　进气真空度（绝对压力）。

11.5.25.5　发动机转速。

11.5.25.6　发动机扭矩。

11.5.25.7　排气背压。

11.5.26　试验总长度：试验总长度不能超过 150h，否则试验无效。

12　结果的判断

12.1　按照表 5 中式（4）和式（5），计算 FEI_1 和 FEI_2。

表 5　试验结果计算

测试状态	平均转速/（r/min）	平均功率/kW	时间系数/h
1	1500	15. 39	0. 0802
2	800	2. 18	0. 0787
3	800	2. 18	0. 0848
4	1500	15. 39	0. 0864
5	1500	15. 39	0. 0699

注：a）第一状态每个测试阶段每 5min 记录一次 BSFC 数值，共取 6 个数据，结果保留到小数点后 4 位。

b）对 6 个数据取平均值，结果保留到小数点后 5 位，BSFC 单位为 kg/（kW · h）。

c）将以上的平均值乘以第一状态的平均功率和时间系数，所得为该阶段的燃油消耗量，单位为 kg。

按照以上 a）、b）和 c）的方法计算状态 2~状态 5 的燃油消耗量。

汇总上述 5 个状态下的燃油消耗量。

BC 油第一次燃油消耗量（Q_b）、试验油 16h 老化后燃油消耗量（Q_{16}）、试验油 80h 老化后燃油消耗量（Q_{80}）和 BC 油第二次燃油消耗量（Q_a）。

按照以下公式（4）和公式（5）计算 FEI：

$$FEI_1 = (Q_b \times 80\% + Q_a \times 20\% - Q_{16}) / (Q_b \times 80\% + Q_a \times 20\%) \times 100\% \quad (4)$$

$$FEI_2 = (Q_b \times 10\% + Q_a \times 920\% - Q_{80}) / (Q_b \times 10\% + Q_a \times 90\%) \times 100\% \quad (5)$$

式中：

FEI_1——第一阶段燃油经济性指标；

FEI_2——第二阶段燃油经济性指标。

按照附录 K 对结果进行修正。

13　试验报告

13.1　有效性声明

在试验报告首页底部（参见附录 M）应包括有效性声明，由台架负责工程师签署。

13.2　报告格式

13.2.1　BC 油开始日期：BC 油在试验开始冲洗进入发动机前的数据日期。

13.2.2　BC 油开始时间：BC 油进入发动机冲洗前时间。

13.2.3　试验油开始日期：试验油开始数据定义为第一次试验油冲洗进入发动机的日期。

13.2.4　试验油开始时间：试验油进入发动机的时间。

13.2.5　第二次 BC 油开始日期：第二次 BC 油开始日期定义为 BCFHD 油进入发动机的日期。

13.2.6　第二次 BC 油开始时间：BCFHD 油进入发动机的时间。

13.2.7　试验中发动机运转总时间：在试验中发动机中总共运转时间。

13.2.8　试验总长度：整个试验开始到结束总时间。

13.2.9　燃油批次：试验所用燃油的生产批次。

13.2.10　试验油运动黏度：用 GB/T 265 测量试验油在 40℃和 100℃的运动黏度，采样见表 3，取新油和经过 80h 阶段老化的试验油。

13.2.11　使用国际单位制：试验报告要求使用 SI 单位。

14 精密度与偏差

按下述规定判断试验结果的可靠性（95%置信水平）。

14.1 精密度

试验精密度是在 ASTM TMC 所监控的参比油试验结果的基础上建立的。参比油试验精度参见表 1。

14.1.1 中间精密度 *i. p.*

14.1.1.1 中间精密度条件

在相同的实验室、使用相同的试验方法，可以改变操作者、测量设备、试验台架、试验发动机和时间，对同一试验进行测定。

注：“中间精密度”相对于“重复性”（重复性和中间精密度相比在实验室条件内定义得更为严格），更适合本试验方法。

14.1.1.2 中间精密度限值

在中间精密度条件下，对同一试样进行测定得到的两个试验结果之差不能超过表 6 中规定的值。

14.1.2 再现性 *R*

14.1.2.1 再现性条件

不同操作者，在不同实验室，使用不同的仪器，按照相同的方法，对同一试验分别进行测定。

14.1.2.2 再现性限值

在再现性条件下，对同一试样进行测定得到的两个单一、独立的试验结果之差不能超过表 6 中规定的值。

14.2 偏差

本标准尚未规定偏差。

表 6 试验精密度

试验结果	中间精密度 *i. p.*		再现性 *R*	
	标准偏差	中间精密度范围	标准偏差	再现性
FEI_1	0.22	0.616	0.24	0.672
FEI_2	0.21	0.588	0.25	0.700

附 录 A
(规范性附录)
安全预防措施

A.1 概述

A.1.1 发动机操作可能引发安全危害。推荐经受培训的和有经验的操作人员担任发动机试验台架的设计、安装和试验操作。

A.1.2 实验室进行发动机试验应得到其安全部门的检查和批准。在发动机操作中，应使用合适的工具，建立安全防范措施，避免接触转动的或热的发动机零件。对转动的或热的发动机零件应安装防护罩。当发动机在高速、大负荷状态下运转时，尽量避免操作人员在发动机或连接轴的侧面操作。所有的燃油、机油管线和电线应布局合理并有防护措施。在发动机运转时要求操作人员使用安全面罩或护目镜。

A.1.3 发动机实验室要求保持干净，溢出的机油和燃油应及时清理。操作人员应注意燃油和排气管线的泄漏，燃油和机油油罐不能放入正在进行试验的发动机实验室。

A.1.4 试验应安装燃油截止阀，当发动机停止运转时，自动断开燃油供给。使用合适的自锁联动装置，当以下情况发生时，发动机自动停机：测功机无激磁电流、发动机超速、机油压力过低、排气系统故障、实验室通风故障或防火系统启动。

A.1.5 当使用化学试剂清洁发动机时，操作人员需佩戴防护面罩，防尘器具及手套。应提供淋浴和脸部清洗装置。

A.2 物理危害和化学危害列表

A.2.1 物理危害：

A.2.1.1 发动机热的部件和排气管。

A.2.1.2 转动部件。

A.2.1.3 触电。

A.2.1.4 噪声。

A.2.2 化学危害：

A.2.2.1 燃油（无铅）：

a）易燃。蒸汽吸入对人体有害，同时容易引发火灾。

b）远离热源、火花和明火。

c）保持燃油容器关闭，燃油管线安装截止阀。

d）保持通风。

e）避免燃油蒸汽与火花、电火花和加热器接触。

f）避免长时间吸入燃油蒸汽。

g）避免长时间或反复与皮肤接触。

A.2.2.2 有机溶剂：

a）打开容器前，释放压力。不用时保证容器密封。

b）常温状态保存，远离高温、火花、火焰和强氧化剂。

c）使用干粉、泡沫或二氧化碳灭火剂。

d）使用时带护目镜和手套。

e）在密闭空间使用应安装通风装置。

f）保持空气流通。

g）避免沾到眼睛、皮肤和衣物。

A.2.2.3 脱脂溶剂：

a）脱脂溶剂易燃且吸入人体有害。

b）远离高温、火花和火焰。

c）保证空气流通。

d）避免吸入或沾到眼睛。

e）使用水或干粉、泡沫、二氧化碳灭火剂。

f）避免长时间或反复与皮肤接触。

A.2.2.4 冷却系统清洗剂：

a）常温状态保存，不用时密封保存。

b）使用水或干粉、泡沫、二氧化碳灭火剂。

c）使用时带护目镜和手套。

d）使用应安装通风装置。

e）保证空气流通。

f）避免沾到眼睛、皮肤和衣物。

A.2.2.5 草酸：

a）有毒物质。避免沾到眼睛、皮肤和衣物。

b）避免吸入。

c）避免接触食物。

A.2.2.6 采集的油样（新油和旧油）：

a）常温状态保存，远离高温、火花、火焰和强氧化剂。

b）使用干粉、泡沫、二氧化碳灭火剂。

c）使用时带护目镜和手套。

d）避免沾到眼睛、皮肤和衣物。

A.2.2.7 旧油油样：

旧油中含有与新油中不同的物质，严格遵循相关规定处理。

附　录　B
（规范性附录）
缩短时间长度的程序ⅥB SJ 试验要求

B.1　标定试验认可（见10.1）

B.1.1　程序ⅥB SJ 试验要求应通过程序ⅥB 试验的标定，详见10.1条。通过标定的程序ⅥB 台架，即可满足程序ⅥB SJ 试验标定要求。

B.2　试验程序

B.2.1　试验条件见表2。

B.2.2　按照11.5条~11.5.5.6的步骤操作。

B.2.3　程序ⅥB SJ 试验在试验油完成第一阶段测试后就结束试验（见11.5.1.6）。

B.2.4　在程序ⅥB 台架标定周期内，ⅥB SJ 试验记为ⅥB 台架的一个非参比油试验。

B.3　试验结果的计算（标称功率和时间加权系数见表6）

B.3.1　第一状态，每5min 记录一次 BSFC，保留到小数点后4位。

B.3.2　将六次 BSFC 测量结果进行求和平均，保留到小数点后5位。

B.3.3　将平均值乘以第一阶段的标称功率和时间加权系数（见表6），保留到小数点后6位。

B.3.4　重复附录 B.3.1~附录 B.3.3 的步骤使用相对应的标称功率和时间加权系数（见表6）对第二到第五状态进行计算。

B.3.5　计算五种状态的燃油总消耗。

B.3.6　按照附录 B.3.1~附录 B.3.5 的步骤，计算 BC 油和试验油总的燃油消耗量。

B.3.7　燃油经济性综合节能率按式（B.1）进行计算。

$$FEI = (Q_{BC} - Q_{test})/Q_{BC} \times 100\% \tag{B.1}$$

式中：

FEI——燃油经济性综合节能率，%；

Q_{BC}——BC 油总燃油消耗量，kg/（kW·h）；

Q_{test}——试验油总油燃油消耗量，kg/（kW·h）。

附 录 C
（资料性附录）
试验材料购买

C.1 试验发动机

试验发动机使用的是1993年的4.6L福特产V-8自动变速器（AODF）传动发动机，从以下供应商购买：

1605 SurvFyor Blvd. P.O. Box 979
Carrollton, TX 75011-0979
TFlFphonF:（972）417-3182
Fax:（972）417-3165

C.2 测功机

MidwFst生产的37 kW（50 hp）758型号的测功机，从以下供应商购买：

MidwFst DynamomFtFr FnginFFring Company
3100 RivFr Road
RivFr GrovF, IL 60171
TFlFphonF:（708）453-5156
Fax:（708）453-5171

C.3 测功机压电式压力传感器

LFbow生产的型号为3397测功机压电式压力传感器，从以下供应商购买：

Faton Corporation
LFbow Products
1728 MaplFlawn Road
P.O. Box 1089
Troy, MI 48099
TFlFphonF:（313）643-0220
Fax:（313）643-0259

C.4 冷却液系统压力帽

保持冷却液外循环系统压力为69kPa，从本地供应商购买：

C.5 冷却液泵（P-1）

规定的冷却液泵从以下供应商购买：

Gould Pumps, Inc.
240 Fall StrFFt
SFnFca Falls, NY 13148

C.6 冷却液热交换器（HX-1）

ITT（ModFl 320-20）
ITT Standard
175 Standard Parkway
Buffalo, NY 14227

或

BFll & GossFtt（BP 75H-20 or BP 420-20）
BFll & GossFtt ITT

8200 N. Austin AvFnuF
Morton GrovF, IL 60053

C. 7　金属压降控制盘

DaniFl Flow Products, Inc.
Flow MFasurFmFnt Products Division
P. O. Box 19097
Houston, TX 77224
TFlFphonF:（713）467-6000
Fax:（713）827-3880

C. 8　冷却液流量调节阀（TCV-104，FCV-103 和 TCV-101）

BadgFr MFtFr, Inc.
P. O. Box 581390
Tulsa, OK 74158
TFlFphonF:（918）836-8411

C. 9　压力传感器（DPT-1）

使用 Viatran 型号为 274/374，ValidynF 型号为 DP15，或 RosFmount 型号为 1151 的压力传感器，从以下供应商购买：

Viatran Corp.
300 Industrial DrivF
Grand Island, NY 14072
TFlFphonF:（716）773-1700

或

ValidynF FnginFFring Corp.
8626 Wilbur AvF.
NorthridgF, CA 91324
TFlFphonF:（818）886-2057

或

RosFmount Inc.
4001 GrFFnbriar StrFFt 150B
Staf 福特, TFxas 77477
TFlFphonF: 1-800 999-9307

C. 10　水泵盘

水泵双向控制阀盘可由实验室加工或从以下供应商购买：

OHT TFchnologiFs, Inc.
9300 ProgrFss Parkway
P. O. Box 5039
MFntor, OH 44061-5039
TFlFphonF:（440）354-7007
Fax（440）354-7080

C. 11　抽油泵（P-3）

HoudaillF IndustriFs, Inc.
Viking Pump Division
GForgF and WyFth StrFFt

CFdar Falls, IA 50613

TFlFphonF：(319) 266-1741

C.12 浮子控制阀（FLS-136 和 FLS-152）

Imo IndustriFs Inc.

GFms SFnsor Division

1 CowlFs Road

PlainvillF, CT 06062-1198

TFlFphonF：(203) 747-3000

Fax：(203) 747-4244

C.13 机油外循环泵（P-4）

HoudaillF IndustriFs, Inc.

Viking Pump Division

GForgF and WyFth StrFFt

CFdar Falls, IA 50613

TFlFphonF：(319) 266-1741

C.14 电磁阀（FCV-150A，FCV-150C，FCV-150D，FCV-150F 和 FCV-150F）

BurkFrt Contromatic Corp.

1091 N. Batavia StrFFt

OrangF, CA 92667

TFlFphonF：(714) 744-3230

Fax：(714) 639-4998

C.15 控制阀（TCV-144 和 TCV-145）

BadgFr MFtFr, Inc.

P. O. Box 581390

Tulsa, OK 74158

TFlFphonF：(918) 836-8411

C.16 热交换器（HX-6）

ITT (ModFl 310-20)：

ITT Standard

175 Standard Parkway

Buffalo, NY 14227

或

BFll & GossFtt (ModFl BP 25-20 or BP 410-020)：

BFll & GossFtt ITT

8200 N. Austin AvFnuF

Morton GrovF, IL 60053

C.17 加热器壳（FH-5）

TFI

12718 Cimarron Path

San Antonio, TX 78249

TFlFphonF：(210) 690-1958

Fax：(210) 690-1959

C. 18　机油滤清器壳和不锈钢机油滤芯

PO Box 3108
ModFsto, CA 95353
TFlFphonF：(800) 344-3286

或

OH TFchnologiFs Inc.
9300 ProgrFss Parkway
P. O. Box 5039
MFntor, OH 44061-5039
TFlFphonF：(440) 354-7007
Fax：(440) 354-7080

C. 19　机油滤清器适配器

OH TFchnologiFs, Inc.
9300 ProgrFss Parkway
P. O. Box 5039
MFntor, OH 44061-5039
TFlFphonF：(440) 354-7007
Fax：(440) 354-7080

C. 20　机油外循环系统软管和快速接头

AFroquip 设备可以通过本地分销商或 AFroquip 公司：
1225 W. Main StrFFt
Van WFrt, OH 45891
TFlFphonF：(419) 238-1190

C. 21　油底壳和抽油管

油底壳和抽油管可以由实验室进行加工或从以下供应商购买：
OH TFchnologiFs, Inc.
9300 ProgrFss Parkway
P. O. Box 5039
MFntor, OH 44061-5039
TFlFphonF：(440) 354-7007
Fax：(440) 354-7080

C. 22　燃油流量计

MicroMotion, Inc.
7070 WinchFstFr CirclF
BouldFr, CO 80301
TFlFphonF：(303) 530-8400 or (800) 522-6277
Fax：(303) 530-8209

C. 23　由 CPD 购买的其他配件

TFst FnginFFring, Inc. (TFI)
12758 Cimarron Path, SuitF 102
San Antonio, TFxas 78249-3417

C. 24　空燃比分析仪

Horiba 生产的型号为 MFXA 110 的空燃比分析仪，从以下供应商购买：

Horiba InstrumFnts, Inc.
17671 Armstrong
IrvinF Industrial ComplFx
IrvinF, CA 92623
TFlFphonF：(714) 250-4811

C.25 FCM/FFC（发动机控制）模块

OH TFchnologiFs Inc.
9300 ProgrFss Parkway
P. O. Box 5039
MFntor, OH 44061-5039
TFlFphonF：(440) 354-7007
Fax：(440) 354-7080

C.26 自动调温盘

自动调温盘可以由实验室进行加工或从以下供应商购买：
OH TFchnologiFs Inc.
9300 ProgrFss Parkway
P. O. Box 5039
MFntor, OH 44061-5039
TFlFphonF：(440) 354-7007
Fax：(440) 354-7080

C.27 连接 FCM/FFC 的线束

OH TFchnologiFs Inc.
9300 ProgrFss Parkway
P. O. Box 5039
MFntor, OH 44061-5039
TFlFphonF：(440) 354-7007
Fax：(440) 354-7080

C.28 恒温器壳

恒温器壳可以由实验室进行加工或从以下供应商购买：
OH TFchnologiFs Inc.
9300 ProgrFss Parkway
P. O. Box 5039
MFntor, OH 44061-5039
TFlFphonF：(440) 354-7007
Fax：(440) 354-7080

C.29 机油滤清器座

机油滤清器座可以由实验室进行加工或从以下供应商购买：
OH TFchnologiFs Inc.
9300 ProgrFss Parkway
P. O. Box 5039
MFntor, OH 44061-5039
TFlFphonF：(440) 354-7007
Fax：(440) 354-7080

C.30 燃油油轨适配器

燃油油轨适配器可以由实验室进行加工或从以下供应商购买：

OH TFchnologiFs Inc.

9300 ProgrFss Parkway

P. O. Box 5039

MFntor, OH 44061-5039

TFlFphonF：(440) 354-7007

Fax：(440) 354-7080

C.31 有机溶剂 PFnmul L460

PFnFtonF Corporation

74 Hudson AvFnuF

TFnafly, NJ 07670

C.32 去脂溶剂

在当地购买。

C.33 发动机循环冷却系统清洗剂或清洗冷却液系统的清洗剂

Oxalic acid, 55-lb bags

Sodium CarbonatF, 50-lb bags：

Ashland ChFmical Company

P. O. Box 391

Ashland, KY 41114

TFlFphonF：(606) 329-5044

PFtro DispFrsant No. 425 PowdFr, 50-lb bags：

Witco Corporation

3230 BrookfiFld

Houston, TX 77045

TFlFphonF：1-800-231-1542 (OutsidF TFxas)

1-800-391-1681 (InsidF TFxas)

Oxalic Acid 17.5 g/L (2.3 oz/gal) and PFtro DispFrsant No. 4251 g/L (0.15 oz/gal) prFmixFd in a singlF usF containFr：

Wrico Corporation

4835 Whirlwind

San Antonio, TX 78217

Attn：PrFsidFnt

TFlFphonF：(210) 590-4400

Fax：(210) 590-4451

C.34 发动机底脚减震

World Class FnginFFrFd Products

20994 BridgF StrFFt

SouthfiFld, MI 48034

TFlFphonF：(313) 351-4090

Fax：(313) 351-4099

C.35 发动机支架

Lybrook PrFcision Products

TFlFphonF：(313) 946-4246

附 录 D
(规范性附录)
简图和流程图

D.1 发动机冷却系统见图 D.1。

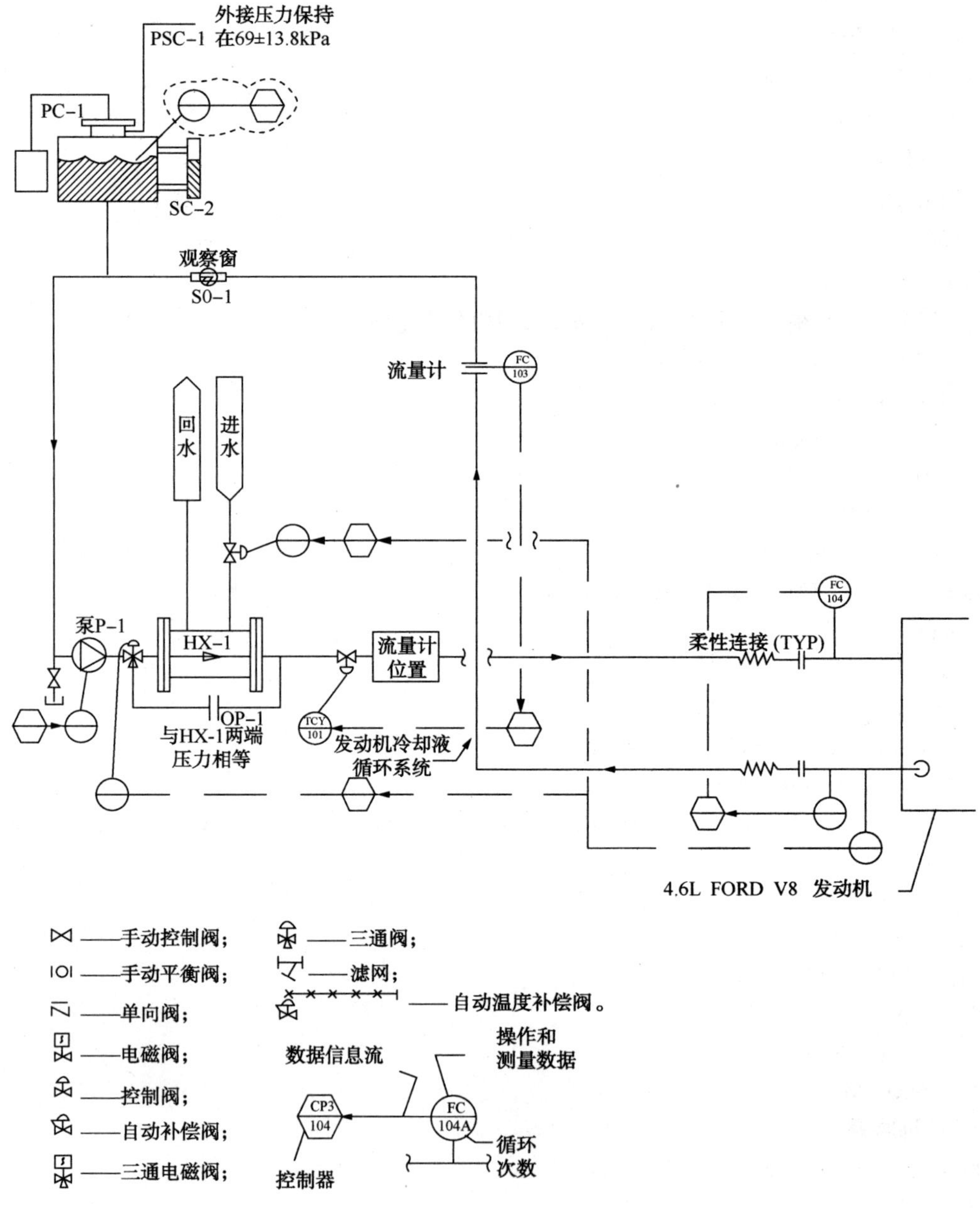

图 D.1 发动机冷却系统

D.2 典型发动机冷却系统构造见图 D.2。

单位为毫米

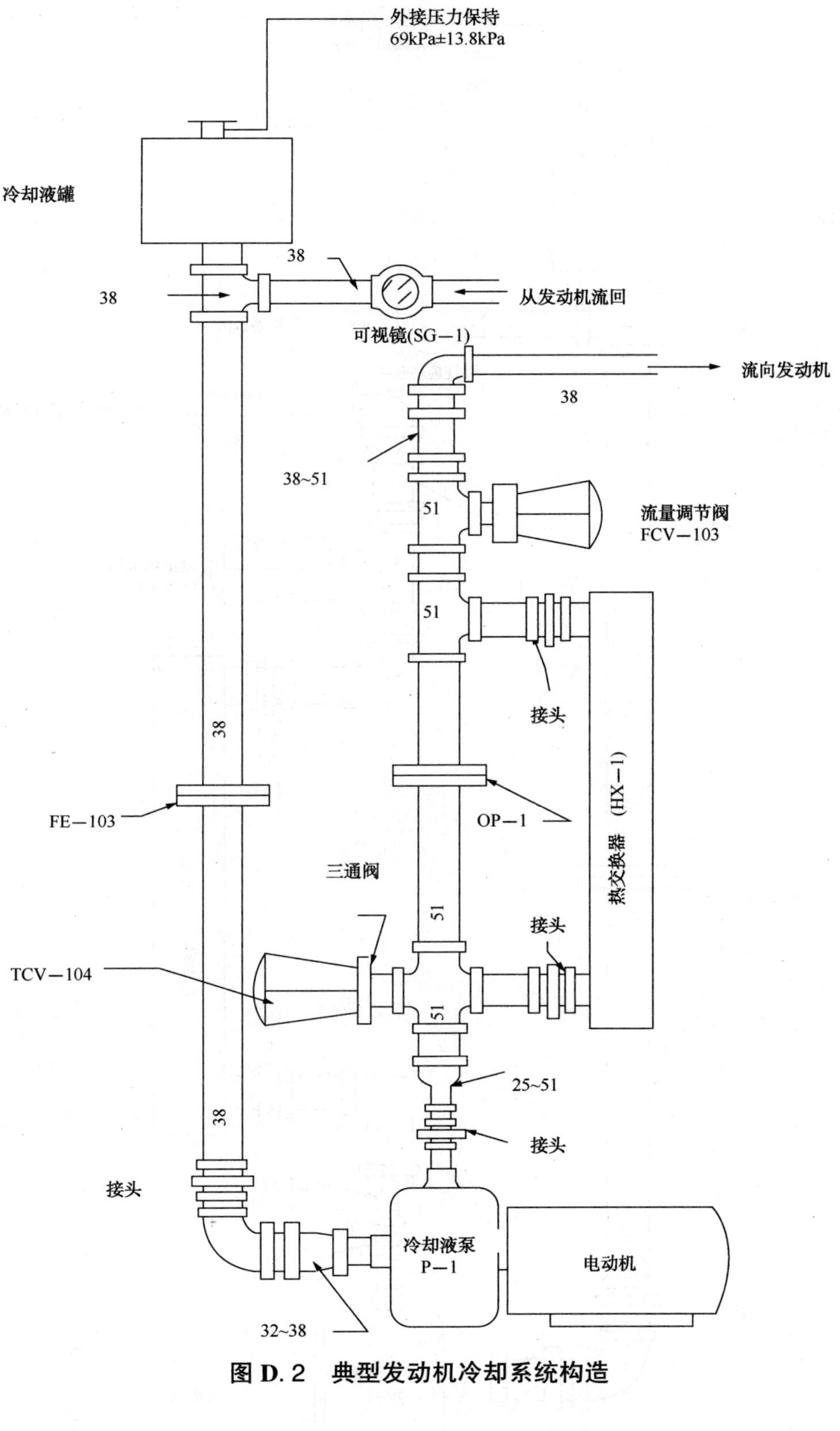

图 D.2 典型发动机冷却系统构造

D.3 可选的发动机冷却系统构造见图 D.3。

单位为毫米

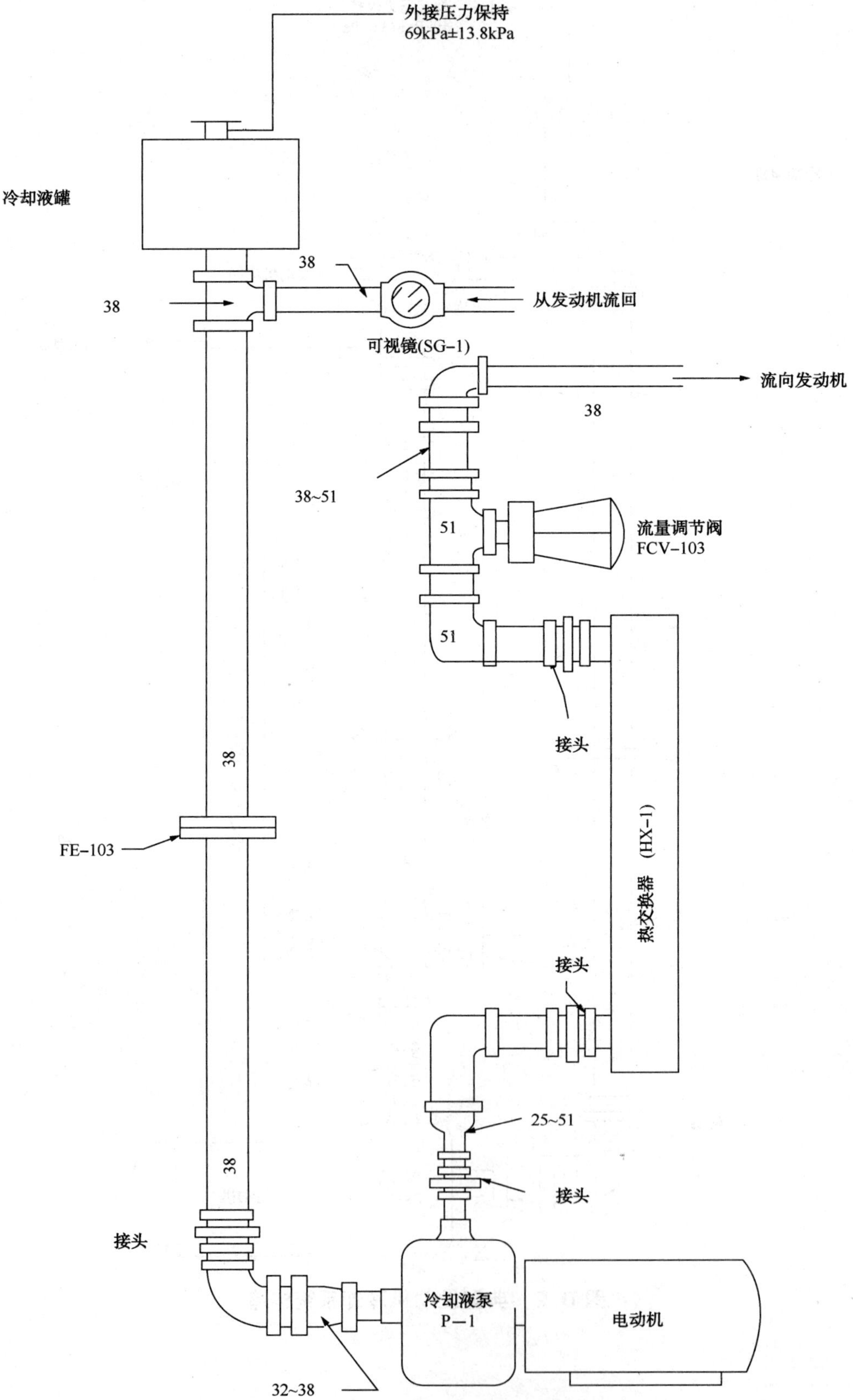

图 D.3 可选的发动机冷却系统构造

D. 4 发动机冷却液循环系统（前视图）见图 D. 4。

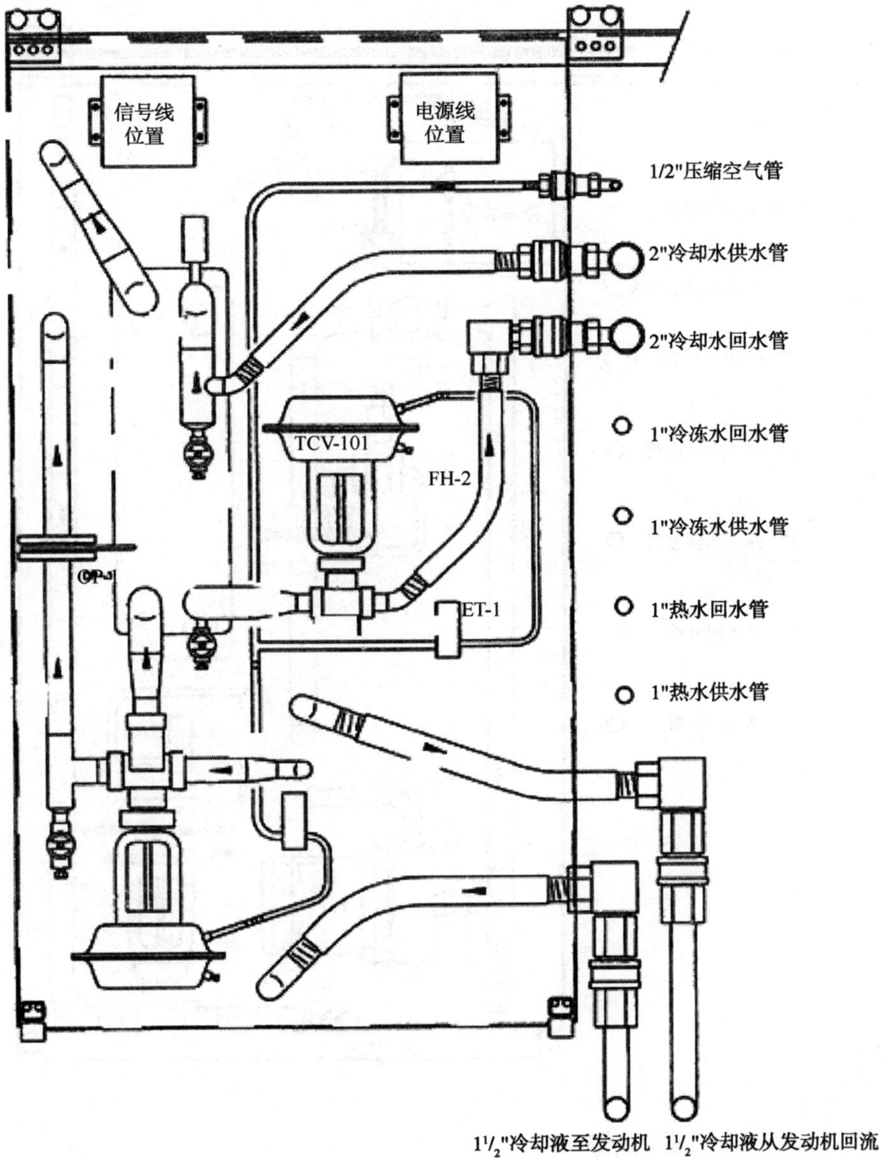

注： 接头位置可由实验室自行选择。

图 D. 4　发动机冷却液循环系统（前视图）

D.5 发动机冷却液循环系统（后视图）见图 D.5。

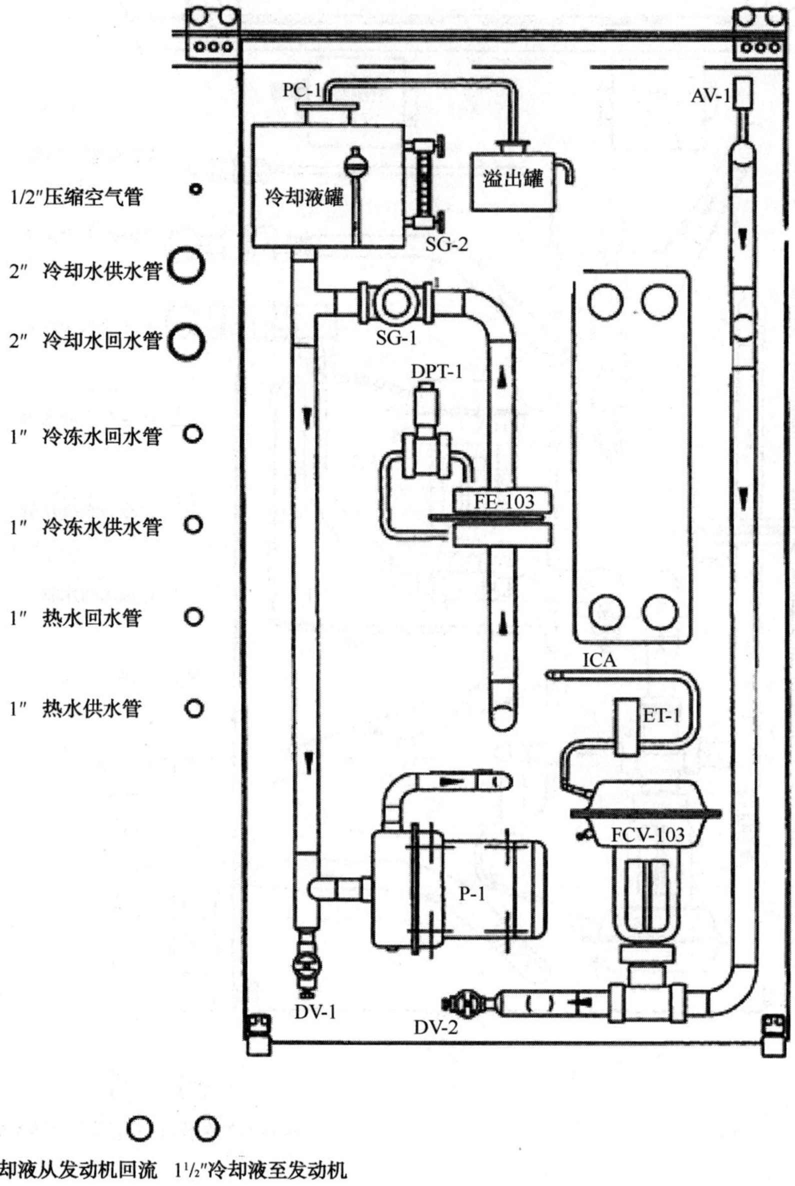

注：接头位置可由实验室自行选择。

图 D.5 发动机冷却液循环系统（后视图）

D.6 水泵封闭盘见图 D.6。

单位为毫米

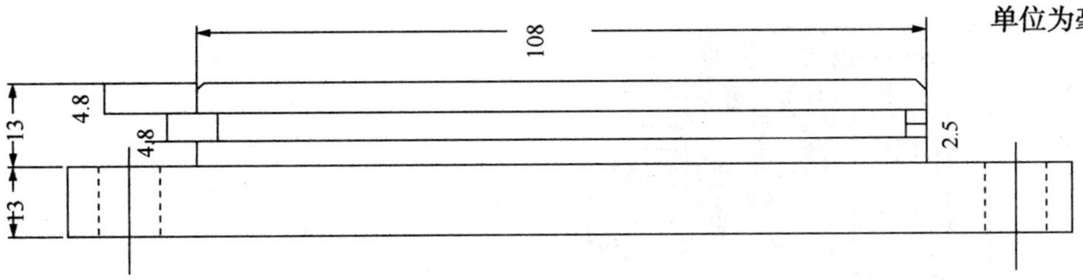

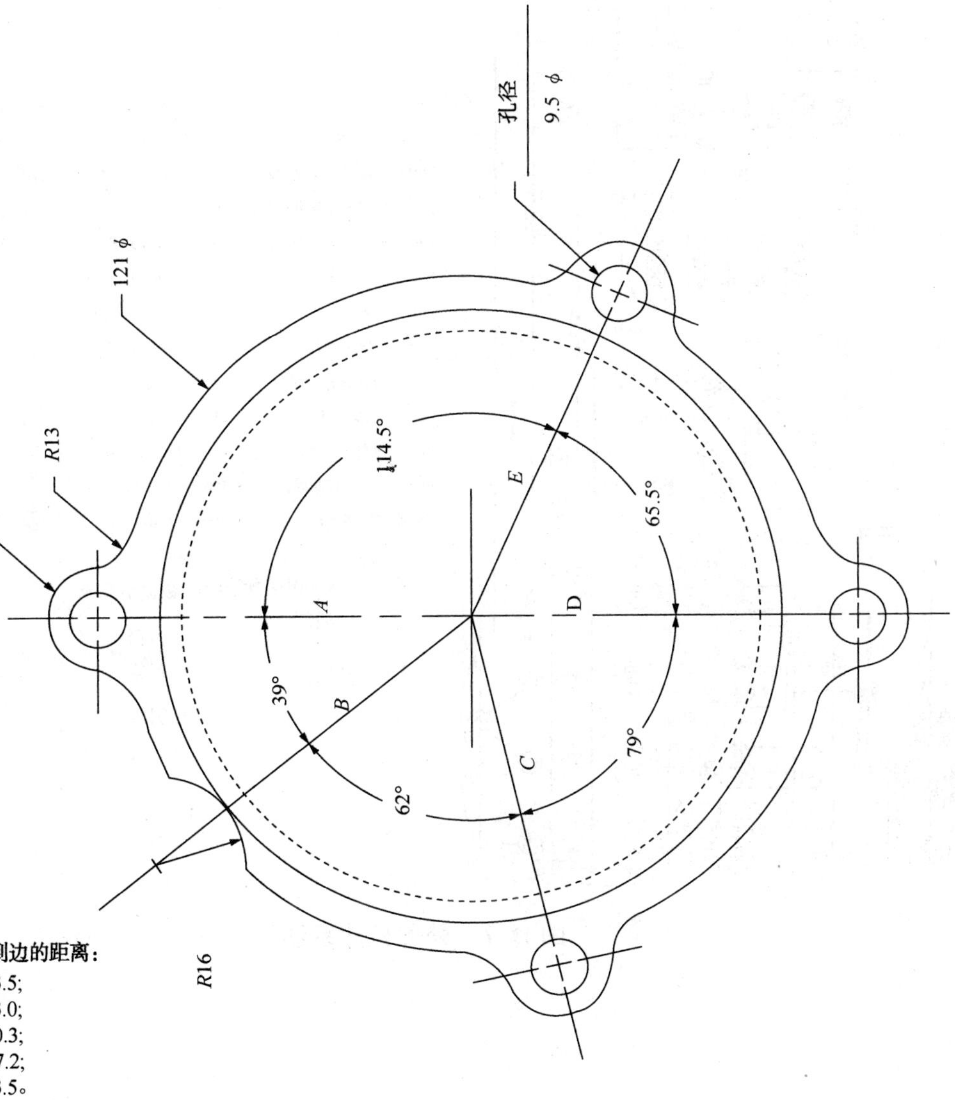

注:
孔中心到边的距离:
A——63.5;
B——73.0;
C——60.3;
D——57.2;
E——63.5。

图 D.6 水泵封闭盘

D.7 外部机油系统见图 D.7。

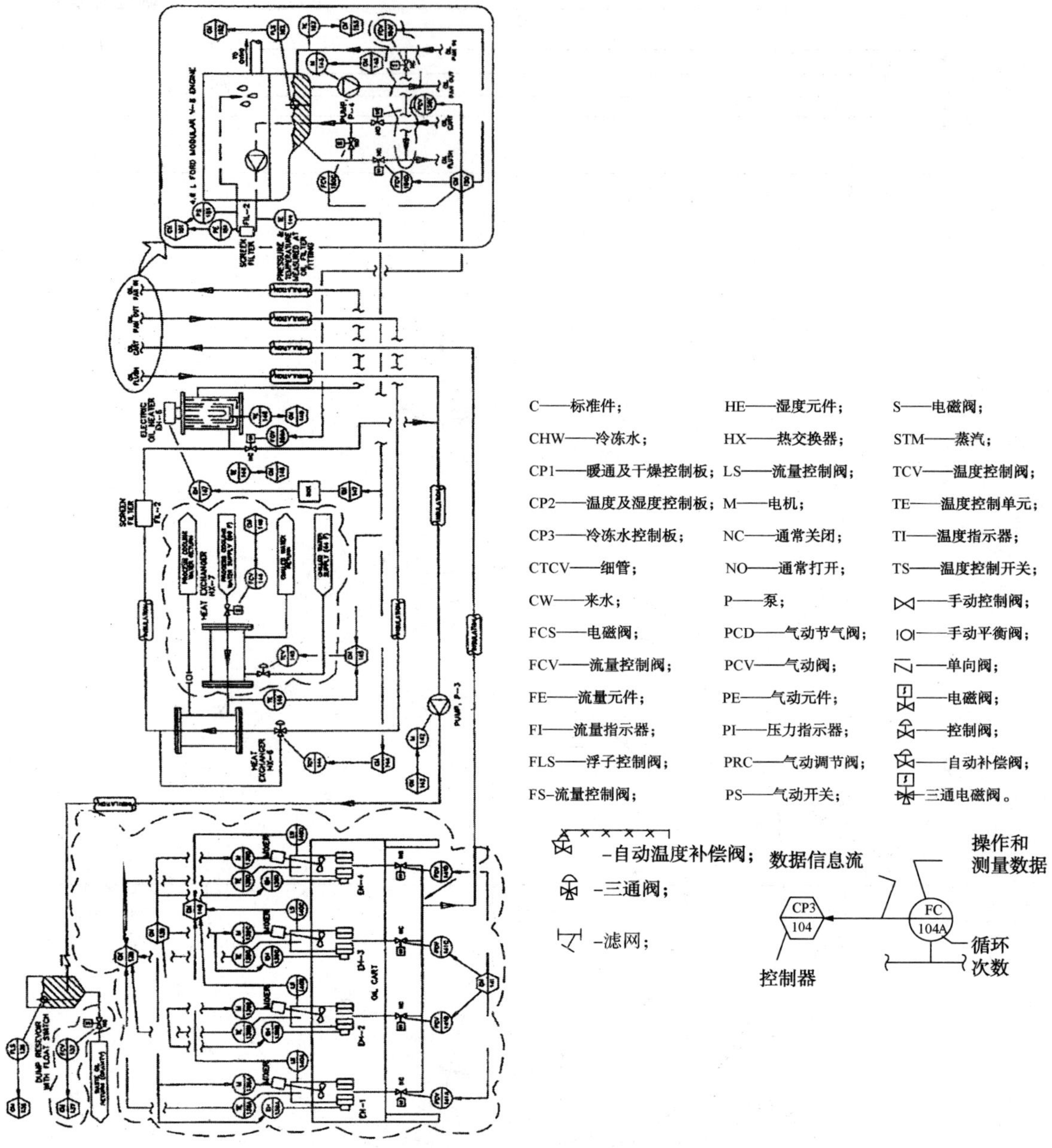

图 D.7　外部机油系统

D.8 外部机油系统（前视图和后视图）见图 D.8。

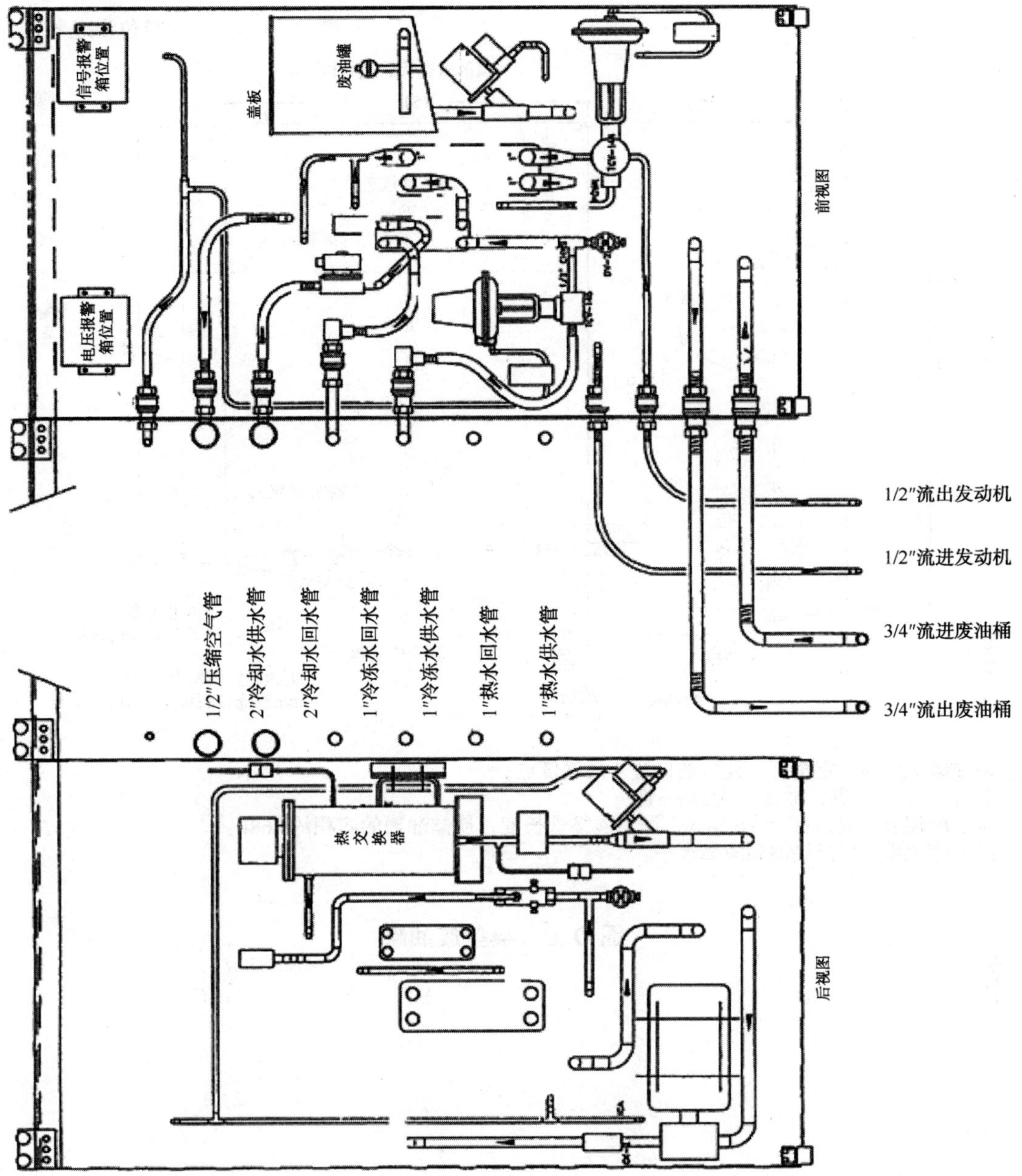

图 D.8　外部机油系统（前视图和后视图）

D.9 典型废油罐见图 D.9。

单位为毫米

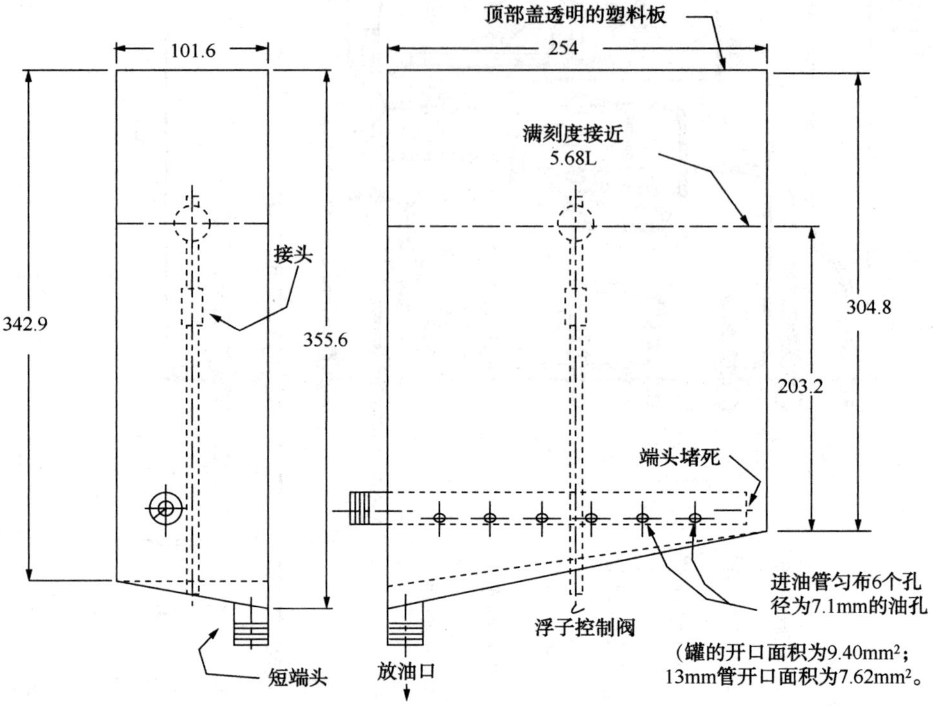

注：储油罐底面成一定角度，使放油口置于油罐低点；
进油口为13mm管，放油口为13mm管；
浮子控制阀连接管直径为6.5mm，调整连接管长度，使储油罐的容积约5.68L；
固定储油罐，保持储油罐液面水平。

图 D.9 典型废油罐

D.10 程序ⅥB 油底壳改造见图 D.10。

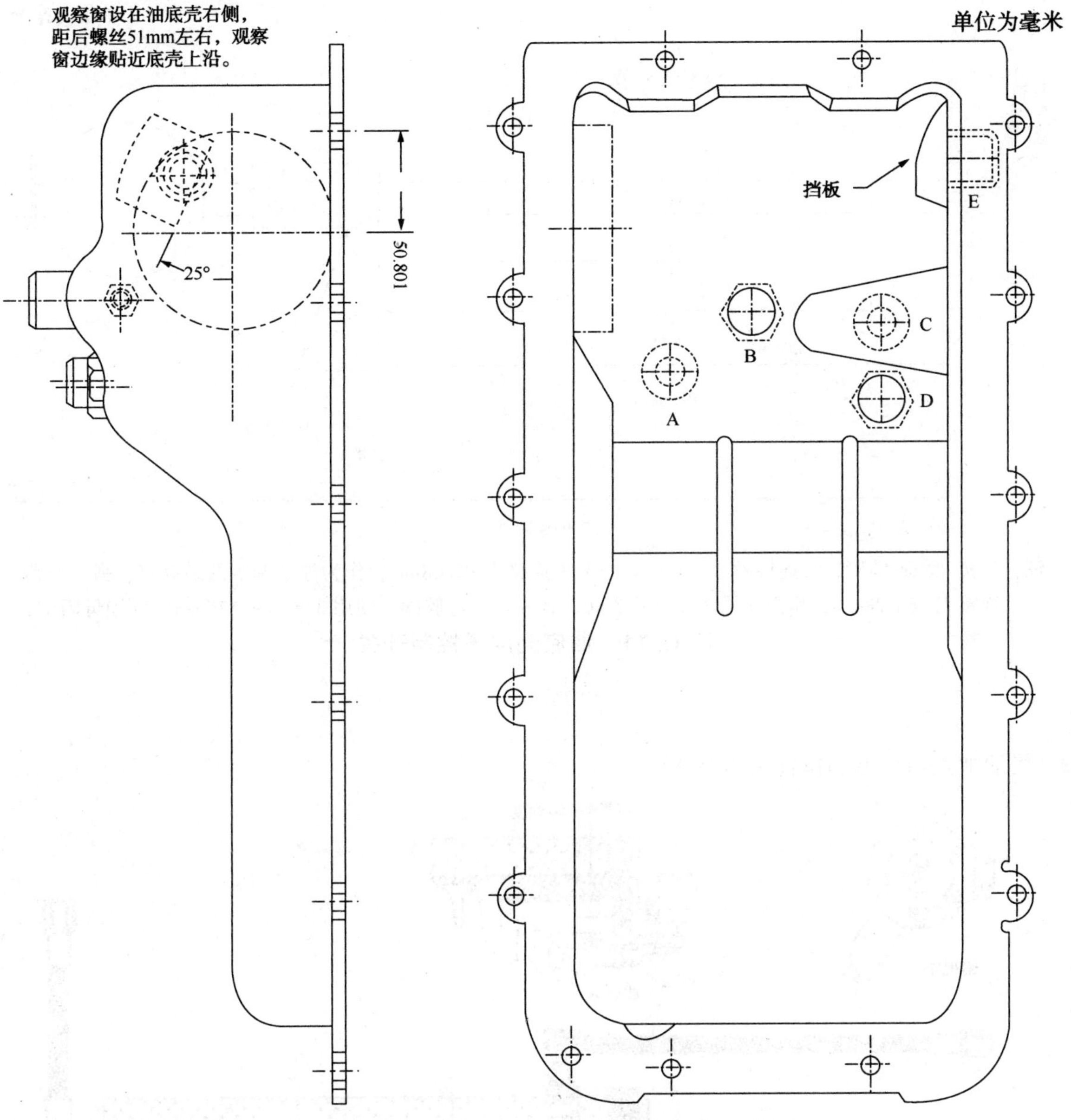

注：

A——接机油温度控制外循环出口管；

B——接发动机机油泵；

C——接机油循环出口；

D——接浮子控制阀；

E——接机油温度控制外循环回流管。

图 D.10 程序ⅥB 油底壳改造

D. 11　油底壳浮子控制开关见图 D. 11。

单位为毫米

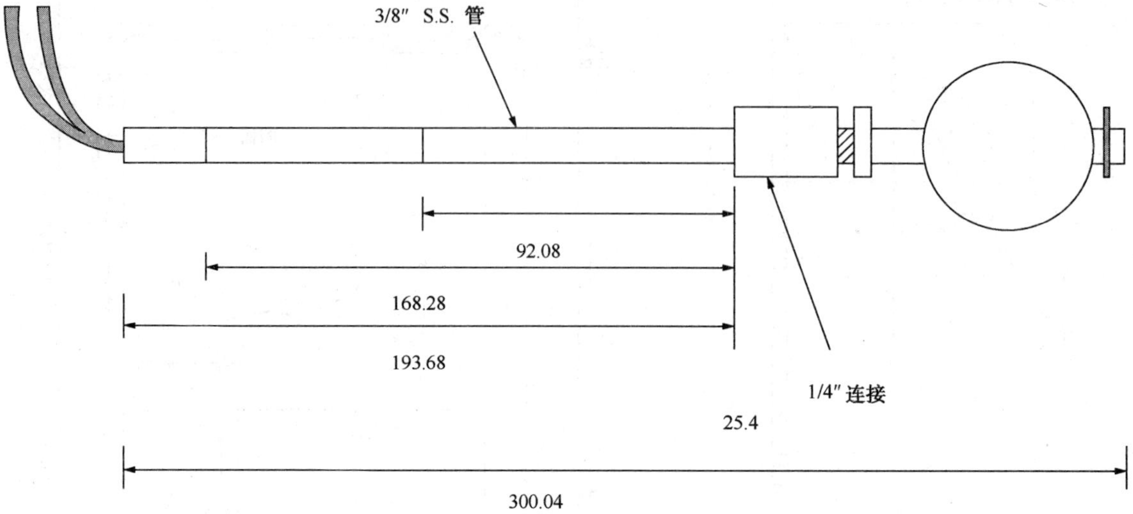

注：焊接一段连续管，在连接做两个标机。一个距连接点 92. 08mm，作为浮子调节的最高点；另一个距连接点 168. 28mm，作为浮子调节的最低点。加装 O 形橡胶圈。使用 3/8″（9. 525mm）的锁母固定。

图 D. 11　油底壳浮子控制开关

D. 12　机油加热器热电偶位置见图 D. 12。

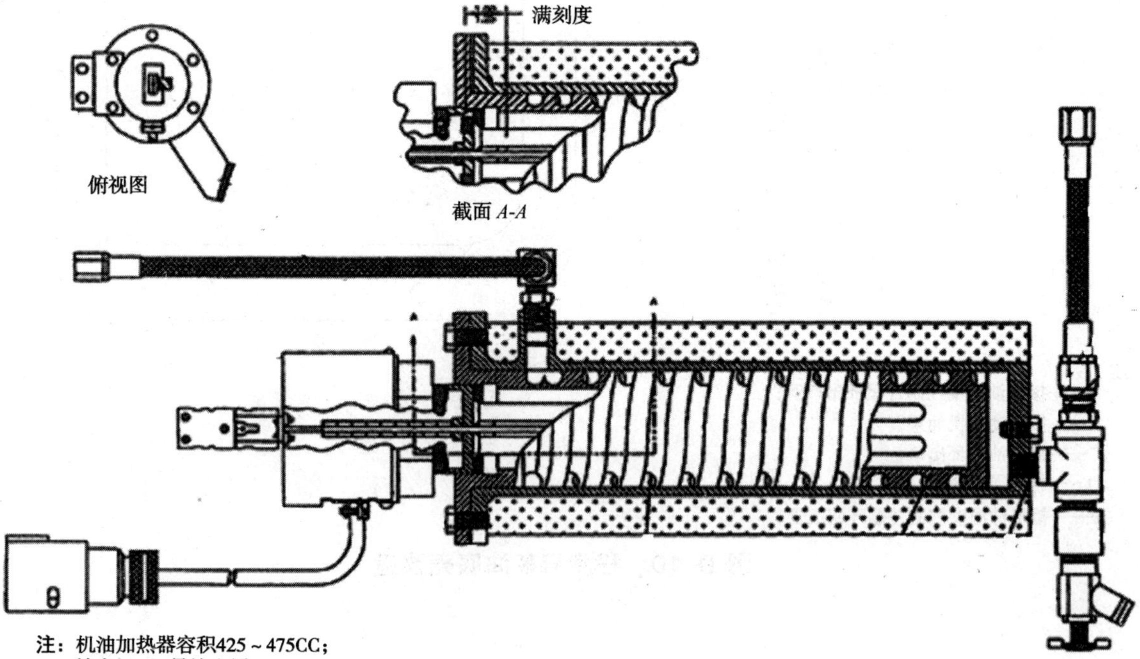

图 D. 12　机油加热器热电偶位置

D. 13 机油滤清器座见图 D. 13。

单位为毫米

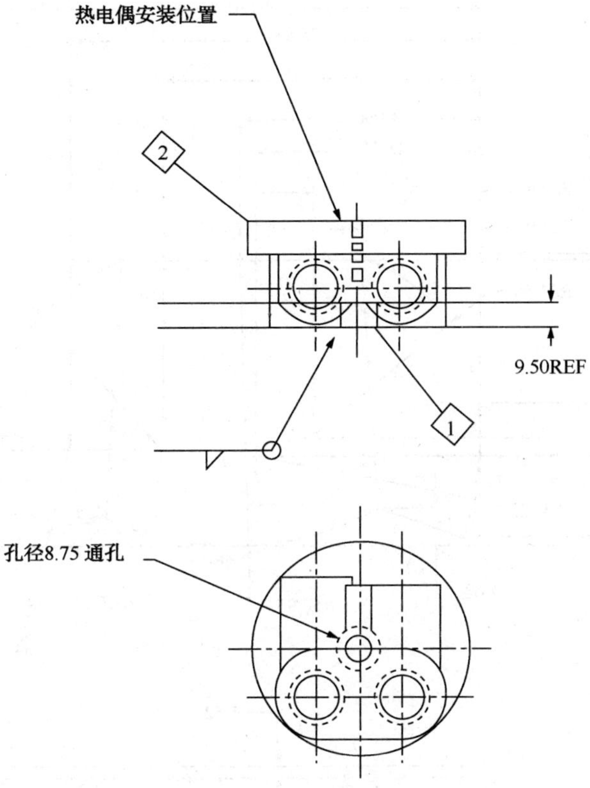

图 D. 13 机油滤清器座

D. 14 程序ⅥB 油底壳挡板见图 D. 14。

单位为毫米

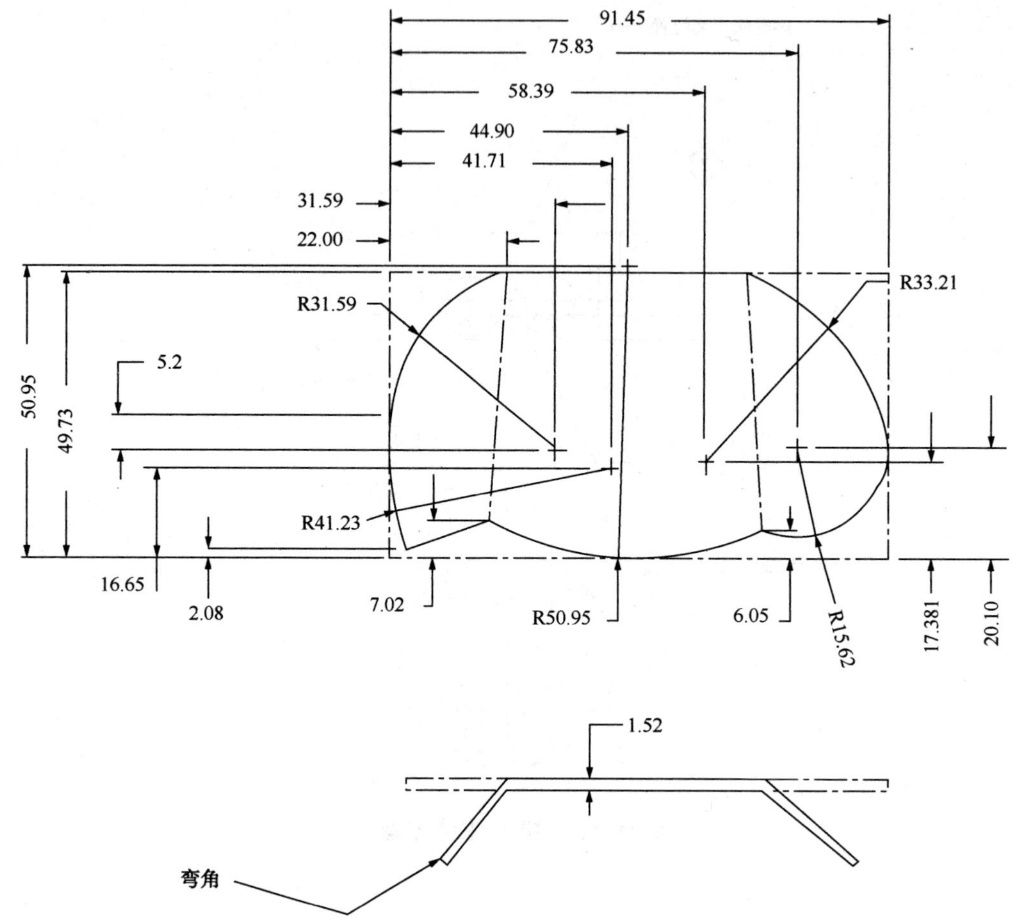

挡板式样设计

图 D. 14 程序ⅥB 油底壳挡板

D.15 程序ⅥB 油底壳改造见图 D.15。

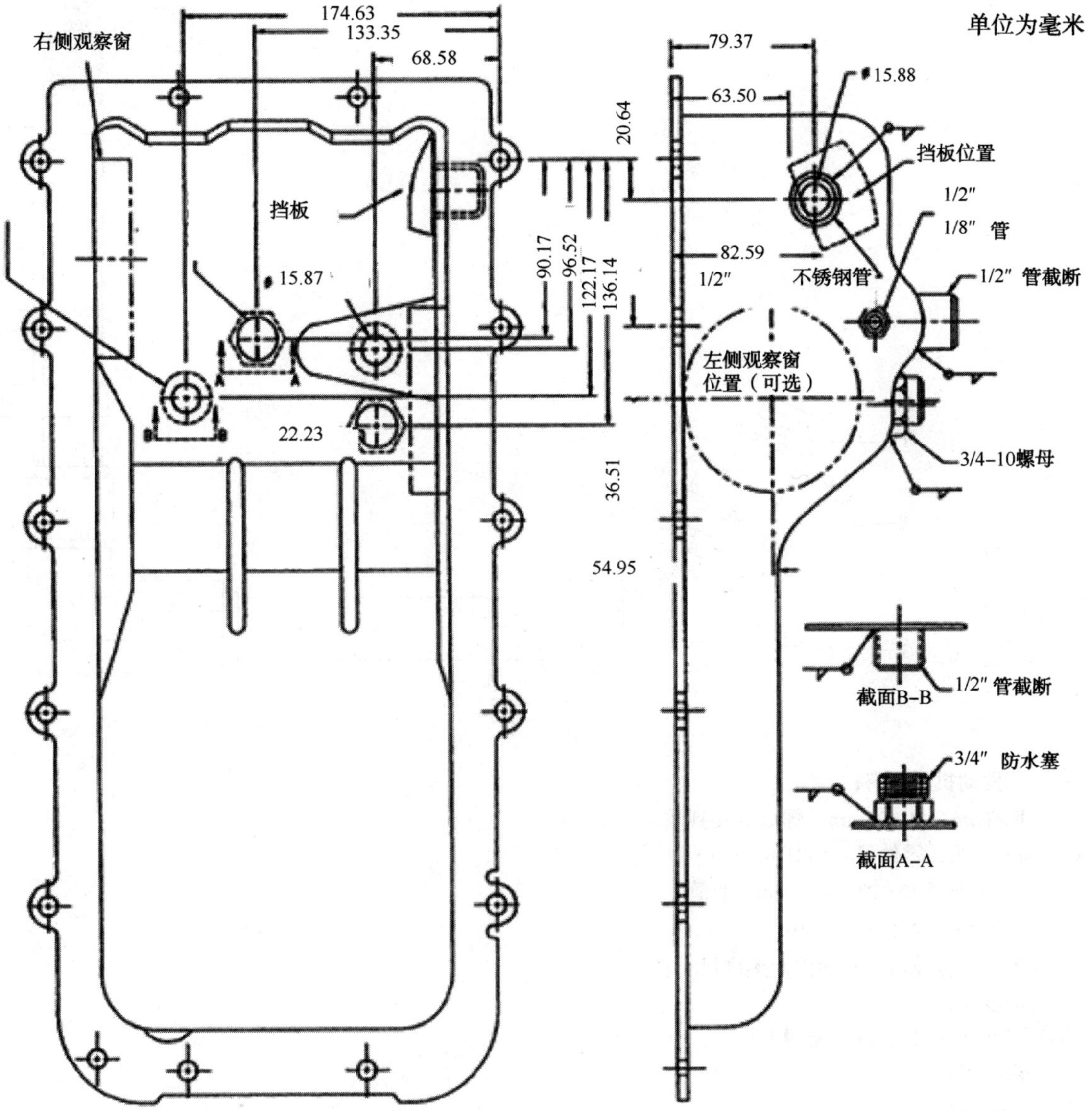

图 D.15 程序ⅥB 油底壳改造

D.16 机油液面测量管见图 D.16。

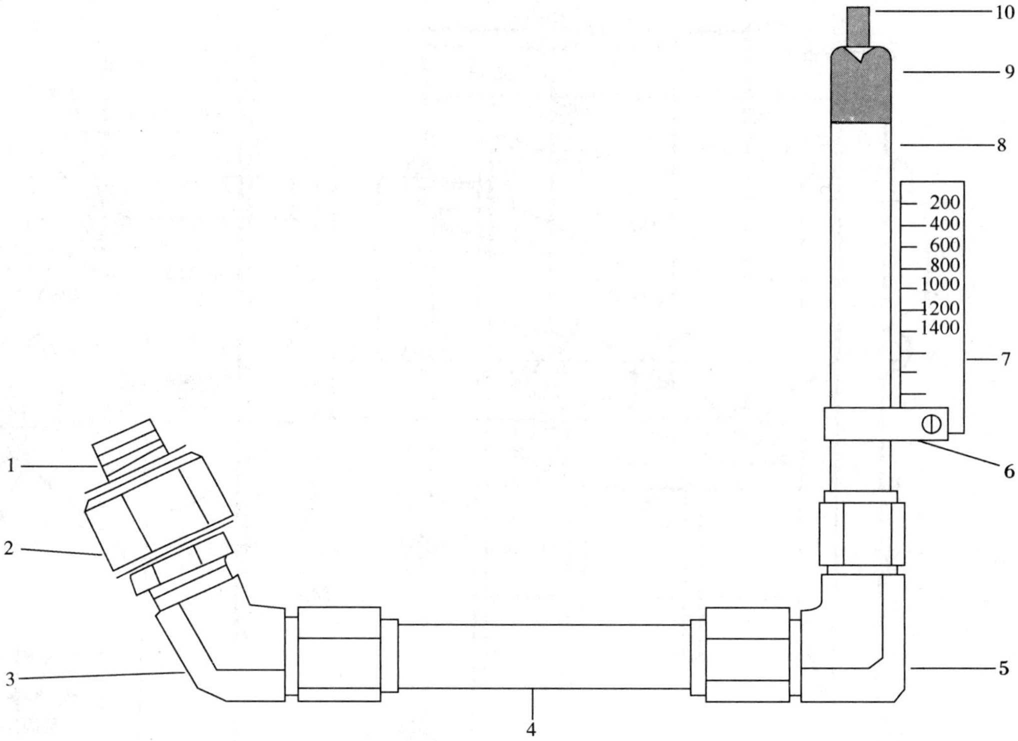

1——原发动机放油塞；

2——标准3/4″（19.05mm）螺母焊接到放油塞上；

3——45°弯头，零件号#SS-810-5-8ST；

4——76mm长管径1/2″（12.7mm）直管；

5——弯头，零件号#SS-810-9；

6——铝夹（在玻璃管侧面固定刻度尺）；

7——刻度尺；

8——152mm长管径13mm玻璃管；

9——橡胶帽；

10——放气帽。

用Tycon Fettules & Backpart零件号为#T-810-set的垫圈更换钢垫圈。

连接油液观察管。

图 D.16 机油液面测量管

D.17 典型的燃油系统见图 D.17。

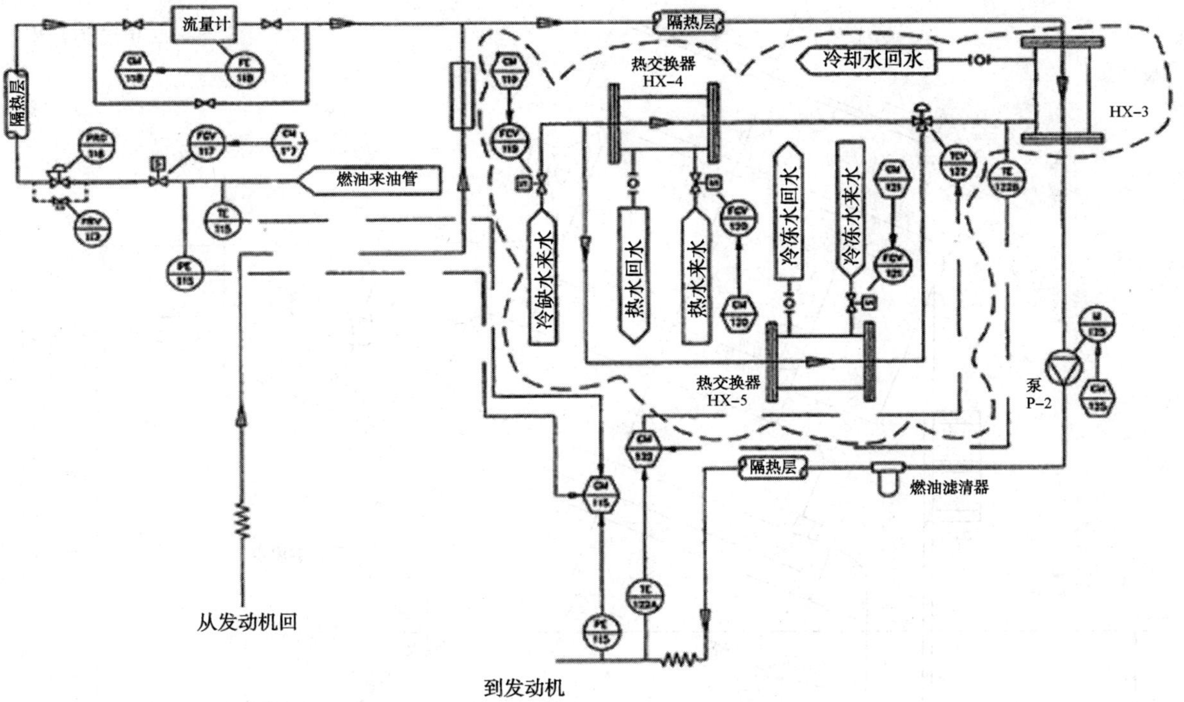

C——标准件；	HE——湿度元件；	S——电磁阀；
CHW——冷冻水；	HX——热交换器；	STM——蒸汽；
CP1——暖通及干燥控制板；	LS——流量控制阀；	TCV——温度控制阀；
CP2——温度及湿度控制板；	M——电机；	TE——温度控制单元；
CP3——冷冻水控制板；	NC——通常关闭；	TI——温度指示器；
CTCV——细管；	NO——通常打开；	TS——温度控制开关；
CW——来水；	P——泵；	⋈——手动控制阀；
FCS——电磁阀；	PCD——气动节气阀；	IOI——手动平衡阀；
FCV——流量控制阀；	PCV——气动阀；	——单向阀；
FE——流量元件；	PE——气动元件；	——电磁阀；
FI——流量指示器；	PI——压力指示器；	——控制阀；
FLS——浮子控制阀；	PRC——气动调节阀；	——自动补偿阀；
FS-流量控制阀；	PS——气动开关；	——三通电磁阀。

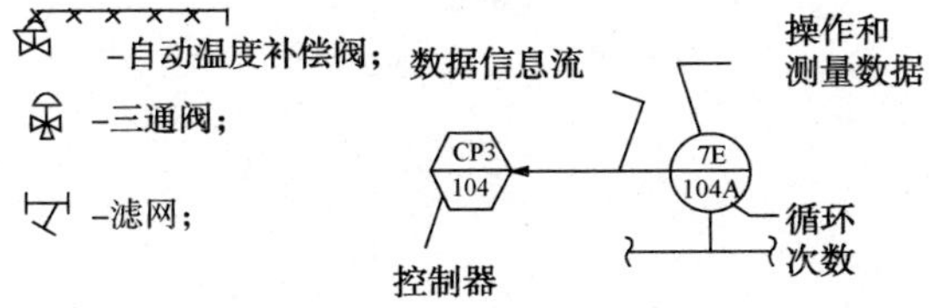

图 D.17 典型的燃油系统

D. 18 进气滤清器组件见图 D. 18。

单位为毫米

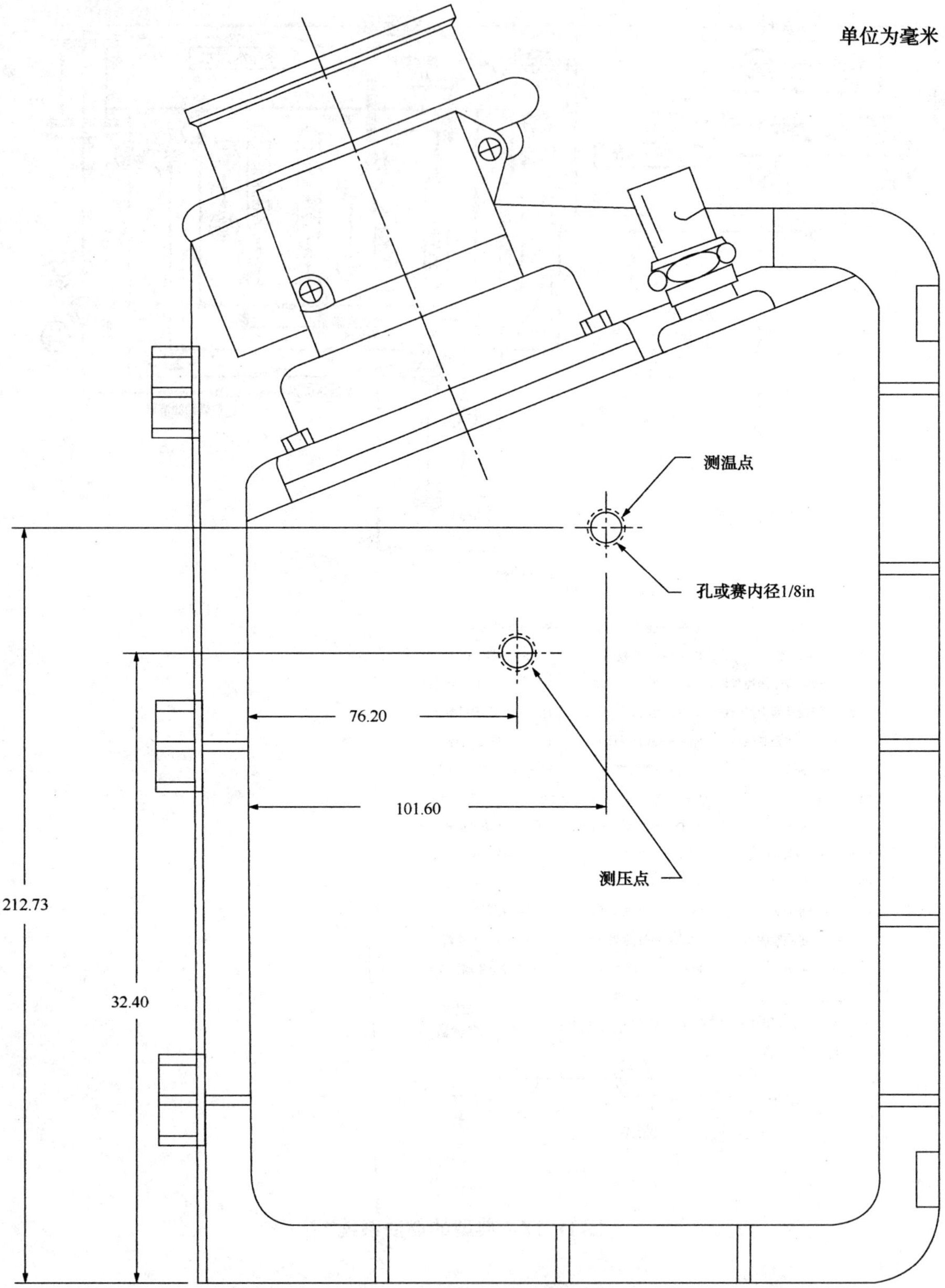

图 D. 18 进气滤清器组件

D. 19 实验室排气系统见图 D. 19。

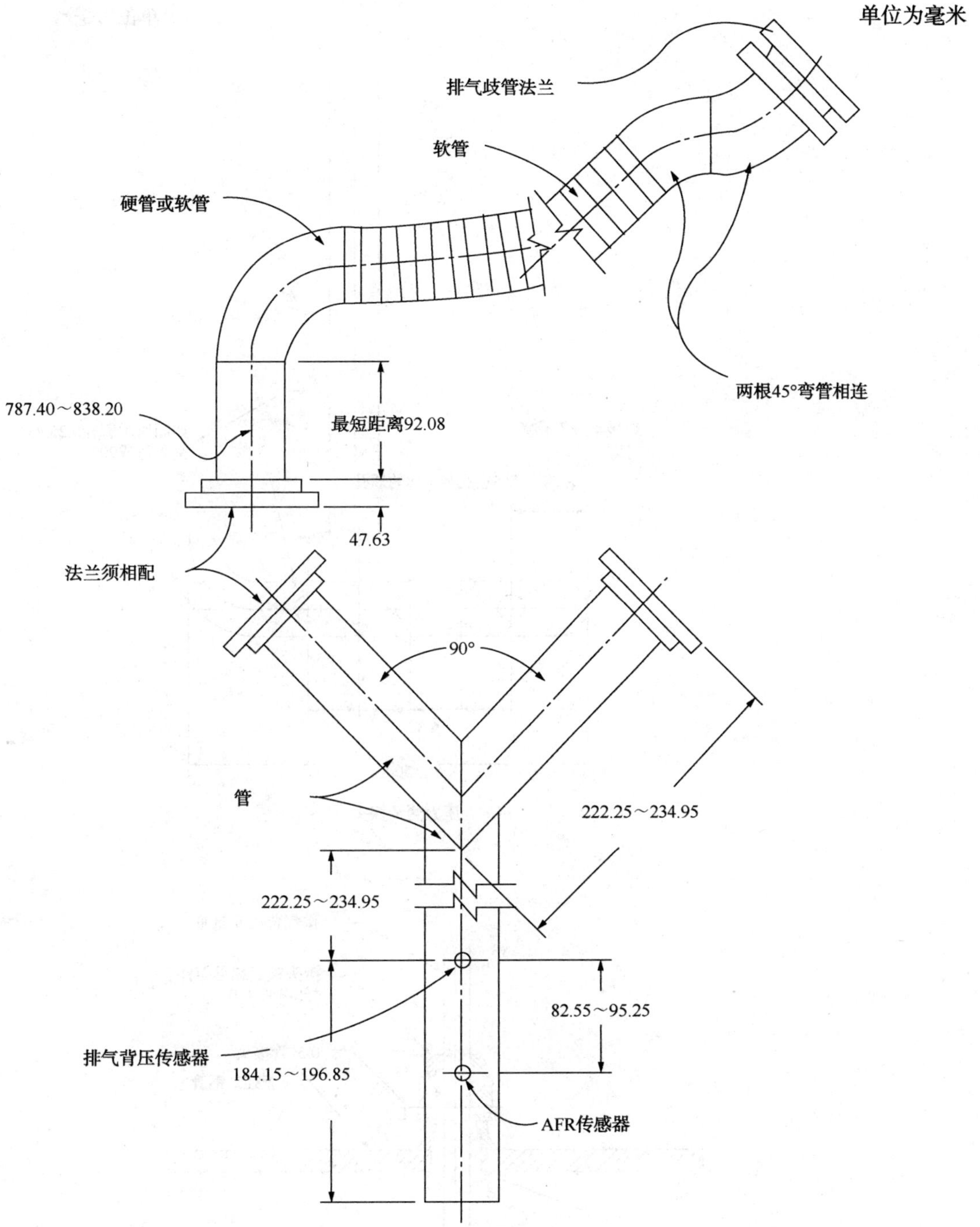

注：AFR传感器和排气背压传感器接线须合理安排。

图 D. 19 实验室排气系统

D.20 排气背压取样管见图 D.20。

单位为毫米

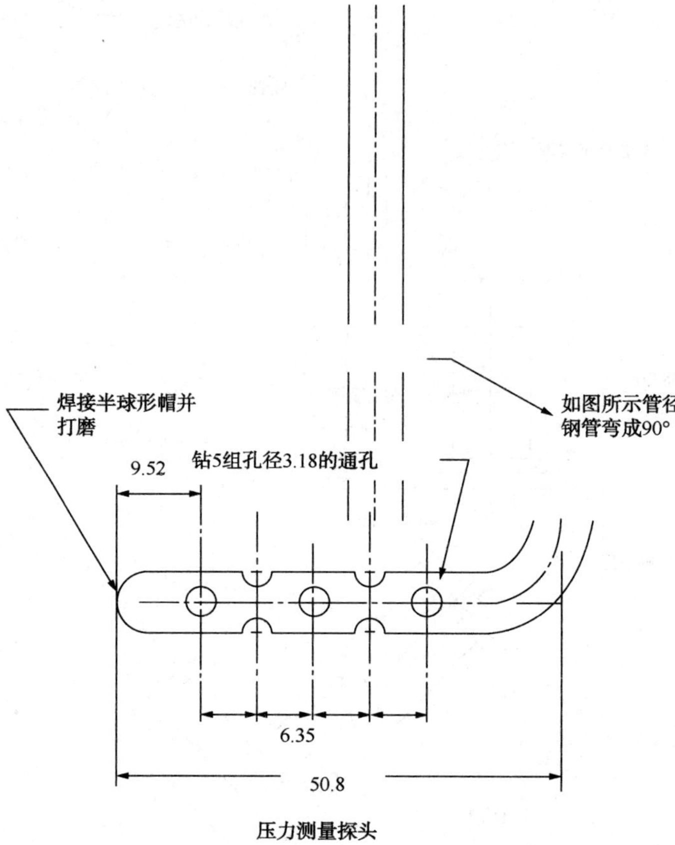

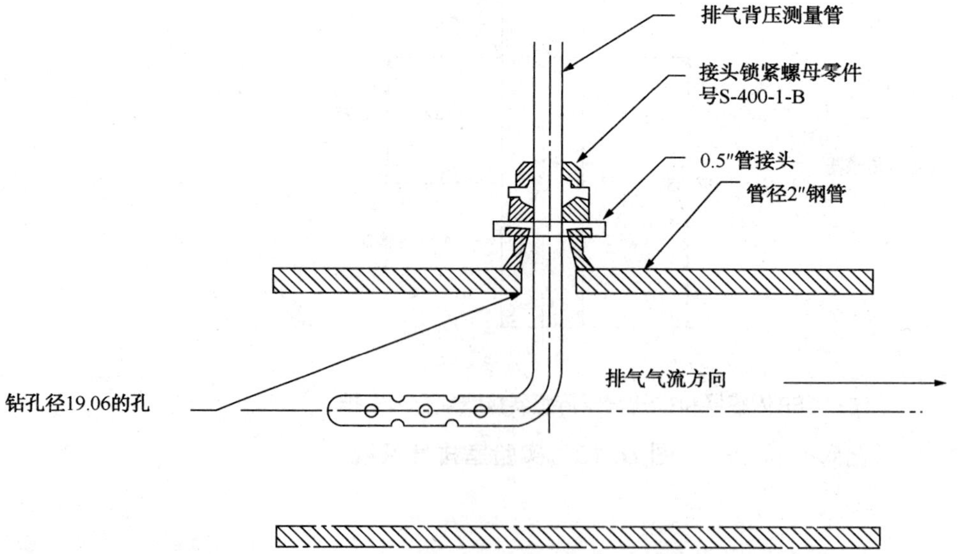

注：如图所示，安装要求探头部分与排气管平行，排气背压测量管插入排气管中部。

图 D.20 排气背压取样管

D. 21 曲轴箱压力和窜气通风系统（要求参见附录 N）结构示意图见图 D. 21。

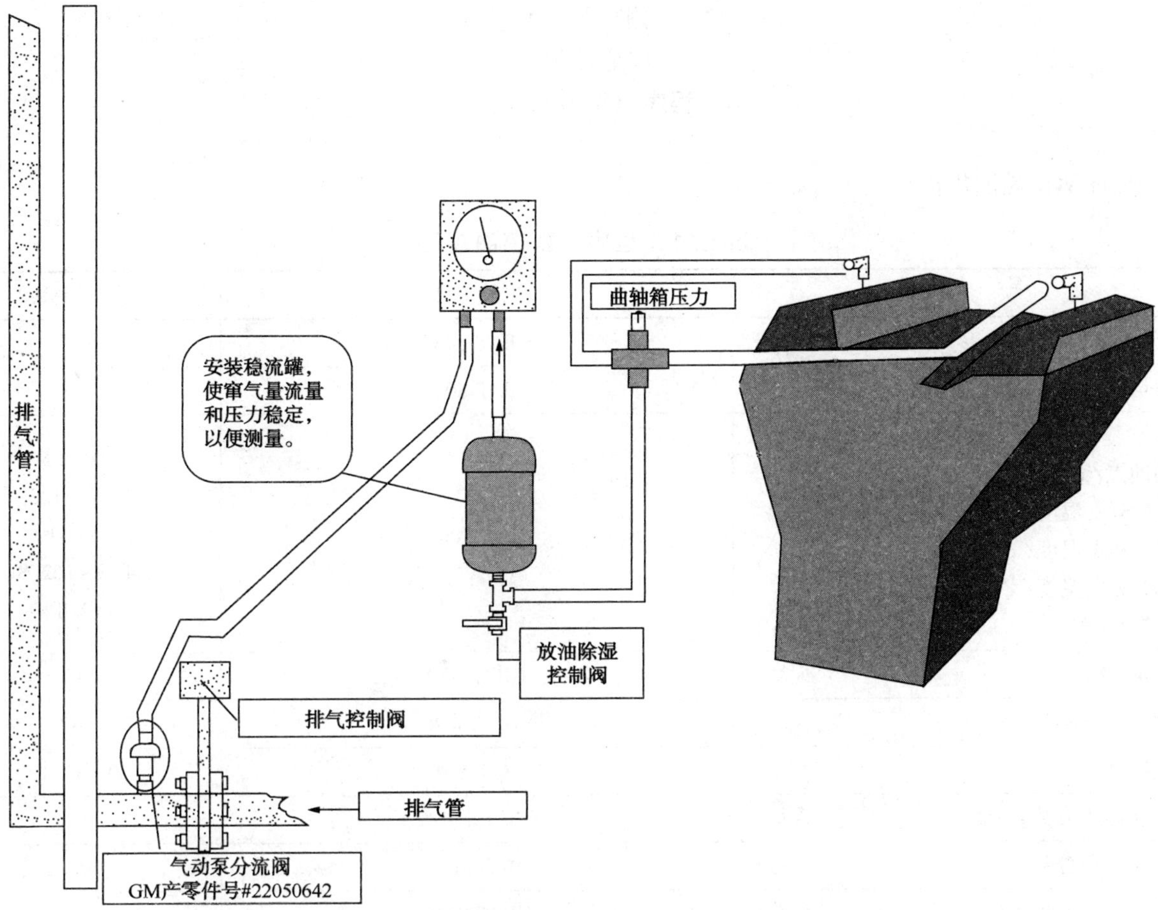

图 D. 21　曲轴箱压力和窜气通风系统结构示意图

D. 22 恒温器孔板见图 D. 22。

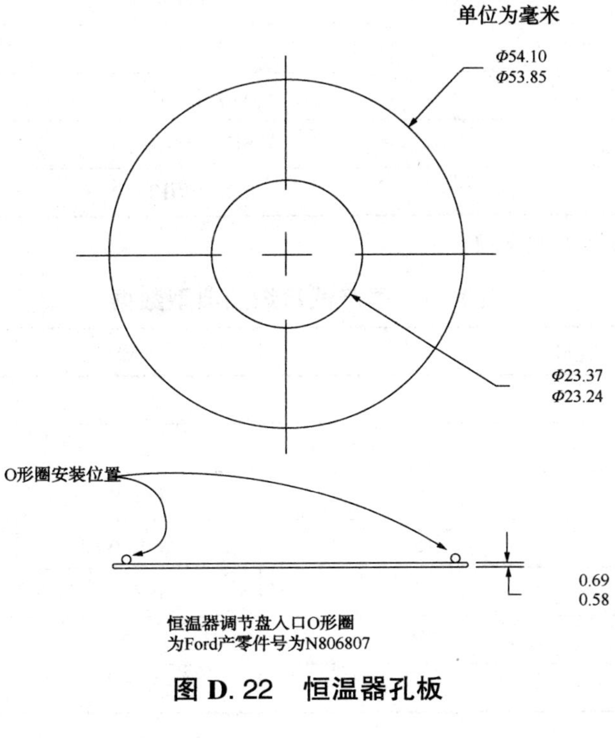

图 D. 22　恒温器孔板

附 录 E
(规范性附录)
程序ⅥB 燃油规格

E.1 程序ⅥB 燃油规格见表 E.1。

表 E.1 程序ⅥB 燃油规格

项 目		试验方法	质量指标
研究法辛烷值	不小于	GB/T 5487	96
铅含量/(mg/L)	不大于	GB/T 8020	13.2
馏程 初馏点/℃ 10%蒸发温度/℃ 50%蒸发温度/℃ 90%蒸发温度/℃ 终馏点/℃	不高于	GB/T 6536	23.9~35 48.9~57.2 93.3~110 148.9~162.8 212.8
硫含量/%	不大于	GB/T 380	0.10
磷含量/(mg/L)	不大于	SH/T 0020	1.32
蒸汽压/kPa		GB/T 8017	60~63.4
烯烃(体积分数)/%	不大于	GB/T 11132	10
芳烃(体积分数)/%	不大于	GB/T 11132	35
胶质/(mg/100mL)	不大于	GB/T 8017	5.0
诱导期/min	不小于	GB/T 8018	500
碳元素质量分数		E191	报告
氢碳比		E191	报告
热值/(J/kg)		GB/T 384	报告
热值/(J/kg)		SH/T 0679	报告
API 度(°API)		CNS12017	报告

E.2 国产试验燃油典型数据见表 E.2。

表 E.2 国产试验燃油典型数据

项 目	国产燃油	测试方法
初馏点/℃	35.2	GB/T 6536
10%回收温度/℃	62.6	
50%回收温度/℃	113.0	
90%回收温度℃	170.6	
终馏点/℃	198.1	
残留量(体积分数)/%	1.2	
损失量(体积分数)/%	2.3	

表 E.2　国产试验燃油典型数据（续）

项　　目	国产燃油	测试方法
硫含量/（mg/kg）	9	GB/T 17040
氧含量（质量分数）/%	0.11	SH/T 0663
铅含量/（mg/L）	2.9	GB/T 8020
碳含量（质量分数）/%	86.34	SH/T 0656
氢含量（质量分数）/%	13.52	SH/T 0656
芳烃含量（体积分数）/%	29.7	GB/T 11132
烯烃含量（体积分数）/%	5.5	
诱导期/min	>1000	GB/T 8018
铜片腐蚀（50℃、3h）/级	1a	GB/T 5096
溶剂洗胶质含量/（mg/100mL）	4.0	GB/T 8019
研究法辛烷值	97	GB/T 5487

附　录　F
(规范性附录)
机油加热器低熔点合金填充步骤

F.1　将筒形的机油加热器从台架上取下，竖直固定在夹具上。

F.2　将机油加热元件帽和连接线拆走，使筒中的低熔点合金与大气充分接触。

F.3　使用乙炔焰加热机油加热器筒。低熔点合金熔点为124℃，不要强行拆卸加热器元件。加热直到筒中的低熔点合金完全融化为液态，尝试用扳手将加热元件拧动。持续加热，直到将加热元件取下。

F.4　取下加热元件，继续加热加热器筒，将低熔点合金倒入合适的容器，用钢丝刷清理加热器筒内表面。

F.5　固定加热元件，取下热电偶，继续加热，将低熔点合金除去，如需要用钢丝刷除去表面氧化物。

F.6　将加热器筒固定在夹具，用乙炔焰加热，若低熔点合金干净和明亮，则继续使用，否则更换。将3.9kg低熔点合金熔化，填充到加热器筒2/3的位置，操作时避免溅出。

F.7　预加热加热元件，将其浸入低熔点合金，将加热元件固定（不可用力过度)。

F.8　观察低熔点合金液面高度，继续加入低熔点合金当其液面距加热元件底面57.15mm~60.33mm时停止加入。

F.8.1　用冰水冷却一根焊条，擦干表面，浸入低熔点合金中，拔出后擦掉便面的合金。重复进行去掉多出的液态金属。

F.9　使用一个新的热电偶。确认低熔点合金为液态，预加热热电偶，将其插入低熔点合金。

F.10　等机油加热器温度冷却至室温，安装机油加热元件帽和连接线，将加热器装回到发动机。

附 录 G
(规范性附录)
发动机零件号列表

G.1 表G.1列出新发动机需要的零件列表，表G.2列出其他规定使用的零件的零件号。

表G.1 新发动机需要的零件

零件名称	零件号
右摇臂罩垫	F1AZ-6584-A
左摇臂罩垫	F1AZ-6584-B
进气歧管垫	F1AZ-9461-A
机油滤清器座垫	F1AZ-6840-A
油底壳垫	F1AZ-6710-A
恒温器垫	F1VY-8255-A
节气门体座垫	F1AZ-9H486-A
节气门体垫	F1AZ-9F936-A
FGR 垫	GAZ-90476-B
怠速进气控制阀垫	F83T8F760
水泵垫	F1VY-8507-A
火花塞	AWSF 32C or 32P

表G.2 其他规定使用的零件

零件名称	零件号
谐振平衡轮	F1AZ-6316-A
油底壳	F1AZ-6675-A
进气歧管	F1AZ-9424-C 或 F1AF-9424 或 F1AF-9425
右摇臂罩	F1AZ-6582-A
左摇臂罩	F1AZ-6582-B
恒温器壳罩	F1VY-8592-A 或 F1AF-8594
机油滤清器座	F1AZ-6881 或 F1AF-6881 或 F1AF-6884
凸轮轴位置传感器	F1AZ-6B288-A
曲轴位置传感器	F1AZ-6C315-A

表 G.2 其他规定使用的零件（续）

零件名称	零件号
水温指示器	F1SZ-10884-A 或 F1SF-10884
节气门位置传感器	F2AZ-9B989-A 或 F2AF-9B989
冷却液温度传感器	F2AZ-12648-A 或 F2AF-12A648
加热型排气氧传感器	FOTZ-9F472
进气温度传感器	F2DZ-12A697
进气质量流量传感器	F2VF-12B579
点火线圈（右）	F1VY-12029 或 F1VU-12029
点火线圈（左）	F3VU-12029 或 F5LU-12029
点火线圈（右）托架	F1AZ-12257
点火线圈（左）托架	F3AZ-12257
点火线	F3PZ-12259-C
点火模块	F1AZ-12K072-A 或 F1AF-12K072
燃油喷嘴	FOTZ-9F593
燃油油轨	F2AZ-9F792-A 或 F2AF-9F792
燃油压力调节器	F6AZ-9C968 或 F7DF-9C968
进气滤清器出口连接管	F2AZ-9B659
进气滤清器出口连接管管夹	F2AZ-9A624-A
曲轴箱通风管	F1AZ-6C324-A
发动机进气滤清器组件	F2AZ-9600
进气滤芯	F5TZ-9601
谐振箱	F2AF-9R504
节气门体	F2AZ-9F926 或 F2AF-9F926
节气门体底座	F2AF-9A589
发动机线束	OHT6A-001-01
发动机控制模块	OHT6A-002-1，FCM/FFC
专用存储器	包含在上部分
右排气歧管	F1AZ-9430-B
左排气歧管	F1AZ-9431-B

表 G.2　其他规定使用的零件（续）

零件名称	零件号
发动机飞轮	F6ZZ-6375-AB
发动机右侧底脚	DTSC-80-128-1
发动机左侧底脚	DTSC-80-126-1
发动机底脚减震	DTSC-40-132-1

附　录　H
(规范性附录)
燃油喷嘴检查

H.1　燃油喷嘴试验设备：使用适合的能对燃油喷嘴进行精确、重复测量的设备。该设备应满足 H.2 的要求，实验室可自行设计燃油喷嘴试验设备。试验设备使用脱脂溶剂作为试验流体。

H.2　燃油喷嘴：在安装试验发动机前，使用附录 H.1 中的设备检查所有燃油喷嘴的喷油雾化能力和燃油流量。使用过的燃油喷嘴清洗后达到使用要求依然可以继续使用。

H.2.1　目测检查所有的燃油喷嘴是否干净，是否被油污污染。

H.2.2　目测检查所有的燃油喷嘴的 O 形圈，是否有损伤，若出现损伤按要求更换。

H.2.3　进行试验前，冲洗燃油喷嘴 30s，去除杂质。

H.2.4　将燃油喷嘴安装在试验设备上，开启设备，使供给喷嘴的液体压力达到 290 kPa±3.4kPa，并在整个试验中保持，压力保持十分重要，因为微小的压力波动会对燃油流量和喷射状态产生巨大的影响。压力稳定后，将体积测量装置清零。

H.2.5　每个喷嘴试验进行 60s，喷嘴喷油时，观察喷油状态。

H.2.6　六个喷嘴间的液体流量差应在 5mL 内，筛除不合格的喷嘴。

H.2.7　60s 的测试结束后，关闭燃油喷嘴，保持压力至少 30s，观察燃油喷嘴是否漏油，筛除不合格的喷嘴。

附 录 I
(规范性附录)
平均值与标准偏差

I.1 用式(I.1)计算平均值:

$$M = \frac{1}{n}\sum_{i=1}^{n}(Y_i - Z_i) \tag{I.1}$$

I.2 用式(I.2)计算标准偏差:

$$S_d = \sqrt{\frac{\sum_{i=1}^{n}[(Y_i - Z_i) - M]^2}{d_f}} \tag{I.2}$$

式中:

M——平均值;

S_d——标准偏差;

Y_i——湿度计测量值;

Z_i——测量系统读数;

n——数据的总数;

d_f——自由度即 n^{-1}。

附 录 J
(规范性附录)
试验前维护检查清单

J.1 试验前维护检查清单见表 J.1。

表 J.1 试验前维护检查清单

维护检查要求	每次试验前	每次标机试验前[a]	注
更换火花塞		√	
检修滤清器	√		
验证喷嘴流量		√	
清洗节气门体			*b*
清洗冷却液热交换器			*c*
清洗机油热交换器			*b*
更换燃油滤清器		√	
检查/维护传动系统		√	
转动测功机支撑轴承			*d*
清洁/更换排气背压取样管			*d*

[a] 只在最初参比油试验要求。
[b] 更换新发动机时要求。
[c] 实验室要求。
[d] 每六个月。

附　录　K
(规范性附录)
不停机换油检查表

K.1　表 K.1~表 K.3 为不停机换油检查表：表 K.1 为彻底清洗换油检查表；表 K.2 为不停机换油到试验油检查表；表 K.3 为不停机换油到 BC 油检查表。

表 K.1　试验油换成 BC 油操作表

(　　)	设定工作状态 1500/98/105/125[a]，直到机油温度至 125℃
(　　)	设定转速 1500r/min，扭矩 98 N·m
(　　)	F/F[b] 至 BCFHD[c] 油（完成时间　　　　）
(　　)	设定工作状态 1500/98/105/125[a]
(　　)	运转 30min（完成时间　　　　）
(　　)	设定转速 1500r/min，扭矩 98 N·m
(　　)	F/F[b] 至 BCFHD[c] 油（完成时间　　　　）
(　　)	设定工作状态 1500/98/105/125[a]
(　　)	运转 2h（完成时间　　　　）
(　　)	设定转速 1500r/min，扭矩 98 N·m
(　　)	F/F[b] 至 BC 油，（完成时间　　　　）
(　　)	设定工作状态 1500/98/105/125[a]
(　　)	运转 30min（完成时间　　　　）
(　　)	设定工作状态 1500/98/105/125[a]
(　　)	F/F[b] 至 BC 油（完成时间　　　　）
(　　)	设定工作状态 1500/98/105/125[a]
(　　)	运转 30min（完成时间　　　　）
(　　)	设定工作状态 1500/98/105/125[a]
(　　)	F/F[b] 至 BC 油（完成时间　　　　）
(　　)	继续进行试验操作检查
注：彻底清洗换油先用冲洗油清洗，然后换成 BC 油。	
[a] 表示转速（r/min），扭矩（N·m），冷却液进口温度（℃），主油道温度（℃）。 [b] 表示冲洗放油进油过程，放出 6.0L 油，充进 6.0L 油。 [c] 表示用 BCFHD 冲洗油冲洗。	

表 K.2　不停机换油到试验油检查表

(　　)	设定工作状态 1500/98/105/125[a]，直到机油温度至 125℃
(　　)	设定转速 1500r/min，扭矩 98 N·m
(　　)	F/F[b]至（　　）油（完成时间　　　）
(　　)	设定工作状态 1500/98/105/125[a]
(　　)	运转 30min（完成时间　　　）
(　　)	设定转速 1500r/min，扭矩 98 N·m
(　　)	F/F[b]至（　　）油（完成时间　　　）
(　　)	设定工作状态 1500/98/105/125[a]
(　　)	运转 30min（完成时间　　　）
(　　)	设定转速 1500r/min，扭矩 98 N·m
(　　)	F/F[b]至（　　）油（完成时间　　　）
(　　)	确认（　　油）机油液面高度
(　　)	继续进行试验操作检查

[a]表示转速（r/min），扭矩（N·m），冷却液进口温度（℃），主油道温度（℃）。

[b]表示冲洗放油进油过程，放出 6.0L 油，充进 6.0L 油。

表 K.3　不停机换油到 BC 油检查表

(　　)	设定工作状态 1500/98/105/125[a]，直到机油温度至 125℃
(　　)	设定转速 1500r/min，扭矩 98 N·m
(　　)	F/F[b]至 BC 油（完成时间　　　）
(　　)	设定工作状态 1500/98/105/125[a]
(　　)	运转 30min（完成时间　　　）
(　　)	设定转速 1500r/min，扭矩 98 N·m
(　　)	F/F[b]至 BC 油（完成时间　　　）
(　　)	设定工作状态 1500/98/105/125[a]
(　　)	运转 30min（完成时间　　　）
(　　)	设定转速 1500r/min，扭矩 98 N·m
(　　)	F/F[b]至 BC 油（完成时间　　　）
(　　)	确认（　　油）液面高度
(　　)	继续进行试验操作检查

注：彻底清洗换油先用 BC 油清洗。

[a]表示转速（r/min），扭矩（N·m），冷却液进口温度（℃），主油道温度（℃）。

[b]表示冲洗放油进油过程，放出 6.0L 油，充进 6.0L 油。

附　录　L
（规范性附录）
机油满刻度及观察窗标定程序

L.1　油底壳机油满刻度设定

L.1.1　确认发动机台架安装位置。

L.1.1.1　发动机正放（偏角0.0°±0.5°）。

L.1.1.2　飞轮面垂直度为3.6°±0.5°。

L.1.1.3　连接轴的万向节角度相对于垂直面不大于2°，相对水平面保持0°。

L.1.2　向发动机内装6.0L的BC油。

L.1.3　开机并进入第五状态，稳定15min。

L.1.4　停机。

L.1.5　用抽油泵将机油抽出。

L.1.6　将油底壳所有连接管断开放油。

L.1.7　按照正常机油的流动方向，按顺序连接外部机油系统，包括机油滤清器。如需要，使用附加管线将发动机滤清器连入外部机油系统。

L.1.8　设置三向控制阀（TCV-144），使得100%的流量流经热交换器（CX-6）。

L.1.9　连接至少138kPa的压缩空气。

注：将机油外循环泵轴锁住，防止机油泵损坏。

L.1.10　用压缩空气吹扫外部机油冲洗系统管线，使得大部分的机油从系统中流出。

L.1.11　往复调节三向控制阀（TCV-144）几次，使得发动机油流出热交换器（HX-6）旁通部分。

L.1.12　断开压缩空气。

L.1.13　将脱脂溶剂冲洗系统与外部机油冲洗系统相连接。

L.1.14　用脱脂溶剂（至少8L）循环清洗至少30min。

L.1.15　往复调节三向控制阀（TCV-144）几次，使得清洗剂流出热交换器（HX-6）旁通部分。

L.1.16　断开脱脂溶剂冲洗系统，从外部机油循环系统放出脱脂溶剂。

L.1.17　使用至少138kPa的压缩空气，吹扫外部机油冲洗系统管线至少1个小时，设置三向控制阀（TCV-144），使得100%的流量流经热交换器（HX-6），其间往复调节三向控制阀（TCV-144）几次，使得清洗剂流出热交换器（HX-6）旁通部分。

L.1.18　分别检查热交换器（HX-6）、机油加热器、外循环泵和机油滤清器，确保将脱脂溶剂除去。

L.1.19　量取6L的BC油，加入发动机。

L.1.20　开机并进入第一阶段的老化工况。

L.1.21　进入稳定状态，在机油液面测量管（见图D.16）上做标记，记为满刻度。

L.2　记录油底壳机油液面测量管刻度

L.2.1　标记了满刻度线后，发动机在第一阶段的老化工况运转，在机油加热器放油口放出200mL的机油，经几分钟油底壳液面稳定后，在机油液面测量管上做标记，记为-200mL。

L.2.2　重复以上的步骤，每200mL记录一次，最大记至-2000mL。

L.2.3　将放出的2000mL机油加回发动机，运转几分钟，液面将回到满刻度线，若不能回到满刻度线，重复以上步骤，重新标记。

L.2.4　使用加水的聚乙烯管水平尺，确定油底壳液面高度，将机油液面测量管满刻度标记作为参考点。

L.2.5　使用油性笔在油底壳侧面记录油液面高度。

L.2.6　油性笔记录位置应距离油底壳后端第二个螺丝孔38mm处。与油底壳垫定位上沿齐平。

L.2.7　测量油底壳边缘底面到油性笔记录满刻度位置，应为43mm±5mm。

附　录　M
（资料性附录）
试验报告

汽车发动机油节能性能的评定
程序ⅥB 台架
试验报告

送样单位＿＿＿＿＿＿＿＿＿＿＿＿＿＿＿＿

油样名称＿＿＿＿＿＿＿＿＿＿＿＿＿＿＿＿

试验编号＿＿＿＿＿＿＿＿＿＿＿＿＿＿＿＿

试验日期＿＿＿＿＿＿＿＿＿＿＿＿＿＿＿＿

试验方法＿＿＿＿＿＿＿＿＿＿＿＿＿＿＿＿

试验时间＿＿＿＿＿＿＿＿＿＿＿＿＿＿＿＿

燃 料 油＿＿＿＿＿＿＿＿＿＿＿＿＿＿＿＿

试验单位＿＿＿＿＿＿＿＿＿＿＿＿＿＿＿＿

M.1 试验简介：

M.1.1 程序 VIB 用于评定润滑油的燃油经济性能，试验时将试验油与基准参比油（BC）进行节能性能测试，包括 5 个不同条件的试验阶段。

M.1.2 试验发动机为 1993 年福特 4.6L、V-8 发动机，顶置凸轮轴，每缸 2 气门，电控燃油喷射。

M.1.3 程序 VIB 试验包括冲洗阶段和试验阶段。试验阶段包括 2 次基准参比油（BC）试验和 2 次试验油试验（在 2 次基准参比油试验之间进行）。试验油先在发动机转速为 1500 r/min 及机油温度为 125℃的条件下老化 16h，然后进行五个试验阶段的测量。之后试验油在发动机转速为 2250 r/min 及机油温度为 135℃的条件下老化 80h，再进行五个试验阶段的测量。试验结果用试验油相对基准参比油的节能率表示。

测量试验和老化试验条件见表 M.1。

表 M.1 测量和老化试验条件

节能测量阶段				
阶段	转速/（r/min）	扭矩/（N·m）	机油温度/℃	冷却液温度/℃
1	1500	98	125	105
2	800	26	105	95
3	800	26	70	60
4	1500	98	70	60
5	1500	98	45	45
老化阶段				
阶段	转速/（r/min）	扭矩/（N·m）	机油温度/℃	冷却液温度/℃
1	1500	98	125	105
2	2250	98	135	105

M.2 试验结果汇总：

试验结果汇总见表 M.2。

表 M.2 试验结果汇总

	基准参比油（BC）		试验油	
	第一次	第二次	阶段 I	阶段 II
燃油耗量/ kg				
变化率/%				
节能率（FFI）/%				
总机油耗量/mL				

日　　期：________________

试验工程师：________________

试验负责人：________________

室　主　任：________________

M.3 试验数据汇总：

试验数据汇总见表 M.3、表 M.4、表 M.5 和表 M.6。

表 M.3 基准参比油试验结果汇总

	测量阶段	BSFC/（kg/（kW·h））	BSFC 变异系数/%	额定功率/kW	加权系数	加权后的燃油耗量/kg
基准参比油（BC）（试验油测量前）	1			15.39	0.0802	
	2			2.18	0.0787	
	3			2.18	0.0848	
	4			15.39	0.0864	
	5			15.39	0.0699	
燃油消耗总量						

表 M.4 试验油试验结果汇总

	测量阶段	BSFC/（kg/（kW·h））	BSFC 变异系数/%	额定功率/kW	加权系数	加权后的燃油耗量/kg
试验油阶段Ⅰ	1			15.39	0.0802	
	2			2.18	0.0787	
	3			2.18	0.0848	
	4			15.39	0.0864	
	5			15.39	0.0699	
燃油消耗总量						

表 M.5 试验油试验结果汇总

	测量阶段	BSFC/（kg/（kW·h））	BSFC 变异系数/%	额定功率/kW	加权系数	加权后的燃油耗量/kg
试验油阶段Ⅱ	1			15.39	0.0802	
	2			2.18	0.0787	
	3			2.18	0.0848	
	4			15.39	0.0864	
	5			15.39	0.0699	
燃油消耗总量						

表 M.6　基准参比油试验结果汇总

	测量阶段	BSFC/（kg/(kW·h)）	BSFC变异系数/%	额定功率/kW	加权系数	加权后的燃油耗量/kg
基准参比油（BC）（试验油测量后）	1			15.39	0.0802	
	2			2.18	0.0787	
	3			2.18	0.0848	
	4			15.39	0.0864	
	5			15.39	0.0699	
燃油消耗总量						

M.4　试验操作条件汇总见表 M.7、表 M.8、表 M.9、表 M.10、表 M.11 和表 M.12。

表 M.7　16h 老化条件汇总

项　　目	范围	平均值	最大值	最小值
发动机转速/（r/min）	1500±5			
发动机扭矩/（N·m）	98±0.10			
主油道机油温度/℃	125±2			
冷却液进口温度/℃	105±2			
机油循环温度/℃	记录			
冷却液出口温度/℃	记录			
进气温度/℃	27±2			
燃油温度（到流量计）/℃	20~32			
燃油温度（到油轨）/℃	20±2			
测功机压电式测力传感器负载池温度/℃	记录			
机油加热器温度/℃	205，最大			
进气压力/kPa	0.05±0.02			
燃油压力（到流量计）/kPa	100，最小			
燃油压力（到油轨）/kPa	205~310			
进气歧管压力/kPa（绝对）	记录			
排气背压/kPa（绝对）	104±0.20			
发动机机油压力/kPa	记录			
冷却液流量/（L/min）	130±4			
燃油流量/（kg/h）	记录			
进气湿度/（g/kg）	11.4±0.8			
空燃比	记录			
曲轴箱压力/kPa	0.00±0.25			

表 M.8　80h 老化条件汇总

项　　目	范围	平均值	最大值	最小值
发动机转速/（r/min）	2250± 5			
发动机扭矩/（N・m）	98±0.10			
主油道机油温度/℃	135±2			
冷却液进口温度/℃	105±2			
机油循环温度/℃	记录			
冷却液出口温度/℃	记录			
进气温度/℃	27±2			
燃油温度（到流量计）/℃	20~32			
燃油温度（到油轨）/℃	20±2			
测功机压电式测力传感器负载池温度/℃	记录			
机油加热器温度/℃	205，最大			
进气压力/ kPa	0.05±0.02			
燃油压力（到流量计）/ kPa	100，最小			
燃油压力（到油轨）/ kPa	205~310			
进气歧管压力/ kPa（绝对）	记录			
排气背压/ kPa（绝对）	104± 0.20			
发动机机油压力/ kPa	记录			
冷却液流量/（L/min）	130±4			
燃油流量/（kg/h）	记录			
进气湿度/（g/kg）	11.4±0.8			
空燃比	记录			
曲轴箱压力/ kPa	0.00±0.25			

表 M.9 基准参比油（BC）(试验油测量前)

项　　目	范围	阶段				
		1	2	3	4	5
机油循环温度/℃	记录					
冷却液出口温度/℃	记录					
燃油温度（到流量计）/℃	20~32					
燃油温差（到流量计）/℃	≤4					
实验室温度/℃	记录					
测功机压电式测力传感器负载池温度/℃	记录					
测功机压电式测力传感器负载池温差/℃	≤12					
机油加热器温度/ ℃	205，最大					
进气压力/ kPa	0.05±0.02					
燃油压力（到流量计）/ kPa	100，最小					
燃油压力（到油轨）/ kPa	205~310					
进气歧管压力/kPa（绝对）	记录					
发动机机油压力/kPa	记录					
冷却液流量/（L/min）	130±4					
进气湿度/（g/kg）	11.4±0.8					
曲轴箱压力/kPa	0.00±0.25					
大气压力/kPa	记录					

表 M.10 试验油阶段 I

项　　目	范围	阶段				
		1	2	3	4	5
机油循环温度/℃	记录					
冷却液出口温度/℃	记录					
燃油温度（到流量计）/℃	20~32					
燃油温差（到流量计）/℃	≤4					
实验室温度/℃	记录					
测功机压电式测力传感器负载池温度/℃	记录					
测功机压电式测力传感器负载池温差/℃	≤12					
机油加热器温度/ ℃	205，最大					
进气压力/ kPa	0.05± 0.02					
燃油压力（到流量计）/ kPa	100，最小					
燃油压力（到油轨）/ kPa	205~310					
进气歧管压力/kPa（绝对）	记录					
发动机机油压力，kPa	记录					
冷却液流量/（L/min）	130±4					
进气湿度/（g/kg）	11.4±0.8					
曲轴箱压力/kPa	0.00±0.25					
大气压力/kPa	记录					

表 M.11 试验油阶段 II

项　目	范围	阶段				
		1	2	3	4	5
机油循环温度/℃	记录					
冷却液出口温度/℃	记录					
燃油温度（到流量计）/℃	20~32					
燃油温差（到流量计）/℃	≤4					
实验室温度/℃	记录					
测功机压电式测力传感器负载池温度/℃	记录					
测功机压电式测力传感器负载池温差/℃	≤12					
机油加热器温度/℃	205，最大					
进气压力/kPa	0.05±0.02					
燃油压力（到流量计）/kPa	100，最小					
燃油压力（到油轨）/kPa	205~310					
进气歧管压力/kPa（绝对）	记录					
发动机机油压力/kPa	记录					
冷却液流量/（L/min）	130±4					
进气湿度/（g/kg）	11.4±0.8					
曲轴箱压力/kPa	0.00±0.25					
大气压力/kPa	记录					

表 M.12 基准参比油（BC）（试验油测量后）

项　目	范围	阶段				
		1	2	3	4	5
机油循环温度/℃	记录					
冷却液出口温度/℃	记录					
燃油温度（到流量计）/℃	20~32					
燃油温差（到流量计）/℃	≤4					
实验室温度/℃	记录					
测功机压电式测力传感器负载池温度/℃	记录					
测功机压电式测力传感器负载池温差/℃	≤12					
机油加热器温度/℃	205，最大					
进气压力/kPa	0.05±0.02					
燃油压力（到流量计）/kPa	100，最小					
燃油压力（到油轨）/kPa	205~310					
进气歧管压力/kPa（绝对）	记录					
发动机机油压力/kPa	记录					
冷却液流量/（L/min）	130±4					
进气湿度/（g/kg）	11.4±0.8					
曲轴箱压力/kPa	0.00±0.25					
大气压力/kPa	记录					

M.5 关键参数汇总见表 M.7～表 M32。

测量阶段 1

表 M.13 基准参比油（BC）（试验油测量前）

测量步骤	BSFC/（kg/（kW·h））	转速/（r/min）	扭矩/（N·m）	主油道温度/℃	冷却液进口温度/℃	进气温度/℃	油轨温度/℃	排气背压/kPa	燃油流量/（kg/h）	空燃比	空燃比差值
范围	记录	1500± 2	98± 0.07	125± 1	105± 1	27± 2	20± 2	104±0.17	记录	14.00～15.00	≤ 0.50
1											
2											
3											
4											
5											
6											
平均值											
标准偏差											
变异系数											

表 M.14 试验油阶段 I

测量步骤	BSFC/（kg/（kW·h））	转速/（r/min）	扭矩/（N·m）	主油道温度/℃	冷却液进口温度/℃	进气温度/℃	油轨温度/℃	排气背压/kPa	燃油流量/（kg/h）	空燃比	空燃比差值
范围	记录	1500± 2	98± 0.07	125± 1	105± 1	27± 2	20± 2	104±0.17	记录	14.00～15.00	≤ 0.50
1											
2											
3											
4											
5											
6											
平均值											
标准偏差											
变异系数											

表 M.15 试验油阶段 II

测量步骤	BSFC/（kg/（kW·h））	转速/（r/min）	扭矩/（N·m）	主油道温度/℃	冷却液进口温度/℃	进气温度/℃	油轨温度/℃	排气背压/kPa	燃油流量/（kg/h）	空燃比	空燃比差值
范围	记录	1500± 2	98±0.07	125± 1	105± 1	27± 2	20± 2	104±0.17	记录	14.00~15.00	≤ 0.50
1											
2											
3											
4											
5											
6											
平均值											
标准偏差											
变异系数											

表 M.16 基准参比油（BC）（试验油测量后）

测量步骤	BSFC/（kg/（kW·h））	转速/（r/min）	扭矩/（N·m）	主油道温度/℃	冷却液进口温度/℃	进气温度/℃	油轨温度/℃	排气背压/kPa	燃油流量/（kg/h）	空燃比	空燃比差值
范围	记录	1500± 2	98±0.07	125± 1	105± 1	27± 2	20± 2	104±0.17	记录	14.00~15.00	≤ 0.50
1											
2											
3											
4											
5											
6											
平均值											
标准偏差											
变异系数											

测量阶段 2

表 M. 17　基准参比油（BC）（试验油测量前）

测量步骤	BSFC/（kg/（kW·h））	转速/（r/min）	扭矩/（N·m）	主油道温度/℃	冷却液进口温度/℃	进气温度/℃	油轨温度/℃	排气背压/kPa	燃油流量/（kg/h）	空燃比	空燃比差值
范围	记录	800±2	26±0.07	105±1	95±1	27±2	20±2	104±0.17	记录	14.00~15.00	≤0.50
1											
2											
3											
4											
5											
6											
平均值											
标准偏差											
变异系数											

表 M. 18　试验油阶段 I

测量步骤	BSFC/（kg/（kW·h））	转速/（r/min）	扭矩/（N·m）	主油道温度/℃	冷却液进口温度/℃	进气温度/℃	油轨温度/℃	排气背压/kPa	燃油流量/（kg/h）	空燃比	空燃比差值
范围	记录	800±2	26±0.07	105±1	95±1	27±2	20±2	104±0.17	记录	14.00~15.00	≤0.50
1											
2											
3											
4											
5											
6											
平均值											
标准偏差											
变异系数											

表 M.19 试验油阶段 II

测量步骤	BSFC/（kg/（kW·h））	转速/（r/min）	扭矩/（N·m）	主油道温度/℃	冷却液进口温度/℃	进气温度/℃	油轨温度/℃	排气背压/kPa	燃油流量/（kg/h）	空燃比	空燃比差值
范围	记录	800± 2	26± 0.07	105± 1	95± 1	27± 2	20± 2	104±0.17	记录	14.00 ~15.00	≤ 0.50
1											
2											
3											
4											
5											
6											
平均值											
标准偏差											
变异系数											

表 M.20 基准参比油（BC）（试验油测量后）

测量步骤	BSFC/（kg/（kW·h））	转速/（r/min）	扭矩/（N·m）	主油道温度/℃	冷却液进口温度/℃	进气温度/℃	油轨温度/℃	排气背压/kPa	燃油流量/（kg/h）	空燃比	空燃比差值
范围	记录	800± 2	26± 0.07	105± 1	95± 1	27± 2	20± 2	104±0.17	记录	14.00 ~15.00	≤ 0.50
1											
2											
3											
4											
5											
6											
平均值											
标准偏差											
变异系数											

测量阶段 3

表 M. 21 基准参比油（BC）（试验油测量前）

测量步骤	BSFC/（kg/（kW·h））	转速/（r/min）	扭矩/（N·m）	主油道温度/℃	冷却液进口温度/℃	进气温度/℃	油轨温度/℃	排气背压/kPa	燃油流量/（kg/h）	空燃比	空燃比差值
范围	记录	800± 2	26± 0 .07	105± 1	95± 1	27± 2	20± 2	104±0. 17	记录	14. 00 ~15. 00	≤ 0. 50
1											
2											
3											
4											
5											
6											
平均值											
标准偏差											
变异系数											

表 M. 22 试验油阶段 I

测量步骤	BSFC/（kg/（kW·h））	转速/（r/min）	扭矩/（N·m）	主油道温度/℃	冷却液进口温度/℃	进气温度/℃	油轨温度/℃	排气背压/kPa	燃油流量/（kg/h）	空燃比	空燃比差值
范围	记录	800± 2	26± 0 .07	105± 1	95± 1	27± 2	20± 2	104±0. 17	记录	14. 00 ~15. 00	≤ 0. 50
1											
2											
3											
4											
5											
6											
平均值											
标准偏差											
变异系数											

表 M.23 试验油阶段 II

测量步骤	BSFC/（kg/（kW·h））	转速/（r/min）	扭矩/（N·m）	主油道温度/℃	冷却液进口温度/℃	进气温度/℃	油轨温度/℃	排气背压/kPa	燃油流量/（kg/h）	空燃比	空燃比差值
范围	记录	800± 2	26± 0.07	105± 1	95± 1	27± 2	20± 2	104±0.17	记录	14.00 ~15.00	≤ 0.50
1											
2											
3											
4											
5											
6											
平均值											
标准偏差											
变异系数											

表 M.24 基准参比油（BC）（试验油测量后）

测量步骤	BSFC/（kg/（kW·h））	转速/（r/min）	扭矩/（N·m）	主油道温度/℃	冷却液进口温度/℃	进气温度/℃	油轨温度/℃	排气背压/kPa	燃油流量/（kg/h）	空燃比	空燃比差值
范围	记录	800± 2	26± 0.07	105± 1	95± 1	27± 2	20± 2	104±0.17	记录	14.00 ~15.00	≤ 0.50
1											
2											
3											
4											
5											
6											
平均值											
标准偏差											
变异系数											

测量阶段 4

表 M.25 基准参比油（BC）（试验油测量前）

测量步骤	BSFC/（kg/（kW·h））	转速/（r/min）	扭矩/（N·m）	主油道温度/℃	冷却液进口温度/℃	进气温度/℃	油轨温度/℃	排气背压/kPa	燃油流量/（kg/h）	空燃比	空燃比差值
范围	记录	1500± 2	98± 0.07	105± 1	95± 1	27± 2	20± 2	104±0.17	记录	14.00 ~15.00	≤ 0.50
1											
2											
3											
4											
5											
6											
平均值											
标准偏差											
变异系数											

表 M.26 试验油阶段 I

测量步骤	BSFC/（kg/（kW·h））	转速/（r/min）	扭矩/（N·m）	主油道温度/℃	冷却液进口温度/℃	进气温度/℃	油轨温度/℃	排气背压/kPa	燃油流量/（kg/h）	空燃比	空燃比差值
范围	记录	1500± 2	98± 0.07	105± 1	95± 1	27± 2	20± 2	104±0.17	记录	14.00 ~15.00	≤ 0.50
1											
2											
3											
4											
5											
6											
平均值											
标准偏差											
变异系数											

表 M.27 试验油阶段 II

测量步骤	BSFC/（kg/（kW·h））	转速/（r/min）	扭矩/（N·m）	主油道温度/℃	冷却液进口温度/℃	进气温度/℃	油轨温度/℃	排气背压/kPa	燃油流量/（kg/h）	空燃比	空燃比差值
范围	记录	1500± 2	98± 0.07	105± 1	95± 1	27± 2	20± 2	104±0.17	记录	14.00 ~15.00	≤ 0.50
1											
2											
3											
4											
5											
6											
平均值											
标准偏差											
变异系数											

表 M.28 基准参比油（BC）（试验油测量后）

测量步骤	BSFC/（kg/（kW·h））	转速/（r/min）	扭矩/（N·m）	主油道温度/℃	冷却液进口温度/℃	进气温度/℃	油轨温度/℃	排气背压/kPa	燃油流量/（kg/h）	空燃比	空燃比差值
范围	记录	1500± 2	98± 0.07	70± 1	60± 1	27± 2	20± 2	104±0.17	记录	14.00 ~15.00	≤ 0.50
1											
2											
3											
4											
5											
6											
平均值											
标准偏差											
变异系数											

测量阶段 5

表 M. 29 基准参比油（BC）（试验油测量前）

测量步骤	BSFC/（kg/（kW·h））	转速/（r/min）	扭矩/（N·m）	主油道温度/℃	冷却液进口温度/℃	进气温度/℃	油轨温度/℃	排气背压/kPa	燃油流量/（kg/h）	空燃比	空燃比差值
范围	记录	1500± 2	98± 0 . 07	45± 1	45± 1	27± 2	20± 2	104±0. 17	记录	14. 00 ~15. 00	≤ 0. 50
1											
2											
3											
4											
5											
6											
平均值											
标准偏差											
变异系数											

表 M. 30 试验油阶段 I

测量步骤	BSFC/（kg/（kW·h））	转速/（r/min）	扭矩/（N·m）	主油道温度/℃	冷却液进口温度/℃	进气温度/℃	油轨温度/℃	排气背压/kPa	燃油流量/（kg/h）	空燃比	空燃比差值
范围	记录	1500± 2	98± 0 . 07	45± 1	45± 1	27± 2	20± 2	104±0. 17	记录	14. 00 ~15. 00	≤ 0. 50
1											
2											
3											
4											
5											
6											
平均值											
标准偏差											
变异系数											

表 M.31 试验油阶段 II

测量步骤	BSFC/(kg/(kW·h))	转速/(r/min)	扭矩/(N·m)	主油道温度/℃	冷却液进口温度/℃	进气温度/℃	油轨温度/℃	排气背压/kPa	燃油流量/(kg/h)	空燃比	空燃比差值
范围	记录	1500± 2	98± 0.07	45± 1	45± 1	27± 2	20± 2	104±0.17	记录	14.00 ~15.00	≤ 0.50
1											
2											
3											
4											
5											
6											
平均值											
标准偏差											
变异系数											

表 M.32 基准参比油(BC)(试验油测量后)

测量步骤	BSFC/(kg/(kW·h))	转速/(r/min)	扭矩/(N·m)	主油道温度/℃	冷却液进口温度/℃	进气温度/℃	油轨温度/℃	排气背压/kPa	燃油流量/(kg/h)	空燃比	空燃比差值
范围	记录	1500± 2	98± 0.07	45± 1	45± 1	27± 2	20± 2	104±0.17	记录	14.00 ~15.00	≤ 0.50
1											
2											
3											
4											
5											
6											
平均值											
标准偏差											
变异系数											

M.6 非正常停机和维修记录：

非正常停机和维修记录见表 M.33。

表 M.33 非正常停机和维修记录表

停机次数：　　　　次		
试验时间	停机时间	原　因
总停机时间		

备注见表 M.34。

表 M.34 备注

备　注

附 录 N
(规范性附录)
窨气通风系统要求

N.1 3/8in NPT（锥管螺纹）十字接头。

N.2 三个 3/8in NPT 管接头，用于连接 16mm 内径软管与 3/8in NPT 十字接头。

N.3 13mm 不锈钢弯头，安装在摇臂罩右侧。

N.4 左摇臂罩使用发动机原有的弯头。

N.5 用 510mm±51mm 长 16mm 内径的软管连接右摇臂罩与 3/8in NPT 十字接头。

N.6 用 510mm±51mm 长 16mm 内径的软管连接左摇臂罩与要求的十字接头。

N.7 通过 3/8in 十字接头顶部监控曲轴箱压力。

编者注：本标准中引用标准的标准号和标准名称变动如下。

原标准号	现标准号	现 标 准 名 称
GB/T 503	GB/T 503	汽油辛烷值的测定　马达法
GB/T 5487	GB/T 5487	汽油辛烷值的测定　研究法
GB/T 6536	GB/T 6536	石油产品常压蒸馏特性测定法
GB/T 8017	GB/T 8017	石油产品蒸气压的测定　雷德法
GB/T 8018	GB/T 8018	汽油氧化安定性的测定　诱导期法
GB/T 8019	GB/T 8019	燃料胶质含量的测定　喷射蒸发法
GB/T 8020	GB/T 8020	汽油中铅含量的测定　原子吸收光谱法
GB/T 11132	GB/T 11132	液体石油产品烃类的测定　荧光指示剂吸附法
SH/T 0020	SH/T 0020	汽油中磷含量测定法（分光光度法）
SH/T 0656	NB/SH/T 0656	石油产品及润滑剂中碳、氢、氮的测定　元素分析仪法
SH/T 0663	NB/SH/T 0663	汽油中醇类和醚类含量的测定　气相色谱法

ICS 75.120
E 39

SH

中华人民共和国石油化工行业标准

NB/SH/T 0900—2015

牵引车液压液磨损特性的测定 FZG 法

Determination of wear characteristics of tractor hydraulic fluids by FZG test machine

2015-10-27 发布 2016-03-01 实施

国家能源局 发布

目　　次

前 言

本标准按照 GB/T 1.1—2009 给出的规则起草。

本标准采用重新起草法修改采用美国试验与材料协会标准 ASTM D4998-13《测定牵引车液压油磨损特性的标准试验方法》。

本标准与 ASTM D4998-13 的主要技术差异及其原因如下：

——为使用方便，本标准部分引用标准采用我国相应的国家标准或石化行业标准；

——在 9.6 条、9.8 条中增加按照 SH/T 0306 方法来安装、拆卸齿轮的内容，以增强标准的可操作性；

——删去 ASTM D4998-13 第 13 章关键词的内容；

——删去 ASTM D4998-13 附录 A1 中关于试验机订购信息的内容。

本标准由中国石油化工集团公司提出。

本标准由全国石油产品和润滑剂标准化技术委员会石油燃料和润滑剂分技术委员会（SAC/TC280/SC1）归口。

本标准起草单位：中国石油天然气股份公司兰州润滑油研究开发中心。

本标准主要起草人：张宽德、叶明学、朱登锋、金志良、刘增明。

本标准为首次发布。

牵引车液压液磨损特性的测定 FZG 法

警告：本标准的应用可能涉及某些有危险性的材料、操作和设备。但并未对与此有关的所有安全问题都提出建议。用户在使用本标准之前有责任制定相应的安全和保护措施，并确定相关规章限制的适用性。

1 范围

本标准规定了齿轮传动系统用油磨损性能的筛选测定方法。

本标准适用于牵引车液压液等齿轮传动系统用润滑油的磨损性能的评价。

2 规范性引用文件

下列文件对于本文件的应用是必不可少的。凡是注日期的引用文件，仅所注日期的版本适用于本文件。凡是不注日期的引用文件，其最新版本（包括所有的修改单）适用于本文件。

GB/T 686 化学试剂 丙酮

GB/T 1172 黑色金属硬度及强度换算值

GB 1922—2006 油漆及清洗用溶剂油

GB/T 6536 石油产品常压蒸馏特性测定法

GB/T 8017 石油产品蒸气压的测定 雷德法

GB/T 10095.1 圆柱齿轮 精度制 第1部分：轮齿同侧齿面偏差的定义和允许值

GB/T 11132 液体石油产品烃类的测定 荧光指示剂吸附法

GB/T 17754—2012 摩擦学术语

SH/T 0306 润滑剂承载能力测定法（CL-100齿轮机法）

SY/T 0542 稳定轻烃组分分析 气相色谱法

DIN EN 10084 渗碳钢材交货技术条件

3 术语和定义

下列术语和定义适用于本文件。

3.1

磨粒（料）磨损 abrasion wear

在摩擦过程中，由于硬粒或摩擦副表面的硬微凸体对固体表面挤压和沿表面运动所引起的损伤或材料流失。

[GB/T 17754—2012，定义5.18条]

3.2

粘焊 scoring

相对运动的摩擦［表］面之间由于闪温过高使许多小接触点出现焊接并在相对滑动中被撕裂的磨损。

[GB/T 17754—2012，定义5.35条]

3.3

划伤（刮伤）　scratching

由于微凸体的滑动作用造成固体摩擦［表］面上出现划痕的一种磨损。

[GB/T 17754—2012，定义 5.27 条]

3.4

胶合　scuffing

是粘焊这类磨损中更为严重的一种形式。

[GB/T 17754—2012，定义 5.36 条]

3.5

磨损　wear

由于摩擦造成表面的变形、损伤或表层材料逐渐流失的现象和过程。

[GB/T 17754—2012，定义 2.3 条]

4　方法概要

4.1　使用经过改造的 FZG 齿轮试验机在转速 100r/min、载荷 10 级、温度 121℃下运行 20h，用试验油润滑试验齿轮。

4.2　试验前后目测试验齿轮并称重，用试验齿轮失重和试验后目测到的齿面损伤来评价试验油的抗磨损性能。

5　方法应用

现代牵引车多使用液压液润滑变速箱和驱动齿轮箱。本标准用来评价牵引车液压液等齿轮传动系统用润滑油的抗磨损性能，也可适用于其他类型润滑油的抗磨损性能评价。

6　设备

6.1　FZG 试验机：试验机的说明见附录 A，设备结构示意图见附录 B 和附录 C。

6.2　试验齿轮：试验齿轮使用 FZG“A”型齿轮，试验齿轮参数和加工要求见附录 A、附录 D。

6.3　齿轮箱加热元件：使用 750W 的齿轮箱加热元件使试验油在 20 min~25 min 内加热到试验温度。

6.4　温度控制器：1000 W，带比例、积分和微分（PID）的温度控制器，温度控制精度在±1℃以内。在齿轮箱内的右侧安装热电偶，距后壁 28 mm、距底 60 mm，插入齿轮箱 15 mm。

6.5　分析天平：最大量程 2 kg，感量 1 mg，用于称量试验齿轮。

6.6　放大镜：3 倍~6 倍。

6.7　压缩空气：最小压力 551 kPa。

6.8　蒸汽加热板或轴承加热器：表面温度低于 75 ℃。

7　试剂及材料

7.1　清洗溶剂：清洗用溶剂油满足 GB 1922—2006 中 2 号要求。

警告：易燃物品，挥发的气体有害。应远离火源、火花和明火，避免长时间或重复的皮肤接触。

7.2　丙酮：符合 GB/T 686 标准。

警告：属于易燃物品，挥发的气体有害。应远离火源、火花和明火，避免长时间或重复的皮肤接触。

7.3 烷：满足附录 E 中表 E.1 要求。

警告：属于易燃物品，挥发的气体有害。应远离火源、火花和明火，避免长时间或重复的皮肤接触。

8 试验机准备

根据 FZG 试验机操作说明组装 FZG 试验机。改造驱动电机和传动装置使输入轴转速能平稳控制在 100 r/min±3 r/min 之内。安装时使用 S23 弹性轴。

9 试验步骤

9.1 FZG 试验机组装

根据试验机操作说明组装试验设备，按附录 A 使用改进的低速驱动电机。

注 1：FZG 试验机提供了机械保护装置来防止旋转部件可能对人员造成的危害，在设备运转以前安装好这些防护装置。

注 2：按照国家用电规范连接驱动马达和加热元件线路。

9.2 设备清洗

用清洗溶剂清洗试验齿轮箱和相关部件。向齿轮箱加入清洗溶剂至试验轴中心线位置以上，手动转动试验轴以便清洗轴承，放掉齿轮箱里的清洗溶剂，再重新加入清洗溶剂，并转动试验轴，然后放掉清洗溶剂。用压缩空气吹干齿轮箱。

9.3 齿轮检查

用 3 倍~6 倍的放大镜检查齿轮齿面。不能使用齿面有缺陷的齿轮。

9.4 齿轮清洗

依次用清洗溶剂、丙酮、戊烷清洗试验齿轮，并风干。为了防止清洗后齿轮表面水分凝结，用表面温度低于 75℃的干净的蒸汽加热炉或轴承加热器加热齿轮至室温。清洗后用钳子或戴手套拿取洗净的齿轮，不能用手直接接触。

9.5 齿轮称重

用分析天平在室温下称量齿轮，称量前保证齿轮清洁、干燥，记录每个齿轮的质量，精确到 1mg，将每个齿轮的质量相加所得作为试验前齿轮总质量（TM_i）。

9.6 齿轮安装

按照 SH/T 0306 和设备操作说明书安装试验齿轮。

9.7 试验程序

向试验齿轮箱加入试验油至轴中心线位置。在合适的操作位置安装设备保护装置。设定温度控制器至 121 ℃。无载荷下打开加热器，启动电机在 100 r/min 的转速下运转。让温度稳定在 121 ℃保持 20 min~25 min，关掉马达并加第 10 级载荷。第 10 级载荷包括 373 Nm 的力臂、砝码和加载离合器。启动电机并在 100 r/min±3 r/min 转速下运转 20 h。

9.8 齿轮拆卸、清洗和称量

按照 SH/T 0306 和设备操作说明书拆下试验齿轮，注意避免齿轮损伤。按 9.4 条和 9.5 条清洗并称量齿轮。记录试验后两个试验齿轮总质量（TM_f）。

9.9 齿面检查

记录每个齿轮上原始研磨纹路或产生较严重磨损特征，如粘焊、划伤（刮伤）或胶合的齿数。如果一个齿轮出现多种损伤形式，只记录损伤最严重的。

10 计算

10.1 齿轮质量变化

按式（1）计算精密齿轮的总质量变化（TMC）：

$$TMC = TM_i - TM_f \quad (1)$$

式中：

TM_i——试验前齿轮总质量，单位为毫克（mg）；

TM_f——试验后齿轮总质量，单位为毫克（mg）。

11 结果报告

报告以下数据：试验齿轮总质量变化 TMC（mg）以及每个齿轮上产生粘焊、划伤（刮伤）和胶合的齿数。记录齿面出现的其他表面缺陷（参见附录 F）。

12 精密度和偏差

12.1 精密度

本标准精密度的确定是在六个实验室中测定了一个油品，通过多个实验室的统计测量结果确定了试验方法中磨损部分的精密度，有效的磨损值约为 25 mg。按下述规定判断试验结果的可靠性（95%的置信水平）

12.1.1 中间精密度条件

在同一的实验室、使用相同的试验方法和同一试验油，但操作者、测量设备、试验台架和试验间隔等试验条件可以不同的情况获得。

注：“中间精密度”不等同于“重复性”定义，它定义的实验室操作条件更适合本试验方法。

12.1.2 中间精密度限值 *i. p.*

在中间精密度条件下使用正确的操作方法获得的两个试验结果之差不应大于 27.4 mg。

12.1.3 再现性 *R*

在不同的实验室、不同操作者、使用不同的试验设备，按照相同的试验方法，对同一试验油分别进行测定得到的两个单一、独立的试验结果之差不应大于 43.2mg。

12.2 偏差

本标准尚未确定偏差。

12.3 精密度统计试验结果

采用 SAE 30 变速箱油进行试验，试验油来源相同，每个实验室使用各自的试验齿轮的精密度统计试验结果见表 1。

表 1 精密度统计试验结果

实验室	试验结果 1/mg	试验结果 2/mg
A	26.9	34.1
B	24.0	39.0
C	36.0	36.0
D	34.0	12.0
E	11.8	30.8
F	13.8	12.4

附 录 A
(规范性附录)
FZG 齿轮试验机和齿轮

A.1 FZG 齿轮试验机和齿轮说明见 SH/T 0306。

A.2 FZG 齿轮（A 型齿轮，轻微马格（Maag）磨纹），“A” 型齿轮的技术参数见表 A.1。

A.3 FZG 试验机的改造。需增加低速驱动电机来提供 100 r/min±3 r/min 的转速。可在标准的 FZG 5.4 KW 的电机上增加一个变频控制器或减速器来实现。应提供平稳恒定的转速。在驱动和 FZG 试验机之间安装一个弹性联轴器。

表 A.1 “A” 型齿轮的技术参数

名称		数值
中心距/mm		91.5
有效齿宽/mm		20
节距圆直径	小齿轮/mm	73.2
	大齿轮/mm	109.8
顶圆直径	小齿轮/mm	88.7
	大齿轮/mm	112.5
齿数	小齿轮/mm	16
	大齿轮/mm	24
齿廓偏差	小齿轮	0.8635
	大齿轮	-0.5
压力角/（°）		20
啮合角/（°）		22.5
节距圆处圆周速度（100 r/min）/（m/s）		0.383
齿顶接触长度	小齿轮/mm	14.7
	大齿轮/mm	3.3
最大滑动速度	小齿轮/（m/s）	0.257
	大齿轮/（m/s）	0.061
齿顶赫兹接触压力（在 100 r/min、10 级载荷试验条件下）	小齿轮/（kgf/mm^2）	199.9
	大齿轮/（kgf/mm^2）	166.3

附 录 B
(规范性附录)
FZG 齿轮试验机示意图

FZG 齿轮试验机见图 B.1。

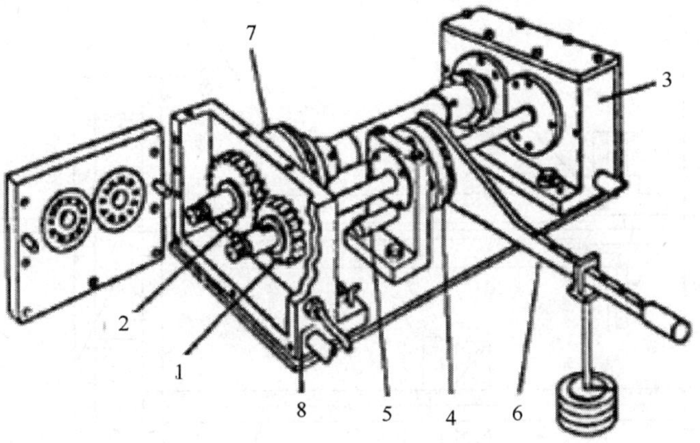

1——小齿轮;
2——大齿轮;
3——驱动齿轮;
4——加载离合器;
5——锁销;
6——带砝码盘的杠杆臂;
7——扭矩测量离合器;
8——温度传感器。

图 B.1 FZG 齿轮试验机

附　录　C
(规范性附录)
FZG 齿轮试验机结构示意图

FZG 齿轮试验机结构示意图见图 C.1。

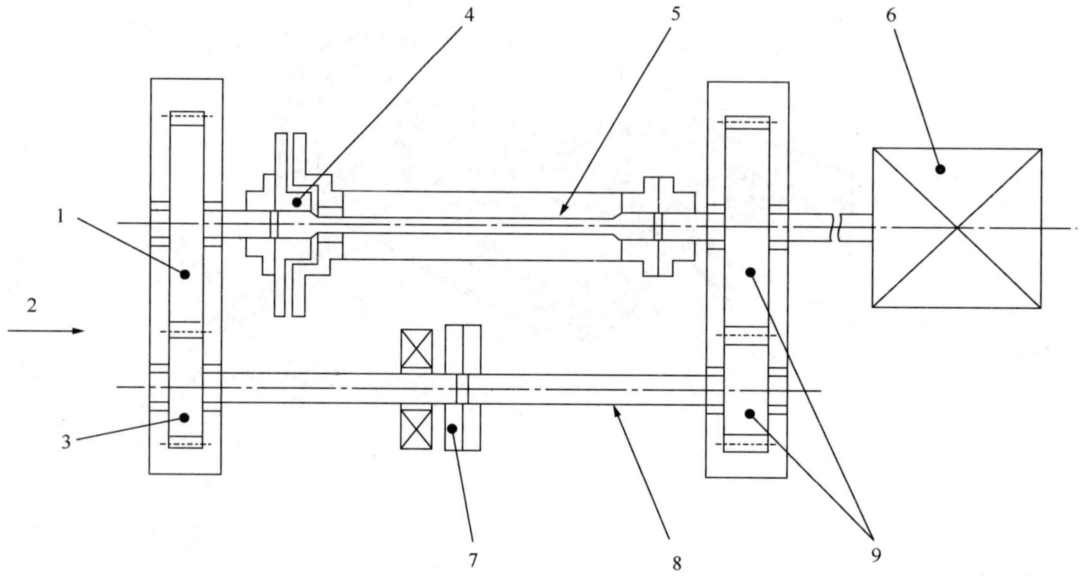

1——大齿轮；
2——A 向视图；
3——小齿轮；
4——扭矩测量离合器；
5——弹性轴；
6——驱动电机；
7——加载离合器；
8——刚性轴；
9——驱动齿轮。

图 C.1　FZG 齿轮试验机结构示意图

附　录　D
（规范性附录）
试验齿轮加工

D.1　材料

D.1.1　试验齿轮材料采用 20MnCr5（DIN EN 10084），10 mm 盘淬火后布氏硬度为 HB30、强度为 3.295 kPa~3.726 kPa（其相应的抗拉强度为 1.127 kPa~1.274 kPa）。

D.1.2　为保证强度，大齿轮（$z=24$）要压铸制造，而小齿轮采用热轧棒材制造。

D.2　热处理

D.2.1　用表面淬火处理试验齿轮，淬火深度 0.6 mm~0.8 mm。维氏硬度 HV 10（强度 4.903 kPa）。在齿顶，淬火不能表现出任何过度淬火的自由渗碳体。双重淬火得到没有奥氏体的界面。

D.2.2　退火后的表面硬度为 60 HRC~62 HRC。

D.2.3　从布氏硬度根据 GB/T 1172 测定的中心抗拉强度如下：0.980 kPa~1.225 kPa。

D.3　齿轮质量

D.3.1　根据 GB/T 10095.1 确定齿轮精度等级为 5 级。

D.3.2　平均粗糙度 R_a 在 0.4 μm~0.6 μm 之间。

D.4　磨削

马格十字交叉磨削，滚动速度为 154 r/min。

D.5　齿轮修形

没有齿顶和齿根的加工凹槽，带侧面齿晕。

附 录 E
(规范性附录)
戊烷要求

戊烷的要求见表 E.1。

表 E.1 戊烷要求

项目			质量指标	试验方法
馏程	初馏点/℃	不低于	33.3	GB/T 6536
	终馏点/℃	不高于	40.5	
烯烃			无	GB/T 11132
异戊烷/%		不大于	20	SY/T 0542
正戊烷/%		不小于	80	SY/T 0542
饱和蒸气压/kPa		不高于	17	GB/T 8017

附 录 F
（资料性附录）
试验结果报告单

试验前齿轮状况

小齿轮：________________________

大齿轮：________________________

总质量（TM_i）：__________________

试验后齿轮质量：

小齿轮：________________________

大齿轮：________________________

总质量（TM_f）：__________________

总质量变化计算（TMC）

（TM_i）－（TM_f）＝TMC

_______－_______＝_________mg

	小齿轮	大齿轮
试验后齿轮表面		
每个齿轮上记录以下内容：		
齿面状况的齿数		
原始研磨纹路	_______	_______
粘焊	_______	_______
划伤（刮伤）	_______	_______
胶合	_______	_______
总数	16	24

记录其他表面缺陷：

编者注：本标准中引用标准的标准号和标准名称变动如下。

原标准号	现标准号	现 标 准 名 称
SH/T 0306	NB/SH/T 0306	润滑油承载能力的评定 FZG 目测法

ICS 75.100
E 34

SH

中华人民共和国石油化工行业标准

NB/SH/T 0901—2015

矿物油玻璃化转变温度的测定 差示扫描量热法

Standard test method for determining the glass transition temperatures of mineral oil—Differential scanning calorimetry

2015-10-27 发布 2016-03-01 实施

国家能源局 发布

前　言

本标准按照 GB/T 1.1—2009 给出的规则起草。

本标准使用重新起草法参考美国试验与材料协会标准 ASTM E1356-08《差示扫描量热仪测定玻璃化转变温度试验方法》编制，与 ASTM E1356-08 的一致性程度为非等效。

本标准由中国石油化工集团公司提出。

本标准由全国石油产品和润滑剂标准化技术委员会石油燃料和润滑剂分技术委员会（SAC/TC280/SC1）归口。

本标准起草单位：中国石油天然气股份有限公司兰州润滑油研究开发中心。

本标准主要起草人：胡玉华、刘妍、王鹏、王毅、吐伟、张昱。

本标准为首次发布。

矿物油玻璃化转变温度的测定　差示扫描量热法

警告：本标准涉及某些有危险性的材料、操作和设备，但是无意对与此有关的所有安全问题都提出建议。因此，使用者在应用本标准之前应建立适当的安全和保护措施，并确定相关规章限制的适用性。

1　范围

本标准规定了使用差示扫描量热仪测定矿物油玻璃化转变温度的方法。

本标准适用于矿物油尤其是橡胶填充油玻璃化转变温度的测定。用于精密度统计试验样品的玻璃化转变温度在-103.0 ℃～-37.4 ℃之间，玻璃化转变温度不在此范围的本标准也可适用，但试样的玻璃化转变温度超出精密度验证试验样品的温度范围时，方法的精密度可能不适用。

2　规范性引用文件

下列文件对于本文件的应用是必不可少的。凡是注日期的引用文件，仅所注日期的版本适用于本文件。凡是不注日期的引用文件，其最新版本（包括所有的修改单）适用于本文件。

GB/T 4756　石油液体手工取样法

GB/T 6683　石油产品试验方法精密度数据确定法

ASTM E967 差示扫描量热法和差热分析法的温度校准测试方法（Standard Test Method for Temperature Calibrationof Differential Scanning Calorimetersand Differential Thermal Analyzers）

3　术语和定义

下列术语和定义适用于本文件。

3.1

差示扫描量热法　differential scanning calorimetry

在程序控温下，测量输入到试样和参比物的热量差与温度关系的方法。

3.2

玻璃化转变　glass transition

非晶材料在温度较低时为刚性固体状，与玻璃相似，在外力作用下只会发生非常小的形变，此状态即为玻璃态，当温度继续升高到一定范围后，材料的形变明显的增加，并在随后的一定温度区间形变相对稳定，此状态即为高弹态，玻璃化转变是指非晶材料玻璃态与高弹态之间的转变。

3.3

玻璃化转变温度（T_g）　glass transition temperature

玻璃化转变所对应的温度。

3.4

比热容　specific heat capacity

单位质量物质产生单位温度变化所需要的能量。

3.5

与玻璃化转变区域相关的转变点　transition points associated with the glass transition region

与玻璃化转变区域相关的转变点见图1。

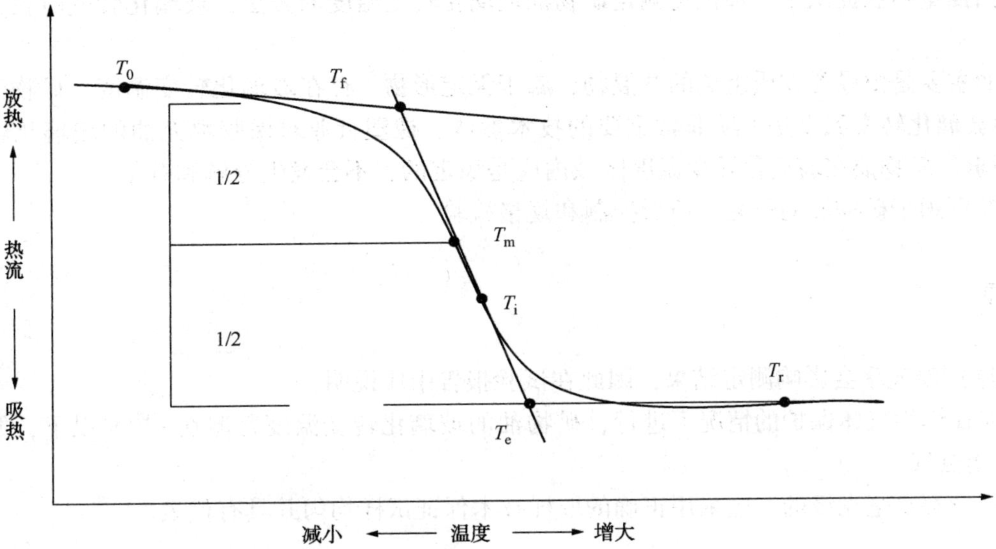

图1　玻璃化转变区域差热曲线

3.5.1

外推终止温度（T_e）　extrapolated end temperature

玻璃化转变曲线最大斜率处的切线和玻璃化转变后外推基线的交点所对应的温度。

3.5.2

外推起始温度（T_f）　extrapolated onset temperature

玻璃化转变曲线最大斜率处的切线和玻璃化转变前外推基线的交点所对应的温度。

3.5.3

拐点温度（T_i）　inflection temperature

玻璃化转变曲线斜率最大点（相对于时间）所引切线与差热曲线切点所对应的温度。

3.5.4

中点温度（T_m）　midpoint temperature

在热流数轴方向上外推起始温度与外推终止温度之间1/2处热流速率与差热曲线交点所对应的温度。

3.5.5

首先偏离温度（T_o）　temperature of first deviation

玻璃化转变区域低温侧差热曲线首次偏离基线的切线与差热曲线切点所对应的温度。

3.5.6

重回基线温度（T_r）　temperature of return to baseline

在玻璃化转变区域高温侧差热曲线最后偏离基线的切线与差热曲线切点所对应的温度。

4　方法概要

在可控的速率下加热或冷却矿物油，扫描参比标样和矿物油试样间热流差或温度差，通过分析玻璃化转变区域间的差热曲线计算出玻璃化转变温度。

5 方法应用

5.1 差示扫描量热法提供了一种快速测定矿物油玻璃化转变温度的方法，玻璃化转变时在比热上有一个突变。

5.2 矿物油主要是由烃类物质组成的共混物，属于无定形物，存在玻璃化转变温度。矿物油尤其是橡胶填充油的玻璃化转变温度是一项非常重要的技术参数。橡塑行业对橡胶填充油的玻璃化转变温度提出了明确要求。矿物油在玻璃化转变温度区域内应是稳定的，不会发生分解和升华。

5.3 本标准可用于矿物油的研究、质量控制和规格检验。

6 影响因素

6.1 升（降）温速率会影响测定结果，因此在试验报告中应说明。

6.2 测试应在惰性气体保护的情况下进行，矿物油的玻璃化转变温度普遍在-30℃以下，低温测试时炉子内应使用氦气。

6.3 试样用量都是毫克级的，应采用正确的取样技术保证试样均匀并具有代表性。

7 仪器

7.1 差示扫描量热仪

7.1.1 差示扫描量热仪（DSC 量热仪）：主机由测试池、温度传感器、热流传感器、测试池惰性气体吹扫系统、温度控制器组成。

7.1.2 测试池：由一个加热炉构成，能够对试样和参比标样进行统一加热（或冷却），使试样及参比标样可以恒温到某一温度点，或者以固定的速率加热（或冷却）试样和参比标样，温度区间在-160 ℃~500 ℃。

7.1.3 温度传感器：能提供试样温度显示，精度至少±0.1 ℃。

7.1.4 热流传感器：能测定试样和参比标样间微小的热流差，灵敏度至少±μW。

7.1.5 测试池惰性气体吹扫系统：能保持测试池惰性气体环境，气体流量在 10 mL/min~100 mL/min 可调，精度 4 mL/min；使用双重惰性气体保护，并且要求炉内应为氦气，炉外为氮气。

7.1.6 温度控制器：通过操控加热炉执行控温程序，在-160 ℃~500 ℃内执行仪器制造商设计要求的升温速率，控温精度至少±0.5 ℃/min。

7.1.7 差示扫描量热仪还需配备有液氮制冷系统和样品压封机。

7.2 数据采集系统：采集、储存并显示测量和/或计算出的信号。该系统输出的信号至少应包括热流、温度和时间。

7.3 铝坩埚：与试样和参比标样不发生化学反应，有合适的外形并且能完整容纳试样和参比标样。

7.4 分析天平：最大量程超过 100 mg，感量 0.01 mg。

8 试剂与材料

8.1 参比标样：惰性参比标样应该与被测试样有大概一致的热容量，惰性参比标样可以是空坩埚。

8.2 标准样品：具有一种或多种足够均匀且确定的热性能材料。该材料能用于差示扫描量热仪的校准、测量方法的评价及材料的评估。推荐温度校准时 0 ℃以下采用高纯度的环己烷和金属汞，0 ℃以上可以采用 ASTM E967 中推荐高纯度的二苯醚、金属铟、金属铋、金属铅和金属锌等。

8.3 氮气、氦气：用于气体吹扫，高纯，纯度≥99.9%。

9 取样

除非另有规定，应按照 GB/T 4756 的规定进行取样。

10 校准

10.1 确保制造商关于校准，检查和仪器使用的操作指南都齐全，按照制造商的要求对仪器进行校准。

10.2 温度校正参考 ASTM E967 方法进行，参数设置同试验时的设置一样，使用氮气和氦气双路保护气体，氮气气体流量为 50 mL/min，氦气气体流量为 25 mL/min，以 10 ℃/min 的速率升温，温度校正最好采用多点温度校正或者两点温度校正。由于温度校正函数随温度而变化，不能表示为简单的比例系数，因此至少用两种标准样品进行校准。根据 ASTM E967 方法要求当两点温度校正的参数斜率足够接近于 1 时，也可以采用单点温度校正。

10.3 最好选择至少两种转变温度处于或接近待测温度范围的标准样品。

10.4 热流校正建议参照仪器制造商的相关资料。选择的标准样品，其熔点尽可能接近待测的温度范围；用与测定试样相同的条件测定标准样品。

10.5 建议定期用熔点接近于待测样品测试温度范围的标准样品对温度和热流进行校准。

10.6 有的仪器制造商要求进行基线校正，建议参照仪器制造商的相关资料，用与待测样品相同的条件进行基线校正。

11 试验步骤

11.1 准确称量 5 mg~20 mg 试样，并装入铝坩埚中密封好。可以使用参比标样，但参比标样的热容量应尽可能接近待测试样的热容量，也可以用空坩埚作参比标样。

11.2 差示扫描量热仪炉子内外都进行惰性气体保护，炉子外用氮气保护，炉子内用氦气保护，氮气气体流量为 50 mL/min，氦气气体流量为 25 mL/min。以 10 ℃/min 速率将试样升至 60 ℃，以消除热历史对试样的影响。

注：其他的速率也是可以使用的，但在报告中要注明。

11.3 使用 5 min 的等温程序保持温度平衡。

11.4 以 5 ℃/min 速率将试样降温至玻璃化转变温度以下 50 ℃。

注 1：对于不同的差示扫描量热仪线性降温速率能力可能有所不同，只要能够线性降温至玻璃化转变温度以下 50 ℃，其他的降温速率也可以使用，但要在报告中注明。

注 2：在低温下操作，炉子内应使用氦气，氦气除了能够提供惰性气体氛围外，它的热传导率要高于氮气，提高了仪器的分辨率；炉子外的惰性气体主要是提供干燥的环境，尤其是在湿度较大的环境下，炉子外也可以使用其他的惰性气体，其他的气体流量也可以使用，但要在报告中注明。

11.5 使用 5 min 的等温程序保持温度平衡。

11.6 以 10 ℃/min 的加热速率将试样升至玻璃化转变温度以上至少 20 ℃，记录差热曲线直到所期望的玻璃化转变完成。其他的加热速率也是可以的，但在报告里应注明。如果出现差热曲线的玻璃化转变区域部分被冷结晶峰所覆盖的现象（见图 2），该现象可能是由于线性降温速率过快导致的，此时应消除冷结晶峰，不必重新称样，按照如下步骤进行试验：

11.6.1 通过分析软件确定冷结晶峰的峰顶温度。

11.6.2 以 5 ℃/min 速率降至上述峰顶温度。

注：其他的速率也是可以使用的，但在报告中要注明。

11.6.3　在该峰顶温度恒温 10 min，使试样结晶尽量完全。

11.6.4　以 5 ℃/min 速率降至玻璃化转变温度以下 50 ℃，并保持恒温 5 min。

注：其他的速率也是可以使用的，但在报告中要注明。

11.6.5　以 10 ℃/min 速率将试样升至玻璃化转变温度以上至少 20 ℃，记录差热曲线；此时就会出现明显的玻璃化转变区域（见图 3），如果未出现玻璃化转变区域部分被冷结晶峰所覆盖的现象，不必进行上述试验。

注：其他的速率也是可以使用的，但在报告中要注明。

11.7　使用专用软件进行玻璃化转变温度的分析计算，采用中点温度来代表玻璃化转变温度，结果保留小数点后一位数字。

注：玻璃化转变是在一定温度范围发生的，玻璃化温度的测定受到诸多因素的影响，由于中点温度与通过其他测试手段检测出的玻璃化转变温度有更好的一致性，同时它更接近于玻璃化转变区域温度范围的中点，因此一般选择中点温度代表玻璃化温度。

11.8　分析计算试样的玻璃化转变温度后，重新检测试样的质量以确保在测定期间质量没有损失、分解没有发生。

注：矿物油产品的初馏点多数高于 60 ℃，大多不会发生质量损失。

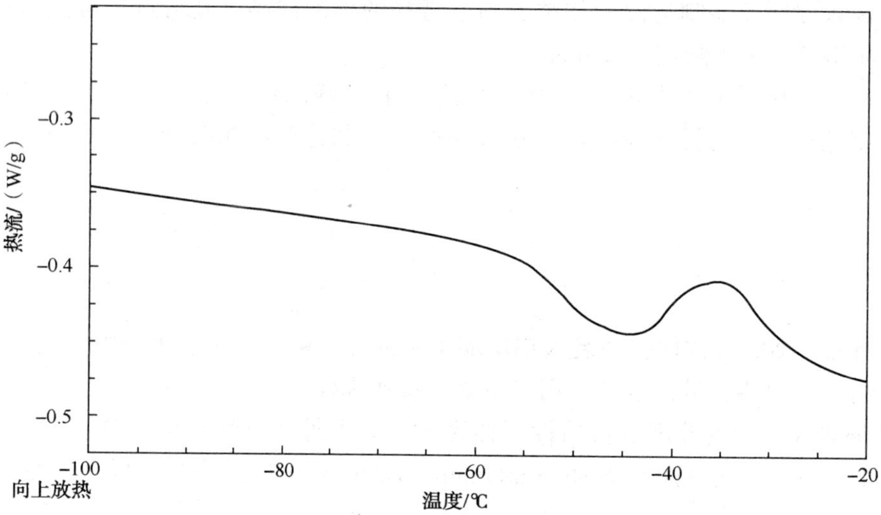

图 2　样品的玻璃化转变区域部分被冷结晶峰覆盖

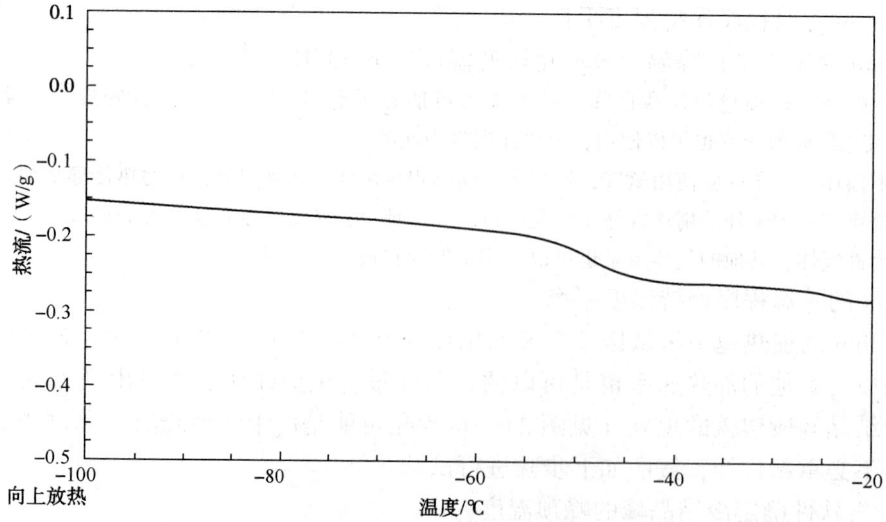

图 3　消除冷结晶后样品的玻璃化转变区域

12 结果报告

12.1 矿物油产品的描述。

12.2 差示扫描量热仪设备参数。

12.3 铝坩埚的尺寸、几何形状和材料的描述。

12.4 升/降温速率。

12.5 温度和热流校准程序的描述。

12.6 惰性气体的选择以及气流速率、纯度等信息。

12.7 采用中点温度来代表玻璃化转变温度。

12.8 是否进行了消除冷结晶峰的处理。

13 精密度和偏差

13.1 精密度

本精密度统计试验是在5个实验室，选用10个矿物油样品（其中有7个橡胶填充油样品），按照GB/T 6683的有关规定完成的。按下述规定判断试验结果的可靠性（95%置信水平）。

13.1.1 重复性 r

同一操作者在同一实验室，使用同一仪器在相同的操作条件下，对同一试样进行连续测定得到的两次试验结果之差不大于0.5 ℃。

13.1.2 再现性 R

不同操作者在不同实验室，使用不同的仪器在相同的操作条件下，对同一试样分别进行测定得到的两个单一、独立的试验结果之差不大于1.5 ℃。

13.2 偏差

由于矿物油的玻璃化转变温度没有可参考的文献数据，本标准未规定偏差。

ICS 75.160.20
E 31

SH

中华人民共和国石油化工行业标准

NB/SH/T 0902—2015

含沥青质重质燃料油正庚烷诱导相可分离性值的测定 光学扫描法

Standard test method for measuring *n*-heptane induced phase separation of asphaltene-containing heavy fuel oil as separability number by an optical scanning device

2015-10-27 发布　　　　2016-03-01 实施

国家能源局 发布

前　　言

本标准按照 GB/T 1.1—2009 给出的规则起草。

本标准使用重新起草法修改采用美国试验与材料协会标准 ASTM D7061-12《含沥青质重质燃料油的正庚烷诱导相可分离性值测定 光学扫描仪法》。

本标准与 ASTM D7061-12 的技术性差异及原因如下：

——规范性引用文件中将 ASTM D7061-12 中部分引用标准改为我国相应的国家标准和行业标准；

——GB 25989 中 F-D2、F-R1、F-R2 和 F-R3 燃料油在质量上相同或优于附录中 ASTM D396 中 4#、5#和 6#燃料油质量指标，在附录 A 中用 GB 25989 替代 ASTM D396；

——GB/T 29114 和 ASTM D2880 均为燃气轮机液体燃料标准，但这两个标准在质量指标上有差异，因此在附录 A 中补充 GB/T 29114 中包含石油炼制中重组分的石油燃料（RST4 和 MT4）；

——本标准对精密度公式进行更正。

本标准由中国石油化工集团公司提出。

本标准由全国石油产品和润滑剂标准化技术委员会石油燃料和润滑剂分技术委员会归口（SAC/TC280/SC1）。

本标准起草单位：中国石油天然气股份有限公司石油化工研究院。

本标准主要起草人：梁迎春、王春燕、何京、喻昊、肖占敏。

本标准为首次发布。

含沥青质重质燃料油正庚烷诱导相可分离性值的测定　光学扫描法

警告：本标准的应用可能涉及到某些有危险性的材料、操作和设备。但并未对与此有关的所有安全问题都提出建议。用户在使用本标准之前有责任制定相应的安全和防护措施，并确定相关规章限制的适用性。

1　范围

本标准规定了在现场或实验室使用光学扫描设备测量溶解在甲苯中的燃料油在加入正庚烷后相分离难易程度即可分离性值的定量测定方法。

本标准适用于含沥青质的重质燃料油。

2　规范性引用文件

下列文件对于本文件的应用是必不可少的。凡是注日期的引用文件，仅所注日期的版本适用于本文件。凡是不注日期的引用文件，其最新版本（包括所有的修改单）适用于本文件。

GB/T 4756　石油液体手工取样法

GB 25989　炉用燃料油

GB/T 27867　石油液体管线自动取样法

GB/T 29114　燃气轮机液体燃料

ASTM D396　燃料油标准规范

ASTM D975　柴油标准规范

ASTM D2880　燃气轮机用燃料油标准规范

3　术语和定义

下列术语和定义适用于本文件。

3.1

沥青质　asphaltene

溶于特定芳香性溶剂，在加入过量特定烷烃类溶剂时，产生分离的油品组分（很少单独使用）。

注：本标准中，芳香性溶剂为甲苯，烷烃类溶剂为正庚烷。

3.2

互溶性　compatibility

两种或更多原油或重质燃料油在一定浓度范围内混合的能力，没有明显相分离，不形成多相。

注：不能互溶的重质燃料油或原油混合后，沥青质产生絮凝或沉淀。某些油可能在特殊条件下在一定浓度范围内互溶，但是在该范围外不互溶。

3.3

絮凝　flocculation

原油或重质燃料油中的沥青质，由分散的胶质聚集形成可见大块物质，可能会沉淀的过程。

3.4

胶溶作用 peptization

原油或重质燃料油中的沥青质分散形成胶体分散体系。

3.5

储存稳定性 stability reserve

油品中沥青质处于胶体状态没有絮凝的一种性质。

注：一种具有低储存稳定性的油，老化（如延长加热储存）或与其他油品在一定范围内混合，容易发生沥青质絮凝。两种油的每一种油都具有高储存稳定性，在混合时易于保持沥青质处于胶体状态不引起絮凝发生。

3.6

透光率 transmittance

给定波长的光通过物质时，没有被反射或吸收的透射光光通量与入射光光通量之比的百分数。

3.7

可分离性值 separability number

由本标准确定的平均透光率的标准偏差，用百分数的数值表示。

注：可分离性值用来评估油品的储存稳定性，其中高值表示油品的低储存稳定性，低值表示油品的高储存稳定性。

4 方法概要

4.1 用甲苯溶解试样，然后加入正庚烷使沥青质絮凝，导致油相分离。通过测定一段时间内样品管底部到顶部（或试管一部分）样品透光率的增加值来确定相分离速率。由多次扫描后平均透光率的标准偏差计算可分离性值。

4.2 首先将试样与甲苯混合，混合比例取决于试样的类型（见附录 A）。取 2 mL 试样-甲苯溶液与 23 mL正庚烷混合。移取 7 mL 试样-甲苯-正庚烷混合物到玻璃管后，并迅速插入光学扫描设备。

4.3 使用光学扫描设备垂直扫描并记录装有油-甲苯-正庚烷混合物的玻璃管的透光率。在距玻璃管底部 10 mm 的位置开始，每隔 0.04 mm 扫描一次，并记录透光率，直到玻璃管顶部 55 mm 处，计算 1125 次扫描读数的平均透光率。然后每 60 s 重复扫描玻璃管一次，持续 15 min。根据 16 次扫描结果计算可分离性值，并报告。

5 方法应用

5.1 本标准描述了一种快速和灵敏评价油品储存稳定性方法。储存稳定性用可分离性值评价，可分离性值低表明油品储存性能稳定。当可分离性值在 0~5 之间时，认为油品具有高储存稳定性，沥青质不容易絮凝。如果可分离性值在 5~10 之间时，油品储存稳定性较低。在这种情况下，只要油品不暴露在更恶劣的情况下，例如储存、老化和加热，沥青质不容易絮凝。如果可分离性值在 10 以上，油品的储存稳定性非常低，沥青质容易絮凝，或者已经开始絮凝。

5.2 本标准适用于炼厂和油品用户，方法适合评价油品储存稳定性，因此，用户可以使用本标准控制和优化炼油过程，可以用来评价油品在储存前，储存过程中或储存后的储存稳定性。

5.3 本标准不能用来预测油品在混合前是否互溶，但是能用来确定已混合后油品的可分离性值。低可分离性值的油与高可分离性值的油比较，更容易与其他油品互溶。

6 仪器

6.1 计算机：内置软件用于控制仪器。数据储存在计算机硬盘上。

6.2 光学扫描仪：仪器应按照仪器制造商操作指南校准。仪器带有一波长为 850 nm 的脉冲红外光源读数头。检测器位于光源对面，记录装有样品玻璃管的透光率。每次扫描，读数头沿着玻璃管上下移动，向上扫描整个玻璃管。每隔 0.04 mm，自动测量透光率一次。读数头从下向上扫描一次，时间间隔为 60 s，共测量 16 次。测定原理示意图如图 1 所示。在计算机硬盘上自动记录所测量的透光率，并按照第 10 章和附录 B、附录 C 的方法做进一步处理。

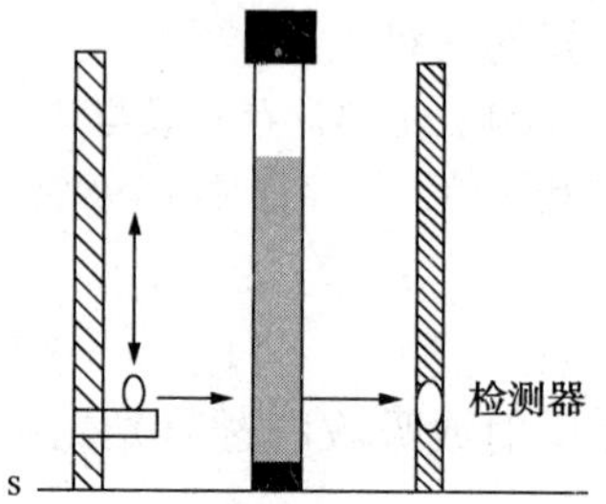

图 1　光学扫描仪典型测量示意图

6.3 带螺帽的圆柱形透明玻璃管：容量 15 mL，外径 16 mm，内径 12 mm，长度 140 mm。用作样品容器，使用一次抛弃处理。

6.4 带刻度的移液管或自动移液管：5 mL 和 10 mL。

6.5 带刻度量筒：25 mL。

6.6 透明具塞玻璃瓶：250 mL。

6.7 透明具塞玻璃瓶：50 mL。

6.8 带聚四氟乙烯涂层的搅拌磁子。

6.9 磁力搅拌器。

6.10 天平：分度值 0.01 g。

6.11 秒表：分度值 0.1 s。

6.12 量筒：25 mL，A 级。

6.13 加热炉：加热到 60 ℃，控温精度为±0.1 ℃。

7 试剂和材料

7.1 甲苯：化学纯。

7.2 正庚烷：化学纯。

警告：甲苯和正庚烷易燃，蒸气有害且易燃。

8 取样

8.1 按照 GB/T 4756 或 GB/T 27867 取样。

8.2 对于固态或黏稠油样，在称量和混合前，可以通过加热降低黏度（例如，在加热盘上，烘箱或用电加热套或者蒸汽带裹在样品容器外），保证样品应该是能流动的。

9 试验步骤

9.1 光学扫描仪应至少提前 1 h 启动。详细操作见附录 B 和附录 C。

9.2 试样置于 60 ℃加热炉中 24 h，以保证均一性。

9.3 试样从加热炉中取出，晃动 1 min，以保证充分混合。

9.4 用天平称取 5 g±0.01 g 试样，用甲苯在 250 mL 透明具塞玻璃瓶（6.6）中稀释，稀释比例从1∶3到1∶20，使得透光率基线在 15% 以下。小心加入磁力搅拌子，避免试样-甲苯混合物损失。摇动透明具塞玻璃瓶直到试样不再黏附在瓶子底部。将透明具塞玻璃瓶置于磁力搅拌器上，搅拌混合液 90 min±5 min。

9.5 用量筒（6.12），量取 23 mL 正庚烷至 50 mL 透明具塞玻璃瓶（6.7）中后，再用移液管移取 2 mL9.4 条制备的试样-甲苯混合物至 50 mL 透明具塞玻璃瓶中，迅速摇动混合液 6 s。

9.6 用移液管在 10 s 内移取 7 mL9.5 条制备的试样-甲苯-正庚烷混合物至带螺帽的圆柱形透明玻璃管中（6.3），盖紧螺帽。如果转移时间超过 10 s，终止试验并重新开始。

9.7 室温下（20 ℃~25 ℃），将带螺帽的圆柱形透明玻璃管迅速置于光学扫描仪中，立即开始测试。

注：通过带螺帽的圆柱形透明玻璃管的透光率在 15 min 时间内每隔 60 s 记录一次，并通过软件储存在计算机硬盘上。

9.8 测量结束后，将带螺帽的圆柱形透明玻璃管从光学扫描仪中取出，在通风橱中用甲苯清洗。

10 结果计算和说明

10.1 结果计算

10.1.1 使用电子表格程序（见附录B）手动或使用软件 Heavy Fuel V.1.0（见附录C）自动完成下列计算。

10.1.2 测量带螺帽的圆柱形透明玻璃管 10 mm~55 mm 之间的透光率（从玻璃管底部 10 mm 处），也就是计算每分钟该区域的平均透光率（X_i）。

10.1.3 计算 16 次扫描总平均透光率（X_T）。

10.1.4 按式（1）使用标准偏差公式计算试样的可分离性值 S：

$$S = \sqrt{\frac{\sum_{i=1}^{n}(X_i - X_T)^2}{n - 1}} \qquad (1)$$

式中：

X_i—— 每 60 s 平均透光率；

X_T—— X_i的平均值（$X_T = (X_1+X_2+\cdots+X_{16})/16$）；

n ——重复测量次数，$n=16$。

10.2 结果说明

可分离性值可用来衡量试样加入正庚烷后，油相分离难易程度。相分离是由于沥青质絮凝和沉淀引起的。由于沥青质在溶液中沉降，试样的透光率发生变化。透光率变化快，可分离性值高。如果可分离性值较高时表明油的储存稳定性差，可分离性值较低时表明油品储存稳定性好。可分离性值用透光率百分比的数值表示。

11 报告

报告以下信息：

11.1 甲苯溶解比例（见附录 A）。

11.2 试样可分离性值，精确到 0.1。

12 精密度和偏差

12.1 精密度

本标准精密度是在2011年经实验室间协作试验测定得到。

按下述规定判断试验结果的可靠性（95%置信水平）。

12.1.1 重复性（r）

由同一操作者用同一台仪器，在同样的操作条件下按相同的试验方法，对同一试样连续测定得到的两个试验结果之差不超过式（2）和表1中重复性要求。

$$r=1.3485\ (S+0.05)^{0.5} \quad (2)$$

式中：

S—— 两次重复测定的平均值，适用范围：0.1~16。

12.1.2 再现性（R）

在不同的实验室，由不同的操作者对同一试样，按相同的试验方法进行测定，所得的两个单一、独立的试验结果的差值不超过式（3）和表1中再现性要求。

$$R=2.494\ (S+0.05)^{0.5} \quad (3)$$

式中：

S—— 两次单一、独立测定结果的平均值，适用范围：0.1~16。

表1 精密度的典型值

平均值	重复性 r	再现性 R
0.16	0.6	1.1
1.99	1.9	3.6
5.48	3.2	5.9
6.14	3.4	6.2
7.86	3.8	7.0
9.33	4.1	7.6
9.54	4.2	7.7
10.12	4.3	8.0
10.79	4.4	8.2
15.73	5.4	9.9

12.2 偏差

目前没有可参照的标准物质确定油品的储存稳定性（即本标准测定的可分离性值），故无法确定偏差。

附 录 A
(规范性附录)
试样和甲苯稀释比例

表 A.1 试样和甲苯稀释比例

燃料油标准	试样：甲苯（质量）
GB 25989	
F-D2[a]	1：3
F-R1	1：6
F-R2、F-R3、F-R4	1：9
GB/T 29114	
RST4、RMT4	1：9
ASTM D975	
4D	1：9
ASTM D2880	
3-GT	1：6
4-GT	1：9
炼厂馏分	
直馏燃料	1：6
减黏裂化渣油	1：9
未知的油品牌号、炼厂馏分或混合油样	1：9
[a] 燃料油中含有沥青质。	

附 录 B
(资料性附录)
使用 TURBISOFT 软件手动计算油品可分离性值

B.1 准备测量（见 9.1），打开 Turbisoft 软件。

注：Heavy Fuel V.1.0 和 Turbisoft 是由法国 Formulation 公司制造的 Turbiscan MA2000 或 Turbisan Heavy Fuel 光学扫描仪设计的商品名。给出这一信息是为了方便本标准的使用者，并不表示选定该产品。如果其他等效产品具有相同的效果，则也可使用这些等效产品。

B.1.1 在软件中选择“Acquisition”和“Automatic Acquisitions”

B.1.2 出现一个对话框。在“Number of Acquisitions”中选择“16”，在“Delay between Acquisitions”中选择“1min”。

B.1.3 准备样品（见 9.5 和 9.6）。

B.1.4 样品管插入仪器后（见 9.7），立即点击“Start”。

B.2 首先选择“view”然后选择“Transmission”，将原始数据从 Turbisoft 软件导入到数据表程序，使用预先编排的程序计算可分离性数值。

B.2.1 选择“Edit”。

B.2.2 选择“Copy”。

B.2.3 打开一个电子数据表程序，选择“Paste All”。

B.2.4 电子数据表程序如表 B.1 所示。A 栏表示玻璃管的高度。B 栏表示第一次测量玻璃管各高度上透光率数值，时间为 0。依此类推，到 Q 栏表示第 15 min 时，第 16 次扫描玻璃管各高度上透光率数值。第一栏数据显示的是实际测量数值。该栏数据乘以 0.04 后确定在玻璃管该位置的透光率（因为每隔 0.04 mm 测量一次透光率）。

B.2.5 用 100 乘以所有其他数据得到透光率的百分数。

B.3 为计算可分离性值，从计算每次扫描透光率百分数的均值入手，每次扫描的范围是测量管长度的 10 mm~55 mm，这样得到每次测量的平均值（X_i）；

B.3.1 计算这些平均值的标准偏差，得到油品的可分离性值（S），S 也可以通过用于平均值计算的预编程序得到。

B.3.2 在表 B.1 中使用的缩略词，比如：平均值（Average）、标准偏差（Stdev）是在微软 excel 软件中所用的函数，在其他的电子表格程序中，这些函数可能会使用其他名字。

表 B.1 在电子数据表程序中计算油品可分离性值数值举例

	A	*B*	*C*	…	*Q*	
	高度/mm	透光率/% 扫描 1 （时间 = 0 min）	透光率/% 扫描 2 （时间 = 1 min）		透光率/% 扫描 16 （时间 = 15 min）	
1	10.00	21			89	
2	10.04	19			96	
3	10.08	20			…	
…	…	…			…	
1125	55.00	22			93	
1126		X_1 = Average（B_1 : B_{1125}） 第 1 次扫描全部测量值的平均值	X_2 = Average（C_1 : C_{1125}） 第 2 次扫描全部测量值的平均值	X_i	X_{16} = Average（Q_1 : Q_{1125}） 第 16 次扫描全部测量值的平均值	X_T = Average（B_{1125} : Q_{1125}）
						S = STDEV（B_{1126} : Q_{1126}）

附　录　C
（资料性附录）
使用 HEAVY FUEL 1.0 软件自动测量和计算可分离性值步骤

C.1　准备测量（见9.1），在该软件中选择一个用户名。

注：增加新用户名的方法有两种：（1）在名字数据库中点击“Option”和“User name”按钮；（2）直接点击“User name 用户”按钮；在闪动的位置输入“新用户”名称，一旦完成输入后，点击“Add 添加”按钮来进行确认，新用户名将出现在用户列当中。一旦成功地增加了新用户名，该用户将自动出现在用户名菜单下。

C.1.1　一旦用户名成功选定，“Start”按钮则从灰色变成绿色，表示软件已经完成准备，等待运行。

C.1.2　试样准备（见9.5和9.6）。

C.1.3　在仪器中插入玻璃管（见9.7），同时迅速地按一下“Start”按钮。

C.2　在15min测量时间内，以每分钟一次的频率，进行16次扫描，剩余时间显示在软件中。

C.3　16次扫描完成后测量结束，如10.1条所述，可分离性值被自动计算出来。接着，可分离性值则以石油储存稳定性（低、中或者高）的形式显示出来。

C.4　如果还有其他样品需要测量，则插入样品，选择“Start”按钮。如果想要将测量结果打印出来，可以依次点击软件菜单的“File”“Preview”“Print”按钮，就可以将所有的测定结果打印出来。该测量结果包括文件名称、可分离性值、储存稳定性、用户名、测量日期和测量时间，还包括可能的注解和仪器的序列号。

ICS 75.160.20
E 31

SH

中华人民共和国石油化工行业标准

NB/SH/T 0903—2015

脂肪酸甲酯中甲醇含量的测定 气相色谱法

Standard test method for determination of methanol content in fatty acid methyl esters by gas chromatography

2015-10-27 发布

2016-03-01 实施

国家能源局 发布

前 言

本标准按照 GB/T 1.1—2009 中给出的规则起草。

本标准使用重新起草法修改采用欧洲标准 EN 14110：2003《脂肪和油脂衍生物—脂肪酸甲酯—甲醇含量的测定》。

本标准与 EN 14110：2003 的主要差异及其原因如下：

——将标准名称修改为《脂肪酸甲酯中甲醇含量的测定　气相色谱法》，以简化并符合我国标准名称的编写要求；

——由于我国生物柴油原料较为复杂，产物中所含的轻组分有所不同，为方便标准使用，除 EN 14110：2003 中列出的条件（条件 A）外，增加了两种类型的色谱柱及其色谱条件 B 和条件 C，其中采用强极性 CP-Lowox 色谱柱的条件 C 可以用于放置较长时间的生物柴油中甲醇含量的测定，消除其他组分的干扰。同时 3.3 条增加了采用条件 C 时的内标物丙酮。

——按照我国行业标准的格式要求，将原附录 B 中的色谱图放至正文图 1 中，并增加了采用条件 B 和条件 C 的谱图图 2 和图 3，以方便使用。同时删除附录 B。

本标准由中国石油化工集团公司提出。

本标准由全国石油产品和润滑剂标准化技术委员会石油燃料和润滑剂分技术委员会（SAC/TC280/SC1）归口。

本标准起草单位：中国石油化工股份有限公司石油化工科学研究院。

本标准主要起草人：李长秀、孔翠萍。

本标准为首次发布。

脂肪酸甲酯中甲醇含量的测定　气相色谱法

警告：本标准没有对所涉及到的所有安全问题提出建议。因此，在使用本标准以前，用户应建立适当的安全和保护措施，并确定相关规章限制的适用性。

1　范围

本标准规定了用作生物柴油和民用取暖油的脂肪酸甲酯中甲醇含量的测定方法。

本标准适用于测定脂肪酸甲酯中质量分数为 0.01%~0.5%的甲醇含量。本标准不适用于含有其他低沸点组分的脂肪酸甲酯混合物中甲醇含量的测定。

2　方法概要

2.1　试样在密封瓶内加热至 80 ℃，使所含甲醇分子从液相中逸出至气相中，当甲醇组分在气液两相之间达到动态平衡时，取一定量的气相部分导入气相色谱系统中，采用火焰离子化检测器检测甲醇含量。一般情况下，甲醇是色谱图中的唯一峰。

2.2　甲醇含量可以采用外标法定量（方法 B），也可以通过在试样加热前加入内标物，根据计算的内标校正因子的方法进行定量（方法 A）。采用手动进样时应采用内标法（方法 A）。

3　试剂与材料

3.1　除非特别说明，所有试剂均使用分析纯。

3.2　甲醇：纯度高于 99.5%。

3.3　2-丙醇：纯度高于 99.5%，用于定量方法 A，作为内标物。

3.4　丙酮：纯度高于 99.5%，用于定量方法 A，作为内标物。

3.5　脂肪酸甲酯参考样品：甲醇质量分数低于 0.001%；

注：脂肪酸甲酯参考样品可以直接购买，或者按照如下方法制备：取脂肪酸甲酯总质量分数不低于 96.5%的脂肪酸甲酯，在分液漏斗中用蒸馏水洗三到五次，然后在减压和搅拌下，加热至 90℃蒸发除去水分。

3.6　载气：氮气，氦气或氢气，纯度高于 99%。

4　仪器

4.1　顶空样品瓶：容量 20 mL。

4.2　带有惰性隔垫（如聚四氟乙烯或氟橡胶）的金属瓶盖。

4.3　微量注射器：10 μL，分度值为 0.1 μL。

4.4　气体注射器：500 μL 或 1000 μL，配有锁定阀（手动进样用）。

4.5　压口钳和开口钳。

4.6　移液管：1 mL，2 mL，5 mL。

4.7　容量瓶：10 mL 和 25 mL。

4.8　气相色谱仪：配有毛细管柱，分流/不分流进样口（可配有自动顶空进样系统），火焰离子化检测器，以及色谱信号记录及积分系统。

4.9 毛细管柱：柱子应流出对称的甲醇峰，固定相可以是甲基聚硅氧烷（比如DB1，SE30）或者聚乙二醇（比如DBWAX，CAR-BOWAX），采用甲基聚硅氧烷固定相时，建议液膜厚度不小于0.5 μm。对于某些长久储存或组分复杂的生物柴油试样，可以采用对含氧化合物有强保留的色谱柱如CP-Lowox柱，以提高甲醇与其他干扰组分的分离效果。

注：配有上述固定相的填充柱或者Chromosorb 101填充柱也可使用。能够获得相同分离效果的其他类型的色谱柱也可使用。

4.10 自动顶空设备：自动顶空设备的重复性应不低于1%，这取决于实验条件，比如平衡温度，加热时间，顶空采样体积。必要时，可以通过重复分析同一个样品以检查顶空系统的重复性。

注：建议采用自动顶空设备，除了其良好的重复性外，还能够采用外标法进行自动、快速分析。也可以采用手动进样，但是当从小瓶中手动取气相部分并注入色谱系统中时需要格外小心。

4.11 分析天平：感量为0.1 mg。

4.12 恒温水浴或恒温箱：70 ℃或80 ℃。

4.13 恒温箱：60 ℃。

5 仪器准备

5.1 分析条件

5.1.1 根据柱子特性和载气类型选择合适的色谱运行条件，以保证甲醇和2-丙醇（或丙酮）色谱峰的分离度不小于1.5。

5.1.2 典型的色谱条件见表1。典型的色谱图见图1～图3。

表1 典型色谱条件

条件	条件A	条件B	条件C
色谱柱 固定相 尺寸	 OV-1 柱长30 m，内径0.32 mm，液膜厚度3 μm	 CP-Wax 柱长30 m，内径0.25 mm，液膜厚度0.25 μm	 CP-Lowox 柱长10 m，内径0.53 mm，液膜厚度10 μm
进样口温度/℃	150	200	200
柱箱温度/℃	50	50	150
载气	氢气、氮气或氦气	氢气、氮气或氦气	氢气、氮气或氦气
色谱柱前压/kPa	40	56	14
分流流量/（mL/min）	50	35	190
检测器 温度/℃ 流量/（mL/min）	火焰离子化检测器（FID） 250 H_2：35；空气：400；N_2：35	火焰离子化检测器（FID） 250 H_2：35；空气：400；N_2：35	火焰离子化检测器（FID） 250 H_2：35；空气：400；N_2：35
顶空采样条件 样品平衡温度/℃ 样品平衡时间/min 进样量/μL	 80 45 500～1000		

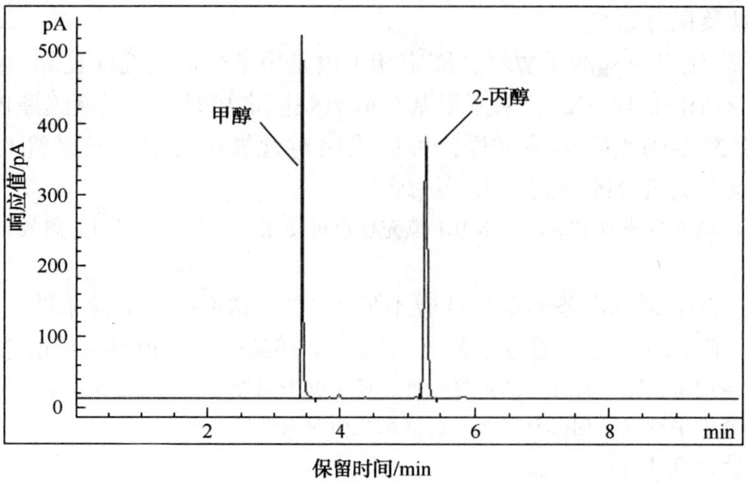

图 1　典型色谱图（条件 A）

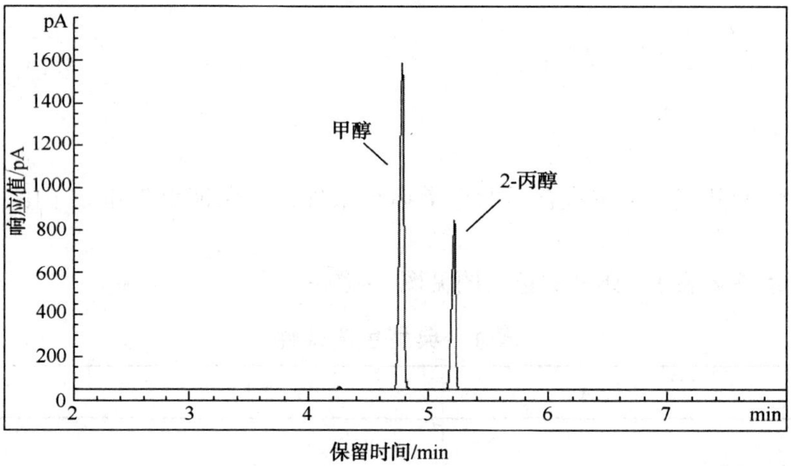

图 2　典型色谱图（条件 B）

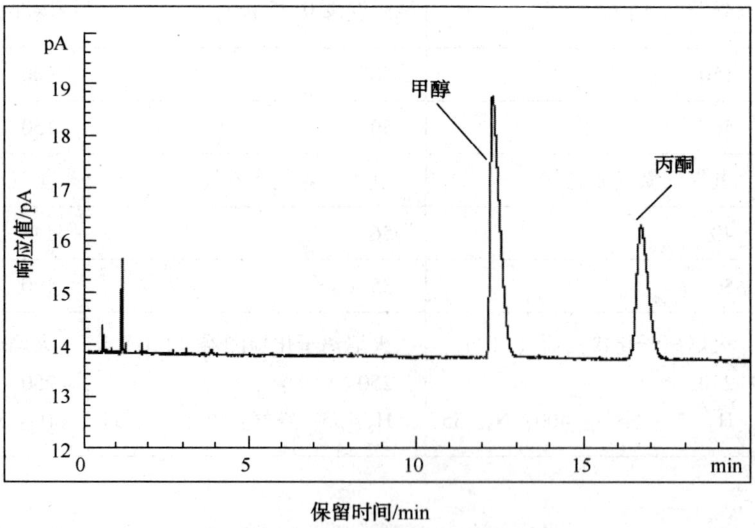

图 3　典型色谱图（条件 C）

5.2 操作

按照产品说明书安装和操作气相色谱仪。

6 校正溶液

配制三个甲醇含量大致如下所示的脂肪酸甲酯的校正溶液。

注：按照方法测定范围所制备的三个校正溶液可以满足日常分析操作的要求。如果需要测定其他浓度范围的试样，可以采用其他浓度或更多的校正溶液。

6.1 校正溶液 A（甲醇质量分数 0.5%）

向 25 mL 容量瓶中加入 25 mL 脂肪酸甲酯参考样品，并用微量注射器向液相中加入约 112 mg（142 μL）甲醇，分别准确称量脂肪酸甲酯和甲醇的质量，精确至 0.1 mg，剧烈振摇以确保混合均匀。

6.2 校正溶液 B（甲醇质量分数 0.1%）

准确移取 5 mL 校正溶液 A 于 25 mL 容量瓶中，小心加入脂肪酸甲酯参考样品至刻度线。

6.3 校正溶液 C（甲醇质量分数 0.01%）

准确移取 1 mL 校正溶液 B 于 10 mL 容量瓶中，小心加入脂肪酸甲酯参考样品至刻度线。

7 试验步骤

两种定量方法可选，内标法和外标法的详细说明分别见 7.1 条和 7.2 条。

7.1 方法 A——内标法

只有当待测样品数量较少，且没有自动顶空设备时，才优先选用此定量方法。对于手动进样，见 4.10 条后的注。

7.1.1 内标校正

7.1.1.1 分别向三个顶空样品瓶中加入 5 g±0.01 g 的校正溶液 A、B 或 C，并用微量注射器向液相中加入 5 μL 2-丙醇或丙酮。立即压紧瓶盖，剧烈振摇，使混合均匀。

7.1.1.2 每隔 10 min 将内标液样品瓶置于恒温水浴箱中，放置 45 min。

7.1.1.3 在恒温箱中，将气体注射器（4.4）预热至 60 ℃。取上述溶液的 500 μL 或 1000 μL 气相（顶空）进行色谱分析。

7.1.1.4 按照式（1）计算每个校正溶液的校正因子 F，F 值应修约至小数点后两位。

$$F=\frac{C_m \times S_i}{C_i \times S_m} \qquad (1)$$

式中：

C_i——校正溶液中 2-丙醇或丙酮的质量分数，%（5 μL 2-丙醇加入到 5.0 g 标准液中时，C_i = 0.0785%）；

C_m——校正溶液中甲醇的质量分数，%；

S_i——2-丙醇或丙酮的峰面积；

S_m——甲醇的峰面积。

7.1.1.5 用三个校正溶液测定得到的 F 值，其变异系数应小于 15%，如若超出，应检查试验误差来源，并从第 6 章开始重新进行校正。三个校正溶液校正因子的平均值（采用 2-丙醇时大约为 0.7）用于进行下述 7.1.2 的校正计算。

7.1.2 用内标法分析计算

试样的准备和分析条件应与 7.1.1 中校正溶液的试验条件完全一致。按照式（2）计算试样中甲醇的质量分数 C_m，修约至小数点后两位。

$$C_m = \frac{F \times S_m \times C_i}{S_i} \quad \cdots\cdots (2)$$

式中：

F——根据 7.1.1 得到的校正因子；

S_m——甲醇的峰面积；

C_i——试样中 2-丙醇或丙酮的质量分数，%（5 μL 2-丙醇加入到 5.0 g 样品中时，C_i = 0.0785%）；

S_i——2-丙醇或丙酮的峰面积。

7.2 方法 B——外标法

当配备有自动顶空设备，进行大量样品分析时通常优先选用此方法。若没有自动顶空设备，只能采用手动进样时不推荐采用外标法。

7.2.1 外标校正

7.2.1.1 向顶空样品瓶中分别加入 2 mL 校正溶液 A、B 或 C，立即盖上样品瓶盖，摇匀。然后将样品瓶置于顶空进样器中，按照产品说明书进行样品分析操作。

7.2.1.2 采用线性回归进行校正计算，以甲醇含量为自变量，峰面积为因变量绘制标准曲线。由得到的斜率 d，y 轴截距 e，回归方程可转化为式（3）：

$$C_m = a + b \times S_m \quad \cdots\cdots (3)$$

式中：

C_m——甲醇的质量分数，%；

a——由（$-e/d$）得到的系数；

b——由（$1/d$）得到的系数；

S_m——甲醇的峰面积；

d——标准曲线的斜率；

e——标准曲线的 y 轴截距。

7.2.1.3 如果标准曲线方程的相关系数小于 0.95，应检查试验误差来源，并从第 6 章开始重新进行校正。

7.2.2 用外标法分析计算

试样的准备和试验条件应与 7.2.1 中校正溶液的试验条件完全一致。按照公式（3）计算试样中甲醇的质量分数 C_m，修约至小数点后两位。

8 精密度

方法 A 和方法 B 的精密度数据均由 1999 年组织的多个实验室间试验获得（参见附录 A）。试验数据显示，对于甲醇质量分数在0.01%～0.20%范围内，方法A和方法B（手动进样操作或自动顶空进样操作）没有显著性差别。按下述规定判断试验结果的可靠性（95%置信水平）。

8.1 重复性 r

同一操作者，使用同一台仪器，同一种方法，对同一试样连续重复测定的两个结果之差不应超过式（4）得到的值：

$$r = 0.056X + 0.001 \tag{4}$$

式中：

X——重复测定的两个结果的平均值。

8.2 再现性 R

不同操作者，使用不同仪器，同一种方法，对同一试样分别测定所得的两个单一和独立结果之差不应超过式（5）得到的值：

$$R = 0.221X + 0.003 \tag{5}$$

式中：

X——两个独立测定的结果的平均值。

9 报告

报告应说明：

——试样信息的完整说明；

——所用取样方法；

——所采用的方法步骤及本标准号；

——本标准未列出的操作细节，以及有可能影响分析结果的其他因素；

——测定结果，如果进行了重复性测试，报出最终结果。

附 录 A
(资料性附录)
实验室间试验结果

A.1 本试验涉及欧洲范围6个国家10个实验室对5个试样的分析结果:

——试样1:由菜籽油和葵花籽油混合物制备的脂肪酸甲酯(25∶75);

——试样2:由葵花籽油制备的脂肪酸甲酯;

——试样3:由菜籽油制备的脂肪酸甲酯;

——试样4:由菜籽油和葵花籽油混合物制备的脂肪酸甲酯(75∶25);

——试样5:由菜籽油制备的脂肪酸甲酯。

A.2 本试验项目由CEN TC 307/WG1工作组于1999年组织进行,获得的试验结果按照EN ISO 4259的要求进行统计分析,得到的精密度数据见表A.1和表A.2。

表A.1 内标法

试样	1	2	3	4	5
参加的实验室数目($N°$)	10	10	10	10	10
去除界外实验室后的实验室数($N°$)	8	8	9	9	8
测定平均值/%(质量分数)	0.071	0.105	0.008	0.020	0.136
重复性测定标准偏差/%(质量分数)	0.002	0.003	0.000	0.001	0.030
再现性测定标准偏差/%(质量分数)	0.007	0.013	0.001	0.003	0.011
重复性限值 r/%(质量分数)	0.005	0.008	0.001	0.002	0.008
再现性限值 R/%(质量分数)	0.018	0.037	0.003	0.007	0.030

表A.2 外标法

试样	1	2	3	4	5
参加的实验室数目($N°$)	8	8	8	8	8
去除界外实验室后的实验室数($N°$)	6	7	7	7	7
测定平均值/%(质量分数)	0.063	0.097	0.007	0.017	0.122
重复性测定标准偏差/%(质量分数)	0.001	0.003	0.001	0.001	0.002
再现性测定标准偏差/%(质量分数)	0.006	0.009	0.002	0.003	0.010
重复性限值 r/%(质量分数)	0.004	0.008	0.002	0.002	0.006
再现性限值 R/%(质量分数)	0.016	0.025	0.004	0.008	0.027

参 考 文 献

[1] EN ISO 4259，石油产品试验方法精密度确定和应用（ISO 4259：1992/Cor 1：1993）

ICS 75.100
E 34

SH

中华人民共和国石油化工行业标准

NB/SH/T 0904—2015

自动传动液氧化安定性测定法

Testing methods for oxidation stability of automatic transmission fluid

2015-10-27 发布　　2016-03-01 实施

国家能源局　发布

前　言

本标准按照 GB/T 1.1—2009 给出的规则起草。

本标准使用重新起草法参考 JIS K2514-1996《润滑油氧化安定性测定法》编制。与 JIS K2514-1996 的一致性程度为非等效。

本标准试验原理与 JIS K2514-1996 中第 4 章内燃机用润滑油氧化安定性的试验部分基本相同，但试验条件不同，JIS K2514-1996 的试验条件为规定试验温度为 165.5 ℃，试验时间为 24 h；为了使试验方法适用于自动传动液，根据 JASO M315《自动传动液产品规格》将试验温度修改为 150 ℃，试验时间修改为 96 h。

本标准由中国石油化工集团公司提出。

本标准由全国石油产品和润滑剂标准化技术委员会石油燃料和润滑剂分技术委员会（SAC/TC 280/SC 1）归口。

本标准起草单位：中国石油天然气股份有限公司大连润滑油研究开发中心。

本标准主要起草人：赵治宇。

本标准为首次发布。

自动传动液氧化安定性测定法

警告：本标准的应用可能涉及到某些有危险性的材料、操作和设备。但并未对此有关的所有安全问题都提出建议。用户在使用本标准之前有责任制定相应的安全和防护措施，并确定相关规章限制的适用性。

1 范围

本标准规定了一种评价自动传动液氧化安定性的测定方法。

本标准适用于自动传动液等相关润滑油产品。

2 规范性引用文件

下列文件对于本文件的应用是必不可少的。凡是注日期的引用文件，仅所注日期的版本适用于本文件。凡是不注日期的引用文件，其最新版本（包括所有的修改单）适用于本文件。

GB/T 265　石油产品运动黏度测定法和动力黏度计算法

GB/T 514—2005　石油产品试验用玻璃液体温度计技术条件

GB/T 3094—2000　冷拔异形钢管

GB/T 4423—2007　铜及铜合金拉制棒

GB/T 6682—2008　分析实验室用水规格和试验方法

GB/T 7304　石油产品酸值的测定　电位滴定法

GB/T 15305.1　涂附磨具　砂页

GB/T 15894　化学试剂　石油醚

YY 0330　医用脱脂棉

3 术语和定义

下列术语和定义适用于本文件。

3.1

未氧化油 unoxidized oil

氧化试验前的试验样品。

3.2

氧化油 oxidized oil

氧化试验后的试验样品。

3.3

黏度比 viscosity ratio

氧化试验后，氧化油与未氧化油的黏度比值。

3.4

允差 tolerance

在一定测量条件下规定的测量误差绝对值的允许值。

3.5

附着度 lacquer degree

表示试验后玻璃棒上漆状物质或者油泥的附着程度。

4 方法概要

将钢、铜催化剂和玻璃棒浸入到试验油中，在150 ℃的温度下搅拌试验油96 h使之氧化。测定氧化油的运动黏度和酸值并与未氧化油相比较，计算出黏度比和酸值的变化。同时观察玻璃棒上漆状物质或者油泥的附着状态。

5 仪器

润滑油氧化安定性测定仪如图1所示。

单位为毫米

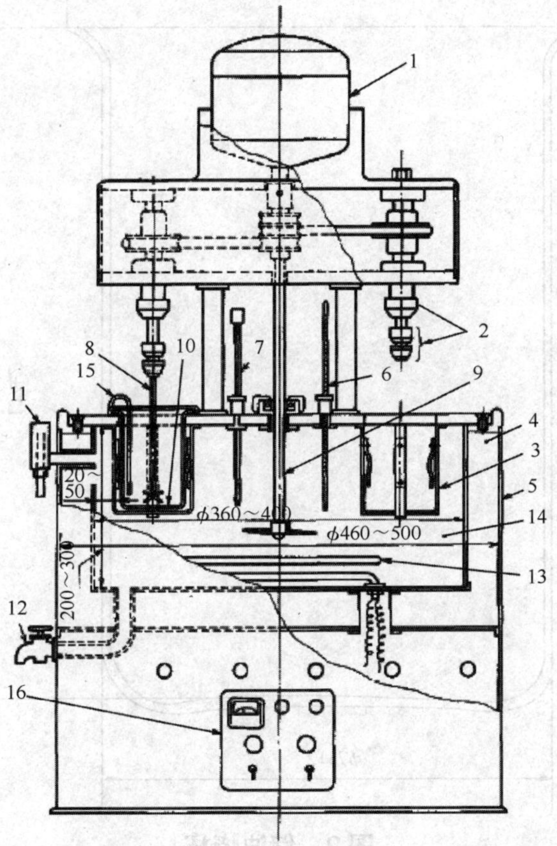

1——电动机；
2——转子；
3——储油烧杯固定装置；
4——保温材料；
5——保温壁；
6——温度计；
7——温度调节器；
8——搅拌棒；
9——搅拌器；
10——玻璃储油烧杯；
11——溢流管；
12——放空阀；
13——加热器；
14——浴槽；
15——玻璃棒；
16——控制面板。

图1 润滑油氧化安定性测定仪示意图

5.1 加热浴

加热浴装有搅拌器、加热器、温度调节器。油浴温度应保持在 150.0 ℃±0.5 ℃，从加热浴顶部到储油烧杯底部的高度需设置为 120 mm，以使储油烧杯至少浸入浴液 90 mm。

5.2 温度计

满足 GB/T 514—2005 中规定的 GB-59 棒式温度计。

5.3 玻璃储油烧杯以及储油烧杯盖

5.3.1 玻璃储油烧杯

形状和尺寸如图 2 所示，由硼硅酸盐玻璃制成。

单位为毫米

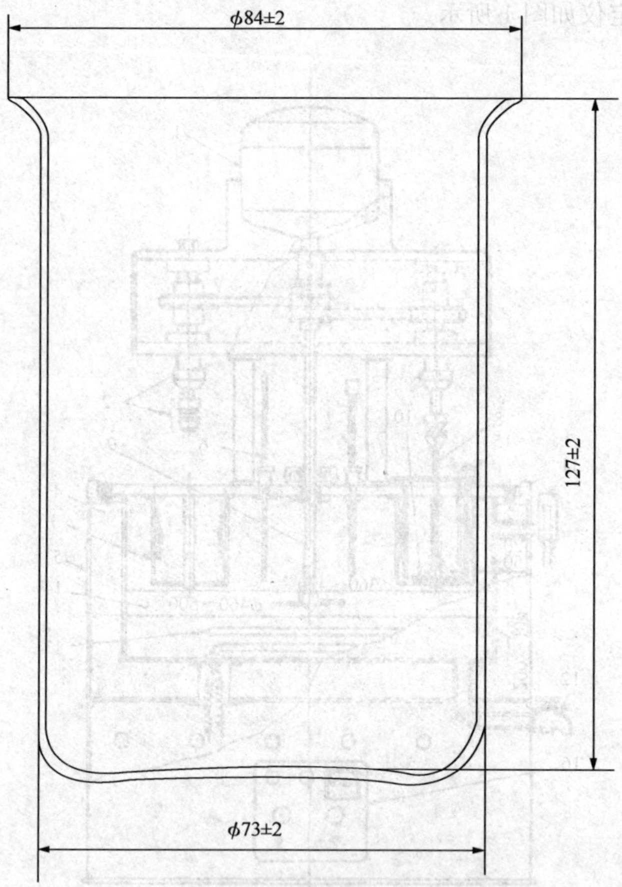

图 2 储油烧杯

5.3.2 储油烧杯盖

形状、尺寸如图 3 所示，由酚醛树脂制成，盖上备有搅拌棒和玻璃棒的插入孔。

注：变形或破损的盖，可使内部空气置换比例发生变化，因此有时会造成试验结果的偏离，应引起注意。

5.4 搅拌棒

形状、尺寸如图 4 所示，由硼硅酸盐玻璃或 0Cr18Ni9 不锈钢（304 不锈钢）制成。

单位为毫米

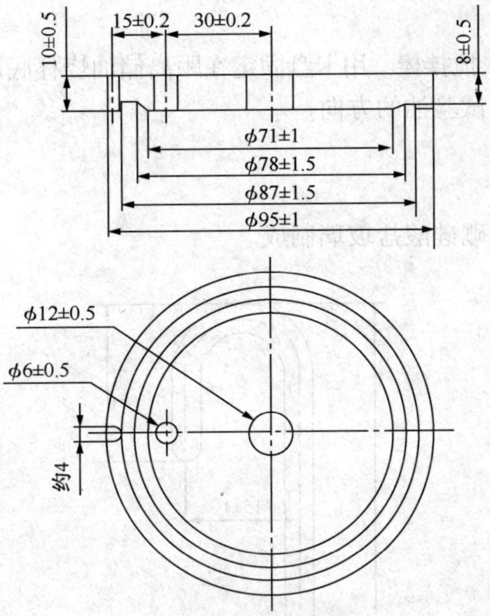

图 3　储油烧杯盖

单位为毫米

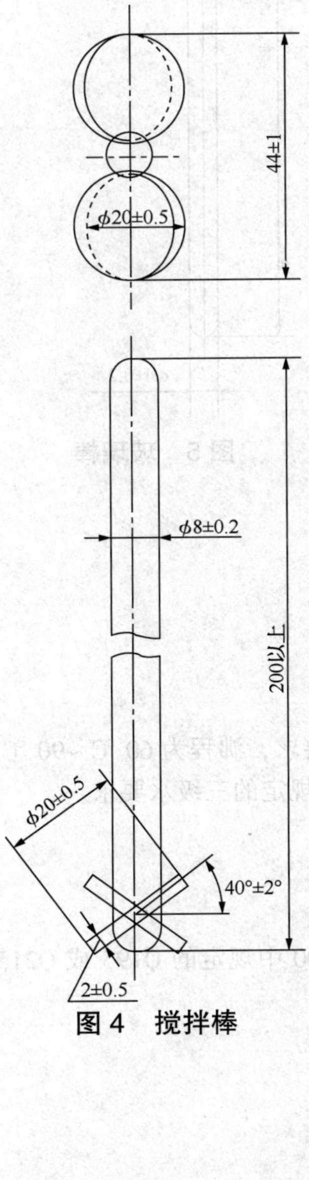

图 4　搅拌棒

5.5　转子

形状如图 1 所示，从下方插入搅拌棒，用卡盘固定在距离储油烧杯底部 10 mm 的位置。以 1300 r/min±15 r/min 旋转，方向为叶片下压试验油的方向。

5.6　玻璃棒

形状、尺寸如图 5 所示，由硼硅酸盐玻璃制成。

单位为毫米

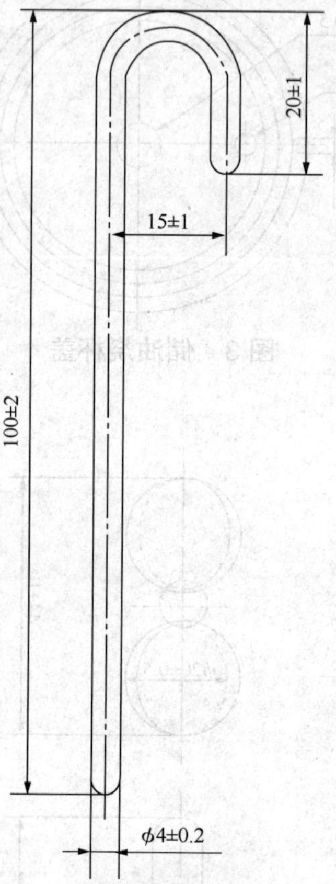

图 5　玻璃棒

6　试剂与材料

6.1　试剂

6.1.1　正庚烷：分析纯。
6.1.2　石油醚：符合 GB/T 15894 的要求，沸程为 60 ℃～90 ℃，分析纯。
6.1.3　水：满足 GB/T 6682—2008 中规定的三级水要求。

6.2　材料

6.2.1　催化剂：
6.2.1.1　钢：材质为 GB/T 3094—2000 中规定的 Q195 或 Q215，厚度为 0.5 mm，宽度为 26 mm，长度为 121.4 mm。

6.2.1.2　铜：材质为 GB/T 4423—2007 中规定的 T2，厚度为 0.5 mm，宽度为 26 mm，长度为 60.4 mm。

注 1：如图 6 所示，在钢及铜催化剂两端开固定孔（ϕ1.0 mm）。

注 2：亦可使用图 7 所示的形状的钢和铜催化剂。按铜催化剂两端的折线（因弯曲而形成的痕迹）弯曲成爪，在钢催化剂两端做出插入爪的沟孔。两个催化剂组合时，铜催化剂爪插入钢催化剂沟孔，按折线将爪使劲弯下固定。

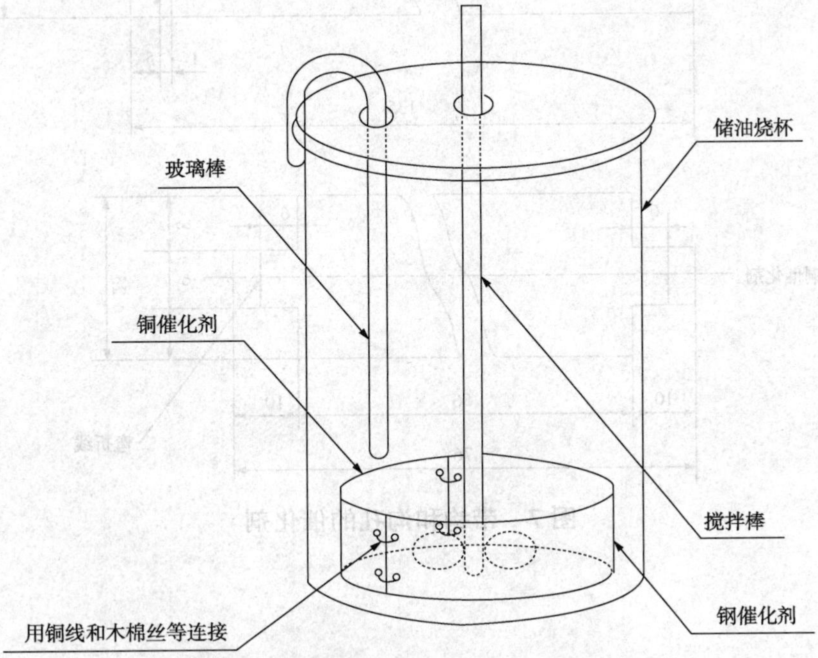

图 6　储油烧杯及催化剂的装配图

6.2.2　研磨材料：研磨剂的材质为符合 GB/T 15305.1 规定的氧化铝研磨材料或石榴石磨料，粒度为 P400 的页状干磨砂布或砂纸。

6.2.3　脱脂棉：满足 YY0330 规定的医用脱脂棉

7　试验准备

7.1　将储油烧杯、搅拌棒和玻璃棒放入铬酸洗液或与其等同作用的洗剂中，浸泡 2h 以上，用自来水充分清洗，再用蒸馏水洗数次后干燥。

注 1：如是不锈钢制搅拌棒，应用溶剂清洗后干燥。

注 2：铬酸洗液废弃时应进行废液的无害化处理。

7.2　用脱脂棉蘸取适当的溶剂（石油醚，正庚烷等）后仔细擦拭两种催化剂，再用研磨布或砂纸研磨出新的表面，之后用干脱脂棉将研磨粉完全擦去，按照图 6 所示进行组装。研磨后的催化剂，应立即用于试验。接触研磨后的催化剂时应使用清洁干燥的脱脂棉或木棉手套，不可用手直接接触。

7.3　加热浴的温度应控制在 150.0 ℃±0.5 ℃。应在能够读取温度的范围内尽可能将温度计插深。

注：个别产品标准要求的试验温度与本标准不同时，按照其规定温度操作。

单位为毫米

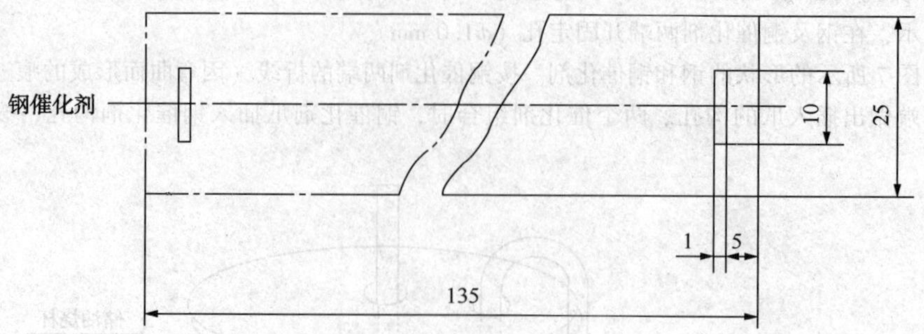

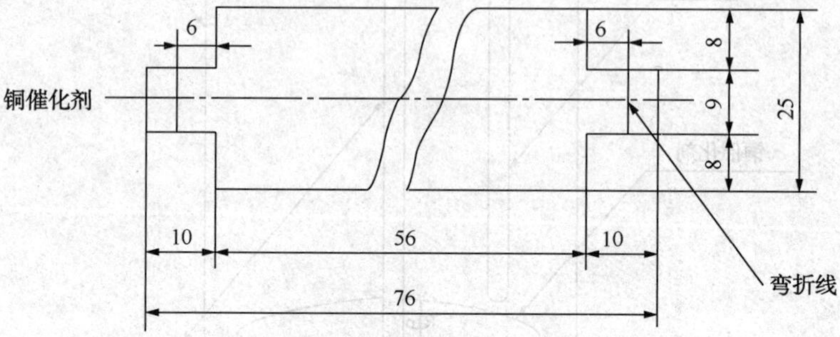

图7　带钩和沟孔的催化剂

8　试验步骤

8.1　如图6所示，在放入催化剂的两个储油烧杯中，在室温下分别倒入试验油250 mL，将两个储油烧杯固定在装置上。在搅拌棒穿过盖子后将储油烧杯盖好，将搅拌棒安装在转子上，使叶片下端距容器底部保持10 mm以上，再安装玻璃棒。安装搅拌棒以及玻璃棒后，禁止用手直接接触其浸入试验油部分。

注：如预先知道两个测定结果的运动黏度比（见9.1）之差不超过平均值的14%，而测定前后的酸值（见9.2）之差在表1的允差值以内，且在附着度一致的情况下，也可使用一个储油烧杯进行检测，此种情况下，第9章的计算方法如下：

1）黏度比为一个试验油氧化前后的运动黏度之比。

2）酸值增加为一个试验油氧化前后的酸值之差。

3）附着度取一个试验油的结果。

8.2　搅拌棒在1300 r/min±15 r/min的转速下以将试验油的下压的方向进行旋转，搅拌试验油。记录搅拌棒开始转动的时间，作为试验的开始时间。

8.3　经过96 h后，将储油烧杯从加热浴中取出，抽出玻璃棒，用干净的镊子将催化剂取出，将氧化油冷却至室温。

注：个别产品标准要求的试验时间与本标准不同时，按照其规定时间操作。

8.4　未氧化油、降至室温的氧化油以及玻璃棒，迅速进行以下的测试。

8.4.1　按照GB/T 265的标准测定未氧化油和氧化油在40 ℃的运动黏度。

8.4.2　按照GB/T 7304的标准测定未氧化油和氧化油的酸值。

8.4.3　用石油醚清洗玻璃棒，去除氧化油后干燥。查看是否有漆状物或泥状物质附着，如有附着物，则与玻璃棒比色卡（图8）比较得出相当玻璃棒着色程度的颜色号，并记录。

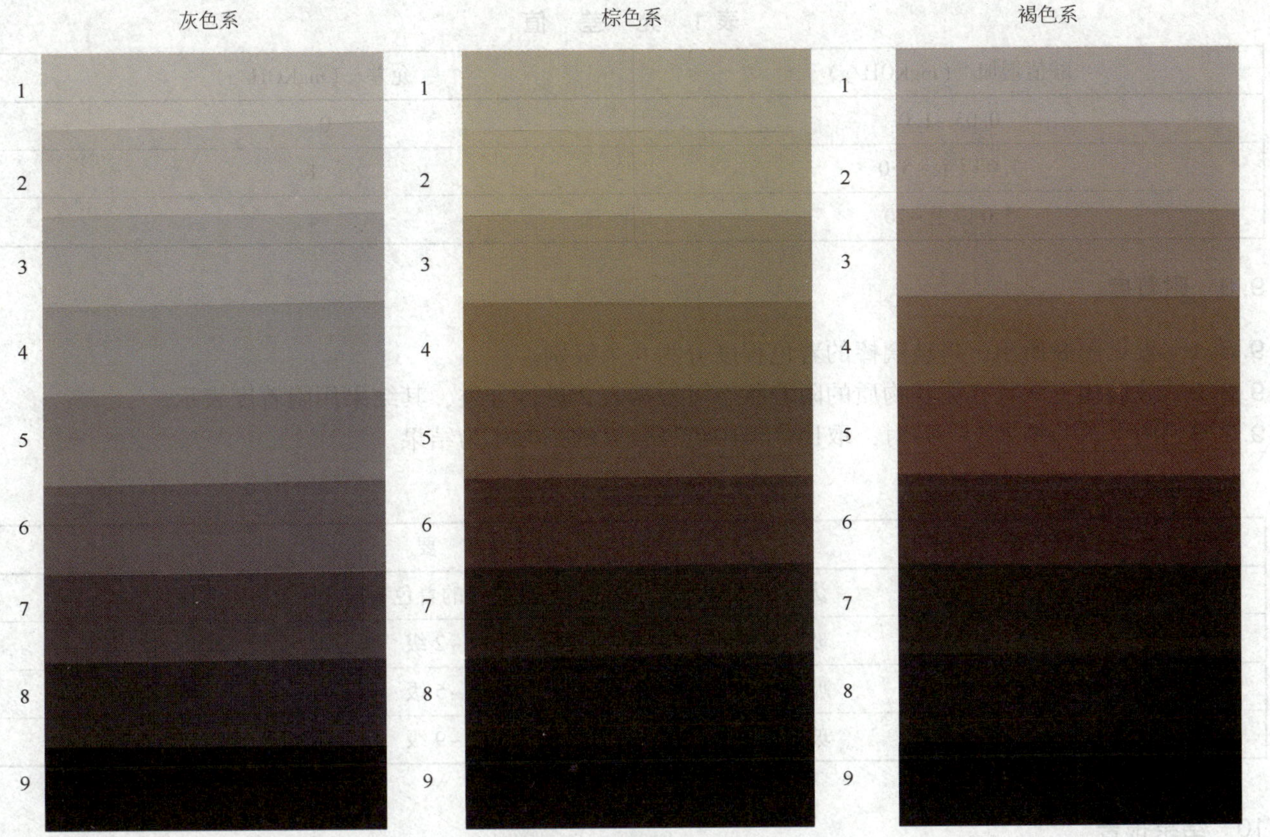

图 8 玻璃棒比色卡

9 计算

9.1 黏度比

9.1.1 根据氧化前后试验油的运动黏度可以由式（1）算出黏度比，保留小数点后两位。

$$R=\frac{D_2}{D_1} \qquad (1)$$

式中：

R——黏度比；

D_1——40 ℃的未氧化油的运动黏度，单位为平方毫米每秒（mm^2/s）；

D_2——40 ℃的氧化油的运动黏度，单位为平方毫米每秒（mm^2/s）。

9.1.2 两个试验结果之差不超过两试验结果平均值的 14%时，则该两个试验结果的平均值记为黏度比。

9.1.3 两个试验结果之差超过两试验结果平均值的 14%时，则认为该组试验无效。

9.2 酸值增加

计算出氧化前后试验油的酸值的差，保留三位有效数字。但不足 1 mgKOH/g 时，保留小数点后两位。两个试验结果之差不超过表 1 的允差时，则该两个试验结果的平均值记为酸值的增加。两个试验结果之差超过表 1 的允差时，则认为该组试验无效。

表1 允 差 值

酸值增加/（mgKOH/g）	允差/（mgKOH/g）
0.05~1.0	0.3
1.0以上~5.0	1
5.0以上~20	4

9.3 附着度

9.3.1 根据图8所示，将玻璃棒的着色程度分为9个级别。

9.3.2 玻璃棒上漆状或泥状物质的附着状态可根据表2进行分类，其结果用附着度表示。

9.3.3 两个试验结果不一致时，取比色卡中色号较大的一方作为结果。

表2 附着度的分类标准

附着度	摘 要
无附着物	认定玻璃棒上无附着物，或玻璃棒的着色程度小于比色计1级
附着物（稀）	玻璃棒的着色程度符合比色计1级~2级
附着物（中）	玻璃棒的着色程度符合比色计3级~5级
附着物（稠）	玻璃棒的着色程度符合比色计6级~9级

10 结果报告

试验结果报告至少应包含以下内容。

——实验室信息及试验日期；

——应用本标准；

——试验油名称；

——第9章中所得的结果；

——特殊事项。

编者注：本标准中引用标准的标准号和标准名称变动如下。

原标准号	现标准号	现 标 准 名 称
YY 0330	YY/T 0330	医用脱脂棉

ICS 75.080
E 30

SH

中华人民共和国石油化工行业标准

NB/SH/T 0905—2015

石油产品颜色的测定 自动三刺激值法

Standard test method for color of petroleum products by the automatic tristimulus method

2015-10-27 发布 2016-03-01 实施

国家能源局 发布

前　言

本标准按照 GB/T 1.1—2009 给出的规则起草。

本标准使用重新起草法修改采用 ASTM D6045-12《石油产品颜色的测定　自动三刺激值法》。

本标准与 ASTM D6045-12 主要技术差异如下：

——本标准的部分引用标准改为我国相应的国家标准。

本标准由中国石油化工集团公司提出。

本标准由全国石油产品和润滑剂标准化技术委员会石油燃料和润滑剂分技术委员会（SAC/TC280/SC1）归口。

本标准起草单位：中石化洛阳工程有限公司。

本标准参加起草单位：中国石油化工股份有限公司抚顺石油化工研究院，中国石油天然气股份有限公司锦西石化分公司。

本标准主要起草人：洪丽雁、李利锋、王桂英、李怿、赵彬、于爱东。

本标准为首次发布。

石油产品颜色的测定　自动三刺激值法

警告：本标准涉及某些有危险性的材料、操作和设备，但是未对使用中涉及的所有安全问题都提出建议。因此，用户在使用本标准之前应建立适当的安全和防护措施，并确定相关规章限制的适用性。

1　范围

本标准规定了用三刺激值法测定石油产品颜色的方法。本标准中的仪器根据相应的运算规则自动将测定结果转换成相应的 GB/T 3555 和 GB/T 6540 的色度号。

本标准适用于未加染色剂的车用汽油、航空汽油、喷气燃料、石脑油、煤油、白油、柴油、加热用燃料油、润滑油等石油产品。本标准不适用于固体试样及含染色剂或有强荧光的石油产品。

注：通过适当的样品处理，本标准可用于石油蜡颜色的测定，但是本标准的精密度数据不适用于石油蜡。

本标准与 GB/T 6540 颜色的全部范围有对应关系，与 GB/T 3555 赛波特颜色从 0~+30 有对应关系。

2　规范性引用文件

下列文件中对本文件的应用是必不可少的。凡是注日期的引用文件，仅注日期的版本适用于本文件。凡是不注日期的引用文件，其最新版本（包括所有的修改单）适用于本文件。

GB/T 3555　石油产品赛波特颜色测定法（赛波特比色计法）

GB/T 4756　石油液体手工取样法

GB/T 6540　石油产品颜色测定法

GB/T 6986　石油产品浊点测定法

IEC 867　绝缘液体—未用过的基于合成芳烃化合物的规范（Insulating liquids—Specification for unused liquids based on synthetic aromatic hydrocarbons）

ASTM E 308　用 CIE 系统计算物体颜色的规程（Practice for computing the colors of objects by using the CIE system）

3　术语和定义

下列术语和定义适用于本文件。

3.1

三刺激值 tristimulus values

用于与一种颜色匹配的三种特定刺激的数值。

注：在 CIE 系统，它们被指定了符号 X，Y，Z。

3.2

CIE

国际照明委员会法语名称的缩写。

3.3

CIE 标准照明体 C　CIE Standard Illuminant C

一种色度光源，由 CIE 采用相对谱强分布的概念定义，用相关色温 6774 K 代表日光。

3.4

CIE1931 标准观察者 CIE1931 standard observer

带颜色匹配函数 $x(\lambda)$、$y(\lambda)$、$z(\lambda)$ 的理想色度观察者，$x(\lambda)$、$y(\lambda)$、$z(\lambda)$ 与视网膜 2° 角相对的观察视场相对应，通常称 2°标准观察者。

3.5

赛波特颜色 Saybolt color

一种经验尺度，表示透明石油产品的颜色，按 GB/T 3555 测定，范围为-16（最深）~+30（最浅）。

3.6

ASTM 颜色 ASTM color

一种经验尺度，表示比赛波特颜色深的液体石油产品的颜色，用 GB/T 6540 测定，其范围为 0.5 号（最浅）~8.0 号（最深）。

4 方法概要

4.1 把试样注入玻璃试样池中，并将其置于自动仪器的光路中。仪器测定试样的透光率以得到 CIE 三刺激值（在 CIE 标准照明体 C 和 CIE1931 标准观察者下），通过适当的算法自动转化为赛波特颜色号或 ASTM 颜色号。

4.2 试样的颜色根据需要按 GB/T 3555 或 GB/T 6540 报告。

5 方法应用

石油产品的颜色的测定主要目的是用于生产控制。由于颜色很容易观察，因此颜色是一个重要的质量指标。在某些情况下，颜色还可以指示原料加工精制程度。当已知某种特定产品的颜色时，如果发现颜色超出可接受的范围，可能表明该产品被其他物质污染了。但是颜色并不总是评价产品质量的可靠标准，因此在产品标准中不能不加区别地使用。

6 仪器

6.1 本标准可以使用 6.1.1 或 6.1.2 所描述的两种仪器。

6.1.1 分光光度计：分光光度计应满足以下规定：

6.1.1.1 波长范围：380 nm~780 nm。

6.1.1.2 有效波长宽度：通过分光光度计狭缝光束的有效波长宽度应为 10 nm±2 nm 或 5 nm±1 nm。

6.1.1.3 线性：刻度的±0.5%，光度的再现性：±0.2%。

6.1.1.4 波长精度：±1 nm。

6.1.1.5 几何条件：法线照明和采集。照明光束不包括与中心线角度不小于 5°范围的射线。照明光束的中心线相对于样品表面垂线的倾斜角度在 0°±2°范围内。

6.1.1.6 分光光度计应能用 CIE 标准照明体 C 和 CIE 1931 标准观察者计算三刺激值（CIE XYZ）。

6.1.1.7 如果其他类型的分光光度计的测定结果与 6.1.1.1~6.1.1.6 所描述仪器的测定结果等同，也可以使用。

6.1.2 三刺激滤光片色度仪：对测定透明液体的颜色具有高精密度。仪器应能够用 CIE 标准照明体 C 和 CIE 1931 标准观察者按 ASTM E308 规定，将样品透射光（在正常照射/正常检测下）转换为三刺激值。通过仪器测定的三刺激值（CIE XYZ）与 GB/T 3555 和 GB/T 6540 两种方法的颜色号之间的关联，仪器可以将测定结果转换成等效的赛波特颜色号和（或）ASTM 颜色号。仪器应能自动计算出赛波特颜色号和（或）ASTM 颜色号。

6.1.3　试样池：干净无色透明，没有被所测试样污染。33 mm 光程试样池用于测量 ASTM 颜色，100 mm 光程试样池用于测量赛波特颜色，仪器操作人员应按仪器说明书操作。

6.2　超声波浴：（选件）非加热型，大小适宜，能够支撑放进浴内的样品容器，有效地将黏稠样品中的气体或气泡消除，以进行测定。

7　试剂和材料

7.1　试剂纯度：所有的试验都用分析纯试剂。如果能够确认不会降低测量准确度，其他等级的试剂也可以使用。

7.2　稀释溶剂：煤油，用本标准或 GB/T 3555 测得赛波特颜色号为+21 或更浅，用于深色油品稀释后 ASTM 颜色的测定。另外，颜色满足上述要求的合适的白油或溶剂油也可以作为稀释溶剂使用。

警告：煤油易燃，蒸气有害。

8　取样

8.1　取样按照 GB/T 4756 的要求进行。

8.2　一些黏稠样品如润滑油等，使用油浴加热时，容易将气体或气泡保留其中，可以用超声浴（如果该浴有加热功能，不要将加热功能打开），超声 10 min，以除去样品中的气体或气泡。

9　试样的准备

对于液体石油产品如润滑油等，如果试样不透明，需加热至其浊点 6℃ 以上（见 GB/T 6986），并在此温度下测定颜色。如果试样大于 8 号 ASTM 颜色，则把 15 份试样与 85 份煤油（体积比）混合，测定混合物的颜色。

10　试验步骤

10.1　校准：按仪器说明书准备分光光度计或三刺激滤光片色度仪。

10.1.1　定期按仪器说明书测定赛波特颜色和/或 ASTM 颜色标准样品，来检查仪器的性能。色度标准样品制备方法参见附录 A。

10.1.2　基本的校准步骤参见附录 B。

10.2　测定：将盛有试样的试样池放入仪器中，按仪器说明书进行测定。

10.3　根据要求记录赛波特颜色号或 ASTM 颜色号。

11　报告

11.1　试样的赛波特颜色号修约至整数。

11.2　试样的 ASTM 颜色按照下列方法报告：

11.2.1　如果结果的小数值在 $X.1 \sim X.4$ 之间，则在该数字之前加“小于”并变小数值为 $X.5$（例如，3.1~3.4，报告为小于 3.5 号）；

11.2.2　对于结果的小数值为 $X.5$，则报告该值（例如，对于 3.5，报告 3.5 号）；

11.2.3　如果结果的小数值在 $X.6 \sim X.9$ 之间，则在该数字之前加“小于”并将该值修约至下一个整数值（例如，3.6~3.9，报告为小于4.0号）；

11.2.4 如果结果的小数值为X.0，则报告该值。（例如，对于4.0，报告4.0号）；

11.2.5 如果结果大于8.0号的，报告为大于8.0号。

11.3 如果试样按第9章经过稀释，报告混合物的颜色时加注“稀释”字样。例如，小于7.5号（稀释）。

注：如果试样经过稀释，实验室可以采用其他合适的方法注明，只要能够使客户明白试样时经过稀释即可。

11.4 对于浑浊试样不能直接进行测试，应在测定前将试样进行过滤至透明。如果试样经过过滤，报告加注“试样过滤”字样。

12 精密度和偏差

12.1 精密度

按下述规定判断试验结果的可靠性（95%置信水平）。

12.1.1 重复性：同一操作者，使用相同的仪器，按相同的试验方法进行测定，对同一试样连续测定得到的两个试验结果之差不大于下列数值：

赛波特颜色号 $r_1=0.14$

ASTM 颜色号 $r_2=0.10$

12.1.2 再现性：不同操作者，在不同实验室，对相同的试样，按相同的方法进行测定，所得的两个单一、独立测试结果之差不应超过下列数值：

赛波特颜色号 $R_1=1.24$

ASTM 颜色号 $R_2=0.48$

12.2 偏差

12.2.1 本标准和GB/T 6540之间的关联没有偏差。

12.2.2 本标准与GB/T 3555在0~+30范围内的关联没有偏差，在0~−16范围内的关联有偏差。

附 录 A
(资料性附录)
颜色标准样品制备

A.1 范围

本附录描述了赛波特颜色和ASTM颜色标准样品的制备过程。

本附录是关于颜色标准样品制备步骤，它也是关于制备用于期间核查标准样品的例子（见10.1.1）。

A.2 仪器

仪器应符合6.1.1~6.1.3的规定。

A.2.1 试样池：光程长10 mm、33 mm、100 mm。

A.2.2 天平：精度0.1 mg或更高。

A.2.3 移液管：2 mL。

A.2.4 容量瓶：200 mL和250 mL。

A.2.5 具塞磨口锥形瓶：100 mL。

A.2.6 烧杯：50 mL。

A.3 试剂

A.3.1 染料

A.3.1.1 溶剂黄16：3-甲基-1-苯基-4-（苯基唑）-吡唑-5-溶剂黄，CAS编号4314-14-1。

A.3.1.2 溶剂黄14：1-苯基偶氮-2-萘酚，CAS编号842-07-9。

A.3.1.3 溶剂蓝35：1，4-二（丁氨基）-9，10-蒽二酮，CAS编号17354-14-2。

A.3.1.4 油红O：1-［［4-［（二甲基苯基）偶氮］二甲基苯基］偶氮］-2-奈酚，CAS编号1320-06-5。

A.3.1.5 溶剂紫14：1，5-双［（4甲基苯基）氨基］-9，10-蒽二酮，CAS编号8005-40-1。

A.3.1.6 溶剂紫13：1-羟基-4-（对甲苯氨基）-蒽醌，CAS编号81-48-1。

A.3.1.7 溶剂绿28：1，4双［（4-丁苯基）氨基］-5，8-二羟基蒽醌，CAS编号28198-05-2。

A.3.2 烷基二苯基乙烷

IEC 867中描述电容器用的绝缘液体，15℃密度为0.9865 g/cm^3~0.9877 g/cm^3。

A.3.3 十二烷

A.3.3.1 用分光光度计在380 nm~780 nm范围内检测透射率（5 nm间隔，狭缝宽度：5 nm，试样池：100 mm）。按ASTM E308用CIE标准照明体C和CIE 1931标准观察者计算三刺激值X，Y，Z。

A.3.3.2 十二烷成分和含量参见表A.1，十二烷的三刺激值参见表A.2。

表 A.1　十二烷的组成

成分	含量（体积分数）/%
十一烷	≤0.2
十二烷	≥99.5
十三烷	≤0.2

表 A.2　十二烷三刺激值

刺激值	规格
X	≥90.00
Y	≥92.00
Z	≥105.00

A.4　赛波特颜色标准样品的制备

A.4.1　染料溶液的制备和确认

A.4.1.1　称取 0.2500 g±0.0005 g 溶剂黄 16 于 50 mL 烧杯中，用烷基二苯基乙烷 20 mL 溶解，然后转移至 250 mL 容量瓶中，用烷基二苯基乙烷稀释至刻线，混合均匀。制得溶剂黄 16 染料溶液。

A.4.1.2　重复 A.4.1.1 步骤配制溶剂黄 14 染料溶液和溶剂蓝 35 染料溶液。

A.4.1.3　按下面方法检查染料溶液的吸收：取 2 mL 溶剂黄 16 染料溶液于 200 mL 容量瓶中。加十二烷至刻度线并混合均匀。在另 2 个烧杯中，分别重复以上步骤配制溶剂黄 14 染料溶液和溶剂蓝 35 染料溶液。用十二烷作空白，用分光光度计（狭峰 5 nm，试样池：10 mm），测定这三种染料溶液的吸光度，与表 A.3 所给值比较。如果不符合规定值，重做本步骤。

A.4.2　赛波特颜色混合染料溶剂的制备

A.4.2.1　按表 A.4 规定称取上述制备好的三种染料溶液于 100 mL 锥形瓶中混匀。

A.4.2.2　称取 5.000 g±0.001 g 按表 A.3 制备好的混合溶液于 100 mL 锥形瓶中，加 45.000 g±0.001 g 十二烷并混合均匀。制得赛波特颜色混合染料溶液。

A.4.3　赛波特颜色标准样品的制备和确认

A.4.3.1　按表 A.5 称取赛波特颜色混合染料溶液于 50 mL 烧杯中，加入 20 mL 十二烷混合，然后转移至 250 mL 容量瓶中，加十二烷至刻线，混合均匀。

A.4.3.2　用分光光度计在 380 nm～780 nm（波长宽：5 nm，池子：100 mm）分别测量 7 个样品的透光率。

A.4.3.3　根据 ASTM E308，用 CIE 标准照明体 C 和 CIE 1931 标准观察者，从透光率计算 *XYZ* 颜色系统刺激值 *Y* 和色度坐标 *x*，*y*，*z*，当 *Y*，*x*，*y*，*z* 符合表 A.6 规定值，这些样品可用作赛波特颜色标准样品 S+30，S+25，S+19，S+15，S+12，S0，S−15。这些颜色标准的赛波特颜色号分别是+30，+25，+19，+15，+12，0，−15。如果 *Y*，*x*，*y*，*z* 不符合表 A.6 规定值，重复上述步骤。

A.5　ASTM 颜色标准样品的制备

A.5.1　染料溶液的制备和检查

A.5.1.1　染料溶液的制备：称取 0.2500 g±0.0005 g 溶剂黄 16 于 50 mL 烧杯中，用烷基二苯基乙烷

20 mL 溶解，然后转移至 250 mL 容量瓶中，用烷基二苯基乙烷稀释至刻线。混合均匀。制得溶剂黄 16 染料溶液。

A.5.1.2 重复以上步骤配制溶剂黄 14、溶剂蓝 35、油红 0、溶剂紫 14、溶剂紫 13、溶剂绿 28 溶液。

A.5.1.3 按下面方法检查染料溶液的吸收：取 2 mL 溶剂黄 16 染料溶液于 200 mL 容量瓶中，加入十二烷至刻线并混合均匀。以同样的方法配制另外六种染料溶液。用十二烷作空白，在分光光度计（狭缝宽：5 nm，池子：10 mm）上，测量这七种染料溶液的吸光度，确认其吸光度满足表 A.3 所给吸光度值。如果不满足规定值，重做本步骤。

A.5.2 ASTM 颜色混合染料溶液的制备

按表 A.7 规定的量称取各种染料溶液于 100 mL 锥形瓶中混合，这些混合物称作 ASTM 颜色混合染料溶液 M1，M3，M5 和 M7。

A.5.3 ASTM 颜色标准样品的制备和确认

A.5.3.1 按表 A.8 规定的量称取 ASTM 颜色混合染料溶液于 50 mL 烧杯中，加入 20 mL 十二烷混合，然后转移至 250 mL 容量瓶中，加十二烷至刻线，混合均匀。

A.5.3.2 分别用分光光度计在 380 nm～780 nm（狭缝宽：5 nm，试样池：33 mm）分别测定按 A.5.3.1 准备好的四种溶液的透光率。

A.5.3.3 根据 ASTM E308 用 CIE 标准照明体 C 和 CIE 1931 标准观察者计算 *XYZ* 颜色系统刺激值 *Y* 和色度坐标 *x*，*y*，*z*，当 *Y*，*x*，*y*，*z* 符合表 A.9 规定值，这些样品可用作 ASTM 颜色标准样品 A1、A3、A5 或 A7。这些颜色标准样品的 ASTM 颜色号分别被称作 ASTM 颜色号 1.0、ASTM 颜色号 3.0、ASTM 颜色号 5.0 和 ASTM 颜色号 7.0。如果 *Y*，*x*，*y*，*z* 不符合表 A.9 规定值，重复上述步骤。

A.5.3.4 当用 33 mm 试样池测 ASTM 颜色标准样品 A1、A3、A5、和 A7 时，其色度对应 ASTM 颜色号 1.0、ASTM 颜色号 3.0、ASTM 颜色号 5.0 和 ASTM 颜色号 7.0。

表 A.3 染色溶液吸收范围

染色溶液	波长/nm	吸收
溶剂黄 16	395	0.881～0.935
溶剂黄 14	465	0.519～0.541
溶剂蓝 35	600	0.412～0.438
	645	0.465～0.494
油红 0	515	0.673～0.715
溶剂紫 14	545	0.337～0.358
溶剂紫 13	585	0.332～0.353
	635	0.400～0.424
溶剂绿 28	680	0.467～0.498

表 A.4 赛波特颜色混合染料溶剂配制

染料溶液	称样量/g
溶剂黄 16	30.000±0.010
溶剂黄 14	10.000±0.005
溶剂蓝 35	1.000±0.001

表 A.5 赛波特颜色混合染料溶液的称样量

赛波特颜色标准样品	赛波特颜色混合染料溶液称样量/g
S+30	0.200±0.001
S+25	0.472±0.002
S+19	1.087±0.002
S+15	1.724±0.003
S+12	2.083±0.004
S+0	4.545±0.005
S−15	8.772±0.010

表 A.6 赛波特颜色标准样品的规定值

赛波特颜色	赛波特颜色标准样品	刺激值 Y	色度坐标		
			x	y	z
+30	S+30	93.0~99.0	0.311~0.316	0.321~0.326	0.358~0.368
+25	S+25	92.0~98.0	0.316~0.322	0.327~0.335	0.343~0.357
+19	S+19	91.0~97.0	0.325~0.332	0.342~0.350	0.318~0.333
+15	S+15	89.0~96.0	0.337~0.342	0.358~0.365	0.298~0.305
+12	S+12	87.0~92.0	0.342~0.348	0.366~0.373	0.279~0.297
0	S0	83.0~89.0	0.376~0.383	0.411~0.419	0.198~0.213
−15	S−15	77.0~84.0	0.418~0.426	0.460~0.466	0.108~0.122

表 A.7 ASTM 颜色染料混合溶液的配制

染料溶液	ASTM 染料混合溶液/g			
	M1	M3	M5	M7
溶剂黄 16	42.000±0.010	40.000±0.01	40.000±0.010	36.600±0.010
溶剂黄 14	5.200±0.005	5.800±0.005	11.600±0.005	10.600±0.005
溶剂蓝 35	0.400±0.001	0.400±0.001		0.200±0.001
油红 0		1.400±0.001	2.000±0.001	2.600±0.001
溶剂紫 14	2.600±0.001	1.200±0.001	3.200±0.001	2.200±0.001
溶剂紫 13		0.800±0.001	1.600±0.001	3.200±0.001
溶剂绿 28	0.600±0.001	0.800±0.001	1.600±0.001	0.600±0.001

表 A.8 ASTM 颜色标准样品的配制

ASTM 颜色标准样	ASTM 颜色染料混合溶液	称样量/g
A1	M1	2.467±0.001
A3	M3	12.987±0.006
A5	M5	23.956±0.010
A7	M7	41.822±0.020

表 A.9　ASTM 颜色标准样品 A1、A3、A5、A7 的规定值

ASTM 颜色	ASTM 颜色标准样品	刺激值 Y	色度坐标		
			x	y	z
1.0	A1	71.0~83.0	0.390~0.402	0.427~0.439	0.149~0.183
3.0	A3	27.0~35.0	0.533~0.545	0.449~0.461	0.000~0.019
5.0	A5	6.9~9.3	0.616~0.628	0.372~0.384	0.000~0.013
7.0	A7	1.2~2.0	0.684~0.696	0.303~0.315	0.000~0.012

A.6　颜色标准样品的储存

赛波特颜色标准样品和 ASTM 颜色标准样品应储存在棕色螺口瓶中，瓶子用黑色袋子包裹并放在低温黑暗的地方。

颜色标准样品的日常检查：为防止颜色标准样品储存失效，应对其进行日常检查。按 A.4.3 描述的步骤检查赛波特颜色标准样品，按 A.5.3 描述的步骤检查 ASTM 颜色标准样品。对赛波特颜色标准样品，如果检查结果表明 Y，x，y 结果不符合表 A.6 规定值，该标准样品不能够使用。对 ASTM 颜色标准样品，如果 Y，x，y 结果不符合表 A.9 规定值，也不能够再用。

附　录　B
(资料性附录)
基本校正程序

B.1　赛波特颜色的测定

所用仪器应满足 6.1.1~6.1.3 所描述的技术要求。

B.1.1　作校正曲线：测定赛波特颜色标准样品三刺激值。

B.1.1.1　按照仪器说明书完成仪器的设定、校准和标准化。

B.1.1.2　将十二烷倒入试样池，测得三刺激值（见 A.3.3）。

注：推荐使用 100 mm 的试样池，光程短的样品池可能得不到期望的灵敏度。

B.1.1.3　重复上述步骤测定每一个赛波特标准样品（见 A.4.3）。

B.1.2　将赛波特三刺激值转换为赛波特颜色号。

B.1.2.1　按照 ASTM E308，用十二烷和赛波特颜色标准样品的三刺激值分别采用下式计算心理明度 L^* 和心理色度 a^*、b^*

$$L^*=116\ (Y/100)^{1/3}-16 \qquad \text{(B.1)}$$

$$a^*=500\ [\ (X/98.072)^{1/3}-\ (Y/100)^{1/3}] \qquad \text{(B.2)}$$

$$b^*=200\ [\ (Y/100)^{1/3}-\ (Z/118.225)^{1/3}] \qquad \text{(B.3)}$$

式中：

X，Y，Z——十二烷或赛波特颜色标准样品的三刺激值。

B.1.2.2　十二烷和赛波特颜色标准样品之间的色差 ΔE^*_{ab} 用式（B.4）计算

$$\Delta E^*_{ab}=\ [\ (L_1^*-L_0^*)^2+\ (a_1^*-a_0^*)^2+\ (b_1^*-b_0^*)^2]^{1/2} \qquad \text{(B.4)}$$

式中：

ΔE^*_{ab}——赛波特颜色标准样品和十二烷颜色之间的色差；

L_1^*——赛波特颜色标准样品的心理明度；

a_1^*、b_1^*——赛波特颜色标准样品的心理色度坐标；

L_0^*——十二烷的心理明度；

a_0^*、b_0^*——十二烷的心理色度坐标；

用色差（ΔE^*_{ab}）对赛波特颜色号作图得到校正曲线。

B.1.2.3　式（B.5）用于光程长 100 mm 的试样池。

$$S=\alpha+\beta/\ (\log\Delta E^*_{ab}-\tau) \qquad \text{(B.5)}$$

式中：

S——赛波特颜色号；

α——截距校正常数（典型值=51.1）；

β——斜率校正常数（典型值=44.5）；

ΔE^*_{ab}——赛波特颜色标准样品和十二烷颜色之间的色差；

τ——校正常数（典型值=2.55）。

B.1.3　试样赛波特颜色测定步骤。

B.1.3.1　按 GB/T 4756 或类似标准取样。

B.1.3.2　样品不透明时，用定性滤纸过滤直至透明（必要时更换滤纸）。

B.1.3.3 测得试样的三刺激值并把三刺激值化成 L^*、a^*、b^*。然后用式（B.4），计算十二烷和样品的色差值 ΔE^*_{ab}。

B.1.3.4 用 B.1.2 中得到的曲线求出试样的赛波特颜色号，精确到一位小数。

B.2 ASTM 颜色的测定

B.2.1 作校正曲线：ASTM 颜色标准样品三刺激值的测定。

B.2.1.1 按照仪器说明书完成仪器的设定、校准和标准化。

B.2.1.2 将 ASTM 颜色标准样品倒入一个试样池中，测得三刺激值。

注：虽然不是强制性的规定，但是推荐使用 33 mm 的试样池，如果光程不同则可能无法得到预期的灵敏度。

B.2.1.3 重复上述步骤测定每一个 ASTM 颜色标准样品（见 A.5.3）。

B.2.2 将 ASTM 颜色标准样品三刺激值转换为 ASTM 颜色标准样品的颜色号。

B.2.2.1 根据 ASTM 颜色标准样品三刺激值，用式（B.6）计算典型的光学密度之和 $\sum D$。

$$\sum D = D_X + D_Y + D_Z \qquad \text{(B.6)}$$

式中：

$\sum D$——光学密度之和；

D_X——$-\lg(X/X_n)$；

D_Y——$-\lg(Y/Y_n)$；

D_Z——$-\lg(Z/Z_n)$；

X，Y，Z——ASTM 颜色标准样品的三刺激值；

X_n，Y_n，Z_n——CIE 标准照明体 C 的三刺激值，$X_n=98.072$，$Y_n=100.000$，$Z_n=118.225$。

B.2.2.2 通过对 ASTM 颜色标准样品的光学密度之和 $\sum D$ 与 ASTM 颜色号作图得到校正曲线。

ASTM 颜色号与光学密度之和 $\sum D$ 的关系按照式（B.7）得到：

$$A = \alpha + \beta \times \sum D \qquad \text{(B.7)}$$

式中：

A——ASTM 颜色号；

$\sum D$——光学密度之和；

α——截距校正常数（典型值=0.25）；

β——斜率校正常数（典型值=0.8695）。

B.2.3 试样 ASTM 颜色测定步骤。

B.2.3.1 按 GB/T 4756 或类似的标准取样。

B.2.3.2 测得试样的三刺激值（见 B.2.1.2），并按照 B.2.2.1 把三刺激值换成光学密度之和 $\sum D$。

B.2.3.3 用 B.2.2.2 中得到的曲线求出试样的 ASTM 颜色号，精确到一位小数。

B.2.3.4 如果样品的 ASTM 颜色号超过 8，用稀释溶剂稀释样品后再测定混合样品的色度。样品与稀释溶剂的比例应该是 15：85（体积比）。

ICS 75.100
E 34

SH

中华人民共和国石油化工行业标准

NB/SH/T 0906—2015

发动机油热稳定性的测定　热管试验法

Determination of high temperature deposits of engine oils by hot tube test

2015-10-27 发布　　2016-03-01 实施

国家能源局　发布

前　言

本标准按照 GB/T 1.1—2009 给出的规则起草。

本标准使用重新起草法修改采用日本石油学会 JPI-5S-55-99《发动机油——高温沉积物的测定（热管试验法）》中的相关内容。

本标准与 JPI-5S-55-99 的主要技术差异及其原因如下：

——根据我国标准的编写习惯增加了第 2 章“规范性引用文件”和第 7 章“试剂与材料”的相关内容。

本标准由中国石油化工集团公司提出。

本标准由全国石油产品和润滑剂标准化委员会石油燃料和润滑剂分技术委员会（SAC/TC280/SC1）归口。

本标准起草单位：中国石化润滑油有限公司上海研发中心

本标准主要起草人：郑金花、秦振清、王晓运。

本标准为首次发布。

发动机油热稳定性的测定　热管试验法

警告：本标准的应用可能涉及某些有危险性的材料、操作和设备。但并未对与此有关的所有安全问题都提出建议。用户在使用本标准之前有责任制定相应的安全和防护措施，并确定相关规章限制的适用性。

1　范围

本标准规定了使用热管试验仪或其他等效设备测定发动机油热稳定性能的测试步骤。

本标准适用于测定发动机油（如船用发动机油、汽油机油、柴油机油和二冲程发动机油）的热稳定性能，并通过方法 A（热管颜色评级标准）或方法 B（沉积物质量）进行评价。

2　规范性引用文件

下列文件对于本文件的应用是必不可少的。凡是注日期的引用文件，仅注日期的版本适用于本文件。凡是不注日期的引用文件，其最新版本（包括所有的修改单）适用于本文件。

GB/T 6682—2008 分析实验室用水规格和试验方法

HG/T 3115 硼硅酸盐玻璃 3.3 的性能

3　术语和定义

下列术语和定义适用于本文件。

3.1

漆膜 lacquer

一种非常薄且不溶于石油醚的褐色物质。

3.2

热管颜色评级标准 hot tube color scale

由 11 种热管颜色评级标准试管构成，颜色评级从 0 级～10 级（黑色～透明），热管颜色评级标准由小松工程公司制定。

3.3

沉积物 deposit

一种厚实的、黑色的、不能被石油醚溶解的物质。

4　方法概要

4.1　将试验油注入高温热管，垂直插入加热炉，然后从热管底部通入压缩空气，压缩空气流量为 10.0 cm^3/min，注油速度为 0.31 cm^3/h，试验持续时间为 16 h，试验过程中，试验油会在玻璃热管内壁形成漆膜。

4.2　试验结束后，用石油醚冲洗试验热管，干燥后，用颜色评级标准对试验热管漆膜进行评级，结果报告至 0.5 级。或对试验结束后的热管中的漆膜或热管中的沉积物进行称重。

5 方法应用

5.1 这个方法可以应用于汽油机油、柴油机油、二冲程发动机油和船用发动机油。汽油机油的测试温度为280 ℃~310 ℃，柴油机油为280 ℃~320 ℃，二冲程发动机油为260 ℃~290 ℃，船用发动机油为300 ℃~330 ℃。评价方法A与B取决于被测试样的类型。

5.2 方法A：使用热管颜色评级标准来评价热管，以试验热管颜色最暗的部分为评价对象。

5.3 方法B：对试验结束后的试验热管中的漆膜或试验热管中的沉积物进行称重。

6 仪器

热管试验仪如图1所示，由以下部件构成。

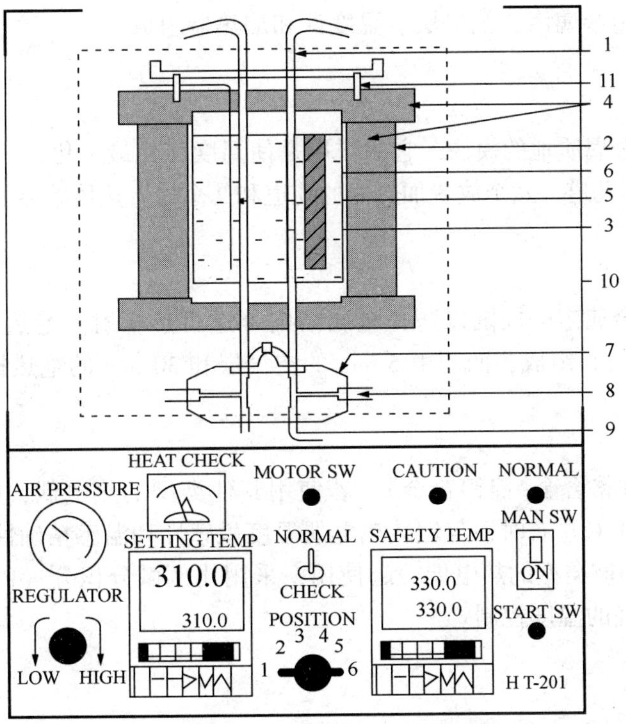

1——试验热管；
2——加热炉；
3——金属浴；
4——绝热层；
5——温度计；
6——加热器；
7——丙烯酸树脂部件；
8——油管；
9——空气连接管；
10——封盖；
11——环。

图1 热管试验仪示意图

6.1 试验热管

试验热管由耐热玻璃制成，玻璃的性能应满足HG/T 3115或小松工程公司专用热管的要求，并制作成图2所示的形状。

注：边缘A在制作时，需适度地进行圆整，防止切断O形环。

单位为毫米

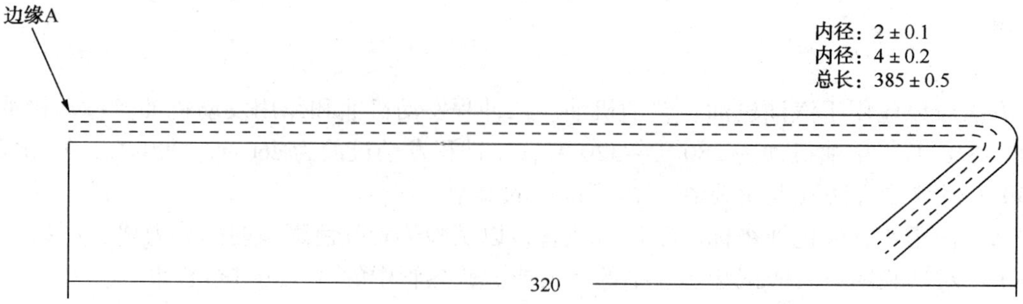

图 2　试验热管示意图

6.2　加热炉

用来加热试验热管，由金属浴、绝热层、温度计和加热器组成。

6.2.1　金属浴

一种直径为 90 mm 的金属质地的模块，它的作用是使温度变化最小化，并且防止试验过程中温度的变化，六个放置试验热管的孔道、六个放置加热器的孔道和 2 个放置热传感器的孔道均从金属浴中穿过。

6.2.2　绝热层

绝热层紧密地包围在金属浴的周围以防止金属浴向外进行热辐射。绝热层的底部和顶部由 13 mm 的空气层和 20 mm 的绝热材料组成，四周由 5 mm 的空气层和 30 mm 的绝热材料组成。

6.2.3　温度计

6.2.3.1　铠装热电偶（镍铬合金-镍铝合金）。若使用其他类型的热电偶，则要求其在高温氧气条件下具有良好耐久性，在 300 ℃左右时，与铠装热电偶温度敏感性和温感精确性相当。

6.2.3.2　当温度控制器和该类型的热电偶一起使用，采用比例微分积分（PID）类型的温度控制模式更为合适，能够得到更精确的温度控制。

6.2.4　加热器

六个管壳式的加热器，每个加热器的输出功率不低于 60 W。六个加热器、试验热管和温度计的相对位置分布如图 3 所示。

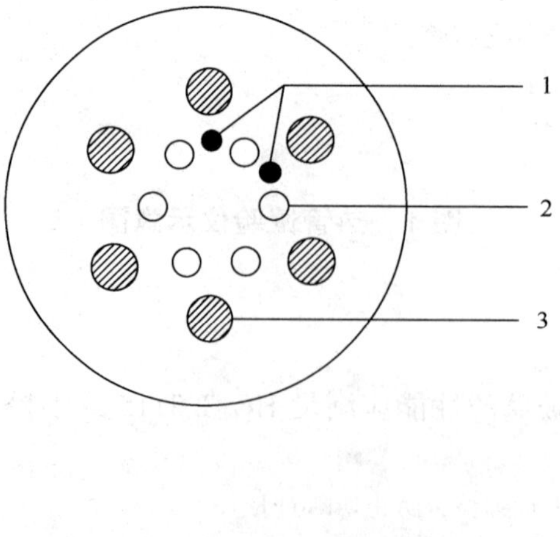

1——温度计；
2——试验热管；
3——加热器。

图 3　加热器相对位置示意图

6.3 注油单元

在试验的16 h内，注油单元能够以0.31 $cm^3/h \pm 0.01\ cm^3/h$ 的速率推动6个注射器将试验油注入试验热管中。如图4所示。

注：固定注射器所用的圆形凹槽是用透明塑料制成。圆柱形凹槽上刻有试验油量的水平刻度线。

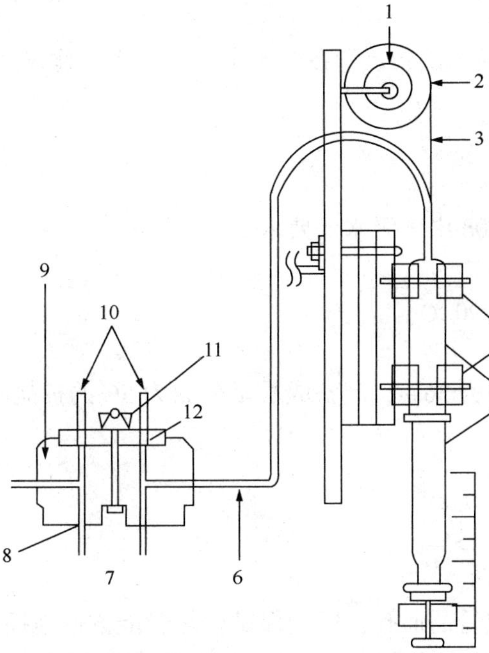

1——马达；
2——圆筒；
3——钢丝绳；
4——圆柱形凹槽；
5——试验油容器（注射器）；
6——油管；
7——空气；
8——接头；
9——丙烯酸树脂部件；
10——试验热管；
11——蝶形螺帽；
12——O形环。

图4 注油单元示意图

6.4 试验油容器（注射器）

该注射器容积为5 cm^3，可装载0 cm^3～5 cm^3的试验油。

注：此注射器活塞直径设计为12.1 mm～12.4 mm。

6.5 压缩空气供给单元

由空压机提供的200 kPa～400 kPa的压缩空气经压缩空气供给单元的减压阀调整成压力为30 kPa～45 kPa。上述压缩空气经气体分配器平均分配到6个塑料管中。每个塑料管中的空气流量应调整为10 $cm^3/min \pm 0.5\ cm^3/min$，可用精密的流量控制阀进行调节使压缩空气进入丙烯酸制成的部件中。

6.6 丙烯酸树脂部件

丙烯酸树脂部件中应该有T形通路的结构，由透明的非油溶性塑料制成，以便用于观察油在通路中的流动。空气链接管和油管分别连接在丙烯酸树脂部件的底部和侧边的接头上。测试用的试验热管在丙烯酸树脂部件顶部用O形橡皮圈固定连接，并用蝶阀螺帽在丙烯酸树脂部件底部进行固定，以防止空气和油品泄漏。

6.7 连接管

连接管是用来提供空气和试验油的管路，即空气连接管和油管，此管需柔软且透明（内径 4 mm），应用不溶于油品和石油醚的材料制备而成。

6.8 烘箱

试验结束后经石油醚清洗干净的试验热管在烘箱中进行干燥，建议使用防爆烘箱。

7 试剂与材料

7.1 水：应符合 GB/T 6682—2008 中三级水的要求。
7.2 正庚烷：化学纯。
7.3 清洗溶剂：石油醚，60 ℃～90 ℃。
注：挥发性溶剂，请勿靠近火源。
7.4 盐酸：分析纯，质量分数约为 36%，制备成质量分数为 5%的稀盐酸。

8 仪器准备

8.1 加热炉温度的调节

8.1.1 检查加热炉中安放试验热管的通孔，以确保试验热管能方便地插入并通过加热炉内部。如果试验热管不能方便地插入加热炉管路，可能是一些油品沉积物或黏着物附在加热炉内壁上。如果出现这种情况，可用钢棒或者类似钢棒的工具清理加热炉内壁，钢棒或其他类似工具的直径不要超过 4.2 mm。
8.1.2 打开主开关和加热开关，将温度设定器温度设定在 290 ℃。
8.1.3 2 h 后，确认加热炉温度稳定后，将温度计插入到安放试验热管的孔中（距离加热炉顶部约 145 mm），应确保温度在 290 ℃±1 ℃之内。
注：温度计需为校正过的温度计。
8.1.4 按照上述同样的方式，在 310 ℃的温度下再进行测温。
8.1.5 如果热管试验在其他的温度（按产品规格或协议要求的温度）下进行，那么应按照上述相同的方式，在其试验温度下进行。

8.2 清洗试验热管

8.2.1 经正庚烷清洗过试验热管后，将试验热管浸入稀盐酸中，然后用水冲洗。如果没有配备稀盐酸，应在其他溶剂中使用超声波清洗 5 min。
8.2.2 将测试管放在 105 ℃的烘箱中 1 h 烘干。
8.2.3 如果使用方法 B 进行评价，则应将测试管放在干燥器中冷却 30 min，然后称重，称重应精确到 0.1 mg。
8.2.4 如果试验热管不立即使用，应将试验热管保存在干燥器中。

9 试验步骤

9.1 管线安装

9.1.1 用减压阀将空气压力调整至 30 kPa～45 kPa。

9.1.2 将空气连接管连接到流量控制阀出口，并连接到空气流量计上，流量计可使用薄膜流量计或浮子流量计。

注：流量计使用前需经过校正。

9.1.3 使用流量调节阀将六个试验热管中的空气流量分别调整至 10 cm^3/min±0.5 cm^3/min。

9.1.4 将丙烯酸树脂部件安放在指定位置。

9.1.5 将试验热管插入加热炉中，并将它们安放在丙烯酸树脂部件的顶部，然后用蝶形螺帽进行固定。

9.1.6 将空气连接管连接到丙烯酸树脂部件下方的进气接口。

9.1.7 将流量计和试验热管连接起来，然后在丙烯酸树脂部件上封闭油路进口管。

9.1.8 检查管路连接处的气密性。

9.1.9 检查并分别调整六个试验热管中的空气流量均达到 10 cm^3/min±0.5 cm^3/min。

注：每次试验前，应重新调节空气流量。

9.2 试验油的准备

9.2.1 将油管与注射器相连，并吸入 6 cm^3 的试验油，注意气泡不能出现在油管和注射器中。

9.2.2 将塞子堵住油管末端，防止吸入的油品渗漏。

9.2.3 用凹形槽将注射器固定在注油单元上。

9.2.4 将注油单元固定在仪器上。将注油单元上的钢丝绳缠绕在吊机卷筒两端的凹槽中，并用螺丝进行固定。

9.2.5 从油管末端取下塞子，将油管和丙烯酸树脂部件侧面的进油口进行连接。

9.2.6 检查确认注射器中的油品量是否满足凹形槽上的体积刻度线。

9.3 开始试验

9.3.1 打开仪器主开关、开始开关和马达开关。将加热器开关置于“check”的位置。

注：正式试验以前 1.5 h 应打开试验马达，在试验过程中，油品可能会因为齿轮的运行问题而使得供油单元在试验开始初期无法均匀地供油。

9.3.2 通过调节注射器活塞下方的旋转螺丝将试验油送至 T 形通路的交接处。

9.3.3 在温控装置上将温度设定在试验温度（按产品规格或协议要求的温度），当试验油到达测试热管顶部时，将加热开关置于“normal”位置。

9.3.4 当温度达到试验温度，且温度波动在±1 ℃之内时，试验正式开始。

注：如果温度或者空气流量有较大波动，请安装仪器四周的侧板。

9.3.5 在试验过程中，检查试验油是否正常的由注射器供给，在 O 形环接口处有无油品泄漏，或是其他连接处有无油品泄漏，并且确保此过程中，仪器的空气和油品管路通畅，不堵塞。

9.4 试验结束

9.4.1 试验 16 h 后，结束试验。

9.4.2 关闭马达开关和主开关。松开丙烯酸树脂部件上的蝶形螺帽，然后迅速将试验热管移开。

9.4.3 断开阀门侧的空气连接管，关闭减压阀，停止空气供给。

9.4.4 断开丙烯酸树脂部件上的油管，将塞子堵在油管末端，防止油品泄漏。

9.5 试验后处理

9.5.1 试验热管在冷却约 5 min 后，用石油醚清洗，至使清洗溶剂颜色变成无色为止。

注：如果部分试验热管被堵塞，需要重做试验，因为被堵塞的热管可能会影响其他热管的试验结果，其余的样品全部需要重做。

9.5.2 将试验热管放入105 ℃的烘箱中1 h烘干溶剂。

警告：建议使用防爆烘箱。

9.5.3 如果采用方法A进行试验结果评价时，将试验热管与热管颜色评级标准进行对比，评级精度需在0.5级。

9.5.4 如果采用方法B进行试验结果评价时，将试验热管放在干燥器中冷却30 min后称重，称重精度需在0.1 mg。

10 试验结果评价

10.1 方法A：将试验后的试验热管与热管颜色评级标准进行对比，比对区域应为试验热管中距离漆膜中央±30 mm的范围内。

10.2 方法B：按照下面的式（1）计算试验热管的增重（W），mg：

$$W = W_2 - W_1 \tag{1}$$

式中：

W_1——试验前试验热管的质量，单位为毫克（mg）；

W_2——试验后试验热管的质量，单位为毫克（mg）。

11 结果报告

11.1 方法A：报告结果颜色评级与试验温度，颜色评级精确到0.5级，试验温度精确到1 ℃。

11.2 方法B：报告试验热管的增重与试验温度，试验热管精确到0.1 mg，试验温度精确到1 ℃。

12 精密度

方法A中热管评级超过7.0级时，按下述规定判断试验结果的可靠性（95%的置信水平）。方法B未确定精密度。

12.1 重复性 *r*

同一操作者，在同一实验室，使用同一仪器，对同一试样进行测定所得的两个连续试验结果之差不大于1.0级。

12.2 再现性 *R*

不同操作者，在不同实验室，使用不同的仪器，按照相同的方法，对同一试样分别进行测定得到的两个单一、独立的试验结果之差不大于2.0级。

ICS 75.100
E 34

SH

中华人民共和国石油化工行业标准

NB/SH/T 0907—2015

在用石油产品和烃基润滑油中磷酸盐（酯）抗磨剂状态监测试验法 傅里叶变换红外光谱法

Standard practice for condition monitoring of phosphate antiwear additivies in in-service petroleum and hydrocarbon based lubricants by trend analysis using Fourier transform infrared (FT-IR) spectrometry

2015-10-27 发布　　2016-03-01 实施

国家能源局　发布

前　言

本标准按照 GB/T 1.1—2009 给出的规则起草。

本标准采用重新起草法修改采用美国试验与材料协会标准 ASTM D7412-09《在用石油产品和烃基润滑油中磷酸盐（酯）抗磨剂状态监测试验法　傅里叶变换红外光谱法》。

为了适合我国国情，本标准与 ASTM D7412-09 的主要差异如下：

——引用标准采用我国现行的国家标准和行业标准；

——删除了引用标准 D7414、D7415 和 E131；

——删除了 3.1 中“本试验方法中相关的红外光谱术语定义请参阅 E131”的叙述；

——删除了 5.1 中列举的 D7414，D7415 等试验方法。

本标准由全国石油产品和润滑剂标准化技术委员会润滑油换油指标分技术委员会提出。

本标准由全国石油产品和润滑剂标准化技术委员会润滑油换油指标分技术委员会（SAC/TC280/SC6）归口。

本标准起草单位：中国石油天然气股份有限公司兰州润滑油研究开发中心。

本标准主要起草人：郎需进、李源春、周亚斌。

本标准为首次发布。

在用石油产品和烃基润滑油中磷酸盐（酯）抗磨剂状态监测试验法 傅里叶变换红外光谱法

警告：本标准涉及某些有危险性的材料、操作和设备，但无意对与此有关的所有安全问题都提出建议。因此，用户在使用本标准之前应建立适当的安全和保护措施，并确定相关规章限制的适用性。

1 范围

1.1 本标准适用于监测在用石油产品和烃基润滑油中的磷酸盐（酯）抗磨剂，如不同类型的发动机油、液压油和其他抗磨损的润滑剂。传统的磷酸盐（酯）抗磨添加剂包括二烷基二硫代磷酸锌、三烷基磷酸盐和磷酸酯。

1.2 本标准采用 FT-IR 光谱监测正常机械运行中在用石油产品和烃基润滑油中磷酸盐（酯）抗磨添加剂的耗解。监测在用润滑油中磷酸盐（酯）添加剂的耗解可以预示设备的非正常磨损和苛刻运行条件。本标准作为一种快速、简便的监测在用石油产品和烃基润滑油中磷酸盐（酯）抗磨剂的方法，通过监测油品中磷酸盐（酯）抗磨剂的水平实现诊断设备运行状态的目的。

1.3 标准规程 NB/SH/T 0911 描述了获得监测在用油和润滑油中磷酸盐（酯）抗磨剂红外光谱数据的方法。本标准提供了磷酸盐（酯）抗磨剂监测数据的直接趋势分析法和差谱（光谱差减）趋势分析法。

1.4 本标准用于监测在用石油产品和烃基润滑油中磷酸盐（酯）抗磨剂的光谱变化趋势。警告或报警限值可以依据单次测量的一个固定最小值或者测量响应值的变化速率来设定。

1.4.1 对于直接趋势分析，用吸收光谱所记录的数值进行分析，数值报告的单位为吸光度/0.100 mm。

1.4.2 对于差谱趋势分析，用差谱得到的数值进行分析（差谱是由在用油的谱图减去参比油的谱图而获得），数值报告的单位为100×吸光度/0.100 mm（相当于吸光度/1.00 cm）。

1.4.3 对于任何一种情况，都必须根据统计分析、相同或相似设备的历史、循环测试或者结合其他相关磷酸盐（酯）抗磨剂水平变化的方法与设备的机械状况来确定设备维修的限值。

注：对任何机械设备建立或推荐正常的、警告的、预警或报警限值不是本标准的目的。该限值应该结合机械设备生产商和维修团队的建议和指导建立。

1.5 本标准适用于矿物基和烃基润滑油，不适用于酯基润滑油，包括多元醇酯或磷酸酯。

1.6 本标准采用国际单位制（SI）单位。

例：波数的单位为 cm^{-1}。

2 规范性引用文件

下列文件对于本文件的应用是必不可少的。凡是注日期的引用文件，仅所注日期的版本适用于本文件。凡是不注日期的引用文件，其最新版本（包括所有的修改单）适用于本文件。

GB/T 11133 液体石油产品水含量测定法（卡尔·费休法）

GB/T 11137 深色石油产品运动粘度测定法（逆流法）和动力黏度计算法

GB/T 17476 使用过的润滑油中添加剂元素、磨损金属和污染物以及基础油中某些元素测定法（电感耦合等离子体发射光谱法）

SH/T 0251 石油产品碱值测定法（高氯酸电位滴定法）

NB/SH/T 0853—2010 在用润滑油状态监测法 傅里叶变换红外（FT-IR）光谱趋势分析法

3 术语和定义

3.1

NB/SH/T 0911 界定的以及下列术语和定义适用于本文件。

3.2

机械状态 machinery health

机器的零部件、部件和整机的运行状况的定性表达。用于表达维修和操作的建议或要求，以便决定机器是否继续运行、制定维修时间或立即维修。

4 方法概要

本标准采用 FT-IR 光谱监测在用石油产品和烃基润滑油中磷酸盐（酯）抗磨添加剂的含量水平。在用油 FT-IR 光谱的采集按照 NB/SH/T 0911 中拟定的直接趋势分析或差谱趋势分析方法获得，采用峰高或峰面积描述磷酸盐（酯）抗磨剂的含量水平。

5 意义和应用

抗磨剂广泛应用于矿物和烃基润滑油中，通过摩擦热激活并形成化学屏障以预防机械磨损。磷酸盐（酯）抗磨剂能够通过 FT-IR 中磷酸盐（酯）的特征吸收峰进行测量。起初，磷酸盐（酯）抗磨剂因氧化作用分解与金属表面结合，进而形成保护膜。因此，在机器正常运行过程中，在用油相对于新油中磷酸盐（酯）含量水平应是降低的；然后，润滑油由于受到高温和湿度的影响，磷酸盐（酯）抗磨剂发生氧化和水解，从而导致它的显著耗解，但这种现象通常发生在润滑油的加速氧化点之前。这就使得磷酸盐（酯）含量水平的趋势变化成为判断润滑油的使用寿命的一个非常有用的标识。因此，监测磷酸盐（酯）抗磨剂耗解成为判断整个机械状态是否健康的一个重要参数，并应考虑与其他反映润滑油状态的评估参数相结合，如用于磨损金属分析的原子发射（AE）和原子吸收（AA）光谱（例如 GB/T 17476），润滑油的理化性质测试方法（例如 GB/T 265、SH/T 0251 和 GB/T 11133）以及氧化、磺化、硝化产物和外部污染物等其他的 FT-IR 分析方法（例如 NB/SH/T 0853—2010）。

6 干扰

高含量水平的乙二醇和酯基添加剂或污染物均对磷酸盐（酯）抗磨剂的监测产生干扰。

7 仪器

7.1 傅里叶变换红外光谱仪装配样品池、过滤器（可选）和真空系统（可选），在标准规程 NB/SH/T 0907 中具体描述。

7.2 FI-IR 光谱采集参数——根据标准规程 NB/SH/T 0911 设定 FT-IR 光谱采集参数。

8 取样

按照标准规程 NB/SH/T 0911 中相关条款的规定采集在用油和参比油，参比油的采集仅在差谱趋势分析中需要。

9 仪器的准备和维护

9.1 按照标准规程 NB/SH/T 0911 中相关条款的规定冲洗样品池、管路和过滤器。

9.2 按照标准规程 NB/SH/T 0911 中相关条款的规定测定样品池的光程。

10 操作步骤

10.1 按照标准规程 NB/SH/T 0911 中相关条款的规定程序采集背景光谱。

10.2 差谱趋势分析：按照标准规程 NB/SH/T 0911 中相关条款的规定程序采集参比油的吸收光谱。

10.3 按照标准规程 NB/SH/T 0911 中相关条款的规定程序采集在用油的吸收光谱。

10.4 数据处理：按照标准规程 NB/SH/T 0911 的规定，将所有数据折算为 0.100 mm 下的吸光度值。

11 计算

11.1 磷酸盐（酯）抗磨剂含量的计算

11.1.1 程序 A（直接趋势分析）：利用直接趋势法计算磷酸盐（酯）抗磨剂含量。所采用的测量面积和基线点见表 1。图 1 举例说明了柴油机曲轴箱油光谱中磷酸盐（酯）抗磨剂的面积测量方式。

表 1 矿物和烃基润滑油中磷酸盐（酯）抗磨剂测量参数

方法	测量/cm^{-1}	基线点/cm^{-1}
程序 A（直接趋势分析）	1025~960 区间的积分面积	2200~1900 和 650~550 最小吸收波长点
程序 B（差谱趋势分析）	1020~930 最小吸收值	1020 和 930

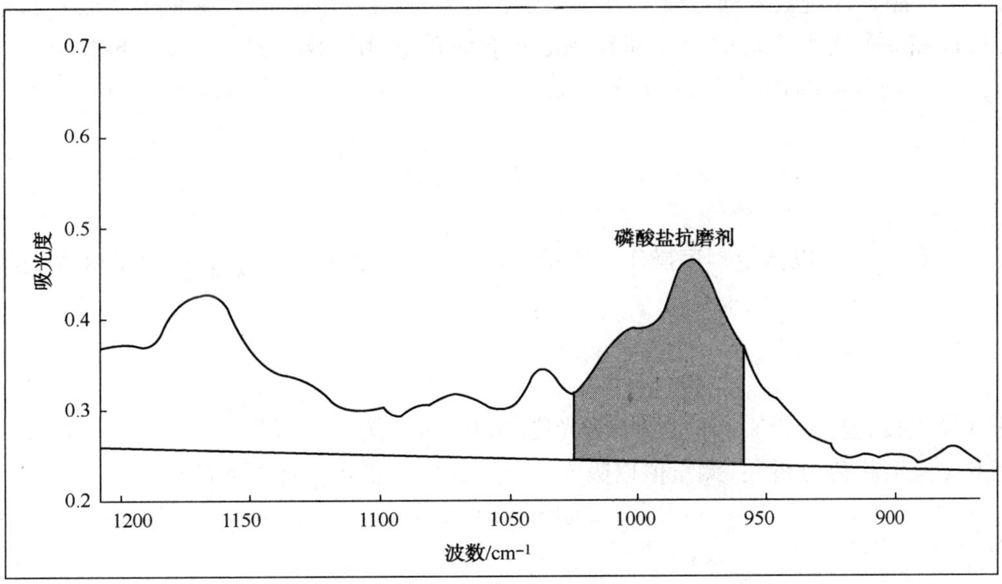

图 1 直接趋势法测量柴油机曲轴箱油磷酸盐（酯）抗磨剂（程序 A）

11.1.2 程序 B（差谱趋势分析）：利用差谱趋势法计算磷酸盐（酯）抗磨剂的含量。采用峰高和双点基线法（见表 1），获得一个负值作为在用油相对于参比油日益减少的磷酸盐（酯）抗磨剂含量。图 2 举例说明了差谱趋势分析法测量柴油机曲轴箱油光谱中磷酸盐（酯）抗磨剂的方式。

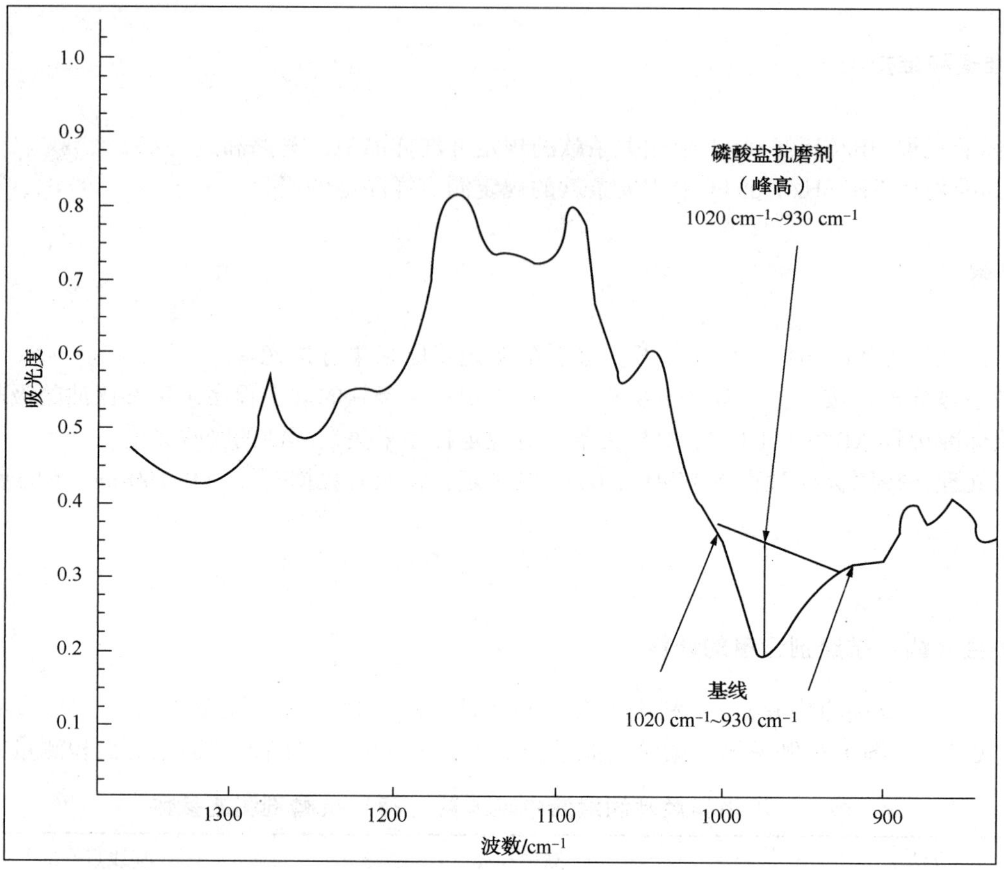

图 2　差谱趋势法测量柴油机曲轴箱油磷酸盐（酯）抗磨剂（程序 B）

11.2　样品污染：为了防止样品的交叉污染（样品携带量达到最小），用少量的下一个样品或易挥发的溶剂冲洗前一个样品。冲洗效果通过以下方式评估：连续分析一个低水平磷酸盐（酯）抗磨剂含量的在用油样（L_1）和一个高水平磷酸盐（酯）抗磨剂含量的在用油样（H_1），接着再分析一个低水平的磷酸盐（酯）抗磨剂含量的在用油样（L_2），按式（1）计算残留百分含量（P_C），P_C 值应小于 5%。

$$P_C = \frac{L_2 - L_1}{H_1} \times 100 \quad (1)$$

式中：

L_1、H_1 和 L_2——以指定顺序操作所测量的油样中的磷酸盐（酯）抗磨剂的吸光度测量值。

12　报告

12.1　程序 A（直接趋势分析）：测量值以吸光度/0.100 mm 为单位报告。

12.2　程序 B（差谱趋势分析）：测量值以吸光度/cm 为单位报告，计算方法如下：

$$A = A_0 \times 100 \quad (2)$$

式中：

A——磷酸盐（酯）抗磨剂吸光度/cm；

A_0——磷酸盐（酯）抗磨剂吸光度/0.100 mm。

12.3　趋势：在润滑油使用寿命期间，需按照既定时间间隔记录和报告测量数据。理论上，磷酸盐（酯）抗磨剂的测量值需与新油进行比较，并标绘出磷酸盐（酯）抗磨剂随时间的相对变化，以确定何时换油，虽然其他参数可能更早地指示换油。取样和报告的时间间隔基于机器类型和与该参数相关的历史经验。

12.4 统计分析和界限值：对于统计分析和设定界限值，参考标准 NB/SH/T 0853—2010 附录 C“分布图和统计学分析”。

12.5 润滑油配方的影响：润滑油配方影响磷酸盐（酯）抗磨剂的测量值，不同配方的润滑油体系的测量值无法进行比较。所得到的结果应相对于相同配方的新油测量值进行说明，或直接与历史样品值进行趋势分析。

13 精密度和偏差

13.1 精密度：本标准的精密度未通过正式实验室间研究确定。初步检验方法重复性的方式为：同一个操作者在给定实验室中采用相同的测试方法并使用同样的仪器设备在较短的实验间隔内采用正确的操作方法进行重复试验，比较获得的重复性结果，在 20 个测量结果里面只允许一个结果超过以下值：

重复性 = 0.53 吸光度/0.100 mm（直接趋势分析）

重复性 = 0.57 吸光度/cm（差谱趋势分析）

13.2 偏差：本标准方法无偏差。因为磷酸盐（酯）抗磨剂的含量水平只能用本标准方法进行测定，没有其他可用的参考方法和参考值。

14 关键词

状态监测；差谱趋势分析；直接趋势分析；傅里叶变换红外；FT-IR；烃基润滑油；在用油；红外；IR；润滑油；磷酸盐（酯）抗磨剂。

编者注：本标准中引用标准的标准号和标准名称变动如下。

原标准号	现标准号	现标准名称
GB/T 11133	GB/T 11133	石油产品、润滑油和添加剂中水含量的测定　卡尔·费休库仑滴定法

ICS 75.160
E 31

SH

中华人民共和国石油化工行业标准

NB/SH/T 0908—2015

重质燃料油和原油稳定性及相容性的测定 光学检测法

Standard test method for determining stability and compatibility of heavy fuel oils and crude oils by heavy fuel oil stability analyzer (optical detection)

2015-10-27 发布　　2016-03-01 实施

国家能源局　发布

前　　言

本标准根据 GB/T 1.1—2009 给出的规则起草。

本标准使用重新起草法修改采用 ASTM D7112-12《重质燃料油稳定性分析仪测定重质燃料油和原油的稳定性和相容性（光学检测法）》。

本标准与 ASTM D7112-12 的主要差异及原因如下：

——第 2 章“规范性引用文件”采用相应国家标准和行业标准。

本标准由中国石油化工集团公司提出。

本标准由全国石油产品和润滑剂标准化技术委员会石油燃料和润滑剂分技术委员会（SAC/TC280/SC1）归口。

本标准起草单位：中国石油化工股份有限公司石油化工科学研究院。

本标准主要起草人：王小伟、王京。

本标准为首次发布。

重质燃料油和原油稳定性及相容性的测定　光学检测法

警告：本标准的应用可能涉及到某些有危险的材料、操作和设备，但并未对与此有关的所有安全问题都提出建议。用户在使用本标准前有责任制定相应的安全和防护措施，并确定相关规章限制的适用性。

1　范围

本标准规定了沥青质絮凝的滴定和光学检测自动方法，用于测定石油炼制的渣油物料、残渣燃料油和原油的稳定性和相容性参数。

本标准适用于来自常压和减压蒸馏、热加工、催化和加氢裂化过程的渣油，如符合 GB 25989—2010 产品分类中的 F-R1、F-R2、F-R3 和 F-R4 级别的样品，GB/T 29114—2012 产品分类中的包含石油炼制中重组分的石油燃料样品，以及原油。

本标准不适用于沥青质质量分数小于 0.05%的样品，并且对于已经发生沥青质絮凝的不稳定样品得不到滴定终点。

2　规范性引用文件

下列文件对于本文件的应用是必不可少的。凡是注日期的引用文件，仅所注日期的版本适用于本文件。凡是不注日期的引用文件，其最新版本（包括所有的修改单）适用于本文件。

GB/T 4756　石油液体手工取样法

GB 25989—2010　炉用燃料油

GB/T 27867　石油液体管线自动取样法

GB/T 29114—2012　燃气轮机液体燃料

SH/T 0266　石油沥青质含量测定法

NB/SH/T 0843　石化行业分析测试系统的评价　统计技术法

3　术语和定义及符号

下列术语和定义、符号适用于本文件。

3.1　术语和定义

3.1.1

沥青质　asphaltenes

能在特定芳烃溶剂中溶解、但添加过量特定正构烷烃溶剂会分离析出的石油组分。

注：本标准中芳烃溶剂是二甲苯，正构烷烃溶剂是正庚烷。

3.1.2

相容性　compatibility

两种或多种原油或燃料油按一定比例混合后不出现沥青质絮凝或相分离的现象。

3.1.3

絮凝　flocculation

原油和重质燃料油中，呈胶体分散状态的沥青质聚集形成更大尺寸，可被观察并可能会发生沉淀的团簇。

3.1.4

存储稳定性　stability reserve

含沥青质的原油、重质燃料油和渣油在存储或与其他油品混合时使沥青质保持胶溶（胶体分散）状态而不发生絮凝的性质。

注：具有高稳定性的油品能存储较长的时间或者能在较大比例范围内与其他油品混合而不出现沥青质絮凝现象。

3.1.5

芳烃溶剂当量值（SE）　aromatic solvent equivalent

当含有芳烃和正构烷烃（二甲苯和正庚烷）的溶剂与样品混合而不出现沥青质絮凝时，溶剂中芳烃（二甲苯）含量的最小值，用体积分数表示，%。

注：*SE* 定义为 $FR_{5/1}$ 乘以 100%，见式（2）。

3.1.6

蒸发校正系数　evaporation correction coefficient

芳烃溶剂（二甲苯）在样品杯中的挥发速度，以克每小时（g/h）计。

3.1.7

絮凝比例（*FR*）　flocculation ratio

与样品混合时，不出现沥青质絮凝时芳烃溶剂的最低浓度，用二甲苯占芳烃和正构烷烃溶液（二甲苯+正庚烷）的比例表示。见式（1）。

3.1.8

5 比 1 絮凝比例（$FR_{5/1}$）

5 mL 由二甲苯和正庚烷组成的溶液与 1 g 油样稀释混合时的絮凝比例（见 3.1.7）。

注：5 比 1 的比例被一些从事原油、重质燃料油稳定性和相容性研究的石油公司广泛使用。*P* 值（见 3.1.11）等于 6 代表 $FR_{5/1}$ 等于 0。

3.1.9

不溶性参数（I_N）　insolubility number

用于判定原油混合后相容性的混合模型参数之一。

注：原油的不溶性参数根据原油的密度、芳烃溶剂当量值和往 5 mL 样品中添加正庚烷且不出现沥青质絮凝所允许的最大体积值来计算。公式在计算章给出（见 15.2）。

3.1.10

最大絮凝比例（FR_{max}）　maximum flocculation ratio

原油和重质燃料油胶体分散体系中使沥青质分散所需的最小胶溶能力，用芳烃溶剂（二甲苯）与芳烃溶剂加正构烷烃溶剂（正庚烷）体积比值表示。

注：将絮凝比例和样品在溶剂中的浓度进行作图，向外延伸到样品无限稀释时与 *y* 轴的交点可计算得到 FR_{max}（此处 $1/X=0$，见式（3））。

3.1.11

***P* 值　P-value**

针对炼厂原油、重质燃料油和渣油的沥青质聚沉现象，用于表征样品稳定性或者胶溶能力的参数。

注：*P* 值的表达式是 $P=1+X_{min}$，这里 X_{min} 是往 1 g 油中加入正构烷烃（正庚烷）直至发生沥青质絮凝所消耗的正庚烷最小毫升数。*P* 值的最小值是 1，也就是说不稳定的油在不添加任何正构烷烃溶剂的情况下便已发生了沥青质聚沉。*P* 值越高表明油中的沥青质越稳定。

3.1.12

油基质　oil matrix

原油和重质燃料油中围绕在沥青质周围形成胶体分散体系的部分。

注：为了达到测定目的，将样品分成油基质（有时也称为油介质）和沥青质。

3.1.13

沥青质的 P 值　P_a

沥青质保持胶体分散状态的能力。

3.1.14

油基质的 P 值　P_o

油基质的胶溶能力。

3.1.15

胶溶　peptize

溶解沥青质或使沥青质保持胶体分散状态。

3.1.16

混合溶解性参数（S_{BN}）　solubility blending number

用于判定原油混合后相容性的混合模型参数之二。

注：原油的混合溶解性参数是根据原油的密度、芳烃溶剂等当量值和往 5 mL 样品中添加正庚烷且不出现沥青质聚沉所允许的正庚烷最大体积值来测定和计算。公式在计算章给出（见 15.2）。

3.1.17

步长　step size

测定过程中一次加入到备用溶液中的正庚烷的毫升数。

3.1.18

备用溶液　stock solution

溶解在一定量二甲苯中的样品溶液。

3.2　符号

FR：絮凝比例。

$FR_{5/1}$：5 mL 芳烃+正构烷烃溶液（二甲苯和正庚烷）与 1 g 油样稀释混合时的絮凝比例。

FR_{max}：最大絮凝比例。

I_N：不溶性参数。

P：油样的 P 值。

P_a：沥青质的 P 值。

P_o：油基质的 P 值或者胶溶能力。

S_{BN}：混合溶解性参数。

SE：芳烃溶剂当量值，体积分数（%）。

X_{min}：稀释油样所消耗正庚烷的量，用 mL/g 表示。

4　方法概要

稳定性和相容性参数是通过光学方法检测滴定过程中沥青质初始絮凝点来测定的。先制备三个不同比例的二甲苯-试样的备用溶液，再用正庚烷滴定促使沥青质聚沉。滴定过程中混合液在光学检测器中不断循环，通过检测可见光的散射强度变化来判断沥青质絮凝。由所使用的试样、二甲苯和正庚烷的量计算稳定性参数：二甲苯当量值 SE、P 值和 $FR_{5/1}$。如果已知密度，那么原油的相容性参数（S_{BN}

和 I_N）也可以计算出来。

5 方法应用

5.1 利用背散射技术自动测定稳定性参数，提高了准确性并消除了人为误差。在手动测定过程中，操作者必须通过肉眼分辨滤纸上的油滴状况，来判定沥青质是否已经聚沉。

5.2 如果能更准确地测定稳定性参数，炼厂在热加工和加氢裂化过程中，就能在更接近极限苛刻度的情况下运行，从而可以增加收率和利润。

5.3 本标准所得结果能用作燃料油稳定性参数的规范。

5.4 原油相容性参数能用于炼厂在混合前预判原油是否相容，从而使因结垢、装置非正常停工和维护引起的费用最小化。测定原油的相容性参数也可以帮助炼厂更经济地选择拟混合原油。

5.5 本标准能测定稳定性和相容性参数，以及特定用途混合物的存储稳定性，用于优化重质燃料油的混合、存储和使用。

注：通常使用稳定性和相容性参数表征渣油产品、混合燃料油和原油的存储稳定性。但是稳定性、存储稳定性和相容性很大程度上“与使用条件有关”，但这超出了本测试方法的范畴。

6 干扰

6.1 样品中含有游离水会给光学检测带来困难，应在测定前通过离心将水脱除。

6.2 固体颗粒如焦炭、蜡颗粒、泥浆、沙粒或者催化剂粉末不会影响光学检测，也不会干扰测定结果。

7 仪器

7.1 PORLA 重质燃料油、原油稳定性和相容性分析仪见图 1 和图 2，其主要组成部分如下。

图 1 PORLA 稳定性和相容性分析仪示意图

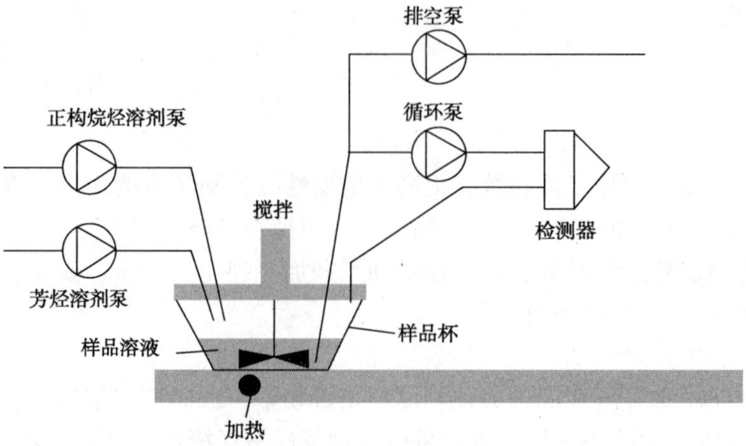

图 2　PORLA 稳定性和相容性分析仪的原理图

7.1.1　样品杯：为适应样品转盘，样品杯由轻质、惰性材料制成，具有平坦光滑的底部，其体积大约 100 mL。通常使用铝质杯。

7.1.2　样品转盘：具有 4 个位置的样品支架，将样品杯连续地送到测定位置。

7.1.3　搅拌升降系统：在测定位置处组合成样品杯盖的垂直升降系统，它包括到达测定位置便开始转动的机械搅拌子、用于添加正庚烷和二甲苯的液体输送管、使样品通过检测器的循环管和测定结束后清空样品池的清洗管。

7.1.4　芳烃溶剂泵：精确可调的陶瓷活塞泵，具有以 0.01 mL/s～0.5 mL/s 速度泵输二甲苯的能力。

7.1.5　正构烷烃溶剂泵：精确可调的陶瓷活塞泵，具有以 0.01 mL/s～0.5 mL/s 速度泵输正庚烷的能力。

7.1.6　循环泵：精确可调的陶瓷活塞泵，使测定溶液在检测系统中循环。

7.1.7　排空泵：精确可调的陶瓷活塞泵，测定结束时用于排空样品杯。

7.1.8　检测系统：试样连续循环通过的光学检测器（见图 3）。检测器由可见光光源和记录试样中沥青质颗粒反射光的光电二极管组成。

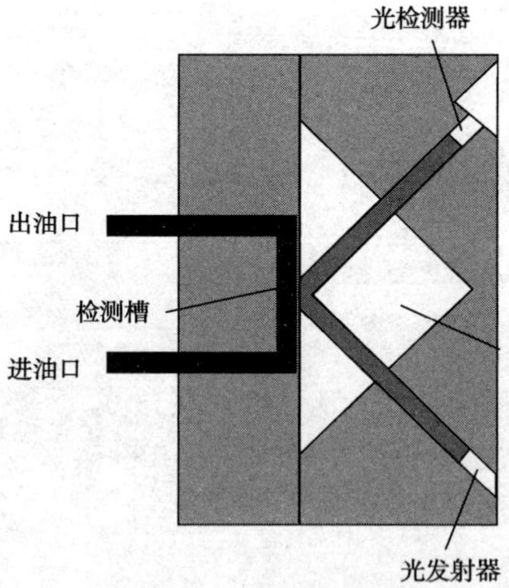

图 3　PORLA 稳定性和相容性分析仪检测器的示意图

7.1.9　加热盘：放置在样品杯下面的温控加热系统，它将试样加热使滴定能在高于室温条件下完成。加热盘的温度可在 20 ℃～100 ℃之间调整。

7.2　计算机：控制测定和校正程序，提供操作者与分析仪器之间的交互界面。

7.3　PORLA 测定步骤显示窗口：计算机显示，允许输入样品数据和操作人员信息，同时显示每一次滴定的结果（见图 4）。

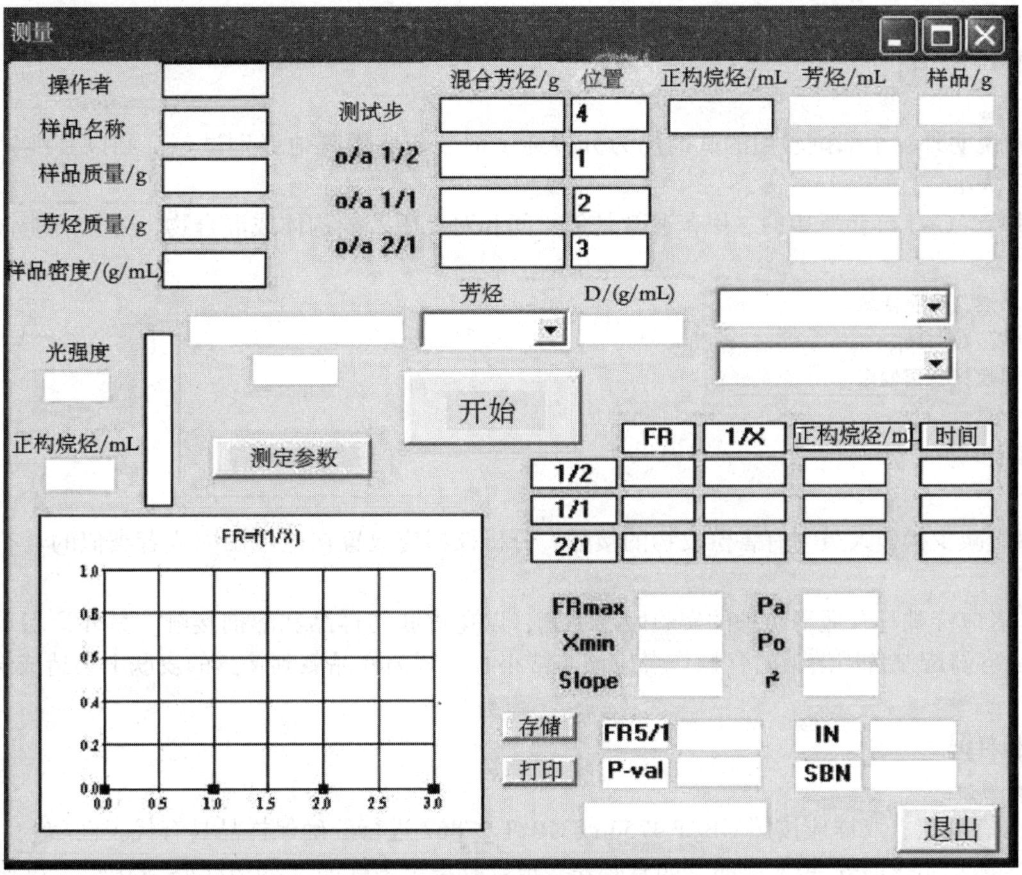

图 4　PORLA 测量步骤窗口

7.4　参数窗口：由计算机显示，允许对所有测定循环参数的默认值进行调整，也可以进行泵校准（见图 5）。

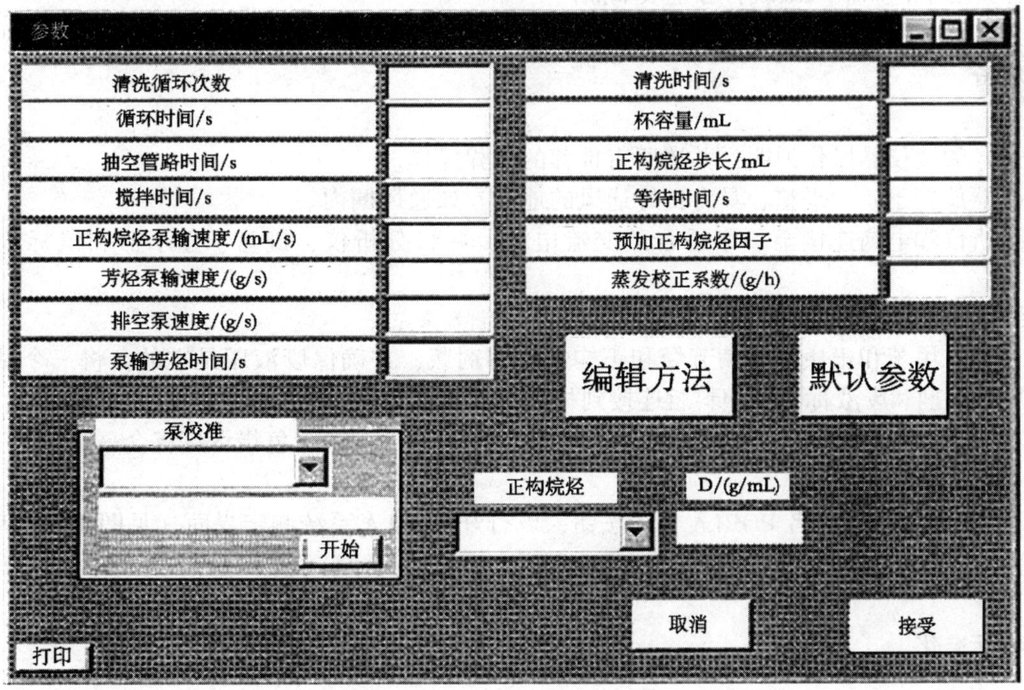

图 5　PORLA 参数窗口

8 试剂和材料

除另有说明外，全部试验用的试剂均为分析纯试剂。若使用其他级别试剂，则以其纯度不会降低测定精确度为准。

8.1 二甲苯（C_8H_{10}）：所用的二甲苯通常是邻、间和对二甲苯异构体或混合物，并且可能含有一些乙基苯。

警告：易燃，有害健康。

8.2 正庚烷（C_7H_{16}）。

警告：易燃，有害健康。

9 安全事项

9.1 为尽量减少操作人员与有害蒸发物的接触，分析仪器应放置在通风橱内或者类似的具有良好通风的地方。

9.2 操作者应穿戴具有适当防护的实验服和手套，以免皮肤与样品和溶剂接触。另外，当拿热的、含高黏度样品容器配制备用溶液时，操作者应该非常小心，因为样品溅到暴露的皮肤上会造成烧伤。

10 取样和样品

10.1 除另有规定，取样应按照 GB/T 4756 或 GB/T 27867 进行。确保样品具有代表性。

10.2 一次测定至少需要 40 g 样品。如有必要，最好收集更多样品（如 200 g~500 g），以便进行多次测量。

10.3 确保取样前样品是均匀的。

10.4 为避免变化或者变质，样品应尽量少暴露到 25 ℃以上空气中和光照环境下。将样品存储在密封不透光的容器之中，如金属罐或者棕色玻璃瓶内。

11 仪器准备

11.1 概述：阅读仪器操作说明，并按所有推荐的步骤操作。

11.2 将仪器放置于一个平整、具有良好通风的地方，如通风橱内。

11.3 将分析仪和电脑连接至一个适合的交流电源，并将分析仪、键盘、显示器和鼠标电缆连接至电脑。

注：除主电源开关外，仪器所有的控制通过电脑用鼠标和键盘来完成。

11.4 分别用二甲苯和正庚烷加满芳烃和正构烷烃溶剂瓶，并确保废液瓶是空的。将三个贴有芳烃溶剂、正构烷烃溶剂和废液标签的塑料瓶连接到相应的仪器管线上。

11.5 打开在仪器背板上的按压式开关，一个在仪器前板右上端的绿色指示灯将会亮起。

11.6 打开电脑。

11.7 双击 PORLA 测定或者 PORLA 自检按钮，以打开 PORLA 系统测定界面（见图 4）或者系统自检界面。

12 校正和标准化

12.1 泵校准：在最初安装时和使用的过程中进行泵校准。当连续使用仪器时，每个月进行一次泵校准，以校正泵输速度。

12.1.1 在PORLA测量操作界面（图4）中选择参数界面（图5），打开泵校准的自动程序进行二甲苯和正庚烷泵的校准。

12.1.2 分别取两个标注“二甲苯”和“正庚烷”的干净样品杯，并准确称量至0.01 g，即为该样品杯的原始质量。

12.1.3 仪器在一段固定的时间（60 s）内泵输溶剂到一个称量过的样品杯里。

12.1.4 称量装有溶剂的样品杯质量，减去空样品杯质量后给出这段设定时间（60 s）内溶液的质量。

12.1.5 将所收集溶剂的质量数值输入到软件窗口中相应的位置。

12.1.5.1 对二甲苯的泵输速度，仪器计算出最新的以g/s记的泵输速度，并在软件参数窗口相应的位置显示。

12.1.5.2 对正庚烷的泵输速度，仪器计算出最新的以mL/s记的泵输速度，并在软件参数窗口相应的位置显示。

12.2 蒸发校正系数：将盛有含二甲苯备用溶液的样品杯放在测量转盘上，称量0.5 h、1.0 h和1.5 h后样品杯的质量（精确至0.01 g），计算出用g/h表示的平均溶液蒸发损失，即为二甲苯的蒸发校正系数。将这一信息输入到PORLA的参数窗口，它将在PORLA测量步骤窗口中采用参数按钮的方式存储。

12.2.1 当仪器连续使用时，每个季度校准一次蒸发校正系数。

12.2.2 如果是含有挥发性组分的特殊样品，如全部是原油，使用半自动的轻质样品（Light ends）操作模式。在这种模式下，通过每次将一个备用溶液杯放入转盘的方式来使蒸发损失最小，见14.9条。

注：滴定过程中溶剂或样品不会有大量的挥发，因为样品杯在仪器测定部位已被密封。但是，在全自动操作模式下，当样品杯放置在样品托盘上时确实会有二甲苯挥发。

13 质量控制

13.1 通过分析“质量控制样品”来确认仪器和测定步骤的有效性。

13.1.1 质量控制（QC）样品应该是一个稳定均匀的残渣燃料油或者组成、黏度与常规测试样品类型相似的含沥青质质量分数1%~10%的原油。沥青质质量分数可以根据SH/T 0266方法来测定。

13.2 在对测定过程进行监控之前，先将QC样品的测定平均值和控制界限值测定出来（见NB/SH/T 0843）。

13.3 记录质量控制结果，并根据控制图表或者其他等效统计技术进行分析来确定整个测试过程的统计状态。任何控制之外的数据，应研究其根本原因，这些研究结果有可能导致重新进行仪器校准。

13.4 QC测试的频率取决于测试性质的重要性、试验过程所显示的稳定性和用户需要。通常，对于常规样品来说，每个试验工作日应随常规样品分析测定一次QC样品。如果日常分析大量的样品，则QC样品的测试次数就要增加，然而当分析显示试验过程处于统计受控状态，则QC样品的测试次数可减少。QC样品的测试精密度应符合方法的精密度要求以确保测试数据可靠。

13.5 如果可能，定期分析的QC样品类型应能代表日常分析的试样。QC样品应足够提供预期的分析使用，并且在预期的储存条件下保持均相和稳定。

13.6 有关质量控制和控制图表技术的更多指导查阅NB/SH/T 0843。

14 试验步骤

14.1 试样准备。

14.1.1 备用溶液：在一个带旋塞的密封玻璃容器中（体积约100 mL），将40 g试样和20 g二甲苯混合。

14.1.2 用力振荡盛试样的容器至少 2 min，使试样充分混合。如果试样的黏度很大，摇晃之前可在加热炉中加热。通常加热温度不超过 80 ℃。

14.1.3 在可以密封的容器中称取 20 g 二甲苯，然后加入 40 g 试样，精确至 0.01 g。

14.1.4 振荡备用溶液容器直到试样溶解在二甲苯中。确保在测试前试样完全溶解。一般通过视觉可以判断备用溶液中的试样是否在二甲苯中完全溶解。

14.1.5 如果试样非常难以溶解，可以用回流装置代替震荡过程。当使用回流装置时，在将备用溶液倒入密闭容器之前要让它先冷却。

14.2 实验信息和仪器设定。

14.2.1 打开 PORLA 测定界面，在相应的位置输入操作人员姓名和试样名称。

14.2.2 在相应的位置输入配制备用溶液所用的试样和二甲苯的量，精确至 0.01 g。

14.2.3 如果需要相容性参数，在相应的位置输入试样的 15 ℃密度（单位 g/mL）。如有必要，采用适合于试样类型的方法测定密度值。

14.2.4 在芳烃溶剂下拉式菜单中选择二甲苯。

14.2.5 每次测定之前，确保在芳烃（二甲苯）和正构烷烃（正庚烷）容器中有足够体积的溶剂，且废液容器也有足够的空间来盛放测定过程中产生的废液。

注：如果正庚烷已用完，或者在测定过程中用完，仪器会继续泵入空气直到泵送量的总体积达到设置的测定杯体积（通常设置为 55 mL），此时仪器会停下来并且显示样品杯已满。

14.3 测定通常是在实验室室温条件下进行。如果是特殊性质的试样，例如高黏度的试样需要在较高温度下测定，可以将加热板设定在一个合适的温度，并记下测试温度。

注：依靠仪器产生的热量，测定温度通常略高于室温。本标准研发过程中的测试结果表明微小温度波动不会产生任何影响。

14.4 如果是完全未知的试样，采用下面的快速测定过程来确定正庚烷的最大消耗量。

14.4.1 称取 15 g 备用溶液于样品杯中，精确至 0.01 g，并将试样放置在测定转盘的 1 号位置上。

14.4.2 将试样质量输入到开始测试窗口处，精确至 0.01 g，并在预加正构烷烃毫升数处输入零。

14.4.3 点“开始”按钮开始测定。分析仪器将连续添加正构烷烃直到沥青质絮凝，沥青质絮凝通过光强条和光强值窗口来指示，光强条和光强值将分别显示成全满和 10.00。

14.4.4 从光强正下方正构烷烃的毫升数读取所消耗的正庚烷的量。

14.5 进行快速测定程序或者预测试之后，用所消耗正庚烷的总量除以 20 得到主测定过程的大致合理的步长值。将这一计算步长值输入到参数窗口上相应的窗口。

14.6 根据 14.4.4 或者以前的经验，将测试试样的总预估正庚烷消耗量输入到测试开始位置右面的正构烷烃毫升的位置。

14.7 在开始按钮右边的下拉菜单中选择滴定方法。

14.7.1 针对诸如原油、直馏渣油、减黏和低苛刻度加氢裂化渣油等高稳定性试样，选择常用的低絮凝比例。

14.7.2 针对诸如高苛刻度裂化渣油等低稳定性试样，选择高絮凝比例。典型的低稳定性试样通常 $FR_{5/1}$高于 0.7。

注 1：对于低絮凝比例，PORLA 仪器选择二甲苯与油样的稀释比例为 1∶2、1∶1 和 2∶1。对于高絮凝比例，PORLA 仪器选择二甲苯与油样的稀释比例为 2∶1、3∶1 和 4∶1。

注 2：第三种模式允许操作者编辑方法和选择稀释比例。使用这种模式对研究有用，但是会与标准方法有偏差。

14.8 选择滴定方法来确定用于分析仪的二甲苯稀释速度，以及每个样品杯中放入备用溶液的质量。

14.9 分析仪可以在全自动和半自动模式下运行。模式可在方法菜单（见图 4）上方的下拉菜单中选择。常规操作（Normal Operation）是全自动模式，轻质样品（Light Ends）是半自动模式。

轻质试样模式仅用于试样含有大量挥发性组分时，若好几个样品杯放置在测定转盘上等待较长时间，这些挥发性组分会因为挥发而减少。在轻质样品（半自动）模式下，每次在转盘中放置一个样品杯。当每次滴定结束后仪器停下来时，把下一个样品杯放置在转盘上。

14.10 根据软件上测试对话框下方的3个对话框所指示的质量（精确至0.01 g），称取备用溶液到3个样品杯中，并将样品杯放到样品转盘上。修改这几个对话框上的数字，使其与实际称取的试样量一致，并在这些质量数据的右边的对话框上输入转盘的位置。

14.11 在参数窗口上设置测定参数，设定为每种试样预期的最优值。

14.11.1 清洗循环次数：分析过程结束后循环清洗（用二甲苯）的次数。至少使用两次循环，推荐使用三次循环。分析仪在每个试样分析完后进行一次循环清洗。

14.11.2 循环时间：混合后试样循环通过检测器的时长，即二甲苯加入后至光强测定开始前这段时间。通常设定为60 s~70 s，足够的循环时间保证测定结果稳定。

14.11.3 抽空管路时间：每次测定后清空检测器的循环泵操作时长。通常设定为30 s。

14.11.4 搅拌时间：芳烃加入后，试样溶液循环进入检测器之前搅拌试样所用时长。通常设定为60 s。

14.11.5 正构烷烃泵输速度：正庚烷泵的输送速度。这一泵输速度是可调的。设定泵输速度为0.05 mL/s。

14.11.6 芳烃的泵输速度：二甲苯泵的输送速度。设定泵输速度为0.07 g/s。

14.11.7 排空泵速度：排空泵的泵输速度，用于分析和清洗循环之后清空样品杯。设定速度为0.4 g/s。

14.11.8 泵输芳烃时间：每清洗循环一次泵输二甲苯的时间。设定时间为45 s。

14.11.9 清洗时间：清洗检测器的时间。设定清洗时间为60 s。

14.11.10 杯容量：由于样品杯已满而中断测定程序之前，允许泵入样品杯的溶液体积数。限制杯容量，可防止因溶液溢出而撒到仪器上。尽管测量杯的实际容量为100 mL，推荐最高杯容量设定为55 mL。

注：试样沥青质含量小于0.05%会达到样品杯的最大限，滴定过程会自动停止。

14.11.11 正构烷烃步长：每次添加正庚烷的量。当所分析的试样稳定性差时，使用如0.3 mL~0.5 mL的小步长值。通常减黏裂化产品使用如0.5 mL~1 mL大一些的步长值，对于像原油、常减压蒸馏渣油这样高稳定性的试样使用1 mL~3 mL的步长值。

14.11.12 等待时间：是指正庚烷添加之间的等待时间。设定60 s~120 s。

14.11.13 预加正构烷烃因子：预先加入到测量杯中的预估正庚烷总消耗量的比例值，用小数表示（如0.4表示40%）。这样可减少总测定时间。如果操作者不想进行正庚烷溶剂预添加，而在小的步长下进行滴定，则在预加正构烷烃因子窗口上输入0。一个大于0.4的起始预添加比例值，可以作为研究目的使用而不宜用在标准测定过程中。

14.11.14 芳烃蒸发速度（g/h）：分析前芳烃溶剂放在加热的样品转盘上时，从开口样品杯上挥发的速度。计算该蒸发速度的方法见12.2条。

14.12 点击“开始”按钮开始分析

14.13 分析开始后，在“开始”按钮旁有一个“中断”按钮出现。如有必要，这可以让分析立即中断。

14.14 仪器将会完成分析过程所需的三次滴定，并在测定窗口的下部分别给出以数字和图形表示的测定结果。见图4和图6。

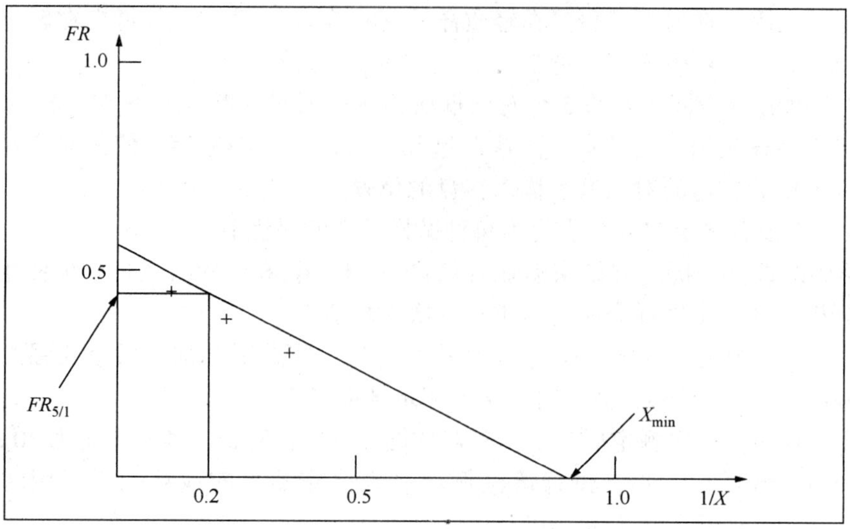

注：$1/X$是油与溶剂的比值，这里溶剂是指芳烃和正构烷烃溶剂体积之和（二甲苯和正庚烷）。

图6　分析仪给出的典型稳定性结果

14.15　每次滴定所得的溶剂比例和油样-溶剂比值将会在相应的 FR 和 $1/X$ 的对话框中给出。

14.15.1　采用最小二乘法拟合得到一条直线，所得直线在 y 轴的截距在 FR_{max} 的对话框中给出。

14.15.2　稀释试样消耗正庚烷量的外延值在 X_{min} 对话框中给出。

14.15.3　所得曲线的斜率在斜率对话框中给出。

14.15.4　沥青质的胶溶能力或 P 值在 P_a 对话框中给出。

14.15.5　油基质的胶溶能力在 P_o 对话框中给出。

14.15.6　表示直线拟合显著性水平的相关系数在 r^2 对话框中给出。

14.16　稳定性参数 P 值和 5 mL 溶剂比 1 g 试样的絮凝比例分别在 P 值和 $FR_{5/1}$ 对话框中给出。

14.17　如果已安装原油相容性软件，且所测原油的密度已在测定前输入到 D（g/mL）的对话框中，原油相容性模型的不溶性参数（I_N）和混合溶解性参数（S_{BN}）将会分别在 I_N 和 S_{BN} 对话框中给出。

15　计算

15.1　仪器自动根据线性回归和外延计算得到稳定性参数。

15.1.1　按照式（1）计算絮凝比例（FR），体积分数（%）：

$$FR=\frac{V_{arom}}{V_{arom}+V_{para}} \quad \cdots\cdots (1)$$

式中：

V_{arom}——混合溶液中芳烃的体积，单位为毫升（mL）；

V_{para}——混合溶液中正构烷烃的体积，单位为毫升（mL）。

15.1.2　按照式（2）计算芳烃溶剂当量值（SE），体积分数（%）：

$$SE\%=(FR_{5/1})\times 100 \quad \cdots\cdots (2)$$

式中：

$FR_{5/1}$——5 mL 由二甲苯和正庚烷组成的溶液与 1 g 油样稀释混合时的絮凝比例。

15.1.3　按照式（3）计算试样与溶剂比（$1/X$），单位为克每毫升（g/mL）：

$$\frac{1}{X}=\frac{M_{oil}}{V_{arom}+V_{para}} \quad \cdots\cdots (3)$$

式中：

M_{oil}——试样的质量，单位为克（g）。

15.1.4 按照式（4）计算试样的 P 值，单位为毫升每克（mL/g）：

$$P=1+X_{min} \qquad (4)$$

式中：

X_{min}——在 $FR=0$ 处 1 g 未用二甲苯稀释试样出现絮凝时所消耗的正庚烷，单位为毫升每克（mL/g）。

15.1.5 按照式（5）计算沥青质的胶溶性 P_a：

$$P_a=1-FR_{max} \qquad (5)$$

式中：

FR_{max}——最大絮凝比例（在 $1/X=0$ 处）。

15.1.6 按照式（6）计算试样基质的胶溶能力 P_o：

$$P_o=FR_{max}\times P \text{ 或 } P_o=(FR_{max})\times(1+X_{min}) \qquad (6)$$

15.2 如果需要，仪器可测定原油试样的相容性参数，按照式（7）和式（8）分别计算不溶性参数 I_N 和混合溶解性参数 S_{BN}：

$$IN=\frac{SE}{1-V_H/25D} \qquad (7)$$

$$S_{BN}=I_N\times(1+V_H/5) \qquad (8)$$

式中：

D——原油试样的密度，单位为克每毫升（g/mL）；

V_H——能加入到 5 mL 试样中不出现沥青质聚沉的正构烷烃的体积，单位为毫升（mL）。

16 报告

报告应给出如下信息：

a）试样的名称；

b）稳定性参数：SE、P 值和 $FR_{5/1}$；

c）相容性参数：测定的 I_N 和 S_{BN}；

d）所采用的方法即本标准号；

e）如果在室温以上的温度测定，给出测定时的温度。

17 精密度和偏差

17.1 精密度

按下述规定判断试验结果的可靠性（95%置信水平）。

注1：P、P_a、P_o 和 $FR_{5/1}$ 的精密度是由多个实验室对 11 个试样（重质燃料油，常压、减黏裂化渣油和原油）的测定结果得来，这些样品用 SH/T 0266 方法测定的沥青质质量分数范围是 0.7%~22.5%。同一地点由五位操作者、使用三台仪器得出该重复性精密度。

注2：该测定方法的精密度可能不适用于与本研究报告以外的样品。

17.1.1 重复性

在同一实验室，由同一操作者使用同一仪器，按相同方法对同一样品连续测定所得的两个试验结果之差，不应超过表 1 的要求。

表 1　重复性要求

参数	重复性 r	推荐的精密度适用范围
P	0. 103X	1. 28～4. 54
P_a	0. 03	0. 33～0. 83
P_o	0. 2	0. 43～1. 31
$FR_{5/1}$	0. 03	0. 05～0. 62

注 1：X——两次测定结果的平均值。

注 2：推荐的精密度范围确定方法：（最小样品平均值-重复性）到（最大样品平均值+重复性）。

17. 1. 2　再现性

未考察方法的再现性，因为这与本方法的应用无关。本方法所测定的是一些不稳定的特殊样品，这些样品在不同的实验室、在不同的暴露环境下放置不同时间所测结果将是不一致的。

17. 2　偏差

由于本标准的测定结果仅在本标准中定义，因此本标准无偏差。

ICS 75.140
E 42

SH

中华人民共和国石油化工行业标准

NB/SH/T 0909—2015

家禽拔毛专用蜡剥离强度试验法

Standard test method for peel strength of poultry defeathering wax

2015-10-27 发布　　2016-03-01 实施

国家能源局　发布

前　　言

本标准按照 GB/T 1.1—2009 给出的规则起草。

本标准由中国石油化工集团公司提出。

本标准由全国石油产品和润滑剂标准化技术委员会石油蜡类产品分技术委员会（SAC/TC280/SC3）归口。

本标准起草单位：江苏泰尔新材料股份有限公司、新希望六和集团。

本标准主要起草人：李毅、刘家芳、曾理强、张吉春、王玫、赵景全、葛宝昌。

本标准为首次发布。

家禽拔毛专用蜡剥离强度试验法

警告：本标准还可能涉及某些有危险的材料、设备和操作，但并无意对与此有关的所有安全问题都提出建议。因此，在使用本标准之前，用户有责任建立适当的安全和防护措施，并确定相关规章的适用性。

1　范围

本标准规定了家禽拔毛专用蜡剥离强度试验方法。

本标准适用于家禽拔毛专用蜡。

2　规范性引用文件

下列文件对于本文件的应用是必不可少的。凡是注日期的引用文件，仅注日期的版本适用于本文件。凡是不注日期的引用文件，其最新版本（包括所有的修改单）适用于本文件。

GB/T 6682　分析实验室用水规格和试验方法

GB/T 22864　毛巾

3　术语和定义

下列术语和定义适用于本标准。

3.1

试件表面情况　sample surface status

试验机拉开试件时，试件中蜡膜和毛巾布的破坏情况。本标准中试件表面情况有三种方式：粘附破坏、内聚破坏、被粘物破坏。

注：粘附破坏表示蜡膜和毛巾布脱离；内聚破坏表示蜡膜破裂，和毛巾布无脱离；被粘物破坏表示毛巾布破坏。

3.2

剥离强度形式　peel strength form

平均剥离强度表示平均剥离力和试样宽度的比值；最小剥离强度表示最小剥离力和试样宽度的比值；最大剥离强度表示最大剥离力和试样宽度的比值。

3.3

试验失败　test failure

按本标准方法未能得到符合要求的试验数据的表示。

4　方法概要

两片表面润湿的毛巾布浸入液体家禽拔毛专用蜡试样中，取出后水平重叠放置制备成粘接试件，然后将试件以规定的速率从粘接的开口处剥开，剥离力和试件宽度的比值即为剥离强度。

5 试剂与材料

5.1 试件用毛巾布：符合 GB/T 22864 要求。制作尺寸：长 200 mm±1 mm，宽 25 mm±1 mm。
5.2 蒸馏水：符合 GB/T 6682 中三级水的要求。

6 仪器与设备

6.1 热粘拉力试验机：具有 0 N~200 N 的负荷范围，夹头能以恒定的速率分离并施加拉伸力的装置，拉伸行程 300 mm 以上，配备有力的测量系统、指示记录和计算剥离强度系统。力的示值误差不超过 2%，试件的破坏负荷应处于满标负荷的 10%~80%之间。
6.2 也可使用能得到与 6.1 等效试验效果的仪器。
6.3 恒温箱：温度控制能达到 80 ℃以上，控制精度±1 ℃。
6.4 恒温恒湿箱：温度控制精度±1 ℃；湿度控制能达到 98%RH 以上，控制精度±4%RH。
6.5 尺子：测量长度不少于 200 mm，最小刻度不大于 1 mm。
6.6 剪刀。

7 试验步骤

7.1 将家禽拔毛专用蜡试样加热熔化，确保蜡液厚度不少于 200 mm，在恒温箱中保持温度 80 ℃±1 ℃放置，时间不少于 60 min。
7.2 将毛巾布在恒温恒湿箱中垂直悬挂，控制温度 25 ℃±1 ℃，湿度 95%~98%，放置时间不少于 30 min。
7.3 在 25 ℃±1 ℃环境温度下，将两片毛巾布快速垂直浸入蜡液中，浸入长度不少于 150 mm，保持 5 s~6 s，在 10 s 内取出后水平重叠放置不少于 5 min，再将固化完成的两片毛巾布放入恒温箱中，保持 25 ℃±1 ℃放置 30 min 以上。
7.4 在 25 ℃±1 ℃环境温度下，将试件对称地夹在热粘拉力试验机两边夹持器中。开动试验机，使两边夹持器以 100 mm/min±10 mm/min 的速率分离。
7.5 试件剥离长度至少要有 125 mm，记录装置同时绘出剥离负荷曲线并显示剥离强度值。观察并记录试件表面情况，即粘附破坏、内聚破坏或被粘物破坏。

8 计算

8.1 剥离强度按式（1）计算：

$$\sigma_T = F/B \qquad (1)$$

式中：

σ_T——剥离强度，kN/m；

F——剥离力，N；

B——试样宽度，mm。

8.2 试件典型的剥离力曲线（见图 1）：在 25 mm~125 mm 的区域内，剥离力的最大值 F_2 和最小值 F_1 的差值不大于 5 N，热粘拉力试验机自动记录的数据分别有平均剥离强度、最小剥离强度和最大剥离强度。

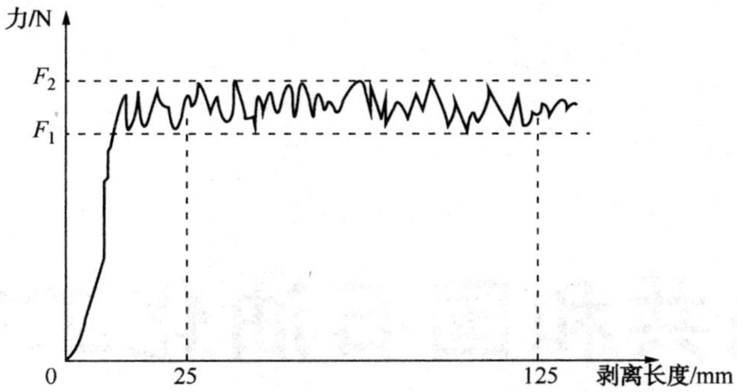

图 1　典型的剥离力曲线

8.3　同一组试样试件的数目五个，至少 4 个试件的平均剥离强度值偏差在 0.20 kN/m 之内，则计算平均剥离强度的算术平均值，以 kN/m 为单位。

8.4　同一组试验数据超出偏差范围，则重新进行一组试验，如果试验数据还超出偏差范围，则表示试验失败。

9　报告

平均剥离强度的算术平均值，以 kN/m 为单位，保留两位小数。

ICS 75.100
E 30

SH

中华人民共和国石油化工行业标准

NB/SH/T 0910—2015

无锌涡轮机油中受阻酚型抗氧剂含量测定法　线性扫描伏安法

Standard test method for measurement of hindered phenolic antioxidant content in non-zinc turbine oils by linear sweep voltammetry

2015-10-27 发布　　2016-03-01 实施

国家能源局　发布

前 言

本标准按照 GB/T 1. 1—2009 给出的规则起草。

本标准修改采用 ASTM D6810-13《用线性扫描伏安法测量无锌涡轮机油中受阻酚抗氧剂含量的试验方法》

本标准与 ASTM D6810-13 的主要差异如下：

——引用标准采用我国现行的国家标准和行业标准。对于 ASTM D6810-13 中引用的标准，我国无相应国家标准的在文本中加以说明，不再引用其他标准。

——增加了使用的电解液，电解液除原文的 Fluitec 公司专利黄色试剂外，增加了 Alcox 试剂。

——修改了石英砂粒径表述，由（200~300）μm±100 μm 修改为 106 μm~380 μm（150 目~40 目）。

——修改了标准中的图例，对原标准中的典型伏安图进行了替换。

本标准由中国石油化工集团公司提出。

本标准由全国石油产品和润滑剂标准化技术委员会润滑油换油指标分技术委员会（SAC/TC280/SC6）归口。

本标准制定单位：中国石油化工股份有限公司润滑油研发（上海）中心。

本标准主要起草人：章仁毅、吕文继、傅继瑜、杨海峰。

本标准为首次发布。

在用无锌涡轮机油中受阻酚型抗氧剂含量测定　线性扫描伏安法

警告：本标准的应用可能涉及到某些有危险性的材料、操作和设备，但并未对与此有关的所有安全问题都提出建议。用户在使用之前应建立相应的安全和防护措施，并确定其受限制的使用范围

1　范围

1.1　本标准规定了无锌涡轮机油新油或在用油中受阻酚型抗氧剂含量的测定方法。本标准采用线性扫描伏安法，适用于浓度0.0075%（质量分数，以2,6-二叔丁基对甲酚计）~新油范围受阻酚型抗氧剂含量的测定。

2　规范性引用文件

下列文件对于本文件的应用是必不可少的。凡是注日期的引用文件，仅所注日期的版本适用于本文件。凡是不注日期的引用文件，其最新版本（包括所有的修改单）适用于本文件。

GB/T 6682　分析实验室用水规格和试验方法

ASTM D4057　石油和石油产品手工抽样规程

ASTM D6971　用线性扫描伏安法测定无锌透平油中受阻酚类和芳族胺类抗氧剂含量的试验方法

3　概述

3.1　将一定量的样品分散到含乙醇基电解液的样品瓶中，并在样品瓶底铺上一层细沙。震荡样品瓶，使油样中受阻酚被萃取到电解液中，用伏安法检测受阻酚抗氧剂的含量。随着电极表面电压加大，受阻酚在工作电极表面发生电化学氧化反应，形成电流-电压峰形曲线，将峰面积与预先准备的新油中抗氧剂的响应值比较，计算出旧油中抗氧剂的含量，结果以质量百分数或毫摩尔抗氧剂每升报告。

3.2　伏安分析法是将需待检测的样品在电解池中溶解于含有电解质的电解液中，应用电分析方法检测的技术。在伏安分析中，电极上加载的电压随时间呈线性变化，以电压作用下的电流值作为结果。随着电解池中样品所受电压的增加，油中所含电化学活性物质将发生电化学氧化。典型的伏安法测试的电流-电压曲线见图1。在初始电压下电化学反应所产生的电流增幅极小，几乎无电流通过电解池；随着电压加大，如图1所示，电活性物质（如受阻酚）开始在工作电极表面发生氧化反应，产生阳极电流，呈指数级增加的氧化速率在电流-电压曲线上显现出最高峰，随着电压继续增大，电极表面电活性物质浓度降低，电流下降。

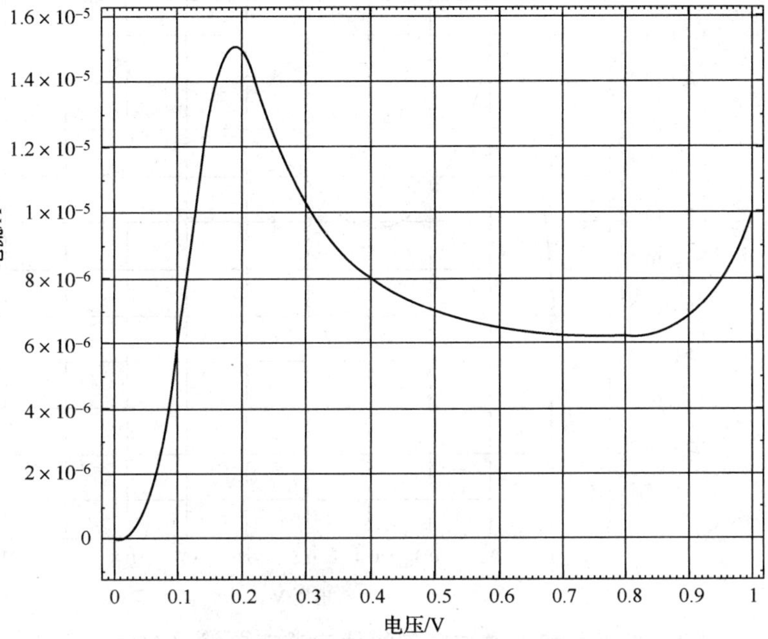

图1　受阻酚在电解液中的伏安响应曲线（Alcox 试剂）

4　意义和用途

4.1　新涡轮机油中受阻酚抗氧剂定量测定可用来衡量油品中抗氧化添加剂的抗氧化能力，除酚类物质外，涡轮机油中也会添加其他抗氧剂如芳胺类物质以延长油品寿命，定量检测在用油中原（受阻酚型）抗氧剂的剩余量即可确定抗氧剂的消耗量。在热作用和氧化作用下抗氧剂的中间形态对抗氧化能力也有贡献，本方法未对中间形态物质的检测进行考察。同样的，本方法也不能衡量油品整体的稳定性，因为这取决于所有类型抗氧剂整体的贡献。因此，在得出在用油剩余寿命的结论并可能导致换油前，建议使用其他能够考察在用油剩余氧化寿命的分析技术。

4.1.1　本方法针对无锌涡轮机油（一种含有防锈剂、抗氧剂但不含抗磨剂的精制矿物油）。本方法未针对抗磨油品建立有效的精密测试。

4.2　本方法可用于生产控制和规格验收。

4.3　使用伏安法测定含有典型受阻酚型抗氧剂的涡轮机油时，伏安图上的电流曲线会在 3 s~5 s（或 0.3 V~0.6 V 间）产生一个突跃（见图1），图1中 x 轴每一秒代表电流变化值为 0.1 V。可检测的受阻酚抗氧剂包括但不仅限于：2,6-二叔丁基对甲酚，2,6-二叔丁基酚，4,4′-亚甲基双（2,6-二叔丁基苯酚）。

注：电位示值取决于所选参比电极和电解液。图1和图2所示伏安图是使用 Alcox 试剂在以铂为参比电极，扫速为 0.1 V/s 条件下得到的。

4.4　无锌涡轮机油中的芳胺类物质（抗氧抗腐剂）会在 7 s~1.1 s（或 0.7 V~1.1 V 间）产生突跃（见图2）这个突跃将不影响受阻酚在电解液中的测量。对于芳胺类抗氧剂的测量可参考方法 ASTM D6971，并使用中性试剂作为电解液。

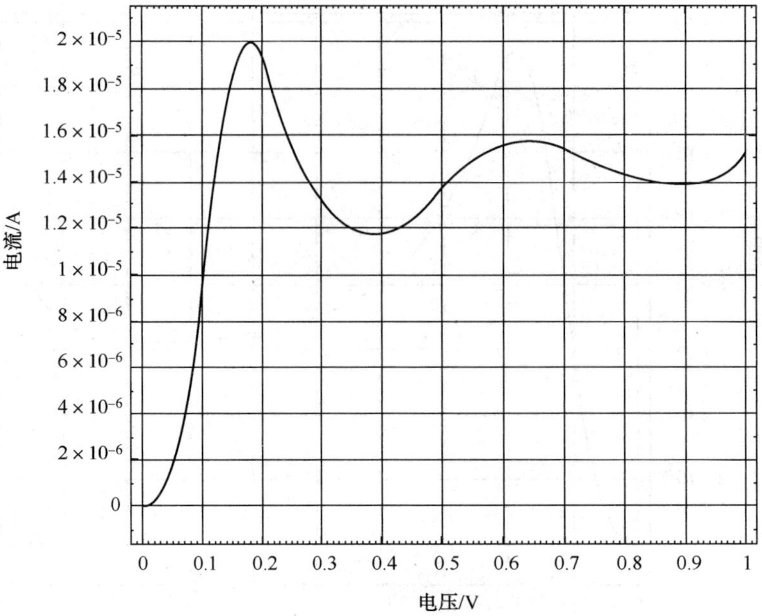

图 2　受阻酚和胺类抗氧剂的伏安响应曲线（Alcox 试剂）

5　仪器

5.1　电化学工作站：用来定量受阻酚的仪器，带有三电极系统并能给出数字或模拟输出伏安图。三电极系统包括工作电极（直径 3 mm 的玻碳电极）、对电极（直径 0.5 mm 的铂丝电极）和参比电极（直径 0.5 mm 的铂丝电极）。电化学工作站以 0.01 V/s~0.5 V/s（0.1 V/s 最佳）的速度对辅助电极线性加压（相对于参比电极电压在 0 V~1.8 V）。工作电极上电流由电化学工作站转化输出，谱图在 0.0 V~1.0 V 满量程范围内经模拟或数字记录仪输出，如图 1 和图 2 所示。

5.2　磁力搅拌器：转速 2800 r/min~3000 r/min，底座大小适合测试杯或样品瓶。

5.3　移液管：量程 0.10 mL~0.50 mL。

5.4　分液器：可分装任意体积本方法所需的液体，典型样品量为 3.0 mL 和 5.0 mL。

5.5　玻璃称量瓶：容量 4 mL~7 mL，包含 1 g 石英砂，粒径 106 μm~380 μm（150 目~40 目）间。

6　取样

取样方法参考 ASTM D4057。

7　试剂和材料

7.1　试剂的纯度：除非另外规定，应当使用分析纯或更高级别的试剂。

7.2　水的纯度：除非另外规定，本标准中所提到的水都必须满足 GB/T 6682 中要求的二级水的要求。

7.3　电解液：Fluitec 黄色试剂（含电解质的碱性乙醇溶液，其中乙醇溶液指蒸馏水/乙醇溶液体积比 1∶10）或 Alcox 试剂。

注：Fluitec 黄色试剂为 Fluitec 公司专利试剂；Alcox 试剂为国产试剂。

警告：腐蚀，有毒，易燃，皮肤刺激，吸入有害。

7.4　清洗液：70%（体积分数）异丙醇水溶液。

7.5 石英砂：粒径 106 μm~380 μm（150 目~40 目）。

8 步骤

8.1 本方法中在使用 0.4 mL 油样与 5.0 mL 电解液的情况下，伏安法分析仪对 2 mmol/L~50 mmol/L 的受阻酚给出线性值。对于相应的质量百分数响应范围，这取决于受阻酚的摩尔质量和基础油的密度。如：质量分数在 0.044%~1.1%范围，等效于在密度为 1 g/mL 的油中含有 2 mmol/L~50 mmol/L的摩尔质量为 220 g/mol 的含有单酚羟基的受阻酚（2，6-二叔丁基对甲酚）。低于 2 mmol/L 信噪比将降低，影响准确性。如果需要检测 2 mmol/L 以下浓度，可将油样量增加到 0.6 mL，同时将电解液量减少至 3.0 mL。

8.2 典型的伏安测试步骤：包括空白校正、标样响应测定、在用油测试。

8.2.1 空白校正：0 mmol/L=0%（质量分数）；空白校正即扫描乙醇基电解液的伏安读数，表征不含受阻酚时的基线。

8.2.2 标样响应测定：预配溶液 30 mmol/L~150 mmol/L。标样可以是含有受阻酚的新油，或是利用产品生产商已知且无缓蚀剂的基础油配制的受阻酚浓度可知的一系列油样。标样响应测定是使用含有受阻酚的新油混合电解液进行测试获得伏安读数，用来表征被测试液中受阻酚的浓度。

8.2.3 在用油测试：在用油测试是使用含有受阻酚的在用油混合电解液进行测试获得伏安读数，用来表征同样测试条件下被测试新油或在用油中受阻酚的浓度。伏安法测定的电流值在空白值和标准溶液的值之间，反应出新油的受阻酚含量或在用油中受阻酚的剩余量，伏安读数随着在用油中受阻酚的消耗而降低。

8.3 伏安读数：选定抗氧剂峰的开始和终止点，当使用 Fluitec 黄色试剂时起止峰位置可设为 0.3 V~0.6 V；当使用 Alcox 试剂时起止峰位置可设为 0.0 V~0.4 V。通过软件计算峰面积，并与新油峰面积做比较（见图 3），计算抗氧剂的剩余量（见第 9 章）。如果出现峰位偏移，建议清洗电极后重新进行测试。如果第二次测试仍不能解决峰位偏移的问题，建议手动进行平移。

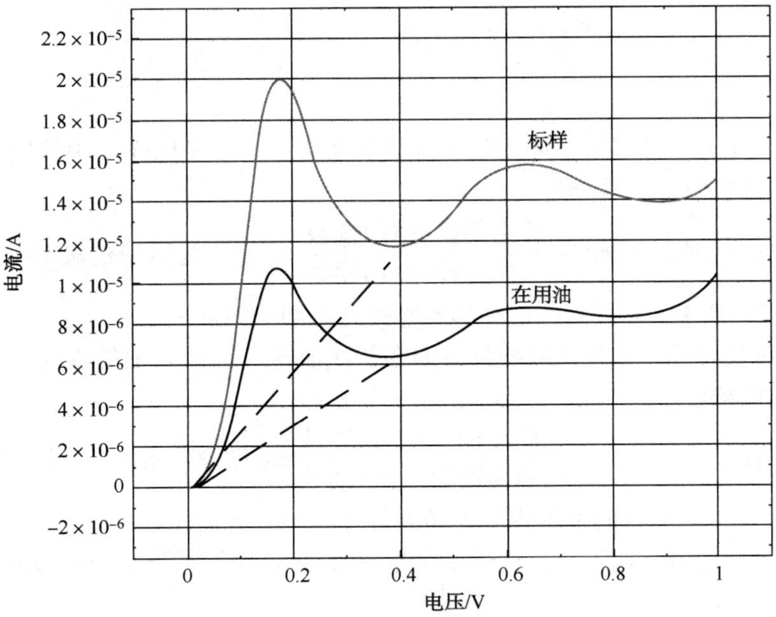

图 3 油样中受阻酚的伏安响应曲线（Alcox 试剂）

8.4 校正过程（空白读数）：电极经过电极布打磨后用电解液润洗，再用无毛滤纸轻轻拭干电极表面的液体。称取 1 g 石英砂到称量瓶中，再加入 5.0 mL 电解液。将电极插入称量瓶中使电极表面完全被电解液浸没，注意不要使电极表面碰到石英砂，固定称量瓶和电极。记录受阻酚出峰区间。将电极从空白电解液中取出，无毛滤纸拭干。重复至少两次确保电极表面干净以获得最低的空白值。

8.4.1　在每次试验前或每次更换新溶液后都需要进行空白校正。

8.5　标样和在用油的准备步骤：

8.5.1　准备试液步骤：称取 1 g 石英砂到称量瓶中，依次加入 5.0 mL 电解液、0.4 mL 待测液到称量瓶中。

8.5.2　为检测低于 2 mmol/L 浓度溶液或高噪音的新油，可将电解液减至 3.0 mL，待测液增加至 0.6 mL。

8.5.3　摇晃试液步骤：将称量瓶盖上盖子，放入合适的磁子后放置磁力搅拌器上搅拌 20 s 或手动摇晃 50 次/min~60 次/min 频率直至石英砂充分分散。静置 30 s 使石英砂与油重新回到称量瓶底部。

8.5.4　清洗电极步骤：用异丙醇水溶液湿润的电极布清洗电极表面。电极表面需要立刻用无毛滤纸擦干。玻碳电极在每次实验前都需要进行抛光，釉状或雾状表明有化学物质残留。如果电极没有被彻底清洗干净，将不能得到真实的伏安读数。

8.5.5　试验步骤：将电极插入称量瓶中使电极表面完全被电解液浸没，勿使电极表面碰到石英砂，固定称量瓶和电极。记录受阻酚出峰区间。将电极从溶液中取出重复清洗过程。测定标样或在用油样品时至少进行 2 次测定以确保数据稳定和可重复性，2 次实验间需要重新清洗电极并摇晃样品 10 s 后方可进行测定。

8.5.6　确保在将电解液、样品、石英砂混合后 5 min 内完成测试。

8.6　当已知产品生产商并可获得无缓蚀剂的基础油时，利用 8.2.2 的预配溶液配制标样［mmol/L 或%（质量分数）］。配制的油样标样中受阻酚的浓度应确保能覆盖新油和在用油中受阻酚的浓度范围。

8.7　新进润滑油需要重新测量标样响应并定期监测贮存过程中的氧化情况。

8.8　当新油来源未知时，选择典型的涡轮机油作为 100%计算抗氧剂残余量。

8.9　空白、标样和在用油的测定条件需要保持一致。

9　计算

9.1　受阻酚抗氧剂质量分数计算：如果受阻酚抗氧剂在新油油样（标样）中的质量分数已知，则按照下式计算样品中受阻酚抗氧剂质量分数：

$$\text{受阻酚抗氧剂质量分数}=\frac{\text{样品读数}-\text{空白读数}}{\text{标样读数}-\text{空白读数}}\times\text{标样中受阻酚抗氧剂质量分数}$$

其中读数指 0.0 V~0.4 V 区间范围内峰起始到终止点间的峰面积。

9.2　受阻酚抗氧剂浓度计算：如果受阻酚抗氧剂在新油油样（标样）中的浓度未知，则按照下式计算样品中受阻酚抗氧剂的浓度：

$$\text{受阻酚抗氧剂浓度（mmol/L）}=\frac{\text{样品读数}-\text{空白读数}}{\text{标样读数}-\text{空白读数}}\times\text{标样中受阻酚抗氧剂浓度（mmol/L）}$$

其中读数指 0.0 V~0.4 V 区间范围内峰起始到终止点间的峰面积。

9.3　剩余受阻酚抗氧剂质量分数计算：在用油的剩余受阻酚抗氧剂质量分数以新油作为 100%，按照下式计算：

$$\text{剩余受阻酚抗氧剂质量分数}=\frac{\text{样品读数}-\text{空白读数}}{\text{标样读数}-\text{空白读数}}\times 100\%$$

其中读数指 0.0 V~0.4 V 区间范围内峰起始到终止点间的峰面积。

10 精密度和偏差

10.1 按下列规定判断试验结果的可靠性（95%置信区间）

10.1.1 重复性：同一操作者，使用同一仪器，按相同的试验方法，对同一试样测得的两个连续试验结果之差不超过下列数值：

$$重复性=0.7779\times(X+2)^{0.5}\%$$

式中：

X——剩余受阻酚抗氧剂质量分数平均值，%。

10.1.2 再现性：不同操作者，在不同实验室，使用不同的仪器，用相同的方法对同一试样测得的两个单一、独立试验结果之差不超过下列数值：

$$再现性=1.830\times(X+2)^{0.5}\%$$

式中：

X——剩余受阻酚抗氧剂质量分数平均值，%

11 关键词

2,6-二叔丁基对甲酚；2,6-二叔丁基酚；芳胺；受阻酚抗氧剂；在用油；线性扫描伏安法；无锌涡轮机油；涡轮机油。

ICS 75.100
E 34

SH

中华人民共和国石油化工行业标准

NB/SH/T 0911—2015

在用油状态监测用傅里叶变换红外(FT-IR)光谱仪的设置和操作规程

Standard practice for set-up and operation of Fourier transform infrared (FT-IR) spectrometers for in-service oil condition monitoring

2015-10-27 发布　　2016-03-01 实施

国家能源局　发布

前　言

本标准按照 GB/T 1.1—2009 给出的规则起草。

本标准修改采用美国试验与材料协会标准 ASTM D7418-12《在用油状态监测用傅里叶变换红外（FT-IR）光谱仪的设置和操作规程》。

本标准与 ASTM D7418-12 的主要差异如下：

——引用标准采用我国现行的国家标准和行业标准；

——删除了引用标准 ASTM E1421、ASTM E1866；

——增加了引用标准 JJG（教委）001—1996《傅里叶变换红外光谱仪检定规程》；

——删除了 5.2.1.1 中“Coates and setti have noted”；

——修改了第 11 章仪器性能检查方式。

本标准还做了如下编辑性修改：

——按照我国标准编写格式进行了编辑性修改；

——对“3　术语和定义”进行了编辑性修改；

——将 ASTM D7418-12 中的附件 X1、附件 X2 和附件 X3 分别改为资料性附录 A、规范性附录 B 和资料性附录 C。

本标准由全国石油产品和润滑剂标准化技术委员会（SAC/TC280）提出。

本标准由全国石油产品和润滑剂标准化技术委员会润滑油换油指标分技术委员会（SAC/TC280/SC6）归口。

本标准起草单位：中国石油天然气股份有限公司兰州润滑油研究开发中心。

本标准主要起草人：郎需进、周亚斌、李源春。

本标准为首次发布。

在用油状态监测用傅里叶变换红外（FT-IR）光谱仪的设置和操作规程

警告：本标准涉及某些有危险性的材料、操作和设备，但无意对与此有关的所有安全问题都提出建议。因此，用户在使用本标准之前应建立适当的安全和保护措施，并确定相关规章限制的适用性。

1 范围

1.1 本标准规定了在用油状态监测用傅里叶变换红外光谱仪的设置和操作规程，包括直接趋势分析法和差谱趋势分析法。

1.2 本标准规定了如何应用标准透射池得到在用油的红外光谱图和如何确定可允许的最大光谱噪音。

1.3 在用油状态监测的完整测量参数参照具体的试验方法，本标准不作叙述。

1.4 本标准采用国际单位制［SI］单位，括号内给出的单位仅供参考。

2 规范性引用文件

下列文件对于本文件的应用是必不可少的。凡是注日期的引用文件，仅所注日期的版本适用于本文件。凡是不注日期的引用文件，其最新版本（包括所有的修改单）适用于本文件。

NB/SH/T 0853—2010 在用润滑油状态监测法 傅里叶变换红外（FT-IR）光谱趋势分析法

JJG（教委）001—1996 傅里叶变换红外光谱仪检定规程

ASTM D4057 石油和石油产品手工抽样规程

ASTM E131 与分子光谱学相关的术语

ASTM E168 红外定量分析一般技术的标准操作规程

3 术语和定义

3.1 定义

3.1.1 本规程相关的红外光谱学术语定义参阅 E131。

3.1.2

傅里叶变换红外（FT-IR）光谱 Fourier transform infrared（FT-IR）spectrometry

一种获得干涉图的红外光谱形式，干涉图经过傅里叶变换后获得振幅-波数（或波长）光谱。

3.2 本标准的特定定义

3.2.1

状态监测 condition monitoring

利用选定与机械运行相关的物理参数进行设备状态诊断的技术活动。周期性或连续性监测和记录设备运行参数，并进行分析比较，以便利用中期分析结果支持相关机械设备的操作和维修决定。

3.2.2

直接趋势分析 direct trend analysis

监测在用油 FT-IR 谱图中相关参数随运行时间的变化水平或变化率，数据不经过类似光谱差减等方法的处理。

3.2.3

差谱趋势分析　differential trend analysis

监测在用油 FT-IR 谱图中相关参数随运行时间的变化水平或变化率，然后与参比油的结果进行差减。

3.2.4

在用油　in-service oil

机器上使用中的润滑油，并且机器在操作温度下运行至少 1 h。

注：允许以机器运行一段时间后所取样品的测量值作为以后的趋势分析的基准点，但该时间段须是更换或添加润滑油后机器运行至少 1h。

3.2.5

参比油　reference oil

在差谱趋势分析中，在用油光谱所要差减的光谱对应的油样。

注：通常将新油作为参比油。应该指出的是，往机器中添加任何其他润滑油将引起参比油的变化。因此，机器运行一段时间后取样（见 3.2.4）可以避免此类情况的发生。

4　意义和应用

本标准描述了在用油状态监测中使用者如何采集在用油的 FT-IR 光谱。各种在用油的状态监测参数，如氧化值、硝化值、烟炱、水分、乙二醇、柴油稀释、汽油稀释、磺化产物和磷酸盐抗磨添加剂均可依据 NB/SH/T 0853—2010 中的描述进行 FT-IR 光谱监测。这些监测参数随时间的变化可以诊断机器及设备的运行状况并提示何时应该换油。本标准旨在提供 FT-IR 光谱仪标准的设置和操作参数，使不同仪器和不同实验室间得到的数据具有可比性。

5　仪器

5.1　傅里叶变换红外（FT-IR）光谱仪

仪器配有光源、分束器和包含 4000 cm^{-1} ~ 550 cm^{-1} 的中红外区域的检测器。标准配置包括室温氘化三甘氨硫（DTGS）检测器、空气冷光源和镀锗的溴化钾（Ge/KBr）分光镜（ZnSe 分光镜也可使用）。傅里叶变换红外（FT-IR）光谱仪的红外光源和干涉仪应置于密闭舱内，以免有害、易燃或易爆气体接触光源。

注：光敏检测器因其线性响应不理想而不应使用，如汞镉碲（MCT）检测器。

5.2　样品池

在用油状态监测用样品池是一个可以插入红外光谱仪光路上的具有固定光程的透射池。池窗材质和光程的注意事项如下：

5.2.1　池窗材质

5.2.1.1　在用油状态监测中，ZnSe 因其具有耐水性而通常用作透射池材质。除 ZnSe 以外的其他池窗材质也可使用，但需在 4000 cm^{-1} ~ 550 cm^{-1} 的中红外区不能有吸收。KBr 和 KCl 是符合要求的常见池窗材质，但由于 KBr 和 KCl 是水溶性盐类而不应使用。因为流过样品池油样中的水分会雾化并腐蚀池窗。此外，油品中的硝化产物易与 KBr 和 KCl 发生反应并沉积在池窗表面。因此，KBr 和 KCl 不能用于汽油机油、燃气机油和其他由于燃烧等过程而可能形成硝化产物的润滑油品的监测。

5.2.1.2 用 ZnSe 作为池窗材质时，红外光在池窗内表面产生的干涉条纹将会叠加于样品谱图上，需利用附录 A 中的物理或计算技术将这种影响降到最小。由于 KBr 和 KCl 折射率较 ZnSe 低，KBr 和 KCl 材质的透射池不会在油样谱图中产生干涉条纹。

5.2.2 透射池光程

5.2.2.1 标准的在用油状态监测用样品池光程为 0.100 mm。实践中，0.080 mm~0.120 mm 的光程是合适的。超出此范围则会分别导致灵敏度差或检测器的非线性响应。实际样品池光程可以根据附录 B 用空的或装有检验液的样品池的干涉条纹来计算。由于各种在用油状态监测方法（参见相关监测方法）的报告单位均基于 0.100 mm 的光程，因此所有数据应通过光谱校正或乘以光程校正因子（见 10.2）将光程标准化为 0.100 mm。标准化处理程序通常在仪器供应商提供的软件包内。

5.2.2.2 讨论：若使用油样稀释（见附录 C），采用更长的光程是合适的。例如，用无味溶剂油（OMS）稀释，当 OMS：油比例为 2：1 时，光程为 0.200 mm 已被证明是适合的。

注：为了不同实验室间的结果对比，应执行光谱校正。

5.3 过滤器（可选）

用目径 0.100 mm 或更小目径的颗粒过滤器过滤油样，以免样品池堵塞。

5.4 进样泵送系统（可选）

测量样品时，可以使用能够把样品输送到透射池，并能抽空和清洗透射池的泵系统代替手动进样。为此许多厂商都提供了该类用途的不同类型的泵、油管和透射池。根据样品处理系统和油样黏度，利用厂商推荐的清洗溶剂在样品间冲洗以尽量减少样品携带和保持样品池、油管的清洁。

油气泄漏报警：

使用进样泵系统时，应该使用独立的可燃性气体传感器和报警装置，以便当管路、连接器或透射池发生泄漏时能及时提醒操作者。

6 FT-IR 光谱采集参数

6.1 光谱分辨率、数据间隔和切趾函数影响 FT-IR 谱带形状。这些参数需满足以下要求：

——光谱分辨率：4 cm^{-1}；

——数据间隔：2 cm^{-1}；

——切趾函数：三角函数；

——扫描范围：4000 cm^{-1}~550 cm^{-1}；

——光谱形式：吸光度与波数的函数。

6.2 增加的扫描数量和扫描时间将取决于预期的光谱噪音水平（见 12），当扫描时间基于因子 N 增加时，噪音水平将按照因子 $N^{1/2}$ 的趋势下降。

7 取样

7.1 样品采集

采样时为了获取具有完整代表性的试验样品，实验室样品应按照 ASTM D4057 的要求采样。

7.2 样品准备

推荐进样前按照5.3事先过滤油样。当油样稀释（见附录C）时不必过滤。

8 仪器的准备和操作

8.1 清洗溶剂、检验液

各种疏水溶剂可用来清洗透射池和冲洗管路，也可用作检验液计算透射池光程。典型的溶剂包括正己烷、环己烷、正庚烷和无味溶剂油（OMS）。但这些溶剂的使用、贮存和处理的健康和安全问题在此未涉及到，应查阅当地相关法规和化学品安全说明书。

8.2 样品池、过滤器

样品分析前后用清洗溶剂将样品池冲洗干净。清洗透射池后立即记录空白样品池的吸收光谱（见9.1.2.2）以检查池窗上的积聚物。如果使用了进样口过滤器，要检查过滤器上的颗粒积聚及颗粒积聚对样品流速的影响。

8.3 检验液和光程

检验液的目的是为了确保FT-IR光谱仪透射池的正确组装以及样品进样和硬件清洗的正确操作。当一个新的或重新组装的透射池最初使用时，记录检验液的吸收光谱存于磁盘，并与后续检验液的光谱进行对比。检验液光谱可以用来计算样品的光程，以便将所有数据光程标准化为0.100 mm，还可以监测样品池光程随时间的变化。如果光程有明显变化，表明样品池窗有磨损或污染，应及时矫正。对于样品池光程计算来说，作为检验液必须有稳定的特征光谱（批次之间）和可检测的红外吸收谱带，具体内容见附录B.2。红外仪器制造商所用检验液有正庚烷、OMS等其他有效的商品检验液。

9 FT-IR光谱采集程序

9.1 背景采集

每次测试前应经常采集单光束背景，这样空气中的水蒸气和其他周围环境的变化则不会显著影响样品的测量结果（例如，每30min采集一次）。采集单光束背景光谱的方法：(1）空气背景光谱；(2）透射池背景光谱；(3）空气背景光谱和透射池参比光谱；(4）空气背景光谱和校正后透射池参比光谱。按6.1列举的参数获取背景光谱。

注：湿度和温度等大气条件的变化会使背景光谱发生改变，背景光谱的检测频率由各实验室决定。

9.1.1 空气背景

样品测量间隔中，采集空气的单光束背景光谱。

9.1.2 透射池背景

样品测量间隔中，采集干净的空样品池的单光束背景光谱。

9.1.2.1 使用空透射池背景时，需利用附录A中的物理或计算技术，将红外光在透射池窗内产生的干涉条纹对样品谱图的影响降到最小。

9.1.2.2 为检验透射池是否干净，应以事先采集的或已存档的单光束空气光谱为背景采集透射池光谱。以2700 cm^{-1}作单点基线计算2800 cm^{-1}~3000 cm^{-1}之间的最大峰值，如果峰值<0.2吸收单位，说

明作为透射池背景的透射池是足够干净的。本光谱也用来检验所采用的条纹消减技术是否满足样品光谱实时噪音的要求（见12）。

9.1.3 空气背景光谱和透射池参比光谱

样品测量间隔中，采集空气的单光束背景光谱。按9.1.2采集空样品池的光谱，用空样品池的光谱按比例减去最近采集的空气背景光谱，得到透射池的参比光谱。然后，以空气为背景光谱采集的样品光谱可按照1∶1的比例减去透射池的参比光谱即为样品光谱。

9.1.4 空气背景光谱和校正后透射池参比光谱

按9.1.3采集透射池参比光谱。如果采用条纹消减方法后仍有干涉条纹出现，用33 cm^{-1}的半峰宽和单位面积的三角函数的卷积运算或其他等效程序来平滑光谱。为了消除透射池造成的反射损失，从光谱中减去0.067的吸光度值。然后，以空气为背景光谱采集的样品光谱按照1∶1的比例减去这个光谱即为样品光谱。这个程序只适用于两面均未加涂层且垂直于光轴的平行的ZnSe池窗。楔入样品体积的微小角度（$\ll 1°$）不影响该程序的有效性。

9.2 参比油光谱采集（用于差谱趋势分析）

参比油在光谱采集时应摇匀，确保从瓶子中取到的样品具有代表性。手动或使用自动泵送系统将样品载入红外透射池。按6.1列出的操作参数及9.1的操作方法采集参比油的单光束背景光谱。如果中间使用了光谱标准化（见5.2.2），则随后吸收光谱的光程也应标准化为0.100 mm（见10.2）。参比油可以稀释使用（见附录C）。

9.3 样品光谱采集

在用油在光谱采集时应摇匀，确保从瓶子中取到的样品具有代表性。手动或使用自动泵送系统将样品载入红外透射池。按6.1列出的操作参数及9.1的操作方法采集每一个样品的单光束背景光谱。如果中间使用了光谱标准化（见5.2.2），则随后吸收光谱的光程也应标准化为0.100 mm（见10.2）。

9.4 池载检查（可选）

验证样品池满载油样（无气泡）的一种检查机制对避免误导性数据是有益的。与一个已存档并确定满载的样品池（通过仔细观察确认）的吸收光谱中2754 cm^{-1} ~ 3039 cm^{-1}区域内的CH吸光度值的对比，是一种简单的样品池载检查方法。确定样品池满载的吸光度值由各自实验室决定。

注：作为一般准则，光程校正为0.100 mm（见10.2）的石油基和酯类润滑油的吸光度值应大于2。

10 光谱数据报告

10.1 概述

所有的光谱都以吸光度与波数的函数来表示。

10.2 光程标准化

各种在用油状态监测参数试验方法的报告单位均基于0.100 mm的光程（参见各自的试验方法）。因此，所有数据的光程应标准化为0.100 mm以补偿光程变化带来的影响。通过吸收光谱中所有数据点乘以光程校正因子（光谱标准化）或各自试验方法的结果乘以光程校正因子（见5.2.2）来实现。各仪器制造商在他们的软件中提供了标准化程序。手动程序在10.2.1中描述。

光程标准化的手动程序：

根据附录 B 计算样品池的光程，光程校正因子按式（1）计算：

$$K=0.100/L \tag{1}$$

式中：

K——光程校正因子；

L——实际光程，mm。

执行光谱标准化时，吸收光谱中所有数据点都乘以光程校正因子。大多数 FT-IR 仪器软件具有作为光谱数据处理的光谱乘法运算功能。

10.3 直接趋势分析报告

将 4000 cm^{-1}～550 cm^{-1}范围内的吸收光谱保存到磁盘，用于测量各种在用油状态监测参数（参见各自试验方法）。如果未执行光谱标准化，则必须报告每个光谱的光程校正因子（见 10.2）。大多数 FT-IR仪器软件包提供了可以输入该数值的光谱备注栏或注释框，然后与光谱一并保存。

10.4 差谱趋势分析报告

按 1：1 的差减因子，在用油的标准光谱减去参比油的标准光谱得到在用油差谱。大多数 FT-IR 仪器软件具有作为光谱数据处理的光谱差减功能。将 4000 cm^{-1}～550 cm^{-1}范围内的差谱保存到磁盘，用于测量各种在用油状态监测参数（参见各自试验方法）。如果未执行光谱标准化，则必须报告每个光谱的光程校正因子（见 10.2）。大多数 FT-IR 仪器软件包提供了可以输入该数值的光谱备注栏或注释框，然后与光谱一并保存。

11 仪器性能检查

定期按照国家计量检定规程 JJG（教委）001—1996 检查 FT-IR 仪器的性能。如果仪器性能有显著变化，则延缓测试直至引起性能变化的原因被诊断出来并得到校正。

12 样品光谱噪音测试

12.1 样品光谱噪音测试目的是为了确认样品光谱的噪音水平是可接受的，包括叠加在样品光谱上的干涉条纹，尤其是使用 ZnSe 透射池或以其作为背景光谱时。

12.2 该测试应定期在运行中的设备上执行。信噪比 S/N，应达到可接受的精度。

12.3 可将检验液载入透射池来计算样品光谱噪音水平。可接受的检验液应是在 2000 cm^{-1}～1900 cm^{-1}频率范围内有很弱或无红外吸收峰。建议检验液包括正己烷，正庚烷或角鲨烷。

12.4 背景和样品的单光束光谱都用充满同一检验液的样品池来测量。样品光谱除以背景光谱得到一个透过率光谱。

12.5 噪音水平是通过测量 2000 cm^{-1}～1900 cm^{-1}频率范围内的透过率值的标准偏差来计算的。

注：当扫描次数基于因子 N 增加时，噪音水平将按照因子 $N^{1/2}$ 的趋势下降。因此，可以通过增加扫描次数的方式改善峰间噪音水平。附录 A 列出的各种条纹消减技术用于降低由干涉引起的样品光谱噪音。

12.6 可接受的样品光谱噪音水平为 0.0001AU 或 0.0230%T。

附　录　A
（资料性附录）
红外液体透射样品池的条纹效应及条纹消减方法

A.1　当光线从一种介质进入另外一种不同折射率的介质时，光速改变并有光反射现象。因此，通过界面的光线少于100%。由于透射池窗与样品折射率的差异，光线通过透射池时会两次遇到这种界面。如果两片池窗平行，从第二片池窗反射回来的部分光线又会被第一片池窗反射回去。因为反射光与原光束在原始方向的传播中存在相位延迟，干扰原光束而形成正弦干涉图案，导致池窗中间材料的光谱上显示出规则的正弦波（干涉条纹）。

A.2　由于空气和池窗材质折射率差异大，当光线通过具有平行池窗的空透射池时干涉效应会特别强烈。可根据由此产生的光谱条纹或干涉图中观察到的相位延迟这种光学效应来精确测量空样品池的光程。

A.3　当样品池载满与池窗材质折射率相近的样品时，条纹能减弱到可以忽略的水平。用接近油样折射率的低折射率的盐类窗片（如KCl、KBr）组装的透射池记录的油样光谱就是这种情况。但是，当油样光谱是用高折射率窗片（如ZnSe）组装的透射池记录时，由于窗片与油样之间显著的折射率差异，可明显观察到叠加于样品光谱上的干涉条纹。干涉条纹随光程的变化引起峰高和峰面积测量值的差异，不利于仪器之间的数据对比。当采用高折射率窗片（如ZnSe）或者当用空池体做背景时，可以采用不同的干涉条纹消减技术来消除干涉条纹对谱图的干扰。包括：

a）把样品池架旋转一个角度（布儒斯特角）并锁定位置；

b）使用带消反射涂层的窗片；

c）使窗片不完全平行，如使用带角度的垫片；

d）软件控制来扣除二次干涉（相位延迟）引起的干涉条纹。

与制造商联系确认哪种干涉条纹消减技术适用于您的系统。所用技术a）～d）的有效性可以通过测量检验液2000 cm^{-1}～1900 cm^{-1}区域的光谱峰间噪音来验证。图A.1举例说明了用ZnSe透射池记录矿物油的吸收光谱时，将样品池架旋转布儒斯特角后干涉条纹消减技术的有效性。

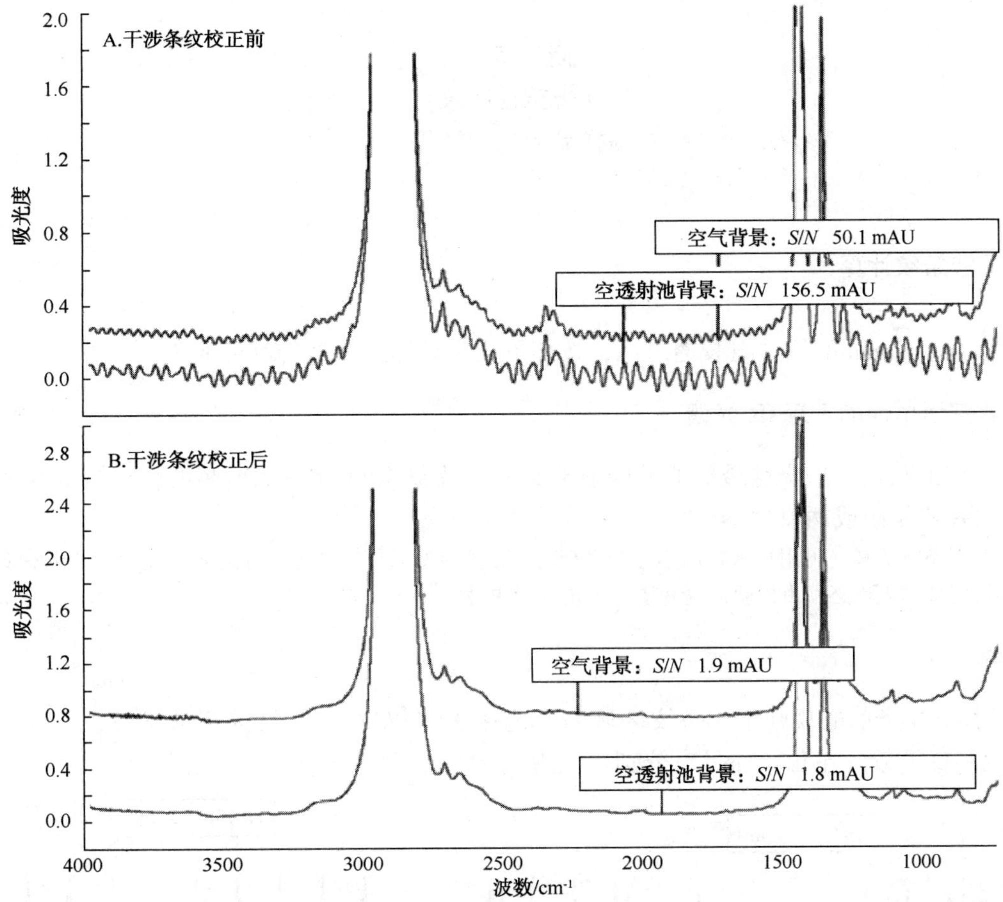

图 A.1 用空气或空池体做背景时，干涉条纹消减技术（样品池架旋转布儒斯特角）应用前（A）后（B）矿物油的光谱图

附　录　B
(规范性附录)
样品池光程计算

B.1　利用干涉条纹计算

使用接近 0.100 mm 的垫片组装透射池，按如下程序计算透射池的红外光程：

B.1.1　获取空透射池的 FT-IR 光谱

不使用条纹消减技术采集空透射池的吸收光谱，该光谱会显示一个正弦波模式。如果未观察到正弦波，说明窗片不干净或两窗片不平行。

注：当窗片因条纹消减（见附录 A）而不完全平行时，在透射池的吸收光谱中可能无法观察到干涉条纹。这种情况下，透射池的光程必须由检验液的光谱来确定（见 B.2）。

B.1.2　计算

在空透射池 IR 光谱的规则干涉条纹区域内，选择 20 个左右可测量的干涉条纹，干涉条纹计数为 N，在高波数和低波数（单位：cm^{-1}）分别标记为 ν_1 和 ν_2，见图 B.1。

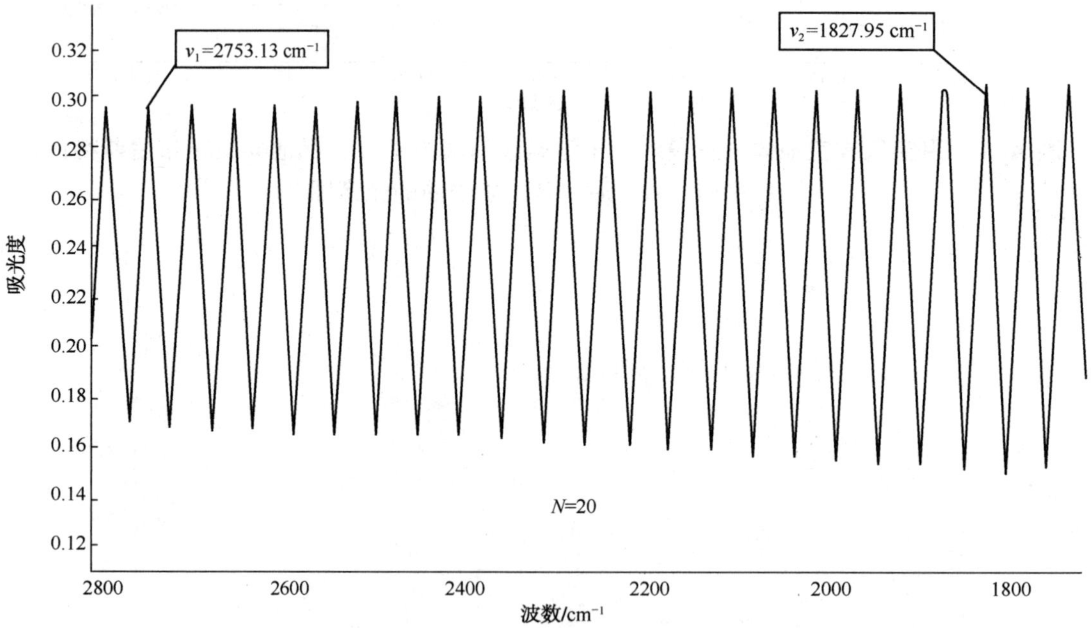

图 B.1　用于计算透射池光程的空池光谱

B.1.3　使用以下公式计算光程：

$$E=1/2\cdot N/(\nu_1-\nu_2)\cdot(10\ mm/cm)=5\cdot N/(\nu_1-\nu_2) \quad (B.1)$$

式中：

E——透射池光程，单位：mm；

N——ν_1 和 ν_2 之间的干涉条纹数。

B.2 利用检验液计算

利用检验液计算透射池的光程（见8.3）时，用碱金属的卤化物窗片（如KCl或KBr）和0.050 mm、0.100 mm和0.150 mm的垫片分别组装三个透射池。采集每个组装的空透射池FT-IR光谱以获取干涉条纹，按照B.1的描述计算其光程。然后，将检验液载入每个透射池，在检验液无吸收的波数区以单点基线法测量标度上的吸收峰的吸光度（峰高）最大值（光程0.15 mm的最大吸光度值应<1.2，光程0.05 mm的最小吸光度值应>0.3，以确保足够的灵敏度和线性）。所选择的吸收峰的半高宽不应小于获取检验液FT-IR光谱时的分辨率。以测量的峰高吸光度值对相应透射池的光程作曲线。完成线性回归得到以下方程式：

$$y=mx+b \qquad (B.2)$$

式中：

m——斜率；

b——截距；

x——吸光度值；

y——光程。

光程计算用的线性回归方程式的标准偏差<0.005 mm才是可用的。如标准偏差>0.005 mm则重新校正。在以后的任何时间，均可通过记录检验液光谱和测量所选峰的吸光度值，使用该方程式计算组装的任何透射池的光程，用上述方程式求解y（光程）。只要不同批次的检验液的光谱特性保持一致，此程序就是有效的。

附 录 C
(资料性附录)
备用样品制备——稀释法

C.1 样品稀释：为了减小样品黏度以便于将样品装载到透射池内，油样品可用无味溶剂油（OMS）或其他合适的烃溶剂稀释。例如，OMS：油比例为 2：1 的稀释后的低黏度样品，很容易用容积式微型泵吸入到 0.1 mm 红外透射池内。

C.2 当样品稀释时，稀释剂会影响傅里叶红外状态监测参数的测量。因此，稀释剂的光谱贡献必须从稀释后样品的光谱中减除。稀释剂与油样的体积比必须精确已知，以保持状态监测参数测量的量化精度。

ICS 75.100
E 34

SH

中华人民共和国石油化工行业标准

NB/SH/T 0912—2015

发动机台架试验油100℃运动黏度测定法

Standard test method for determination of kinematic viscosity at 100℃ of engine test oils

2015-10-27 发布　　2016-03-01 实施

国家能源局　发布

前　言

本标准按照 GB/T 1.1—2009 给出的规则起草。

本标准使用重新起草法修改采用 CEC L-83-97《在用油 100℃运动黏度测定法》。

本标准与 CEC L-83-97 的技术性差异如下：

——标准名称修改为《发动机台架试验油 100℃运动黏度测定法》；

——在第 5 章仪器中对于毛细管黏度计类型增加了符合 ISO 3105 或 ASTM D446 或 SH/T 0173—1992 要求的芬斯克逆流黏度计；

——删除了涉及 CEC L-56-T-98 的相关内容；

——删除了引用标准 ISO/IEC17025 和 ISO 5725；

——删除了有关测量不确定度的相关表述；

——增加了对甲苯、丙酮和铬酸洗液的警告信息；

——删除了精密度章节中国际比对试验结果分析的相关数据和图表；

——按照我国标准编写格式对 CEC L-83-97 进行了编辑性修改，结构差异参见附录 A。

本标准由中国石油化工集团公司提出。

本标准由全国石油产品和润滑剂标准化技术委员会润滑油换油指标分技术委员会（SAC/TC280/SC6）归口。

本标准起草单位：中国石油天然气股份有限公司大连润滑油研究开发中心。

本标准主要起草人：谢平平、逄翠翠。

本标准为首次发布。

发动机台架试验油 100 ℃运动黏度测定法

警告：本标准的应用可能涉及到某些有危险性的材料、操作和设备，但并未对与此有关的所有安全问题都提出建议。用户在使用本标准前有责任制定相应的安全和保护措施，并确定相关规章限制的适用性。

1 范围

本标准规定了采用芬斯克逆流毛细管黏度计测定在用油 100 ℃运动黏度的方法。

本标准适用于含有烟炱的发动机台架试验油 100 ℃运动黏度的测定。

2 规范性引用文件

下列文件对于本文件的应用是必不可少的。凡是注日期的引用文件，仅所注日期的版本适用于本文件。凡是不注日期的引用文件，其最新版本（包括所有的修改单）适用于本文件。

JJG 155 工作毛细管黏度计检定规程

SH/T 0173—1992 玻璃毛细管黏度计技术条件

ASTM D446 玻璃毛细管运动黏度计标准规格和操作说明

ISO 3105 玻璃毛细管运动黏度计 规格和操作说明

3 方法概要

将在用油试样充分混匀，在严格控制的温度下，测定试样在重力作用下流过芬斯克逆流黏度计的时间，流动时间与黏度计常数之积即为试样的 100 ℃运动黏度。

4 仪器

4.1 恒温浴：采用透明液体作为介质，并具有足够的深度，应使在整个测量过程中，恒温浴液面高于黏度计内试样液面 20 mm 以上，黏度计底部高于恒温浴底 20 mm 以上。恒温浴介质温度与设定温度之差不应超过±0.02 ℃，校准合格。

4.2 凯能芬斯克逆流毛细管黏度计，尺寸标号为 200，或符合 ISO 3105 或 ASTM D446 或 SH/T 0173-1992 要求的其他芬斯克逆流毛细管黏度计，遵循 ISO 3105 或 ASTM D446 的规定进行定期检定并确定黏度计常数。也可按照国家计量检定规程 JJG 155 对毛细管黏度计进行校准和检定。

4.3 计时器，精确至 0.1 s 或更高，测试时间达 15 min 时读取的精度在±0.07%以内。计时装置的准确性可通过标准时间信号确认。校准合格方可使用。

4.4 温度测量装置，用于测试恒温浴的温度，校准合格方可使用。

4.5 油漆搅拌器或机械振荡器，可选，用于均化样品。

5 试剂和材料

5.1 清洗溶剂

5.1.1 样品溶剂：能够与样品完全混合，如溶剂油、甲苯等。

警告：甲苯，高度易燃，其蒸气吸入有害，与氧化剂能发生强烈反应。使用时应避免与眼睛接触，应远离火种，采取抗放静电措施密封保存。

5.1.2 干燥溶剂：丙酮。

警告：丙酮，高度易燃，吸入、口服有毒害。

5.1.3 清洗液：铬酸洗液。

警告：铬酸有毒，有害身体健康，是公认的致癌物质，具有强腐蚀性，并且对有机组织具有潜在的危害。使用时应佩戴防护面罩，穿长款的防护服，戴合适的手套。酸会挥发成蒸气。使用过的铬酸暴露在空气中时应非常小心，因为它仍有毒性，避免吸入蒸气。

5.2 材料

5.2.1 塑料瓶，60 mL。

6 试样准备

6.1 在用发动机油 100 ℃运动黏度测试应在发动机试验结束后一个月内完成，超过此期限的测试结果无效，研究用试验样品不受此限制。提供给客户的结果报告应注明测试时间。

6.2 样品在室温下储存，测试前应混合均匀。用 60 mL 的塑料瓶盛装样品，且试样上液面距容器顶部保持合适的距离，建议不小于 1 cm，避免振荡时试样中夹杂过多的空气。

6.3 在用发动机油试样在取样测试前应混合均匀，可用手摇动约 1 min，推荐使用机械振荡器或油漆搅拌器。样品混合均匀至填充毛细管黏度计应在 2 min±1 min 内完成。若使用油漆搅拌器，建议按下述方法混合均匀在用油试样，支撑搅拌器的弹簧应能够同时提供样品的垂直运动。

6.3.1 扭紧样品容器的盖子。

6.3.2 将样品容器放置在油漆搅拌器上。

6.3.3 振荡 5 min±15 s。

6.3.4 从油漆搅拌器上取下样品容器。

6.3.5 取样进行测试。

注：取样前勿加热或过滤样品。

7 试验步骤

7.1 准备两支黏度计，倒置黏度计，将其浸入试样中，抽吸管 N（见图 1）。使试样通过管 L 充满球 D 至超过标线 G5 mm 处（见图 2）。

7.2 反转黏度计至正常位置，用干净的抹布擦拭多余的试样。

7.3 将吸管 N 端接上真空泵，吸入试样至毛细管 R 长度的 3/4 处（见图 1）。用橡皮塞塞住管 L 末端，防止试样在管中流动。若试样在测试前流动至第一个计时标线 E 处，测试结果无效。

7.4 将黏度计置于 100 ℃恒温浴中，恒温浴液面应高于球 D，保持管 L 垂直。黏度计恒温时间为 15 min±30 s，包括试样流动至距离 E 点 2 mm 之内，因此应适时取下橡皮塞保证试样在规定的时间内流动到指定位置。

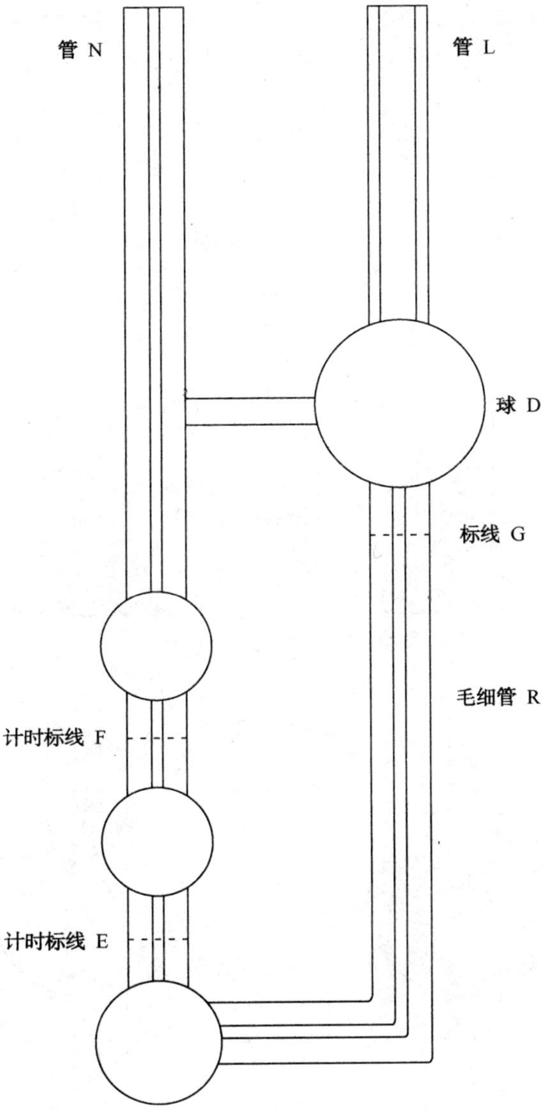

图 1

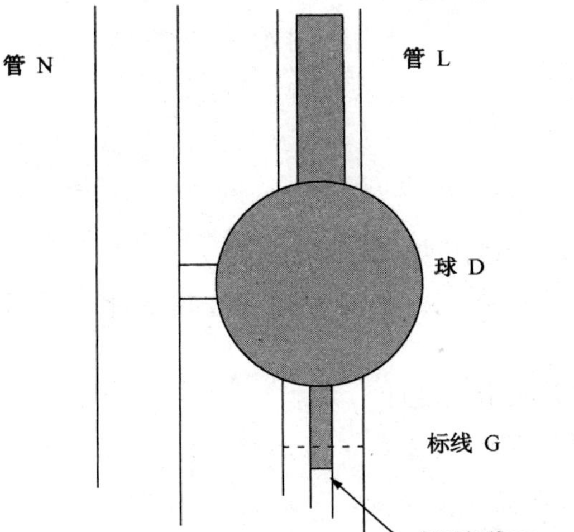

图 2

7.5　取下橡皮塞，试样自然流动，到达第一个计时点E时立即启动计时器（见图3）。

7.6　试样到达第二个计时点F后立即停止计时器（见图4），记录试样从第一个计时点E流动到第二个计时点F的时间（精确到0.1 s）。

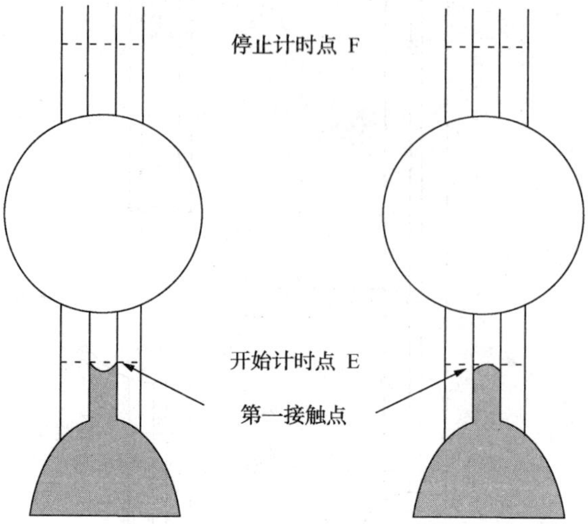

图3

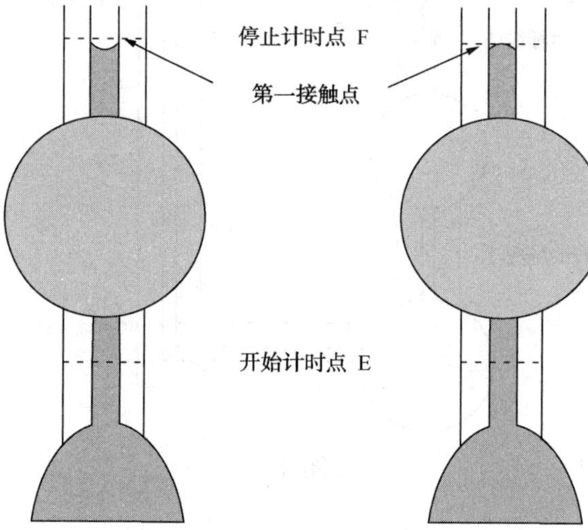

图4

8　清洗黏度计

8.1　测试完成后，带压吹出试样，或用真空泵抽出试样。

8.2　使用能够完全溶解试样的样品溶剂，反复彻底清洗黏度计，再用干燥溶剂（见6.1.2）冲洗黏度计。

8.3　使用干燥空气流缓慢通过并吹干黏度计。

注：必要时，可用铬酸洗液清洗黏度计。

9　结果计算

9.1　运动黏度 v 通过试样的流动时间和黏度计常数按如下公式计算：

$$v=Ct$$

式中：

v——运动黏度，单位为二次方毫米每秒（mm^2/s）；

C——黏度计常数，单位为二次方毫米每二次方秒（mm^2/s^2）；

t——试样的流动时间，单位为秒（s）。

9.2　两个测定结果的平均值作为试样的 100 ℃运动黏度。

10　报告

报告应包含以下信息：

——引用本标准；

——试样的标识；

——100 ℃运动黏度，以 mm^2/s 表示，结果保留至小数点后第 2 位；

——测试日期。

11　参比油

在用油存在储存稳定性的问题，故本标准没有固定的参比油。需要时，CEC SG-L-083 工作组可提供参比油。

12　精密度

本方法的精密度是通过对 2007 年～2011 年国际比对试验结果的统计分析确定的。本精密度的确定在选择试验油时仅选择了在用油类型的一部分，且基于少量数据，因此对于其他配方组成不同或降解程度不同的试样油可能会有所不同，不同黏度等级或不同烟炱含量的试验油也可能会有所不同。本标准的精密度数据适用于 100 ℃运动黏度在 12 mm^2/s～43 mm^2/s 的在用发动机油样品，超出此黏度范围的样品的精密度未予验证。按下述规定判断试验结果的可靠性（95%置信水平）。

12.1　重复性（r）：同一操作者，使用同一仪器，在同一实验条件下，对同一样品重复测定两次的结果之差不应大于表 1 的数值。

表 1　重复性

黏度范围/（mm^2/s）	重复性/（mm^2/s）
12～43	$0.0322 \times e^{(0.086X)}$
注：X 为所比较的两个重复测定试验结果的算术平均值，mm^2/s。	

12.2　再现性（R）：不同操作者，在不同实验室，对相同样品各自测得的两个独立结果之差不应大于表 2 的数值。

表 2　再现性

黏度范围/（mm^2/s）	再现性/（mm^2/s）
12～43	$0.0349 \times e^{(0.132X)}$
注：X 为所比较的两个单一独立试验结果的算术平均值，mm^2/s。	

附 录 A
（资料性附录）
本标准的章条编号与 CEC L-83-97 章条编号对照表

本标准的章编号	CEC L-83-97 章编号
1	2.3
2	—
3	2.2
4	4.1，5.2，5.3，5.4
5	4.1
6	6.1
7	7.1
8	7.3
9	7.2
10	9.2
11	10.1，11.1
12	11.2
附录 A	—

ICS 75.080
E 30

SH

中华人民共和国石油化工行业标准

NB/SH/T 0915—2015

轻质石油馏分中总活性硫值的测定 电位滴定法

Determination of total active sulfur number in light petroleum fractions by potentiometric titration method

2015-10-27 发布　　　　2016-03-01 实施

国家能源局　发布

前　　言

本标准按照 GB/T 1.1—2009 给出的规则起草。

本标准由中国石油化工集团公司提出。

本标准由全国石油产品和润滑剂标准化技术委员会石油燃料和润滑剂分技术委员会（SAC/TC280/SC1）归口。

本标准起草单位：中国石油化工股份有限公司石油化工科学研究院。

本标准主要起草人：魏宇彤、田松柏、王小伟、王京。

本标准为首次发布。

轻质石油馏分中总活性硫值的测定　电位滴定法

警告：本标准的应用可能涉及到某些有危险的材料、操作和设备，但并未对与此有关的所有安全问题都提出建议。用户在使用本标准前有责任制定相应的安全和防护措施，并确定相关规章限制的适用性。

1　范围

本标准规定了采用电位滴定法测定轻质石油馏分中总活性硫值的方法。

本标准适用于总活性硫值范围为 3.0 mg/kg ~ 400.0 mg/kg，且终馏点不大于 350 ℃的轻质石油馏分。

2　规范性引用文件

下列文件对于本文件的应用是必不可少的。凡是注日期的引用文件，仅所注日期的版本适用于本文件。凡是不注日期的引用文件，其最新版本（包括所有的修改单）适用于本文件。

GB/T 4756　石油液体手工取样法

GB/T 6682—2008　分析实验室用水规格和试验方法

3　术语和定义

下列术语和定义适用于本文件。

3.1

活性硫　active sulfur

石油馏分中有可能直接对加工装置以及存储和运输设备产生腐蚀的硫化合物中的硫。

3.2

总活性硫　total active sulfur

本方法中，轻质石油馏分中元素硫、硫化氢、硫醇和二硫化物等不同类型活性硫的总称。

3.3

总活性硫值　total active sulfur number

在本方法试验条件下，达到电位滴定终点时以消耗的硝酸银标准溶液体积计算得到的结果，以 mg/kg 表示。

注：本方法测定的总活性硫值未考虑 Ag^+ 与 S^{2-} 反应的化学计量关系，因此得到的结果为“总活性硫值”，而非“总活性硫含量”，详见 4.2 条及第 11 章计算中的“注”。

4　方法概要和原理

4.1　用锌粉还原样品中的二硫化物和元素硫，再以氨水和醇的混合溶液为滴定介质，玻璃电极作为参比电极，银-硫化银电极作为指示电极，用硝酸银的异丙醇标准溶液进行电位滴定。

4.2　锌粉在一定条件下可将石油馏分中的二硫化物还原成硫醇，见式（1）：

$$Zn+RSSR+2H^{+}\longrightarrow 2RSH+Zn^{2+} \quad (1)$$

元素硫及硫化氢也会与锌粉发生如下反应，见式（2）和式（3）：

$$Zn+S\longrightarrow ZnS \quad (2)$$

$$Zn+H_2S\longrightarrow ZnS+H_2 \quad (3)$$

生成的ZnS在酸性介质中会离解出游离的S^{2-}，这样试样中的活性硫就转化成了S^{2-}和RSH。然后将样品过滤，并以含氨水的异丙醇溶液为滴定介质，用$AgNO_3$的异丙醇标准溶液进行电位滴定。滴定反应式见式（4）和式（5）：

$$2Ag^{+}+S^{2-}\longrightarrow Ag_2S \quad (4)$$

$$Ag^{+}+RSH\longrightarrow RSAg+H^{+} \quad (5)$$

由式（4）和式（5）可知，1 mol的S^{2-}需要与2 mol的硝酸银反应，而1 mol的SH^{-}需要与1 mol的硝酸银反应。由于硫化银与硫醇银的突跃电位非常接近，滴定曲线中只有一个突跃点，本方法以硫醇银的滴定终点作为试验的滴定终点，并按照式（5）的反应计算试验结果。因此，在本方法的试验条件下，得到的总活性硫值与总活性硫含量不同。按照本方法计算出的总活性硫值与各种类型活性硫含量的加和值（总活性硫含量）的关系应为：

$$\text{总活性硫值}=2\times(W_S+W_{H_2S})+W_{RSH}+W_{RSSR} \quad (6)$$

其中W_S、W_{H_2S}、W_{RSH}和W_{RSSR}分别表示试样中元素硫、硫化氢、硫醇和二硫化物的含量（mg/kg）。

5 方法应用

5.1 在一定条件下，轻质石油馏分中的总活性硫值可以反映其潜在腐蚀性的大小，通过测定轻质石油馏分中的总活性硫值，可以预测其腐蚀性的高低，并有助于预测装置材料的使用寿命。

5.2 本方法中，不用分别测定各种不同类型活性硫，即可得到总活性硫值的结果，方法快速、简便，且测定不受卤素阴离子及环烷酸的影响。

6 仪器

6.1 自动电位滴定仪：带有复合银电极，可用于测定硫醇以及标定硝酸银溶液；滴定管具备5 mL、10 mL或20 mL等规格可选，加液精度为小于或等于滴定体积的0.2%。

6.2 电磁搅拌器。

6.3 天平：精确至0.0001 g。

6.4 锥形瓶：100 mL，具塞磨口。

6.5 烧杯：200 mL。

6.6 量筒：50 mL，100 mL。

6.7 容量瓶：500 mL。

6.8 移液管：5 mL，10 mL。

6.9 漏斗。

7 试剂和材料

除另有说明外，全部试验用的试剂均为分析纯试剂。若使用其他级别试剂，则以其纯度不会降低测定精确度为准。试验用水符合GB/T 6682—2008中三级水的规定。

7.1 冰醋酸。

7.2 无水甲醇。

7.3 硝酸银。

7.4 异丙醇。

7.5 氨水：浓度28%（质量分数）。

7.6 高纯锌粉：纯度99.99%，粒度74μm。

注：高纯锌粉在空气中易氧化，应密封保存。

7.7 氯化钾：使用前在105 ℃干燥2 h，在干燥器中冷却。

7.8 浓硫酸：浓度为98%（质量分数）。

7.9 搅拌子：外包聚四氟乙烯。

7.10 定量滤纸：快速。

8 取样

8.1 按GB/T 4756方法进行取样。

8.2 对于终馏点小于200 ℃的轻质石油馏分，由于试样中的硫化氢及低分子硫醇易挥发，应低温(4 ℃以下)储存，尽快测定。

9 准备工作

9.1 0.1 mol/L硝酸银-异丙醇标准溶液的配制：准确称取8.4940 g硝酸银于200 mL烧杯中，用40 mL蒸馏水溶解，转入500 mL容量瓶中，用异丙醇洗净烧杯，倒回容量瓶中，并用异丙醇稀释到刻度。贮存在棕色瓶中，每周标定一次。

注：低浓度的硝酸银-异丙醇标准溶液可用异丙醇稀释配制。

9.2 0.1 mol/L硝酸银-异丙醇标准溶液的标定：准确称取0.0900~0.1000 g的干燥氯化钾于干燥的200 mL烧杯中，加入100 mL的蒸馏水和几滴稀硫酸，伴随搅拌，用0.1 mol/L的硝酸银-异丙醇标准溶液滴定，按式（7）计算硝酸银-异丙醇标准溶液的准确浓度：

$$C=m/(0.07455V) \tag{7}$$

式中：

C——硝酸银-异丙醇标准溶液的浓度，单位为摩尔每升（mol/L）；

m——烧杯中称量的干燥氯化钾的质量，单位为克（g）；

V——用于滴定的硝酸银-异丙醇标准溶液的体积，单位为毫升（mL）；

0.07455——氯化钾的摩尔质量乘以0.001（由毫升转化为升的系数）。

9.3 滴定介质：将异丙醇与氨水按体积比75∶1配制。

9.4 甲醇-冰醋酸混合溶液：将无水甲醇与冰醋酸按体积比25∶1配制。

9.5 稀硫酸：浓硫酸与水体积比为1∶1配制。

10 试验步骤

10.1 试样与锌粉反应

在100mL锥形瓶中准确称取1.0000 g~5.0000 g试样，加入15 mL甲醇-冰醋酸混合溶液，再按照试样与锌粉的质量比为5∶1的比例加入高纯锌粉和搅拌子，盖上锥形瓶盖，在室温下搅拌反应15 min。

10.2 试样过滤

反应后的试样使用定量滤纸，快速过滤入200 mL的烧杯中，用100 mL滴定介质清洗反应瓶及滤纸，清洗液加入滤液中。

10.3 试样滴定

10.3.1 在滤液中加入搅拌子，插入电极并搅拌，用已标定的硝酸银-异丙醇标准溶液滴定。由于硫醇易于氧化，应尽量减少试样与空气接触的时间。

10.3.2 按仪器说明书校正仪器，并以电位平衡方式进行滴定，或者以可变的滴定速度滴定，即：在滴加过程中以小于 0.2 mL/min 的速度滴加，在等当点附近，最好以 0.05 mL/min 或更低的速度滴加。

10.3.3 继续滴定直至电位突跃过后又呈现相对恒定（电位变化小于 5 mV/0.1 mL）为止。移去滴定管，升高电极夹，先用滴定介质冲洗电极，然后用水洗净，再用擦镜纸擦拭。在同一天的连续滴定之间，将电极浸在 100 mL 含有 0.5 mL 的 0.1 mol/L 硝酸银标准溶液的滴定溶剂中至少 5 min。

10.3.4 滴定过程结束后，绘制滴定曲线如图 1 所示。

注 1：部分电位滴定仪在滴定开始后数秒内会有一个小的突跃。该突跃是由于电极造成的，而非试样的滴定终点。判断该突跃时可以将试样量加倍，如果该突跃是由试样中活性硫的滴定产生，相应的硝酸银-异丙醇标准溶液的消耗体积也应加倍。

注 2：图 1 仅为示意图，因选用仪器不同、电极不同，突跃电位位置、大小都可能有所不同。

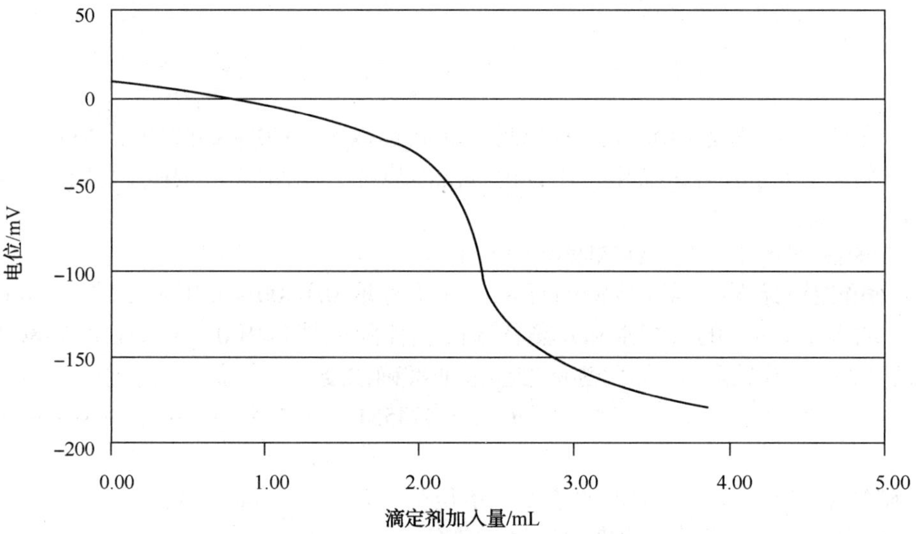

图 1 滴定曲线示意图

11 计算

试样滴定所得到的总活性硫值按式（8）计算：

$$S=\frac{32\times V_1\times C}{m_1}\times 1000 \qquad (8)$$

式中：

S——试样中总活性硫值，单位为毫克每千克（mg/kg）；

V_1——到达滴定终点所消耗的硝酸银-异丙醇溶液的体积，单位为毫升（mL）；

C——硝酸银-异丙醇标准溶液的浓度，单位为摩尔每升（mol/L）；

m_1——试样质量，单位为克（g）；

32——硫相对原子质量。

注：由式（4）和式（5）可知，由于 1 mol 的 S^{2-} 需要与 2 mol 的硝酸银反应，而 1 mol 的 SH^- 需要与 1 mol 的硝酸银反应。但是在滴定过程中，硫化银与硫醇银的突跃电位非常接近，仅能得到一个突跃点。本方法以硫醇银的滴

定终点作为试验的滴定终点，并按照式（5）的反应计算试验结果。因此，在本试验条件下，式（8）计算得到的结果为总活性硫值，高于实际的元素硫、硫化氢、硫醇及二硫化物加合得到的总活性硫含量。

12 报告

报告试样中总活性硫值，mg/kg，结果保留至小数点后一位。

13 精密度和偏差

13.1 精密度

精密度是在5个实验室，采用不同的仪器，分别选取不同总活性硫值的轻质石油馏分共计15个样品进行试验。按照GB/T 6683的规定，对试验结果进行统计计算得到的。按照下述规定判断试验结果的可靠性（95%置信水平）：

13.1.1 重复性（r）：同一操作者，使用同一台仪器，在同一操作条件下，对同一试样连续测定所得两个结果之差不应超过下值：

$$r=0.274X_1^{0.5850} \quad (9)$$

式中：

X_1——两次重复测定结果的平均值。

13.1.2 再现性（R）：不同实验室工作的不同操作者，采用不同仪器，对同一试样测定所得的两个单一、独立的试验结果之差不应超过下值：

$$R=0.406X_2^{0.5555} \quad (10)$$

式中：

X_2——两个单一、独立结果的平均值。

13.2 偏差

由于总活性硫值仅为本方法定义，且无合适的参考物质，本方法偏差尚未确定。

参 考 文 献

[1] GB/T 6683 石油产品试验方法精密度数据确定法

ICS 75.160.20
E 31

SH

中华人民共和国石油化工行业标准

NB/SH/T 0916—2015

柴油燃料中生物柴油（脂肪酸甲酯）含量的测定　红外光谱法

Standard test method for determination of biodiesel (fatty acid methyl esters) content in diesel fuel oil using mid infrared spectroscopy

2015-10-27 发布　　2016-03-01 实施

国家能源局　发布

前　　言

本标准按照 GB/T 1.1—2009 给出的规则起草。

本标准使用重新起草法修改采用 ASTM D7371-14《柴油燃料中生物柴油（脂肪酸甲酯）含量的测定 红外光谱法》。

本标准与 ASTMD7371-14 的技术性差异及其原因如下：

——将部分引用标准修改为我国相应的国家标准或行业标准。

——为了符合标准编写规定，删除了 ASTM D7371-14 中 1.2 条有关单位制的说明。

本标准由中国石油化工集团公司提出。

本标准由全国石油产品和润滑剂标准化技术委员会石油燃料和润滑剂分技术委员会（SAC/TC280/SC1）归口。

本标准起草单位：中国石油化工股份有限公司石油化工科学研究院。

本标准主要起草人：杨玉蕊、许育鹏。

本标准为首次发布。

柴油燃料中生物柴油（脂肪酸甲酯）含量的测定 红外光谱法

警告：本标准的应用可能涉及某些有危险性的材料、操作和设备，但并未对与此有关的所有安全问题都提出建议。用户在使用本标准前有责任制定相应的安全和保护措施，并确定相关规章限制的适用性。

1 范围

本标准规定了测定柴油燃料中生物柴油（脂肪酸甲酯（FAME））含量的方法。

本标准适用于测定柴油燃料中体积分数为1%～20%的脂肪酸甲酯含量。

本标准只适用于测定脂肪酸甲酯（FAME）含量，含有脂肪酸乙酯（FAEE）的生物柴油将会产生负偏差。

注：使用适当的衰减全反射（ATR）附件，测量范围可以扩大到体积分数为1%～100%，但体积分数超过20%时，本标准的精密度不可用。

2 规范性引用文件

下列标准包括的条文，通过引用而构成本标准的一部分。凡是注日期的引用文件，仅所注日期的版本适用于本文件。凡是不注日期的引用文件，其最新版本（包括所有的修改单）适用于本文件。

GB 252—2011 普通柴油

GB/T 1884 原油和液体石油产品密度实验室测定法（密度计法）

GB/T 4756 石油液体手工取样法

GB/T 13377 原油和液体或固体石油产品 密度或相对密度的测定 毛细管塞比重瓶和带刻度双毛细管比重瓶法

GB/T 11139 馏分燃料十六烷指数计算法

GB/T 20828—2014 柴油机燃料调合用生物柴油（BD100）

SH/T 0604 原油和石油产品密度测定法（U形振动管法）

SH/T 0694 中间馏分燃料十六烷指数计算法（四变量公式法）

NB/SH/T 0843 石化行业分析测试系统的评价 统计技术法

ASTM E1655 红外多元校正分析标准（Standard practices for infrared multivariate quantitative analysis）

3 术语和定义、缩略语

下列术语和定义、缩略语适用于本文件。

3.1 术语和定义

3.1.1

生物柴油 biodiesel

由动植物油脂或废弃油脂与醇（例如甲醇或乙醇）反应制得的脂肪酸单烷基酯，最典型的为脂肪酸甲酯，以 BD100 表示。

[GB/T 20828—2014 中 3.1 定义]

3.1.2

生物柴油调和燃料　biodiesel blend Bxx

用生物柴油和石油柴油按一定比例调和的柴油燃料。

注：在缩写 BXX 中，XX 代表生物柴油调和燃料中生物柴油的体积分数。

3.1.3

柴油燃料　diesel fuel

由石油制取的中间馏分燃料。

3.1.4

多元校正　multivariate calibration

用一个以上波长或频率，建立一组已知参考试样的浓度或性质与吸收光谱之间关系（模型）的过程。

注 1：利用建立的多元校正模型和未知试样的光谱，得到未知试样的组分浓度或性质的预测值。

注 2：本标准采用偏最小二乘法（PLS）进行多元校正。

3.2　缩略语

ATR：衰减全反射（Attenuated Total Reflectance）

FAEE：脂肪酸乙酯（Fatty Acid Ethyl Esters）

FAME：脂肪酸甲酯（Fatty Acid Methyl Esters）

FTIR：傅里叶变换红外（Fourier Transform Infrared）

Mid-IR：中红外（Mid Infrared）

PLS：偏最小二乘（Partial Least Square）

ULSD：超低硫柴油（Ultra Low Sulfur Diesel）

4　方法概要

4.1　将柴油燃料、生物柴油或生物柴油调和燃料试样加入到液体衰减全反射（ATR）样品池（规格见表 1）中，一束红外光通过试样后在检测器上成像，同时记录检测器响应。选取与生物柴油或干扰物相关的吸收光谱的波长进行分析。再通过多元数学计算，将未知生物柴油试样在所选择光谱区间的检测器响应转换为生物柴油浓度。

4.2　本标准采用傅里叶变换中红外光谱、衰减全反射（ATR）样品池及偏最小二乘法（PLS）计算。

5　方法应用

5.1　生物柴油是一种重要的商品燃料，用于柴油燃料调和的附加组分。

5.2　本标准适用于含有 FAME 的生物柴油调和燃料的生产与销售过程中的质量控制。

6　干扰

6.1　柴油组成对校正模型有很大影响。因此对于稳健的校正模型，柴油燃料在生物柴油调和燃料校正集中具有代表性是非常重要的。

6.2　本标准中，仪器的正确选择，校正模型的设计、多变量校正的应用，以及本标准描述的评价方法可以最大限度地减少干扰。

表1 衰减全反射（ATR）锥形样品池规格

ATR 晶体材料	ZnSe
光束聚集光学元件	圆锥体，非光学聚焦元件与池体
晶体结构	圆截面与同轴圆锥体尾部交叉
半锥角	60°
晶体长度	36.83 mm～39.37 mm
晶体直径	3.175 mm
试样界面入射角	53.8°
入射角最大范围	±1.5°
标准吸光度（丙酮 1428 cm^{-1}谱带）	0.38AU±0.02AU
池体材料	316 不锈钢
密封垫	Chemrez or Kalrez 的 O 型圈

6.3 水蒸气干扰：在附录 A.2 中列出的校正和分析区间中，水蒸气在红外光谱中有明显的吸收，因此在低浓度模型校正时应说明水蒸气的存在。

注：最好用干燥的空气或氮气吹扫光谱仪，以便除去水蒸气。吹扫最好在分析前进行，并稳定几个小时，因为在吹扫开始时光谱仪内部空气的水含量迅速变化。在这种情况下，用一次吹扫预防或除去水蒸气是不可能的。操作者应该在采集每一个试样光谱时都应测量相应的参比背景光谱。该操作在现代光谱仪系统中应该是自动的，操作员应向仪器厂商咨询光谱仪自动背景校正程序的详细操作说明。光谱仪应该密封干燥，以尽量减少水蒸气变化的影响。光谱仪的任何配件都应该是密封的。

6.4 脂肪酸乙酯（FAEE）干扰：生物柴油组分中含有 FAEE 将导致生物柴油含量的浓度测量结果整体偏低。对于确定高浓度的 FAEE 含量，离群数据统计结果是很有用的一个方法。

6.5 不溶水：试样中含有不溶水将会导致错误的测定结果。在试样注入光谱仪样品池之前，用干滤纸对浑浊或含水试样过滤。

7 仪器

7.1 中红外光谱仪

7.1.1 傅里叶变换中红外光谱仪：适用于本标准的仪器包括一个红外光源、液体衰减全反射（ATR）样品池、扫描干涉仪、检测器、A/D 转换器、计算机和进样方式，应满足以下规格：

扫描范围　　4000 cm^{-1}～650 cm^{-1}

分辨率　　4 cm^{-1}

7.1.2 采用空气或氮气的单光束光谱确定噪音信号水平。单光束光谱可以通过 FTIR 的多次平均扫描获得，但总的扫描时间不应超过 60 s。如果有水蒸气和二氧化碳干扰，仪器应该用干燥空气或氮气吹扫。在 1765 cm^{-1}～1725 cm^{-1}光谱范围内，100%透过率的光谱噪音应低于 0.3%。

7.2 液体衰减全反射样品池

7.2.1 衰减全反射（ATR）锥形样品池规格见表 1。该样品池适合低、中和高浓度的 FAME 测量。

7.2.2 水平衰减全反射（ATR）样品池，将 ZnSe 材料的 ATR 安装在水平板上。在 1745 cm^{-1}处的吸收强度不得超过 1.2 个吸光度单位，适用于高浓度的 FAME 的校正。应选择合适的晶体的长度和角度，使得最大吸光度在 1745 cm^{-1}处不超过 1.2 个吸光度单位。

8 试剂和材料

8.1 本标准应使用光谱级（首选）或分析纯化学试剂。其他级别试剂也可以使用，需先确定该试剂有足够高的纯度，不会降低测量的准确性。

8.2 BD100（纯生物柴油）：用于校正、质量控制的 BD100 生物柴油应符合 GB/T 20828—2014 规格要求。BD100 应是典型脂肪酸甲酯的生物柴油。测定本标准方法精密度的校正试样是大豆甲酯。其他原料的衍生酯，如动物脂肪、芥花油、麻风树油、棕榈油、菜籽油和地沟油也可以使用，但使用地沟油甲酯配制标准试样个数不得超过校正试样的 50%。

8.3 中间馏分燃料：用于校正、验证和质量控制的中间馏分燃料标准试样应符合 GB 252—2011 规格要求，不含生物柴油或生物柴油原料。中间馏分燃料应以预先调和的已知矿物油为代表（不同原油来源、低芳烃含量、高芳烃含量等）。见附录 A.2 中校正集。

注：在 GB 252—2011 的表 1 中十六烷值要求不大于 45，但在表 1 的注 5 中规定由中间基或环烷基原油生产的各牌号轻柴油十六烷值允许小于 40（有特殊要求者由供需双方确定）。为了增加校正模型的适用范围，用于校正、验证和质量控制的标准试样可以使用十六烷值不小于 40 的中间馏分燃料。

8.4 柴油十六烷值检验燃料（DCCF-低）：低十六烷值（见附录 B.2 替代原料）。

8.5 柴油十六烷值检验燃料（DCCF-高）：高十六烷值。

8.6 柴油十六烷值检验燃料（DCCF-超高）：超高十六烷值。

8.7 丙酮：分析纯。

8.8 甲苯：分析纯。

8.9 甲醇：分析纯。

8.10 混合溶剂：甲苯、甲醇和丙酮等体积混合物。

9 取样和试样处理

9.1 一般要求

9.1.1 采用本试验方法对燃料样品进行分析，应按照 GB/T 4756 中的步骤取样。

9.1.2 试验前应避免样品温度过高。

9.1.3 不能将样品储存在渗漏的容器中。如果发现样品有渗漏，应废弃并重新取得新样品。

9.2 分析过程中试样处理

9.2.1 当使用傅里叶变换红外光谱仪（FTIR）测定试样时，控制试样温度在 15 ℃~27 ℃。所有试样在分析前应在室温（15 ℃~27 ℃）下恒定。

9.2.2 试样分析后，如果试样需保留，应重新密封。

10 仪器的校准和检验

10.1 使用仪器前，按照附录 A 的程序进行校准。校准可以由生产供应商在仪器验收时执行。如果仪器维修后，应重新校准，检验程序也需重新进行。

10.2 仪器使用前，按照附录 A 的程序进行检验。检验只需仪器在最初投入使用、重新校准和维修时进行。

11 质量控制检验

11.1 每天测量至少一个生物柴油的质量控制试样的浓度，确定试验方法的质量控制状态。该质量控制试样在组成和模型适用性上与常规分析的试样是一致的。
11.2 超出统计控制的实验方法，在没有识别和纠正失控原因之前不能使用。
11.3 如果对于失控状态的修正需要修理仪器或对仪器重新校准，那么在用本方法测定试样的生物柴油含量之前，应执行 A.3 描述的仪器性能验证。

12 试验步骤

12.1 分析前应将试样温度恒定在 15 ℃～27 ℃内。
12.2 按照仪器的要求清洁样品池中任何残留燃料。用足够的溶剂或待测试样清洗样品池，并确保完全冲洗干净。对于难以清除的物质如 BD100，用 8.10 条中的混合溶剂冲洗。用干燥空气或氮气吹干残余溶剂。
12.3 按照仪器提供的方法采集背景光谱。
12.4 分析未知试样前，通过采集质量控制试样的光谱，比较生物柴油预测浓度和质量控制试样的已知值，确保仪器运行正常。应加入足够量的质量控制试样到样品池中，至少用样品池体积 3 倍的质量控制试样冲洗样品池。
12.5 将足够量的燃料试样注入到样品池中，确保用至少样品池体积 3 倍的燃料试样冲洗样品池。

注：生物柴油和含有高浓度的生物柴油调和燃料从 ATR 晶体表面清除是很困难的，需要在两个试样之间用待测试样或使用溶剂冲洗几次。如有疑问，重复 12.5 条和 12.7 条的步骤并比较结果，确保冲洗完全彻底。

12.6 采集试样的光谱数据：

采集试样在 4000 cm^{-1}～650 cm^{-1}波数范围的光谱数据（数据格式）。

12.7 根据附录 A 中建立的校正方程测定生物柴油的体积分数。
12.7.1 使用 A.2.3 中建立的校正模型，按照下列步骤测定生物柴油的浓度：
12.7.1.1 采用低浓度校正模型预测燃料试样中的生物柴油浓度（见 A.2.3.1），光谱区间为 1800 cm^{-1}～1692 cm^{-1}和 1327 cm^{-1}～940 cm^{-1}，无基线校正。
12.7.1.2 如果在 12.7.1.1 中预测的生物柴油体积分数等于或低于 10.00%，则采用低浓度校正模型（见 A.2.3.1）预测生物柴油浓度。
12.7.1.3 如果在 12.7.1.2 中的预测的生物柴油体积分数大于 10.00%，则采用中浓度校正模型（见 A.2.3.2）预测燃料试样中的生物柴油浓度，光谱区间为 1800 cm^{-1}～1700 cm^{-1}和 1399 cm^{-1}～931 cm^{-1}，无基线校正。
12.7.1.4 如果在 12.7.1.3 中用中浓度校正模型预测的生物柴油体积分数值小于或等于 10.50%，则由低浓度校正模型确定报告值。如果 12.7.1.3 中预测的生物柴油的体积分数大于 10.50%，小于或等于 30.00%，则将该值作为报告值。
12.7.1.5 如果在 12.7.1.4 中预测的生物柴油体积分数大于 31.00%，则采用高浓度校正模型（见 A.2.3.3）预测生物柴油浓度，光谱区间为 1851 cm^{-1}～1670 cm^{-1}和 1371 cm^{-1}～1060 cm^{-1}，无基线校正。
12.7.1.6 如果在 12.7.1.5 中用高浓度校正模型预测的生物柴油体积分数低于或等于 31.00%，则采用中等校正模型确定报告值。如果预测的生物柴油体积分数大于 31.00%（由 12.7.1.5 测定），则将该值作为报告值。

注：样品池使用后应彻底清洗。先用丙酮清洗样品池中任何水溶性物质。用 30%的乙醇（或甲醇）水溶液浸泡样品池至少 1 h，然后用丙酮清洗并干燥。不能用酸或碱清洗 ZnSe 晶体。

13 计算

生物柴油（脂肪酸甲酯）体积分数的转换

校正和验证标准试样按照式（1）转换为体积分数。

$$V_b = M_b \ (D_f / D_b) \qquad (1)$$

式中：

V_b——生物柴油（脂肪酸甲酯）体积分数，%；

M_b——生物柴油（脂肪酸甲酯）质量分数，%；

D_f——校正和验证试样在 20 ℃时的相对密度（按 GB/T 1884 方法测定）；

D_b——校正和验证试样的 BD100 生物柴油原料在 20 ℃时的相对密度（GB/T 1884 方法测定）。

14 报告

报告试样中生物柴油（脂肪酸甲酯）体积分数（%），精确到 0.01%。

15 精密度和偏差

15.1 精密度

本方法精密度试验在 5 个实验室之间进行，使用 16 个脂肪酸甲酯体积分数范围为 1%～20%的试样。试验方法的精密度通过 5 个实验室统计试验结果确定。汇总表见表 2 和表 3。

15.1.1 重复性

对于脂肪酸甲酯体积分数为 1.00%～20.00%之间的生物柴油，同一操作者使用相同仪器，在同一条件下，对相同试样进行试验，所得两个重复结果之差，不应超过式（2）的计算值：

$$\text{重复性} = 0.01505\ (X + 14.905) \qquad (2)$$

式中：

X——测定的两个生物柴油体积分数重复结果的平均值，%。

表 2 重复性典型值 %

生物柴油体积分数	重复性
1.00	0.24
2.00	0.25
5.00	0.30
10.00	0.37
20.00	0.53
50.00	未确定
90.00	未确定
100.00	未确定

15.1.2 再现性

对于脂肪酸甲酯体积分数为 1.00%～20.00%的生物柴油，不同操作者在不同实验室，对相同试样进行测定所得两个独立测试结果之差，不应超过式（3）的计算值：

$$再现性=0.04770（X+14.905） \quad（3）$$

式中：

X——测定的两个独立的生物柴油体积分数结果的平均值,%。

表3 再现性典型值 %

生物柴油体积分数	再现性
1.00	0.76
2.00	0.81
5.00	0.95
10.00	1.19
20.00	1.66
50.00	未确定
90.00	未确定
100.00	未确定

15.2 偏差

由于没有合适的参考物质，因此无法确定偏差。

附 录 A
(规范性附录)
仪器的校正和检验

A.1 校正矩阵

按照适当的方法和比例调和制备校正和验证试样。使用已知的符合 GB 252—2011（柴油燃料组分）和 GB/T 20828—2014（BD100 生物柴油组分）的调和组分，见附录 B 选取的混合组分。

A.1.1 校正模型：

为了得到校正的最佳精确度和准确度，使用偏最小二乘法（PLS）建立校正模型。准备 1 组或多组列于表 A.1 中的生物柴油校正集。第一组（A 组）包括生物柴油体积分数在 0.00%~10.00%之间的试样；第二组（B 组）包括生物柴油体积分数在 10.00%~30.00%之间的试样；第三组（C 组）包括生物柴油体积分数在 30.00%~100.00%之间的试样。测量不同浓度范围样品时，需要建立不同浓度范围的校正模型。

A.1.2 按照标准 GB/T 1884 测量校正试样调和组分在 20℃的密度。

A.1.3 对于每个校正试样，按照公式（1）将生物柴油质量分数转换成体积分数。

A.2 校正

A.2.1 所有试样在分析前需在室温（15 ℃~27 ℃）下恒定。用校正试样充满样品池。

A.2.2 对于每一个校正试样，都要获得 4000 cm^{-1}~650 cm^{-1}范围的光谱数据。红外光谱是试样的单光束红外光谱与干燥空气（或氮气）的单光束傅里叶变换红外光谱比率的负对数。

A.2.3 建立两个独立的偏最小二乘（PLS）校正模型和可选的第三个校正模型。

A.2.3.1 建立的第一个校正模型，称为低浓度（体积分数为 0.00~10.00%）校正模型，使用表 A.1 中校正集 A 的试样获得光谱数据。该校正是将试样的光谱数据和生物柴油浓度（体积分数）进行关联。用 1800 cm^{-1}~1692 cm^{-1}和 1327 cm^{-1}~940 cm^{-1}光谱区间光谱数据建立低浓度校正模型，无基线校正。用均值中心化和 3 个潜变量（主因子）建立模型。

注：如果对于特殊类型的仪器，根据 ASTM E1655 标准描述的独立验证结果的分析方法，基于 4 个潜变量的模型得到的验证标准偏差比基于 3 个潜变量的低，因此基于 4 个变量的模型也可以使用，但应记录使用 4 个潜变量的原因。

A.2.3.2 建立第二个校正模型，称为中浓度（10.00%~30.00%体积分数）校正模型。使用表 A.1 中校正集 B 的试样获得光谱数据。该校正是将试样光谱数据和生物柴油浓度（体积分数）进行关联。用 1800 cm^{-1}~1700 cm^{-1}和 1399 cm^{-1}~931 cm^{-1}区间的光谱数据建立中浓度校正模型，无基线校正。用均值中心化和 3 个潜变量（主因子）建立模型。

注：如果对于特殊类型的仪器，根据 ASTM E1655 标准描述的独立验证结果的分析方法，基于 4 个潜变量的模型得到的验证标准偏差比基于 3 个潜变量的低，因此基于 4 个变量的模型也可以使用，但应记录使用 4 个潜变量的原因。

A.2.3.3 建立第三个校正模型（可选模型，使用体积分数为 30.00%~100%范围的试样），称为高浓度校正模型。使用表 A.1 中校正集 C 的试样获得光谱数据。该校正是将光谱数据和生物柴油浓度（体积分数）进行关联。用 1851 cm^{-1}~1670 cm^{-1}和 1371 cm^{-1}~1060 cm^{-1}区间的光谱数据建立高浓度校正模型，无基线校正。用均值中心化和 3 个潜变量（主因子）建立模型。该校正模型是可选的，并且可以通过样品池附件来限制模型的使用。

注： 如果对于特殊类型的仪器，根据ASTM E1655标准描述的独立验证结果的分析方法，基于4个潜变量的模型得到的验证标准偏差比基于3个潜变量的低，因此基于4个潜变量的模型也可以使用，但应记录使用4个潜变量的原因。

表A.1 仪器校正集A、B、C

试样	生物柴油体积分数/%	溶剂	校正集A	校正集B	校正集C
1	0.00	DCCF-低	√		
2	0.25	DCCF-低	√		
3	0.50	DCCF-低	√		
4	1.00	DCCF-低	√		
5	2.50	DCCF-低	√		
6	5.00	DCCF-低	√		
7	7.50	DCCF-低	√		
8	10.00	DCCF-低	√	√	
9	12.50	DCCF-低		√	
10	15.00	DCCF-低		√	
11	17.50	DCCF-低		√	
12	20.00	DCCF-低		√	
13	25.00	DCCF-低		√	
14	30.00	DCCF-低		√	√
15	50.00	DCCF-低			√
16	70.00	DCCF-低			√
17	80.00	DCCF-低			√
18	90.00	DCCF-低			√
19	95.00	DCCF-低			√
20	97.00	DCCF-低			√
21	99.00	DCCF-低			√
22	99.80	DCCF-低			√
23	0.00	DCCF-高	√		
24	0.25	DCCF-高	√		
25	0.50	DCCF-高	√		
26	1.00	DCCF-高	√		
27	2.50	DCCF-高	√		
28	5.00	DCCF-高	√		
29	7.50	DCCF-高	√		
30	10.00	DCCF-高	√	√	
31	12.50	DCCF-高		√	

表 A.1　仪器校正集 A、B、C（续）

试样	生物柴油体积分数/%	溶剂	校正集 A	校正集 B	校正集 C
32	15.00	DCCF-高		√	
33	17.50	DCCF-高		√	
34	20.00	DCCF-高		√	
35	25.00	DCCF-高		√	
36	30.00	DCCF-高		√	√
37	50.00	DCCF-高			√
38	70.00	DCCF-高			√
39	80.00	DCCF-高			√
40	90.00	DCCF-高			√
41	95.00	DCCF-高			√
42	97.00	DCCF-高			√
43	99.00	DCCF-高			√
44	99.80	DCCF-高			√
45	0.00	DCCF-超高	√		
46	0.25	DCCF-超高	√		
47	0.50	DCCF-超高	√		
48	1.00	DCCF-超高	√		
49	2.50	DCCF-超高	√		
50	5.00	DCCF-超高	√		
51	7.50	DCCF-超高	√		
52	10.00	DCCF-超高	√	√	
53	12.50	DCCF-超高		√	
54	15.00	DCCF-超高		√	
55	17.50	DCCF-超高		√	
56	20.00	DCCF-超高		√	
57	25.00	DCCF-超高		√	
58	30.00	DCCF-超高		√	√
59	50.00	DCCF-超高			√
60	70.00	DCCF-超高			√
61	80.00	DCCF-超高			√
62	90.00	DCCF-超高			√
63	95.00	DCCF-超高			√
64	97.00	DCCF-超高			√
65	99.00	DCCF-超高			√
66	99.80	DCCF-超高			√

表 A.1　仪器校正集 A、B、C（续）

试样	生物柴油体积分数/%	溶剂	校正集 A	校正集 B	校正集 C
67	生物柴油 1 100	—			√
68	生物柴油 2 100	—			√
69	生物柴油 3 100	—			√
70	生物柴油 4 100	—			√

A.3　仪器性能验证

建立了校正模型后，校正所用的仪器应进行验证，以确保仪器能准确地测定压燃式发动机化合物中生物柴油，并且该化合物中的生物柴油浓度具有光谱响应。仪器性能验证只需当仪器初次使用、重新校正和维修时进行。

A.3.1　验证试样的制备

在适当情况下按比例大规模混合配制生物柴油的多组分验证试样。与建立校正模型配制的校正集试样的混合物应该是相似的，但又不完全一样。制备不同浓度的生物柴油和一定范围内干扰组分的验证试样，至少覆盖校正试样浓度范围的 95%。需要的验证试样数量，一般是校正方程中潜变量的 3 倍。但对于 3 个主成分的 PLS 模型，所需验证的标准试样数至少 20 个。

A.3.2　验证数据的获得

对于每一个验证标准试样，按照第 12 章的操作步骤测定其生物柴油浓度，用体积分数表示。

A.3.3　验证校正过程

A.3.3.1　按式（A.1）计算验证试样的验证标准偏差：

$$SEQ = \sqrt{\sum_{i=1}^{q} (\hat{y}_i - y_i)^2 / q} \quad \cdots\cdots (A.1)$$

式中：

q——验证试样的数量；

y_i——第 i 个验证试样组分的浓度；

$\hat{y}_i$——第 i 个验证试样的预测浓度；

A.3.3.2　如果 *SEQ* 比 *PSEQ*（循环测定的标准偏差总和）低，那么仪器可以进行试验。

A.3.3.3　如果 *SEQ* 比 *PSEQ* 高，由 *SEQ* 平方除以 *PSEQ* 平方计算 *F* 值。用分子中的自由度 q 和分母中的自由度 *DOF*（*PSEQ*）比较 *F* 值和临界 *F* 值。*PSEQ* 和 *DOF*（*PSEQ*）值见表 A.2，*F* 临界值见表 A.3。

表 A.2　允许的标准偏差总和

项　　目	校　　正
循环测定的标准偏差总和	0.21
自由度	56

表 A.3 临界 *F* 值

自由度	*F* 临界值
20	1.76
21	1.75
22	1.74
23	1.72
24	1.71
25	1.70
30	1.66
35	1.63
40	1.61

A.3.3.4 如果 *F* 值小于或等于表中的临界 *F* 值，那么仪器可以进行试验。

A.3.3.5 如果 *F* 值大于表中的临界 *F* 值，那么仪器则不可以进行试验。

附 录 B
（规范性附录）
校正试样和验证试样所用的生物柴油和柴油燃料选择

B.1 BD100 生物柴油的校正和验证

实验表明，由不同的基础原料制成的生物柴油（FAME）在本方法的光谱区间有非常相似的吸收光谱。本标准的精密度是采用大豆生物柴油的校正和验证试样建立。研究表明，其他原料（如动物脂肪、菜籽油、麻风果油、棕榈油、油菜籽油和地沟油）甲酯与大豆甲酯（SAM）是非常相似的，但与其中的地沟油甲酯区别最大。实验室间测试试样集中使用了地沟油。因此，如果地沟油甲酯试样的数量不超过校正集中大多数试样，在校正试样中可以使用地沟油甲酯。生物柴油（BD100）应该符合 GB/T 20828—2014 标准要求。校正和验证试样只使用甲酯，而其他类型的酯，如脂肪酸乙酯不能作为校正原料使用。当与甲酯不同酯的校正试样被添加到校正模型中时，需要确定该方法对 FAME 测量的影响。

B.2 柴油燃料的校准和确定

市售的低、高、超高十六烷值检验燃料是配制校正集和验证集柴油燃料的首选原料。柴油燃料用于校正集和验证集应包括以下三类燃料：低、高、超高十六烷值检验燃料或下面的替代品：

B.2.1 低十六烷指数（高芳烃含量）柴油燃料：低或超低硫含量的柴油（ULSD）、芳烃体积分数大于等于 34%（或采用方法 GB/T 11139 测量的十六烷指数小于或等于 42；采用方法 SH/T 0694 测定的十六烷指数小于或等于 41）。

B.2.2 高十六烷指数柴油燃料替代品：低或超低硫的柴油，采用方法 SH/T 0694 测量的十六烷指数为 46~48。

B.2.3 超高十六烷指数（低芳烃含量）柴油燃料

低或超低硫的柴油，芳烃体积分数小于 22%，或采用方法 GB/T 11139、SH/T 0694 测定的十六烷指数大于或等于 51。

注：目的是改变校正集中柴油燃料的芳烃含量。低十六烷值（未添加十六烷值改进剂）的石油基柴油是典型的高芳烃含量的燃料。这也可解释其十六烷值指数高于十六烷值的原因。

附 录 C
(规范性附录)
光谱

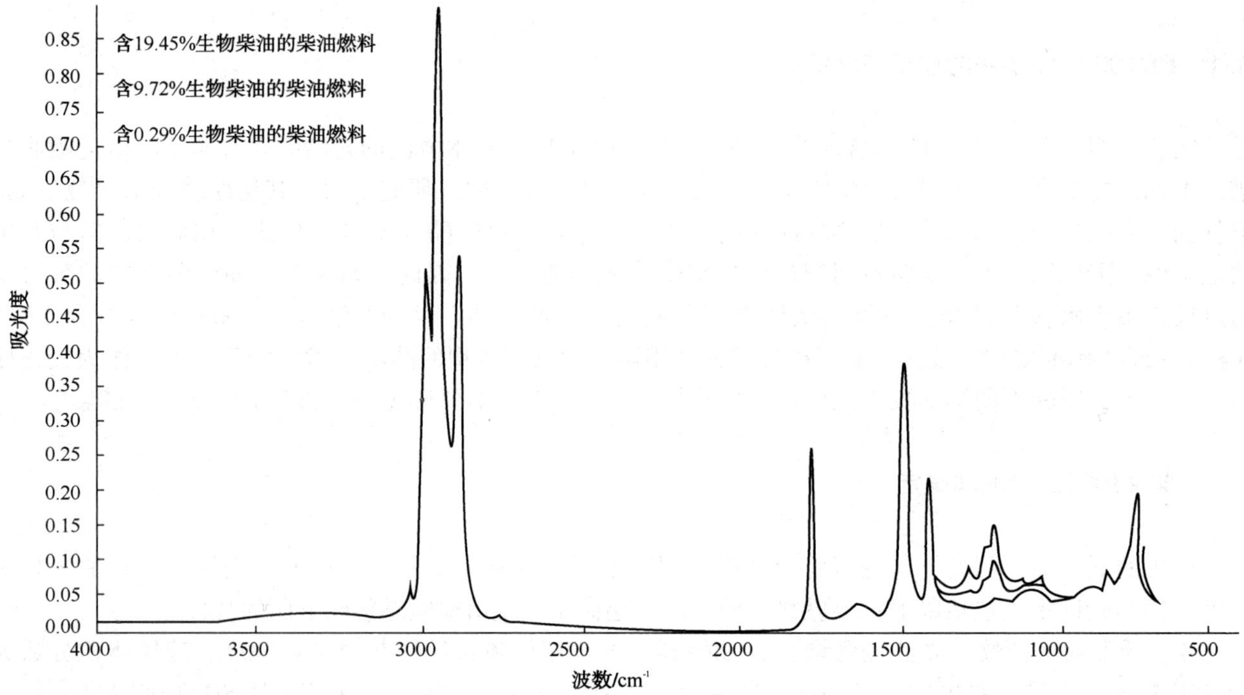

图 C.1 含 0.29%、9.72%和 19.45%生物柴油（FAME）的柴油燃料光谱（全区间）

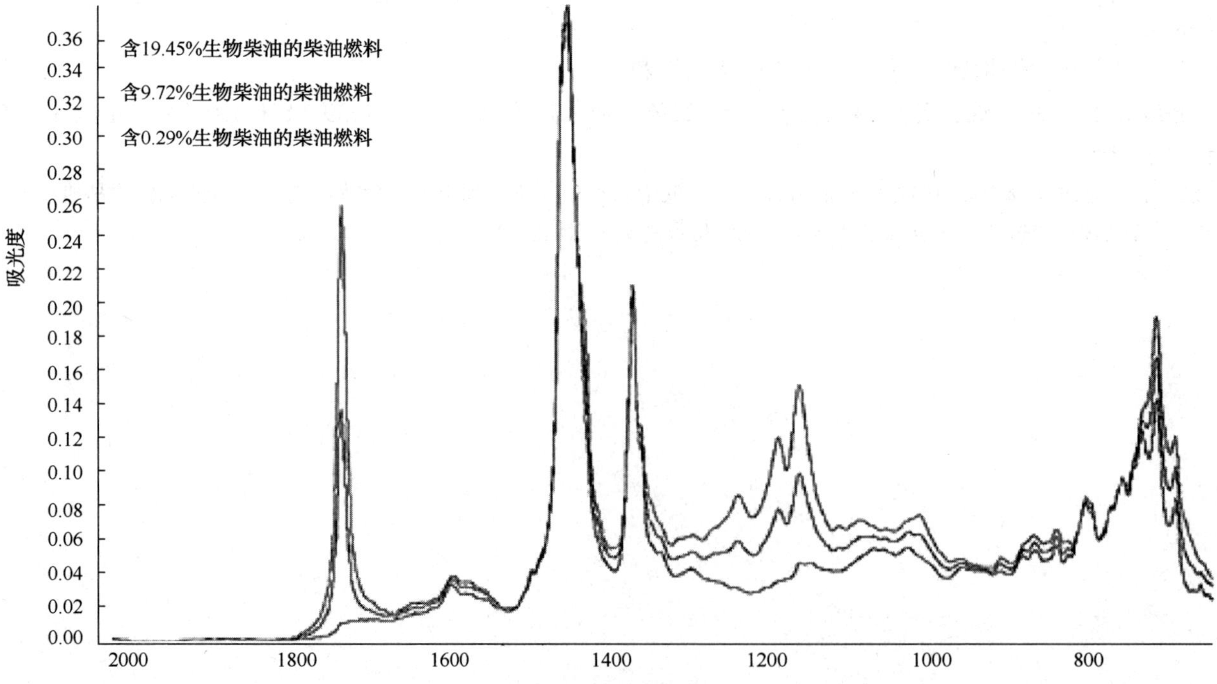

图 C.2 含 0.29%、9.72%和 19.45%生物柴油（FAME）的柴油燃料光谱（区间 1 和区间 2）

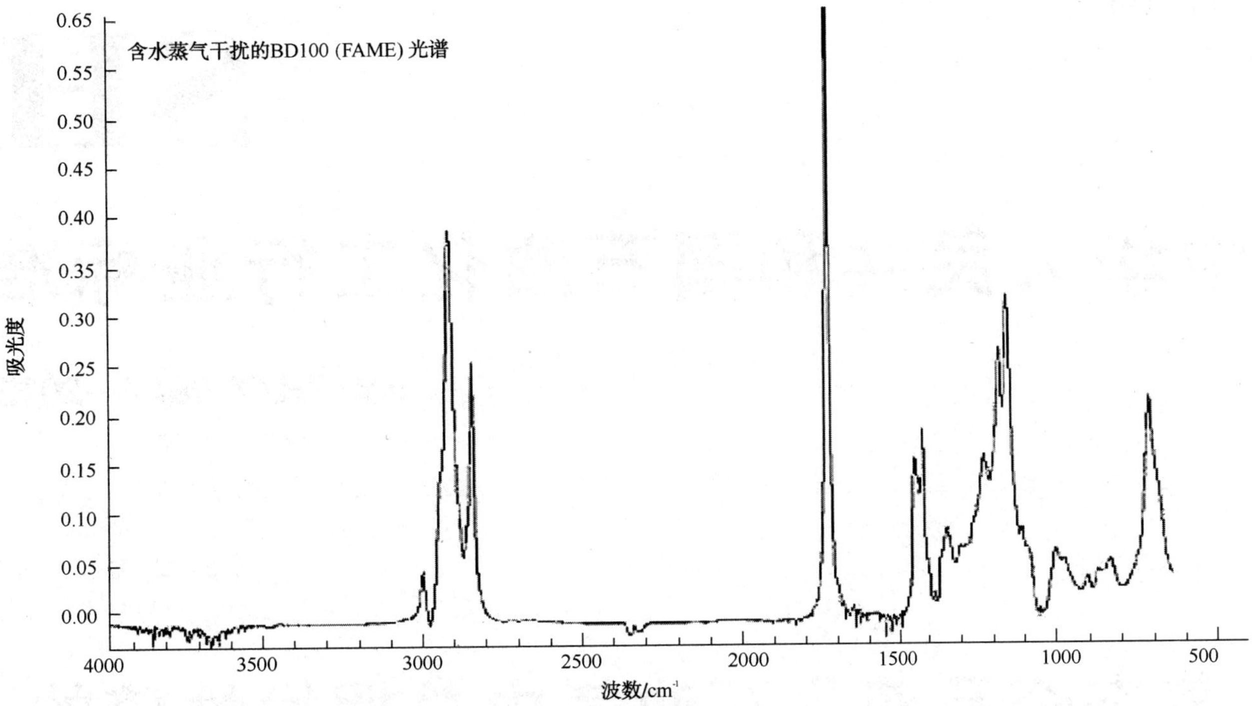

图 C.3　含有过量水蒸气干扰的 BD100（FAME）光谱（全区间）

ICS 75.160.30
E 46

SH

中华人民共和国石油化工行业标准

NB/SH/T 0917—2015

气态烃及液化石油气中总挥发性硫的测定　紫外荧光法

Standard test method for determination of total volatile sulfur in gaseous hydrocarbons and liquefied petroleum gases by ultraviolet fluorescence

2015-10-27 发布　　2016-03-01 实施

国家能源局　发布

前　言

本标准按照 GB/T 1.1—2009 给出的规则起草。

本标准使用重新起草法修改采用美国试验与材料协会标准 ASTM D6667-14《气态烃和液化石油气中总挥发性硫的标准测试方法 紫外荧光法》。

本标准与 ASTM D6667-14 的主要技术差异及其原因如下：

——为提高标准的可操作性，将部分引用标准采用我国相应的行业标准替代；

——修改了 5.6 中关于进样系统的论述，增加了图 4：LPG/气体通用进样系统（LTG）示意图。

本标准由中国石油化工集团公司提出。

本标准由全国石油产品和润滑剂标准化技术委员会石油燃料和润滑剂分技术委员会（SAC/TC280/SC1）归口。

本标准起草单位：中国石油化工股份有限公司石油化工科学研究院。

本标准主要起草人：赵丽萍、吴明清、李涛、常春艳、赵杰、潘光成。

本标准为首次发布。

气态烃及液化石油气中总挥发性硫的测定　紫外荧光法

警告：本标准涉及某些有危险性的材料、操作和设备，但是无意对与此有关的所有安全问题都提出建议。因此，使用者在应用本标准之前应建立适当的安全和防护措施，并确定相关规章限制的适用性。

1　范围

本标准规定了采用紫外荧光法测定气态烃及液化石油气中总挥发性硫的方法。

本标准适用于分析原料、中间产品及最终产品的气态烃及液化石油气中的硫含量，气态烃的精密度验证范围为 1 mg/kg～100 mg/kg，液化石油气为 1 mg/kg～196 mg/kg。本标准适用于分析卤素质量分数小于 0.35%的液化石油气中总挥发性硫。本标准不适用于不挥发的含硫化合物的检测。

注：最低检测限评估（PLOQ），样品的稳定性及实验室间精密度研究报告中的其他信息可参考 ASTM 研究报告 RR：02-1506。

2　规范性引用文件

下列文件对于本文件的应用是必不可少的。凡是注日期的引用文件，仅所注日期的版本适用于本文件。凡是不注日期的引用文件，其最新版本（包括所有的修改单）适用于本文件。

GB/T 11062　天然气　发热量、密度、相对密度和沃泊指数的计算方法

GB/T 13609　天然气取样导则

SH/T 0233　液化石油气采样法

NB/SH/T 0843　石化行业分析测试系统的评价 统计技术法

ASTM D1070　气体烃相对密度测定法（Standard Test Methods for Relative Density of Gaseous Fuels）

ASTM MNL7　数据控制图像分析演示手册（Manual on Presentation of Data and Control Chart Analysis）

3　方法概要

将气体或液化气试样通过阀进样的方式引入到高温燃烧管中。在富氧的条件下，试样中的硫被氧化为二氧化硫（SO_2）。燃烧过程中生成的水被除去，燃烧生成的其他气体经紫外灯照射，SO_2吸收了紫外灯的能量转化为激发态的二氧化硫（SO_2^*）。激发态的 SO_2^* 变成基态的 SO_2 的过程中释放出荧光，通过光电倍增管检测荧光，根据获得的信号可检测出样品中的硫含量。

警告：接触过量的紫外光有害健康，试验者应避免直接照射的紫外光以及次级或散射的辐射光对身体各部位，尤其是眼睛的危害。

4　方法应用

液化石油气作为燃料使用时，其硫含量直接关系到燃烧释放的硫化物的量，并且会导致发动机及排放系统的腐蚀。原料中的硫会使石油加工过程使用的催化剂中毒。本方法可用于检测加工原料及最终产品的硫含量，也可用于判定其与产品规格的相符性。

5 仪器

5.1 燃烧炉：电加热炉，温度控制在 1075 ℃±25 ℃，足以使试样裂解同时将硫氧化为二氧化硫。

5.2 燃烧管：石英燃烧管，可将试样直接进入高温氧化区。燃烧管应带有引进氧气和载气的支管。氧化区应足够大，以使试样能够完全燃烧（见 11.3）。图 1 所示为常用的燃烧管，如使用其他形式，应不降低精密度。

单位为毫米

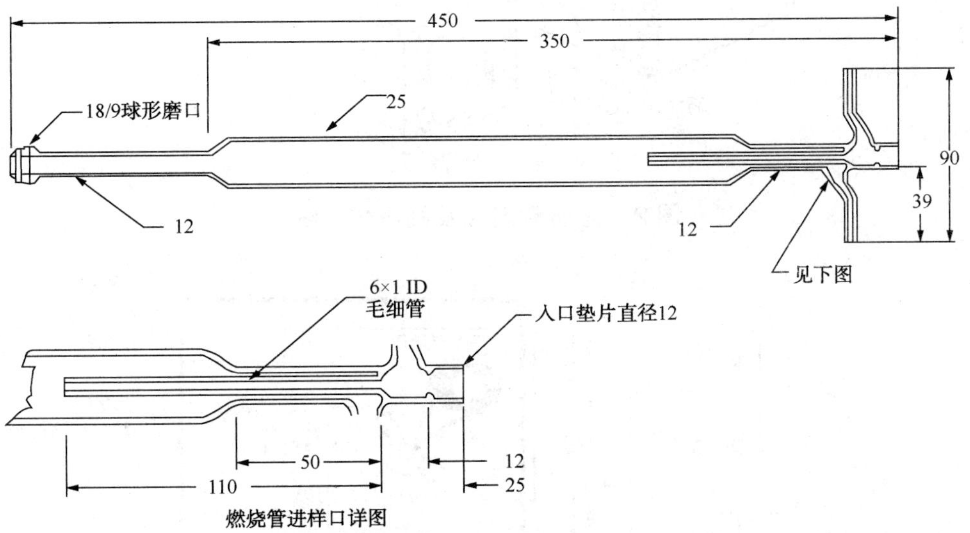

图 1 典型的直接进样石英裂解管示意图

5.3 流量控制：仪器应配有流量控制器，以确保氧气和载气的稳定供应。

5.4 干燥管：仪器应配有脱水装置，以除去试样燃烧过程中生成的水蒸气。可以通过膜式干燥管或渗透干燥器来实现，利用选择性毛细管作用原理脱除水。

5.5 紫外荧光检测器：检测器为定量检测器，测量二氧化硫经紫外光照射后发出的荧光。

5.6 进样系统：进样系统应具备气体阀、液体阀或通用进样阀模块。测试系统应具备阀进样系统及硫分析仪，见图 2。当使用气体/液体双阀系统时，应确保对定量管及气体阀进行加热并控温。当试样以气体形式进样时，应确保对定量管和气体阀进行加热并控温；液体阀应配有液体定量环及热膨胀室，见图 3。当使用通用进样阀模块（LTG）时，试样可以是液态 LPG 或气态形式，试样高温气化后，经气体阀定量，最后连接到硫分析仪器，见图 4。阀进样系统应以惰性气体为载气，将试样定量带入氧化区域并进行分析，载气流速应可控并重复，流量约为 30 mL/min。

5.7 带状图表记录器、电子数据记录仪、积分仪或记录器任选其一。

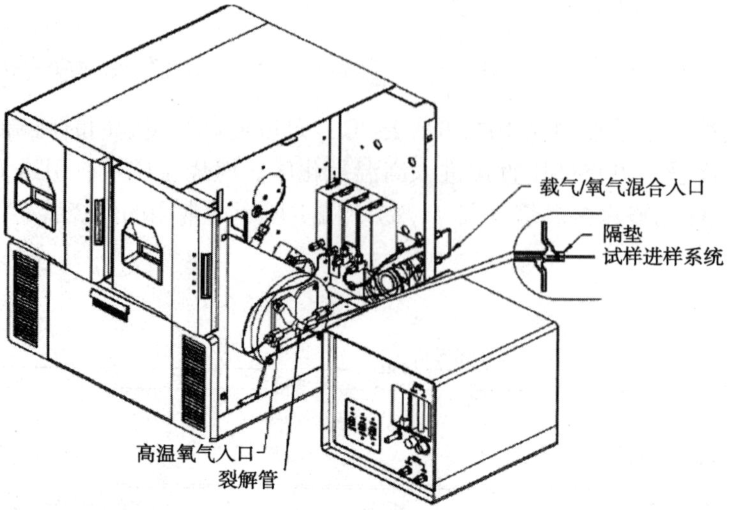

图2 总硫测定仪及阀进样系统

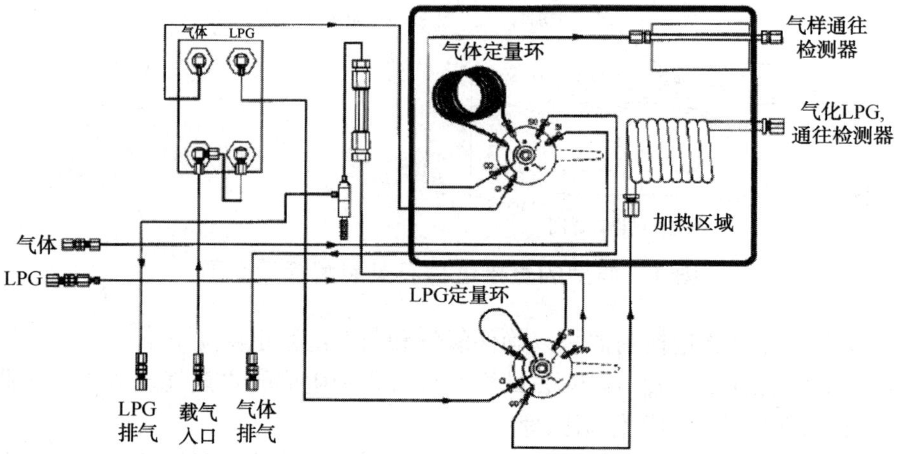

图3 气体、液体阀双进样系统的流程示意图

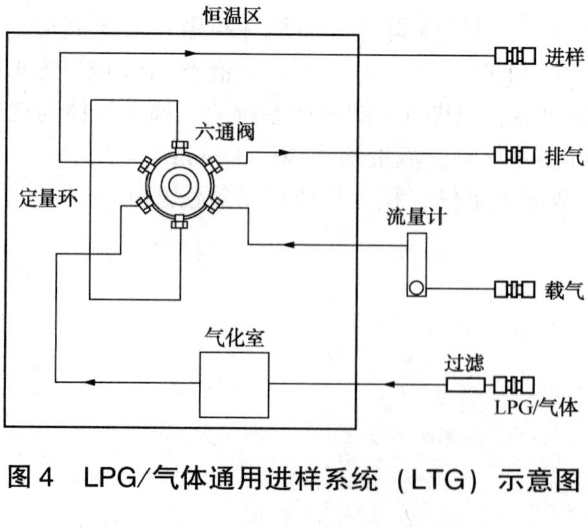

图4 LPG/气体通用进样系统（LTG）示意图

6 试剂

6.1 试剂纯度：试验使用的试剂如无特殊规定均为分析纯。如果使用其他纯度的试剂，应保证不降低测定结果的精确度。

6.2 惰性气体：只能使用氩气或氦气，纯度>99.998%，水含量不大于5mg/kg。

警告：氦气或氩气为高压压缩气。

6.3 氧气：最低纯度为99.75%，水含量不大于5 mg/kg。

警告：氧气为助燃气且为高压压缩气。

6.4 标准物质：可使用液体标样或气体标样。表1列出了实验室中使用的硫化物及稀释剂的种类。

注1：不降低结果的精密度和准确度前提下，其他形式的硫化物也可以使用。

注2：校正的标准物质应该根据使用频率和使用期限进行定期的重新配制和重新定量。标准物质的有效期一般为6个月~12个月。

表1 典型的标准物质

硫化物	稀释基质
二甲基硫醚	正丁烷
	异丁烷
	丙烯
	丙烷

6.5 质量控制样品：应选用稳定的能代表被测样品的气体样品或液化石油气样品。

7 危害

本试验方法涉及的危害因素有高温、易燃烃类及高压气体等。试样的容器及输送装置应耐压缩烃类产生的压力。在氧化炉附近使用可燃物应特别注意。

8 取样

8.1 按照GB/T 13609或SH/T 0233进行取样，取样后应尽快分析，以避免硫的损失和同容器接触造成的污染。

8.2 如果样品不是立即使用，在进样前应将容器中的样品充分混合。使用专用的或进行特殊处理的容器可以降低试样污染的可能性并改善试样的稳定性。

9 仪器的准备

9.1 按照厂家的操作说明书安装仪器并进行检漏。

9.2 典型的仪器操作条件见表2。

表2 典型的操作条件

进样系统温度/℃	85±20
载气进样流速/（mL/min）	25~30
炉温/℃	1075±25
炉中氧气流量计设定值/（mL/min）	375~450
进样氧气流量计设定值/（ mL/min）	10~30
进样载气流量计设定值/（mL/min）	130~160
气体样品进样量/ mL	10~20
液化石油气样品进样量/μL	15

9.3 按照制造商的要求，调节仪器灵敏度、基线稳定性，并进行仪器的空白校正。

10 校准

10.1 根据当前试样的预计硫含量查阅表3，选择标准物质的浓度范围，所选用的含硫化合物和稀释剂的类型应能代表被分析样品。表3中是个典型的浓度范围，如果需要可以选用更窄的范围。然而使用更窄的浓度范围时方法的精密度并未被确定。应确保用于校准的标准物质的浓度包括了被分析样品的浓度。

注：每条标准曲线所用的标样数量和浓度可以不同。

表3 典型硫校正范围以及标准化合物含量　　单位为 mg/kg

校正曲线1	校正曲线2	校正曲线3
空白	空白	空白
5.00	10.00	50
10.00	50.00	100
—	100.00	200

10.2 保持样品阀处于“取样”位置，使样品罐与进样系统的样品阀相连。

10.3 将试样充满样品阀的定量环，以实现试样的定量并对不同浓度样品进行分析。

注1：在所选的测定范围内，对待测试样采用相同或相似的进样量进样，以保持稳定的燃烧及简化对结果的计算。

注2：可使用自动样品转移和进样装置。

10.3.1 用足量的标准物质冲洗定量环，以保证待测标物具有代表性。

10.3.2 对于液化石油气试样，应确保可视液柱部分不存在气泡，否则应重新冲洗样品环，直至液柱中不存在气泡再切换进样。

10.4 依据仪器操作说明运行仪器，并对标准物质进行分析。

10.5 仪器校正法可分为多点校正和单点校正。

10.5.1 多点校正法可按下述步骤进行。

10.5.1.1 对于带有自校正程序的仪器，按10.2条~10.4条所述对标准试样及空白试验进行三次分析。

10.5.1.2 依照操作说明对仪器进行校正，计算硫的浓度（见第12章）。该曲线为典型的线性关系，每天至少检测一次仪器的性能。

注：在不降低准确性和精密度的情况下，可以使用其他的校正方法进行计算，校正频率可以根据质量控制表或其他的品质保证/质量控制方法进行。

10.5.2 单点校正法可按下述步骤进行。

10.5.2.1　使用一个与试样硫含量（最大差值为±25%）接近的标准物质（见6.4）。

10.5.2.2　依据仪器的操作说明，通过仪器正常运行但不进样的方法获得仪器的零点（空白）。

10.5.2.3　对于标准样品的测定次数应不少于3次。

10.5.2.4　计算校正因子 K，每ng硫对应的响应值（详见12.2）。

11　试验步骤

11.1　根据第8章要求进行取样。试样的硫含量应介于所用标准曲线的浓度范围内。

注1：试验相关操作说明及安全事项可参见附录B。

注2：取样、进样安全因素参见附录C。

11.2　按10.2条~10.4条测试试样的响应值。

11.3　检查燃烧管及气路的其他组件，以确认试样燃烧完全。如果观测到有积炭或变黑，则降低进样速度或进样体积，或二者同时降低。

11.4　清洗及重新校准：根据使用说明对积炭及变黑的部件进行清洗。在清洗或调节后重新安装组件并检测系统的气密性。分析试样之前重新对仪器进行校正。

11.5　每个试样至少测试三次，测定结果取三次的平均值。

计算所用的气体样品如为天然气，可使用GB/T 11062进行密度计算，其他气体的密度值需通过ASTM D1070气体烃相对密度测定法进行测定，密度计算及测定温度应与试验温度相同。

注：当试样的组分已知，在不降低精密度的前提下，也可用其他的方法计算试样的密度。

12　计算

12.1　仪器的校正使用自校正程序进行，计算试样的硫含量 S_m（以mg/kg计）按式（1）进行：

$$S_m = \frac{G \times d}{s} \quad (1)$$

式中：

d——标准样品的密度，单位为克每毫升（g/mL）；

s——试样的密度，单位为克每毫升（g/mL）；

G——试验中测得的硫含量，单位为毫克每千克（mg/kg）。

12.2　应用单点校正标定时，需按式（2）、式（3）计算校正因子 K（见10.5.2.4）

$$K = \frac{A_c}{M_c \times S_{cg}} \quad (2)$$

$$K = \frac{A_c}{V_c \times S_{cv}} \quad (3)$$

$$M_c = V \times D_c \quad (4)$$

式中：

A_c——检测器对标准样品的响应值；

M_c——标准样品的进样质量，以mg表示，直接测定或用进样体积和密度按式（4）进行计算；

D_c——在检测温度下，标准样品的密度，单位为克每毫升（g/mL）；

V——试样的进样体积，单位为微升（μL）；

V_c——标准样品的进样体积，单位为微升（μL）；

S_{cg}——标准样品的硫含量，单位为毫克每千克（mg/kg）；

S_{cv}——标准样品的硫含量，单位为毫克每升（mg/L）。

12.2.1 计算校正因子的平均值并计算标准偏差是否在可接受的范围。校正因子应每天计算。

12.2.2 计算试样的硫含量，按式（5）进行，以（mg/kg）表示；按式（6）进行以（mg/L）表示：

$$S_0=\frac{A}{M\times K\times F_g} \tag{5}$$

或

$$S_0=\frac{A}{V\times K\times F_v} \tag{6}$$

$$M=V\times D \tag{7}$$

式中：

K——校正因子，每 ng 硫对应的响应值；

M——试样的进样质量，以 mg 表示，直接测定或用进样体积和密度按式（7）进行计算；

D——在检测温度下，试样的密度，单位为克每毫升（g/mL）；

A——试样在检测器上的响应值；

F_g——质量稀释因子，试样的质量/（试样的质量+溶剂的质量），单位为克每克（g/g）；

F_v——体积稀释因子，试样的质量/（试样的体积+溶剂的体积），单位为克每毫升（g/mL）。

13 报告

当测定结果大于或等于 10mg/kg 时，报告结果修约至 1mg/kg。当测定结果小于 10mg/kg 时，报告结果修约至 0.1mg/kg，报告结果应标明是通过本标准进行测定的。

14 质量控制

14.1 在每一次校正及每个测试日完成试验后都应进行质量控制（QC）样品（见 6.5 条）分析，以实现对仪器的性能和测试过程的验证（见 11.5 条）。

14.1.1 当实验室已建立质量控制及质量保证条款，可用其进行确认测定结果的可靠性。

14.1.2 如实验室没有建立质量控制/质量保证条款，可参考附录 A 质量控制/质量保证系统进行。

15 精密度和偏差

15.1 精密度

精密度和偏差的数据来源于两个单独实验室间的研究。按下述规定判定试验结果的可靠性（95%置信水平）。

15.1.1 重复性

重复性（r）：同一操作者使用同一台仪器，对同一试样，所得两次连续测定的结果之差，气态烃样品硫质量分数在 1 mg/kg ~100 mg/kg 时不应超过式（8）的计算值；

$$r=0.1152X \tag{8}$$

液化石油气样品硫质量分数在 1 mg/kg ~196 mg/kg 时不应超过式（9）的计算值。

$$r=0.2707X^{0.7} \tag{9}$$

式中：

X——两次重复试验结果的算术平均值。

15.1.2 再现性

再现性（R）：在不同实验室，不同的操作者针对同一试样，所得两个单一而单独的结果之差，气态烃样品硫质量分数在 1 mg/kg ~100 mg/kg 时不应超过式（10）的计算值；

$$R = 0.3130X \qquad (10)$$

液化石油气样品硫质量分数在 1 mg/kg~196 mg/kg 时不应超过式（11）的计算值。

$$R = 2.3205\ X^{0.7} \qquad (11)$$

式中：

X——两次试验结果的算术平均值。

15.1.3 精密度典型值

精密度的典型值在表 4 中列出。

表 4 精密度的典型值

单位为 mg/kg

硫含量	重复性（r）		再现性（R）	
	气态烃	LPG	气态烃	LPG
1	0.1	0.3	0.3	2.3
5	0.6	0.8	1.6	7.2
25	2.9	2.6	7.8	22
50	5.8	4.2	16	36
100	12	6.8	31	58
150	—	9	—	77
196	—	11	—	93

15.2 偏差

本方法的偏差是通过实验室间通过对已认证的标准品和样品进行研究得到，并在 2000 年以研究报告的形式出版（ASTM RR：D02-1506）。报告表明测定结果满足标准的重复性要求。

附 录 A
(资料性附录)
质量控制

A.1 通过分析质量控制样品对仪器的性能及试验程序进行确认。

A.2 在监控测量过程之前，用户需测定 QC 样品的平均值和控制范围，参见 NB/SH/T 0843 及 ASTM MNL7。

A.3 记录质量控制样品的数据结果并通过质量控制图或其他的统计技术进行分析，以确定对总体测试过程的统计控制状态。参见 NB/SH/T 0843 及 ASTM MNL7。调查任何一个不受控数据的产生原因，调查的结果可能（但不一定）需要重新校正仪器。

A.4 QC 测试频率取决于被测试样的重要程度、检测过程的稳定性及客户的要求。通常，需要在每个测试日与常规的样品一同测试 QC 样品。如果测试样品量增加，则质量控制测试频率也应增加。然而，当测试在统计控制范围内，质量控制测试频率可相应减少。为保证数据质量，质量控制数据的精度应定期重新检测，细节参见 NB/SH/T 0843 及 ASTM MNL7。

A.5 如果可能，建议定期测定的质量控制样品应能代表日常检测的样品。在计划使用的时间内，质量控制样品的量应该充足，且其在储存时间内应是均匀、稳定的。

A.6 进一步的质量控制和控制表方法的内容参见 NB/SH/T 0843 及 ASTM MNL7。

附　录　B
(资料性附录)
操作说明及安全事项

B.1　进样前，根据制造商的说明充分稳定和准备分析仪器。

B.2　除了试样分析时，样品进口阀应处于“取样”位置。

B.3　一旦样品阀充满，并达到平衡状态，可通过命令提示旋转样品阀到“进样”状态，完成进样过程。

B.4　样品阀一直保持在“进样”位置，直到仪器信号回到基线且积分过程结束。

B.5　检测器响应所需的时间由燃烧管的类型、载气流量、进样量及硫含量共同决定。典型的反应时间是 20 s~1 min（见图 B.1）。

B.6　进口载气流量可以控制样品的燃烧和检测特性，如果载气流速过高（大于 30 mL/min）会导致试样的不完全燃烧（积炭）。

B.7　在信号回到基线后，再进行下一次的进样。

B.8　装有液化石油气样品的钢瓶，通过足够的压力（通常为大于 1.38 MPa 的容器压力），确保试样转移到进样系统的过程中在传输管和观测管无气泡形成。

B.9　使用标准的气体流速设置仪器条件，见本标准第 9 章。

B.10　推荐：在导入样品前应使用一种过滤装置，可以大大地提高阀的使用寿命，防止传输管线阻塞。

B.11　使用低铁含量或无铁合金或经过惰性处理的材料，可以提高低硫含量的检测限。

B.12　使用带式记录仪或软件进行峰值显示，有助于进样系统的安装和正常运行。

B.13　当校正试样和分析试样的标准曲线匹配时，质量分析结果最好。不提倡（室温）直接注射液体溶剂作为校正试样或直接液体进样，这样会导致样品气流经过的组件严重积炭（生焦），出现很差的分析结果。

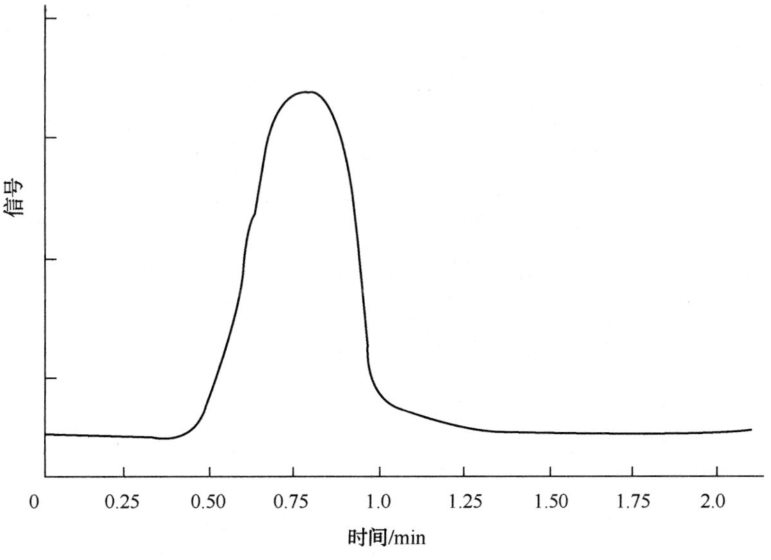

图 B.1　典型的进样图

附 录 C
(资料性附录)
安全因素

C.1 经常性检查连接样品容器和进样系统的管线及配件，防止由于频繁弯曲、老化或使用造成的漏气及应力损伤问题。

C.2 检查快速接头组件和其他的样品转移、排气装置是否漏气，确保正常操作。

C.3 进样系统的废气排放应远离仪器工作环境和有潜在火源的区域。

C.4 用来维持取样罐内的组分稳定和样品输送的压力一般小于 5.17 MPa，不应超过进样系统的整体额定压力 6.21 MPa 或样品转移装置的承受能力。

C.5 当样品阀处于“取样”过程，使用低速或中速对取样环路进行充填。

C.6 在样品管充满试样后，回路压力和排气系统平衡。排气到一个没有潜在的火源的区域，并使用一个可视的安全气泡监测装置进行确认，确保进样的均匀稳定。

C.7 取样完成后，建议对样品输送管进行排气或泄压。

C.8 在分析测试结束后，样品阀维持在“取样”位置，用进样系统的惰性气体来吹扫试样残留。

ICS 75.100.40
G 74

SH

中华人民共和国石油化工行业标准

NB/SH/T 0918—2015

固体催化剂酸度的测定　氨化学吸附法

Standard test method for determination of catalyst acidity by ammonia chemisorption

2015-10-27 发布　　2016-03-01 实施

国家能源局　发布

前　言

本标准按照 GB/T 1.1—2009 给出的规则起草。

本标准使用重新起草法修改采用美国试验与材料协会标准 ASTM D4824-13《氨化学吸附测定催化剂酸度的标准方法》。

本标准与 ASTM D4824-13 的主要技术性差异及其原因如下：

——将第 2 章引用标准 ASTM D3766 删除，在标准第 3 章术语和定义中保留 ASTM D3766 有关酸度的定义，将 3.2 条符号内容删除，将其内容表述在标准相关处；

——在 8.2 条下增加注，补充说明当阀 V_5和阀 V_6都连接试样时，则两个试样需分别按照试验步骤进行独立测量，分别计算；

——将试验温度由开尔文温度修改为摄氏温度，同时式（2）和式（3）做相应修改；

——标准中大气压力只保留标准大气压的表示，同时式（4）做相应修改。

本标准由中国石油化工集团公司提出。

本标准由全国石油产品和润滑油标准化技术委员会石油燃料和润滑油分技术委员会归口（SAC/TC280/SC1）。

本标准起草单位：中国石油天然气股份有限公司石油化工研究院。

本标准主要起草人：张春光、肖占敏、梁迎春、王春燕。

本标准为首次发布。

固体催化剂酸度的测定 氨化学吸附法

警告：本标准的应用可能涉及某些有危险性的材料、操作和设备，但并未对与此有关的所有安全问题都提出建议。用户在使用本标准前有责任制定相应的安全和保护措施，并确定相关规章限制的适用性。

1 范围

本标准规定了用氨化学吸附法测定催化剂和催化剂载体酸度的测量方法，化学吸附氨的量由一套静态体积测量系统得到。

本标准适用于测定固体催化剂或载体的酸度。

2 规范性引用文件

下列文件对于本文件的应用是必不可少的。凡是注日期的引用文件，仅所注日期的版本适用于本文件。凡是不注日期的引用文件，其最新版本（包括所有的修改单）适用于本文件。

ASTM E 691 开展实验室间研究以确定试验方法精密度的规程（Practice for Conducting an Interlaboratory Study to Determine the Precision of a Test Method）

3 术语和定义

下列术语和定义适用于本文件。

3.1

酸度 acidity

指催化剂或载体在饱和化学吸附氨气以后，吸附氨气的量与样品质量的比值，以 cm^3/g 表示。

注：氨气的量需要转换为标准大气压气体体积。

4 方法概要

首先把催化剂放在真空中加热脱气，脱除试样表面吸附的气体。然后，把催化剂放置在过量的氨气氛中进行化学吸附，并把剩余的氨用盛有液氮的冷阱冷凝出来。那么，化学吸附氨气的量可以通过计算催化剂放置以前氨气的量和液氮冷阱回收氨气的量之差得出，进而通过计算得出酸度。

5 方法应用

本标准采用氨化学吸附法来评价催化剂材料的酸度与规格相符性，本标准可以用于催化剂生产控制、催化剂评价和催化剂的研发。

6 仪器

6.1 图1给出了一种典型仪器的示意图。仪器可以用玻璃或金属建造，可以手动或自动操作。而且，该仪器还有以下特征：

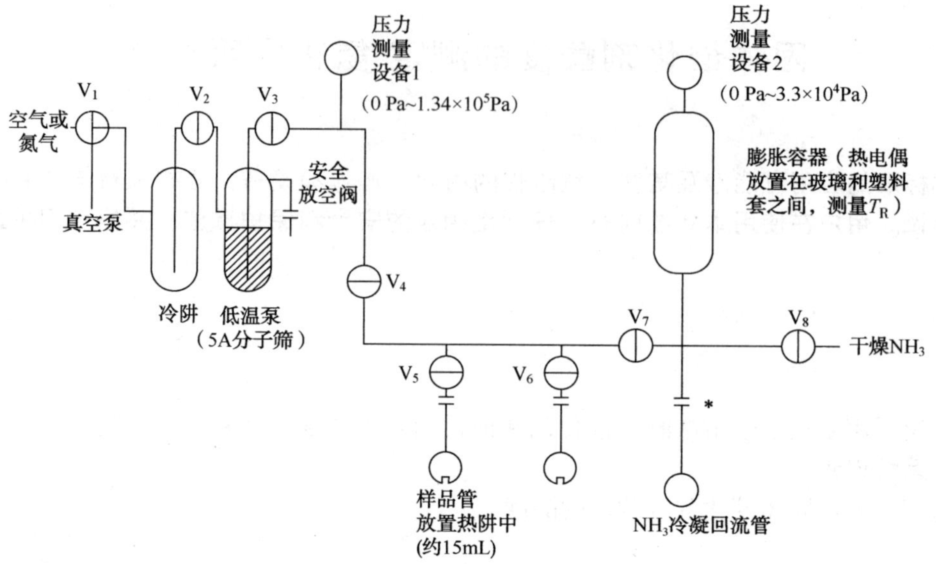

图1　体积测量系统的示意图

6.1.1　真空系统：在没有试样存在的情况下，可以达到并维持压力在0.01 Pa。

6.1.2　膨胀容器：它的体积（V_k）介于300 cm^3~500 cm^{3}之间，误差在0.01 cm^{3}以内。体积V_k定义为介于流量调节阀V_7和阀V_8之间的容积，包括压力测量设备2和氨气冷凝回流管。

注：较小体积的膨胀容器是给低比表面积材料或较小颗粒尺寸的材料准备的。

6.1.3　压力测量设备1：测量范围是0 Pa~1.34×10^5 Pa，测量精度为0.1 Pa。

6.1.4　压力测量设备2：测量范围是0 Pa~3.3×10^4 Pa，测量精度为10 Pa。

6.1.5　阀（V_8）：连接氨气源和膨胀容器。

6.1.6　样品管：体积为5 cm^3~25 cm^3，样品管可以通过标准套管接头、玻璃密封接头或者卡套式接头连接到设备上。

6.1.7　杜瓦瓶：盛装液氮，用来沉浸装有氨气的膨胀容器。

6.1.8　温度计或者热电偶（Ⅰ）：用来测量膨胀容器的温度。如果膨胀容器的恒温温度比周围环境高，可以不记录该温度。

6.1.9　加热套或小型加热炉：用来加热样品管。

6.1.10　天平：感量为0.1mg。

6.1.11　温度计或热电偶（Ⅱ）：用来测量样品管的温度。

6.1.12　液氮冷阱：用于冷凝真空系统中的氨。

6.1.13　干燥管：用来干燥氨气，填充物可以是3A分子筛或者BaO。

7　试剂与材料

7.1　氮气：纯度不低于99.9%，且流经干燥管。

7.2　氨气：纯度不低于99.9%。

7.3　液氮。

8　试验步骤

8.1　试样预处理和脱气

8.1.1 称量样品管的质量精确到0.1 mg，并记录为 W_1，然后把大约2 g试样放入到样品管中。

8.1.2 把样品管安装到设备上。

8.1.3 开启样品管连接阀 V_5 和阀 V_6，两阀既可依次开启，也可同时开启。

8.1.4 慢慢开启连通真空系统的阀（V_4），同时监控压力下降速率，避免压力下降过快，因为压力过快下降会导致粉末型试样产生额外的流失。

8.1.5 在样品管的外侧放置加热套或加热炉，把试样的温度升高到400 ℃。

注：如果空气的相对湿度超过5%，要采用特殊的预防措施以避免粉末试样突然溅出。推荐在这种环境中的升温速率不要超过2 ℃/min。

8.1.6 在400℃的温度下持续脱气至少3 h，脱气压力不超过0.1 Pa，可以脱气12 h左右。

注：对于一般试样，确定预处理温度为400 ℃，但是对于某些在400 ℃的温度下会分解或者烧结的试样来说，需要更低的预处理温度，在试验报告中需要说明预处理温度。

8.2 氨吸附量的测定

注：如果阀 V_5 和阀 V_6 都连接试样，则两个试样需要分别按照8.2.1~8.2.10的步骤进行独立测量，分别计算。

8.2.1 脱气结束以后，把试样温度降低到175℃。

8.2.2 关闭截止阀 V_7，把试样和膨胀容器分隔开来，并允许氨气经过阀 V_8 进入膨胀容器。假定化学吸附量大约是5 cm^3/g，并且通入充足的氨气，以保证在与氨气接触的过程中，氨气压力为13 kPa~20 kPa。

8.2.3 关闭氨气阀 V_8，把膨胀容器沉浸在液氮中，把氨气可以冷凝到膨胀容器中。

8.2.4 当氨气凝结以后，关闭样品管连接阀 V_5 和阀 V_6，打开阀 V_7，抽出没有凝结的杂质气体。（通常来说2 min是比较充分的抽空时间。）

8.2.5 在把没有凝结的杂质气体抽出之后，关闭通往真空的阀 V_7，并把液氮从膨胀容器上撤去，这样氨就可以膨胀到膨胀容器中。此时测量压力 P_1 和温度 T_1。

8.2.6 关闭通往真空的阀 V_4，打开阀 V_7，然后再打开阀 V_5 或者阀 V_6，把试样暴露于过量的氨气中30 min，试样温度应该保持在175 ℃±1 ℃。

8.2.7 经过30 min的氨吸附后，再把膨胀容器重新浸入液氮中2 h，把氨气重新冷凝下来。

8.2.8 经过这段时间的冷凝，关闭阀 V_7，从而把样品管同膨胀容器分离开。如果在冷凝阶段快要结束的时候，压力不小于10 Pa，说明系统漏气，测试需要重新进行一次。移除液氮，让氨气膨胀到膨胀容器中。如果系统不漏气，也就不会留有任何冷凝物质，这时可以测量压力 P_2 和温度 T_2。

8.2.9 从样品管上移除加热套或加热炉丝，并冷却到环境温度。并把样品管回充氮气到大气压力或稍高于大气压力。关闭样品管连接阀 V_5 和阀 V_6。

8.2.10 从设备上取下样品管并称重。记录质量 W_2，精确到0.1mg。

注：如果使用标准套管接头，在称重时需要小心地去除油脂。

9 结果计算

9.1 按式（1）计算试样质量 W_s：

$$W_s = W_2 - W_1 \qquad (1)$$

式中：

W_s——吸附氨气的试样质量，单位为克（g）；

W_1——样品管质量，单位为克（g）；

W_2——吸附氨气的试样和样品管质量之和，单位为克（g）。

9.2 按式（2），式（3）计算在标准温度下的压力 P_{1T} 和 P_{2T}：

$$P_{1T} = P_1 \times \frac{273}{T_1 + 273} \quad \cdots\cdots (2)$$

$$P_{2T} = P_2 \times \frac{273}{T_2 + 273} \quad \cdots\cdots (3)$$

式中：

P_{1T}——换算为标准温度下的初始氨压力，单位为帕（Pa）；

P_{2T}——换算为标准温度下的最终氨压力，单位为帕（Pa）；

P_1——初始氨压力，单位为帕（Pa）；

P_2——最终氨压力，单位为帕（Pa）；

T_1——初始压力下膨胀容器的温度，单位为摄氏度（℃）；

T_2——最终压力下膨胀容器的温度，单位为摄氏度（℃）。

9.3 按式（4）计算吸附体积 V_{ads}：

$$V_{ads} = \frac{P_{1T} - P_{2T}}{1.013 \times 10^5} V_k \quad \cdots\cdots (4)$$

式中：

V_{ads}——换算为标准状况下的吸附氨气体积，单位为立方厘米（cm^3）；

V_k——修正后的氨膨胀体积，单位为立方厘米（cm^3）。

9.4 按式（5）计算酸度 A：

$$A = V_{ads}/W_s \quad \cdots\cdots (5)$$

式中：

A——试样的酸度，单位为立方厘米每克（cm^3/g）。

10 试验报告

10.1 报告中应包括试样预处理的温度、脱气温度以及试样充分吸附氨气时的温度。

10.2 报告中给出的结果以立方厘米每克（cm^3/g）为单位，精确到 0.01 cm^3/g。

11 精密度和偏差

取四个独立的催化剂试样在九个不同的实验室对酸度测定展开重复性和再现性试验，并根据标准 ASTM E691 对不一致的实验数据进行去除，并经过详细分析得到本标准的精密度。按下述规定判断试验结果的可靠性（95%置信水平）：

11.1 精密度

11.1.1 重复性（r）：由同一操作者，使用同一台仪器，在同样的操作条件下，对同一试样进行连续测定，所得的两个试验结果的差值，不超过式（6）计算值的要求：

$$r = 0.10X \quad \cdots\cdots (6)$$

式中：

X——两次试验结果的平均值。

11.1.2 再现性（R）：在不同的试验室，由不同的操作者使用不同的仪器对同一的试样按照相同的试验方法进行测定，所得的两个单一、独立的试验结果的差值，不超过式（7）计算值的要求：

$$R = 0.30X \quad \cdots\cdots (7)$$

11.2 偏差

本标准偏差还未确定。

ICS 75.160.30
E 46

SH

中华人民共和国石油化工行业标准

NB/SH/T 0919—2015

气体燃料和天然气中含硫化合物的测定 气相色谱和化学发光检测法

Standard test method for determination of sulfur compounds in gaseous fuels and natural gas by gas chromatography and chemiluminescence

2015-10-27 发布　　2016-03-01 实施

国家能源局　发布

前　言

本标准按照 GB/T 1. 1—2009 给出的规则起草。

本标准修改采用 ASTM D5504-12《气体燃料和天然气中含硫化合物的测定　气相色谱和化学发光检测法》。

本标准与 ASTM D5504-12 的技术性差异及原因如下：

——将 ASTM D5504-12 第 2 章中部分引用标准修改为相应的我国国家标准和行业标准；

——增加采用含硫化合物液体试剂自行配制气体燃料和天然气中常见组分定性用标准气样的方法和据此方法的含硫化合物定性标样 GAS-S（见 6. 2. 10），以解决多组分混合标气难以配制的问题；

——根据国内气体样品中常见含硫化合物分布情况，为方便及优化使用，除 ASTM D5504-12 中列出的色谱条件（GC-1）外，增加了采用内径等于 0. 53 mm 色谱柱时一组色谱条件（GC-2）及两种色谱柱连接方式。它可以用于样品中同时含有微量二氧化硫和羰基硫组分的检测，或含硫化合物组成较为复杂的样品；

——ASTM D5504-12 中，建立 SCD 校正曲线时，要求连续三次校正样分析结果偏差不超过 5%，考虑到影响气体进样重复性优劣因素较多，本标准修改为连续三次校正样分析结果偏差不超过 10%。

——对利用校正样进行 SCD 线性验证的方式及指标进行了修改。当三个以上浓度点连续三次测量结果响应值偏差不超过 10%时，原标准要求实测平均值与标称值偏差在 5%以内时具有线性关系，本标准修改为利用响应均值与标称值建立过原点校正曲线，相关系数不小于 0. 99 时线性关系成立；

——ASTM D5504-12 中，要求单个含硫化合物的响应因子与硫化氢的响应因子偏差在 5%以内。考虑到国内配制含硫化合物标准气时硫醇、硫醚类组分不确定度较大，本标准修改为单个含硫化合物与硫化氢的响应因子偏差在 10%以内；

——ASTM D5504-12 中，验证组分响应因子偏差的基准组分为硫化氢，考虑到实际应用中存在仪器惰性化程度差异及色谱柱存在的吸附性的问题，除硫化氢外，增加二甲基硫醚为基准组分，要求单个含硫化合物与硫化氢或二甲基硫醚的响应因子相对偏差在 10%以内。

——增加了附录 C（规范性附录），用于将气体体积分数单位 mL/m^3 换算为国内含硫化合物气样分析中常用的以硫计的质量浓度单位 mg/m^3。

本标准由中国石油化工集团公司提出。

本标准由全国石油产品和润滑剂标准化技术委员会石油燃料和润滑剂分技术委员会（SAC/TC 280/SC 1）归口。

本标准起草单位：中国石油化工股份有限公司石油化工科学研究院。

本标准主要起草人：王亚敏。

本标准为首次发布。

气体燃料和天然气中含硫化合物的测定 气相色谱和化学发光检测法

警告：本标准的使用可能涉及某些有危险性的材料、操作和设备，但并未对与此有关的所有安全问题都提出建议。用户在使用本标准之前有责任制定相应的安全和保护措施，并确定相关规章限制的适用性。

1 范围

本标准规定了采用气相色谱和化学发光检测法测定气体样品中含硫化合物含量的方法。

本标准适用于炼厂气、天然气、空气、沼气、垃圾填埋气等气体样品中可挥发性含硫化合物的测定。本方法检测范围，以 pg 硫为单位计，为 10~1000000，相当于进样量为 1 mL 时，硫质量浓度范围为 0.01 mg/m^3~1000 mg/m^3。

通过稀释或者选择小定量环的方式可以使本方法的检测范围扩展至高浓度。

注：采用稀释的方式将降低方法的精度。

本方法不适用于对样品中所有含硫化合物形态进行准确定性。只对在选定的色谱条件下从特定色谱柱流出的含硫化合物进行定性。在前述的范围内，检测器对所有硫元素等摩尔响应，因此，未知含硫化合物与已知含硫化合物具有相同的测量精度。根据各个含硫化合物组分的含量可以计算试样中总硫含量。

2 规范性引用文件

下列文件对于本文件的应用是必不可少的。凡是注日期的引用文件，仅所注日期的版本适用于本文件。凡是不注日期的引用文件，其最新版本（包括所有的修改单）适用于本文件。

GB/T 11060.1 天然气 含硫化合物的测定 第 1 部分：用碘量法测定硫化氢含量

GB/T 11060.2 天然气 含硫化合物的测定 第 2 部分：用亚甲蓝法测定硫化氢含量

GB/T 11060.3 天然气 含硫化合物的测定 第 3 部分：用乙酸铅反应速率双光路检测法测定硫化氢含量

GB/T 11060.4 天然气中总硫的测定 第 4 部分：氧化微库仑法

GB/T 11060.5 天然气 含硫化合物的测定 第 5 部分：用氢解-速率计比色法测定总硫含量

GB/T 13610 天然气的组成分析 气相色谱法

SH/T 0222 液化石油气总硫含量测定法（电量法）

SH/T 0230 液化石油气组成测定法（色谱法）

SH/T 0231 液化石油气中硫化氢含量测定法（层析法）

ASTM D3609 使用渗透管校准技术的实施规程（Practice for Calibration Techniques Using Permeation Tubes）

ASTM E594 气相或超临界流体色谱火焰离子化检测器测定方法（Practice for Testing Flame Ionization Detectors Used in gas or Supercritical Fluid Chromatography）

ASTM E691 开展实验室间研究以确定试验方法精密度的规程（Practice for Conducting an Interlaboratory Study to Determine the Precision of a Test Method）

3 方法概要

3.1 由于含硫化合物具有很强的反应活性，因此气态含硫化合物的分析是一项很有挑战性的工作—采样和分析过程都很困难。为了消除离线分析可能出现的样品变化，最理想分析方式为现场分析。采集样品应使用惰性容器，如金属表面硅烷化处理（Silcosteel）的钢瓶、含聚丙烯接头的泰德勒（Tedlar）气袋或具有相同材质的其他气袋，而且使用泰德勒气袋要防止光照和受热。为确保分析结果可靠，实验设备也应是惰性的或经过钝化处理的。

3.2 将 1 mL 具有代表性气体样品注入气相色谱仪，样品进入一根大孔径、厚液膜的甲基硅酮开管柱或其他适宜的色谱柱，将气样中组分分离为单个含硫化合物。

3.3 当含硫化合物经过色谱柱分离后，进入火焰离子化检测器（FID）或加热燃烧区，燃烧产物被收集后通过传输线进入硫化学发光检测器（SCD）。

4 方法应用

4.1 不同来源的气体燃料和天然气含有不同类型和浓度的含硫化合物，这些含硫化合物具有刺激性气味，会腐蚀设备，在气体燃料加工过程中含硫化合物会使催化剂中毒。

4.2 为了使用安全，液化石油气和天然气中会人为添加少量 10^{-6}级的有臭味的含硫化合物。某些具臭味的含硫化合物并不稳定，会逐渐反应生成更稳定的气味较淡的含硫化合物。因此需要定量检测含硫臭味剂的含量以符合相关技术标准的要求。

4.3 虽然本方法主要是为气体燃料和天然气而设定，但本方法也可以用于包括炼厂气、垃圾填埋气、废热发电气和沼气在内的可燃性气体的分析。这些气体中含有受限制的挥发性含硫化合物。这些可燃性气体会不定期地被卖给不同经销商。因此，管理机构和生产、配送环节都需要对含硫化合物进行准确测定以满足监管、生产和配送需要。原料气中的硫超标也会使能源生产或转化为新产品燃料气过程中用到的催化剂中毒，因此工业生产时需要经常检测这些可燃性气体中的硫含量以保护催化剂。

4.4 相关分析方法：通用的液化石油气组成测定法（色谱法）（SH/T 0230）、天然气组成测定的气相色谱法（GB/T 13610）。其他用于测定气体样品总硫的方法，包括液化石油气中总硫含量测定方法（电量法）（SH/T 0222），天然气中总硫的测定　氧化微库仑法（GB/T 11060.4）、GB/T 11060.5　天然气中总硫的测定　氢解-速率计比色法以及测定硫化氢的 SH/T 0231 及 GB/T 11060.1、GB/T 11060.2 和 GB/T 11060.3 方法。

5 仪器

5.1 气相色谱仪

任何有质量保证、具有与化学发光检测器相连接的硬件接口，同时具有满足分析要求的必要配置的气相色谱仪均可使用。在整个分析过程中，气相色谱仪应保证保留时间的重复性偏差小于 0.05 min。

5.1.1 样品进样系统：进样系统应能在色谱柱的最高使用温度下连续操作。可以进行无分流进样；使用毛细管色谱柱时可以控制分流比在 10∶1 至 50∶1 范围内；遇到干扰物质或多次分析时应使用自动气体进样阀。进样系统应经过很好的老化，并经常进行测试以保证微量活性含硫化合物的准确测定。

5.1.2 载气和检测器气路控制单元：稳定的载气和检测器气体流量控制对于分析条件的优化和操作稳定至关重要。使用压力调节器和固定流量阻尼可以获得满意的流量控制。可通过适当的方法测量和调整气体流量。为了获得最佳的仪器性能，可以使用控制精度在±1%范围内的质量流量计。

5.1.3 检测器：含硫化合物的燃烧可以使用火焰离子化检测器（FID）、加热燃烧区或类似设备。燃烧的产物被收集后导入硫化学发光检测器（SCD）。

5.1.3.1 FID：火焰离子化检测器按照生产厂家提供的技术参数，根据 ASTM E594 试验确定的性能指标能满足或优于表 1 所列条件要求。火焰离子化检测器可以在色谱柱最高使用温度下操作。在分析过程中，进样系统、色谱柱和火焰离子化检测器连接处的温度不能低于色谱柱温度。火焰离子化检测器设计应满足 SCD 采样探针插入火焰的同时不干扰烃类的检测和响应的要求。可通过优化空气和氢气的流量，以产生一个富氢的环境或燃烧区以使烃类燃烧，这样可以使基体效应最小。当需要同时检测烃类化合物时，可以将火焰离子化检测器和加热燃烧区串联使用，此时需要使用零级空气（零级空气主要成分由氧和氮组成。零级空气中一般要求总烃体积分数小于 2×10^{-6}、水分体积分数小于 5×10^{-6}）。

5.1.3.2 SCD：硫化学发光检测器规格指标应符合或优于下列要求：（1）线性范围大于 10^5；（2）检测灵敏度高于 5 pg S/s；（3）含硫化合物对烃类的选择性大于 10^6；（4）含硫化合物响应无淬灭；（5）通常色谱进样体积下共流出的化合物对含硫化合物测定无干扰。

5.1.3.3 加热燃烧区：从气相色谱柱分离出的含硫化合物经过一个带加热的富氢燃烧区或一个底部连接色谱柱的火焰离子化检测器，其产物被携带到减压后的硫化学发光检测单元，在过量臭氧的作用下，燃烧后的含硫化合物释放出蓝光（480 nm）和紫外光（260 nm）。

5.1.3.4 SCD 检测器的工作原理是基于未知含硫化合物通过火焰离子化检测器，或相关的燃烧单元后，燃烧产物和臭氧发生反应产生的化学发光过程（发光反应）。硫化学发光反应机理是一个尚在研究的课题，附录 B 中描述了两种化学发光模式。含硫化合物燃烧后的产物和过量的臭氧一同进入一个低压反应池（<2.7 kPa）后发生反应，反应产物包括蓝光（480 nm）、氧气和其他组分，反应产生的光信号经蓝光光电倍增管检测并放大，输出至数据采集系统。

5.1.3.5 与 SCD 相连的检测器：虽然 SCD 经常被用于与其他检测常规烃类的检测器相串连，但是管理部门仍然可能会质疑检测器的兼容性，因此要求出具配置了 SCD 的多检测器系统和使用一个 FID 或其他燃烧区的 SCD 之间的等效性证明。

5.1.3.6 供选择的检测器：本方法虽然只是应用了硫化学发光检测器（SCD），但是只要对所有含硫化合物有响应，且灵敏度高、不受干扰，并满足质量保证标准的检测器均可使用。

5.2 色谱柱

多种类型色谱柱均可用于含硫化合物检测。最常用的为 60 m 长，内径为 0.53 mm，内涂 5 μm 厚度键合甲基硅酮固定相的熔融石英毛细管柱。所选色谱柱的保留和分离能力可以提供如表 1 和图 1～图 4 所示的分离效果，色谱柱对含硫化合物应是惰性的。色谱柱的柱流失应足够低，以确保柱温升至 200℃ 时，柱流失不至影响 SCD 的响应。

5.3 数据采集系统

5.3.1 记录仪：0 mV～1 mV 量程的电位记录仪或与之相当设备，有 2 s 或更短的满量程响应时间。

5.3.2 积分仪：可使用电子积分仪或色谱工作站。双通道数据采集系统可以同时采集 FID 和 SCD 的信号。软件及设备应为具备下列数据处理能力：

5.3.2.1 可以记录色谱图。

5.3.2.2 可以显示色谱峰面积值。

5.3.2.3 可以通过保留时间、相对保留时间或同时使用二者定性。

5.3.2.4 可采用响应因子进行计算。

5.3.2.5 可采用外标法给出分析结果。

6 试剂与材料

警告：在渗透管中的含硫化合物或钢瓶中压缩气体可能自燃，摄入或吸入对身体有害或致命。渗透管和带压标准气只有在通风良好的地点才能操作，并远离火源，错误操作含有空气、氮气或氦气压缩气体钢瓶可能导致爆炸；快速释放氮气或氦气可以导致窒息；压缩空气可以助燃。

6.1 含硫化合物标准气：精确的含硫化合物标准气是硫化物定量分析的关键。渗透管和带压钢瓶标准气应该是稳定、高纯和高精度的。

6.1.1 渗透管：含硫化合物标准气可由渗透管提供，它对所选的每一种含硫化合物可给出校准重量和可方便操作的温度曲线。在给定温度下，通过改变和精确测量通过渗透管稀释气的流量可获得一个浓度范围很宽的标准气。产生的标准气可用于校准 GC/SCD 系统。

6.1.1.1 渗透管温度控制系统：温度控制精度在 0.1 ℃之内。

6.1.1.2 渗透管流量控制系统：流量精度控制的偏差在±2%内。

6.1.1.3 使用经过“E1”级砝码校准的、可溯源至国家计量部门的天平，每月至少检查和称量渗透管一次，精确至 0.01 mg。按照 ASTM D3609 方法通过重量损失和稀释气流量计算标准气浓度。在以下情况下需要废弃渗透管：液体体积小于最初体积的 10%；渗透管表面显著褪色或存在其他缺陷。

6.2 带压标准气体：作为另外一种选择，也可使用以氮气、氦气和甲烷为基底的混合含硫化合物标准气。生产过程中缺乏一致性或存储过程中的不稳定性将是分析过程中需要注意的误差来源。使用附录 A 所列的条款将确保标准气生产厂商所提供的标气品质。

6.2.1 配备的压力调节器应适用于含硫化合物标准气体的转移，附加的配件也应是对硫钝化或惰性的。

6.2.2 推荐带压含硫化合物标准气可包含如下组分：硫化氢（H_2S）、羰基硫（COS）、甲硫醇（MeSH）。

6.2.3 下述组分也可配制于带压标准气中：乙硫醇（EtSH）、正丙硫醇（*n*-PrSH）、2-丙硫醇（*i*-PrSH）、二甲基硫醚（DMS）。

6.2.4 下述组分有可能分解，因此不推荐配制于混合标准气体中：二硫化碳（CS_2）、二甲基二硫醚（DMDS）、其他二硫化物。

6.2.5 所有多元混合标准气体组分出厂前应由生产厂商再次进行确认以保证精度。

6.2.6 为了分析复杂的样品，如炼厂燃料气和相关类型的燃料气，配备 SCD 的色谱系统应具有能够检测常见大分子挥发性含硫化合物（如正丙基硫醚）的能力。可以通过体积分数为 160 mL/m^3 正丙基硫醚标物的保留时间验证这一特性，该标准化合物是将 1 μL 的正丙基硫醚试剂（分析纯以上）加入到 1 L充满超纯氮气或氦气的泰德勒采样袋中制备而来。

6.2.7 载气：氦气，纯度在 99.999%以上。应提供足够压力以保证获得稳定的载气流量（见 5.1.2）。

6.2.8 氢气：火焰离子化检测器、加热燃烧区或类似的设备采用纯度在 99.999%以上氢气作为燃气。

6.2.9 空气：火焰离子化检测器、加热燃烧区或类似的设备采用压缩空气作为助燃气。

注：载气、氢气、空气均建议进一步净化。可使用分子筛或其他合适的试剂去除各类气中的水、氧气和烃类杂质，同时使用硫捕集阱去除各类气中的含硫化合物。

6.2.10 自制定性标准气：建议配制方法—量取约 10 μL 各含硫化合物液体纯物质（分析纯以上）于 100 mL 容量瓶中，用 60 ℃~90 ℃或 90 ℃~120 ℃石油醚（分析纯以上）稀释至刻度，该样品溶液可作为含硫化合物定性溶液。试验中，以注射器抽取 10 μL~50 μL 定性溶液于 50 mL~500 mL 大体积注射器或 Tedlar 气袋中，用外购标准气或高纯氮气、氦气、零级空气稀释后即可作为混合定性标准气样。据此方法配制的气体燃料和天然气中常见组分定性标样 GAS-S 见表 2。

注：自制定性标气的配制方法不局限于 6.2.10，也可用其他方法配制。

7 仪器准备

7.1 色谱仪：按照生产厂家的要求进行操作。多种操作条件都可用于含硫化合物气体分析。色谱仪的操作条件应至少满足下列典型的、最低限度标准。

7.1.1 操作条件应能够分离校正用的所有挥发性含硫化合物。

7.1.2 色谱操作条件应保证所关心的含硫化合物全部流出。

7.1.3 应保证进样系统可以无损失、无吸附地将样品导入色谱柱，同时确保含硫化合物之间没有反应，且样品之间互不影响。

7.1.4 表 1 所提供的操作条件可以满足上述准则。表 2 所提供的含硫化合物的保留时间来源于表 1 的分析参数，图 1～图 4 为典型色谱图。图 5、图 6 分别为 GC-2 条件下液化石油气和天然气的典型分析谱图。

表 1 典型色谱条件

色谱条件	GC-1（SCD）或（SCD+FID）	GC-2（SCD）或（SCD+FID）
色谱柱 类型 尺寸	 OV-1、DB-1、HP-1 柱长 30 m，内径 0.32 mm，液膜厚度 4 μm	 OV-1、DB-1、HP-1 柱长 60 m，内径 0.53 mm，液膜厚度 5 μm，串接阻尼柱[a]或 SCD 与 FID 串联，不接阻尼柱
载气	氦气（纯度 99.999%以上）	
定量环	钝化 0.5 mL～1.0 mL	钝化 0.5 mL～1.0 mL
阀箱温度	150 ℃	200 ℃
进样口温度	150 ℃	200 ℃
分流比	10∶1～50∶1	10∶1～50∶1
色谱柱前压	恒定压力 21.4 kPa，线速度 11 cm/s	恒定压力 39 kPa，线速度 27 cm/s
阀切换时间	0.01 min 开，1 min 关	
硫化学发光检测器（SCD）	燃烧器典型温度 800 ℃，双等离子体控制器压力 40 kPa～53.3 kPa，H_2流量 40 mL/min～50 mL/min，氧化剂气体流量（air）50 mL/min～55 mL/min（或 3 mL/min～10 mL/min，串联 FID），臭氧反应池压力 0.67 kPa～1.33 kPa	
火焰离子化检测器（FID）	氢气流量 30 mL/min，空气流量 350 mL/min，氮气流量 25 mL/min	
柱温程序	初温 30 ℃，保持 1.5 min，程升速率 15 ℃/min，终温 200 ℃，保持 8 min	初温 35 ℃，保持 2 min，一阶程升速率 10 ℃/min，一阶终温 80 ℃，保持 6 min，二阶程升速率 15 ℃/min，二阶终温 220 ℃，保持 15 min

[a]阻尼柱选择：

内径/mm	0.18	0.20	0.25
长度/m	1.0	1.5	2.5

表 2　典型色谱条件下含硫化合物保留时间

峰号	含硫化合物	GC-1 条件组分保留时间/min		GC-2 条件组分保留时间/min	
		SCD	SCD+FID	阻尼柱 SCD	SCD+FID
1	硫化氢（H_2S）	1.86	2.09	5.65	4.82
2	二氧化硫（SO_2）	2.11	2.36	6.00	5.14
3	羰基硫（COS）	2.11	2.36	6.07	5.20
4	甲硫醇（MeSH）	3.38	3.78	8.04	7.03
5	乙硫醇（EtSH）	4.91	5.31	10.57	9.40
6	二甲基硫醚（DMS）	5.24	5.64	11.21	10.00
7	二硫化碳（CS_2）	5.74	6.17	12.35	11.07
8	2-丙硫醇（*i*-PrSH）	6.00	6.41	12.84	11.55
9	2-甲基-2-丙硫醇（*t*-BSH）	6.79	7.21	14.54	13.32
10	1-丙硫醇（*n*-PrSH）	7.05	7.47	15.10	13.90
11	甲基乙基硫醚（MES）	7.15	7.58	15.32	14.11
12	2-丁硫醇（*s*-BuSH）	8.25	8.69	17.59	16.41
13	噻吩（TP）	8.31	8.78	17.76	16.55
14	甲基异丙基硫醚（MiPrS）	8.37	8.81	17.86	16.67
15	2-甲基-1-丙硫醇（*i*-BuSH）	8.46	8.91	18.04	16.85
16	二乙基乙硫醚（DES）	8.85	9.29	18.79	17.64
17	1-丁硫醇（*n*-BuSH）	9.11	9.56	19.32	18.15
18	二甲基二硫醚（DMDS）	9.73	10.20	20.48	19.32
19	四氢噻吩（THT）	10.93	11.40	22.57	21.45
20	1-戊硫醇（*n*-PenSH）	11.01	11.42	22.69	21.59
21	甲基乙基二硫醚（MEDS）	11.39	11.86	23.344	22.23
22	丙硫醚（*n*-PrS）	12.22	12.68	24.65	23.68
23	二乙基二硫醚（DEDS）	12.84	13.35	25.65	24.72
24	二甲基三硫醚（DMTS）	13.78	14.37	27.14	26.25

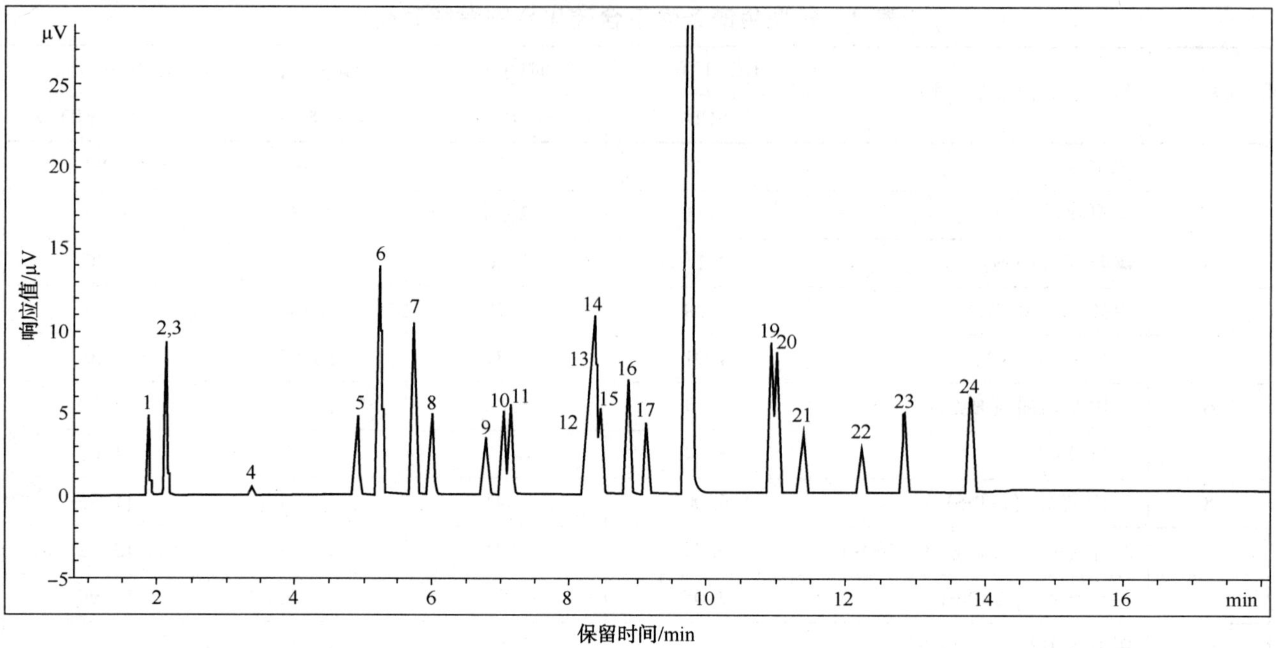

说明：

峰号 1～峰号 24 所对应组分名称见表 2。

图 1　GC-1 SCD 条件下典型色谱图

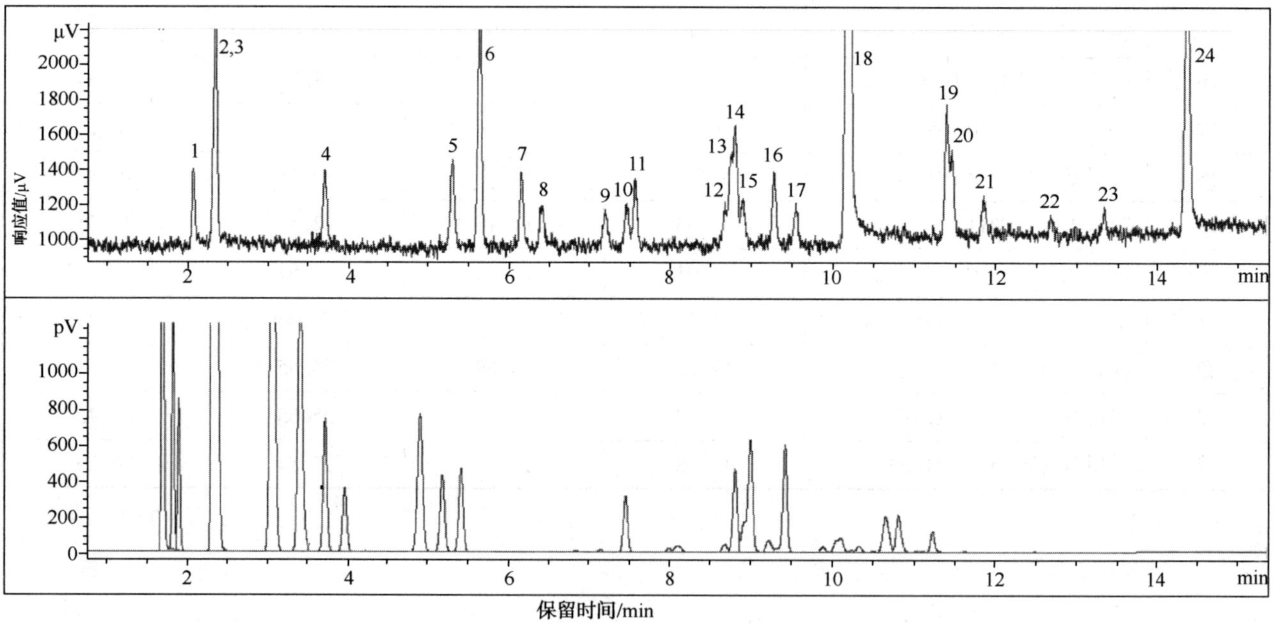

说明：

峰号 1～峰号 24 所对应组分名称见表 2。

图 2　GC-1 SCD+FID 条件下典型色谱图

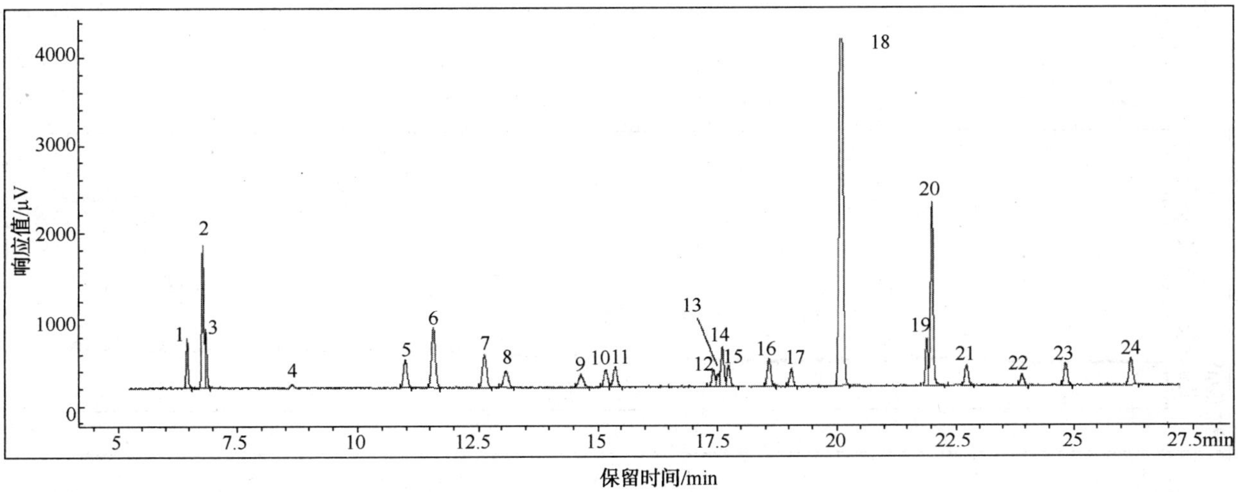

说明：

峰号 1~峰号 24 所对应组分名称见表 2。

图 3　GC-2 阻尼+SCD 条件下典型色谱图

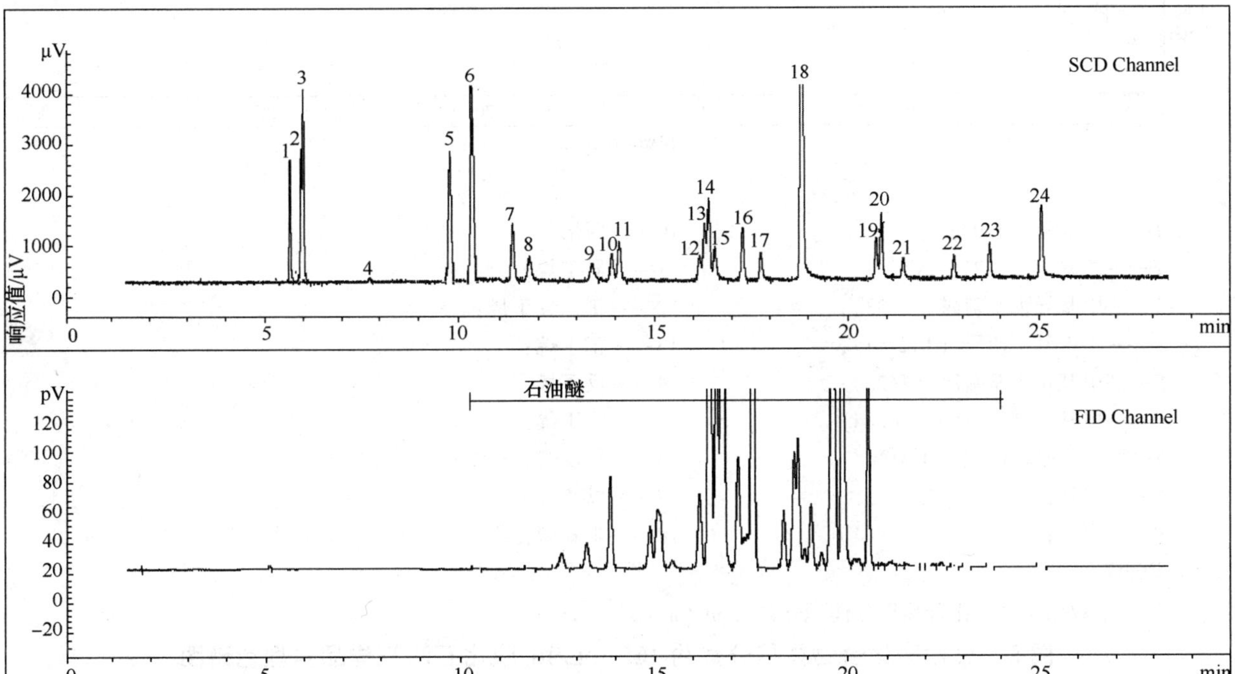

说明：

峰号 1~峰号 24 所对应组分名称见表 2。

图 4　GC-2 SCD+FID 条件下典型色谱图

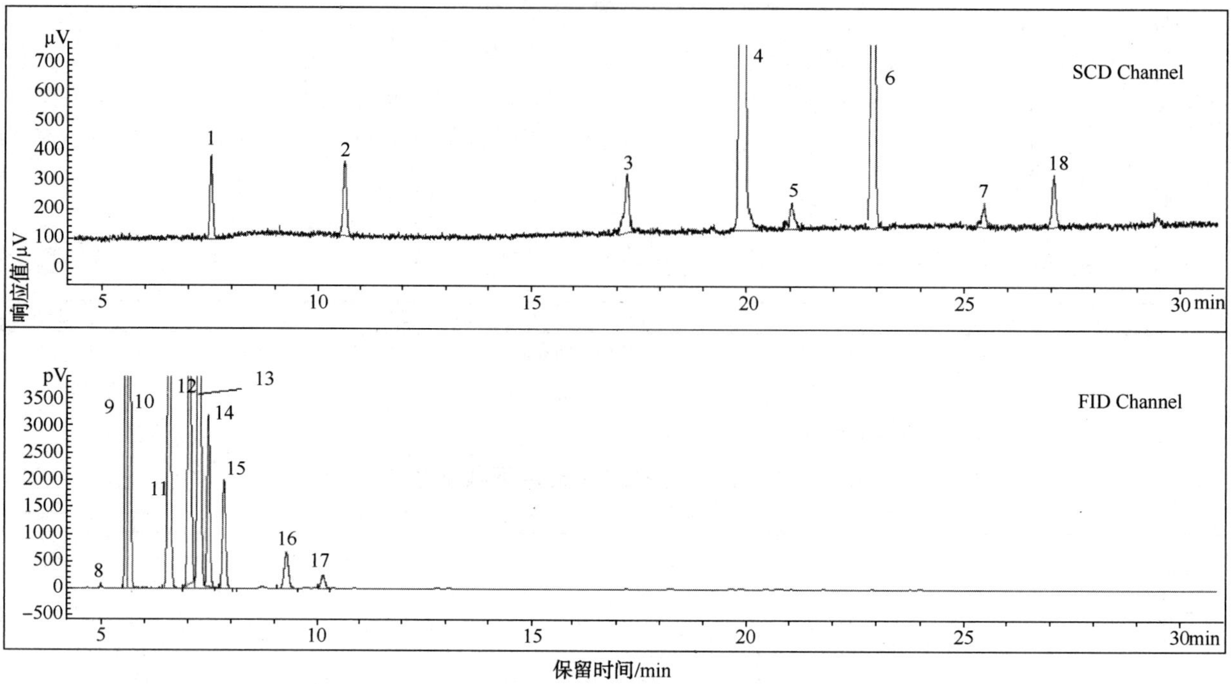

1——甲硫醇（1.97）；
2——乙硫醇（2.21）；
3——甲基异丙基硫醚（2.33）；
4——二甲基二硫醚（142.84）；
5——甲基正丁基硫醚（1.23）；
6——甲基乙基二硫醚（10.04）；
7——二乙基二硫醚（0.41）；
8——乙烯；
9——丙烷；
10——丙烯；
11——异丁烷；
12——正、异丁烯；
13——正丁烷；
14——反丁烯；
15——顺丁烯；
16——异戊烷；
17——戊烯-1；
18——未知硫化物（0.95）。

说明：

括号中数据为含硫化合物组分体积分数（mL/m³）。

图5　总含硫化合物体积分数约162 mL/m³液化石油气样品典型色谱图

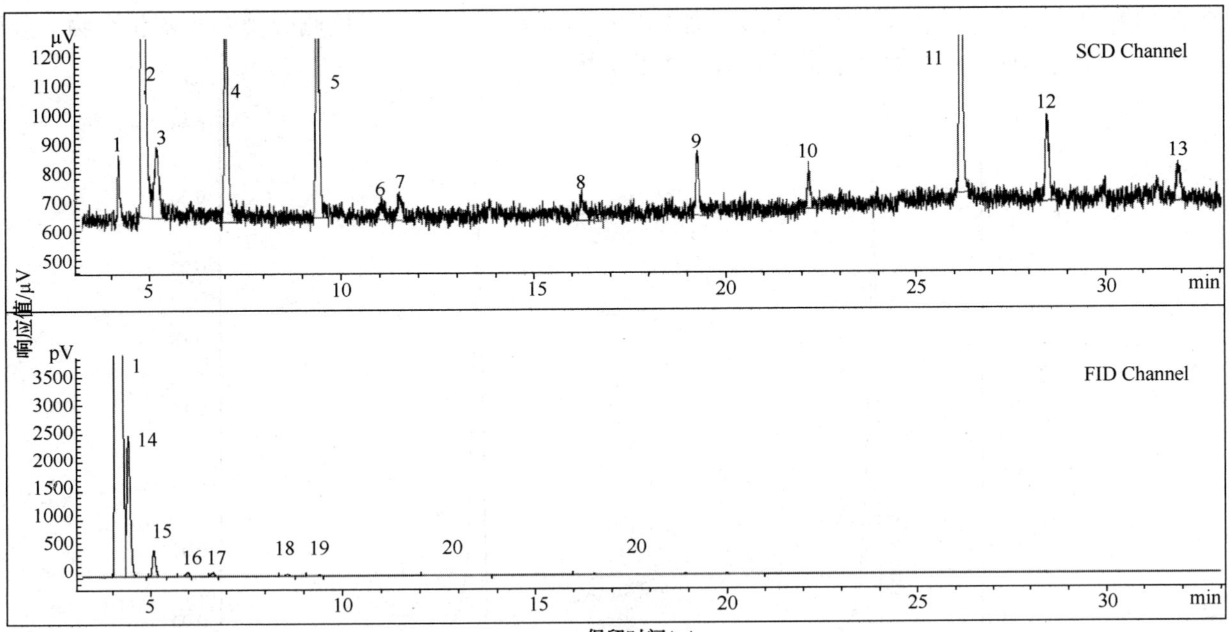

1——甲烷；
2——硫化氢（7.00）；
3——羰基硫（0.65）；
4——甲硫醇（3.50）；
5——乙硫醇（3.20）；
6——二硫化碳（0.05）；
7——异丙硫醇（0.12）；
8——2-丁硫醇（0.07）；
9——二甲基二硫醚（0.06）；
10——甲基乙基二硫醚（0.03）；
11——二甲基三硫醚（0.12）；
12，13——未知硫化物（0.20）；
14——乙烷；
15——丙烷；
16——异丁烷；
17——正丁烷；
18——异戊烷；
19——正戊烷；
20——碳五以上组分。

说明：

括号中数据为含硫化合物组分体积分数（mL/m^3）。

图6　总含硫化合物体积分数约15 mL/m^{3}的天然气样品典型色谱图

7.2　SCD：按照生产厂商的要求连接FID、加热燃烧区、FID与加热燃烧区接口组件，它们与色谱仪之间良好的接口配置将有助于含硫化合物气样分析。对于上述的每一种接口组件，优化的空气/燃气比例对样品烃类组分的完全燃烧至关重要。氢气比例过大将导致不完全燃烧，在色谱图7中，硫化氢(H_2S)流出前可检测到甲烷。当改变进样量时，偶尔会观察到基体干扰。对添加标气或者用空气稀释的样品，当回收率小于90%或大于110%也表明有基体干扰。此时，可以通过稀释样品或者采用其他补救措施使回收率在理论值的±10%之内来分析样品。接口配置操作规程叙述如下：

7.2.1　FID接口：按照SCD生产厂商的要求连接FID。在串联模式下，探针的位置对于检测器能否达到最佳灵敏度和满足再现性指标非常重要。随着进样量的增大，响应值保持不变或减小表明燃烧效率存在问题（见图8和图9）。

7.2.2　无焰炉接口或其他加热燃烧区：按照生产厂商的要求连接以上设备。这种设备的典型结构应包含陶瓷管，它的性能对于SCD检测器的效率至关重要。有缺陷的陶瓷管易受到基体效应的影响。有缺陷的陶瓷管有可能满足重现性分析的要求，但不能通过质量认证试验，例如试样稀释和加标回收率试验，性能较差的陶瓷管也可能导致严重的仪器漂移、非等摩尔响应以及总响应不稳定。为了恢复仪器正常功能应更换有缺陷的陶瓷管。

7.2.3 FID与加热燃烧区串联系统：FID和加热燃烧区串联模式可同时检测烃类和含硫化合物。采用这种模式可检测到样品中烃类含量很高时对基体的干扰。

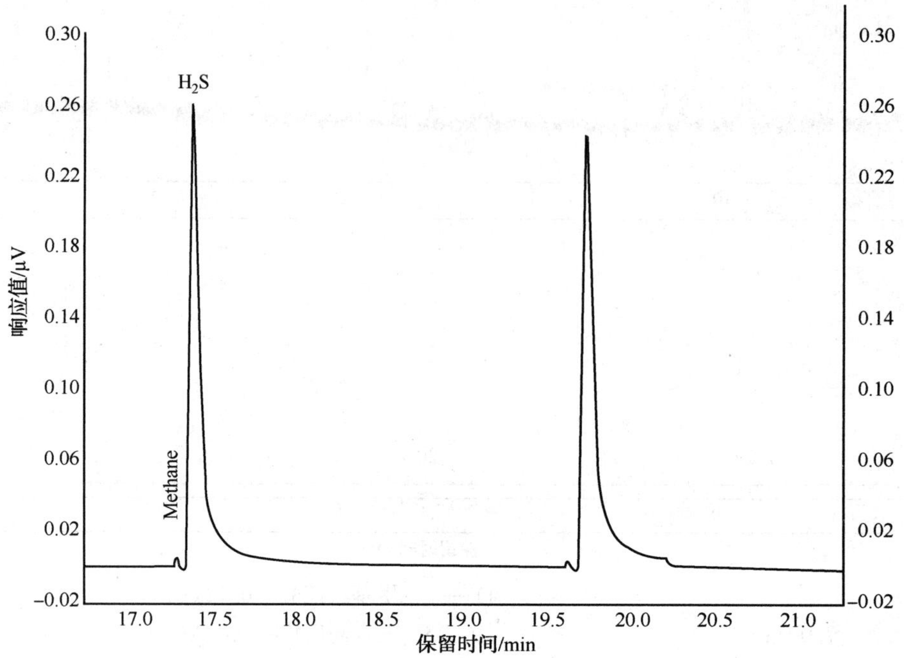

图7 不完全燃烧引起甲烷穿透

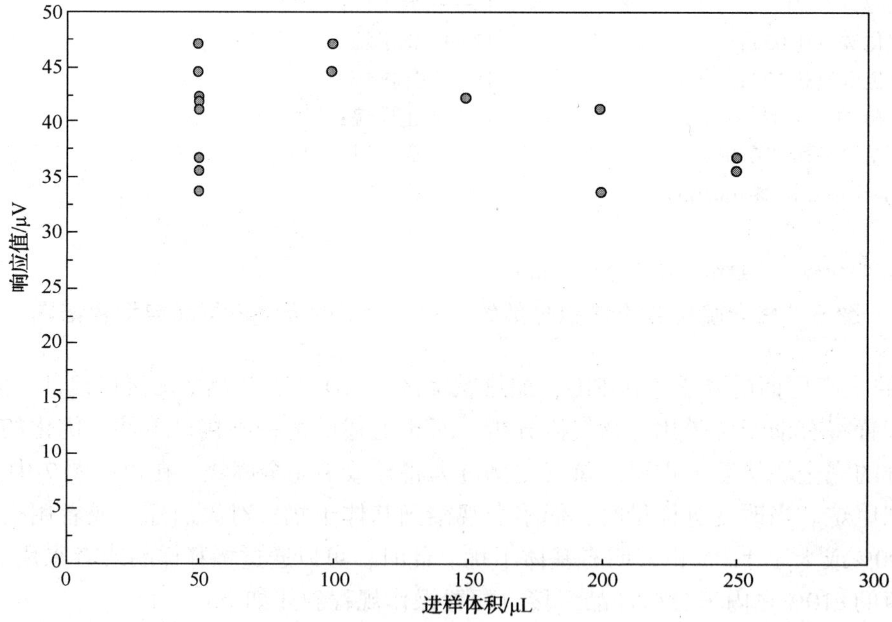

注：数据为2.4 mL/m³ H_2S 于 CH_4 中。

图8 基体干扰示例——改变进样量与响应值变化

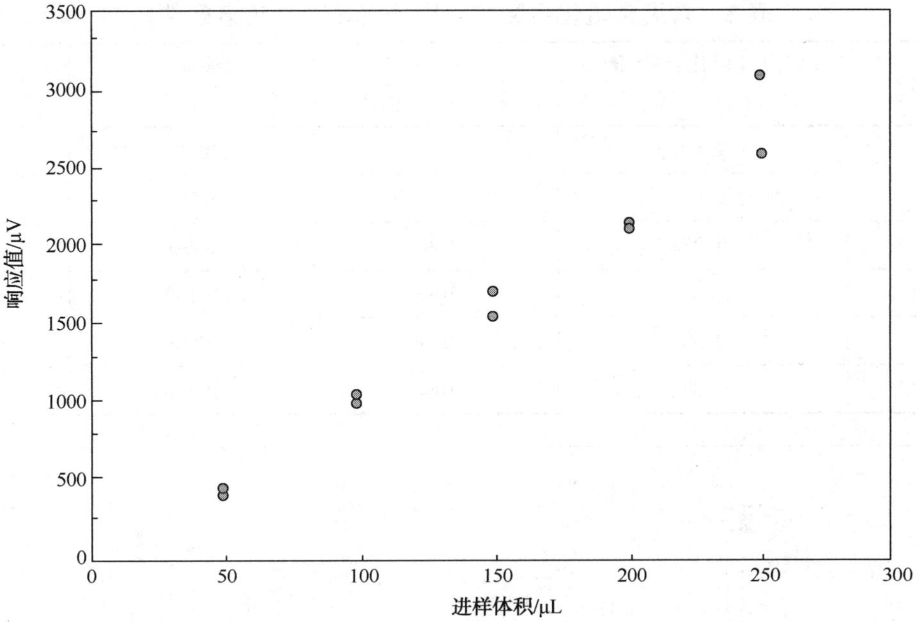

注：数据为 2.4 mL/m^3 H_2S 于 CH_4 中。

图 9　典型响应值随进样量变化曲线示例

8　SCD 性能验证

8.1　气样导入：采用钝化或惰性的配件将一定量的校正气样导入色谱定量环。用于置换和充满定量环的样品量应足够多，一般而言，样品体积应该是定量环和进样口连接管线体积的 10 倍。选择浓度适当的校正样进行定量校正，启动色谱分析，定量环中的样品进入到色谱柱中。

8.2　SCD 校正：每月校正一次或在需要时对 SCD 进行校正，建议对每个被分析物绘制强制过原点的三点校正曲线，对某些应用，可能需要这些曲线。同时，SCD 的线性范围需满足要求。

8.2.1　可通过下述方式在需要时建立 SCD 线性关系。对于分析物的每一个浓度点，规范的分析方式是连续进行校正样分析，直到三次测定响应值的相对偏差不超过 10%为止。计算每一个浓度点平均峰面积值，之后利用平均峰面积值与对应标称值线性回归，相关系数不小于 0.99。

8.2.2　对于已通过线性验证的系统，每日可采用单点校准。反之，应建立浓度范围覆盖待分析物浓度的三点校正曲线。

8.2.3　典型的每日校正标准点要求连续三次分析标样结果相对偏差不超过 10%。

8.2.4　SCD 是一个等摩尔响应的检测器，因此所有校正组分的响应因子与硫化氢或二甲基硫醚的响应因子相对偏差应在 10%以内。标准气的降解，SCD 燃烧器、FID 或类似设备的故障都将导致校准失败。

8.2.5　按式（1）计算每一个含硫化合物的响应因子：

$$F_n = C_n / A_n \qquad (1)$$

式中：

F_n——组分的体积分数响应因子；

C_n——混合标气中含硫化合物组分的含量，单位为毫升每立方米（mL/m^3）；

A_n——混合标气中含硫化合物组分的峰面积。

单个含硫化合物的响应因子（F_n）与硫化氢或二甲基硫醚的响应因子相对偏差在 10%以内。表 3 给出了相关数据和校正报告，图 10 为对应色谱图。

表 3 常见含硫化合物响应因子（GC-2 色谱条件）

含硫化合物	标称值（以化合物计）/（mL/m³）	标称值扩展不确定度	峰面积响应值	响应因子（以含硫化合物计）
硫化氢	9.40	5%	8977	1.047×10^{-3}
羰基硫	9.60	10%	9485	1.012×10^{-3}
乙硫醇	9.27	10%	8990	1.031×10^{-3}
二甲基硫醚	10.27	10%	10152	1.012×10^{-3}
四氢噻吩	9.50	10%	9855	0.963×10^{-3}
二甲基二硫醚	9.87	10%	19560	0.505×10^{-3}

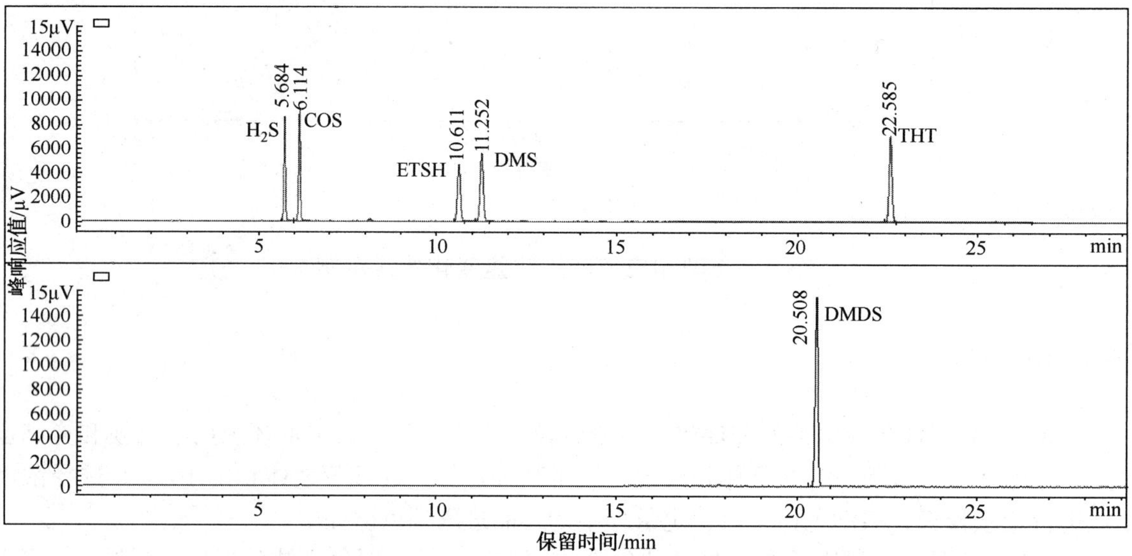

图 10 对应典型标准气样色谱图

9 试验步骤

9.1 多种操作条件都可用于含硫化合物气体的分析。可接受的、满足最低标准的操作条件参见 7.1。另外，应根据分析需求确定相应的 SCD 系统的最低检测限（LOD）。

9.2 样品的采集和准备：恰当的采样过程对于获得有代表性的分析结果至关重要，另外还要根据特殊的样品来源调整采样方式。

9.2.1 采样：在实验室离线分析中，为了避免光和热对样品的影响，样品可用配备聚丙烯接头的 Tedlar 取气袋或其他惰性的取气设备常压下采集。通常样品应在 24 h 内完成分析。另外一种取气方式为采用金属表面经硅烷化处理的容器，或其他内衬钝化容器，或经验证超过 24 h 不会吸附含硫化合物的采气容器。作为质量保证与控制（QA/QC）程序的一部分，为了保证含硫化合物气体的稳定性和长期储存，需要定期校验钝化或含内衬的容器。钝化的或含内衬的容器储存的样品可在 24 h 后分析。采用这种容器储存的样品，推荐在样品采集 7 天之内分析。

9.3 外标校正：采用单点校正的分析步骤见 8.2。至少一天分析一次标准气体，测定响应因子。通常连续三个校正样分析结果之间相对偏差不超过 10%即可。

9.4 空白分析：需要时进行空白分析以确保不存在样品残存和污染。通常通过对氮气或零级空气分析进行空白检测，如果检测到不易汽化、分子量较大的挥发性含硫化合物说明进样阀被污染。

9.5 样品分析：建议每个样品重复测定两次，在一些特殊场合，要求取平行样。平行样品能很好地验证 SCD 检测系统的测试条件和性能。在每次分析中，两次平行样品中体积分数大于 1×10^{-6} 的组分响应值的偏差在 10%之内，即说明系统性能可以接受。当任一待测硫化合物的含量超过 8.2.2 所建立校正曲线范围时，可运用分流进样或以高纯氮气/零级空气稀释两种方式之一进行进样检测。将样品色谱峰保留时间与标准色谱图比对，可以对含硫化合物进行定性。不在标准样品库中的含硫化合物可以使用校准化合物的响应因子很方便地定量。色谱分析条件如表 1 所示，或使用其他满足 7.1 规定的色谱性能标准的条件。通过电位记录仪（图形）、数字积分仪或者基于计算机的色谱工作站记录色谱数据。仔细检查所显示图形或数字数据有无错误，比如是否有超过量程范围的数据。

9.6 质量保证：建议使用下述质量保证过程，同时这一过程在某些应用中是必要的。这一质量保证过程可以确认误差的来源是火焰离子化检测器，或加热燃烧单元还是 SCD 系统其他部件的问题。

9.6.1 加标样品：作为质量保证与控制程序的一部分，在需要时分析一次加标样品。加入一定量的混合标准气至已知体积的样品中，典型应用是将 20 mL 或 50 mL 混合标准气样加入到样品中使最终体积为 100 mL。为了验证标称系统性能，对于体积分数大于 5 mL/m^3 组分或含量超过总硫含量 5%的组分，可接受的回收率应该与理论值的偏差在 10%以内，否则表明系统存在干扰或故障。在许多案例中，一旦回收率不达要求，样品可采用稀释法或其他补救措施进行分析。

9.6.2 校正样品的再分析：作为质量保证与控制程序的一个环节，当样品分析完成后，应再分析一遍校正样品。所有组分的测定值与理论值的偏差应在 10%以内。不合格的分析结果表明 SCD 燃烧效率出现问题。

10 计算

10.1 利用检测到的组分色谱峰面积以及通过 8.2.5 式（1）获得的响应因子可计算待测样品的含硫化合物体积分数。

10.1.1 以含硫化合物计，组分体积分数可通过式（2）计算：

$$A_c = p_k \times F_n \qquad (2)$$

式中：

A_c——待测含硫化合物体积分数，单位为毫升每立方米（mL/m^3）；

p_k——待测组分峰面积；

F_n——组分的体积分数响应因子，同 8.2.5 式（1）；

总挥发性含硫化合物体积分数是所有已知和未知单个含硫化合物体积分数累加之和。

注： 由于检测器响应与硫元素质量成正比，因此所有单硫化物（COS，H_2S，DMS 等）均具有大致相同的响应因子（参见 8.2.2）。

10.1.2 以硫计组分质量浓度可通过式（3）计算：

由于标准气的制备过程中，生产厂家多以体积分数表示组分的含量，因此可利用 10.1.1 结合附录 C 中 C.1 公式按式（3）给出单个组分以硫计质量浓度。

$$A_{CS} = A_C \times C_{vm} \times S_P \qquad (3)$$

式中：

A_{CS}——待测组分以硫计质量浓度，单位为毫克每立方米（mg/m^3）；

A_C——待测组分体积分数，单位为毫升每立方米（mL/m^3）；

C_{vm}——组分由体积分数峰转换为质量浓度单位时系数，见表 C.1；

S_P——待测组分的硫元素质量分数，%。

以硫计总硫含量是所有已知和未知单个以硫计化合物质量浓度累加之和。

10.2 加标样品的总硫或单组分回收率可通过式（4）计算：

$$RC=\frac{SM}{SA\times DF_1+SS\times DF_2}\times 100 \quad\cdots\cdots(4)$$

式中：

RC——加标样品的总硫或单组分回收率,%；

SM——加标样品中组分体积分数测量值，单位为毫升每立方米（mL/m^3）；

SA——样品体积分数，测定重复样取平均值，单位为毫升每立方米（mL/m^3）；

SS——加标物体积分数，单位为毫升每立方米（mL/m^3）；

DF_1——样品的稀释因子；

DF_2——加标物的稀释因子。

仅计算加入到样品中的标准样品中含有的组分的回收率。加标样品的总回收率使用加标样品中的各个单组分浓度根据上述公式计算。

10.3　质量保证与控制过程中，样品分析完成后，需对校正样再次分析，按式（5）计算相对偏差，以考察SCD燃烧性能。

$$Q_p=\frac{|A-B|}{A}\times 100 \quad\cdots\cdots(5)$$

式中：

Q_p——校正样品相对偏差,%；

A——校正样品标称值，单位为毫升每立方米（mL/m^3）；

B——校正样品再次分析后测量值，单位为毫升每立方米（mL/m^3）。

11　报告

报告已知的每个含硫化合物的定性和定量结果，含硫化合物总量为所有单个含硫化合物含量之和。可按照10.1.1给出以体积分数计含硫化合物结果报告，作为另一种选择，当需要以硫计给出分析结果时，可参照10.1.2及附录C给出以mg/m^3为单位的硫质量浓度。

12　精密度

12.1　精密度：方法的精密度是基于2008年所进行的一项实验室间协作测试项目的研究结果。在六个实验室中每间实验室对三种含不同浓度硫化氢、羰基硫和甲硫醇的样品进行测试。每个“测试结果”的报告代表一个独立的测定过程。每个参与的实验室对每个样品报告5个重复的测定结果。对于数据的设计和分析遵循ASTM E691方法。按下述规定判断试验结果的可靠性（95%置信水平）。

12.1.1　重复性（r）：在同一实验室，同一操作者使用同一仪器，使用相同方法，对同一试样连续测定的两个试验结果之差不应超过表4~表6的要求。

12.1.2　再现性（R）：在不同实验室，不同操作者使用不同的仪器，使用相同方法，对同一试样测定的两个单一、独立结果之差不应超过表4~表6的要求。

12.2　采用各实验室给定钢瓶浓度的标准值，计算实验室回收率均值，回收率均值水平见表4~表6。

12.3　通过对三个样品，分别在六个实验室中测量获得的270个结果分析确定精密度状态。这三个样品如下：

样品1：含H_2S、COS、MeSH各约1 mL/m^3的钢瓶；

样品2：含H_2S、COS、MeSH各约10 mL/m^3的钢瓶；

样品3：含H_2S、COS、MeSH各约20 mL/m^3的钢瓶。

为了判断两种试验结果之间的等效性，推荐选择浓度与测试样品相近的标准样品。

表 4　甲硫醇

mL/m³

样品号	平均值 $\overline{X}_A$	重复性标准偏差 S_r	再现性标准偏差 S_R	重复性 r	再现性 R	平均回收率 %
1	1.48	0.10	0.32	0.29	0.89	78.0
2	9.17	0.19	2.07	0.52	5.81	99.8
3	20.37	0.71	2.40	1.98	6.73	96.0

表 5　硫化氢

mL/m³

样品号	平均值 $\overline{X}$	重复性标准偏差 S_r	再现性标准偏差 S_R	重复性 r	再现性 R	平均回收率 %
1	1.79	0.10	0.60	0.27	1.67	87.4
2	10.79	0.20	3.78	0.56	10.59	98.5
3	21	0.50	3.48	1.39	9.76	99.7

表 6　羰基硫

mL/m³

样品号	平均值 $\overline{X}$	重复性标准偏差 S_r	再现性标准偏差 S_R	重复性 r	再现性 R	平均回收率 %
1	2.36	0.06	0.30	0.16	0.85	116.0
2	11.37	0.22	1.78	0.60	4.97	99.8
3	26.88	0.71	3.73	1.97	10.46	117.6

附　录　A
（资料性附录）
钢瓶装标准气协议

A.1　本协议主要用于帮助使用钢瓶标准气的用户。依照此协议可获得可以溯源至国家计量院（NMi）或类似标准物质的标准气样品。本协议需要使用一个符合美国国家标准研究所（NIST）或国家计量院（Nmi）标准的硫化氢作为一级参考物来确定硫的形态和总硫。该操作程序可以确保硫含量测量标准一致。此协议由标准气供应商提供，因此当需要配制标准气样时，可将协议提交给供应商。

A.2　标准样品分析。用来分析的气相色谱的程序升温方式应保证含正丙基硫醚在内的所有含硫化合物都可以被洗脱出来。为了保证报告的分析精度，需要至少收集三个连续测量的并符合必要精度的测试数据，当三个连续测试数据计算的相对标准偏差（% RSD）小于或等于1%时，精度满足要求。每个组分的平均峰面积和总硫峰面积通过连续分析的数据计算得到。

A.3　硫化氢标准物质的分析可采用与标准样品的分析方法相同的测试条件分析。可接受的硫化氢标准物包括美国国家标准研究所（NIST）或国家计量院（Nmi）的认证标准物质。为了保证报告的分析精度，需要至少收集三个连续测量的、具有必要精度的测试数据。硫化氢的平均峰面积通过连续分析的数据计算得到。

A.4　单个含硫化合物的值和总硫含量可通过式（A.1）计算：

$$C_S = \frac{A_S}{A_{H_2S}} \times C_{H_2S} \qquad (A.1)$$

式中：

C_S——待配标准组分体积分数，单位为毫升每立方米（mL/m^3）；

A_S——待配标准组分峰面积平均值，按照A.2得到；

A_{H_2S}——一级标准组分H_2S峰面积平均值，按照A.3得到

C_{H_2S}——一级标准组分H_2S体积分数，单位为毫升每立方米（mL/m^3）。

A.5　以硫化氢（A.2~A.3）为基准计算的总挥发性硫和单个硫化合物的分析流程至少需要两次，且两次分析的最小间隔周期为48 h。两次分析的结果的相对偏差应为小于2%。这对确保产品稳定性非常必要。总硫和单个硫化合物含量报告取自第二次分析数据。

A.6　证书中总挥发性含硫化合物和单个含硫化合物分析结果报告应按下述方式表述：

A.6.1　依照A.4进行的第一次和第二次的总硫和单组分硫的分析方法，需报告第一、第二次测定数值，分析日期。

A.6.2　钢瓶号，浓度，标样分析时使用的美国国家标准研究所（NIST）或国家计量院（Nmi）标准样品SRM或NTRM批号ID。

A.6.3　总含硫化合物结果报告应包含未知含硫化合物在内的所有含硫化合物。总未知含硫化合物结果也以mL/m^3计。

附 录 B
(资料性附录)
化学发光反应模型

B.1 配置了硫化学发光检测器的气相色谱仪是分离和检测复杂样品中硫化物的有效工具，复杂样品包括炼厂燃料气、天然气、垃圾填埋气和其他气体燃料，见参考文献［1］～［3］。对SCD的工作原理有两种假设模型：

B.2 模型1：（B.1）列出的化学反应是SCD检测机理的基本假设，化学反应参见参考文献［4］～［9］，一些关于硫化学和化学发光的背景材料见参考文献［10］～［14］：

含硫化合物+氢气/氧气中燃烧→SO+产物 ……………………………（B.1）

$SO+O_3 \rightarrow SO_2+O_2+h\nu$

式中：

$h\nu$——波长在300～400 nm的光。

按照上述机理，一氧化硫和其他燃烧产物被传送到一个反应池，通过臭氧发生器产生的臭氧通入反应池与一氧化硫发生反应，使用光电倍增管可检测发出的光波，同时一个真空泵用于维持反应池单元的压力在10 mmHg或更低。这种方式可以防止一氧化硫的损失，同时可将一氧化硫碰撞引起的响应值淬灭问题减到最小。

B.3 模型2：第二种假设的SCD反应模式见参考文献［13］～［15］。

$R \cdot S+O_2 \rightarrow SO_2+CO_2+$其他氧化产物 ……………………………（B.2）

$SO_2+H_2 \rightarrow H_2S+$其他还原态硫化物

H_2S+其他还原态硫化物$+O_3 \rightarrow SO_2^{*}+H_2O$

$SO_2^{*} \rightarrow SO_2+h\nu$

根据上述反应机理，含硫化合物燃烧后生成SO_2，SO_2在过量H_2的作用下被还原为H_2S。H_2S被传送到一个反应池，由臭氧发生器产生的臭氧在反应池中与硫化氢反应生成激发态二氧化硫，SO_2分子从激发态衰减为基态时释放光子。反应发出的光由光电倍增管检测并放大；真空泵维持反应池单元的压力低于10 mmHg。该方式可以将激发态二氧化硫分子间碰撞带来的响应值的淬灭降低到最小。

附 录 C
（规范性附录）
单位换算

C.1 目前国内对气体燃料及天然气的气态总硫测定，分析结果多以 mg/m^3 为度量单位，而采用 GC-SCD 方法检测硫化物时，由于配制的标准气样多采用化合物体积分数（mL/m^3，即 10^{-6}）表示法，因此需要进行二者单位换算。

C.2 单位换算。ASTM D5504-12 中，表 C.1 给出了常见含硫化合物的物性参数，其中最后一列即是将 1×10^{-6} 含硫化合物转换为 25 ℃，大气压为 101.325 kPa 时的 mg/m^3 数值，实际应用中，有可能温度压力不同或为表 C.1 中不含的组分，为了便于使用及方法推广，式（C.1）给出了具体的换算过程，可按照下述方式计算出以化合物或元素硫计的质量浓度单位。

$$y=\frac{M}{22.4}\times\frac{T_0}{T}\times\frac{p}{P_0}\times x \qquad \text{(C.1)}$$

式中：

y——表示每立方米气样中所含硫的质量，单位为毫克每立方米（mg/m^3）；

x——以化合物计检测后得到含硫化合物体积分数，单位为毫升每立方米（mL/m^3）；

M——以化合物计时，为含硫化合物的摩尔质量；以硫元素计时，为硫元素摩尔质量，32 g/mol，乘以硫元素个数；单位为克/摩尔（g/mol）；

T_0——标准状态的绝对温度，273 K，单位为开（K）；

T——采样点绝对温度（t+273）K，单位为开（K）；

P_0——标准状态下的大气压力，101.3 kPa，单位为千帕（kPa）；

P——采样点大气压力，单位为千帕（kPa）；

22.4——标准状态下，1 摩尔理想气体所占的体积，单位为升每摩尔（L/mol）。

注：其中标准状态指温度为 273 K，压力为 101.325 kPa 时的物质状态。

表 C.1

组分名称	摩尔质量 g/mol	密度 g/mL	沸点 ℃	硫元素质量分数 %	mL/m^3 转换[a] 为 mg/m^3
硫化氢（H_2S）	34.08	1.1857	—	94.08	1.39
羰基硫（COS）	60.08	1.24	—	53.37	2.46
甲硫醇（MeSH）	48.110	0.8665	6.2	66.65	1.97
乙硫醇（EtSH）	62.134	0.8391	35.0	51.61	2.54
二甲基硫醚（DMS）	62.134	0.8483	37.3	51.61	2.54
二硫化碳（CS_2）	76.14	—	—	84.23	3.11
2-丙硫醇（*i*-PrSH）	76.160	0.8143	52.6	42.10	3.11
2-甲基-2-丙硫醇（*t*-BSH）	64.220	0.8002	65.0	49.93	2.62
丙硫醇（*n*-PrSH）	76.160	0.8415	67.0	42.10	3.11
甲基乙基硫醚（MES）	76.160	0.8422	67.0	42.10	3.11
噻吩（TP）	84.14	1.07	84.16	38.03	3.44
1-甲基-1-丙硫醇（*s*-BuSH）	90.186	0.8299	85.0	35.56	3.69

表 C.1（续）

组分名称	摩尔质量 g/mol	密度 g/mL	沸点 ℃	硫元素质量分数 %	mL/m³转换[a] 为 mg/m³
2-甲基-1-丙硫醇（*i*-BuSH）	90.186	0.8343	88.7	35.56	3.69
二乙基硫醚（DES）	90.190	0.8362	92.0	35.55	3.69
正丁硫醇（*n*-BuSH）	90.186	0.8416	98.5	35.56	3.69
二甲基二硫醚（DMDS）	94.200	1.0625	109.7	68.08	3.85
二乙基二硫醚（DEDS）	122.252	0.9931	154.0	52.46	5.00

[a] 所列数据为含硫化合物之间转换系数，若将 mL/m³转换为以硫计 mg/m³单位，需乘以化合物中硫元素质量分数。

参考文献

[1] Johansen, N. G., "Recent Advances in Improved Sulfur Analysis for Natural Gas and Condensates," presented at IGT Symposium on Gas Quality & Energy Measurement, Chicago, Illinois, June 12–13 1989.

[2] Hines, W. J., "Sulfur Speciation by Capillary Gas Chromatography and Sulfur Chemiluminescence Detection–GPA Sulfur Research Project," Proceedings of the Seventy–Second GPA Annual Convention, 50–541990 and "Report on GPA Analytical Methods to Measure Sulfur in LP–Gas," Proceedings of the Seventy–Second GPA Annual Convention, 91–96 1990.

[3] Dominguez, R. andWadley, M. W., "G. C. Detection of Volatile Sulfur Compounds: An Evaluation of Sulfur Chemiluminescence Detectors," South Coast Air Quality Management District, Technical Services Division Report, March 1990, and Dominguez, R. and Choa, C. B., The Gas Chromatographic Detection of Volatile Sulfur Compounds in Gas Chromatography using Electrolytic Conductivity, Sulfur Chemiluminescence and Flame Photometric Detection," South Coast Air Quality Management District, Technical Services October 1991. Division Report.

[4] Benner, R. L. and Stedman, D. H., "Universal Sulfur Detection by Chemiluminescence," *Anal. Chem.* 61, 1268 (1989).

[5] Martin, H. R. and Glinski, R. J., "Chemiluminescence from Sulfur Compounds in Novel Flame and Discharge Systems: Proof of Sulfur Dioxide as the Emitter in the New Sulfur Chemiluminescence Detector," *Applied Spectroscopy*, 46, 948 (1992).

[6] Benner, R. L. and Stedman, D. H., "Chemical Mechanism and Efficiency of the Sulfur Chemiluminescence Detector," *Applied Spectroscopy*, 48, 848 (1994).

[7] Burrow, P. L and Birks, J. W., "Flow Tube Kinetics Investigation of the Mechanism of Detection in the Sulfur Chemiluminescence Detector," *Anal. Chem.* 69, 1299 (1997).

[8] Shearer, R. L., "Development of Flameless Sulfur Chemiluminescence Detection: Application to Gas Chromatography," *Anal. Chem.* 64, 2192 (1992).

[9] Shearer, R. L., Chapter 2, "Flameless Sulfur Chemiluminescence Detection," Ed.: Sievers, R. E., Selective Detectors Vol. 131 in Chemical Analysis: A Series of Monographs on Analytical Chemistry and Its Applications; John Wiley & Sons, Inc, New York, 1995.

[10] Halstead, C. J. and Thrush, B. A., "Chemiluminescent Reactions of SO," *Photochem. Photobiol.* 4, 1007 (1965).

[11] Akimoto, H., Finlayson, B. J., and Pitts, J. N., "Chemiluminescent Reactions of Ozone with Hydrogen Sulphide, Methyl Mercaptan, Dimethyl Sulphide and Sulphur Monoxide," *Chem. Phys. Lett.* 12, 199 (1971).

[12] DeMore, W. B., Sander, S. P., Golden, D. M., Hampson, R. F., Kurylo, M. J., Howard, C. J., Ravishankara, A. R., Kolb, C. E. and Molina, M. J., "Chemical Kinetics and Photochemical Data for Use in Stratospheric Modeling," *NASA Evaluation No.* 11, Nation Technical Information Service, Springfield, VA, 1994.

[13] Cadle, R. D., and Ledford, M., "The Reaction of Ozone With Hydrogen Sulfide," *Air and Wat. Pollut. Int. J.*, Vol. 10, pp. 25–30, Permagon Press, Great Britain, 1966

[14] Nickless, G., "Inorganic Sulphur Chemistry," Elsevier Publishing Company, New York, 1968.

[15] Yan, X., "Detection by Ozone-induced Chemiluminescence in Chromatography," *Journal of Chromatography A*, 842, 267-308 (1999).

编者注：本标准中引用标准的标准号和标准名称变动如下。

原标准号	现标准号	现标准名称
GB/T 11060.4	GB/T 11060.4	天然气　含硫化合物的测定　第4部分：用氧化微库仑法测定总硫含量

ICS 75.100
E 34

SH

中华人民共和国石油化工行业标准

NB/SH/T 0920—2016

高赫兹接触压力下润滑脂抗微动磨损能力的测定　高频线性振动试验机法

Standard test method for determining fretting wear resistance of lubricating greases under high Hertzian contact pressures using a high-frequency, linear-oscillation (SRV) test machine

2016-12-05 发布　　　　2017-05-01 实施

国家能源局　发布

目　次

前　言

本标准按照 GB/T 1.1—2009 给出的规则起草。

本标准使用重新起草法修改采用美国试验与材料协会标准 ASTM D7594-11《用高频线性振动（SRV）试验机测定高赫兹接触压力下润滑脂抗微动磨损能力的标准试验方法》。

为了更适合我国国情，本标准在采用 ASTM D7594-11 时进行了修改。本标准与 ASTM D7594-11 的主要技术性差异及其原因如下：

——为使用方便，将部分引用标准改为我国相应的国家标准和行业标准。

——为标准的实际推广使用，将清洗溶剂改为符合 GB/T 15894 中沸程为 90℃～120℃的石油醚。

——为适合我国国情和实际使用方便，将磨斑测量结果修改为精确至 0.01mm。

本标准由中国石油化工集团公司提出。

本标准由全国石油产品和润滑剂标准化技术委员会石油燃料和润滑剂分技术委员会（SAC/TC280/SC1）归口。

本标准起草单位：中国石油化工股份有限公司石油化工科学研究院。

本标准参加起草单位：中国石油化工股份有限公司润滑油重庆分公司。

本标准主要起草人：杨鹤、宋海清、薛颖、田中利、罗玉兰。

高赫兹接触压力下润滑脂抗微动磨损能力的测定 高频线性振动试验机法

警告：本标准涉及某些有危险性的材料、操作和设备，但是无意对与此有关的所有安全问题都提出建议。因此，用户在使用本标准之前应建立适当的安全和防护措施，并确定相关规章限制的适用性。

1 范围

本标准规定了采用高频线性振动（SRV）试验机或类似试验机，在高频、低冲程、高赫兹接触压力并作线性振动的条件下，测定润滑脂抗微动磨损的润滑性能的方法。

本标准适用于在给定温度和负荷条件下测定润滑脂的抗磨损性能和摩擦系数。若根据 SH/T 0784 进行另外的非强制性的极压试验，试验所用润滑脂应该能承受至少 2200MPa 的赫兹接触压力而不发生粘着磨损。

2 规范性引用文件

下列文件对于本文件的应用是必不可少的。凡是注日期的引用文件，仅所注日期的版本适用于本文件。凡是不注日期的引用文件，其最新版本（包括所有的修改单）适用于本文件。

GB/T 269 润滑脂和石油脂锥入度测定法

GB/T 15894 化学试剂 石油醚

GB/T 17754—2012 摩擦学术语

GB/T 18778.2 产品几何量技术规范（GPS）表面结构 轮廓法 具有复合加工特征的表面 第2部分：用线性化的支承率曲线表征高度特性

GB/T 28417 碳素轴承钢

SH/T 0784 润滑脂极压性能测定法（高频线性振动试验机法）

NB/SH/T 0847 极压润滑油摩擦磨损性能的测定 SRV 试验机法

NB/SH/T 0882 润滑油极压性能的测定 SRV 试验机法

ASTM A295/A 295M 高碳抗磨轴承钢规格（Specification for High-Carbon Anti-Friction Bearing Steel）

ASTM D5706-05 润滑脂极压性能测定法（高频线性振动试验机法）（Standard Test Method for Determining Extreme Pressure Properties of Lubricating Greases Using a High-Frequency, Linear-Oscillation (SRV) Test Machine）

ASTM D7755 高频线性振动（SRV）标准试验件磨损体积的测定方法（Standard Practice for Determining the Wear Volume on Standard Test Pieces Used by High-Frequency, Linear-Oscillation (SRV) Test Machine）

ASTM E45 钢中杂质含量的测定方法（Test Methods for Determining the Inclusion Content of Steel）

3 术语和定义、缩略语

下列术语和定义、缩略语适用于本文件。

3.1

磨合 break-in（running in）

为消除新摩擦副运转初期摩擦系数μ和磨损率具有的暂态特征，采用一组特定的摩擦工况参数进行操作，以改善该系统的摩擦学行为的技术。

注1：磨合通常在低操作规范，即低功耗、低速和低载的特定条件下进行。

注2：在运行初期，改善摩擦副的接触表面特性，使其摩擦系数μ和磨损率减小的能力称为磨合性。

[GB/T 17754—2012，定义5.17]

3.2

摩擦系数（μ或f） coefficient of friction（μ or f）

两物体之间的摩擦力（F）与施加于这两个物体上的正压力（N）的无量纲比值。

3.3

赫兹接触面积 Hertzian contact area

按赫兹弹性变形方程计算两个非共形接触固体在负荷作用下的表观接触面积。

3.4

赫兹接触压力 Hertzian contact pressure

在赫兹接触面积上任何指定位置上的压力值，由赫兹弹性变形方程式计算。赫兹接触应力可按接触中心的最大值P_{max}也可按总接触面积的平均值$P_{average}$来计算和报告。

3.5

润滑剂 lubricant

加到两相对运动表面间能减小摩擦、降低磨损的物质。

3.6

润滑脂 lubricating grease

将稠化剂分散于液体润滑剂中，所形成的一种介于半流体和固体间的润滑产品。

注：分散的稠化剂在液体润滑剂中形成两相体系，依靠表面张力及一些其他物理力使液体润滑剂不流动。其他的添加剂通常会使液体润滑剂具有其他的功能。

3.7

算术平均粗糙度 R_a（C.L.A）

用于衡量表面粗糙度的参数，在取样长度内所有轮廓点偏距均线绝对距离的算术平均值。

注：C.L.A.表示中心线的平均值，与Ra是同义词。

3.8

去除的峰值高度 R_{pk}

根据GB/T 18778.2，高于粗糙度核心轮廓的突峰的平均高度。

3.9

去除的谷值深度 R_{vk}

根据GB/T 18778.2，低于粗糙度核心轮廓的谷值的平均深度。

3.10

不平度平均高度 R_z

它是评估取样长度内所有的R_y值（峰到谷的高度）的平均值。

3.11

稠化剂 thickener

存在于润滑脂中的微小颗粒物质，它分散在液体润滑剂中形成润滑脂的骨架结构。

注：稠化剂分子结构可以是纤维状（如某些金属皂），也可以是片状或球状（如非皂基润滑脂），它们不溶或微溶于液体润滑剂。对稠化剂的一般要求是其固体颗粒应极小，且均匀地分散于润滑剂中，能与润滑剂形成相对稳

定的类似于凝胶状的结构。

3.12

极压　extreme pressure

在高应力摩擦条件下，形容相互接触的金属表面之间的润滑状态，不限于金属材料。

3.13

微动磨损　fretting wear

由微动作用使接触表面产生的损伤和材料流失。微动指名义上无相对运动的固体接触表面间的微小距离往复切向或法向运动。

[GB/T 17754—2012，定义 5.40 和 4.11]

3.14

咬死　seizure

在摩擦表面产生粘着或材料转移，使相对运动停止或断续停止的严重磨损。

[GB/T 17754—2012，定义 5.37]

注：在本试验方法中，咬死的判断标准是摩擦系数有一个超出稳定状态的急剧增加，摩擦系数比稳态值增加 0.2 并且持续时间超过 20s，或者摩擦系数大于 0.35，或者依据 ASTM D5706-05 和 NB/SH/T 0882 中所举的例子判断。如果发生上述任何情况，则标志着试验无效（因为本标准与润滑脂有关，所以用 ASTM D5706-05 中的示例来判断试验无效是可行的）。通过微型光学系统检测磨斑和划痕，可获得粘着磨损形貌的信息。情况严重时，可导致停机。

3.15

SRV　（德文）

Schwingung（往复运动）、Reibung（摩擦）、VerschleiB（磨损）的缩写。

4　方法概要

4.1　采用 SRV 或类似试验机，用蘸有润滑脂的试验球在静止试验盘上作往复运动，运动频率及所加负荷（F_N）恒定，冲程振幅短且恒定，测定摩擦系数和磨斑直径。

4.2　对于非强制性的极压试验（参见附录 A），试验负荷以 100N 的增量增加，直至发生咬死（见 SH/T 0784），测量并记录报告发生咬死前瞬间的载荷值。

注：往复运动频率、冲程、试验温度以及试验球和试验盘的材料可与本标准的要求不同。试验球通常产生赫兹点接触的几何形状。要获得线或面接触，可用不同形状的试件替代试验球。

4.3　通过集成在试验盘上的压电传感器测量摩擦力 F_f，对于Ⅰ型和Ⅱ型 SRV 试验机，以时间函数的形式测量并报告摩擦系数 f；对于Ⅲ型和Ⅳ型 SRV 试验机，可以在试验结束之后显示整个试验过程的摩擦力或摩擦系数，并能够自动保存试验数据。

4.4　试验结束后，试验机和图表记录仪停止，测量试验球上的磨斑，如果有表面轮廓仪，还可通过试验盘上的磨痕和试验球上的磨斑获得额外的磨损信息（参见附录 A）。磨损体积以 mm^3 为单位，试验盘和试验球的磨损率以 mm^3/（N · m）为单位。

5　方法应用

本方法适用于在给定温度和额定负荷条件下测定润滑脂的抗微动磨损性能和摩擦系数，尤其适用于低冲程初始高赫兹点接触压力下长时间高速振动的情况。可应用于滚动轴承、滚柱或滚珠螺杆传动或侧轴系统、等速联轴节的润滑脂筛选试验。本标准的使用者应确定其结果与现场性能或其他应用是否相关联。

6 仪器

SRV 试验机示意图见图 1 和图 2。

注:左图为Ⅲ型，右图为Ⅳ型。

图 1 SRV 试验机

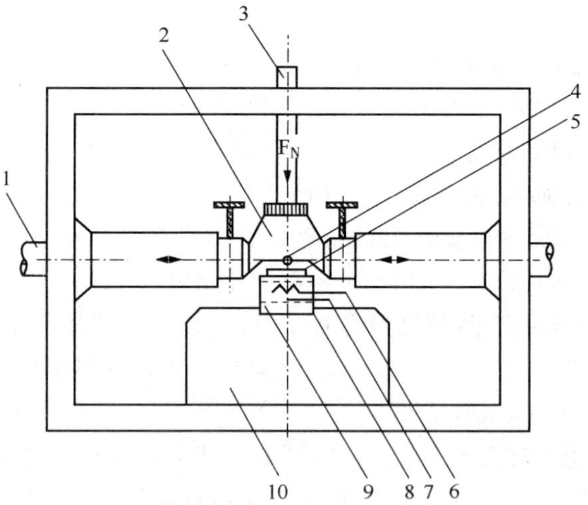

1——往复振动驱动杆；
2——试验球夹具；
3——加载杆；
4——试验球；
5——试验盘；
6——电阻加热器；
7——电阻式温度计；
8——试验盘夹具；
9——压电器件；
10——底座。

图 2 试验腔结构

7 试剂与材料

7.1 清洗溶剂：符合 GB/T 15894 中沸程为 90℃～120℃的石油醚。

警告：易燃，有害健康。

7.2 试验球：AISI 52100 钢（相当于 GCr15 钢），洛氏硬度 HRC 为 60±2，表面粗糙度 R_a 为 0.025μm ±0.005μm，直径为 10mm。

7.3 试验盘：材料采用真空电弧再熔炼法生产的 AISI 52100 钢（相当于 GCr15 钢），用 ASTM E45 D 法和 ASTM A295/A295M 评定夹杂率为 A 型、刚度等级为 0.5 级；或者按 GB/T 28417，杂质总含量 K_1 ≤10 并通过球化退火获得球状碳化物，洛氏硬度 HRC 为 60±2。试验盘表面应研磨但不含磨料，试验盘直径为 24mm，厚度为 7.85mm，其四个表面形貌参数应满足如下范围：

0.500μm<R_z<0.650μm；

0.035μm<R_a（C. L. A）<0.050μm；

0.020μm<R_{pk}<0.035μm；

0.050μm<R_{vk}<0.075μm。

8 仪器的准备

8.1 试验前，打开试验机和记录仪预热 15min。

8.2 按仪器说明书选择产生摩擦系数的峰值位置。

注：在大多数情况下，可通过调节电子板 No. 291. 35. 20E 的滑动开关（紧靠电子设备面板后的侧面板）和位于控制设备后面板上的滑动开关来完成。

8.3 将振幅旋钮调至“零”。

8.4 将冲程开关调至自动挡。

8.5 按说明书设定频率为 50Hz，时间为 4h0min30s。

8.6 按说明书设定负荷放大器并校准图表记录仪，选定所需的记录速度。

注：新型 SRV 试验机的负荷放大器可自动设置。

9 试验步骤

9.1 试验准备

9.1.1 戴上防溶剂手套，清洗试验球、试验球夹具和试验盘，并用已蘸有清洗溶剂的实验室用纸巾擦拭这些零件的表面。反复擦拭直至纸巾上无黑色残余物出现为止。把试验球和试验盘浸入盛有清洗溶剂的烧杯中，用超声波清洗器振荡 10min。晾干试验球夹具。用一块干净的纸巾擦干试验球和试验盘，确保表面不出现条纹。

9.1.2 确保试验机未加载情况下（负荷表读数指示为-13N 或-14N），安装试验球夹具（上试件夹具）。

9.1.3 将 1mm 高的加脂器置于干净的试验盘上，将其用脂试样填满，用刮刀抹去多余的试样，从上面移走加脂器，用夹具紧固试验盘。

9.1.4 将清洗干净的试验球装在顶部，并置于润滑脂试样中间，以便润滑脂在试验球和试验盘之间形成一圆形对称的均匀薄层。

9.1.5 上紧紧固螺丝直至刚刚出现阻力为止。

9.2 试验运行

9.2.1 试验运行的开始，打开加热控制器，预热试验盘夹具至50℃。等待10min，使试验盘与润滑脂的温度达到试验温度并且保持稳定。也可以在-40℃～150℃之间以10℃为增量选择其他试验温度。

注：AISI 52100钢在室温时的初始洛氏硬度HRC为62.5，在149℃的温度下保持100h后，洛氏硬度HRC会降到61，加热超过100h后，洛氏硬度HRC会保持在60。

9.2.2 施加50N负荷，松开试验盘和试验球夹具的紧固螺丝，然后用扭力扳手上紧至2.2N·m～2.5N·m。

9.2.3 当温度稳定后，打开记录仪走纸开关（或计算机）并放下记录笔。压下拨动式开关直到定时器开始计数，冲程振幅旋钮调节至0.300mm（300μm）。

注：应定期检查冲程。可通过测量试验盘的磨痕长度与试验球的磨斑直径的差值来进行，差值应小于所设冲程的±10%。

9.2.4 当数字计时器达到30s时，试验负荷增加至100N并运行4h±15s。

9.2.5 对于Ⅲ型和Ⅳ型SRV试验机，只需在基础软件中输入以下几个参数：

——频率为50Hz；

——冲程为0.300mm（300μm）；

——温度为50℃；

——加载50N载荷并维持30s，然后增加到100N并维持240min；

——为完全上紧试验件夹具，应按SRV试验机软件的指令操作。

9.2.6 按下述规定终止试验。

9.2.6.1 达到预定时间，通过定时器能自动停止试验，机器会自动停机。

注1：试验结束时将自动切断电源。

注2：如果由于咬死，摩擦系数f超过限值例如f=0.35（见3.14），应当停止试验。如果机器在该点不能自动停止，应手动停止。

9.2.6.2 在试验结束时，关闭加热控制器。重新接通加载荷电源，将负荷减至-13N或-14N以便拆卸。

9.2.6.3 拆卸并按9.1.1清洗试验球和试验盘。

9.3 评价

9.3.1 将洗净的试验球放在合适的夹具上，用显微镜分别测量滑动方向的磨斑宽度（d_1）和与滑动垂直方向的磨斑宽度（d_2），精确至0.01mm（10μm）。平均磨斑直径（WSD）为这两个测量值的平均值（$WSD=(d_1+d_2)/2$）。如果磨斑直径小于1.1倍的赫兹接触直径，可在磨斑中心测量磨斑轮廓，以便计算磨损体积W_v。如果磨斑直径大于1.1倍的赫兹接触直径，则只报告磨斑直径（见NB/SH/T 0847）。试验球的磨损体积W_v应用立方毫米表示。

注：测量磨损体积是可选择的一种方法。测量磨损轮廓和计算磨损体积的方法见ASTM D7755。

9.3.2 虽然没有制定特殊的步骤，当需要添加磨损分析时，可以按表面轮廓测定仪的说明书对试验盘上的磨斑表面轮廓进行分析（见ASTM D7755）。

9.3.3 根据记录仪或计算机曲线图，得出最小摩擦系数和最大摩擦系数（f_{min}、f_{max}）以及每个小时内15min、30min、45min、60min时的摩擦系数（f_{15}、f_{30}、f_{45}、f_{60}），精确到0.001。

9.3.4 如果记录仪或其他输出装置显示所测得的摩擦系数点附近有强烈的波动（幅宽≥0.005），记录该点的平均值和波动值（见NB/SH/T 0847）。

9.3.5 在试验结束时试验球的负荷承载能力还可用几何接触压力P_{geom}来报告，几何接触压力可按式（1）计算：

$$P_{geom}=\frac{4F_N}{\pi W_K^2} \quad \cdots\cdots (1)$$

式中：

P_{geom}——几何接触压力，单位为牛顿每平方毫米（N/mm^2）；

F_N——正压力（试验负荷），单位为牛顿（N）；

W_K——平均磨斑直径（*WSD*），单位为毫米（mm）。

注1： 几何接触压力并不等同于赫兹接触压力。

注2： 在评价润滑脂微动条件下的抗磨损能力之前，可按照 SH/T 0784 的方法完成两个极压试验，温度均为50℃，冲程分别为 1mm 和 2mm（参见附录 A），但这并不是强制性的。

注3： 当试验负荷等于 100N 时，试验球的初始赫兹磨斑直径为 0.296mm（试验球的初始直径为 10mm），赫兹接触压力 P_{max} 为 2176MPa。当试验负荷等于 50N 时，试验球的初始赫兹磨斑直径为 0.236mm（试验球的初始直径为 10mm），赫兹接触压力 P_{max} 为 1727MPa。

10 结果报告

10.1 报告至少应包括下列信息：

用于评价润滑脂和试验件的所有参数：

a）试验温度,℃；

b）冲程，mm；

c）试验频率，Hz；

d）试验球材料和样品编号；

e）试验盘材料和样品编号；

f）试验所用润滑脂样品名称、编码等。

10.2 报告试验球平均磨斑直径（*WSD*）和在试验结束时未发生咬死时的摩擦系数。当有特定要求时，还应报告一份摩擦系数的复印件或保存该文件。

11 精密度和偏差

11.1 精密度

16 个实验室于 2009 年在 50℃条件下对六种润滑脂进行了循环试验。由统计试验结果确定的本精密度，按下述规定判断试验结果的可靠性（95%置信水平）。

11.1.1 试验球平均磨斑直径的精密度

11.1.1.1 重复性 *r*

同一操作者，在同一实验室，使用同一仪器，对同一试样进行测定所得的两个连续试验结果之差不应大于 0.051mm。

11.1.1.2 再现性 *R*

不同操作者，在不同实验室，使用不同的仪器，按照相同的方法，对同一试样分别进行测定得到的两个单一、独立的试验结果之差不应大于 0.207mm。

11.1.2 摩擦系数的精密度

11.1.2.1 重复性 r

同一操作者，在同一实验室，使用同一仪器，对同一试样进行测定所得的两个连续试验结果之差不应大于0.009。

11.1.2.2 再现性 R

不同操作者，在不同实验室，使用不同的仪器，按照相同的方法，对同一试样分别进行测定得到的两个单一、独立的试验结果之差不应大于0.0234。

11.2 偏差

由于本标准的摩擦系数和磨斑直径（*WSD*）是按照本试验方法来定义的，所以本标准对润滑脂的摩擦和磨损特性评价的偏差无法确定。

附　录　A
（资料性附录）
完整的抗微动磨损特性结果摘要

A.1　润滑脂在微动摩擦条件下抗磨损摩擦学特性结果摘要（重复性试验）见表A.1。

表A.1　润滑脂样品在微动摩擦条件下抗磨损摩擦学特性结果摘要

润滑脂	没有发生咬死的最大试验负荷/N（最大几何接触压力 P_{max}/MPa）（温度50℃，频率50Hz，试验方法SH/T 0784）		磨损率/（$10^{-9}mm^3$/（N·m））（温度50℃，载荷100N，冲程0.3mm，时间4h）			试验球磨斑直径/mm	摩擦系数
润滑脂样品	1mm	2mm		试验球	试验盘		
	2000N（5907MPa）	2000N（5907MPa）	第一次	4.4	0.8	0.38/0.39	0.077
			第二次	4.9	0.8	0.39/0.40	0.078

A.2　其他结果摘要见图A.1～图A.3，用SH/T 0784测得的润滑脂样品的摩擦曲线和极压数据对于本标准的使用是很有参考价值的。

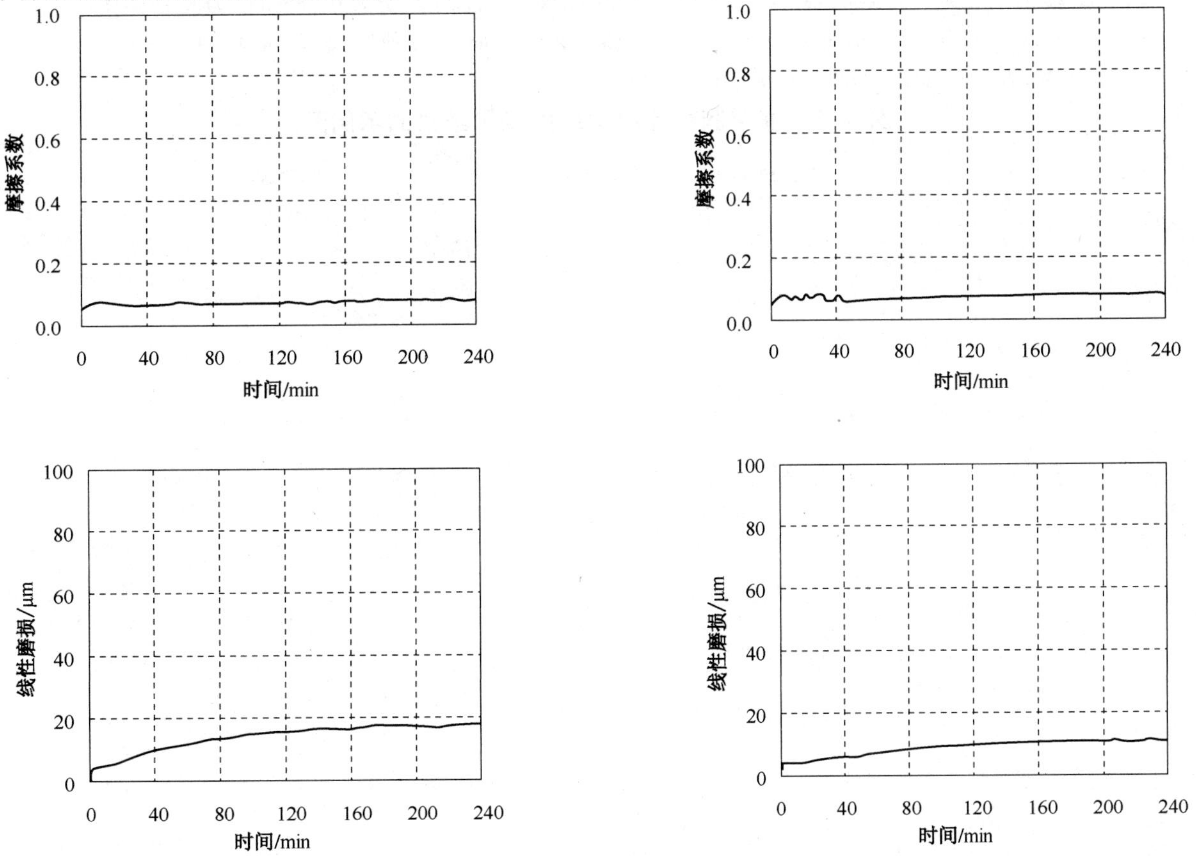

注1： 上方两图为摩擦系数对时间作图，下方两图为线性磨损对时间作图，试验条件为 $F_N=100N$；$T=50℃$；$\nu=50Hz$；$\Delta x=300\mu m$；$t\leqslant 8h$。

注2： 线性磨损率减小是有利现象。

图A.1　润滑脂样品摩擦系数与线性磨损随时间变化曲线的示例图

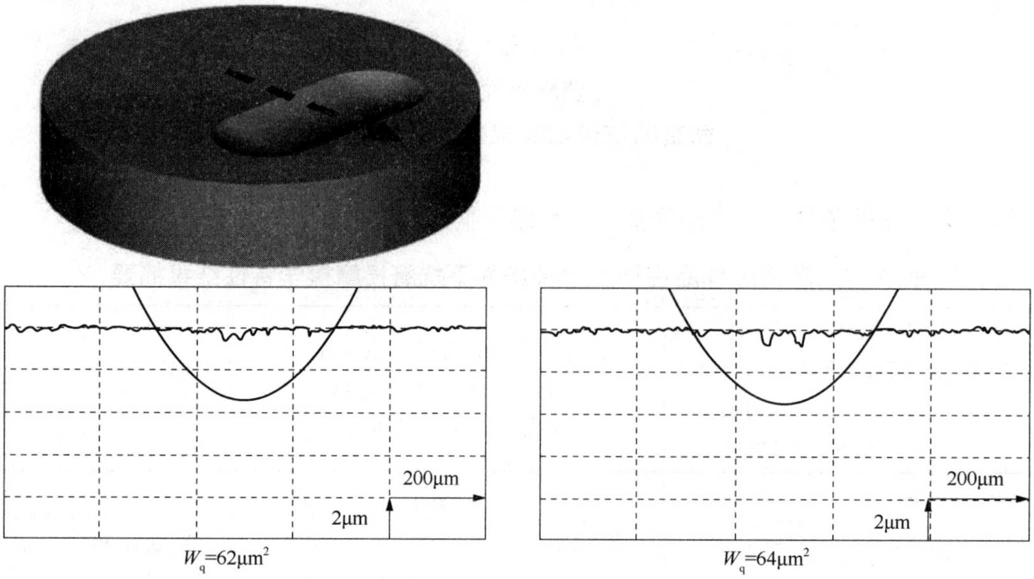

注 1：上图为轮廓测定仪垂直探针以滑动方向穿过试验盘磨痕中央的轨迹示意图；下方两图为磨损曲线，其中抛物线是未经磨损和未经加载的球的形状，平面的磨损以 μm^2 为单位。

注 2：摩擦学量（根据 ASTM D7755 计算）：样品 1 磨斑直径平均值为 0.385mm；球的磨损体积：191×10^{-6} mm^3；盘的磨损体积：16.5 $\times10^{-6}$ mm^3；球的磨损率：4.4 $\times10^{-9}$ mm^3/（N·m）；盘的磨损率：0.8 $\times10^{-9}$ mm^3/（N·m）。

图 A.2　润滑脂样品磨损轮廓测量结果的示例图

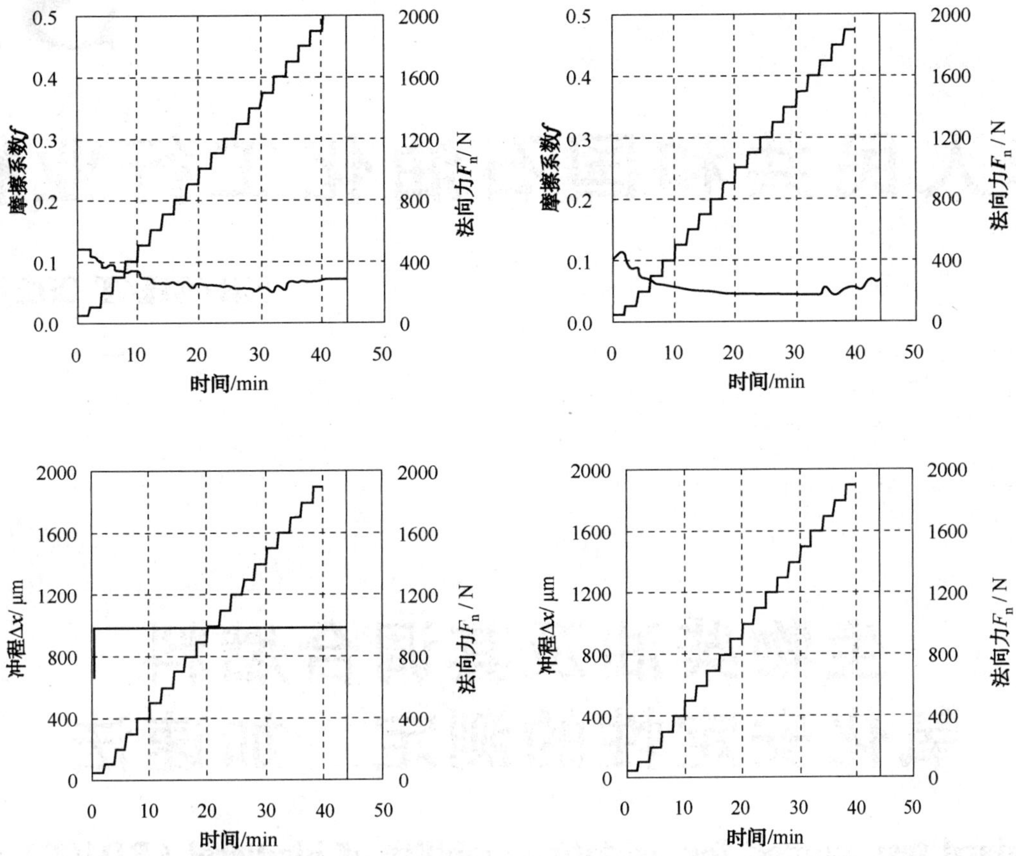

注：按照试验方法 SH/T 0784，试验温度为 50℃，左方两图冲程为 1mm，没有发生咬死的最大负荷（通过/*OK* 负荷值）为 2000N（最大几何接触压力 P_{max} 为 5907 MPa）；右方两图冲程为 2mm，没有发生咬死的最大负荷（通过/*OK* 负荷值）为 2000N（最大几何接触压力 P_{max} 为 5907 MPa）。

图 A.3 润滑脂样品的极压曲线示例图

ICS 75.160.20
E 31

SH

中华人民共和国石油化工行业标准

NB/SH/T 0921—2016

生物柴油及其调合燃料氧化安定性的测定　加速法

Standard test method for oxidation stability of biodiesel (BD100) and blends of biodiesel with middle distillate petroleum fuel (accelerated method)

2016-12-05 发布　　2017-05-01 实施

国家能源局　发布

前　言

本标准按照 GB/T 1. 1—2009 给出的规则起草。

本标准使用重新起草法修改采用美国材料与试验协会标准 ASTM D 7462-11《生物柴油及其与中间馏分油调合燃料氧化安定性的测定（加速法）》。

本标准与 ASTM D 7462-11 的主要技术差异如下：

——本标准引用标准采用我国相应的国家标准及行业标准，以方便使用；

——7. 1 条通氧管长度由 750mm 修改为 825mm；

——增加 7. 10 条对分析天平的要求，要求感量 0. 1mg；

——增加 10. 4 条滤膜的准备；

——增加 11. 4. 1 条空白试验说明；

——增加 12. 1 条和 12. 2 条对系数 3. 5 的说明；

——增加 A. 2. 1 条空白试验说明。

本标准由中国石油化工集团公司提出。

本标准由全国石油产品和润滑剂标准化技术委员会石油燃料和润滑剂分技术委员会（SAC/TC280/SC1）归口。

本标准起草单位：中国石油化工股份有限公司石油化工科学研究院、中石化炼化工程（集团）股份有限公司技术研发中心。

本标准主要起草人：刘金胜、蔺建民、洪丽雁、张永光、李利峰。

生物柴油及其调合燃料氧化安定性的测定　加速法

警告：本标准涉及某些有危险性的材料、操作和设备，但是无意对与此有关的所有安全问题都提出建议。因此，用户在使用本标准之前应建立适当的安全和防护措施，并确定相关规章限制的适用性。

1　范围

本标准规定了采用加速氧化法（95℃氧化条件）测定生物柴油及其调合燃料氧化安定性能的方法。

本标准适用于测定生物柴油及其调合燃料的氧化安定性。

注1：本标准通过测定不溶性降解产物的生成量来评价其氧化安定性。生物柴油 BD100 的主要成分是烷基酯类，其对氧化过程中产生的某些降解产物具有很好的溶解性。因此生物柴油虽然经历非常明显的降解过程，但只有极少的或者没有明显的沉积物生成。相反，许多石油基的柴油燃料对生物柴油氧化过程中产生的一些降解产物表现出相对较差的溶解性。所以，生物柴油调合燃料（如 B20），表现更高的沉积物生成量。附录 A 提供了一个异辛烷稀释方法，用于评价 BD100 氧化后产生的可溶于 BD100 但不溶于异辛烷的降解产物含量。

注2：由于 SH/T 0175 中的纤维素酯滤膜不适于测定含有生物柴油的调合燃料，因此在测定可能含有生物柴油的燃料时，可选择本方法进行测定。

2　规范性引用文件

下列文件对于本文件的应用是必不可少的。凡是注日期的引用文件，仅注日期的版本适用于本文件。凡是不注日期的引用文件，其最新版本（包括所有的修改单）适用于本文件。

GB/T 4756　石油液体手工取样法

GB/T 6682—2008　分析实验室用水规格和试验方法

GB/T 8019　燃料胶质含量的测定 喷射蒸发法

GB/T 12581　加抑制剂矿物油氧化特性测定法

GB/T 27867　石油液体管线自动取样法

SH/T 0175　馏分燃料油氧化安定性测定法（加速法）

SH/T 0690　馏分燃料油在 43℃贮存安定性测定法

3　术语和定义

下列术语和定义适用于本文件。

3.1

黏附性不溶物 adherent insolubles

在本标准试验条件下，试样在氧化过程中产生并在试样从氧化管中放出后黏附在管壁上的不溶于异辛烷的物质。

[SH/T 0175 第 3.1 条定义]

3.2

可滤出不溶物 filterable insolubles

在本标准试验条件下，试样在氧化过程中产生并通过过滤从试样中能分离出去的物质，它包括两个部分，一部分是氧化后在试样中悬浮的物质，另一部分是在管壁上易于用异辛烷冲洗下来的物质。

[SH/T 0175 第 3.2 条定义]

3.3

总不溶物 total insolubles

黏附性不溶物和可滤出不溶物之和。

[SH/T 0175 第 3.4 条定义]

3.4

零时间 zero time

一组氧化管中第一个放入加热浴中的时间。

注：零时间可作为氧化管放入加热浴中氧化 16 h 开始的时间。

[SH/T 0175 第 3.5 条定义]

4 方法概要

将已过滤的 350 mL 试样装入氧化管中，通入氧气，速率为 3 L/h，在 95℃下氧化 16 h，然后将氧化后的试样冷却至室温，过滤，得到可滤出不溶物。然后用异辛烷清洗氧化管内部，将清洗液过滤，视为可滤出不溶物。用三合剂把黏附性不溶物从氧化管壁和通氧管壁上洗下来，把三合剂蒸发除去，得到黏附性不溶物。可滤出不溶物的量和黏附性不溶物的量之和为总不溶物的量，以 mg/100 mL 表示。

5 方法应用

5.1 本标准提供了一种生物柴油及其调合燃料氧化安定性的评价方法。

5.2 本标准不能够预测燃料在油罐储存一定时间后生成总不溶物的量。油罐储存生成总不溶物的量受一些特殊条件的影响，与本标准的试验条件差异太大以致不能准确预测。

5.3 本标准和 SH/T 0690 方法相比，测定速度快。但是，由于本标准是在较大程度提高温度和纯氧的氛围中进行试验，所以测定的不溶物的数量和性质与 SH/T 0690 相比，与实际储存的偏离程度更大。

6 干扰因素

6.1 氧化是导致生成黏附性不溶物和可滤出不溶物的主要化学过程。如铜和铬这些物质能够催化氧化反应，结果使生成黏附性不溶物和可滤出不溶物中的一种或两种的数量增加。由于本标准使用的仪器也可用于 GB/T 12581 标准，该标准使用了铜和钢的线圈作为催化剂。如果本标准和 GB/T 12581 共用一组氧化管，在使用前要彻底清洗掉这些金属残渣。同时，为了避免铬离子的存在对测定产生影响，以及对实验人员的潜在伤害，不要用铬酸洗液清洗玻璃仪器和氧化管。

6.2 试样暴露于紫外光下，会造成总不溶物的量增加，因此，试验用的样品必须避紫外光（阳光或荧光）。试样取样、测量、过滤和称量的全部操作过程应避免阳光直射。试样通氧前的保存、通氧操作、通氧后的降温应在暗处进行。

7 仪器

7.1 氧化管单元：由氧化管、冷凝器和通氧管组成，硼硅玻璃材质，尺寸如图 1 所示。本标准中所用的氧化管单元和 SH/T 0175 中所用的氧化管单元相同。

7.2 加热浴：装有液体加热介质，温度控制在 95℃ ± 1℃。放入浴中的氧化管底部能浸入加热介质液面下约 350mm。加热浴的结构应能使试样氧化时避光。

7.3 浮子流量计：可测量 3 L/h±0.3 L/h，每个氧化管连接一个流量计。

7.4 滤膜干燥箱：用于干燥可滤出不溶物，控温在 90℃±2℃。

7.5 玻璃仪器干燥箱：用于干燥玻璃仪器，控温在 105℃±5℃。

7.6 过滤仪器：如图 2 所示，应能固定滤膜（7.7）。

7.7 滤膜：玻璃纤维膜片，直径 47 mm，公称孔径 0.7 μm。

7.8 蒸发容器：硼硅玻璃烧杯，容积在 100 mL~200 mL。

7.9 电热板：温度可达 135℃，用于加热蒸发容器（7.8）中的溶剂。

7.10 分析天平：感量 0.1 mg。

单位为毫米

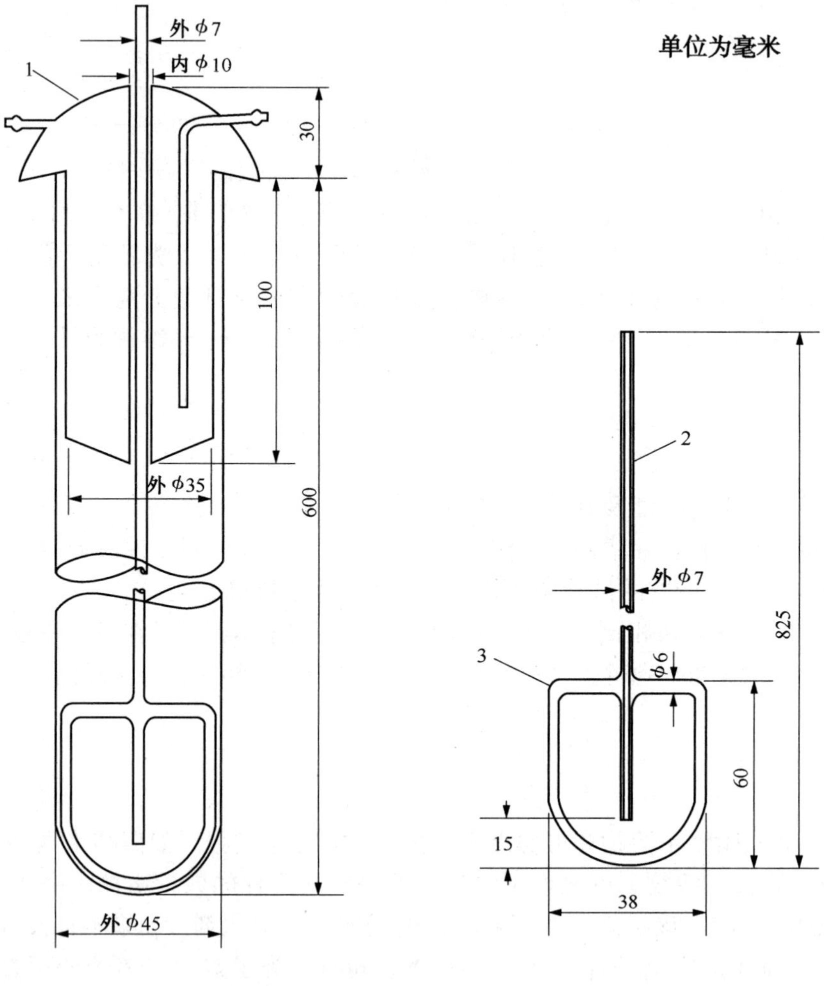

1——玻璃冷凝器；
2——通氧管（硬质玻璃管）；
3——硬质玻璃棒。

图 1 氧化管单元示意图

8 试剂与材料

8.1 试剂纯度：所用试剂应使用分析纯或更高纯度的试剂，以确保测定结果的准确性。

8.2 水的纯度：除非另有说明，水的纯度应符合标准 GB/T 6682—2008 规格中三级水的要求。

8.3 异辛烷：纯度不低于 99.75%。使用前用一张滤膜（7.7）预先过滤。

8.4 氧气：纯度不低于99.5%。如果氧气是通过工厂的总管线供给时，在恒温浴前应当安装过滤器，防止管线内的水气和杂物带入氧化管内，并且装有稳压阀以保证通入氧化管内的氧气流量稳定；满足纯度要求并带有两段稳压装置的瓶装氧气也可以使用。

8.5 三合剂：等体积丙酮、甲醇和甲苯的混合液。若用普通商品级的丙酮配制三合剂溶液，其所含杂质会引起粘附性不溶物的量明显增加，配制三合剂必须使用分析纯或更高纯度的试剂。

警告：三合剂易着火、有毒。

9 取样和样品准备

9.1 取样应按照GB/T 4756、GB/T 27867或者其他等效方法进行，以获取有代表性样品。

9.2 收到样品后应尽快分析。当试验在一天之内不能进行时，应采用惰性气体如：不含氧的氮气、氩气或氦气覆盖保护，样品储存温度在5℃～10℃。

9.3 试验样品：每次试验用样品的量约为400 mL，如果样品储存在较大的油罐、鼓形桶，油桶或者较大的听里时，采用GB/T 4756规定的对应程序进行取样。对于少量的试验样品，采用振荡、摇晃或其他方式把样品充分混匀，然后用倾倒、管吸或其他方法把样品分成若干份试验样品。应先用三合剂洗涤取样用的管子、取样器、移液管、烧杯以及所有与试验样品接触的器具，再用少量样品淋洗。由于样品储存时的温度可能很低，放置至室温或加热到浊点以上，然后再进行混匀和分装。

10 仪器的准备

10.1 玻璃仪器（除氧化管外）的准备

用三合剂淋洗所有的玻璃仪器，然后用水、弱碱性或中性实验室清洗剂清洗，再用蒸馏水洗涤三次，最后烘干玻璃仪器或者用丙酮冲洗然后自然晾干。

10.2 氧化管及其附件的准备

用含有清洗剂的水装满氧化管，装上通氧管及冷凝器，浸泡至少2 h。刷洗，倒出洗液，用自来水冲洗五次，然后用蒸馏水或符合GB/T 6682—2008中三级水要求的水冲洗三次。再用丙酮洗，除去水，烘干后待用。

10.3 蒸发容器的准备

在105℃±5℃烘箱中干燥已清洗干净的烧杯（包括空白试验烧杯）1 h，取出后放入无干燥剂的干燥器内，防止各种空气尘埃或者其他物质的污染，冷却1 h，称量各烧杯质量，精确至0.1 mg。

10.4 滤膜的准备

将试验用的滤膜放在90℃±2℃烘箱中干燥30 min，冷却30 min，称重，精确至0.1 mg。

11 试验步骤

11.1 试样准备

在滤膜托板上放一张滤膜（7.7），如图2所示，用夹子把滤膜、漏斗、滤膜托板固定。连接抽真空系统（真空度约80 kPa），过滤约400 mL试样，接收在干净的500 mL抽滤瓶内，弃去滤膜。每个试样都应按照上述步骤准备。再次过滤试样时，不要使用上次用过的滤膜，否则，滤膜上滤出的沉渣可能被后加的试样带走，影响试验结果。

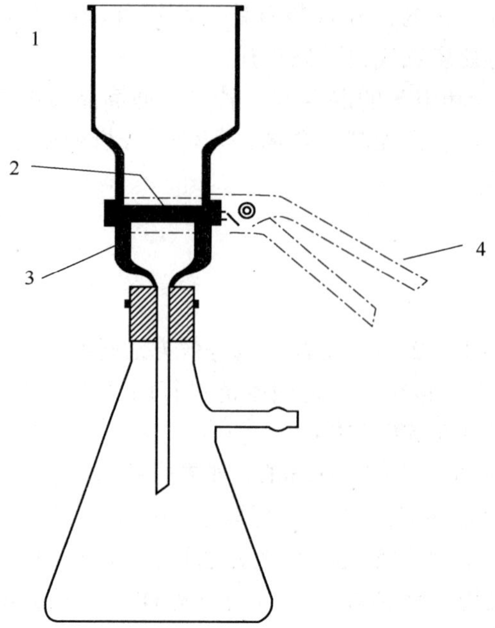

1——漏斗上部；
2——滤膜托板；
3——漏斗下部；
4——夹子。

图 2　过滤仪器示意图

11.2　试样氧化

11.2.1　将 350 mL±5 mL 已过滤的试样装入干净的氧化管内。在尽量短的时间内（不应超过 1 h）将此氧化管放入已恒温至 95℃±1℃的加热浴中，氧化管内试样的液面应低于加热介质的液面。暂时存放时，应避光。

11.2.2　氧化管放入加热浴中后，依次装好通氧管和冷凝器，接通冷凝水和氧气，调节氧气流量为 3 L/h±0.3 L/h。确保试样避光。如果测试氧化管的数量少于加热浴中可以容纳的量，应该在空位上放置一个装有与测试样品理化性质相近的液体石油产品的氧化管。

11.2.3　记录第一个氧化管放入加热浴中的时间（零时间）。

11.3　试样冷却

11.3.1　16 h±0.25 h 后，按照放入加热浴中的顺序从加热浴中取出各氧化管，用一片和氧化管口同样大小的铝箔或塑料片盖住管口，防止污物、灰尘和水分进入氧化管内。记录第一个氧化管取出的时间。

11.3.2　将氧化管放入室温下、通风的暗处冷却至接近室温。放置时间不应超过 4 h。

11.4　测定可滤出不溶物

11.4.1　对于每一个试样，使用预先称重的单张玻璃纤维滤膜进行过滤。测定单个试样或者一组试样时，需要用一张玻璃纤维滤膜作为湿度及操作的空白，空白试验不含试样，其余步骤与下述试样测定步骤相同。

注：在 SH/T 0175 方法中，叠放两张滤膜的操作在测定生物柴油时会引入误差。

11.4.2　把一张预先称重的滤膜放在过滤器滤膜托板上，按图 2 安装过滤仪器，抽真空（真空度约 80

kPa)，倾倒并过滤冷却至室温的试样。

注：如果在过滤过程中，滤膜发生了严重的堵塞导致试样无法在 25 min 内完成过滤，应另外用一张预先称重的滤膜将剩余的试样过滤完毕。

11.4.3 油样过滤结束后，如果需要，可以将过滤后的油样从抽滤瓶中倒出，以备他用。再将过滤装置组装好以备后续的冲洗工作。

11.4.4 用异辛烷冲洗氧化管和通氧管三次，每次用量 50 mL±5 mL。彻底清洗氧化管非常重要，确保玻璃表面无生物柴油残留。所有冲洗液均通过过滤仪器抽滤。

11.4.5 清洗完氧化管后，用 50 mL±5 mL 的异辛烷冲洗过滤仪器漏斗壁。最好采用直的细流，以保证可以将各种物质吹洗到过滤板的中央。

11.4.6 过滤完成后，卸下过滤仪器漏斗上部，再用 50 mL±5 mL 异辛烷清洗滤膜的边缘和相邻的部件。确保之前压在过滤漏斗下面的滤膜得到彻底清洗，以除去燃油的残留。彻底清洗滤膜极为重要，确保滤膜上无生物柴油残留。停止抽真空系统，拆下过滤系统。弃去滤液。

11.4.7 将滤膜在 90℃ 烘箱中干燥 30 min，冷却 30 min，称重，精确至 0.1 mg。

11.5 测定黏附性不溶物

11.5.1 用 75 mL±5 mL 的三合剂分三次洗下黏附在氧化管壁和通氧管壁上的不溶物。

11.5.2 检查氧化管壁和通氧管壁表面是否还有未洗下的不溶物或管壁带有颜色，如果还有未洗下的不溶物或管壁带有颜色，再用 25 mL 三合剂进行第四次冲洗。

11.5.3 蒸发三合剂：用下述两种方法中的任一种方法将三合剂蒸发除去。

11.5.3.1 将冲洗液收集在已称过质量的烧杯内，把烧杯放在 135℃ 的电热板上，在通风柜内加热蒸发三合剂。待三合剂蒸干后，将含有不溶物的烧杯放在无干燥剂的干燥器内，冷却 1 h，称量各烧杯质量，精确至 0.1 mg。

11.5.3.2 也可选用将冲洗液收集在 GB/T 8019 规定的一个或两个 100 mL 的烧杯内，用 GB/T 8019 喷射蒸发法在 160℃ 下蒸发三合剂。

11.5.4 蒸发和试验等体积的三合剂，作为黏附性不溶物的空白，校正三合剂中的杂质。

12 计算

12.1 试样氧化后可滤出不溶物的量 F（mg/100 mL）按式（1）计算：

$$F=\frac{(W_2-W_1)-(W_4-W_3)}{3.5} \quad \cdots\cdots (1)$$

式中：

W_1——过滤 350 mL 试样前滤膜的质量，单位为毫克（mg）；

W_2——过滤 350 mL 试样后滤膜的质量，单位为毫克（mg）；

W_3——空白试验过滤前滤膜的质量，单位为毫克（mg）；

W_4——空白试验过滤后滤膜的质量，单位为毫克（mg）；

3.5——由 350/100 得来，将 350 mL 试样换算为 100 mL 试样的系数。

12.2 试样氧化后粘附性不溶物的量 A（mg/100 mL）按式（2）计算：

$$A=\frac{(W_6-W_5)-(W_8-W_7)}{3.5} \quad \cdots\cdots (2)$$

式中：

W_5——试验前烧杯的质量，单位为毫克（mg）；

W_6——试验后烧杯与内容物的质量，单位为毫克（mg）；

W_7——空白试验烧杯的质量，单位为毫克（mg）；

W_8——空白试验烧杯与内容物的质量，单位为毫克（mg）；

3.5——由350/100得来，将350 mL试样换算为100 mL试验样品的系数。

12.3 试样氧化后总不溶物的量T（mg/100 mL）按式（3）计算：

$$T=F+A \tag{3}$$

式中：

T——总不溶物的量，单位为毫克每100毫升（mg/100 mL）；

F——可滤出不溶物的量，单位为毫克每100毫升（mg/100 mL）；

A——粘附性不溶物的量，单位为毫克每100毫升（mg/100 mL）。

13 报告

13.1 报告为试样的总不溶物T，以mg/100 mL为单位。报告结果保留至小数点后第一位。

13.2 也可选择报告试样可滤出不溶物F（mg/100 mL）和黏附性不溶物A（mg/100 mL）。

14 精密度与偏差

14.1 精密度：实验室间的精密度试验还没有进行。但是，从两个实验室得到的数据表明，该方法在测定生物柴油及其调合燃料的氧化安定性时，其精密度与SH/T 0175方法的精密度相近。

14.2 偏差：由于本标准没有合适的标准样品，有关偏差未给出。

附　录　A
(资料性附录)
生物柴油异辛烷不溶物的选择性测定方法

A.1　引言

本选择性附加测定方法是对纯生物柴油氧化后与非极性溶剂异辛烷混合后可能产生的不溶物的测定。本方法仅限于纯生物柴油，不包括生物柴油与柴油的调合燃料。

A.2　步骤

A.2.1　按照10.4条相同的滤膜准备步骤，烘干并称重两张玻璃纤维滤膜，分别用于试样测定和空白试验，空白试验不含试样，其余步骤与下述试样测定步骤相同。
A.2.2　用合适大小的烧杯将100 mL氧化试样与400 mL的过滤后的异辛烷混合，震荡10 s，使试样与溶剂充分混合。将混合液静置10 min～15 min。
A.2.3　将A.2.1中准备的滤膜装入过滤仪器中。
A.2.4　打开抽真空系统，将混合溶液倒入过滤仪器中，并将全部混合溶液过滤完毕。
A.2.5　用足量的经过滤的异辛烷冲刷烧杯及过滤漏斗，去除可见的生物柴油残留。该步骤可能需要几百毫升的溶剂，但是至少要用三份25 mL的溶剂进行冲洗。用装有异辛烷的洗瓶冲洗过滤漏斗的内壁。将所有的冲洗液进行过滤。
A.2.6　取下过滤漏斗，小心将漏斗底部的残留物冲洗到滤膜上，并小心清洗掉滤膜上可能残留的生物柴油。
A.2.7　关闭真空系统，取下试样过滤滤膜。
A.2.8　按照11章的相关步骤，将试样过滤滤膜和空白滤膜一同放入烘箱中，然后冷却、称重。

A.3　计算

A.3.1　按式（A.1）计算异辛烷不溶物的含量（I），以mg/100 mL为单位。

$$I=(W_{10}-W_9)-(W_{12}-W_{11}) \qquad \text{(A.1)}$$

式中：

W_9——100 mL试样过滤前滤膜的质量，单位为毫克（mg）；
W_{10}——100 mL试样过滤后滤膜的质量，单位为毫克（mg）；
W_{11}——空白试验过滤前滤膜的质量，单位为毫克（mg）；
W_{12}——空白试验过滤后滤膜的质量，单位为毫克（mg）。

A.4　报告

A.4.1　报告试样的异辛烷不溶物含量，以mg/100 mL为单位。

编者注：本标准中引用标准的标准号和标准名称变动如下。

原标准号	现标准号	现 标 准 名 称
SH/T 0690	NB/SH/T 0690	中间馏分燃料油在43℃贮存安定性测定法

ICS 75.100
E 34

SH

中华人民共和国石油化工行业标准

NB/SH/T 0922—2016

润滑油抗微点蚀性能的测定　FZG 法

Standard test method for evaluating the micro-pitting capacity of lubricating oils (FZG method)

2016-12-05 发布　　2017-05-01 实施

国家能源局　发布

目　　次

前　言

本标准按照 GB/T 1.1—2009 给出的规则进行起草的。

本标准使用重新起草法修改采用德国传动技术研究协会标准 FVA 54 Ⅰ－Ⅵ《齿轮油抗微点蚀研究方法》。

为了适合我国国情，本标准在采用 FVA 54 Ⅰ－Ⅵ时进行了部分修改。本标准与 FVA 54 Ⅰ－Ⅵ的结构差异见附录 A。本标准与 FVA 54 Ⅰ－Ⅵ的主要技术差异如下：

——部分引用标准采用我国相应的国家标准和石化行业标准；

——增加了“2 规范性引用文件”，使标准符合国内的编写规则；

——增加了“3 术语和定义”，使标准符合国内的编写规则；

——增加了“6.2 润滑油喷射系统”，使试验系统更加完善；

——增加了“6.3 计时器”，使试验系统更加完善；

——增加了“6.4 加热板”，使试验系统更加完善；

——增加了“7.1 清洗溶剂”，使试验操作更加规范；

——增加了“8 试验准备”，使试验操作更加规范；

——增加了“附录 A”，使标准符合国内的编写规则；

——增加了“附录 B”，使试验操作更加规范；

——删去了 FVA 54 Ⅰ～Ⅵ中“8 参考”。

本标准由中国石油化工集团公司提出。

本标准由全国石油产品和润滑剂标准化技术委员会石油燃料和润滑剂分技术委员会（SAC/TC280/SC1）归口。

本标准起草单位：中国石油化工股份有限公司石油化工科学研究院、中国石油兰州润滑油研发中心、中国石化润滑油有限公司。

本标准的主要起草人：苗启乐、闫浔、张宽德、宋朝新。

润滑油抗微点蚀性能的测定　FZG 法

警告：本标准的应用可能涉及某些有危险性的材料、操作和设备，但并未对与此有关的所有安全问题都提出建议。用户在使用本标准之前，应建立适当的安全和防护措施，并确定相关措施的适用性。

1　范围

本标准规定了评价润滑油抗微点蚀性能的试验方法。

本标准适用于评价润滑油及添加剂的抗微点蚀性能。

2　规范性引用文件

下列文件对于本文件的应用是必不可少的。凡是注日期的引用文件，仅所注日期的版本适用于本文件。凡是不注日期的引用文件，其最新版本（包括所有的修改单）适用于本文件。

GB 1922—2006　油漆及清洗用溶剂油

GB/T 17754—2012　摩擦学术语

NB/SH/T 0306　润滑油承载能力的评定 FZG 目测法

DIN 3962　圆柱齿轮啮合公差（Tolerances for Cylindrical Gear Teeth）

DIN 17210　渗碳钢（Case hardening steels）

3　术语和定义、缩略语

下列术语和定义、缩略语适用于本文件。

3.1　术语和定义

3.1.1

磨损　wear

由于摩擦造成表面的变形、损伤或表层材料逐渐流失的现象和过程。

[GB/T 17754—2012，定义 2.3]

3.1.2

点蚀　pitting

因表面疲劳作用导致材料流失，在摩擦表面留下小而浅的锥形凹坑的损伤形式。

[GB/T 17754—2012，定义 5.43]

3.1.3

微点蚀　micro-pitting

由于循环接触应力和塑性流动而造成少量材料流失，在表面留下的微小裂纹和/或凹坑的磨损形式，受损表面呈灰色。微点蚀对齿面的破坏程度要比点蚀小。

3.1.4

胶合　scuffing

相对运动的摩擦表面之间由于闪温过高使许多小接触点出现焊接并在相对滑动中被撕裂的磨损称为粘焊，胶合是粘焊这类磨损中更为严重的一种形式。

[GB/T 17754—2012，定义 5.35 和定义 5.36]

3.2 缩略语

3.2.1 GF 微点蚀（德文缩写）

3.2.2 *GFA* 微点蚀面积百分比

3.2.3 GFT 抗微点蚀能力

3.2.4 SKS 失效载荷级别

4 方法概要

微点蚀试验包括两部分试验，载荷试验和耐久试验。正式试验运行前，在 5 级载荷条件下，运行约 1h 磨合试验。磨合试验后，从 5 级载荷开始逐级运行载荷试验。8 级载荷试验后，如果齿轮不失效，运行耐久试验。载荷试验是在规定的试验条件（见表 1）下，利用齿轮-润滑油摩擦系统，评价试验油及添加剂的抗微点蚀能力，试验结果用失效载荷级别表示。耐久性试验是在规定试验条件（见表 1）下较长时间运行试验，评价试验油及添加剂的抗微点蚀能力，也用失效载荷级别表示。

表 1 微点蚀标准试验条件

小齿轮转速 n_1/（r/min）	约 2250
节圆速度/（m/s）	0.00383 · n_1[a]
驱动齿轮	小齿轮
试验油	试验油以约 2 L/min 的流速喷射到齿轮啮合处，每次试验用油 25 L（不包括冲洗用油）；
过滤装置	使用 10 μm 纸质滤芯
进口温度/℃	90±2[b]
磨合时间	约 1 h，小齿轮运行 1.3×10^5 r[c]
每级载荷试验时间	约 16 h，小齿轮运行 2.1×10^6 r[d]
每级耐久试验时间	约 80 h，小齿轮运行 1.05×10^7 r[e]

[a]标准试验中节圆速度约 8.3 m/s；高速试验中 n_1 = 4500 r/min，节圆速度约 16.6 m/s。

[b]进口温度可选择 40℃或 60℃或其他温度，取决于润滑油的使用条件。

[c] n_1 = 4500 r/min，小齿轮 1 h 运行 2.6×10^5 r。

[d] n_1 = 4500 r/min，小齿轮 16 h 运行 4.2×10^6 r。

[e] n_1 = 4500 r/min，小齿轮 80 h 运行 2.1×10^7 r。

5 方法应用

方法规定的试验条件（试验转速、试验温度）适用于评价多种用途润滑油及添加剂的抗微点蚀能力。为区分不同试验结果间的差异，使用相同的试验程序。

6 试验设备

6.1 FZG 试验机

6.1.1 微点蚀试验用 FZG 试验机与 NB/SH/T 0306 规定的试验机基本相同，但需增加试验机结构强度和加装润滑油喷射系统。

6.1.2 FZG 齿轮试验机采用闭环能量施加原理，即正方形试验原理，给试验齿轮施加规定的扭矩（载荷）。图 1 和图 2 给出了 FZG 试验机的示意图。通过两个弹性轴把试验齿轮和驱动齿轮连接在一起。弹性轴 1 包含了一个加载离合器，通过在载荷力臂上悬挂砝码的方式给试验系统施加规定扭矩。

6.1.3 FZG 试验机由电动机驱动，电动机应有足够功率。

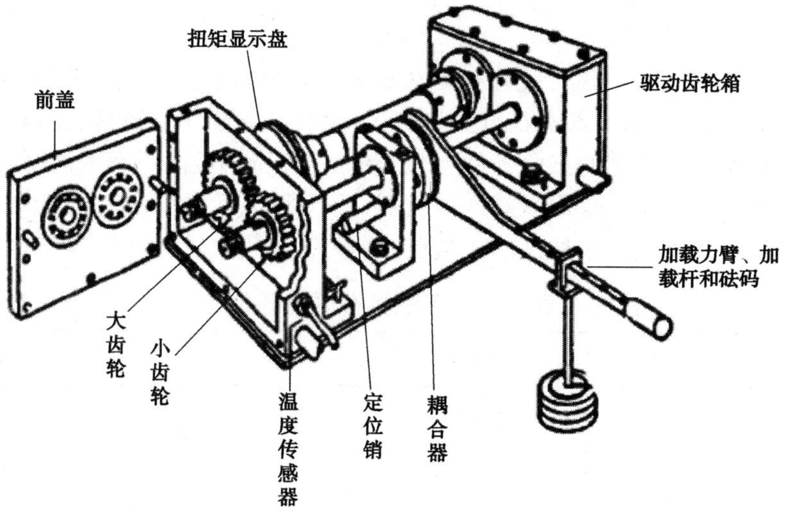

图 1 典型 FZG 试验机示意图

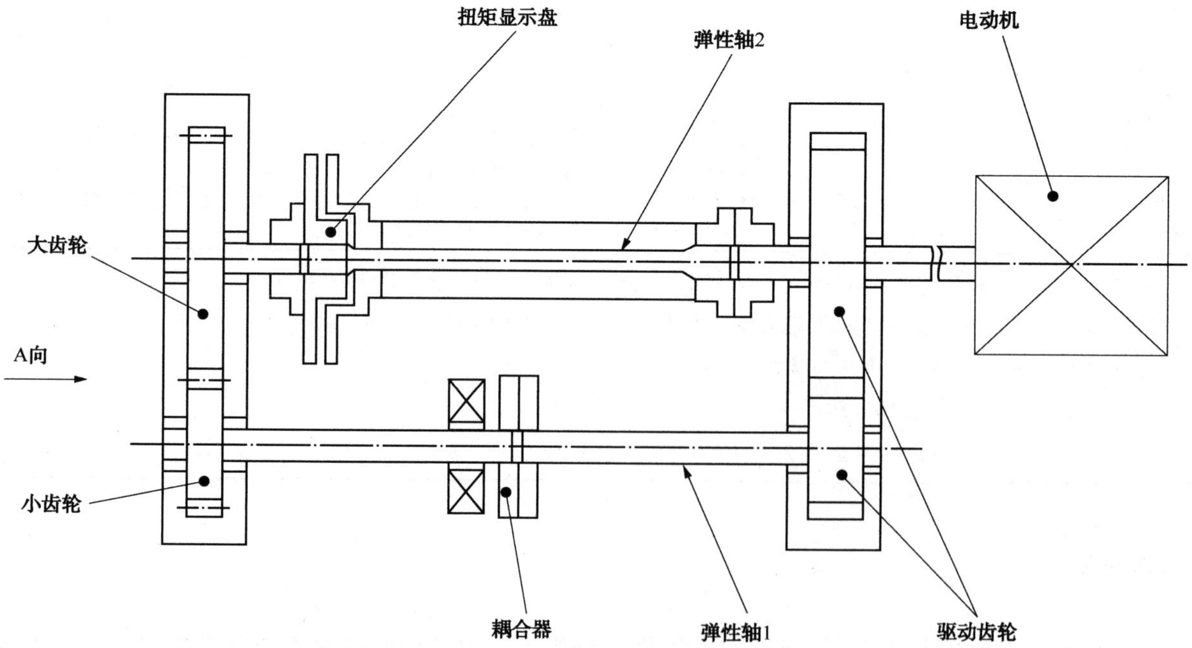

图 2 FZG 试验机结构示意图

6.2 润滑油喷射系统

润滑油喷射系统包括试验油箱（至少能储存25L试验油）、流量调节阀、热交换器、加热器、循环泵和压力表等。

6.3 计时器

使用合适的计时器，控制每一级试验时间。计时器能在每一级试验结束后自动切断电动机电源。

6.4 加热板

使用加热板或适当的加热工具将齿轮加热到60℃～80℃，便于把试验齿轮安装到轴上。

7 试剂和材料

7.1 清洗溶剂

清洗试验机使用符合GB 1922—2006中4号溶剂油或其他合适的清洗溶剂。

注：清洗溶剂属于易燃物品，挥发的气体有害。应远离热源、火花和明火（见附录B）。

7.2 试验齿轮

微点蚀试验使用“C-GF”型齿轮，其几何尺寸见表2，齿表面处理要求见表3。“C-GF”型齿轮与承载能力试验用“A”型齿轮设计存在差异，见附录C。不同齿轮表面粗糙度会直接影响到试验结果，见附录D。

表2 “C-GF”型试验齿轮几何尺寸

名称		标示	数值
中心距/mm		a	91.5
有效尺宽/mm		b	14.0
节圆直径/mm	小齿轮	d_{w1}	73.2
	大齿轮	d_{w2}	109.8
外圆直径/mm	小齿轮	d_{a1}	$82.43^{-0.087}$
	大齿轮	d_{a2}	$118.36^{-0.087}$
模数/mm		m	4.5
齿数	小齿轮	z_1	16
	大齿轮	Z_2	24
齿面修正系数	小齿轮	x_1	0.1817
	大齿轮	x_2	0.1715
标准压力角/（°）		a	20.0
啮合角/（°）		a_{wt}	22.44
螺旋角/（°）		β	0.0
齿面修正		齿顶和齿根均不倒角，不进行纵向凸面加工	

表 3 “C-GF”型试验齿轮表面处理要求

材质	16MnCr5，符合 DIN 17210 的要求
热处理	试验齿轮渗碳，齿根表面硬度为 750HV1。硬度为 550HV1，淬火深度：0.8 mm ~ 1.0mm（研磨后），中心强度 1000 N/mm^2 ~ 1250N/mm^2。接近表面区域显微镜下不应有可视残余奥氏体（<20%）。
齿轮质量等级	5 级，符合 DIN 3962 的要求，$f_f \leq 5\mu m$； 小齿轮三个齿的跨距为 $34.779^{-0.11}_{-0.135}$mm； 大齿轮三个齿的跨距为 $35.252^{-0.11}_{-0.135}$mm； 容许公差 R_w：0.01mm。
齿根表面粗糙度 Ra	渐开线方向为 0.5μm±0.1μm
研磨加工	马格（Maag）0°研磨

8 试验准备

8.1 试验齿轮

使用清洗溶剂彻底清洗试验齿轮，去除齿轮上的保护层，必要时使用软毛刷。自然风干或吹干清洗后的齿轮，检测（目测）齿面的损坏或腐蚀状况并分别对大、小试验齿轮称重。不能使用有任何损坏或腐蚀的齿轮运行试验。

8.2 试验齿轮箱

使用清洗溶剂彻底清洗试验齿轮箱和轴承，去除上次试验残留的试验油。该清洗步骤可在试验结束且放空试验油后、拆卸试验齿轮总成前进行。推荐清洗两次齿轮箱和轴承，以便彻底清洗掉上次试验残留油。放空清洗溶剂后，风干试验齿轮箱和轴承。

注：使用清洗溶剂清洗前，齿轮箱温度应降到 60℃以下。

8.3 驱动齿轮箱

放空驱动齿轮箱中的齿轮油，用清洗溶剂彻底清洗，可以使用软毛刷或其他合适工具清洗，放空清洗溶剂后风干，然后用试验油冲洗一次放空。

8.4 试验齿轮安装

用加热盘或其他合适的加热工具，加热齿轮、垫块和轴承至 60℃ ~ 80℃，按照图 3 所标示的位置将试验齿轮安装到轴上（顺图 2 中 A 方向站立，大齿轮安装在左边弹性轴上，小齿轮安装在右边弹性轴上）。将试验齿轮正确安装到各自轴上对获得正确试验结果非常重要。

注：不正确的安装可能导致齿面载荷分布不均匀，从而导致不稳定的或更低的失效载荷级别。

8.5 润滑油喷射系统

从润滑油喷射系统中取出试验油箱，用清洗溶剂彻底清洗，风干后将试验油箱安装回原位置，添加约 20L 试验油，并连接各种管线。

8.6 安装试验和驱动齿轮箱上盖

将带有喷头的试验齿轮箱和驱动齿轮箱上盖分别安装到各自的齿轮箱上，拧紧螺栓。

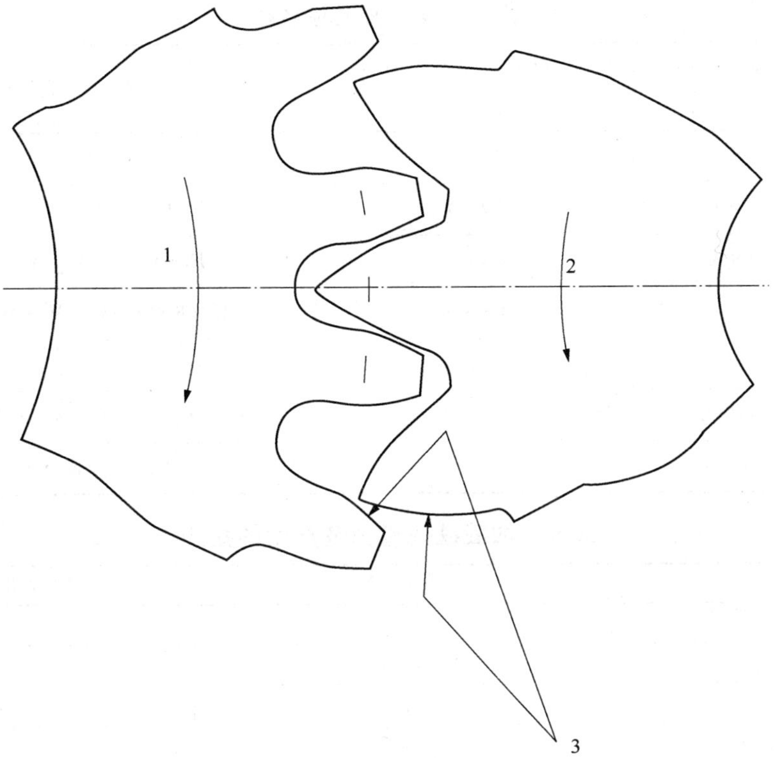

1——大齿轮；

2——小齿轮；

3——齿轮齿面。

图3　试验齿轮安装示意图

8.7　系统冲洗

将润滑油喷射系统阀设置在全开位置，打开循环泵，启动电动机（试验机空载）使用试验油冲洗约5min，关掉电动机和循环泵，放空所有残余试验油，然后再添加25L新试验油。

8.8　试验油流量调整

试验油加热到试验温度后，打开循环泵（不启动电动机），调整润滑油喷射系统上手阀，将每个喷头的流量（共两个）设定为2L/min，关掉循环泵。用干净的容器回收试验油并倒回试验油箱。

9　试验步骤

9.1　磨合

9.1.1　正确安装试验机后，用定位销锁住离合器，松开离合器上所有螺母，加磨合载荷（载荷见表4）。拧紧离合器上所有螺母（以星型或十字交叉型拧紧螺母，约100 Nm），取下所有外加载荷、力臂和定位销，盖上防护罩（加载过程参考NB/SH/T 0306，下同）。打开加热器和喷油泵，启动电动机（约1450 r/min），运转1 h后，关闭电动机。

注1： 磨合试验过程中，不控制试验油温度。

注2： 节圆速度为8.3 m/s时，电动机转速约1450 r/min。

表4　微点蚀试验载荷

载荷级别	小齿轮扭矩/（N·m）	节点赫兹接触压力/（N/mm^2）	加载载荷（见表5）	力臂长度/m
磨合	28.8	510.0	H_2+K	0.35
5级	70.0	795.1	$H_2+K+W_1+W_2$	0.35
6级	98.9	945.1	$H_2+K+W_1+W_2+W_3$	0.35
7级	132.5	1093.9	$H_2+K+W_1+W_2+W_3+W_4$	0.35
8级	171.6	1244.9	$H_2+K+W_1+W_2+W_3+W_4+W_5$	0.35
9级	215.6	1395.4	$H_2+K+W_1+W_2+W_3+W_4+W_5+W_6$	0.35
10级	265.1	1547.3	$H_2+K+W_1+W_2+W_3+W_4+W_5+W_6+W_7$	0.35

表5　加载砝码重力及产生的扭矩

砝码名称	重力/N	加载扭矩/（N·m）
加载力臂H2	—	13.7
砝码托盘K	43.1	15.1
砝码W1	51.0	17.9
砝码W2	66.7	23.3
砝码W3	82.4	28.8
砝码W4	96.1	33.6
砝码W5	111.8	39.1
砝码W6	125.5	43.9
砝码W7	141.4	49.5

9.2　载荷试验

9.2.1　插入定位销，松开离合器所有螺母。根据表4加载第5级载荷。拧紧离合器所有螺母（以星型或十字交叉型拧紧螺母，约100N·m），取下所有外加载荷，盖上防护罩。试验油达到试验温度（90℃）后，启动电动机，运转16 h后关闭电动机、润滑油喷射系统。试验过程中试验油温控制90℃±2℃。试验温度是影响试验结果的重要因素之一，见附录E。

9.2.2　放空试验齿轮箱中试验油后拆卸试验齿轮，用清洗溶剂清洗干净后风干，观察并测量齿轮微点蚀状况并称重。

9.2.3　如果试验齿轮未失效（评定标准见9.2.5和9.2.6），按照8.4条和8.6条重新安装试验齿轮箱，继续第6级~第10级试验，除了载荷外其他条件与上述相同。

9.2.4　运行试验直至试验失效。如果第10级载荷试验后未失效，不再运行其他载荷试验。

9.2.5　每级载荷试验（16h）后检查试验齿轮齿面。如果观察到齿面发生微点蚀，通过微点蚀（根据10.1条规定测量）测定齿廓偏差f_f。如果齿廓平均偏差f_{fm}大于7.5μm，终止试验，此载荷级别为试验失效的级别，报告失效载荷级别。

9.2.6　如果载荷试验中出现胶合，终止试验。在较低载荷可以追加运行耐久性试验。

9.3　耐久性试验

9.3.1　如果微点蚀试验过程中齿轮失效发生在载荷试验的第5级、第6级或第7级，终止试验，也可以在失效载荷级别较低时追加运行耐久性试验。

9.3.2 如果载荷试验的第8级、第9级或第10级失效，或者齿面没有损坏，按照表4加载第8级载荷运行一次耐久性试验（80 h），然后加载第10级载荷，运行耐久性试验。如果试验没有失效（评定标准见9.3.4和9.3.5），最多运行5次10级载荷耐久性试验。整个试验过程中，应有规律拆卸、测量试验齿轮，把所有齿面损坏状况记录在试验报告中。

9.3.3 试验齿轮箱拆卸、安装、加载、启动试验方法与载荷试验相同。

9.3.4 每80h检查试验齿轮齿面。如果观察到齿面发生微点蚀，并且齿廓平均偏差f_{fm}大于20μm（相当于DIN标准中的9级），终止试验。

9.3.5 如果耐久性试验中出现胶合和点蚀，终止试验。如果点蚀面积大于一个齿面的4%（相当于小齿轮齿面上4.6mm^2）时，可以认为达到了点蚀的限值。

9.3.6 试验结束后应松开离合器上螺母，否则会损坏试验机。

10 失效判定方法

10.1 本章主要规定了未达到点蚀限值的载荷试验和耐久性试验失效评定方法。如果由于技术原因无法使用EVOL法，建议同时使用微点蚀-等级法和GRAV/PLAN法。

10.2 用测量渐开线的方法来测定齿廓偏差（EVOL法）：

10.2.1 载荷试验每级试验后或者耐久性试验过程中的每次拆检时，使用渐开线测量工具测量节圆上平均分布的三个齿的齿廓外形。测定齿廓偏差f_f，将新齿轮的实际渐开线（相当于实际基准圆的渐开线）作为齿廓直径的参考线。

10.2.2 如果三个齿的齿廓平均偏差f_{fm}达到了限值（载荷试验7.5 μm，耐久性试验20 μm），此载荷级别作为失效载荷级别，终止试验。

10.2.3 使用带光源的显微镜检测齿面，确保齿面材料损失是由微点蚀（破坏表面呈暗淡和均匀的灰色，滑动速度垂直方向不出现任何损坏趋势或痕迹）造成的，而不是齿轮副齿顶接触造成的。

10.3 不使用渐开线测量工具来判定试验是否失效的方法：

10.3.1 试验小齿轮称重和面积评估：微点蚀-等级法：

10.3.1.1 操作者应有一定的经验，才能保证试验结果比较精确。使用可靠的失效标准，依据润滑油抗微点蚀能力来区分其所到达的等级，见表6。

10.3.1.2 称量小齿轮质量，确定失重，以mg计。每级载荷试验后拆检和每次耐久性试验拆检，均需称量小齿轮质量，用来确定其失重。

10.3.1.3 拆检时观测齿面，根据表6、表7和表8对抗微点蚀能力进行分组。

表6 使用不同抗微点蚀能力润滑油运行试验的齿轮的失效标准

微点蚀级别（GF-级别）	载荷试验中失效载荷级别（SKS）	耐久性试验中破坏程度
低抗微点蚀能力（GFT-低级）	SKS≤7级，微点蚀面积大，有时微点蚀面积百分比（*GFA*）>50%	加载10级[a]载荷运行1次80 h，微点蚀，f_{fm}明显大于20 μm
中抗微点蚀能力（GFT-中级）	SKS 8级~9级，*GFA*约30%。	加载10级载荷运行1次~2次80 h，微点蚀和/或点蚀，f_{fm}=10μm~20 μm
高抗微点蚀能力（GFT-高级）	SKS≥10级，微点蚀面积小或不产生，*GFA*<20%	加载10级载荷运行1次~5次80 h，点蚀，或微点蚀，f_{fm}<20 μm

注：f_{fm}值根据EVOL法测定。
微点蚀面积百分比是指微点蚀面积占整个齿面面积的百分数。

[a] 当润滑油属于低抗微点蚀能力时，根据第9章试验程序，耐久性试验可以省去。

表 7　评价抗微点蚀能力失效的方法（微点蚀-级别法）

加载级别/运行时间	5 级/16 h	6 级/16 h	7 级/16 h
抗微点蚀能力级别：GFT-低级 失效载荷级别 5 级，6 级，7 级	*GFA*>30% *W*=15 mg~18 mg  示例：*GFA*≈32%	*GFA*>35 % *W*=18 mg~23 mg 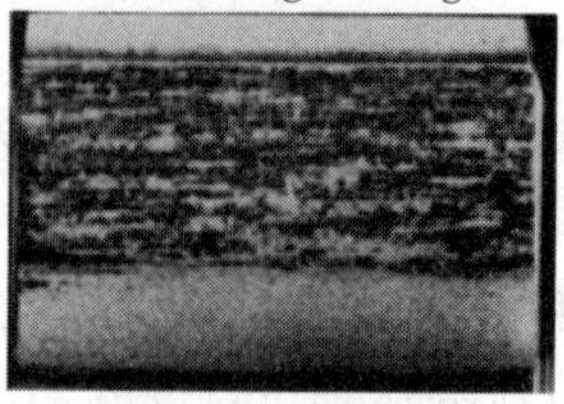 示例：*GFA*≈45%	*GFA*>40% *W*=21 mg~25 mg 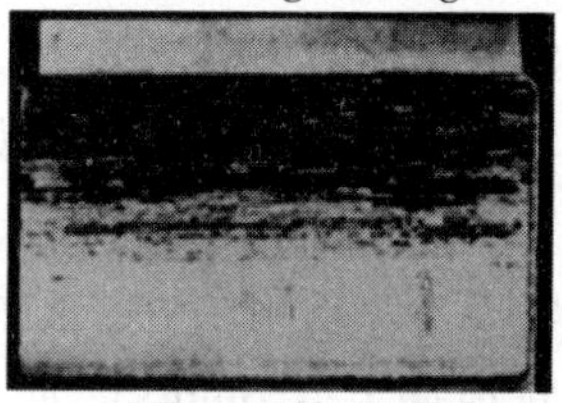 示例：*GFA*≈55%
抗微点蚀能力级别：GFT-中级 失效载荷级别 8 级，9 级	*GFA*=10%~30% *W*=10 mg~16 mg  示例：*GFA*≈20%	*GFA*=15%~35% *W*=13 mg~18 mg  示例：*GFA*≈25%	*GFA*=15%~40% *W*=17 mg~21 mg  示例：*GFA*≈30%~35%
微点蚀负载能力级别：GFT-高级 失效载荷级别≥10 级	*GFA*<10% 在微点蚀区域，磨痕清晰可见。	*GFA*<15%  也参考 5 级载荷	*GFA*<15% 示例：*GFA*≈5%  也参考 5 级载荷
抗微点蚀能力级别：GFT-低级 失效载荷级别 5 级，6 级，7 级	—	—	—
抗微点蚀能力级别：GFT-中级 失效载荷级别 8 级，9 级	*GFA*>15% *W*=18 mg~23 mg  示例：*GFA*≈20%	*GFA*>15% *W*=18 mg~23 mg 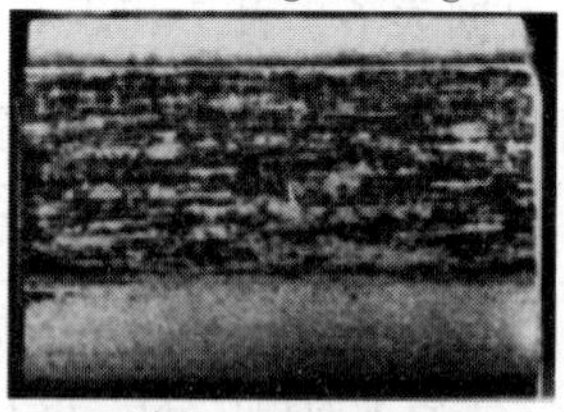 示例：*GFA*≈25%	—
抗微点蚀能力级别：GFT-高级 失效载荷级别≥10 级	*GFA*<15%  示例：*GFA*≈7%	*GFA*<15%  示例：*GFA*≈12%	*GFA*<20% 如果失效载荷级别>10 级，则 *W*<11 mg  示例：*GFA*≈18%

表 8　评价微点蚀耐久性试验失效的方法（微点蚀-级别法）

加载级别/运行时间	8 级/80 h 耐久性试验	10 级/80 h~400 h 耐久性试验	
抗微点蚀能力级别： GFT-低级 失效载荷级别 5 级，6 级，7 级	$GFA>40\%$ $W<95$ mg 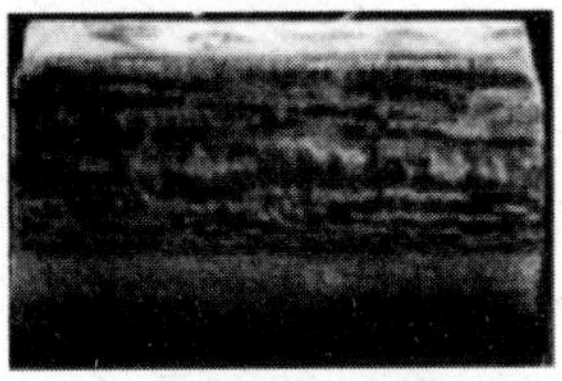 示例：$GF\approx 90\%$	$GFA>40\%$ $W\leqslant 110$ mg 微点蚀短时间试验也参考 8 级/80h 载荷试验	
抗微点蚀能力级别： GFT-中级 失效载荷级别 8 级，9 级	$GFA>20\%$ $W\leqslant 95$mg	$GFA>40\%$ $W\leqslant 110$mg 	运行 1 次~2 次 80h，由于微点蚀或点蚀失效 
抗微点蚀能力级别： GFT-高级 失效载荷级别≥10 级	$GFA<20\%$ 也参考 10 级/16 h 载荷试验	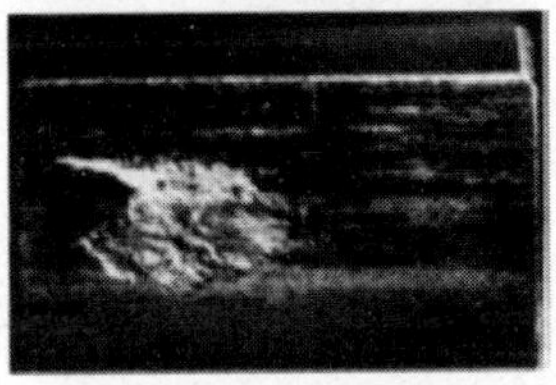	长时间运行可能由于点蚀失效（有时 5 次 80h 试验不失效）
注：有可能发生错误评价，尤其是在低载荷阶段。作为补充说明，表 7 给出了参考油试验中不同润滑油在不同载荷级别中的磨损范围。如果超出磨损范围上限，微型点蚀试验失效，如果没有达到点蚀限制，磨损范围才适用。如果出现争议，还可以辅助使用 GRAV/PLAN 法。			

10.3.2　称量小齿轮和测定微点蚀面积：GRAV/PLAN 法

10.4　GRAV/PLAN 法要求精确测定微型点蚀面积，例如使用显微镜和网格板，仅适用于没有达到点蚀限值的试验。

10.4.1.1　称量试验齿轮并确定其失重，单位 mg。载荷试验每级试验后或耐久性试中每次拆检，需称量小齿轮质量，用来确定其失重。

10.4.1.2　测定小齿轮每一个齿的微点蚀面积。载荷试验每级试验后或耐久性试中每次拆检，计算微点蚀面积算术平均值。

10.4.1.3　图 4 为载荷试验失效判定标准，图 5 为耐久性试验失效判定标准。如果测定值与坐标轴平行的两条直线的交叉点 P 位于图中斜线（失效限值线）的右侧，表明载荷试验或耐久性试验失效。

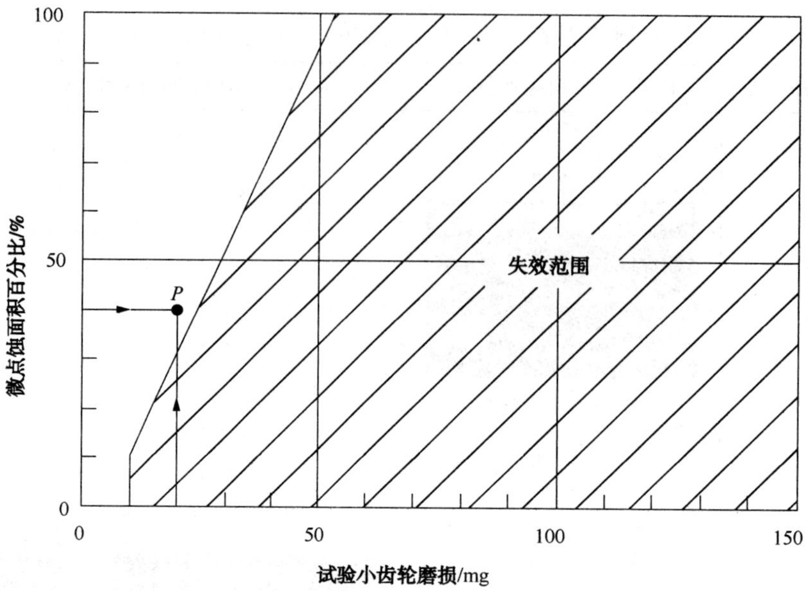

注：图中 P 点试验小齿轮磨损 W=20 mg，GFA=40%，试验没有失效。

图 4　GRAV/PLAN 法判定载荷试验失效标准

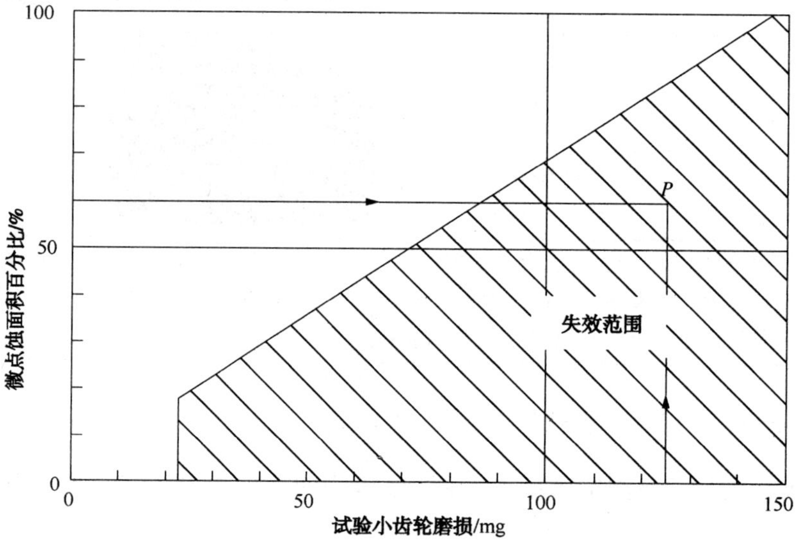

注：图中 P 点试验小齿轮磨损 W=125 mg，GFA=60%，试验失效。

图 5　GRAV/PLAN 法判定耐久性试验失效标准

11　结果报告

11.1　通过绘制微点蚀面积（有效齿面面积百分比），平均齿廓偏差 f_{fm}（测量见 10.2 条）和失重 W（单位 mg）和载荷级别的函数来描述试验小齿轮的损坏情况，参考附录 D 中图 D.1～图 D.3。如果由于胶合或点蚀导致试验结束，也应该记录在试验报告中。

11.2　试验报告也应包含相应的试验信息：

——试验油名称；

——齿轮类型；

——试验转速；

——试验油温；
——试验方法；
——试验前齿轮检查结果。

对于不同试验程序的标示方法，是根据所选择的试验条件使用试验齿轮类型、节圆速度和试验温度（进口）表示，与 FZG 承载能力相似标准试验用 GT-C/8.3/90 表示，其中，GT 是指微点蚀试验；C 表示试验齿轮类型为 C 型；8.3 表示小齿轮节圆速度为 8.3m/s；90 表示试验温度为 90℃。

12 准确度

12.1 使用相同齿面粗糙度齿轮的试验，EVOL 法测量再现性结果最大为 1 级。评价方法的准确度详述见表 9。

表 9 微点蚀试验确定失效的评价方法的准确度

方法		载荷试验准确度			耐久性试验准确度		
EVOL 法		较好	相同	较差	较好	相同	较差
		—	100%	—	—	100%	—
微点蚀-级别法	级别法	14%	77%	9%	—	—	—
	出现损坏	17%	68%	15%	3%	88%	9%
GRAV/PLAN 法	*	23%	51%	26%	9%	75%	16%
	**	38%	37%	25%	14%	60%	26%

注 1：* 结果源自于研究项目 54/Ⅰ，Ⅱ。
注 2：** 结果源自于研究项目 54/Ⅲ，Ⅳ。
注 3：表中 EVOL 法得到的失效载荷级别规定为 100%，较好是指比 EVOL 法得到的失效载荷级别高，反之则相反。

12.2 表 9 中结果均与 EVOL 法对比。如果由于技术原因不能使用 EVOL 法，推荐同时使用微点蚀-级别法和 GRAV/PLAN 法。

附 录 A
(资料性附录)
本标准章条编号与 FVA 54 Ⅰ -Ⅳ章条编号对照

A.1　本标准的章条号与 FVA 54 Ⅰ -Ⅳ章条编号对比见表 A.1。

表 A.1　本标准章条编号与 FVA 54 Ⅰ -Ⅳ章条编号对照表

本标准章条编号	FVA 54 Ⅰ -Ⅳ章条编号
2	—
3	—
4	3.1 条
5	2
6.1 条	3.4 条
6.2 条	—
6.3 条	—
6.4 条	—
7.1 条	—
7.2 条	3.3 条，3.5 条
8	—
9	3.2 条
10	4
11	3.8 条
12	4.2.2
附录 A	—
附录 B	—
附录 C	3.3 条
附录 D	5 章和 7 章
附录 E	6
注：表中章条号以外的本标准的其他章条编号与 FVA 54 Ⅰ -Ⅳ章条编号均相同且内容相对应。	

附 录 B
（规范性附录）
安全措施及注意事项

B.1 清洗溶剂的使用按照下述规定进行。

B.1.1 在60℃以下清洗齿轮箱。

B.1.2 清洗时禁止产生火花或使用加热器、火花和明火等火源。

B.1.3 用后立即盖好盛清洗溶剂的容器。

B.1.4 使用合适的通风设备。

B.1.5 避免吸入清洗溶液蒸气和薄雾。

B.1.6 避免清洗溶剂反复或长时间接触皮肤。

B.1.7 启动电动机前，拧紧齿轮箱上盖螺栓。

B.1.8 连接循环水系统。

附 录 C
(规范性附录)
“C-GF”型齿轮与“A”型齿轮的差异

C.1 微点蚀试验用“C-GF”设计注重滑动速度，换而言之，其设计比“A”型齿轮更接近实际使用状况。

C.2 “C-GF”型齿轮齿宽（14 mm）比“A”型齿轮（20 mm）小，减小了试验机承受的载荷。

C.3 微点蚀试验加载力臂（0.35 m）比承载能力试验（0.50 m）短，这种设计使微点蚀试验中每级载荷节圆上的所承受的赫兹接触压力与承载能力试验（NB/SH/T 0306）中相同载荷级别的压力几乎相同。

C.4 “C-GF”型齿轮齿表面是马格（Maag）0°研磨，渐开线方向的表面粗糙度 Ra 为 0.4 μm～0.6 μm，“A”型齿轮表面是马格（Maag）20°研磨。

C.5 “C-GF”型齿轮使用 16MnCr5 钢材，“A”型齿轮使用 20MnCr5 钢材。

附 录 D
(规范性附录)
鉴定试验齿轮表面粗糙度，选择合适的齿轮

D.1 通常情况下，低表面粗糙度产生较少的微点蚀，这种现象在微点蚀试验中很明显。在相同试验控制条件下，使用同一种润滑油，“光滑的”试验齿轮能获得更好的试验结果，即更高的失效载荷级别。因此，仅使用相同的表面粗糙度的试验齿轮副运行试验获得的试验结果才具有可比性。如果试验齿轮表面粗糙度不同，为了获得可比性，必须转化成表面粗糙度 $R_a=0.5$ μm 时的试验结果。为了将试验结果转化成表面粗糙度 $R_a=0.5$ μm 时的值，附录表 D.1 给出了载荷级别转化的指导值（依赖于润滑油黏度等级），一般情况下，表面粗糙度 $R_a \neq 0.5$ μm 获得的试验结果（载荷级别）与表面粗糙度 $R_a=0.5$ μm 的试验结果存在差异。

D.2 表面粗糙度 $R_a=0.5$ μm 时的试验结果见附录图 D.1～图 D.3，此表面粗糙度试验齿轮的试验结果具有可再现性。图 D.1～图 D.3 显示了使用不同微点蚀负载能力级别润滑油运行试验的状况。这些试验也可用于对比（参考润滑油），方便评价其他润滑油。

表 D.1 微点蚀试验转化试验级别指导值

R_a ＼ 载荷级别 ＼ 黏度	32	46	100	220	460
0.3μm	+2～+3	+2	+1	+0.5～+1	约+0.5
0.7μm	−2～−3	−2	−1	−0.5～−1	约−0.5
注：“+”表示试验结果更好，“−”表示试验结果更差。					

D.3 表 D.1 中，黏度等级为 46 的润滑油，使用表面粗糙度 $R_a=0.3$ μm 试验齿轮运行试验获得的试验结果（失效载荷级别）平均来说比表面粗糙度 $R_a=0.3$ μm 试验结果高两级。使用表面粗糙度 $R_a=0.3$ μm 试验齿轮运行试验，如果获得失效载荷级别大于 10 级，那么相对于参考表面粗糙度润滑油失效载荷级别仅能表示为大于等于 8 级。

D.4 当使用 $R_a<0.3$ μm 试验齿轮运行试验时，即使是低抗微点蚀能力的润滑油也可能超出最高的载荷级别。使用光滑齿轮时，不可能得到可靠的抗微点蚀能力结果。

D.5 试验齿轮表面粗糙度的最终值是大、小试验齿轮算术平均表面粗糙度 R_a 的平均值。R_a 的值是使用电接触分析仪（测量长度 $I_m=4.0$ mm，滤波长 $\lambda_c=0.8$ mm），在大、小试验齿轮节圆上渐开线方向均分间隔三个齿测量获得。

D.6 试验齿轮副表面粗糙度 $R_a=0.5$ μm 的参考值最可靠。应记录评价润滑油抗微点蚀能力过程中各种状况下试验齿轮的表面粗糙度。

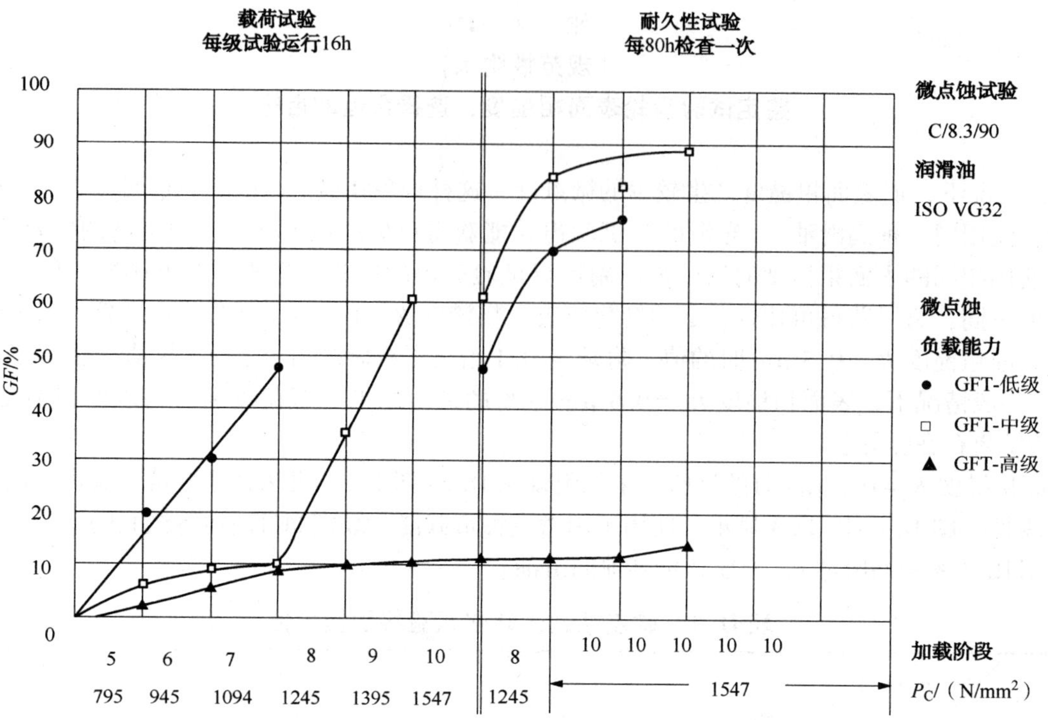

图 D.1 微点蚀面积（GF）占试验小齿轮有效面积百分比

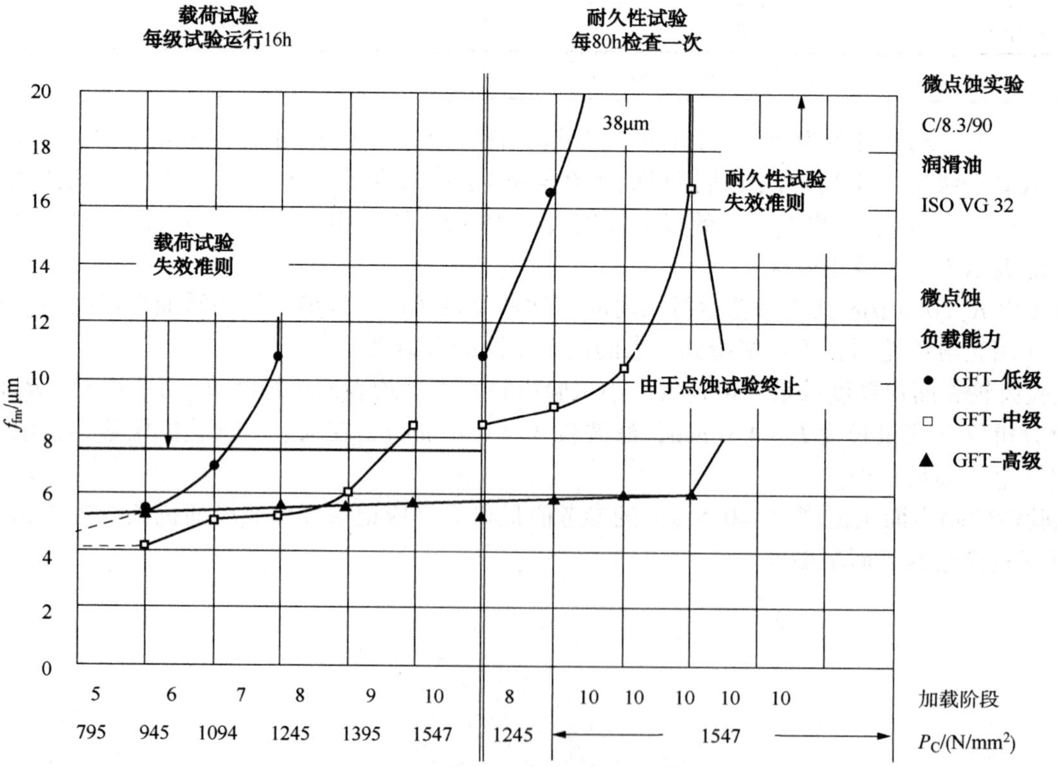

图 D.2 试验小齿轮平均齿廓偏差 f_{fm}

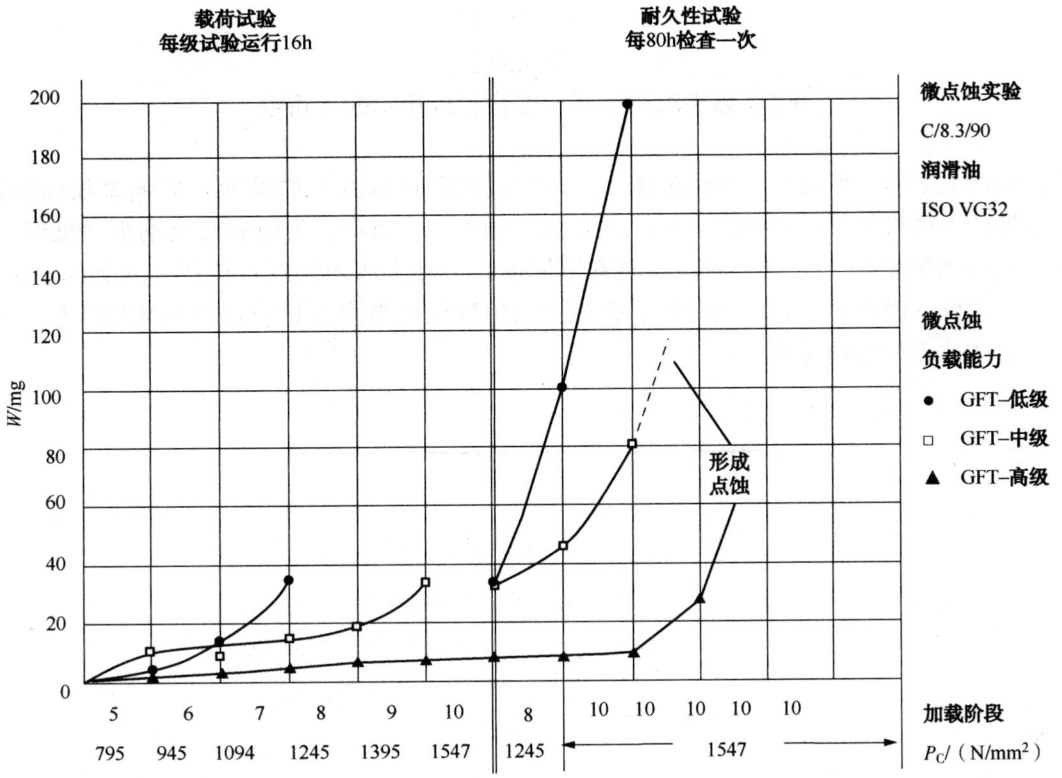

图 D.3　试验小齿轮磨损量

附　录　E
（规范性附录）
FZG 微点蚀试验结果在齿轮应用中的适用性

有效试验结果表明工作温度（润滑油温度，齿轮按体积计算的平均温度）影响添加剂的效果，进而影响微点蚀的失效机理。进口温度为90℃的抗微点蚀能力试验中，失效载荷级别为“低级”“中级”和“高级”的参考润滑油，在40℃时被发现有不同的趋势和无法用物理特征值（例如润滑油膜厚度）描述的结果。因此，微点蚀试验中获得的承载能力限值仅仅在微点蚀试验温度与实际齿轮箱工作温度一致的情况下才能进行合理转化。

ICS 75.140
E 38

SH

中华人民共和国石油化工行业标准

NB/SH/T 0923—2016

绝缘油中元素含量的测定　电感耦合等离子体原子发射光谱法

Standard test method for determination of elements in insulating oils by inductively coupled plasma atomic emission spectrometry（ICP-AES）

2016-12-05 发布　　2017-05-01 实施

国家能源局　发布

前　言

本标准按照 GB/T 1.1—2009 给出的规则起草。

本标准使用重新起草法修改采用 ASTM D7151-13《绝缘油中元素含量测定 电感耦合等离子体原子发射光谱法（ICP-AES）》。

本标准与 ASTM D7151-13 的主要差异及原因如下：

——将部分引用标准采用我国相应国家标准；

——将第 9 章修改为 8.5 条警告内容，后面章条依次前移；

——第 7 章仪器部分增加超声波浴（可选）。

本标准由中国石油化工集团公司提出。

本标准由全国石油产品和润滑剂标准化技术委员会石油燃料和润滑剂分技术委员会（SAC/TC280/SC1）归口。

本标准起草单位：中国石油天然气股份有限公司兰州润滑油研究开发中心。

本标准参加起草单位：广东电网有限责任公司电力科学研究院。

本标准主要起草人：马利花、王鹏、钱艺华、王毅、马书杰、苏伟。

绝缘油中元素含量的测定　电感耦合等离子体原子发射光谱法

警告：本标准涉及某些有危险性的材料、操作和设备，但是无意对与此有关的所有安全问题都提出建议。因此，使用者在应用本标准之前应建立适当的安全和保护措施，并确定相关规章限制的适用性。

1　范围

本标准规定了用电感耦合等离子体原子发射光谱仪（ICP-AES）测定绝缘油中金属和污染物的方法。具体元素有铝、镉、铜、铁、铅、镍、锡、硅、银、钠、钨、锌等12种元素。本标准使用油溶性金属来校正。本标准与GB/T 17476类似，但方法不同，因而在绝缘油的应用中有较高的灵敏度。

本标准适用于检测绝缘油中溶解态金属（源自过热或电弧放电，或两者）和部分悬浮金属粒子（通常来源于磨损）。绝缘油中元素浓度超过标准曲线上限时，可添加适当稀释剂进行稀释后测量，并不影响精密度。分析结果与悬浮粒子的大小有关，粒径大于几微米的测定结果偏低，因此，本标准不适用于定量测定不溶性的悬浮粒子。

2　规范性引用文件

下列文件对于本文件的应用是必不可少的。凡是注日期的引用文件，仅注日期的版本适用于本文件。凡是不注日期的引用文件，其最新版本（包括所有的修改单）适用于本文件。

GB/T 7597　电力用油（变压器油、汽轮机油）取样方法

GB/T 11133　液体石油产品水含量测定法（卡尔·费休法）

GB/T 17476　使用过的润滑油中添加剂元素、磨损金属和污染物以及基础油中某些元素测定法（电感耦合等离子体发射光谱法）

ASTM D4307　作为分析标准液体掺混物制备标准操作规范（Practice for Preparation of Liquid Blends for Use as Analytical Standard）

3　术语和定义

下列术语和定义适用于本文件。

3.1

巴宾顿型雾化器　Babington-type nebulizer

一种产生气溶胶的装置，它将流动液体通过一个小气孔，由高速气体流而形成雾状的气溶胶。

3.2

电感耦合等离子体（ICP）　inductively-coupled plasma（ICP）

负载线圈环包流动载气的炬管，在线圈磁场作用下，使气体电离，产生高温放电。

3.3

线性响应范围　linear response range

在标准精度容许的条件下，使标准曲线保持线性时所对应的元素浓度范围。

3.4

轮廓扫描　profiling

一种确定某种特定分析物能得到最大信号强度测量波长的技术。

3.5

磨损金属　wear metal

由于油湿润机械部件的磨损而引入油中的金属元素。

3.6

溶解金属　dissolved metal

油中可通过 0.45 μm 过滤器的金属元素。

4　方法概要

称取一份试样，用煤油或其他合适的溶剂按质量比 2.5∶1 稀释。以同样的方式制备标准溶液。可选择在试样溶液中加入内标元素来补偿因各种试样的导入效率而引起的误差。用蠕动泵将试样溶液引入到 ICP-AES 仪器进行测定，如果通过自由吸入，应使用内标物。通过比较试样溶液与标准溶液中元素的发射强度，计算试样溶液中被测元素的浓度。

5　方法应用

5.1　本标准可快速测定绝缘油中的 12 种元素，通过磨损元素含量的变化，快速筛选在用油。每个样品测试时间大约几分钟。检测能力可达到 0.01 mg/kg~0.1 mg/kg。

5.2　本标准可用来监测机械设备的运转状况，和帮助确定何时需要采取必要的纠正措施。也可以检测油中污染物，比如硅液（硅）或灰尘（硅和铝）。

5.3　本标准可用来表征废绝缘油再生的效率。

6　干扰

6.1　光谱干扰：检查表 1 所列元素的所有预期的光谱干扰。遵循 ICP 制造商的操作指南，开发并应用校正因子以抵消干扰。应用干扰校正时，所有的元素浓度应落在标准曲线的线性响应范围内。

6.1.1　光谱干扰通常可通过精确地选择分析波长来加以避免。如果光谱干扰不可避免，则使用 ICP 制造商提供的计算机软件或用 GB/T 17476 所规定的方法进行光谱干扰校正。

6.1.2　如果某个元素采用离峰背景校正，干扰校正因子可能是负值。即当干扰线处在背景校正波长而不是在峰值时，校正系数为负值。

6.2　黏度影响：由于试样和标准溶液之间的黏度不同，会引起进样速率的不同。这些差别会给分析的准确度带来不利影响。但若将试样溶液用蠕动泵送到雾化室或使用内标物、或两者并用，就能使该影响减小。

6.3　试样颗粒度影响：使用内标物可揭示出由于试样颗粒引起的流动问题。使用巴宾顿型雾化器可使雾化器的堵塞降到最低。同时，进样系统会使颗粒传输受限，颗粒在等离子体内不能被完全雾化，导致测量结果偏低。

6.4　溶剂的水分影响：煤油中含过多的水分（>30 mg/kg），可能导致某些元素回收率较差。可用 GB/T 11133 检查每批次煤油水分，并在 24 h 内完成所有稀释标准和测试试样的分析，使溶剂水分的影响减少到最低限度。

7 仪器

7.1 等离子体原子发射光谱仪

具备有石英 ICP 炬管和高频发生器（RF-Generator），能形成并维持等离子体的原子发射光谱仪，无论顺序型或同步型均可。绝缘油中元素检测的建议波长见表 1。

表 1 测定元素和建议波长

元素	波长/nm
铝	308.22，396.15，309.27
镉	226.50，214.44
钴	228.62，231.16
铜	324.75
铁	259.94，238.20
铅	220.35
镍	231.60，227.02，221.65
钪	361.38
硅	288.16，251.61
银	328.07
钠	589.59
锡	189.99，242.95
钨	239.71
钇	371.03
锌	206.20，202.55，213.86，334.58，481.05
注：这些波长仅为建议，并不代表全部可能的选择。	

7.2 雾化器

使用 ICP 制造商推荐的雾化器。若试样颗粒物含量高，推荐使用巴宾顿型耐高盐型雾化器，因为该雾化器能减少进样堵塞的可能性和使气溶胶颗粒度的影响减少到最低限度。

7.3 蠕动泵（可选）

推荐使用蠕动泵以保证溶液进样流速的稳定。泵管应经得起与有机溶液（稀释剂）至少 6 h 的接触。氟橡胶管通常用于碳烃溶剂，聚氯乙烯管通常用于甲基异丁基酮溶剂。

7.4 溶剂分配器（可选）

一种经过校准的溶剂分配器，用于分配溶剂所需质量。溶剂分配器的准确度至少为 1%，精密度至少为 0.1%。

7.5 内标物分配器（可选）

经过校准的内标物分配器，用于分配内标物所需质量。内标物分配器的准确度至少为 1%，精密度至少为0.1%。

7.6 试样溶液容器

30 mL带螺旋盖的玻璃瓶或可拉开顶盖的聚乙烯塑料瓶。

7.7 超声波浴（可选）

可用于均化试样溶液的水浴型或探针型超声波浴。

7.8 天平

感量0.001 g，最小量程150 g，若依据9.2条准备添加内标物，最小量程250 g。

8 试剂和材料

8.1 试剂纯度：试验所用试剂均为分析纯。如果要用其他级别的试剂，应证实该试剂纯度足够高，使用后不会降低检测准确性。
8.2 基础油：室温下黏度与试样的黏度应尽可能接近的白油或不含被分析元素的矿物油。
8.3 内标物：当选择油溶性内标物时，应选择油溶性钪、钴或钇作内标元素。
8.4 有机金属标准物：多元素标准物，每个元素浓度为3.0 mg/kg和10.0 mg/kg，可购买标准物或由单元素配备。参考ASTM D4307操作规范准备多元素液体混合物。准备多元素标准时，推荐使用超声波浴确保混合均匀。由于准备多元素标准比较困难，建议购买标准物。
8.5 稀释溶剂：建议采用试剂级煤油作为稀释剂。不同溶剂（如甲苯或二甲苯）如果不含被测定物，且完全溶解所有标准物和试样，则也可使用。

警告：煤油为易燃液体，应远离火源。如果ICP-AES操作时无人监管，可能由于设备故障引起煤油泄露。

9 内标校准

9.1 要保证在每个待测溶液（试样溶液或标准溶液）中加入浓度相同（或已知）的内标元素，且原始溶液中不存在该元素。由于试样的物理性质不同而引起各种试样导入效率变化而产生分析结果的差异，可通过内标元素在试样中发射强度的变化而加以校正。
9.2 内标溶液：称量浓度为2000 mg/kg油溶性钪（油溶性钴或油溶性钇）标准物25.0 g±0.1 g于500 mL锥形瓶中，以煤油稀释至250 g±1 g，混合均匀后，转移至储存内标溶液的容器或内标物分配器。内标元素的浓度不要求为200 mg/kg，但内标元素浓度应当至少是其检测限的100倍。

10 取样及试样处理

10.1 依照GB/T 7597取样。
10.2 要获得有代表性的试样，首先将容器中试样混合均匀。尽可能将试样倒置几次使之混合均匀。
10.3 （可选）若需分别测定溶解金属和悬浮粒子，应用0.45 μm过滤器过滤油样，然后用其他方法溶解或消解滤出的微粒。

11 试样溶液及标准溶液的制备

11.1 所有试样和标准物用煤油稀释，添加内标物时应完全混合均匀，采用同一批内标物。所有准备好的溶液应在 24 h 内完成分析测试。

11.2 空白溶液：称量 6.00 g±0.02 g 基础油于 30 mL 聚乙烯塑料瓶或玻璃瓶中，加入 1.00 g±0.01 g 内标溶液和 8.00 g±0.03 g 煤油，混合均匀。

11.3 工作标准溶液：称量 6.00 g±0.02 g 浓度为 10 mg/kg 的多元素标准物于 30 mL 聚乙烯塑料瓶或玻璃瓶中，加入 1.00 g±0.01 g 内标溶液和 8.00 g±0.03 g 煤油，混合均匀。

11.4 检查标准溶液：称量 6.00 g±0.02 g 浓度为 3 mg/kg 的多元素标准物于 30 mL 聚乙烯塑料瓶或玻璃瓶中，加入 1.00 g±0.01 g 内标溶液 8.00 g±0.03 g 煤油，混合均匀。也可使用其他浓度进行校准，但不能从 10mg/kg 标准物制备。

11.5 试样溶液：称量 6.00 g±0.02 g 混合均匀的试样于 30 mL 聚乙烯塑料瓶中，加 1.00 g±0.01 g 内标溶液，8.00 g±0.03 g 煤油，混合均匀。若分析报告显示浓度超出线性响应范围，称量 0.60 g±0.01 g 混合均匀的试样于 30 mL 聚乙烯塑料瓶中，加入 5.40 g±0.02 g 基础油，1.00 g±0.01 g 内标溶液和 8.00 g±0.03 g 煤油，混合均匀。标识试样 10 倍稀释，并确保仪器软件会校正稀释因子。

12 仪器准备

12.1 仪器条件：由于各种仪器、电感耦合等离子体（ICP）激发光源设计上的不同及各种光谱仪选择分析波长的不同，故不能给出详细的仪器操作条件。请参照仪器手册中有机溶剂进样的操作条件，根据选用的稀释剂设置仪器操作条件。

注：对有些 ICP 检测器，一些元素的响应值会随温度而变化。在分析同一批试样期间，应保持仪器处于恒温环境。

12.2 蠕动泵：如果使用蠕动泵时，每次启动前先检查泵进样管，必要时进行更换（正确泵管类型见 7.3）。检查溶液提升率并将其调整到所需要的进样速率。

12.3 ICP 激发源：等离子体点燃至少 30min 后才能进行试样分析。在预热期间，雾化稀释溶剂，并检查炬管是否积炭，一旦发现有积炭，立即更换矩管并参考仪器操作手册采取适当的处理措施。

注：有些仪器制造商推荐更长的预热周期以减少标准曲线斜率的变化。

12.4 谱线轮廓扫描：按仪器正常操作进行谱线轮廓扫描。

12.5 操作参数：在本方法中设定适当的仪器操作参数，使之适合待测元素的测定。这些参数包括：元素、波长、背景校正（可选）、元素校正因子（可选）、积分时间和内标校正（可选）。每次测量需要多次积分。

13 校准

13.1 在仪器使用前应考察线性响应范围。通过分析空白溶液和标准系列溶液，建立各元素的标准曲线，使试样溶液的测量浓度应落在标准曲线的线性响应范围内。

13.2 工作标准：每批试样分析前，首先分析空白溶液和工作标准溶液，进行两点的校正。用检查标准来确定每个元素是否处于校准状态，如果检查标准的所有元素的测定结果在所期望浓度的 10%以内，则可进行试样分析。否则需要对仪器进行重新调整后重复校准，每分析 15 个试样，要分析一个检查样品检查校准状态。

13.3 工作标准溶液与内标：按 13.2 条所述校正仪器的步骤，分别测定标准溶液和内标溶液的发射强度，按式（1）计算试样中每个元素 e 的强度比 I（Re）：

$$I(Re) = (I(e) - I(Be))/I(is) \quad \cdots\cdots (1)$$

式中：

I（Re）——元素 e 的强度比；

I（e）——元素 e 的强度；

I（Be）——元素 e 的空白强度；

I（is）——内标元素的强度。

13.4 由强度比计算校正因子，再由校正因子对各元素的测量结果进行校正。或通过仪器供应商提供的计算机程序用内标化校准仪器。

14 试验步骤和计算

14.1 试样分析：按照校准标准的条件（即相同积分时间、背景校正及等离子体维持的条件），以相同的方式测定试样溶液。在两次试样溶液测量间，预喷雾稀释溶剂至少 30s。按照稀释因子计算试样中测定元素的浓度，结果浓度的计算用手动法或计算机法都是有效的。

注：如果给定试样测量结果的重复性不被接受，则准备一式两份或一式三份试样进行分析，报告平均值。当需要较低检测限（如表 2 所示）时，试样应一式三份进行分析。

14.2 质量控制及分析结果核对：每分析 15 个试样之后，用检查标准溶液校对一次，如果所得结果超出确认值 10%时，为了确保结果的准确性，需对仪器进行再校正，对上一次校对之后的试样重新分析。

14.3 内标化法试样分析：若分析试样溶液带内标元素时，其结果计算按式（1）进行，由每个元素强度比再计算出被测定元素浓度，或由计算机内标化法程序直接由计算机计算出所测元素的浓度。

15 报告

报告分析元素浓度精确到 0.01mg/kg，结果报告不超过三位有效数字。分析结果小于检测限时报告未检出，典型检测限见表 2。

注：存在问题：在此检测限下电力设备充装绝缘油的某些问题可能无法检测。

表 2 典型检测限（取三次测定结果的平均值）

元素	检测限/（mg/kg）
铝	0.05
镉	0.01
铜	0.01
铁	0.03
铅	0.05
镍	0.04
硅	0.05
银	0.01
钠	0.05
锡	0.1
钨	0.04
锌	0.01

16 精密度和偏差

16.1 精密度

按下述规定判断试验结果的可靠性。同一实验室重复测定7次浓度为1 mg/kg的试样的标准偏差估计的精密度见表3。

表3 同一操作者精密度

元素	精密度（2倍标准偏差）/（mg/kg）	相对标准偏差（RSD）/%
铝	0.048	2.74
镉	0.026	1.30
铜	0.016	0.83
铁	0.019	0.96
铅	0.074	3.84
镍	0.028	1.42
硅	0.037	1.86
银	0.016	0.71
钠	0.040	1.95
锡	0.143	6.02
钨	0.067	3.28
锌	0.024	1.21

16.2 偏差

因多个实验室的研究尚未完成，本方法的偏差未提供。

编者注：本标准中引用标准的标准号和标准名称变动如下。

原标准号	现标准号	现 标 准 名 称
GB/T 11133	GB/T 11133	石油产品、润滑油和添加剂中水含量的测定　卡尔·费休库仑滴定法

ICS 75.100
E 34

SH

中华人民共和国石油化工行业标准

NB/SH/T 0924—2016

柴油机油抗磨损性能的评定　随动滚柱磨损(RFWT)法

Standard test method for evaluation of engine oils for roller follower wear in light-duty diesel engine

2016-12-05 发布　　2017-05-01 实施

国家能源局　发布

目　次

前　　言

本标准按照 GB/T 1.1—2009 给出的规则起草。

本标准使用重新起草法修改采用美国试验与材料协会 ASTM D5966-13《评定轻型柴油机随动滚柱磨损用发动机油的标准试验方法》。

为了更适合我国国情，本标准在采用 ASTM D5966-13 时进行了修改。本标准与 ASTM D5966-13 的主要技术差异及原因如下：

——引用标准采用我国现行国家标准和行业标准；

——采用国产燃油代替进口燃油，因完全采用原方法燃油规格，需进口大量燃油，不符合国情，调制了与其接近的国产试验燃油，经过发动机台架参比油标定试验验证，能够满足试验要求；

——考虑到不同地区大气压力不同，为了保持台架一致的苛刻度修改了排气背压控制方式，由绝对压力控制改为表压控制，经过发动机台架参比油标定试验验证，能够满足试验要求；

——考虑到我国的实际应用情况，试验台架和发动机参比油标定试验改为非参比油试验 15 次标定 1 次；

——增加了附录 H 试验报告格式；

——删除了方法中第 13 章“关键词”；

——删除了 ASTM D5966-13 附录中 A4“标定”内容中涉及 TMC 的内容；

——删除了 ASTM D5966-13 附录中 A5“最终报告格式”。

本标准由中国石油化工集团公司提出。

本标准由全国石油产品和润滑剂标准化技术委员会石油燃料和润滑剂分技术委员会（SAC/TC280/SC1）归口。

本标准起草单位：中国石油天然气股份有限公司兰州润滑油研究开发中心。

本标准主要起草人：杨国峰、冯振文、谢惊春、王争胜、李波、王龙龙、周建强。

柴油机油抗磨损性能的评定　随动滚柱磨损（RFWT）法

警告：本标准的应用可能涉及某些有危险性的材料、操作和设备，但未对与此有关的所有安全问题都提出建议。因此，用户在使用本标准之前有责任制定相应的安全和防护措施（见附录A），并确定相关规章限制的适用性。

1　范围

本标准规定了轻负荷柴油机在大扭矩、低到中转速工况下柴油机油抗磨损性能的评定方法。试验结束后，通过测量随动滚柱的磨损程度来判断发动机油的性能。

本标准适用于API CG-4、CH-4、CI-4、CI-4⁺和CJ-4等柴油机油的评定。

2　规范性引用文件

下列文件对于本文件的应用是必不可少的。凡是注日期的引用文件，仅所注日期的版本适用于本文件。凡是不注日期的引用文件，其最新版本（包括所有的修改单）适用于本文件。

GB/T 261　闪点的测定　宾斯基-马丁闭口杯法

GB/T 265　石油产品运动黏度测定法和动力黏度计算法

GB/T 268　石油产品残炭测定法（康氏法）

GB/T 386　柴油十六烷值测定法

GB/T 508　石油产品灰分测定法

GB 1922—2006　油漆及清洗用溶剂油

GB/T 3535　石油产品倾点测定法

GB/T 5096　石油产品铜片腐蚀试验法

GB/T 6531　原油和燃料油中沉淀物测定法（抽提法）

GB/T 6536　石油产品常压蒸馏特性测定法

GB/T 6986　石油产品浊点测定法

GB/T 7304　石油产品酸值的测定　电位滴定法

GB/T 11132　液体石油产品烃类的测定　荧光指示剂吸附法

GB/T 11137　深色石油产品运动黏度测定法（逆流法）和动力黏度计算法

GB/T 11139　馏分燃料十六烷指数计算法

GB/T 11140　石油产品硫含量的测定　波长色散X射线荧光光谱法

GB/T 17476　使用过的润滑油中添加剂元素、磨损金属和污染物以及基础油中某些元素测定法（电感耦合等离子体发射光谱法）

GB/T 17754—2012　摩擦学术语

NB/SH/T 0867　柴油机油烟炱含量的测定　热重分析法

SH/T 0604　原油和石油产品密度测定法（U形振动管法）

3 术语和定义

下列术语和定义适用于本文件。

3.1

窜气 blowby

从发动机燃烧室窜入曲轴箱的燃烧产物和未燃烧的燃油与空气的混合气。

3.2

活塞上止点前 BTDC

用度表示曲轴相对于活塞在上止点前的位置。

3.3

校准 calibrate

确认发动机台架是否处于正常状态。

3.4

试验油 candidate oil

通过测试判断油品预期的性能是否满足标准要求的润滑油。

3.5

发动机油 engine oil

发动机内起到减小摩擦磨损，降低活塞温度，密封活塞环作用的液体。

3.6

轻负荷 light-duty

在内燃机中平均转速、功率输出和内部温度主要运行工况远远低于其潜在峰值输出。

3.7

轻负荷发动机 light-duty engine

作为一种类型的发动机，其主要运行工况远远低于其峰值输出。

3.8

润滑剂 lubricant

加入到相对运动表面之间，用于减小摩擦和控制磨损的易剪切物质。

[GB/T 17754—2012，定义 6.48 条]

3.9

润滑油 lubricating oil

液体润滑剂，通常包括若干成分，主要由基础油和少量的不同种类添加剂。

3.10

参比油 reference oil

一种已知性能的油品，用作比较的基准。

3.11

用过油 used oil

任何已经用在运行或非运行设备（例如发动机、变速箱、变压器或涡轮）上的机油。

3.12

磨损 wear

由于摩擦造成的表面变形、损伤或表层材料逐渐流失的现象和过程。

[GB/T 17754—2012，定义 2.3 条]

4 方法概要

4.1 把预先装配好的通用 V8 试验柴油发动机安装在试验台架上，并运行 50 h。
4.2 试验发动机运行条件比典型正常使用工况更加苛刻。该试验条件下产生大量的烟炱加速随动滚柱的磨损，并保持与行车磨损具有相关性。
4.3 试验结束后，通过测量随动滚柱的磨损程度来判断发动机油的性能。

5 方法应用

5.1 本试验方法用于评定发动机油在大扭矩、低到中转速工况下的抗磨损能力。
5.2 全部试验条件满足本试验方法要求时，本方法可用于发动机油的规格认证、油品开发和市场检测。
5.3 本试验方法所用发动机设计代表了现代大多数发动机设计技术，但并不完全代表所有发动机，这一因素连同具体试验条件用作加速磨损，在进行试验结果的外推时应充分考虑。

6 试验设备

本试验所用设备的清单和完整描述，见附录 B。

7 试剂与材料

7.1 磨合油

新发动机磨合需要磨合油 8 kg。磨合油应满足 API CG-4 SAE 15W-40 规格。

7.2 试验油

完成一次试验大约需要 25 kg 试验油。

7.3 试验燃油

一次完整试验大约需要 600 L 低硫柴油，试验燃油规格，见附录 C。

7.4 发动机冷却液

去离子水（固体物少于 0.03 g/kg）与乙二醇的混合液，其混合体积比为 30%去离子水和 70%乙二醇。

7.5 戊烷

纯度 99.9%。
警告：易燃、有害健康。

7.6 清洗材料

用满足 GB 1922—2006 的 2 号溶剂油清洗发动机零件。

8 试验准备

8.1 新发动机的准备

8.1.1~8.1.7 描述了发动机的准备工作。试验件的替代和修改要求，见附录 D。

8.1.1 发动机前盖板的安装

在发动机缸体前端安装前盖板和相对应的垫片。螺栓力矩为 40 N · m。

8.1.2 油底壳放油阀的安装

在油底壳安装放油阀，见附录 B.9.3.7。

8.1.3 电热塞的更换

拆除电热塞，安装 1 个 685.8 mm 美国标准管螺纹（NPT）干式密封压力塞座，塞子的安装力矩 20 N · m。

8.1.4 冷启动电磁线圈的断开

拆除冷启动电磁线圈。

8.1.5 排气歧管的安装

检查法兰确保垫片表面没有扭曲形变。安装水冷排气歧管，排放口朝向发动机后端。使用排气管专用螺栓，螺栓力矩为 30 N · m。

8.1.6 摇臂罩盖的准备

每次试验摇臂罩盖安装新的密封。安装摇臂罩盖座法兰新垫片。安装摇臂罩盖，但不安装顶盖。

注：每次试验拆下摇臂罩盖。摇臂罩盖垫片涂抹密封胶。垫片表面涂抹少量的凡士林以便方便取下垫片，可以延长使用寿命。

8.1.7 喷油泵的位置检查

确保发动机上的动态正时标记与喷油泵法兰上的标记对齐。该标记是一条线，分别位于喷油泵安装法兰的顶部和喷油泵齿轮传动罩法兰的顶部。

8.2 辅助系统及各种组件的安装

8.2.1 排气背压传感器管线的检查

检查各个压力传感器线，清除线路阻塞物。

8.2.2 曲轴箱通风系统的安装

清洗油气分离器。在右侧摇臂罩盖后端经过油气分离器处安装通风管，通向大气，如图 B.3。

8.2.3 外部机油系统安装

根据图 B.2 配置外机油循环系统。确保机油热交换器上所有的软管和接头都恰当地连接。冷却液系统中青铜或黄铜材质的接头会影响废油中的磨损金属分析结果，不应使用在外部机油系统中。

8.2.4 发动机冷却系统的安装

推荐的发动机冷却系统，如图 B.4 所示。拆除发动机的节温器。

8.2.5 发动机冷却液的加注

将满足 7.4 条要求的冷却液加注到发动机冷却系统中。

8.2.6 进气系统安装

安装进气软管和管箍。

8.2.7 排气系统安装

安装排气歧管和排气歧管出口法兰。

9 试验程序

9.1 试验步骤

9.1.1 新发动机的磨合

新发动机应进行磨合。磨合过程，详见 9.7 条。试验参数专用单位和标准格式导则，见附录 E。

9.1.2 试验准备步骤

每次 50 h 磨损试验前，应进行发动机冲洗，以消除原来发动机油的影响。准备试验程序，详见 9.8 条。

9.1.3 50 h 稳态试验

50 h 稳态随动滚柱磨损试验条件，见表 1。50 h 磨损试验操作步骤详见 9.9 条。

表 1 稳态运行条件

参数	范围要求
转速/（$r \cdot min^{-1}$）	1000±5
扭矩/（N·m）	记录
功率/kW	记录（30~34）
燃油耗/［$kg \cdot h^{-1}$（6.2L 发动机）］	9.00±0.10
燃油耗/［$kg \cdot h^{-1}$（6.5L 发动机）］	9.40±0.10
燃油温度/℃	35.0±2.0
冷却液入口温度/℃	记录
冷却液出口温度/℃	120.0±2.0
冷却液流量/（$L \cdot min^{-1}$）	记录（53~61）
冷却液压力/kPa	记录（93~107）
主油道温度/℃	120.0±2.0
进气温度/℃	32.0±2.0

表 1　稳态运行条件（续）

参数	范围要求
排气温度/℃	记录
油底壳温度/℃	记录
进气压力/kPa	97.0±1.0
曲轴箱压力/kPa	记录
排气背压（表压）/kPa	2.0±1.0

9.1.4　发动机启动和停机步骤

9.3 条~9.5 条详细叙述了发动机的启动和停机步骤。

9.2　发动机部件的更换

试验期间不应更换随动滚柱。在补充操作记录中记录其他发动机部件更换情况。

9.3　发动机启动步骤

9.3.1　开启电源开关和发动机冷却液泵的开关。

9.3.2　启动发动机。

9.3.3　控制系统应该确保发动机在 10s 内启动。

警告：确认启动发动机前油底壳和冷却系统加注了机油及冷却液。确认发动机排气歧管和外部热交换器有充足的冷却水供应。没有足够的冷却水流量，发动机和发动机排气歧管会过热并造成严重损坏。不要向进气弯管口中喷入启动液帮助发动机启动。不要过于频繁地启动发动机。如果遇到发动机启动困难，应诊断并确定发动机为什么不能启动。过于频繁地启动会加速发动机的磨损。

9.3.4　发动机在 1000 r/min 的转速和零功率下运行 5 min。

9.3.5　5 min 后，发动机功率增加到 7.5 kW，转速仍然维持在 1000 r/min，运行 15 min。15 min 的暖机阶段完成后，试验将在 10 min 后开始计时。

9.3.6　试验暖机结束后的 10 min 期间，发动机转速保持在 1000 r/min，增加功率直至燃油消耗的流量满足表 1 的要求。整个试验均保持该工况。

9.4　正常停机步骤

9.4.1　发动机功率降为 0 kW。

9.4.2　发动机怠速运转 5 min。

9.4.3　停机。

9.5　紧急停机步骤

如果存在紧急情况，切断燃油供给并停机。

9.6　故障停机和停机时间

9.6.1　试验可以在任何方便的时候停机，执行临时维修。

9.6.2　停机后试验时间重新开始计时：停机后，在 7.5 kW 功率的条件下运行 15 min，再过 10 min 开始试验计时，见 9.3.5。

9.7 新发动机的磨合

9.7.1 磨合能使新发动机处于稳定的工作状态，新发动机安装在试验台上，进行参比油试验之前，对发动机进行磨合。

9.7.2 使用发动机原装的挺杆对发动机进行磨合。

9.7.3 磨合由两个阶段组成：稳态阶段和循环阶段。稳态阶段试验参数，见表2和表4。循环工况阶段见表3和表4（详细过程见9.7.5.3~9.7.5.4）。

表2 磨合稳态阶段

步骤	发动机转速/（$r \cdot min^{-1}$）	扭矩/（$N \cdot m$）	时间/min
1	1000	120	30
2	2000	140	30
3	3000	180	30
4	3600	200	30
5	3800	0	30
6	3000	最大	30
注：余下的稳态磨合的参数，见表4。			

表3 磨合循环阶段

步骤	转速/（$r \cdot min^{-1}$）	扭矩/（$N \cdot m$）	运行阶段时间/min
1	650（怠速）	0	
2	最大，受控（3800）	无扭矩	1
3	3600	最大（310）	1
4	2800	最大（350）	1
5	2000	最大（370）	1
6	1450	220	1
7	最大，受控（3800）	0	1
8	3600	最大（310）	1
9	2800	最大（350）	1
10	2000	最大（370）	1
11	1450	220	1
12	最大，受控（3800）	0	2
13	3600	最大（310）	2
14	2800	最大（350）	2
15	2000	最大（370）	2
16	1450	220	2
17	650（怠速）	0	2

表 4　磨合运行参数的目标值

控制参数	范　围
发动机转速/（r·min^{-1}）	见表 1 和表 2
扭矩/（N·m）	见表 1 和表 2
功率/kW	记录
燃油温度/℃	35±2
冷却液入口温度/℃	记录
冷却液出口温度/℃	120±2
冷却液流量/（L·min^{-1}）	190±8
冷却液压力/kPa	100±7
机油主油道压力/kPa	记录
机油主油道温度/℃	120±2
进气温度/℃	32±2
排气温度/℃	记录
油底壳温度/℃	记录
注：磨合运行数据的保留与否可由实验室决定。	

9.7.4　新发动机磨合油的加注

9.7.4.1　安装新的 AC PF-35 机油滤清器。

9.7.4.2　将冲洗系统的出口端和机油冷却器进行连接。

9.7.4.3　使用冲洗系统将 6.5 kg 磨合油加入发动机。

注：磨合油的要求见 7.1 条。

9.7.4.4　从机油冷却器处拆除冲洗系统的出口软管，并拧上机油冷却器接头螺丝帽。

9.7.5　新发动机磨合的操作步骤

9.7.5.1　根据 9.3 条的要求启动发动机。

9.7.5.2　按照表 2 稳态工况程序运行发动机。

9.7.5.3　按照表 3 的循环程序运行发动机。除了转速和扭矩外，所有其他参数使用表 4 的目标值进行设定点控制。总的循环周期为 30 min（一个循环包括从第 2 步到第 17 步，见表 3），每个步骤过渡期长为 30 s，步骤 2 到步骤 11 每步为 60 s，步骤 12 到步骤 17 每步为 120 s。重复循环 100 次完成 50 h 磨合的循环部分。

9.7.5.4　发动机的部分参数有可能不能保持在标准要求范围内，尤其在循环阶段期间，见表 4。除了发动机的转速和扭矩外，参数应全部保持在表 4 的要求范围内。

9.7.5.5　在磨合过程中，发动机会消耗磨合油。发动机磨合过程中，正常情况下每 16 h 消耗 1 L 机油。在 17 步 17 h 和 34 h 期间应分别补加 1 L 磨合油。

9.8　准备试验程序

发动机的准备试验程序要求向发动机曲轴箱中加入试验油、检查喷油提前角、检查曲轴箱机油油尺液位和安装试验挺杆（随动滚柱）。在正式运行 50 h 稳态试验的参比油试验或非参比油试验之前完成准备试验程序。

9.8.1 实验室的环境空气应无污染。对操作场所的温度和湿度水平不作具体要求。来自于风扇或者通风系统的空气避免直吹试验发动机。

9.8.2 第一次试验油的冲洗和挺杆安装：

9.8.2.1 称量并安装一个新的 AC PF-35 机油滤清器。

9.8.2.2 将冲洗系统的进口和油底壳底部的放油接头连接。

9.8.2.3 将冲洗系统的出口和机油冷却器进口连接。

9.8.2.4 将 6.0 kg 试验油注入发动机。记录机油称量的实际重量。

9.8.2.5 使用冲洗系统循环机油 15 min。

9.8.2.6 从发动机中放出机油并称重。拆下滤清器并称重，按照环保要求处理掉机油滤清器。

9.8.2.7 在发动机随动滚柱上做标记，然后安装全套新的液力挺杆。定位液力挺杆，确保油孔朝着发动机前端。

注：关于随动滚柱末端做标记的描述，见图 F.1。

9.8.2.8 安装液力挺杆导管和压板。压板的安装力矩 35 N·m。

9.8.2.9 在发动机的标记位置上安装推杆和摇臂组件。摇臂轴力矩为 50 N·m。参照通用柴油机服务手册进行正确安装。按照标记安装推杆和摇臂组，摇臂轴力矩为 50 N·m。

9.8.3 第二次试验油冲洗：

9.8.3.1 称重并安装一个新的试验机油滤清器。

9.8.3.2 通过冲洗系统向发动机注入 6.0 kg 试验油。记录机油实际重量。

9.8.3.3 安装摇臂罩盖。

9.8.3.4 使用冲洗系统循环机油 15 min。

9.8.3.5 机油循环 5 min 后，启动发动机运行至少 2 min。发动机启动后，冲洗系统仍然保持循环。

9.8.3.6 从发动机中放出机油并称重。拆下滤清器并称重，处理掉机油滤清器。

9.8.4 试验油的加注：

9.8.4.1 称重并安装新的机油滤清器。

9.8.4.2 从发动机油底壳处断开冲洗系统的进油软管。在油底壳接头处安装堵头。

9.8.4.3 使用冲洗系统向发动机中注入 6.0 kg 试验油。在冲洗系统软管吸入空气之前关闭冲洗系统。

9.8.4.4 从机油冷却器处拆除冲洗系统的出口软管。在机油冷却器的接头处安装堵头。

9.8.4.5 将冲洗系统中残留的所有试验油倒入容器中，然后将这些试验油加入发动机。

9.8.4.6 2 min 后用机油量尺检查机油液位。机油液位应达到满刻度或接近满刻度。

9.8.5 安装曲轴箱压力传感器：拆除机油量尺，并在机油量尺管处安装压力管线，曲轴箱压力传感器与量尺管连接。

9.8.6 TDC 指示器的标定：推荐采用谐振平衡仪对 TDC 指示器的位置进行检验。

9.8.7 喷油正时的调整：根据 9.3 条启动发动机。发动机的转速和油耗稳定在标准要求后，使用正时表的默认设置进行检查，检查喷油正时应该在 11.5°±0.5°范围内。如果喷油正时在本标准要求之外，则应旋转喷油泵并重新测量喷油正时。

9.9 50 h 稳态试验

根据 9.3 条启动发动机。在稳态条件运行发动机 50 h，控制条件要求，见表 1。

9.10 定期测量

9.10.1 运行数据采集：使用采集频率最低 6 min 的自动数据采集系统，记录运行数据（冷却液流量和冷却液压力除外），见表 1。

9.10.2 喷油正时测量：每次试验至少进行一次喷油正时的测量和记录。

9.11 机油采样和添加程序

9.11.1 采样和补加新油的步骤

在25 h和50 h采集油样，并且在25 h补加新油。除此以外，整个试验期间不允许进行其他的新油补加和采集油样工作。

9.11.2 25 h机油采样和补加机油步骤

注：25 h加油和采样期间发动机不停机。

9.11.2.1 称量1.0 kg的新油并倒入大口杯。

9.11.2.2 从发动机采集100 mL死区油，然后再从发动机中采集100 mL的用过油用于分析。在采样瓶上贴上标签，标明试验编号、日期、试验时间和机油编号。

9.11.2.3 往发动机中加入1.0 kg新试验油和100 mL死区油。

9.11.3 50 h机油采样步骤

从发动机采油口采集100 mL死区油，然后再从发动机中采集100 mL的用过油用于分析。在采样瓶上贴上标签，标明试验编号、日期、试验时间和机油编号。

注：50 h机油采样期间发动机不停机。

9.12 试验结束步骤

9.12.1 放出发动机油

在试验结束的60 min之内从发动机油底壳放出机油。

9.12.2 溶剂冲洗

9.12.2.1 称量约7 L溶剂油，通过冲洗系统注入发动机。

9.12.2.2 使用冲洗系统循环溶剂20 min。当溶剂在发动机中进行循环时，手动旋转发动机两周以便完成对阀系组的冲洗。

9.12.2.3 断开冲洗系统，从发动机中放出溶剂。如果发动机放置不进行试验，采用15W-40 API CG-4质量级别的机油进行冲洗并放出，以防止生锈。

9.12.3 挺柱的拆除

拆除发动机摇臂罩盖并取出液压挺柱。

9.12.4 随动滚柱的拆除

通过压轴体拆下随动滚柱。

10 试验结果的计算和解释

10.1 零件测量环境

零件的测量大气环境，应无污染物。校验后的设备，其测量室的温度变化应保持在±3.0℃的范围内。

10.2 随动滚柱磨损测量

使用防滑型测量头的测量装置测量并记录磨痕的形状。在测量装置中，确保刻在随动滚柱末端的测量基准线保持垂直位置。通过磨损痕迹图来计算磨损量。在本试验中，对给定轴的磨损量定义为磨损痕迹图中垂直深度的最大值。典型的磨损痕迹和磨损判定，见附录 F。按照挺柱对应的位置编号，记录计算出的磨损值。

10.3 润滑油分析

10.3.1 磨损金属元素：对 0 h（新油）、25 h 和 50 h 油样中的铝、铬、铜、铁、铅、硅和锌进行测量。推荐采用 GB/T 17476 方法。

10.3.2 黏度：对 0 h（新油）、25 h 和 50 h 油样进行 100℃运动黏度测量。推荐采用 GB/T 11137 方法。

10.3.3 烟炱含量：对 0 h（新油）、25 h 和 50 h 的油样进行烟炱质量百分数的测量。推荐采用 NB/SH/T 0867 方法。

10.4 试验有效性的评估

确定试验有效性的具体要求见表 5。

10.5 每次试验仅进行一次喷油正时测量。其他所有参数至少每 6 min 测量一次。

10.6 所有仪器应按照附录 G 进行标定。

表 5 参数运行有效性要求

参 数	规 格
转速/（$r \cdot min^{-1}$）	1000±5
燃油耗/（$kg \cdot h^{-1}$）（6.2L 发动机）	9.0±0.10
燃油耗/（$kg \cdot h^{-1}$）（6.5L 发动机）	9.40±0.10
燃料温度/℃	35.0±2.0
冷却液出口温度/℃	120.0±2.0
主油道温度/℃	120.0±2.0
进气温度/℃	32.0±2.0
进气压力/kPa	97.0±1.0
排气背压（表压）/kPa	2.0±1.0
喷油正时/°BTDC	11.5±0.5

11 结果报告

试验报告格式，参见附录 H。

12 精密度和偏差

12.1 精密度

按下述规定判断试验结果的可靠性（95%的置信水平）。

12.1.1 中间精密度 *i.p.*

在相同的实验室、使用相同的试验方法，可以改变操作者、测量设备、试验台架、试验发动机和时间的条件下，对同一试样进行测定得到的两个试验结果之差应不超过表6中规定的数值。

12.1.2 再现性 *R*

不同操作者，在不同实验室，使用不同的仪器，按照相同的方法，对同一试样分别进行测定得到的两个单一、独立的试验结果之差应不超过表6中规定的值。

表6 精密度

参　数	中间精密度 *i.p.*	再现性 *R*
随动滚柱磨损/μm	3.30	3.56

12.2 偏差

利用可接受的统计技术通过对参比油试验结果分析得到偏差。当出现明显的偏差时，允许对非参比油试验结果进行苛刻度修正。

附 录 A
(规范性附录)
安全防护措施

A.1 发动机台架试验具有一定的危险性，实验室应制定有关的安全操作规程，采取有效的安全措施，避免造成人体伤害和设备损坏。因此，建议只有对发动机试验有经验或经过培训的人员，才能从事发动机试验台架的安装和操作。

A.2 试验台架的所有传动和发热部件应加防护罩。裸露的发动机传动件和连接轴周围要加防护罩。正确安装燃油管线、机油管线，电源线接地并保持良好的秩序，要经常进行检查和维修。

A.3 试验台架周围禁放障碍物、机油和燃油等物品。在试验过程中，操作人员要时刻注意燃油、排气、机油和冷却液可能发生的泄漏现象。以清洗为目的使用易燃溶剂时，应遵守正常的预防措施。

A.4 工作人员在试验台旁工作时，应佩戴安全口罩、眼镜并进行听力保护。在运转的发动机旁，操作人员不允许留长发，应穿紧身工作服装。发动机运转时，工作人员应小心远离发动机和传动系统工作。

A.5 在发生如下情况时，联锁装置应能自动停机：发动机和测功机冷却液温度过高、测功机电源断路、发动机超速、发动机低油压、排气系统出问题和发动机震动过大等。联锁装置应包含一个切断供应到发动机喷油器泵燃油（包括返回线）方法。建议配备远程切断燃油站（外接到发动机台架）。

A.6 实验室配备干式灭火设备。

A.7 采用其他安全措施的法律、法规。

附 录 B
（规范性附录）
设备详细规格

B.1 试验发动机是通用汽车公司的 V8 非直喷柴油发动机。采用改造了的发动机缸盖和独立正时喷油泵组装试验发动机。

B.2 使用发动机试验台来控制发动机转速和扭矩，以及各种温度、压力和流量。

B.3 使用自动数据采集系统，来测量各种操作参数。

B.4 使用外部系统来控制发动机进气、燃油、冷却液、机油的温度和压力。

B.5 需要各种外部设备来测量和标定发动机组件、控制系统及运行参数。

B.6 设备描述章节的组织：详细的设备描述按照以下章节进行分类：

B.6.1 试验用发动机：详见 B.7。

B.6.2 控制系统：详见 B.8。

B.6.3 测量传感器和系统：详见 B.9。

B.7 试验用发动机

B.7.1 试验发动机包：配件包中包含了 15 次试验所需要的消耗性硬件。配件包中所含零件的完整清单，见表 B.1 和表 B.2。

B.7.1.1 关键部件：关键部件是指影响燃烧（燃油流量、喷油正时、压缩比、空气流量和机油消耗）或影响随动滚柱润滑和扭矩的部件，见表 B.1。

B.7.2 特制的发动机零件：下面详细介绍了用于本方法的特制发动机零件：

B.7.2.1 排气歧管出口法兰：需要该法兰，可从指定的供应商处获得。

表 B.1 关键零件

零件号	描述	零件号	描述
发动机组件（6.2 L或6.5 L HD NA C/K）短机体			
10149616	机体组件（6.2 L或6.5 L单件封装）	23502552	排气门密封 进气门密封
14077141	活塞（NA）	10163736	缸垫
14032399	顶环	14066308	凸轮轴
14025533	二环	23502598	油底壳
23500288	油环	BX-6202-1	机油滤清器
14025524	活塞连杆组件（上） 气缸盖组件（HD NA 10）	DX-109561	气门盖垫片
10149663	排气阀	10163737	喷嘴
14033927	进气阀	10154615	喷油泵
10230426	预燃室（+10%的旋转油门）	17109650	挺杆组件
14025512	气门弹簧		

B.7.2.2 进气喇叭口：包括所有应修改的设计。

B.7.2.3 摇臂罩盖：要求的摇臂罩盖。

B.7.2.4 发动机前端盖：需要专门加工的发动机前端盖。

B.7.3 发动机测量和组装设备：需要专用发动机测量和组装设备，详见 B.7.3.1～B.7.3.4。不包括在实验室中常用的设备。

B.7.3.1 喷油正时测量：采用谐波平衡指示器测量喷油正时。采用 Stanadye Time Trac 喷油正时测量设备。

B.7.3.2 机油冲洗系统：两次试验间需要冲洗系统以便冲洗发动机润滑油系统。系统的设计没有具体要求，但是储罐容积至少可以储存 8 L 液体。

表 B.2 发动机配件包

零件编号	试验备件
Bx-6200-1	配件包，其中包括 1 个 Bx-6201-1、30 个 Bx-6202-1 和 240 个 Bx-6204-1
Bx-6201-1	除了前端盖外完整的发动机
Bx-6202-1	试验用机油滤清器
Bx-6203-1	前盖板
Bx-6204-1	液力挺柱
Bx-6205-1	水冷歧管，左侧和右侧
Bx-6206-1	排气歧管出口法兰
Bx-6207-1	排气歧管出口法兰垫片
Bx-6208-1	排气歧管螺栓
Bx-6209-1	TRAC 喷油正时指示器 W/1/4 英寸传感器
Bx-6210-1	进气喇叭口
Bx-6212-1	摇臂罩盖总成，左
Bx-6212-1	摇臂罩盖总成，右
Bx-350-3	油气分离器

B.7.3.3 液压挺柱拆除工具：该工具零件编号为 J-29834，该工具便于发动机液力挺柱的拆除。

B.7.3.4 磨损测量装置：使用 skidless 触笔型测量装置测量随动滚柱的磨损。

B.7.4 其他设备：

试验油样采样容器：

容器应能方便采样和储存废油样品。建议使用高密度聚乙烯采样瓶（120 mL）来装油样。

警告：除了其他预防措施外，玻璃容器是容易破碎，如果打破可能造成伤害或接触有害物质。

B.8 试验台配置和控制系统：

B.8.1 发动机转速、扭矩和燃油消耗率控制系统：发动机转速、扭矩和燃油消耗率控制系统，应能按照表 1 里的规范保持在限值内。转速、扭矩、燃油消耗率以及影响空气进入发动机的参数，这些是相互影响的。发动机转速通常是通过改变测功机励磁来控制，而发动机燃油消耗率和扭矩是通过改变油门位置来控制。典型实验室做法都是控制扭矩、燃料消耗率包括固定节气门位置或闭环反馈控制系统。

B.8.2 燃料供给系统：该设计没有具体规定，但根据表 1 所示的规定，该系统应能控制燃油温度。保持燃料压力高于 45 kPa。

B.8.3 进气系统：根据示意图 B.1 配置通风系统。按照图 B.1 制造压力环。控制系统应能够按照表 1 所示的要求控制进气温度和压力。

B.8.4 发动机冷却系统：建议的冷却系统，见示意图 B.4。Barco 流量计是唯一指定的组件。

B.8.5 排气歧管的冷却系统：（歧管）冷却后的冷却液出口温度保持低于 60℃。典型的实验室做法是在水冷式排气管下游安装排气探头。对排气系统下游水冷歧管出口法兰的设计没有具体规定。

单位为毫米

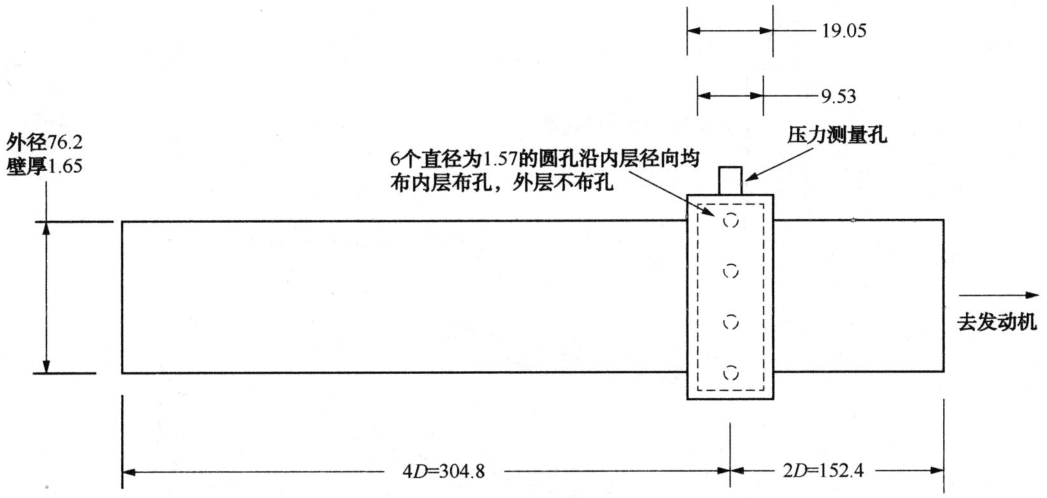

图 B.1　进气压力环

警告：应当利用良好的工程实践以确保本系统的安全运行。推荐采用高温、低水流量或低水压报警、或两者同时采用来预防发动机运行期间因缺水而造成的损害。

B.8.6　外部机油系统：根据示意图 B.2 配置外部机油系统。在机油冷却器出口安装 8 号进出管线。安装采样阀以及连接冷却器回油的冲洗系统。性能规格，见表 1。

B.8.7　曲轴箱通风系统：根据图 B.3 所示配置曲轴箱通风系统。

B.8.8　传动系统配置：配置的发动机安装座应使曲轴处于水平位置。发动机应不带动任何外部辅助设备。

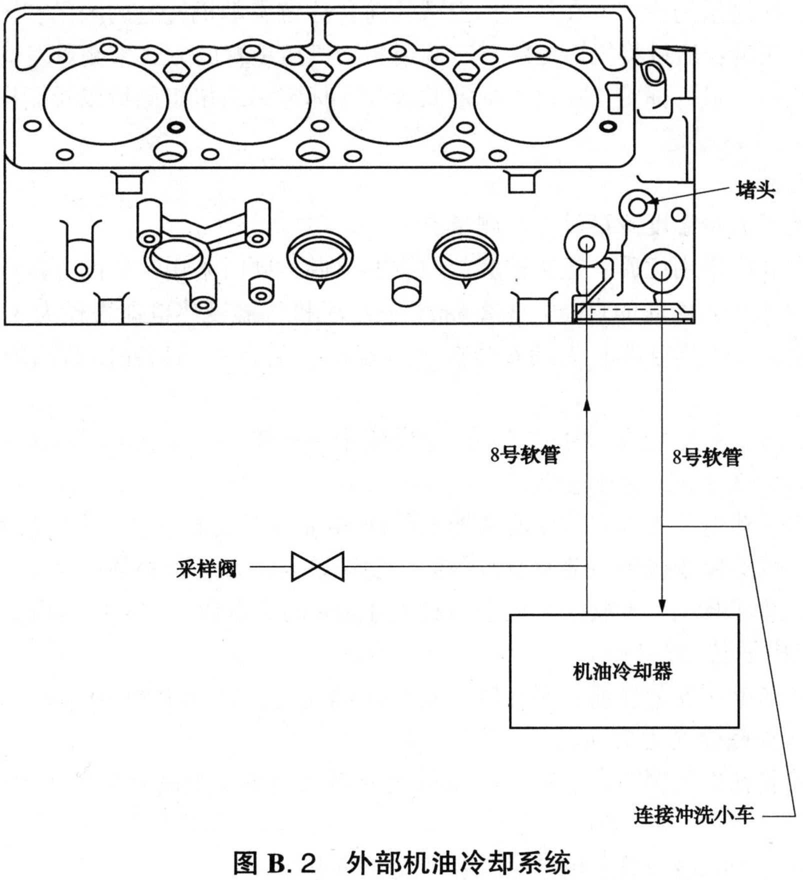

图 B.2　外部机油冷却系统

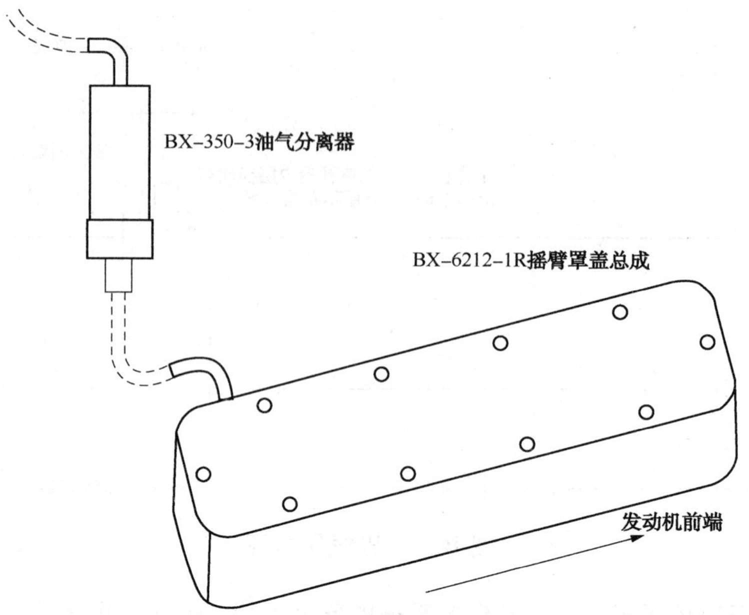

图 B.3　曲轴箱通风系统

B.8.9　发动机启动马达：建议启动马达采用气动马达，因为在机油的冲洗程序里，马达拖动发动机的时间为 2 min。

B.9　测量传感器与系统：

B.9.1　发动机转速测量：发动机速度通常是采用脉冲测量（基于磁场拾波原理）系统测量。

B.9.1.1　发动机转速测量的标定：在每次标定试验前，标定发动机转速的测量和读出系统。

B.9.2　发动机扭矩测量：通过将扭矩传感器连接到测功机扭矩臂的方式来测量发动机扭矩。

B.9.2.1　发动机扭矩测量的标定：在每次标定试验前，标定满载扭矩测量以及读出系统。这可以根据需要经常进行标定。

B.9.3　温度测量设备：

B.9.3.1　详细规定了五个温度测量设备和测量点。

B.9.3.2　所有热电偶应采用优质、铠装护套接地线的热偶，同时采用优质的连接线。除了发动机排气温度热电偶外，其余所有热电偶的直径为 3.2 mm。发动机排气温度热电偶直径为 3.2 mm 或 6.4 mm。

B.9.3.3　冷却液进口：（热电偶）尖端安装在（冷却液）进入发动机左、右两侧机体之前的介质流中央。

B.9.3.4　冷却液出口：（热电偶）尖端安装在介质流中央，安装深度大约为 100 mm。在节温器壳体处钻孔以便安装直径为 3.2 mm 的热电偶。

B.9.3.5　燃油进口：热电偶尖端安装在滤清器上游约 50 mm 介质流中央、进气歧管后面的位置。

B.9.3.6　机油道：拆除位于机体顶部左后侧的油压发送单元。发动机缸体安装 6.4 mm 直径美国国家标准管螺纹（NPT）管子接头。在接头上安装直径 6.4 mm 的热电偶。安装的热电偶尖接触到油道底后再回退约 6 mm。安装深度约为 150 mm。

B.9.3.7　油底壳：热电偶安装在油底壳右侧，距离（油底壳）底部大约 50 mm，距离后端约 150 mm 处。热电偶尖端插入油底壳约为 75 mm。

B.9.3.8　进气：安装在进气喇叭口下游约 25 mm 的介质流中央。距离测压环的下游约 200 mm，如图 B.1 所示。

B.9.3.9　废气：在每个水冷歧管的出口法兰底部安装热电偶。

B.9.3.10 温度测量标定：在每次标机试验前都要对所有的热电偶和测量系统进行标定。按照实验室的校正标准进行标定，每个测量系统应该在±0.5℃范围内。

B.9.4 压力测量设备：对压力测量的要求详列于以下各章条。没有指定具体测量设备。

B.9.4.1 为防止标定飘移，应在最大温度变化±3℃的温度受控环境中运行。

警告：从工程实践考虑，连接压力头和最终的压力传感器之间的管道应该考虑冷凝罐。这在低气压管线穿越低洼处连接试验台与控制柜之间的情况下尤其重要。

B.9.4.2 机油压力：在安装的机油压力发送单元的三通处测量机油压力，位置在发动机左后方，见 B.9.3.6。

B.9.4.3 进气压力：通过安装在进气系统测压环处的 6.4 mm 直径的压力接头测量进气压力，见图 B.1。

B.9.4.4 曲轴箱压力：在机油尺管处测量曲轴箱压力。

B.9.4.5 排气背压：在水冷排气歧管出口法兰顶部安装压力接头测量排气背压。将两个接头连在一起。压力传感器需要具备测量绝对压力的能力。探头和传感器之间安装冷凝水储罐以存储废气中积聚的水。

B.9.4.6 冷却系统压力：在膨胀罐的顶部测量冷却系统的压力，详见图 B.4。

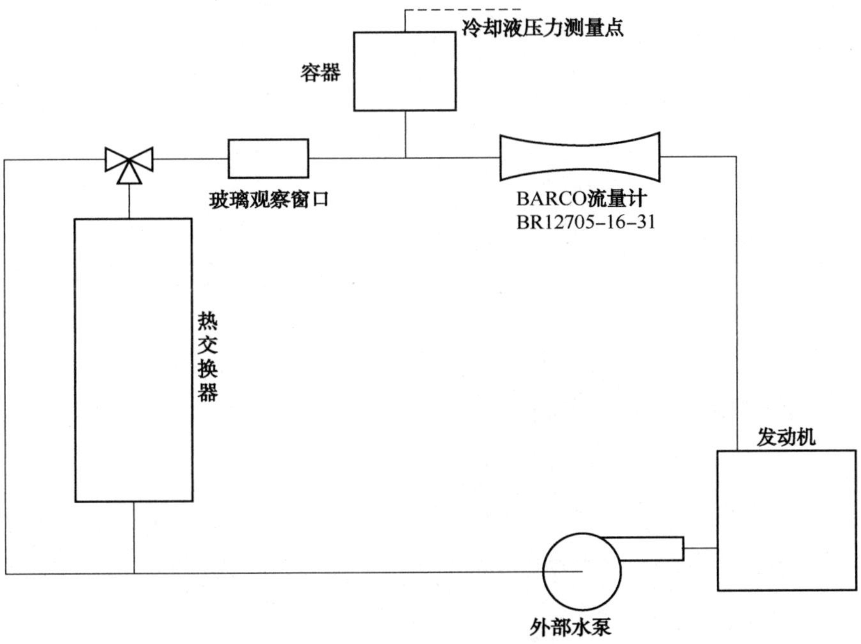

图 B.4 发动机冷却系统

B.9.4.7 燃油压力：在燃油进口（温度）热电偶的上游测量燃油压力。

B.9.4.8 压力测量标定：在每次校机试验前标定所有的压力传感器和压力测量系统。压力测量传感器应在温度可控的环境中标定。校验的温度应该和试验期间运行的温度数值相等。

B.9.5 流量测量设备：流量测量要求，详见以下部分章节。测量设备专门用于发动机冷却液流量的测量。

B.9.5.1 冷却液流量：通过测量流经规定的文丘里流量计的压力差来确定在发动机冷却液流量，见图 B.4。在控制的流量范围内，压力下降大约 5.0 kPa。采取预防措施防止压力传感器管线中形成气泡。应采用透明管线和放气管线。

B.9.5.2 冷却液流量标定：在每次标机试验前对冷却液流量计和试验台上的系统进行标定。另外，流量计可以拆离试验台进行校准。在校验过程中，相邻上游和下游的管道应当予以原样保留。通过涡流流量计或者体积/时间的方法进行标定。

B. 9.5.3　燃油消耗率：通过测量流入（台架）罐中燃油的流量速率来确定燃油消耗率。

B. 9.5.4　燃油消耗率测量标定：每次标机试验之前都要进行燃油耗率的标定。容积系统应该具有温度补偿和质量流量设备。试验台上的流量计显示（误差）应在校验标准的0.2%以内。

附　录　C
(规范性附录)
燃料油规格

C.1　试验燃油规格，见表C.1。

表C.1　试验燃油规格

检测项目		质量指标	试验方法
硫含量（质量分数）/%		0.04~0.05	GB/T 11140
密度（20℃）/（$g\cdot cm^{-3}$）		0.8368~0.8496	SH/T 0604
组成（体积分数）/%			GB/T 11132
芳烃含量		27~33	
烯烃含量		报告	
饱和烃含量		报告	
十六烷指数		报告	GB/T 11139
十六烷值		40~48	GB/T 386
铜片腐蚀（50℃，3h）/级	不大于	1	GB/T 5096
闪点（闭口）/℃	不低于	54	GB/T 261
浊点/℃		报告	GB/T 6986
倾点/℃	不高于	-18	GB/T 3535
10%蒸发物残炭（质量分数）/%	不大于	0.35	GB/T 268
水和沉积物（体积分数）/%	不大于	0.05	GB/T 6531
灰分（质量分数）/%	不大于	0.005	GB/T 508
运动黏度（40℃）/（$mm^2\cdot s^{-1}$）		2.4~3.0	GB/T 265
酸值/（$mgKOH\cdot g^{-1}$）	不大于	0.05	GB/T 7304
强酸值/（$mgKOH\cdot g^{-1}$）	不大于	0.00	GB/T 7304
馏程/℃			GB/T 6536
初馏点		报告	
10%回收温度		报告	
50%回收温度		报告	
90%回收温度		282~338	
终馏点		报告	

附　录　D
（规范性附录）
试验件的替代和改造

D.1　发动机部件的改造：不允许改造规格要求的发动机部件。

D.2　试验件的替代：所有的挺柱和发动机应从指定供应商处购买。50h稳态试验所需的机油滤清器应从指定的供应商处购买。

D.3　对试验台辅助设备的替代或改造：当针对辅助设备明确说明或建议替代或修改时，才能对试验台辅助设备进行替代或改造。

附　录　E
(规范性附录)
专用单位和标准格式参考

E.1　下面的信息应用于本标准规定的所有限值。为了确定这些规格的一致性，应该按照最右侧表中数值限值要求，根据修约规则控制参数的运行精度，见表E.1。

E.2　单位的换算：所有尺寸应尽可能地转化为国际单位制。

E.3　报告结果的单位制：所有的数据应该以适当的国际单位制进行报告。

E.4　标准格式：整个标准规格列出了三种不同的参数格式。参数具有目标值且没有偏差的按照×.×××的格式列出。例如，扭矩参数被列为40 N·m。参数中有目标值且含有偏差值的按照××.××±×.××的格式列出。例如发动机转速为（1000±5）r/min。具有目标值的参数正确的值应是目标值，同时代表该参数的随机样本应相当于目标值。

表E.1　运行条件的有效数字

参　数	控制精度
转度/（r·min^{-1}）	1
扭矩/（N·m）	1
功率/kW	0.1
燃油流量/（kg·h^{-1}）	0.01
燃油温度/℃	0.1
冷却液入口温度/℃	0.1
冷却液出口温度/℃	0.1
冷却液流量/（L·min^{-1}）	1
冷却液压力/kPa	1
主油道的温度/℃	0.1
进气温度/℃	0.1
排气温度/℃	0.1
油底壳温度/℃	0.1
进气压力/kPa	0.1
曲轴箱压力/kPa	0.0
排气背压/kPa	0.1
喷油正时/BTDC	0.1°
磨损结果有效数字	
参数	测量精度
随动滚柱磨损/μm	0.1

附 录 F
（规范性附录）
说明

F.1 随动滚柱标记示意图，见图 F.1。

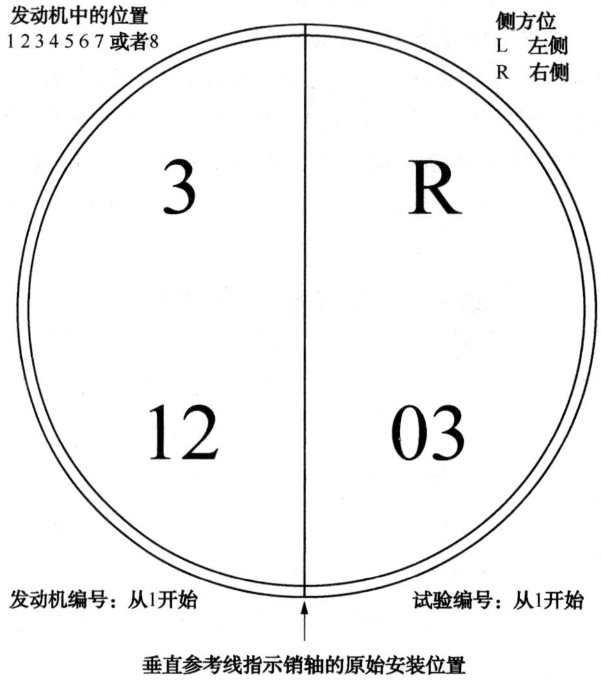

图 F.1 随动滚柱标记

F.2 轴磨损深度示例，见图 F.2。

单位为毫米

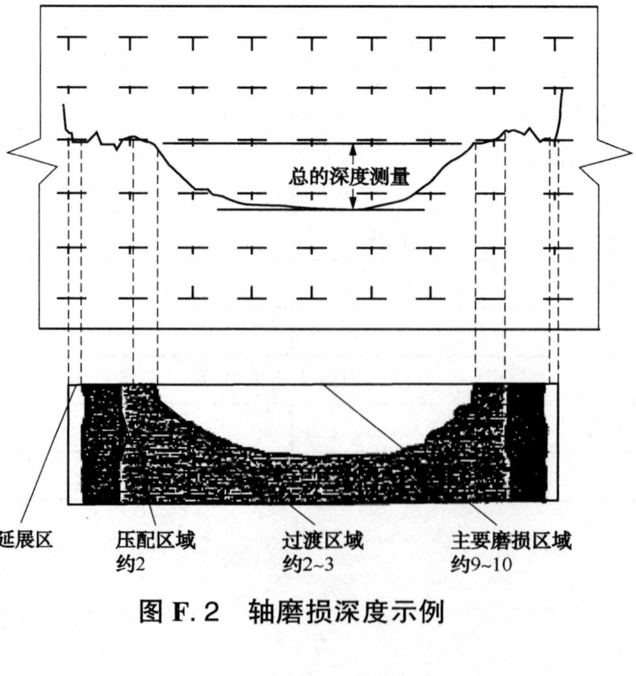

图 F.2 轴磨损深度示例

附 录 G
（规范性附录）
标定

G.1 标定：测量系统的标定和发动机台架的标定。测量系统及其每个子系统或设备的标定，详见附录B。测量系统的标定频率和相应设备，见表G.1。

表G.1 测量系统校验频率

测量系统	标定频率	参考章节
温度	每次参比油试验前	B.9.3.10
压力	每次参比油试验前	B.9.4.8
发动机冷却液流量	每次参比油试验前	B.9.5.2
燃油耗	每次参比油试验前	B.9.5.4
发动机转速	每次参比油试验前	B.9.1.1
测功机扭矩	每次参比油试验前	B.9.2.1

G.2 详细的试验发动机/试验台的标定，见G.3。

G.3 试验发动机/台架标定：发动机完成磨合后，采用参比油进行50 h的稳态试验，以对试验台和发动机作为一个单元进行标定。一旦通过标定试验，那么在余下的校验周期内，标定后的发动机不能从试验台上拆除。

G.3.1 试验发动机/台架标定周期：每套发动机包总共可以进行15次试验（包括非参比油和参比油试验）。发动机/试验台应15次非参比油试验后进行标定。

附 录 H
(资料性附录)
试验结果报告

送样单位：________________

油样名称：________________

试验编号：________________

试验日期：________________

试验方法：________________

试验时间：________________

试验燃料：________________

试验单位：________________

单位：××××

H.1 试验方法简介

随动滚柱磨损发动机台架试验用于评价柴油机油的抗磨损性能，主要评价项目为随动滚柱的磨损和机油耗。把预先装配好的 GM V8 柴油发动机安装在试验台架上，然后进行 2 次机油冲洗，完成冲洗后加入试验油，试验周期为 50 h。

试验结束后，通过测量随动滚柱的磨损程度和机油耗来评价发动机油的性能。

试验发动机为美国通用汽车公司 6.5L 排量、V 型、八缸、四冲程柴油发动机。每次试验都必须采用新的随动滚柱重新组装发动机。

50h 稳态试验见下表：

试验参数	转速/（$r \cdot min^{-1}$）	扭矩/（$N \cdot m$）	主机油道温度/℃	冷却液出口温度/℃	燃油耗率/（$kg \cdot h^{-1}$）
规范值	1000±5	记录	120±2	120±2	9.4±0.1

H.2 试验结果总结

1. 试验结果：	
评 价 项 目	试验结果
平均随动滚柱磨损/μm	
2. 结论：	

H.3 随动滚柱磨损测定数据汇总

挺杆的零件号码

形貌仪测得的磨损量（μm）见下表：

挺杆编号	磨损/μm	挺杆编号	磨损/μm
左 1		右 1	
左 2		右 2	
左 3		右 3	
左 4		右 4	
左 5		右 5	
左 6		右 6	
左 7		右 7	
左 8		右 8	
磨损量的统计结果			
最小值	最大值	平均值	标准偏差

箭头所指为磨损测量处：

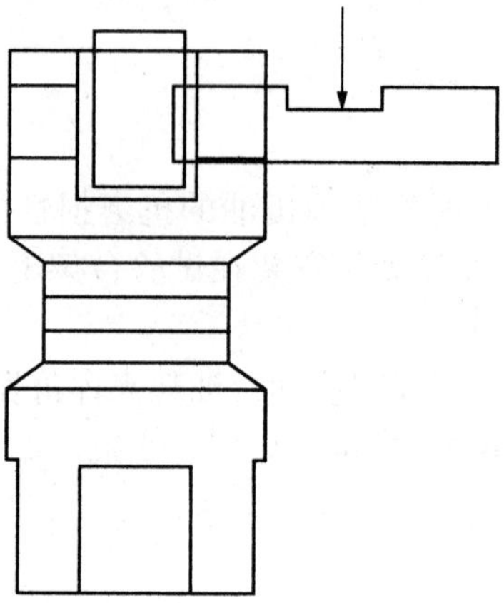

H.4 试验操作参数汇总-发动机转速

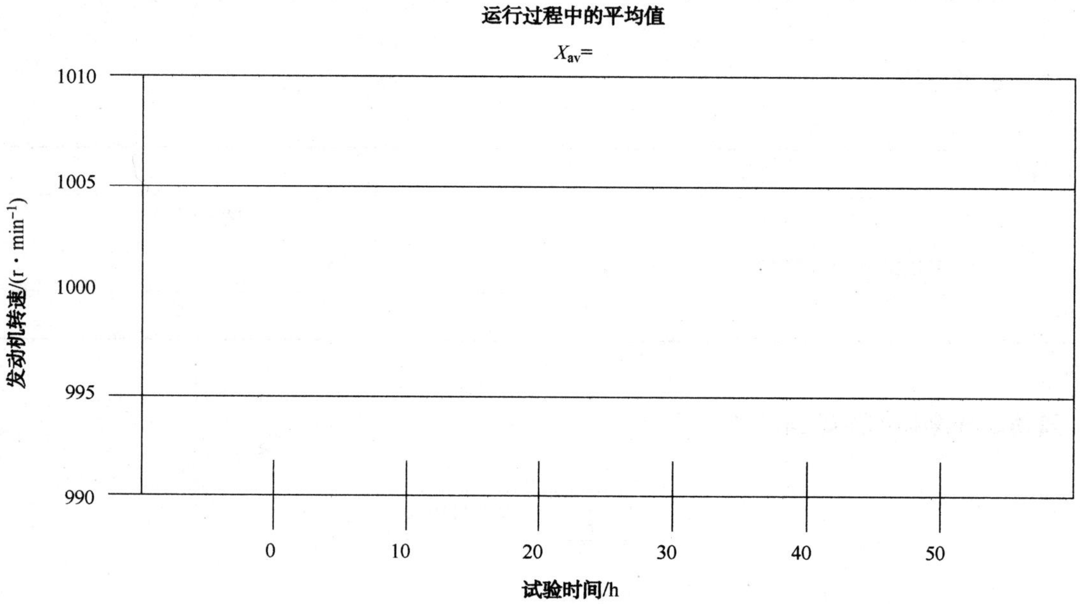

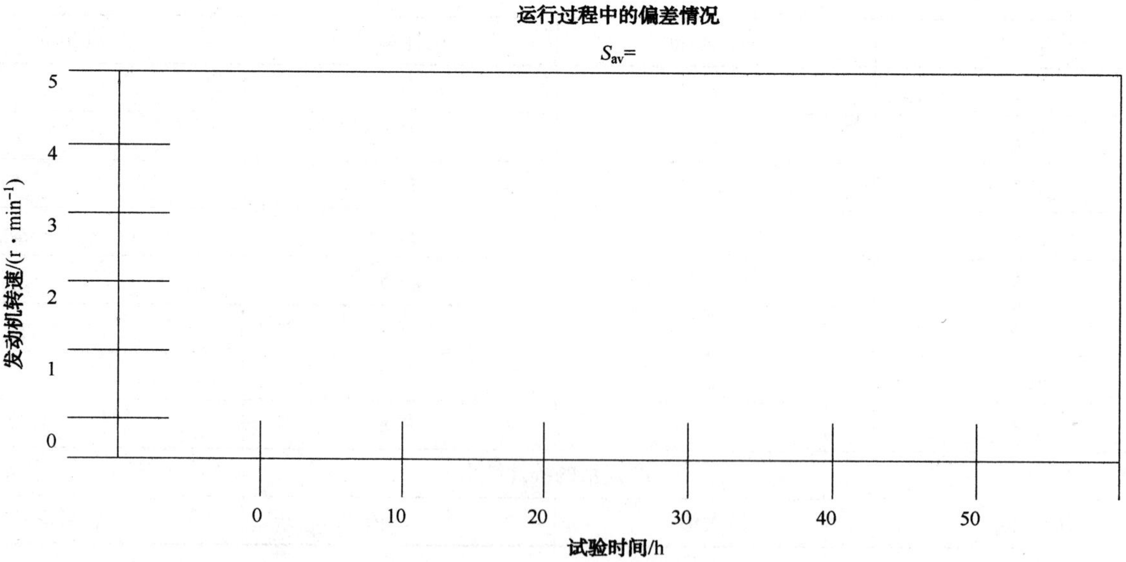

H.5 试验操作参数汇总-发动机输出功率

运行过程中的平均值

X_{av}=

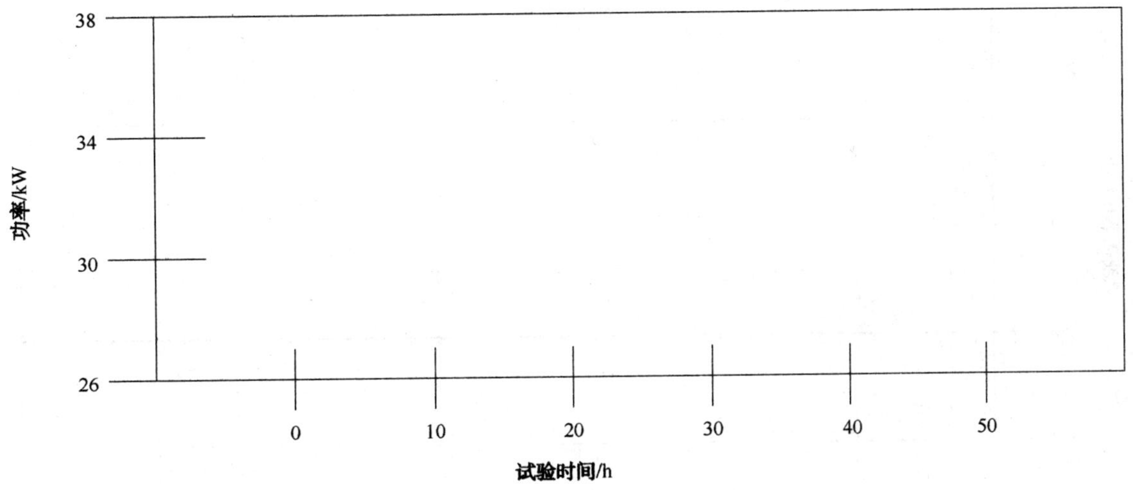

运行过程中的偏差情况

S_{av}=

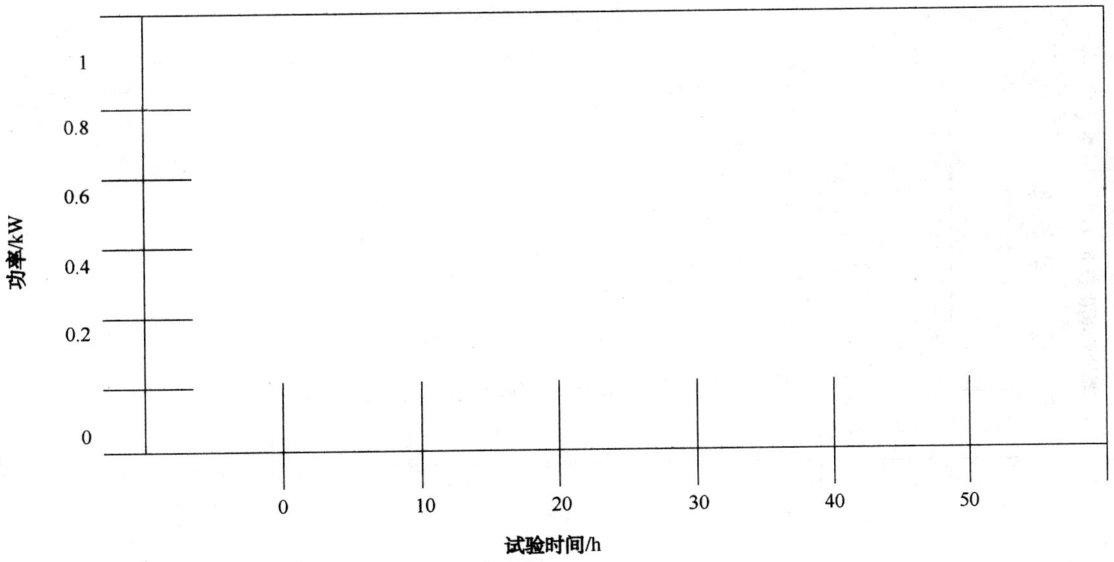

H.6 试验操作参数汇总-燃油耗率

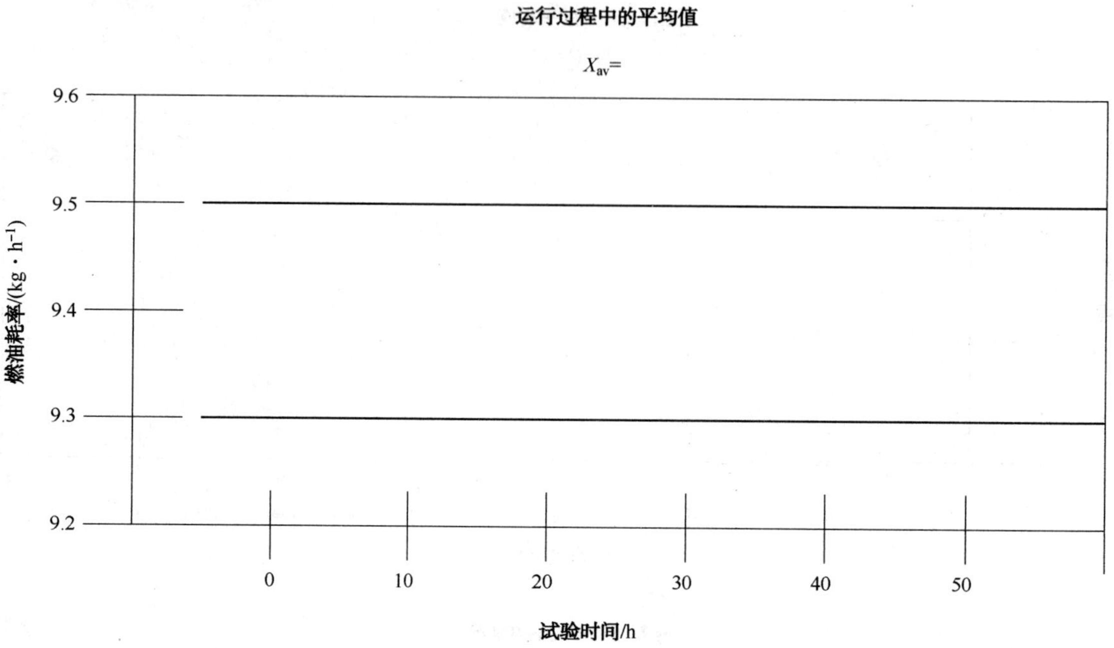

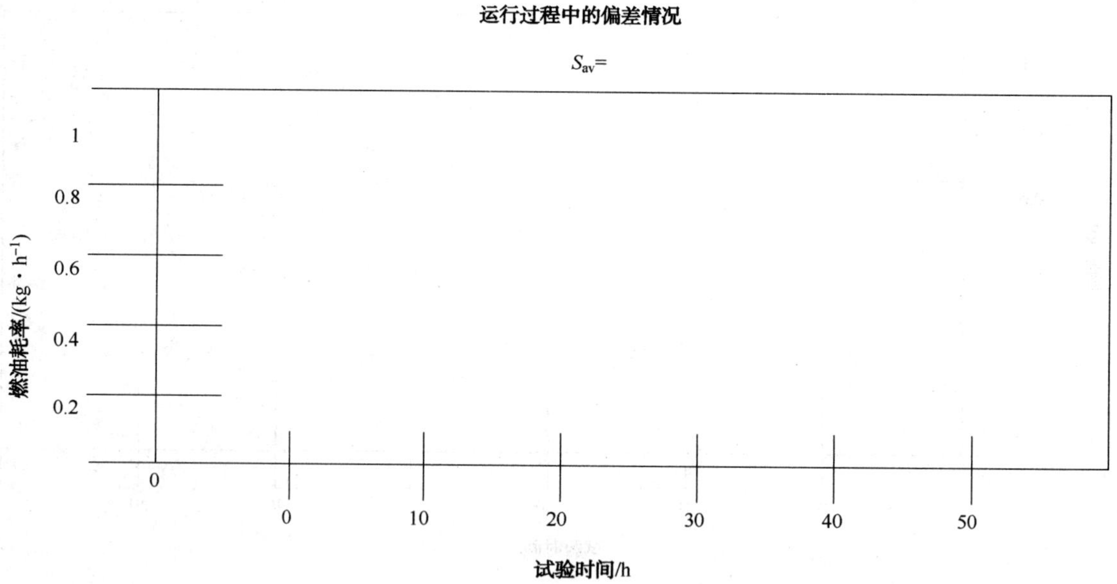

H.7 试验操作参数汇总-冷却液出口温度

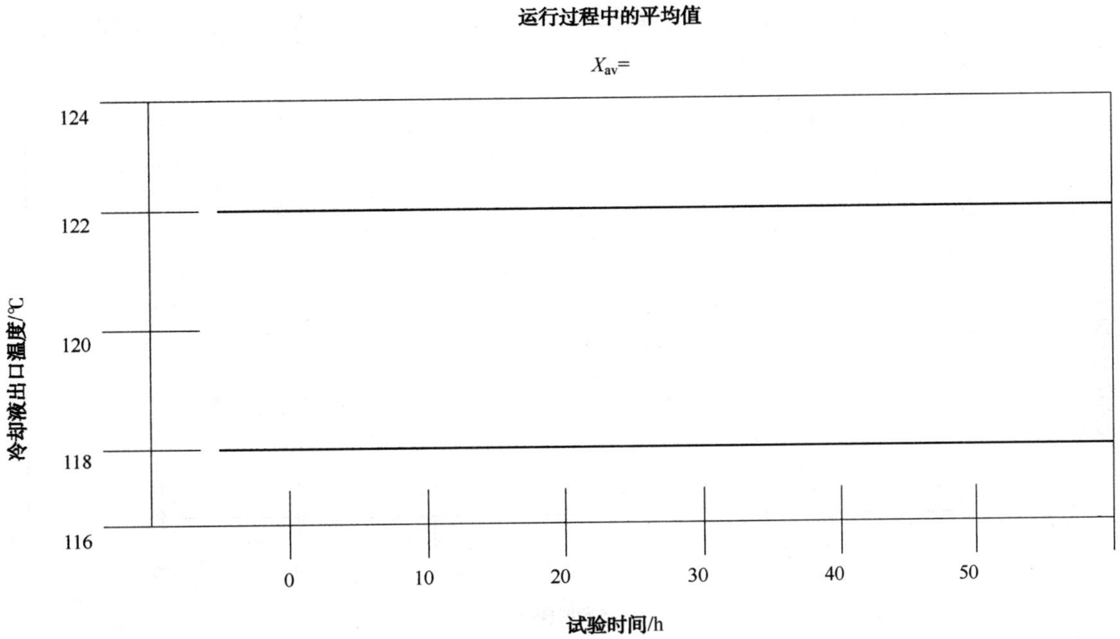

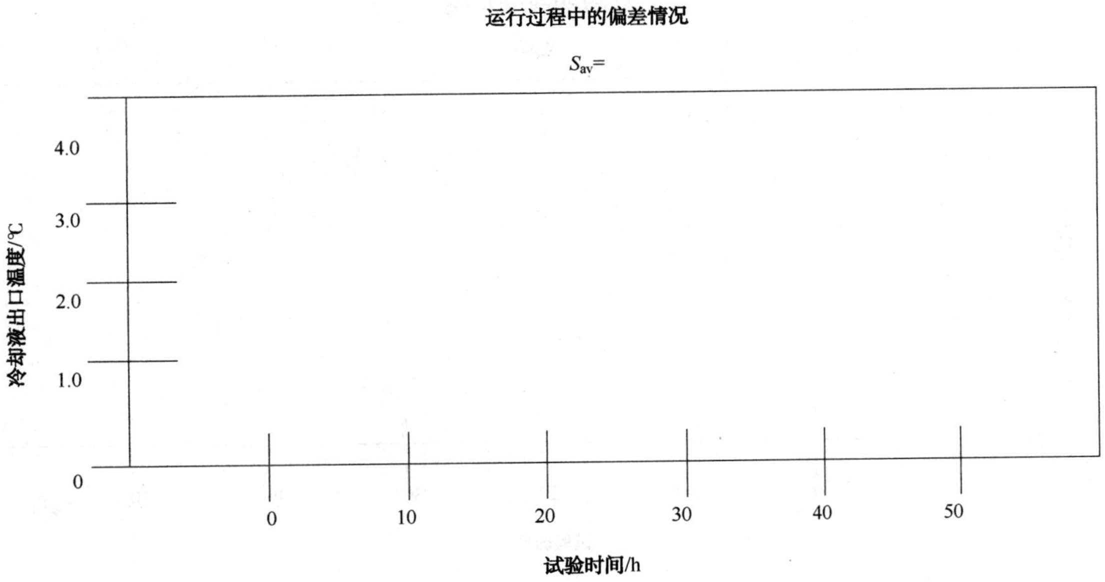

H.8 试验操作参数汇总-冷却液入口温度

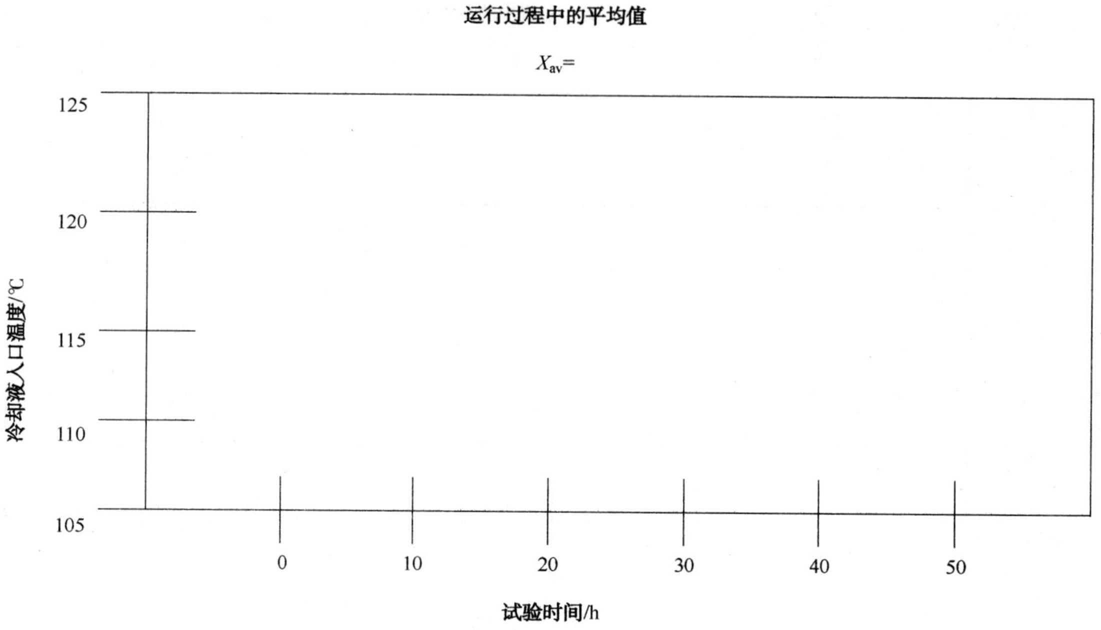

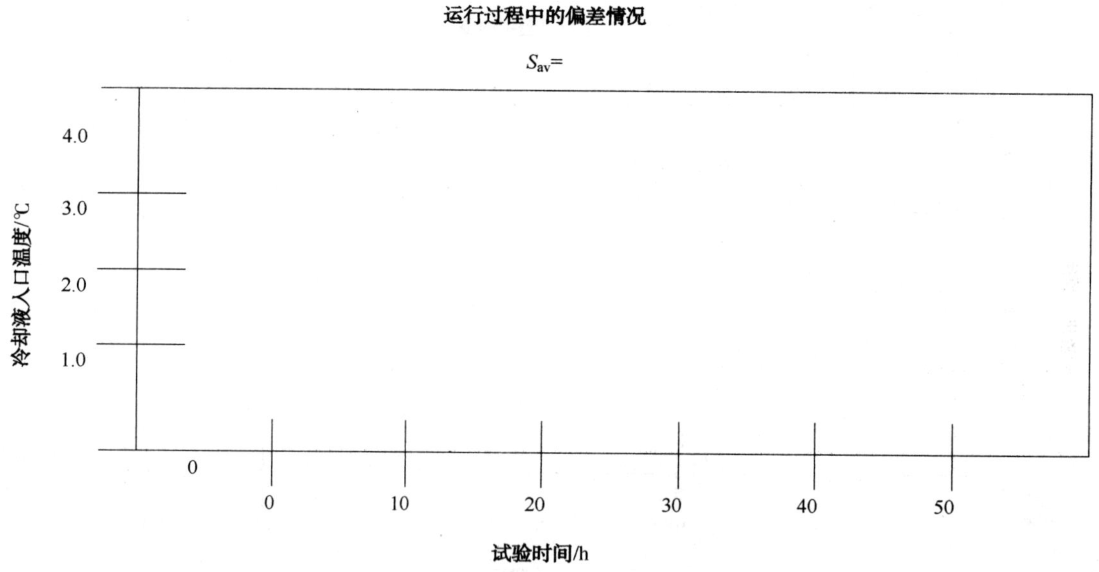

H.9 试验操作参数汇总-机油主油道温度

运行过程中的平均值

X_{av}=

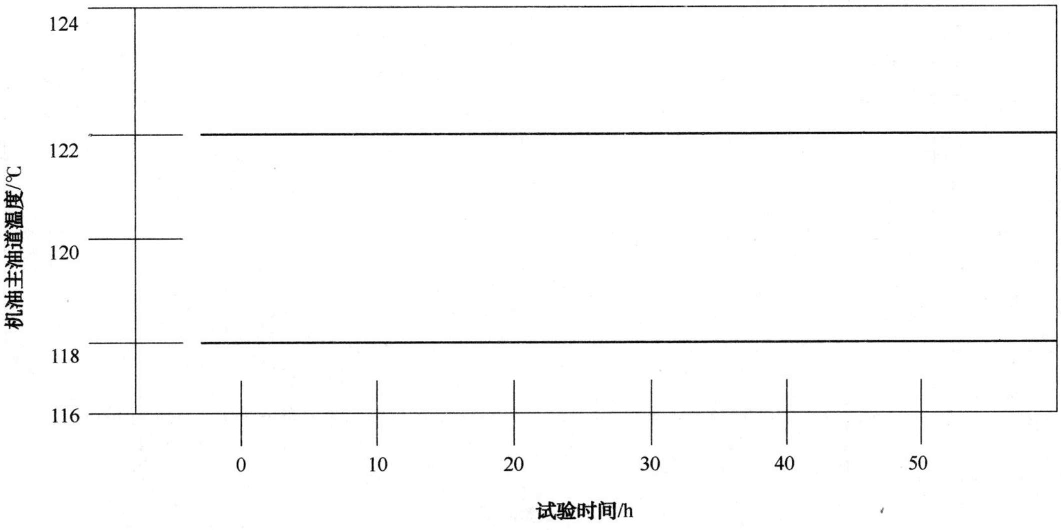

运行过程中的偏差情况

S_{av}=

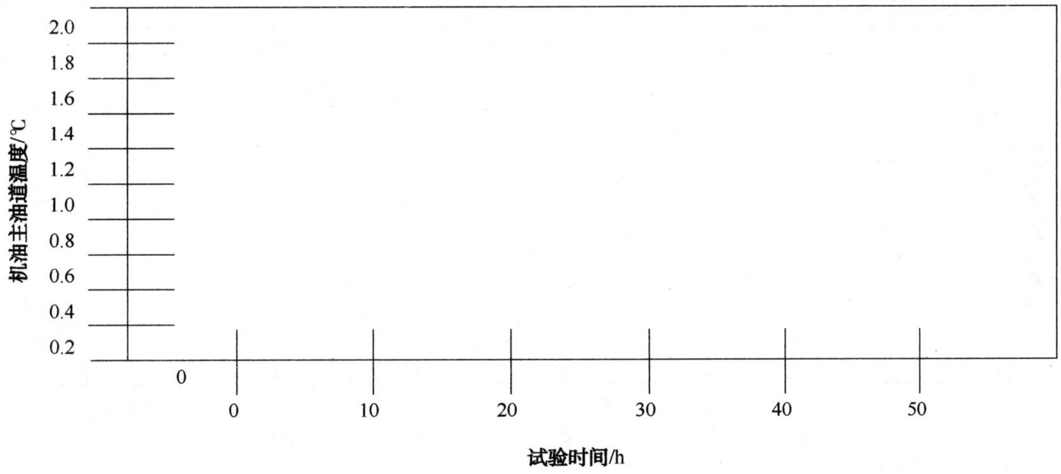

H.10 试验操作参数汇总-机油主油道压

运行过程中的平均值

$X_{av}=$

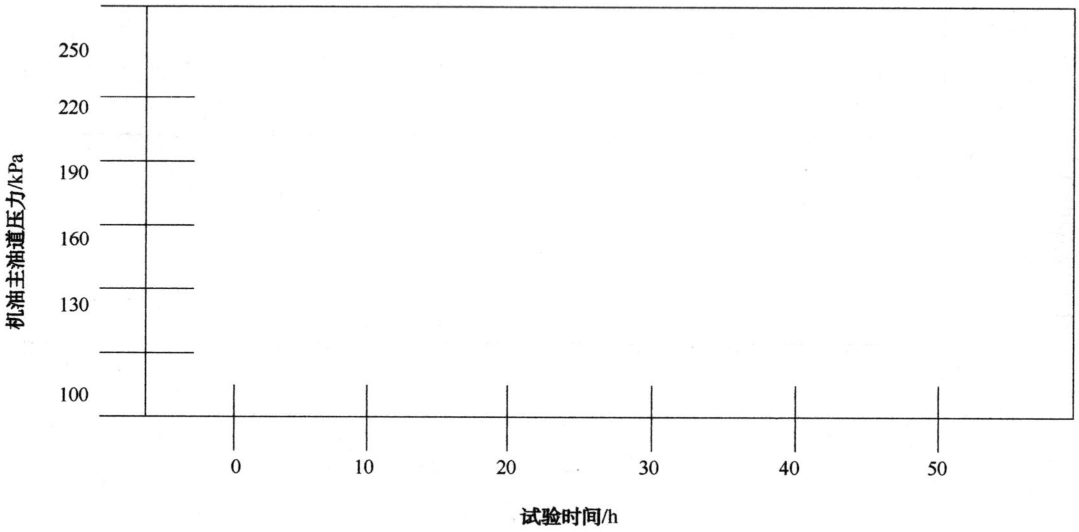

运行过程中的偏差情况

$S_{av}=$

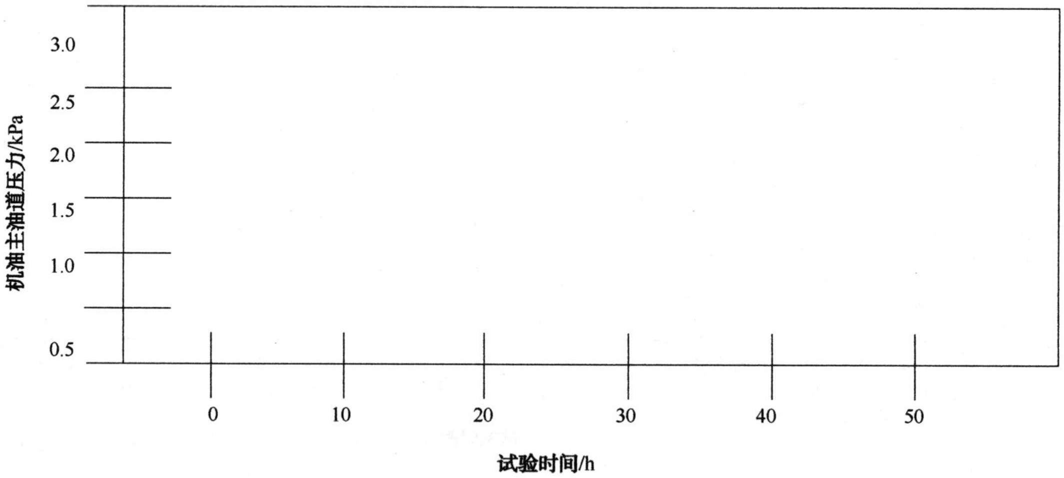

H.11 试验操作参数汇总-进气温度

运行过程中的平均值

$X_{av}=$

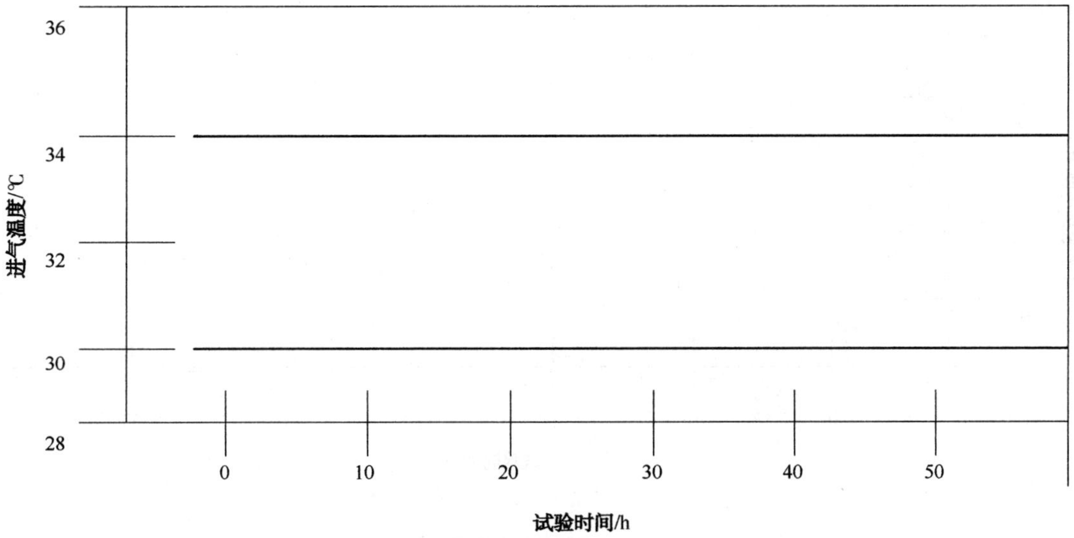

运行过程中的偏差情况

$S_{av}=$

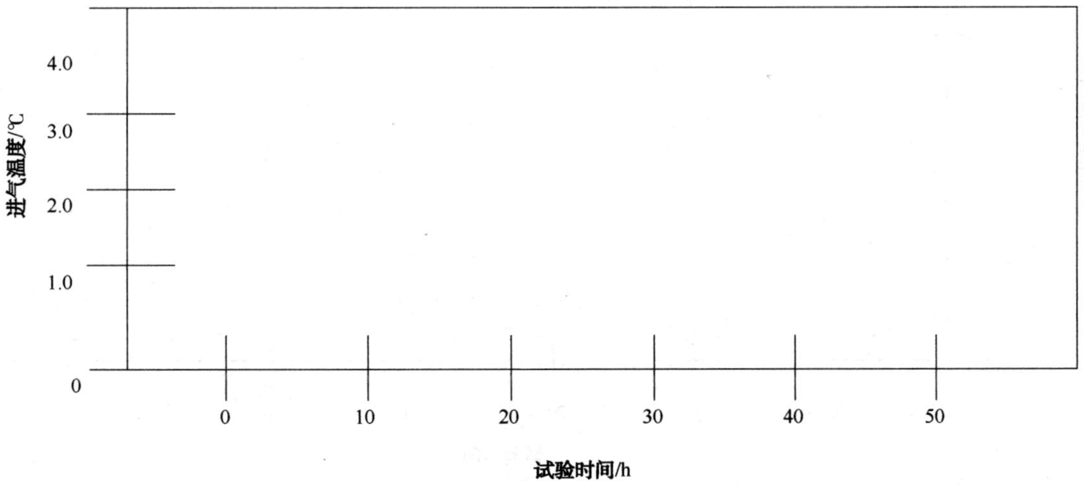

H.12 试验操作参数汇总-曲轴箱真空度

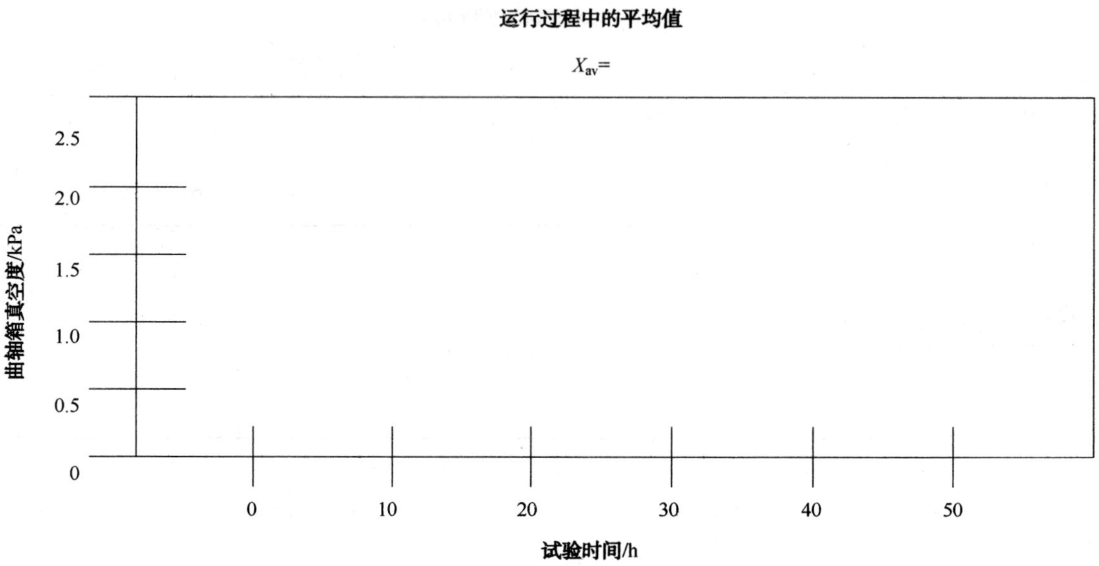

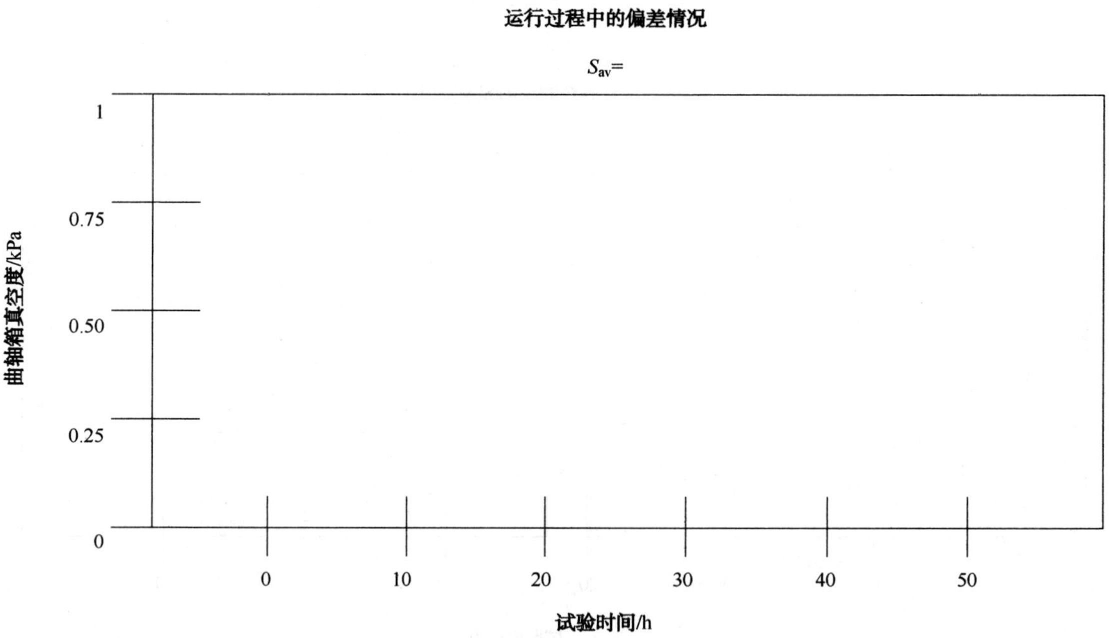

H.13 试验操作参数汇总-进气压力

运行过程中的平均值

X_{av}=

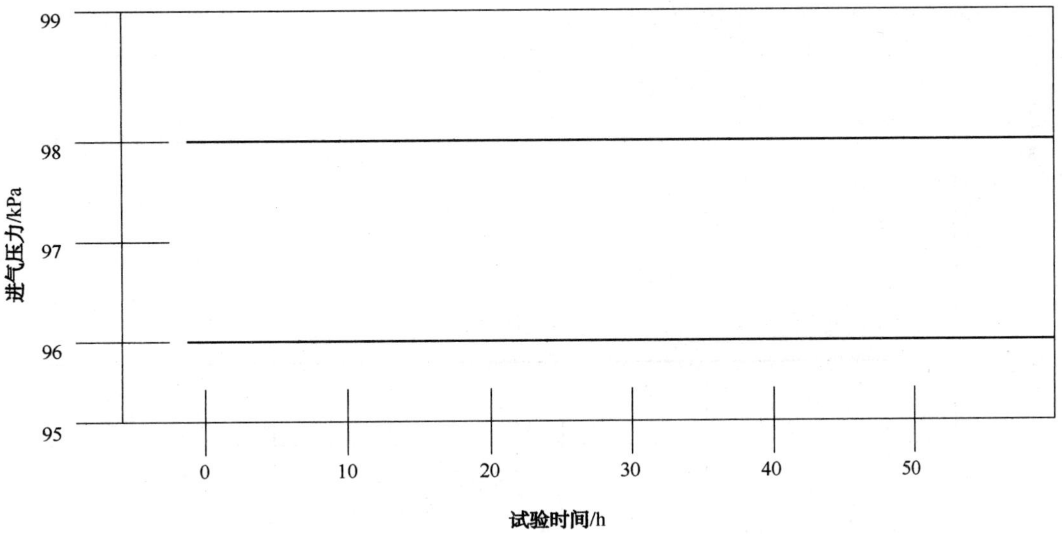

运行过程中的偏差情况

S_{av}=

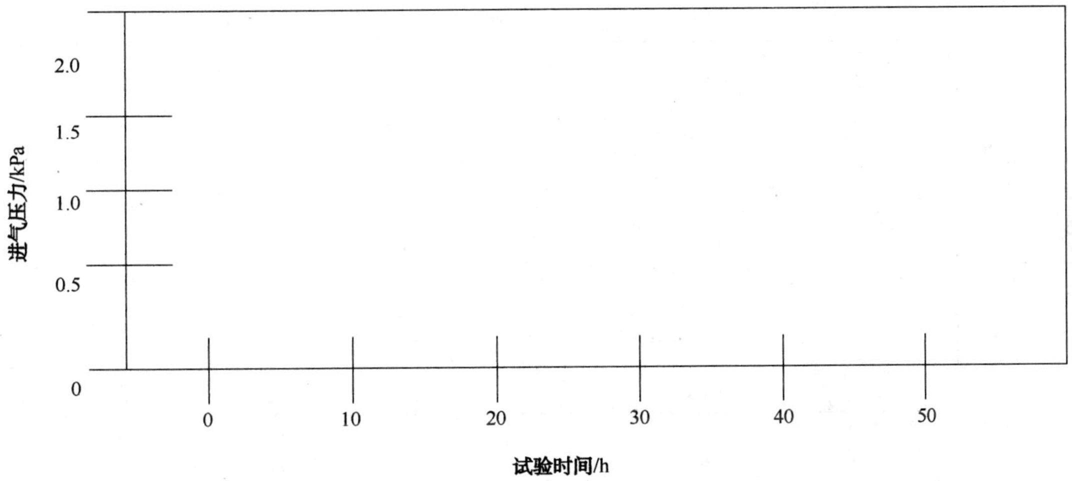

H.14 试验操作参数汇总-排气背压

运行过程中的平均值

X_{av}=

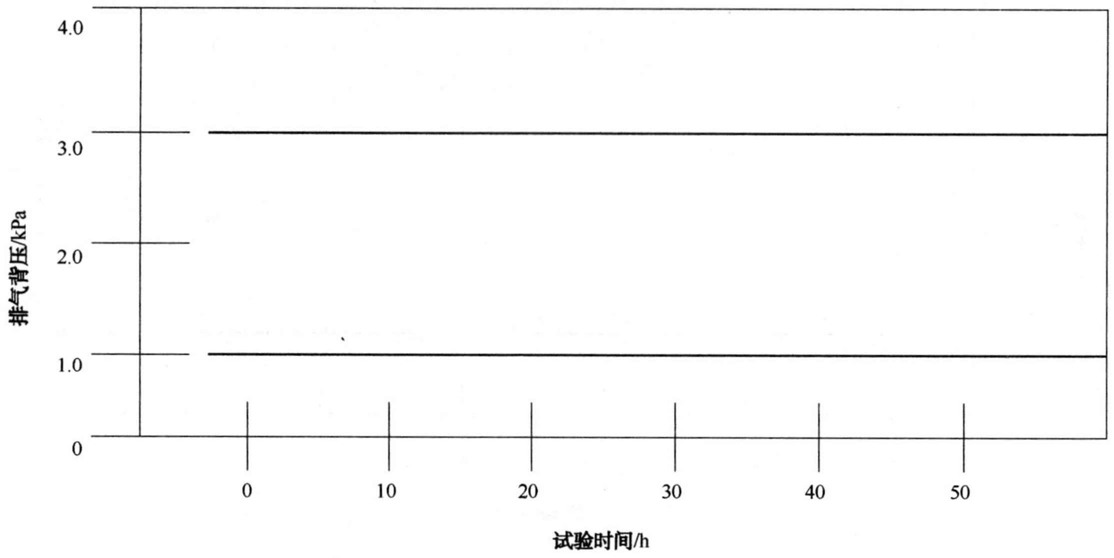

运行过程中的偏差情况

S_{av}=

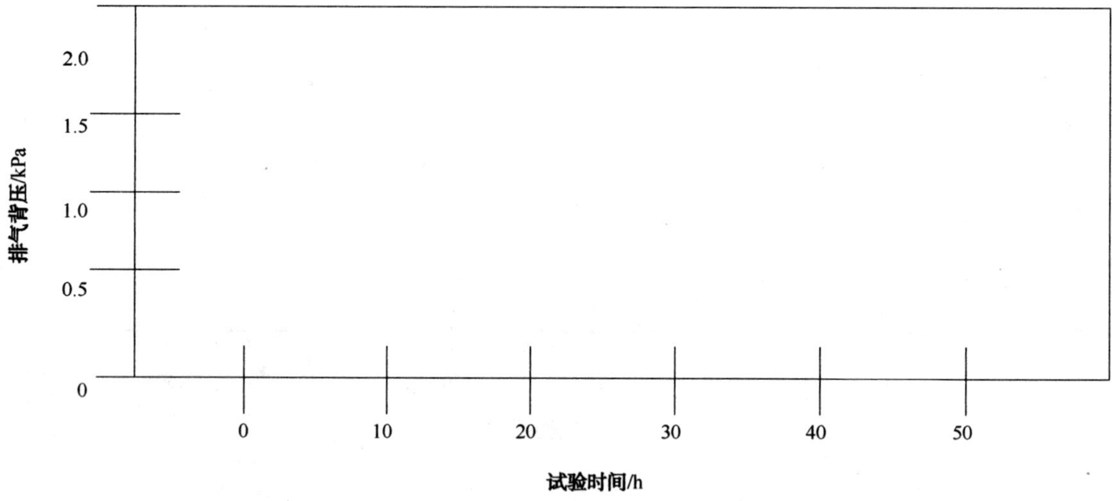

H.15 试验操作参数汇总-燃油入口温度

运行过程中的平均值

X_{av}=

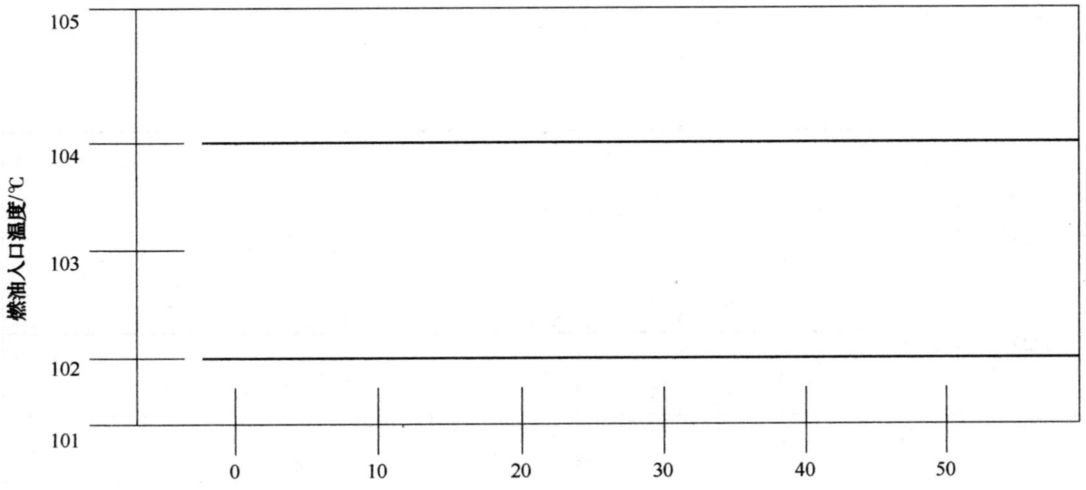

运行过程中的偏差情况

S_{av}=

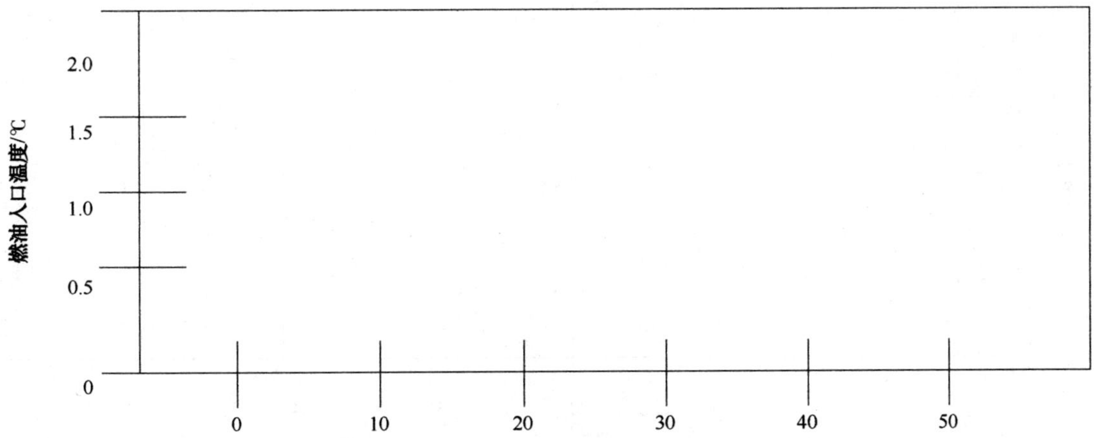

H.16 试验操作参数汇总-排气温度

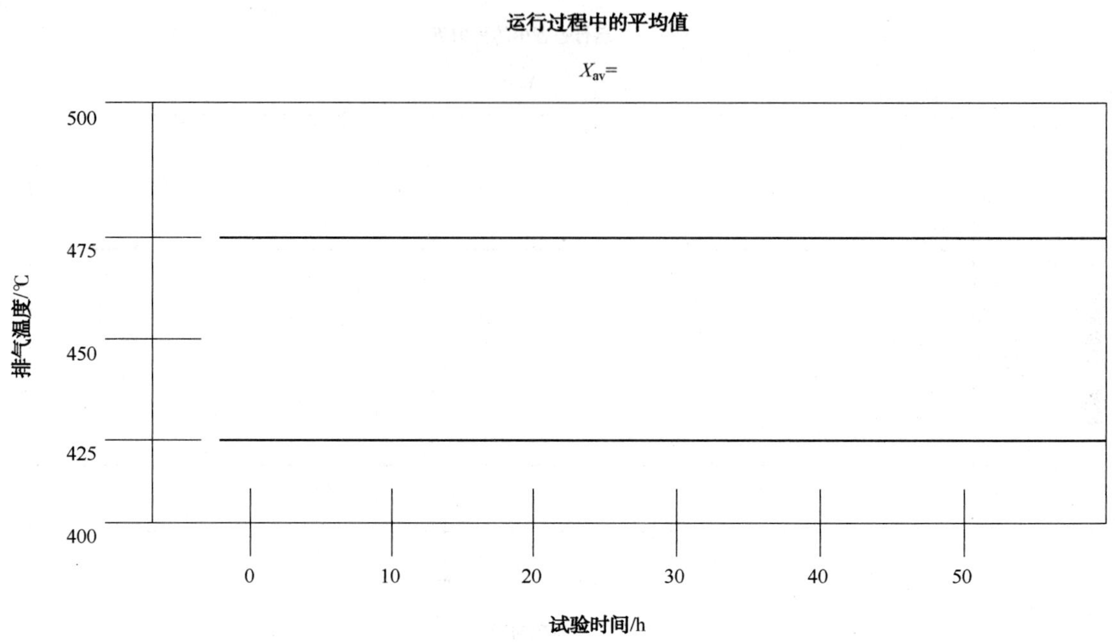

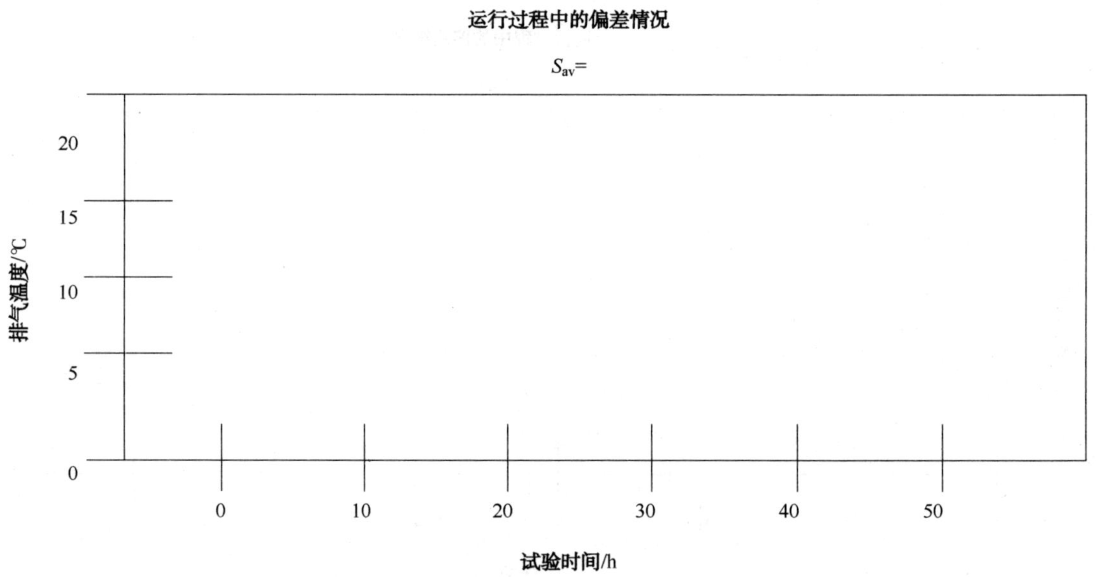

H.17 试验操作参数汇总

试验参数	规范值	平均值	标准偏差	最小值	最大值
	6.5L 发动机				
发动机转速/（r·min^{-1}）	1000±5				
扭矩/（N·m）	记录				
燃油耗率/（kg·h^{-1}）	9.4±0.1				
总机油耗量/kg	记录				

温度	规范值	平均值	标准偏差	最小值	最大值
冷却液出口/℃	120±2				
冷却液入口/℃	记录值				
主机油道/℃	120±2				
燃油入口/℃	35±2				
进气入口/℃	32±2				
机油底壳/℃	记录				
排气/℃	记录				

压力	规范值	平均值	标准偏差	最小值	最大值
曲轴箱真空度/kPa	记录				
排气背压（表压）/kPa	2±1				
进气压力/kPa	97±1				

H. 18　油样分析

试验时间/h	100℃运动黏度/（$mm^2 \cdot s^{-1}$）	烟炱含量/%
0		
25		
50		

试验时间/h	元素/（$\mu g \cdot g^{-1}$）						
	Al	Cr	Cu	Fe	Pb	Si	Sn
0h							
50h							

H. 19　试验燃油分析结果

检测项目	分析数据	试验方法
硫含量（质量分数）/%		GB/T 11140
密度（20℃）/（$g \cdot cm^{-3}$）		SH/T 0604
组成（体积分数）/% 芳烃含量 烯烃含量 饱和烃含量		GB/T 11132
十六烷指数		GB/T 11139
十六烷值		GB/T 386
铜片腐蚀（50℃，3h）/级		GB/T 5096

表（续）

检测项目	分析数据	试验方法
闪点（闭口）/℃		GB/T 261
浊点/℃		GB/T 6986
倾点/℃		GB/T 3535
10%蒸发物残炭（质量分数）/%		GB/T 268
水和沉积物（体积分数）/%		GB/T 6531
灰分（质量分数）/%		GB/T 508
运动黏度（40℃）/（$mm^2 \cdot s^{-1}$）		GB/T 265
酸值/（$mgKOH \cdot g^{-1}$）		GB/T 7304
强酸值/（$mgKOH \cdot g^{-1}$）		GB/T 7304
馏程/℃ 初馏点 10%回收温度 50%回收温度 90%回收温度 终馏点		GB/T 6536

H.20 故障停机时间和维护记录

故障停机			
停机时间	停机日期	停机延续时间	停机原因
			总停机小时数

注释		
注释填写的行数：		

ICS 75.100
E 34

SH

中华人民共和国石油化工行业标准

NB/SH/T 0925—2016

手动变速箱油同步啮合耐久性的评定 FZG SSP-180法

Evaluation of the synchromesh endurance life using the FZG SSP180 synchromesh test rig

2016-12-05 发布

2017-05-01 实施

国家能源局 发布

目　　次

前　言

本标准按照 GB/T 1.1—2009 给出的规则起草。

本标准使用重新起草法修改采用欧洲协调委员会标准 CEC L-66-99（2014）《使用 FZG SSP-180 同步器试验台评价同步啮合耐久性的试验方法》。

本标准与 CEC L-66-99（2014）在结构上有较大差异，附录 A 中列出了本标准与 CEC L-66-99（2014）的章条差异对照表。

为了更适合我国国情，本标准在采用 CEC L-66-99（2014）时进行了部分修改。本标准与 CEC L-66-99（2014）的主要技术差异如下：

——为了使用方便，引用标准修改为我国相应的国家标准；

——本标准增加了第 9 章“台架标定”，规定了同步器试验台参比油标定试验周期为非参比油试验 20 次标定 1 次。使标准方法更加完善，有利于保持试验结果的一致性；

——本标准仅采用 CEC RL115 参比油作为标定参比油，因 CEC RL188 和 CEC RL224 参比油已经停止供应；

——为统一规范，增加了附录 H 试验结果报告。

本标准由中国石油化工集团公司提出。

本标准由全国石油产品和润滑剂标准化技术委员会石油燃料和润滑剂分技术委员会（SAC/TC280/SC1）归口。

本标准起草单位：中国石油天然气股份有限公司兰州润滑油研究开发中心。

本标准主要起草人：杨国峰、张红奎、谢惊春、伏喜胜、靡莉萍、周建强、黄芸琪、刘增明。

手动变速箱油同步啮合耐久性的评定　FZG SSP-180 法

警告：本标准的应用可能涉及某些有危险性的材料、操作和设备，但未对与此有关的所有安全问题都提出建议。因此，用户在使用本标准之前有责任制定相应的安全和防护措施（见附录 B），并确定相关规章限制的适用性。

1　范围

本标准规定了采用特定汽车手动变速箱同步器评定手动变速箱油同步啮合耐久性的方法。通过同步器换挡次数和同步环的磨损率来评价手动变速箱油同步啮合的耐久性。

本标准适用于汽车手动变速箱油的评定。

2　规范性引用文件

下列文件对于本文件的应用是必不可少的。凡是注日期的引用文件，仅所注日期的版本适用于本文件。凡是不注日期的引用文件，其最新版本（包括所有的修改单）适用于本文件。

GB 1922—2006　油漆及清洗用溶剂油

GB/T 17754—2012　摩擦学术语

3　术语和定义

下列术语和定义适用于本文件。

3.1

磨损　wear

由于摩擦造成表面的变形、损伤或表层材料逐渐损失的现象和过程。

[GB/T 17754—2012，定义 2.3 条]

3.2

试验油　candidate oil

使用标准评价的润滑油。

3.3

润滑剂　lubricant

加入到相对运动表面之间，用于减小摩擦和控制磨损的易剪切物质。

[GB/T 17754—2012，定义 6.48 条]

3.4

润滑油　lubricating oil

液体润滑剂，通常包括若干成分，主要由基础油和少量的不同种类添加剂。

3.5

同步器　synchronizer

输出轴为了达到事先规定的速度而相配合的同步环、锥鼓、滑套及同步离合器的总成。

3.6

摩擦系数（μ） frictional coefficient

一组摩擦副之间的摩擦力与法向力之比。

[GB/T 17754—2012，定义 4.18 条]

4 方法概要

4.1 本试验方法的试验件为奥迪（AUDI）B80 同步器总成，把同步器总成和适配器安装在可控制转速、轴向力和其他操作参数的 FZG SSP180 同步器台架上。

4.2 启动液压系统、开启加热器和电机等，进行耐久性循环试验，试验过程中按照方法要求进行试验参数的控制和记录。

4.3 同步器发生重复换挡失效（撞击）或最大 100000 次循环时终止试验。

4.4 试验结束后，拆解试验箱取出试验件，通过同步器换挡次数和同步环的磨损率来评定变速箱油的性能。

5 方法应用

5.1 本试验方法适用于评定手动变速箱油对同步器的同步啮合耐久性寿命。

5.2 全部试验条件满足本试验方法要求时，本方法可用于手动变速箱油的 OEM 规格认证和油品开发。

6 试验设备

6.1 试验设备技术参数

试验设备采用 FZG SSP-180 同步器试验台，其技术参数见表 1，结构图见图 1。在减速的 A 面安装有测量传感器。

表 1 试验台技术参数

参　　数		指　　标
摩擦扭矩/（N·m）	不大于	400
轴向力/N	不大于	4000
转动惯量（同步器的惯量）/（$kg \cdot m^2$）		
离合器侧		0.005~0.4
驱动轮		1.75
转速差/（$r \cdot min^{-1}$）	不大于	3000
可选转速差/（$r \cdot min^{-1}$）	不大于	6000

6.2 试验箱

试验箱安装同步器滑套直径（外径）最大 180 mm，同步器总成最大厚度 167 mm，见图 1。

6.3 变速箱与动力源的联接

变速箱以电机为动力源，电机通过皮带与试验箱输出轴联接，带动试验箱同步器总成旋转，见图 1。

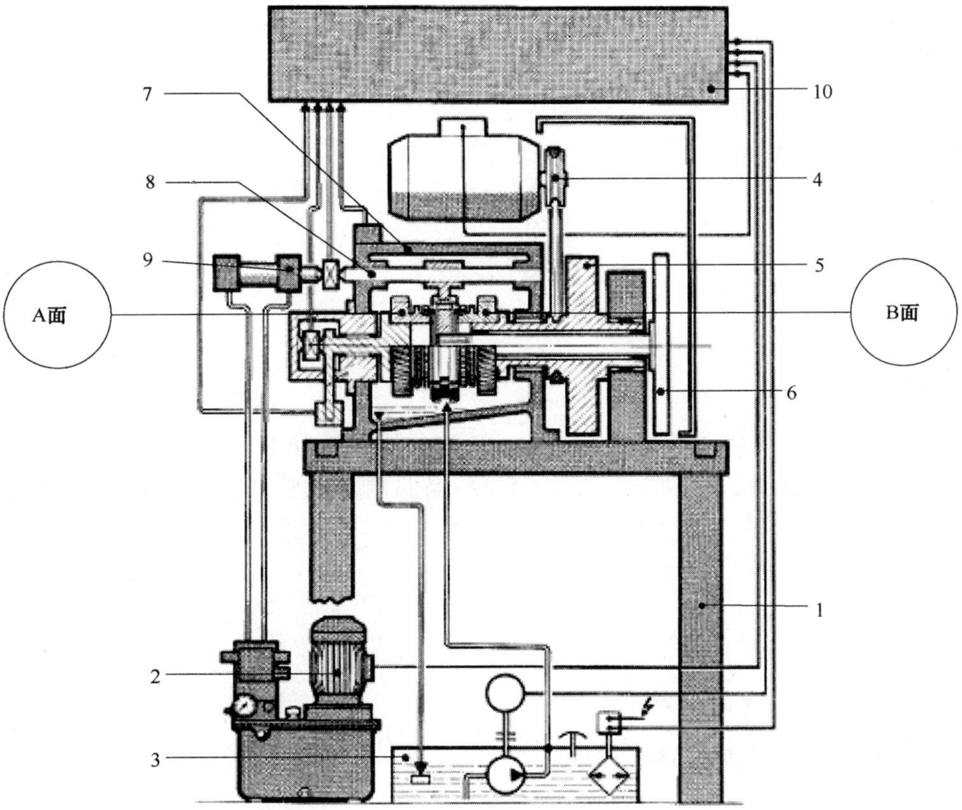

1——试验台支座；
2——液压动力单元；
3——试验油单元；
4——动力源；
5——稳定飞轮；
6——飞轮；
7——试验箱；
8——拨叉导轨 L；
9——换挡组件；
10——配电箱。

图 1 试验台示意图

6.4 驱动系统

在试验台中，电机通过皮带驱动试验箱，皮带与变速箱输出轴连接带动变速箱旋转。试验中通过液力系统推动拨叉导轨 L 旋转，进而使换挡拨叉推动同步器工作，完成同步器的变速换挡。电机采用带有变频器的三相异步电动机，额定功率 7.5 kW，额定转速 3000 r/min。

6.5 试验油循环系统

试验油加热器系统可以加热试验油温度最高至 120℃±5℃，并在试验过程中控制温度，保持恒定温度。试验油循环系统总容积为 8 L。试验箱上方安装喷嘴，采用喷淋润滑方式对同步器进行润滑。试验油流量调节范围为 2 L/min~9 L/min。

6.6 换挡液力驱动系统

变速箱换挡是靠液力系统施加到换挡机构来实现的。

6.7 仪器仪表

传感器和显示器能够监控如下参数：

——试验油温度；

——轴向力；
——摩擦系数；
——摩擦扭矩；
——转速差；
——滑行时间；
——换挡时间；
——试验油流量；
——换挡循环次数。

6.8 热电偶的位置

试验油温度可用热电偶或常规显示设备测量。试验台架在试验油储罐中设置了测量点，位置在试验油储罐上端盖沿着中心线处，钻孔安装热电偶，热电偶插入试验油深度 200 mm，测量试验油储罐温度。

7 试剂和材料

7.1 试验油

完成一次试验大约需要 15 L 试验油。

7.2 清洗溶剂

用满足 GB 1922—2006 的 2 号溶剂油清洗试验件、试验箱和试验油循环系统。

8 试验台架的准备

8.1 零件清洗

8.1.1 试验件

用溶剂油彻底清洗试验件和部件上的油泥、漆膜、沉积物等，并吹干。

注：AUDI B80 滑套试验前需要清洗，试验前黄铜同步环不应清洗。

8.1.2 试验台

放出润滑油，清洗润滑油循环单元，使用干净不起毛的软布擦洗润滑油箱，包括齿轮等。

8.1.3 润滑油储罐、润滑油循环系统清洗

用溶剂油清洗试验油储罐、试验油循环系统，并吹干。

8.2 同步环和滑套高度差测量

8.2.1 用手安装同步器组成，放在准备好的水平桌子上，测量、记录同步器滑套的侧面和同步环之间的轴向间隙，即高度差，单位为毫米。

8.2.2 将滑动套拿在一只手上，同步环拿在另一只手上。

8.2.3 将同步环压入滑套，轻轻地转动。

8.2.4 确定同步环与滑套之间的高度差，在同步环的外表面上取三个点测量，取同步环轴向方向的三

个点测量的算术平均值（*pos*），见图 2。

$$pos=\frac{\sum_{i=1} pos_i}{3}$$

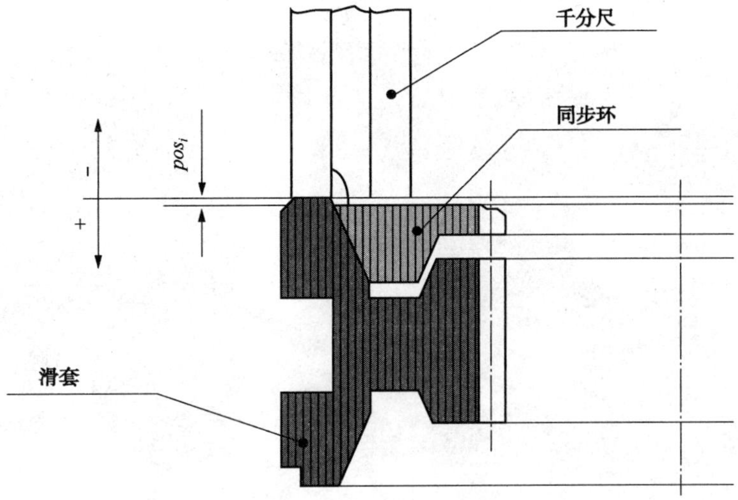

pos——算术平均值。

图 2　高度差测量位置示意图

8.3　装配

8.3.1　同步器总成

在装配过程中用试验油预润滑同步环和滑套部件，同步器总成见附录 C。试验使用的零件见表 2。

表 2　AUDI B80-铜制同步器部件及编号列表

部　件	编　号	
第一速齿轮	AUDI 零件号	012311257B
第二速齿轮	AUDI 零件号	012311271D
同步环	AUDI 零件号	012311247E
滑动套	AUDI 零件号	012311255A
弹簧	AUDI 零件号	012311311E

8.3.2　同步器总成夹具

在试验箱中分别安装 A 面和 B 面同步器夹具，见图 3。

图3　同步器夹具安装位置

8.3.3　储油罐

将储油罐中加入7 L试验油，并连接储油罐和试验箱之间的输油管线。

8.3.4　转动惯量飞轮盘

安装转动惯量为0.04 kg·m^2飞轮盘。

8.3.5　试验箱侧盖和上盖

安装试验箱侧盖和上盖，拧紧螺丝。

8.3.6　调节接触开关

正确识别终端位置，确定螺钉与接触开关之间的距离0.5 mm~1.0 mm，见图4。

单位为毫米

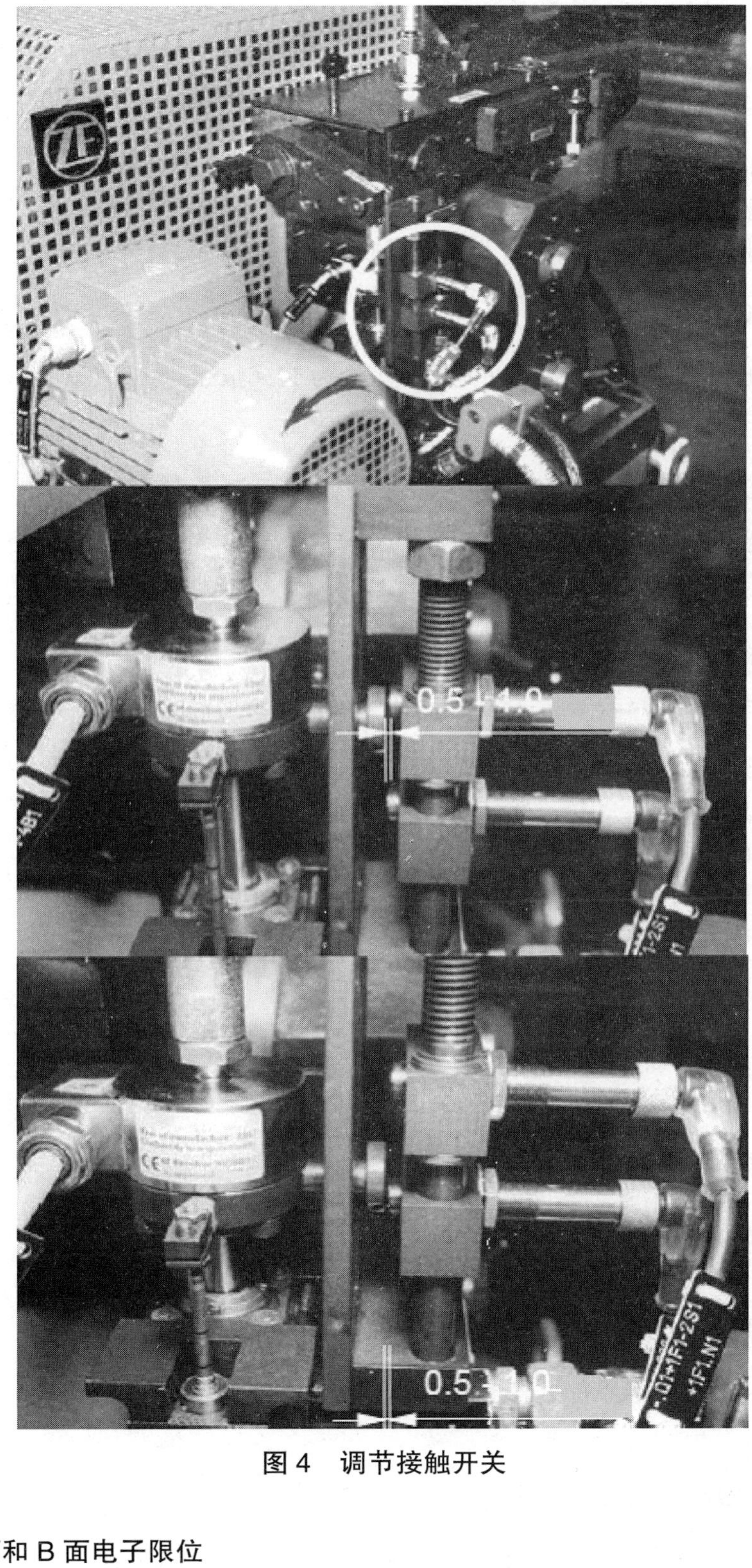

图 4　调节接触开关

8.3.7　同步器 A 面和 B 面电子限位

调节电子限位使轴向力显示小于 15N。

9 台架标定

9.1 试验台架的标定周期

为保证试验的一致性和苛刻度水平，在以下情况下应对试验台架进行标定：

——新建立的试验台架，应进行标定；

——非参比油试验次数累计达 20 次，需要对试验台架进行标定。

9.2 标定参比油 CEC RL115

CEC RL115 号参比油试验结果范围：平均磨损率约为 17.6 μm。

9.3 仪表标定

9.3.1 温度传感器至少 2 年标定 1 次。

9.3.2 其他各类传感器和测量通道至少每年标定 1 次。

10 试验步骤

10.1 清洗试验台

10.1.1 将试验件安装到试验箱内。

10.1.2 加入 2 L 试验油。

10.1.3 确认安装正确的飞轮盘，0.04 kg · m^2。

10.1.4 开启试验油循环泵，使用试验油冲洗试验台，运行时间约 5 min。

10.1.5 完成冲洗后放空清洗油。

10.2 磨合

10.2.1 加入试验油到工作面，约需 7 L。

10.2.2 设置循环时间为 4 s。

10.2.3 设置同步转速差为 550 r · min^{-1}。

10.2.4 设置轴向力 450 N。

10.2.5 加热试验油至 80℃后启动试验台，然后运转 50 个循环。

10.2.6 停机。

10.3 耐久性试验条件

耐久性试验程序，具体试验条件见表 3。测量精度，见附录 D。ZF BK117 HS45 同步器试验推荐条件，见附录 E。

10.3.1 耐久性试验程序

10.3.1.1 试验油加热至 80℃后，设置电机速度到试验速度，启动试验台。

10.3.1.2 增加轴向力到试验负荷，见表 3。试验台测控参数，见附录 F。

10.3.1.3 同步器发生重复换挡失效（撞击）或最大 100000 次循环时完成试验。

10.3.1.4 每天至少两次检查试验条件的稳定性，如果必要试验条件可以重新设置。

10.3.1.5 在下列循环次数时记录轴向力、摩擦系数、摩擦扭矩、转速差、滑动时间、温度等试验参数：10，50，100，500，1000，2000，3000，4000 等，直到试验结束。

10.3.1.6 如果由于换挡失效停止试验，需要重新启动试验进行再次确认。

10.3.1.7 如果少量的循环后发生换挡失效，至多发生 3 次换挡失效，那么试验结束。

10.3.1.8 重复试验用同样的试验条件和新的试验件。

10.3.1.9 如果同一油品两个试验结果处于其平均值±25%的范围之外，那么要求进行第三次试验。

表 3 AUDI B80 同步器耐久性试验条件

项　　目		试验条件
转速差/（$r \cdot min^{-1}$）		1100±50（滑动速度 5.3 m/s）
轴向力/N		720±25（接触压力 3.0 N/mm^2）
轴向力的增加量（110ms 之内）/%	不小于	110
摩擦损失/（$J \cdot mm^{-2}$）		0.13
转动惯量/（$kg \cdot m^2$）		0.04
循环时间/s		4.5±0.5
试验油流量/（$L \cdot min^{-1}$）		5±0.5
试验油温度/℃		80±5
试验结束		发生重复换挡失效（撞击）或最大 100000 次循环

10.4 停机和维护

10.4.1 正常停机

直接从运行条件停止试验。

10.4.2 紧急停机

当不能执行正常停机程序时，采取紧急停机。

10.4.3 维护

试验台组件需要修理时进行维护。

10.4.4 总停机时间和停机次数的限制未作具体要求。记录每次停机时间和原因。

10.5 试验结束

10.5.1 试验程序结束后，运行正常停机程序，自动关闭运转电机。

10.5.2 同步器发生换挡失效（撞击）或完成了预设循环次数，终止试验。

10.5.3 试验结束后拆卸试验件进行轴向磨损测量。

11 计算和评分

11.1 同步环和滑套高度差（轴向磨损）的测量

11.1.1 用手安装同步器组成，放在准备好的水平桌子上，测量、记录同步器滑套侧面和同步环之间的轴向间隙，即高度差。试验件授权书，见附录 G。

11.1.2 一只手拿滑动套，另一只手拿同步环，将同步环压入滑动套，轻轻地转动。

11.1.3 确定同步环与滑动套之间的高度差，在同步环的外表面上取三个点测量，取同步环轴向方向的三个点测量的平均值，见图2。

11.1.4 确定试验期间发生的轴向磨损，轴向磨损是试验前后轴向位置之间的差值。

11.2 轴向磨损率计算

试验件的改变会引起高度差不同，导致失效循环次数的变化，按式（1）计算磨损率结果。

$$a = (b/n) \times 1000 \quad \cdots\cdots (1)$$

式中：

a——磨损率，单位为微米（μm）；

b——轴向磨损，单位为毫米（mm）；

n——循环次数，单位为次。

12 结果报告

试验报告格式，参见附录H。

13 精密度和偏差

13.1 精密度

按下述规定判断试验结果的可靠性（95%的置信水平）。

13.1.1 重复性（*r*）

同一实验室的同一操作者，使用同一仪器，对同一试样重复测定所得的两个试验结果之差不应超过表4中规定的数值。

13.1.2 再现性（*R*）

不同操作者，在不同实验室，使用不同的仪器，按照相同的方法，对同一试样分别进行测定得到的两个单一、独立的试验结果之差应不超过表4中规定的数值。

表4 精密度

RL 115 参比油	平均值	重复性 r	再现性 R
磨损率/μm	17.6	8.8	8.8

13.2 偏差

本标准尚未确定偏差。

附 录 A
(资料性附录)
本标准章条编号与 CEC L-66-99（2014）章条编号对照

A.1 表 A.1 给出了本标准章条编号与 CEC L-66-99（2014）章条编号对照一览表。

表 A.1 本标准章条编号与 CEC L-66-99（2014）章条编号对照表

本标准章条编号	对应的 CEC L-66-99（2014）章条编号
1	02.2
2	—
3	—
4	02.2
5	02.2
6	04
6.1	04.3
6.2~6.8	04.1
7	10
7.1	10.3
7.2	06.1.1
8	06
8.1	06.1.1 和 06.2.1
8.2	06.1.2
8.3	02.4.1 和 04.2
9	05
9.1	—
9.2	11.1
9.3	—
10	07
10.1~10.4	07.1~07.4
10.5	—
10.6	—
11	08
12	09
13	11
13.1	11.1
13.2	—
附录 A	—

表 A.1 本标准章条编号与 CEC L-66-99（2014）章条编号对照表（续）

本标准章条编号	对应的 CEC L-66-99（2014）章条编号
附录 B	03
附录 C	02.4
附录 D	05.1
附录 E	07.4.2
附录 F	04.3
附录 G	附件 2
附录 H	附件 1 和附件 2
注：表中的章条编号以外的本标准的其他章条编号与 CEC L-66-99（2014）的章条编号均相同且内容相对应。	

附　录　B
(规范性附录)
安全防护措施

B.1　同步器台架试验具有一定的危险性，实验室应制定有关的安全操作规程，采取有效的安全措施，避免造成人体伤害和设备损坏。因此，建议只有对同步器试验有经验或经过培训的人员，才能从事同步器台架的安装和操作。

B.2　试验台架的所有传动和发热部件应加防护罩。裸露的同步器台架传动件和连接轴周围要加防护罩。正确安装试验油管线，电源线接地并保持良好的秩序，要经常进行检查和维修。

B.3　试验台架周围禁放障碍物、试验油和燃油等物品。在试验过程中，操作人员要时刻注意试验油可能发生的泄漏现象。以清洗为目的使用易燃溶剂时，应遵守正常的预防措施。

B.4　工作人员在试验台旁工作时，应佩戴安全口罩、眼镜并进行听力保护。在运转的同步器试验台架旁，操作人员不允许留长发，应穿紧身工作服装。电机运转时，工作人员应小心远离电机和传动系统工作。

B.5　在发生如下情况时，联锁装置应能自动停机：电机电源短路、电机超速和试验台震动过大等。联锁装置应包含一个切断电源供给的方法。

B.6　实验室配备干式灭火设备。

B.7　采用其他安全措施的法律、法规。

附 录 C
(规范性附录)
同步器试验总成及采购信息

C.1 基本信息

试验台滑套和适配器可从试验台制造商或德国慕尼黑工业大学获得。

C.2 AUDI（奥迪）B80-铜制乘用车同步器总成

AUDI B80-铜制同步器总成，见表C.1。

表C.1 AUDI B80-铜制同步器总成列表

部 件	零件编号	
第一速齿轮	AUDI零件号	012311257B
第二速齿轮	AUDI零件号	012311271D
同步环	AUDI零件号	012311247E
滑动套	AUDI零件号	012311255A
弹簧	AUDI零件号	012311311E

C.3 ZF（采埃孚）BK117 HS45商用车同步器总成

ZF BK 17-HS45同步器总成，见表C.2。

表C.2 ZF BK117 HS45同步器总成列表

部 件	零件编号	
离合器壳体	ZF零件号	1315304124
同步器	ZF零件号	1315304123
压力片	ZF零件号	1297304436
同步弹簧	ZF零件号	1315304122
滑动套	ZF零件号	1304304664
弹簧	ZF零件号	0732040409

C.4 DC（戴姆勒克莱斯勒）AK177-钼制商用车同步器总成

DC AK177-钼制同步器总成，见表C.3。

表 C.3 DC AK177-钼制同步器总成列表

部 件	零件编号	
离合器壳体	DC 零件号	3892625434
同步器	DC 零件号	3892622735
同步弹簧	DC 零件号	3892620637
滑动套	DC 零件号	9452620323
弹簧	DC 零件号	3872621093

附　录　D
（规范性附录）
测量精度

D.1　测量精度级别A：测量仪器通用的有效技术。

D.2　测量精度级别B：能够接受低级别的测量仪器的精度。

表D.1　测量精度

参数	范围	精度要求
电机转速/（$r\cdot min^{-1}$）	0~5000	10（A）
轴向力/N	0~4000	40+1%（A）
扭矩/（N·m）	0~400	4+1%（A）
温度/℃	10~150	2.5（B）
试验油流量/（$L\cdot min^{-1}$）	0~7	1（A）
注：1%为读数值的±1%。		

附　录　E
（规范性附录）
ZF BK117 HS45 同步器试验推荐条件

E.1　ZF BK117 HS45 同步器磨合

E.1.1　加入试验油到工作面，约需 7 L。

E.1.2　设置循环时间为 6 s。

E.1.3　确认正确安装 ZF BK117 的油嘴。

E.1.4　设置同步转速差为 800 r/min。

E.1.5　设置轴向力 885 N。

E.1.6　加热润滑油后启动试验台，然后运转 100 个循环。

E.1.7　停止试验台。

E.2　ZF BK 117 HS45 同步器耐久性试验条件

表 E.1　ZF BK 117 HS45 同步器耐久性试验条件

参数	试验条件
转速差/（r·min^{-1}）	1600±50（滑动速度 9.8 m/s）
轴向力/N	1765±25（接触压力 4.0 N/mm^2）
轴向力的增加量（0.1s 之内）/%　　不小于	80
摩擦损失/（J·mm^{-2}）	0.47
转动惯量/（kg·m^2）	0.12
循环时间/s	6±0.5
试验油流量/（L·min^{-1}）	5±0.5
试验油温度/℃	80±5
试验结束	发生重复换挡失效（撞击）或最大 100000 次循环

附　录　F
（资料性附录）
试验台测控参数

F.1　试验台测控参数，见下表 F.1。

表 F.1　试验台测控参数

参　数	位　置	范　围	精　度
试验油温度/℃	位置在加热器内侧的润滑油箱中	10~120	B
输入轴转速/（r·min^{-1}）	在试验台体上	0~3000	A
换挡力/N	在试验台体上	-4000~4000	A
轴向力/N	在试验台体上	0~4000	A
摩擦扭矩/（N·m）	在试验台体上	0~400	A
换挡位移/mm	在试验台体上	-25~25	0.1
循环次数/次	在试验台的控制面板处	1~999999	+/-1
换挡时间/s	在试验台的控制面板处	1~99	1s

附　录　G
(资料性附录)
试验件授权书

G.1　试验件授权书，见表 G.1。

表 G.1　试验件授权书

1	试验台	名称：	
2	试验	名称：	
3	试验件说明	□Audi B80	
4	摩擦材料—环		锥面
5	锥平均半径	r_m =　　　mm	
6	总摩擦面	A_N =　　　mm	
7	锥角度=		
8	减速边=A	标识—A 环	锥 A
9	加速边=B	标识—B 环	锥 B
10	批次：		
11	交付日期：		
12	日期：	签名：	

附　录　H
（资料性附录）
试验结果报告

送样单位：________________________

油样名称：________________________

试验编号：________________________

试验日期：________________________

试验方法：________________________

试验时间：________________________

试验单位：________________________

单位：××××

H.1 试验方法简介

手动变速箱油同步啮合器耐久性试验用于评定手动变速箱油同步啮合耐久性的性能。

将同步器总成安装在试验台架的试验箱内，然后进行 1 次试验油冲洗，完成冲洗后加入试验油，开始进行同步器耐久性试验。

试验结束后，通过同步器换挡次数和测量同步器总成的磨损率评价变速箱油的性能。

试验采用 AUDI B80 同步器，在 FZG SSP-180 同步器试验台上进行试验。

H.2 试验条件

1	**试验件**		
	减速边 = *A*	标识—A 环：A	锥 A：A
	加速边 = *B*	标识—B 环：B	锥 B：B
2	**试验条件**		
	平均压力/（N · mm^{-2}）	P_m =	
	轴向力/N	F_a =	
	最大滑动速度/（m · s^{-1}）	$V_{g\ max}$ =	
	转速差/（r · min^{-1}）	Δn =	
	摩擦损失/（J · mm^{-2}）	PR =	
	转动惯量/（kg · m^2）	I_{ref} =	
	循环时间/s	t_T =	
	试验油温度/℃	T_{oil} =	
	试验油流量/（L · min^{-1}）	V_{oil} =	

H.3 试验件测量

1	**试验件说明** □Audi B80			
2	**试验前测量**	**A 边**		**B 边**
			mm	mm
			mm	mm
			mm	mm
	同步环与滑套之间的平均高度差	S_{SOT} =	mm	mm
3	**试验后测量**	**A 边**		**B 边**
			mm	mm
			mm	mm
			mm	mm
	同步环与滑套之间的平均高度差	S_{EOT} =	mm	mm
4	轴向磨损（SOT-EOT）	S =	mm	mm
5	试验部件的典型特征：			

H.4 试验曲线图

H.4.1 绘制循环参数测量图：500循环、耐久性寿命的一半和试验最后一个循环的曲线图。
H.4.2 绘制轴向力、摩擦扭矩、划伤位置（如果可得）和摩擦系数平均值、最小值的曲线图。

H.5 故障停机时间和维护记录

故障停机次数				
停机时间	停机日期	停机延续时间	停机原因	
			总停机小时数	

H.6 试验结果评价

1	换挡次数=		
2	换挡失效：	“A”	“B”
3	试验结束时的平均摩擦系数：	μ_{Avg} =	N/A
4	轴向磨损/mm	S=	
5	平均磨损率/μm		
6	试验期间发生的典型事件：		

日　　期：＿＿＿＿＿＿＿＿
试验工程师：＿＿＿＿＿＿＿＿
试验负责人：＿＿＿＿＿＿＿＿
单位负责人：＿＿＿＿＿＿＿＿

附录一　石油产品行业标准 2020 目录

一、燃料

二、溶剂和化工原料

三、润滑油

四、润滑脂

五、石油蜡

六、石油沥青

七、油品应用

八、添加剂

九、其他

附录二　石油和石油产品试验方法行业标准 2020 第一～第十分册总目录

第一分册目录

第二分册目录

第三分册目录

第四分册目录

第五分册目录

第六分册目录

第七分册目录

第八分册目录

第九分册目录

第十分册目录